Nikolaus Pechstein
Euripides Satyrographos

Beiträge zur Altertumskunde

Herausgegeben von
Michael Erler, Ernst Heitsch, Ludwig Koenen,
Reinhold Merkelbach, Clemens Zintzen

Band 115

B. G. Teubner Stuttgart und Leipzig

Euripides Satyrographos

Ein Kommentar zu den
Euripideischen Satyrspielfragmenten

Von
Nikolaus Pechstein

B. G. Teubner Stuttgart und Leipzig 1998

Die Deutsche Bibliothek – CIP-Einheitsaufnahme

Pechstein, Nikolaus:
Euripides Satyrographos: ein Kommentar zu den Euripideischen
Satyrspielfragmenten / von Nikolaus Pechstein. –
Stuttgart; Leipzig: Teubner, 1998
(Beiträge zur Altertumskunde; Bd. 115)
Zugl.: Berlin, Freie Univ., Diss., 1997
ISBN 3-519-07664-0

© 1998 B. G. Teubner Stuttgart und Leipzig
Printed in Germany
Druck und Bindung: Röck, Weinsberg

Vorwort

Bedenkt man die herausragende Bedeutung des tragischen Dichters Euripides, weit über das fünfte Jahrhundert v. Chr. hinaus, und das große Interesse an seinem Satyrspiel *Kyklops*,[1] dem einzigen, nur durch einen Zufall der Überlieferungsgeschichte vollständig erhaltenen Satyrspiel, so überrascht die verhältnismäßig geringe Beachtung, die die philologische Forschung seinen Satyrspielfragmenten schenkte.[2] Zum einen mögen spektakuläre Papyrusfunde von Aischyleischen und Sophokleischen Satyrspielen[3] die Aufmerksamkeit abgelenkt, zum anderen ein - eher unberechtigtes - abfälliges Werturteil über den *Kyklops*[4] den Blick für die Bedeutung dieser Fragmente zum Verständnis nicht nur der Euripideischen Satyrspielproduktion, sondern auch der Gattung überhaupt getrübt haben.

Der vorliegende Kommentar will daher eine Lücke füllen, indem er versucht, als Ergänzung zu den philologischen Kommentaren zum *Kyklops* die Satyrspieldichtung des Euripides zu erschließen.

Die vorliegende Arbeit, zugleich überarbeitete Fassung meiner Dissertation, die der Fachbereich Altertumswissenschaften der Freien Universität Berlin im Frühjahr 1997 angenommen hat, versteht sich indessen nicht als eine Textausgabe; die Texte von Fragmenten und Testimonien folgen den jeweils maßgeblichen Ausgaben und bieten einen textkritischen Apparat nur da, wo neue Konjekturen oder (bei den Papyrustexten)

---

[1] Dieses Interesse dokumentiert sich nicht nur in den drei philologischen Kommentaren, die in den letzten 20 Jahren erschienen sind, sondern auch in nicht wenigen modernen Aufführungen (zuletzt 1995 am Deutschen Theater Berlin).

[2] Vgl. vor allem die Darstellung von Steffen 1971 a.

[3] Zu nennen sind hier größere Fragmente aus Aischylos' *Diktyulkoi* und *Isthmiastai*, sowie vor allem natürlich ein über 450 zum Teil sehr gut erhaltene Verse enthaltendes Fragment (F 314) aus Sophokles' *Ichneutai*.

[4] Vgl. z. B. Churmuziadis 1974, 115 ff.

neue Lesarten zu verzeichnen sind, oder wo der Kommentar
eine andere Lesart bzw. Konjektur favorisiert respektive diskutiert.[5]

Gewidmet ist diese Arbeit meinen Eltern, Inge und
† Dr. Klaus Pechstein, die mir Studium und Promotion ermöglichten und mich alle Zeit nach Kräften unterstützt haben.
Besonderer Dank gebührt Herrn Prof. Bernd Seidensticker,
der diese Arbeit angeregt und betreut hat; zu Dank verpflichtet
bin ich auch Herrn Prof. Tilman Krischer für die Übernahme
des Koreferats, Herrn Prof. Ernst Heitsch für die Aufnahme
dieser Arbeit in die *Beiträge zur Altertumskunde* und ganz besonders Herrn Prof. Richard Kannicht, der mir mit seinem Rat zur
Seite stand.

Der Freien Universität Berlin gilt mein Dank für ihre Unterstützung meines Promotionsvorhabens durch ein NAFÖG-Sti-
pendium.

Diese Arbeit wäre nicht ohne geduldige und sachkundige
Unterstützung zustandegekommen. Besonderer Dank gilt meiner
Frau Karin Wake; ferner möchte ich Gabriele Beekmann, Alex-
ander Herda, Dr. Ralf Krumeich, Peter Kruschwitz, Dr. Carola
Metzner-Nebelsick, Dr. Louis Nebelsick, Babette Pütz, Efstra-
tios Sarischulis, Dr. Gerson Schade und Beate Zielke danken.

Berlin, März 1998   Nikolaus Pechstein

---

[5] Die Fragmente von Aischylos, Sophokles und der *Tragici Minores* sind
nach der Snell-Kannicht-Radtschen Ausgabe (TrGF), die Fragmente des
Euripides nach der Ausgabe von Nauck (TGF[2]) respektive dem Supplement von Bruno Snell zitiert. Generell sind bei den Autoren die Ausgaben
der *Oxford Classical Texts* (im Fall von Aischylos Martin Wests *Teubneriana*)
zugrundegelegt, wo nicht andere Herausgeber genannt werden.

Inhaltsverzeichnis

Einleitung

Euripides Satyrographos 9
Die Zahl der Euripideischen Satyrspiele 19
    Exkurs: Die Dramentitel auf dem *Marmor Albanum* (IG XIV 1152) . 29
Euripides fälschlich zugeschriebene Satyrspiele 34

Autolykos

Identität 39
Testimonien 41
    Exkurs: Tzetzes' Quelle 51
Fragmente 56
    Exkurs: Die Athleteninvektive 70
Sagenstoff 88
Vasenbilder 93
    Exkurs: ‚Homerische Becher' und Euripideische Dramen 99
Rekonstruktion 113
    Exkurs: Autolykos, Mestra und Erysichthon 118

Busiris

Identität. Testimonien 123
Fragmente 125
Sagenstoff 130
Vasenbilder 134
Rekonstruktion 137

Epeios ?

Identität 141
Testimonium 142
Sagenstoff 143

Eurystheus

Identität 145
Testimonien. Fragmente 146
Sagenstoff 168
Rekonstruktion 172

Lamia ?

Identität 177
Testimonium 179
Fragment 180
Sagenstoff 182

Sisyphos

Identität 185
    Exkurs: Wilamowitz' Zweifel an der Echtheit
    des Euripideischen *Sisyphos* 185
Testimonien 192
    Exkurs: P. Oxy. 2455 fr. 5-8 und die Reihenfolge der mit Σ
    beginnenden Dramenhypotheseis in den *Tales from Euripides* 196
Fragmente 204
Sagenstoff 208
Rekonstruktion 216

Skiron

Identität. Testimonien 218
Fragmente 228
Sagenstoff 238
Rekonstruktion 239

Syleus

Identität. Testimonien 243
Fragmente 255
Sagenstoff und Vasenbilder 272
Rekonstruktion 275

Theristai

Identität. Testimonium. Sagenstoff 284

Unsichere Fragmente

Autolykos 287
Autolykos oder *Sisyphos*
    Die Frage der Autorschaft von [43 Kritias] F 19 TrGF 1 289
    Die Zitatquellen von F 19: (1) Aetios *Plac.* 1, 7 302
    Exkurs: Die in F 19 vertretene atheistische Position 307
    Die Zitatquellen von F 19: (2) Sextus Empiricus *M.* 9, 54 310
    Fragmente 319
Busiris 344
Busiris oder *Skiron* 345
Epeios ? 346
Eurystheus 347
Skiron 353
Syleus 354
Fragmente ohne Zuordnung 359

Verzeichnis der abgekürzten Literatur 362
Abbildungsnachweis 377

Index Namen und Sachen 378
Index Griechische Wörter 386
Stellenindex 388

Man wird durch die große Kunst in Erstaunen versetzt, und das Unanständige hört auf, es zu sein, weil es uns auf das gründlichste von der Würde des kunstreichen Dichters überzeugt.

Johann Wolfgang von Goethe (1824)

Der erste wahre Erzähler ist und bleibt der von Märchen. Wo guter Rat teuer war, wußte das Märchen ihn, und wo die Not am höchsten war, da war seine Hilfe am nächsten. Diese Not war die Not des Mythos. Das Märchen gibt uns Kunde von den frühesten Veranstaltungen, die die Menschheit getroffen hat, um den Alb, den der Mythos auf ihre Brust gelegt hatte, abzuschütteln. Es zeigt uns in der Gestalt des Dummen, wie die Menschheit sich gegen den Mythos »dumm stellt«; es zeigt uns in der Gestalt des jüngsten Bruders, wie ihre Chancen mit der Entfernung von der mythischen Urzeit wachsen; es zeigt uns in der Gestalt dessen, der auszog das Fürchten zu lernen, daß die Dinge durchschaubar sind, vor denen wir Furcht haben; es zeigt uns in der Gestalt des Klugen, daß die Fragen, die der Mythos stellt, einfältig sind, wie die Frage der Sphinx es ist (...). Das Ratsamste, so hat das Märchen vor Zeiten die Menschheit gelehrt, und so lehrt es noch heut die Kinder, ist, den Gewalten der mythischen Welt mit List und mit Übermut zu begegnen. (So polarisiert das Märchen den Mut, nämlich dialektisch: in Untermut, d. i. List, und in Übermut.)

Walter Benjamin (1936)

Einleitung

Im Athen des fünften Jahrhunderts v. Chr. wurden jedes Jahr im Frühjahr zu Ehren des Gottes Dionysos die Großen Dionysien, das neben den Panathenäen wohl bedeutendste Fest der Stadt, gefeiert, dessen Höhepunkt der Wettstreit dreier tragischer Dichter bildete. An drei aufeinanderfolgenden Tagen führten drei Dichter je drei Tragödien und zum Abschluß ein heiteres Spiel auf, das Satyrspiel genannt wurde, weil der Chor immer aus Satyrn, den übermütigen und frivolen Begleitern des Dionysos, bestand.[1]

Eng verknüpft mit der Genese der attischen Tragödie, bedient sich das Satyrspiel weitgehend derselben Bauformen und Bühnenkonventionen, derselben sprachlichen und metrischen Besonderheiten und bezieht wie jene ihre Stoffe aus der griechischen Mythologie. Die Unterschiede zur Tragödie liegen im wesentlichen in seiner Qualität als heiteres Spiel und in der immer notwendigen Integration der Satyrn begründet.[2]

Leider ist die τραγωιδία παίζουσα, die „scherzende Tragödie",[3] fast völlig verloren gegangen. Während von den weit mehr als 1.200 Tragödien,[4] die nach Hochrechnungen aus den didaskalischen Nachrichten im fünften Jahrhundert geschrieben und aufgeführt wurden, immerhin 30 Stücke von Aischylos, Sophokles, Euripides und zwei (*Prometheus*, *Rhesos*) von zwei unbekannten Dichtern vollständig erhalten sind und zusammen mit zahllosen Fragmenten weiterer Stücke ein relativ deutliches Bild von der Gattung geben, besitzen wir nur ein einziges vollständig erhaltenes Satyrspiel, den *Kyklops* des Euripides. Daneben gibt es noch eine Reihe von Titeln und Fragmenten von weiteren Satyrdramen, nennenswerten Umfang haben aber nur sehr wenige von ihnen: die *Isthmiastai* und die *Diktyulkoi* des Aischylos und die *Ichneutai* des Sophokles.

---

[1] Zur Festspielpraxis anläßlich der Großen Dionysien und den Aufführungsbedingungen der Tragödien zuletzt Kannicht 1991 b.

[2] Zur Genese des Satyrspiels, sowie zu seinen Charakteristika s. Seidensticker 1979, 208-10. 231-47; Seaford *ad* E. *Cyc. p.* 10-44.

[3] Demetrios *De eloc.* 169.

[4] Kannicht 1991 b, 18 f.

Der *Kyklops* läßt zwar einige Grundzüge der Gattung klar
hervortreten, aber gerade vor dem Hintergrund neuerer Papyrusfunde aus Aischyleischen und Sophokleischen Satyrspielen
wirft er mehr Fragen auf, als er zu klären vermag. So ist es
gerade Euripides, der der Satyrspielforschung besondere
Schwierigkeiten bereitet. Anhand der Testimonien zu Euripides'
Leben und Werk läßt sich eine Zahl von 17 Satyrspielen errechnen,[5] die er geschrieben hat, wir kennen von zehn Dramen
die Titel: *Autolykos, Busiris, Epeios, Eurystheus, Kyklops, Lamia,
Sisyphos, Skiron, Syleus, Theristai*,[6] und haben Fragmente aus sieben von ihnen,[7] neben einem vollständig erhaltenen. Nur noch
acht haben die Bibliothek von Alexandria erreicht, wo sie gesammelt, kommentiert und ediert wurden, und wo die Weichen
für ihre weitere Überlieferung gestellt wurden. Von Titel, Aufführungsjahr, Plazierung und dem Namen des verantwortlichen
Choregen der übrigen Dramen hatten die Alexandriner zwar
noch durch die Didaskalien Kenntnis, der Text aber war endgültig verloren.

Zahllose Papyrusfragmente, die man seit Anfang des Jahrhunderts im ägyptischen Wüstensand gefunden hat, brachten
zum Teil umfangreiche Bruchstücke dramatischer Literatur -
gerade des Euripides - zutage, doch war bislang nicht ein einziges Euripideisches Satyrspielfragment darunter.[8] Dieser
Befund stützt das Testimonium, das von dem hohen Verlust von
Euripideischen Satyrspielen berichtet, denn er spiegelt gewissermaßen den äußerst geringen Anteil der Satyrspiele am
Gesamtwerk des Euripides wieder.[9]

---

[5] S. u. *p.* 19 ff.

[6] Sehr wahrscheinlich ist nur der *Autolykos A'* ein Satyrspiel gewesen;
Epeios und *Lamia* sind schlecht bezeugt (s. u. *p.* 39 f. 141 f. 177 f.).

[7] *Autolykos, Busiris, Eurystheus, Sisyphos, Skiron, Syleus*; ein Fragment aus
der *Lamia* gelangte in die Sekundärüberlieferung, bevor das Drama selbst
verloren ging (s. u. *p.* 177 f.).

[8] Wichtige Funde für das Euripideische Satyrspiel sind indessen Papyrus-Hypotheseis zu fünf Dramen (*Autolykos A', Busiris, Sisyphos, Skiron* und
Syleus), die z. T. Reste des Anfangsverses enthalten, die aber so gering
sind, daß sie hier außer acht bleiben können.

[9] Euripides Vita 3 *p.* 4 Schwartz, dazu s. u. *p.* 20.

Nikos Churmuziadis spricht geradezu von einer „Ironie der Überlieferungsgeschichte",[10] daß sich als einziges Satyrspiel Euripides' *Kyklops* vollständig erhalten habe, da dieses Drama es nicht wert sei - anstelle zum Beispiel der wahrscheinlich sehr guten Aischyleischen Satyrspiele - überliefert zu werden, und weil angesichts der geringen Zahl Euripideischer Satyrdramen die Überlieferung jeder rechnerischen Wahrscheinlichkeit widerspreche.[11] Daß Euripides kein glückliches Verhältnis zu dieser Gattung besessen habe, zeigten aber nicht allein die Schwächen des *Kyklops*, sondern auch die geringe Zahl der überhaupt überlieferten Satyrspiele und der Umstand, daß Euripides 438 v. Chr. anstelle eines Satyrspiels die *Alkestis*, eine Tragödie mit burlesken Zügen und *happy end*, aufführen ließ. Dies sei im Zusammenhang mit einem auch in der Euripideischen Tragödie erkennbaren Schwinden der Bedeutung des Chors zu sehen, das im Satyrspiel eine besondere Beschleunigung erfuhr, weil die Möglichkeiten, einen Satyrchor sinnvoll in die Handlung eines Dramas zu integrieren, erschöpft gewesen seien.[12]

Soweit das Euripideische Satyrspiel bislang überhaupt Gegenstand wissenschaftlicher Forschung war, befindet sich Churmuziadis mit diesem Urteil durchaus im Einklang mit der *communis opinio*. Zwar ist die Beobachtung, daß die Bedeutung des Chores in den Euripideischen Dramen zugunsten der Handlung auf der Bühne schwindet, zweifellos richtig und gilt auch für den *Kyklops*, doch spricht gegen die These, daß die Möglichkeiten des Satyrspiels erschöpft gewesen seien, allein schon das Fortleben dieser Gattung bis weit in hellenistische Zeit hinein.

Natürlich erlaubt die geringe Zahl Euripideischer Satyrspiele nicht, ein subjektives Urteil über ein bekanntes von ihnen pauschal auf die übrigen, unbekannten zu übertragen. Diese Argumentation entbehrt auch jeder Stringenz, denn wenn

---

[10] Churmuziadis 1974, 115 ff.

[11] Von Aischylos und Sophokles sind zwölf bzw. 13 Titel von Satyrspielen bezeugt, bei weiteren acht bzw. 20 Stücken hat man aufgrund von Sujet oder sprachlichen Besonderheiten der Fragmente ihre Satyrspielqualität angenommen.

[12] Die *communis opinio*, schlechte Qualität der Euripideischen Satyrspiele habe zu ihrem Verlust geführt, zuletzt bei Conrad 1997, 162. Es handelt sich dabei ausschließlich um moderne Spekulation, die sich nicht auf antike Zeugnisse stützen kann.

eine große Anzahl Euripideischer Satyrspiele einzig aufgrund ihrer mangelnden Qualität untergegangen wäre, müßte doch ein erhaltenes Satyrspiel gerade als besonders gut gelten. Neben neun Satyrspielen sind aber auch acht Tragödien frühzeitig verloren gegangen; die Verluste aus beiden Gattungen dürfen sicher in einem Zusammenhang zu sehen sein: Es ist denkbar, daß zu einem frühen Zeitpunkt, nicht lange nach Euripides' Tod, drei *capsae* mit zusammen 17 Euripideischen Dramen infolge widriger Umstände verloren gegangen sind. Möglicherweise ist es kein Zufall, daß sich keine Euripideischen Satyrspiele mit den Anfangsbuchstaben Λ bis P erhalten haben, und auch die Zahl der Tragödien, deren Titel mit diesen Buchstaben beginnen, vergleichsweise gering ist. Da die Auswahl der Überlieferung antiker literarischer Werke in der Tat - und man muß hinzufügen: leider - keineswegs immer ihren Rang widerspiegelt, ist es also mehr als voreilig, diesen Verlust, von dem auch eine nahezu ebenso große Zahl Tragödien betroffen ist, mit minderer Qualität begründen zu wollen.

Die Aufführung der *Alkestis* anstelle eines Satyrspiels - Euripides hat das möglicherweise noch in drei anderen Fällen getan (dazu s. u.), - beweist nicht ein Unvermögen, Satyrspiele zu schreiben, sondern umgekehrt, einen schöpferischen Umgang mit dessen dramatischen Möglichkeiten, die er zur Schaffung einer Tragödie von besonderer Gestalt nutzte, (ohne daß man jedoch von einer ‚neuen Gattung' sprechen könnte). Die *Alkestis* zeigt, daß diese ‚Sonderform der Tragödie' formal nicht von einer Tragödie zu unterscheiden war, doch wird ein Zurücktreten tragischer und ein Hervortreten komischer und burlesker Züge deutlich. Es zeigt sich, daß in ihr bereits Elemente angelegt sind, die für die Neue Komödie typisch werden sollten: das Thema der Trennung und Wiedervereinigung Liebender, Verwechslung bzw. Nichterkennen von Personen und die sich daraus für eine Handlung ergebenden dramatischen Möglichkeiten, Gefahr, Bewährung und Rettung. Daneben treten Figuren auf, die in den Komödien des Menander oder Diphilos im folgenden Jahrhundert zu Typen geworden sind: Der treue Diener, der die Peripetie einleitet, der geizige Vater, dessen Unnachgiebigkeit überhaupt erst die Verwicklungen verursacht, die dem Stück zugrunde liegen, und der Trunkenbold.

Es wird einer eigenen Untersuchung vorbehalten sein, zu prüfen, ob sich - neben der *Alkestis* - unter den fragmentarischen Stücken möglicherweise noch weitere Tragödien dieser Art erkennen lassen.[13] Zu denken ist z. B an die *Andromeda*, in der Perseus die Titelheldin vor einem Seeungeheuer rettet, an den *Autolykos B'*, in dem Laertes die von Sisyphos schwangere Antikleia allen Widerständen trotzend zur Frau nimmt, und an die Stücke, die selbst bisweilen in den Verdacht geraten sind, Satyrspiele zu sein: Neben dem *Theseus*, der den Kampf des Helden mit dem Minotaurus oder ein Unterweltsabenteuer mit Peirithus zeigt, der *Kerkyon*,[14] in dem Alopes Befreiung und die Bestrafung ihres Vaters Kerkyon durch Theseus dargestellt waren, und der *Ixion*, dessen Titelheld Hera nachstellt und wahrscheinlich von Zeus durch ein Trugbild getäuscht wird. Allen diesen Stücken ist gemeinsam, daß ihre Sujets nicht recht zu einer Tragödie passen, ihre Satyrspielqualität aber ausgeschlossen ist, während zum Teil parallele Bearbeitungen des Stoffes - etwa bei Aischylos - zumindest sehr wahrscheinlich Satyrspiele waren.

Als Euripides im Frühjahr des Jahres 455 v. Chr. zum ersten Mal die Bühne des Dionysos-Theaters in Athen betrat,[15] hatten die Athener mit Aristias, dem Sohn des Pratinas, der als Erfinder des Satyrspiels galt,[16] und vor allem mit Aischylos, der kaum ein Jahr zuvor in Sizilien gestorben war, ihre größten Satyrspieldichter längst verloren, wenn man dem Zeugnis des Pausanias Glauben schenken darf.[17]

Auch war die Tragödie (und mit ihr das Satyrspiel) in ihren bühnentechnischen Möglichkeiten voll ausgereift; nennens-

---

[13] Es gibt nicht wenige Versuche, unter den erhaltenen Dramen des Euripides weitere Dramen, die anstelle eines Satyrspiels aufgeführt worden sind zu identifizieren, vgl. z. B. Radermacher 1902 b; Sutton 1971 (dazu s. Calder 1973); Sutton 1972; Sutton 1973 b.

[14] Vgl. Guggisberg 1947, 125.

[15] Unter den Dramen seiner ersten Inszenierung befanden sich die *Peliades* (Vita 2. 3, *p.* 2 f. 4 Schwartz). Man schenkte dem *newcomer* wenig Beachtung: Seine Tetralogie fiel durch.

[16] Suda π 2230 *s. v.* Πρατίνας (= 4 T 1 TrGF 1).

[17] Paus. 2, 13, 6 (= 4 T 7 TrGF 1). Menedemos bei Diogenes Laertios (2, 133 = 20 T 6) hingegen nennt an zweiter Stelle den Tragiker Achaios, an erster ebenfalls Aischylos.

werte Neuerungen hat es in den folgenden Jahrzehnten bis zum
Ende des Jahrhunderts nicht mehr gegeben. Sophokles hatte die
Zahl der Schauspieler von zwei auf drei,[18] und die Zahl der
Choreuten von zwölf auf 15 erhöht.[19] Auch das Satyrspiel war
von diesen Neuerungen betroffen: Drei Schauspieler ermöglichten die Loslösung des Silens vom bloßen Chorführer zu einer
Figur, die aktiv am Spiel teilnimmt und an der Handlung des
Dramas beteiligt ist.[20] Aischylos hatte sich bereits dieser neuen
Möglichkeiten im Satyrspiel bedient: In den *Diktyulkoi* sehen wir
den Silen nicht nur selbständig agieren (F 47 a, 786-832), sondern auch in einer Szene, in der er Danae bedrängt, und die
nur durch das Eingreifen des Diktys im letzten Moment noch
ein gutes Ende nehmen kann. Im *Kyklops* des Euripides ist es
schließlich sogar möglich, daß der Silen nicht nur während
Chorlied und Tanz (V. 356-74. 483-518. 607-23. 656-62), sondern
auch in einer Szene, in der Odysseus mit den Satyrn die Intrige verabredet (V. 375-482),[21] nicht auf der Bühne, vom Chor
also völlig unabhängig ist.

---

[18] Aristot. *Po.* 1449 a 17; Vita 4; D. L. 3, 56; Suda *s. v.* Aischylos, der
ehedem den zweiten Schauspieler eingeführt hatte (Aristot. ebd. a 15), hat
die Neuerung des Sophokles noch übernehmen können (vgl. z. B. die *Oresteia*). Euripides' *Alkestis* kommt offenbar mit zwei Schauspielern aus, vgl.
v. Lennep *ad* E. *Alc. p.* 155; Dale *ad* E. *Alc. p.* 129.

[19] Vgl. T R 95-98 TrGF 4. Ein wichtiges Zeugnis ist der Pronomos-Krater (Neapel, Nat. Mus. 3240; um 400 v. Chr.; abgebildet u. a. bei Seaford *ad*
E. *Cyc.* Taf. IV; Seidensticker 1989 Taf. 13), der Schauspieler, Musiker und
Choreuten eines Satyrspiels (*Hesione*? vgl. 49 Demetrios F) zeigt. Gegen
die Deutung als wirklichkeitsgetreuem Abbild eines Satyrspielensembles
mit nur zwei Schauspielern und nur zwölf Choreuten (einschließlich Silen) spricht indessen (1) das Nebeneinander von mythischen (z. B. Dionysos) und historischen Personen (z. B. der Auletes Pronomos), ferner, daß
(2) nur neun der elf Choreuten mit einer Namensbeischrift versehen sind,
Vollständigkeit also offenbar nicht angestrebt wurde, und daß (3) einer
der Choreuten durch einen langen Chiton als Koryphaios gekennzeichnet
ist, so daß dem Silen eine vom Chor unabhängige Rolle zukommt. Dem
Vasenbild läßt sich also nur entnehmen, daß in diesem Satyrspiel drei
Schauspieler auftraten, von denen einer den Silen darstellte; über die
Größe des Chores enthält das Bild keine Informationen. (Für Hinweise
danke ich Dr. Ralf Krumeich).

[20] Zur Anzahl der Schauspieler im Satyrspiel und zur Rolle des Silens
vgl. Collinge 1959, 29 ff.; Sutton 1974 c, 19 ff.; Seaford 1984, 4 f.; Conrad
1997, 181. 222 ff.

[21] Vgl. V. 431: ὁ μὲν γὰρ ἔνδον ϲὸϲ πατήρ.

Als fünf Jahrzehnte nach Euripides' erstem Auftritt die
Nachricht von seinem Tode Athen erreicht, und ihm die beiden
bedeutendsten lebenden Dichter Athens - Sophokles und Aristophanes - ihre Reverenz erweisen,[22] ist nicht mehr zu leugnen,
daß niemand gleich ihm die Tragödie so nachhaltig beeinflußt
und der Gattung sein Gepräge verliehen hat; Aristoteles wird
ihn später als den τραγικώτατος bezeichnen.[23]

Um so weniger wird es dann überraschen, daß Sositheos,
einer der Dichter der alexandrinischen ‚tragischen Pleias‘, den
der Epigrammatiker Dioskurides als Erneuerer des Satyrspiels
im Sinne der Alten feierte,[24] in seinen Satyrspielfragmenten
deutliche Anklänge an Euripides zeigt:[25] Offenbar sind nicht
nur Euripides' Tragödien, sondern auch seine Satyrspiele in den
literarischen Kreisen Alexandrias hoch geschätzt gewesen.

Die Forschung hat sich in den letzten beiden Jahrzehnten
zunehmend des Satyrspiels angenommen, doch kann man
gleichwohl den Forschungsstand kaum als befriedigend bezeichnen. Dies gilt in besonderem Maße für Euripides. Eine umfangreiche Sekundärliteratur beschäftigt sich zumeist mit Einzel-
problemen des *Kyklops*, der Versuch einer umfassenden Darstellung, die sich nicht auf dieses eine Drama beschränkt, wurde in
den letzten Jahrzehnten nur einmal unternommen, sie hat aber
kaum mehr als einführenden Charakter, stützt sich zum Teil
auf unsichere Hypothesen und liegt mehr als zwanzig Jahre
zurück.[26]

---

[22] Sophokles habe, so berichtet die Euripides-Vita (2 *p.* 3 Schwartz),
auf diese Nachricht hin beim Proagon dieses Jahres Trauerkleidung getragen und seine Schauspieler und Choreuten unbekränzt auftreten lassen.
Aristophanes reagierte mit seiner Komödie *Batrachoi* (aufgeführt an den
Lenäen des Jahres 405 v. Chr.) auf die Nachricht von Euripides' Tod: Dionysos entscheidet in einem Agon zwischen Euripides und Aischylos in
der Unterwelt, welchen der beiden Dichter er wieder ‚zurückholt‘. Man
mag Aristophanes' Komödie (und insbesondere Dionysos' Entscheidung für
Aischylos) unterschiedlich beurteilen, doch kann kein Zweifel daran bestehen, daß Aristophanes das Ende einer Epoche kennzeichnete.

[23] Aristot. *Po.* 1453 a 30.

[24] Diosc. *AP* 7, 707 (= 99 T 2 TrGF 1).

[25] Latte 1925, 10.

[26] Steffen 1971 a. Ein Vergleich mit der Studie von Reichenbach (1889)
zeigt, wie wenig die Forschung in der Zwischenzeit vorangeschritten ist.

Die vorliegende Arbeit untersucht und kommentiert die Fragmente aller Euripideischen Satyrspiele und hat es sich zum Ziel gesetzt, die fragmentarischen Stücke so weit wie möglich zu rekonstruieren und ihnen einen Ort im Gesamtwerk zuzuweisen. Dadurch, daß eine solche Untersuchung den Rahmen deutlich werden läßt, in dem der *Kyklops* zu verstehen ist, soll zugleich ein Beitrag zum Verständnis dieses einzigen erhaltenen Satyrspiels geleistet werden, das zwar als Grundlage für die Erforschung seiner Gattung dient, von der Philologie aber immer wieder unterschiedlich und zum Teil widersprüchlich interpretiert wurde.

Die Arbeit mit fragmentarisch erhaltenen Texten und insbesondere ihre Kommentierung sieht sich gegenüber der Arbeit mit vollständigen Texten mit ungleich mehr Schwierigkeiten konfrontiert und muß - je nach Zustand, Herkunft und Kontext der Fragmente - unterschiedlich vorgehen. Am Anfang steht eine Erfassung aller als Satyrspiele in Frage kommenden Stücke, an die sich für jedes einzelne Stück eine Überprüfung der ihm zugewiesenen (bzw. zuweisbaren) Einzelfragmente anschließt, da in Einzelfällen Echtheit, Zugehörigkeit zu einem Stück und Satyrspielqualität unsicher oder umstritten sind.

Für jedes Drama trägt also ein erster, ,Identität' überschriebener Abschnitt die aus Testimonien und Fragmenten gewonnenen Erkenntnisse über Echtheit, Titel, mögliche Doppelbearbeitungen, tetralogischen Kontext und Datierung zusammen. Es folgt ein Abschnitt, der die Testimonien zu dem jeweiligen Drama ausschreibt.[27] Viele dieser Testimonien bedürfen einer Auswertung, für die die Form eines philologischen Kommentars gewählt wurde, ohne aber die Absicht zu verfolgen, den jeweiligen Text erschöpfend philologisch zu kommentieren; es werden nur die für das jeweilige Drama relevanten Details herausgestellt. Unter die Testimonien wurden auch Textpartien aufgenommen, die als Rezeption des jeweiligen Dramas (oder Teilen daraus) anzusehen sind.

---

[27] Auf die Kennzeichnung textkritischer Probleme wurde dabei bewußt verzichtet; eine Ausnahme stellen die Papyrushypotheseis dar, bei denen Ergänzungen, die seit Austins Edition (1968) vorgeschlagen worden sind, in einem textkritischen Apparat verzeichnet wurden.

An die Testimonien schließt sich der philologische Kommentar der einzelnen Fragmente jedes Satyrspiels an, der den Text der TGF^2 von August Nauck (bzw. das Supplement von Bruno Snell) zur Grundlage hat. Der textkritische Apparat beschränkt sich bewußt auf die seit Snells Supplement neu vorgeschlagenen, bzw. die im Kommentar diskutierten Textvarianten und Konjekturen. In den wenigen Fällen, in denen dem Text eines Dramas neue Fragmente hinzuzufügen sind, wurden die jeweiligen Fragmente mit „+ 1" hinter der Fragmentnummer bezeichnet, hinter der sie ihren neuen Platz in der Fragmentsammlung finden sollen, so daß weder die ursprüngliche Naucksche Zählung respektive die Snellschen Supplemente, die sich mit einem Zusatz von „a", „b" usw. einreihen, gestört, noch auf die Zählung der Euripides-Fragmente im fünften Band der Tragicorum Graecorum Fragmenta (TrGF), hrg. v. Richard Kannicht, vorgegriffen wird.

An den Kommentar schließt sich eine Untersuchung des Sagenstoffes des jeweils behandelten Dramas an, deren Aufgabe es vor allem ist, die Möglichkeiten, die Euripides bei der Gestaltung eines vorhandenen Stoffes zur Verfügung standen, so gut wie möglich zu dokumentieren. Sofern sich einem Drama Vasenbilder mit einiger Wahrscheinlichkeit zuordnen lassen, wurden diese in einem eigenen Abschnitt behandelt.

Auf der Basis des kommentierten Textes folgt dann der Versuch einer Rekonstruktion des jeweiligen Dramas. *Dramatis personae*, Ort der Handlung und zugrunde liegender Mythos lassen sich bei den meisten der Stücke eruieren; und es zeigt sich, daß Euripides auch für seine Satyrspiele gerne entlegene Stoffe wählte - einige von ihnen sind offenbar von anderen Tragikern nicht bearbeitet worden - oder aber, daß er bekannte Stoffe in ungewöhnlicher Form präsentierte.

Ein abschließendes Kapitel behandelt die Fragmente, die ohne Angabe eines Titels, zum Teil sogar ohne Angabe eines Autoren überliefert sind. Sofern es gewichtige Indizien für Euripides als Dichter und für die Satyrspielqualität gibt, wird der Versuch einer Zuordnung zu einem bestimmten Satyrspiel unternommen, die bei Euripides in höherem Maße als bei anderen Dichtern Plausibilität besitzt, da nur sieben - dem Titel nach bekannte - Dramen als Quelle in Frage kommen.

Die Zahl der Euripideischen Satyrspiele[28]

Zwischen der Anzahl der Tragödien und der Satyrspiele, die sich erhalten haben, bzw. von denen zumindest noch die Titel bekannt sind, besteht ein auffälliges Mißverhältnis: 17 Tragödien[29] sind vollständig überliefert, zu denen noch Fragmente oder Titel von weiteren rund 50 Tragödien kommen.[30] Dieser stattlichen Zahl steht nur ein einziges vollständig erhaltenes Satyrspiel gegenüber, der *Kyklops*, sowie Fragmente bzw. Titel von sieben Satyrspielen (*Autolykos A'*,[31] *Busiris, Epeios* (?), *Eurystheus, Sisyphos, Skiron, Syleus*), ferner die verlorenen Satyrspiele der Tetralogie von 431 v. Chr., *Theristai*[32] und der Tetralogie *Phoinissai* (?), *Oinomaos, Chrysippos*, die wahrscheinlich zwischen 410 und 408 v. Chr. aufgeführt wurde; von diesem Drama ist noch nicht einmal der Titel bekannt.[33] Um ein bereits in Alexandria verlorenes Drama handelt es sich auch bei

---

[28] Die *communis opinio* zuletzt bei Kannicht 1996; im folgenden werden noch offene Fragen behandelt.

[29] *Alkestis, Medea, Herakleidai, Andromache, Hippolytos, Hekabe, Hiketidai, Herakles, Elektra, Troiades, Helene, Iphigeneia Taur., Ion, Phoinissai, Orestes, Iphigeneia Aul., Bakchen.* Der unter Euripides' Namen überlieferte *Rhesos* gilt als unecht, er soll an die Stelle einer frühen, verlorenen Euripideischen Tragödie gleichen Titels gerückt sein (zurückhaltend Diggle 3 *p.* VI).

[30] Nauck TGF² und Austin (1968) verzeichnen: *Aigeus, Aiolos, Alexandros, Alkmene, Alkmeon Kor./Psoph., Alope* (= *Kerkyon*), *Andromeda, Antigone, Antiope, Archelaos, Auge, Bellerophontes, Chrysippos, Danae, Diktys, Erechtheus, Hippolytos Kalypt., Hypsipyle, Ino, Ixion, Kresphontes, Kressai, Kretes, Likymnios, Melanippe Desm./Sophe, Meleagros, Oidipus, Oineus, Oinomaos, Palamedes, Peleus, Peliades, Phaethon, Philoktetes, Phoinix, Phrixos A'/B', Pleisthenes, Polyidos* (= *Glaukos*), *Protesilaos, Rhesos, Skyrioi, Stheneboia, Telephos, Temenidai, Temenos, Theseus, Thyestes*; unsicher: *Epeios, Lamia* (s. u.); umstritten: *Peirithus, Rhadamanthys, Tennes*; unecht: *Kadmos, Mysoi*. Mette (1982) zieht ferner *Pandion, Pelopides* und *Phryges* in Betracht. Zu den Tragödien ist schließlich noch der *Autolykos B'* hinzuzurechnen; zur *Alkmene* s. u. *p.* 33.

[31] Zu der Frage zweier *Autolykoi* s. u. *Autolykos p.* 39 f. Nur eines der beiden Autolykos-Dramen ist als Satyrspiel bezeugt. Ein weiteres Satyrspiel ist mit einiger Wahrscheinlichkeit der *Epeios* (s. u. *p.* 141 f.), von dem sich allerdings nur der Titel erhalten hat (dazu s. u.).

[32] Arg. (a) E. *Med.* (Diggle 1 *p.* 90): τρίτος Εὐριπίδης Μηδείᾳ, Φιλοκτήτῃ, Δίκτυι, Θερισταῖς σατύροις. οὐ ϲῴζεται. Zu weiteren möglichen Satyrspieltiteln s. u.

[33] Arg. (g) E. *Pho.* (Diggle 3 *p.* 80 f.): δεύτερος Εὐριπίδης < > †καθῆκε διδασκαλίαν περὶ τούτου. καὶ γὰρ ταῦτα† ὁ Οἰνόμαος καὶ Χρύϲιππος καὶ < οὐ> ϲῴζεται. Vgl. Snell/Kannicht *ad loc.* (TrGF 2¹ *p.* 47. 344).

der *Lamia*.[34] Dieses Mißverhältnis bestand bereits in hellenistischer Zeit.

Über die Anzahl der Dramen, die Euripides geschrieben hat, geben vier Testimonien Auskunft, die aber eine plausible Information nur dann preisgeben, wenn es möglich ist, über das Zustandekommen der einzelnen Zahlenwerte Rechenschaft abzulegen:

T. 1: Vita 2 (*p.* 3 Schwartz)

τὰ πάντα δ᾽ ἦν αὐτοῦ δράματα qβ᾽ (*i. e.* 92), cώιζεται δὲ oη᾽ (*i. e.* 78)· τούτων νοθεύεται τρία, Τέννης Ῥαδάμανθυς Πειρίθους.

T. 2: Vita 3 (*p.* 4 Schwartz)

τὰ πάντα δὲ ἦν αὐτοῦ δράματα qβ᾽ (*i. e.* 92),[35] cώιζεται δὲ αὐτοῦ δράματα ξζ᾽ (*i. e.* 67) καὶ γ᾽ (*i. e.* 3) πρὸς τούτοις τὰ ἀντιλεγόμενα, cατυρικὰ δὲ η᾽ (*i. e.* 8), ἀντιλέγεται δὲ καὶ τούτων τὸ α᾽ (*i. e.* 1). νίκας δὲ ἔcχε ε᾽ (*i. e.* 5).

T. 3: Varro bei Gellius 17, 4, 3

Euripiden quoque M. Varro ait, cum quinque et septuaginta tragoedias scripserit, in quinque solis vicisse, cum eum saepe vincerent aliquot poetae ignavissimi.

T. 4: Suda ε 3695 (*s. v.* Εὐριπίδης)

δράματα δὲ αὐτοῦ κατὰ μέν τινας oε᾽ (*i. e.* 75), κατὰ δὲ ἄλλους qβ᾽ (*i. e.* 92), cώιζονται δὲ oζ᾽ (*i. e.* 77). νίκας δὲ ἀνείλετο ε᾽ (*i. e.* 5), τὰς μὲν τέccαρας περιών, τὴν δὲ μίαν μετὰ τὴν τελευτὴν ἐπιδειξαμένου τὸ δρᾶμα τοῦ ἀδελφιδοῦ αὐτοῦ Εὐριπίδου. ἐπεδείξατο δὲ ὅλουc ἐνιαυτοὺς κβ᾽ (*i. e.* 22).

---

[34] S. u. *Lamia*, *p.* 177 f.

[35] In Dindorfs Ausgabe heißt es hingegen (*p.* 11): τὰ πάντα δ᾽ ἦν αὐτῶι δράματα qη᾽ (*i. e.* 98). Wilamowitz 1875, 144 merkt dazu an: „imo qβ᾽ vix mutata scritura", ohne später noch einmal auf diese Abweichung zurückzukommen. Im Apparat der Schwartzschen Ausgabe (*p.* 4) findet sich dazu kein Eintrag. Hinzuzufügen ist noch das späte Zeugnis des Thomas Magister (Dindorf *p.* 12), der offensichtlich - wiewohl er auch die anderen Zeugnisse gekannt haben mag - T. 2 exzerpiert hat, da er von acht Satyrspielen weiß, und dennoch von einer Gesamtzahl von 92 Dramen spricht: ἔγραψε μὲν οὖν δράματα qβ᾽ τὰ πάντα, ἐν οἷς ἦν η᾽ μόνα cατυρικά. νενίκηκε δ᾽ ἐν πᾶcι τούτοις τοῖc δράμαcι νίκαc ε᾽.

Dieser Überblick läßt zwei Dinge erkennen: Erstens hatten die Gewährsmänner unserer Kompilatoren das ihnen vorliegende Material offenbar in drei Gruppen eingeteilt: (1) Dramen insgesamt (Tragödien *und* Satyrspiele), (2) Tragödien, (3) Satyrspiele. In jeder dieser drei Gruppen waren Zahlenwerte wiederum in drei Kategorien eingeteilt: (a) Anzahl der Stücke, die Euripides *geschrieben* hat, (b) Anzahl der Stücke, die unter seinem Namen *erhalten* waren, (c) Anzahl der unechten davon. Es ist möglich, daß man sich in den Quellen auf sechs der möglichen neun Angaben beschränkt hat, da ja der Zahlenwert jeder der drei Gruppen (z. B. der Satyrspiele) durch die beiden verbleibenden Gruppen (z. B. der Dramen insgesamt und der Tragödien) errechenbar war. Auf diesem Wege konnte es leicht zu Verwechslungen der ersten beiden Gruppen kommen, die beide mit δράματα bezeichnet wurden. Diese Verwechslung ist ganz offensichtlich in T. 2, wo mit δράματα zunächst die 92 Dramen (Tragödien und Satyrspiele), die Euripides geschrieben hat, bezeichnet werden, dann, in der nächsten Zeile, die 67 echten und drei unechten Tragödien, die sich unter seinem Namen erhalten haben.[36]

Zweitens ist es erstaunlich, daß in den Quellen der aufgeführten Testimonien Informationen über den ursprünglichen Umfang des Gesamtwerks - sehr wahrscheinlich differenziert nach Tragödien und Satyrspielen - vorhanden waren und tradiert wurden, obwohl ein nicht unerheblicher Teil der Dramen zum Zeitpunkt der Entstehung der Testimonien bereits verloren war, diese Informationen also nicht mehr nachprüfbar waren. Es ist äußerst unwahrscheinlich, daß diese Informationen noch aus voralexandrinischer Zeit stammten und später um die Zahl der *erhaltenen* Dramen ergänzt wurden. Es ist zwar denkbar, daß im Kreise des Peripatos Anstrengungen unternommen worden

---

[36] In T. 4 sind sogar gleich drei Tragödien mit τὸ δρᾶμα bezeichnet; zu diesen drei Tragödien s. u. (vgl. Schol. Ar. *Ra.* 67 = DID C 11 TrGF 1). Ein vergleichbarer Fall, wo in der Suda die unterschiedlichen Kategorien verwechselt sind, findet sich Suda ι 487 *s. v.* Ἴων Χῖος (19 T 1, 3 f.): δράματα δ' αὐτοῦ ιβ' (*i. e.* 12), οἱ δὲ λ' (*i. e.* 30), ἄλλοι δὲ μ' (*i. e.* 40) φασίν. Blumenthal *ad loc.* rekonstruiert aus diesen Angaben eine Zahl von 40 Dramen, die Ion geschrieben hat; 30 von ihnen waren Tragödien, (und zehn waren Satyrspiele); nur zwölf Dramen waren noch in Alexandria erhalten, (elf resp. zwölf Titel sind heute noch bekannt).

waren, den tatsächlichen Umfang des dramatischen Werkes zu ermitteln, doch ist eine gewissenhafte Zählung des Gesamtwerkes, die beispielsweise die in Makedonien entstandenen Dramen berücksichtigen, aber überarbeitete Fassungen von Schauspielern und möglicherweise auch unechte Stücke aussondern mußte, nur im Umfeld einer Bibliothek möglich, wo alle unter Euripides' Namen bekannten Dramen gesammelt und philologisch ausgewertet werden konnten. Als frühester Zeitpunkt einer solchen philologischen Tätigkeit kommt die Erstellung des Lykurgschen Staatsexemplars der Tragikertexte in Betracht, das den Grundstock der alexandrinischen Sammlung bildete, in das aber offensichtlich schon einige Euripideische Dramen nicht mehr aufgenommen werden konnten.

Man wird also eher davon ausgehen, daß die Gesamtzahl der Dramen erst in alexandrinischer Zeit aus den Didaskalien errechnet wurde, indem man die Titel der erhaltenen und für echt befundenen Dramen mit den in den Didaskalien festgehaltenen abglich. Ein solches Vorgehen war fehlerträchtig, da zur Identifikation eines Dramas nur der Titel bereitstand, und unzureichend, da von den Dramen, die nicht in Athen aufgeführt und daher nicht in den Didaskalien verzeichnet waren, nur die noch vollständig erhaltenen erfaßt wurden.[37]

Daraus lassen sich folgende Schlüsse ziehen: Daß sich neben diesen unterschiedlichen Angaben die Zahl 92 als Gesamtzahl des Euripideischen Œuvre in T. 1, T. 2 und T. 4 findet, macht ihre Richtigkeit sehr wahrscheinlich.

---

[37] Zu den nicht in Athen aufgeführten Dramen gehört die *Andromache*; das Scholion zu V. 445 dieses Dramas zeigt, daß man z. B. zur Frage der Datierung auf die Didaskalien zugriff: εἰλικρινῶϲ δὲ τοὺϲ τοῦ δράματοϲ χρόνουϲ οὐκ ἔϲτι λαβεῖν· οὐ δεδίδακται γὰρ Ἀθήνηϲιν. Von einer Aufführung des Euripides in Piräus berichtet Ailianos (*VH* 2, 13: καὶ Πειραιοῖ δὲ ἀγωνιζομένου τοῦ Εὐριπίδου καὶ ἐκεῖ κατήιει [sc. Cωκράτηϲ]), und es ist sehr unwahrscheinlich, daß Euripides einen Agon mit bereits in Athen uraufgeführten Dramen bestritten haben soll (anders Russo 1960, 167 f.). Ar. *Th.* 390 f.: ποῦ δ' οὐχὶ διαβέβληχ' (*sc.* Εὐριπίδηϲ), ὅπουπερ ἔμβραχυ | εἰϲὶν θεαταὶ καὶ τραγωιδοὶ καὶ χοροί könnte sich dagegen möglicherweise auf Aufführungen Euripideischer Dramen beziehen, in denen der Dichter nicht zugleich auch διδάϲκαλοϲ war. Auch der in Makedonien entstandene *Archelaos* ist sicher nicht in den Didaskalien verzeichnet gewesen (Vita 2, *p.* 2 Schwartz): εἰϲ Μακεδονίαν παρὰ Ἀρχέλαον γενόμενοϲ διέτριψε καὶ χαριζόμενοϲ αὐτῶι δρᾶμα ἔγραψε ὁμωνύμωϲ καὶ μάλα ἔπραττε παρ' αὐτῶι (vgl. Wilamowitz 1875, 149).

Falsch eingeschätzt wurde bislang das Zeugnis des Varro (T. 3),[38] das man - wenn es nicht von vornherein für falsch gehalten wurde - mit den *erhaltenen Dramen* in Verbindung gebracht hat.[39] Der Grund mag darin liegen, daß derselbe Zahlenwert 75 in den Testimonien zweimal erscheint, nämlich zum einen (in T. 2) als die Summe aller erhaltenen (echten) Tragödien (67) und aller erhaltenen Satyrspiele (8), zum anderen als die von Varro *expressis verbis* angeführte Anzahl der Tragödien, die Euripides geschrieben haben soll. Man hat Varro deshalb nicht beim Wort genommen, sondern glaubte in seinem Zeugnis denselben Sachverhalt bestätigt, den T. 2 wiedergibt. In der Tat muß man den bemerkenswerten Zufall hinnehmen, daß ebensoviele Tragödien verloren gegangen sind, wie sich Satyrspiele erhalten haben (8), und daß Euripides ebensoviele Satyrspiele geschrieben hat, wie Dramen insgesamt verloren gingen (17). Varro spricht indessen eindeutig von 75 *tragoediae*, nicht von *fabulae*, womit sich die Angabe in T. 4 (Suda) κατὰ μέν τινας οε᾽ (*i. e.* 75) *sc.* δράματα als eine Verwechslung der Kategorien 'geschriebene Dramen insgesamt' und 'geschriebene Tragödien' erweist, und sich alle in den Testimonien genannten Zahlen in Übereinstimmung bringen lassen.

Den vier Testimonien sind somit folgende präzise Daten zu entnehmen: Euripides schrieb (nach den Berechnungen der Alexandriner) 92 Dramen (T. 1, T. 2, T. 4 κατὰ δὲ ἄλλους); davon waren 75 Tragödien (T. 3, T. 4 κατὰ μέν τινας, wobei δράματα als τραγωιδίας zu verstehen ist). Es haben sich unter Euripides' Namen 78 Dramen erhalten (T. 1, incl. drei unechte Stücke), nämlich 67 Tragödien (T. 2, wobei wiederum δράματα als τραγωιδίας zu verstehen ist, und noch drei unechte Tragö-

---

[38] Vgl. Wilamowitz 1875, 144: „a Varrone et mutilatum et prave intellectum est."

[39] Vgl. Wilamowitz 1875, 145: „Varro denique leviter inspecta eadem qua nos utimur vita ad eundem computum devenit, quem sub 2 (*i. e.* T. 1) vidimus". Stoessl 1967, 440: „Werke: 92 Tragödien [*recte* 92 Dramen] (γένος [*i. e.* T. 1, T. 2], Suda) oder 78 (Suda) [*recte* 75 (Suda)], offenbar die in Alexandria erhaltenen, darunter 3 unecht, daher 75 bei Varro (Gell. 17, 4, 3)." Lesky 1972, 280: „Eine andere Angabe nennt 75 als Gesamtzahl der Stücke [*recte* Tragödien] (Varro bei Gell. 17, 4, 3, Suda als Variante), womit natürlich die Zahl der erhaltenen gemeint ist. Ausdrücklich wird als solche im Genos 78 und im Suda-Artikel 77 angegeben."

dien hinzuaddiert werden), und acht Satyrspiele (T. 2, incl. einem unechten).[40]

Aus diesen Zahlenangaben läßt sich der Umfang des Euripideischen Satyrspieloeuvre mit 17 Stücken berechnen, von denen aber mehr als die Hälfte - nämlich neun Satyrspiele - Alexandria nicht mehr erreicht hatten, und eines als unecht galt (T. 2):[41]

Dramen insgesamt			Tragödien			Satyrspiele			
geschr.	erh.	unecht	geschr.	erh.	unecht	geschr.	erh.	unecht	
92	78				3				T. 1
92	(78)	(4)		67+3	3		8	1	T. 2
			75						T. 3
92	{77}		75*			(17)			T. 4
92	78	4	75	70	3	(17)	8	1	

Diese Rechnung bietet freilich nur eine Annäherung an den Kenntnisstand der Alexandriner. Sie erfaßt mit Sicherheit alle *in Athen* aufgeführten und daher in den Didaskalien festgehaltenen Dramen, von den nicht in Athen aufgeführten Stücken indessen nur diejenigen, die in Alexandria noch gelesen werden konnten. Man tut sicher gut daran, die Möglichkeit eines Verlustes eines dieser nicht in Athen aufgeführten Dramen sehr hoch anzusetzen, weil der Weg dieser Dramen in die Bibliothek von Alexandria völlig im Dunkel liegt. Andererseits ist in dieser Gruppe von Dramen der Anteil an Satyrspielen denkbar gering, denn das Satyrspiel des fünften Jahrhunderts zeigt sich eng mit

---

[40] Daß T. 4 in der Zahl der erhaltenen Dramen (77) von T. 1 und T. 2 (78) abweicht, ist dabei unerheblich, da es sich um eine noch für lange Zeit nachprüfbare Angabe handelt, die Spätere eigenmächtig ändern konnten. Wilamowitz (1875, 145) hält οζ’ (*i. e.* 77) für eine Verschreibung aus οη’ (*i. e.* 78).

[41] Erläuterungen zur Tabelle: Errechnete Werte stehen in runden, die irrtümliche Angabe steht in geschweiften Klammern; der Fall, wo die Gruppen ‚Dramen insgesamt‘ und ‚Tragödien‘ verwechselt wurden, ist mit einem Asteriskus gekennzeichnet. Die Kategorie ‚unecht‘ ist jeweils eine Teilmenge der Kategorie ‚erhalten‘; diese ist jedoch *keine* Teilmenge der Kategorie ‚geschrieben‘.

der Festspielpraxis der Großen Dionysien in Athen verknüpft, und es fehlen Zeugnisse für Satyrspielaufführungen anläßlich anderer Feste, so daß an der Zahl von 17 Satyrspielen wohl nicht zu rühren ist.

Eine Plausibilitätskontrolle für diese Rechnung ist von der Klärung der Frage zu erwarten, wieviele Dramen in den Didaskalien verzeichnet gewesen sind: 17 Satyrspiele entsprechen einer Zahl von 17 Dionysien, an denen Euripides teilgenommen hat, eine weitere Teilnahme (mit der Tragödie *Alkestis* anstelle eines Satyrspiels) ist für 438 v. Chr. gesichert.[42] T. 4 berichtet, daß Euripides 22 mal Dramen aufgeführt[43] und fünf Siege errungen habe, jedoch sei ihm der letzte Sieg postum zuerkannt worden. Das bedeutet, daß in den 22 Aufführungen jene seines Neffen (oder Sohnes) nicht mitgezählt ist,[44] denn die Formulierung ἐπιδειξαμένου τοῦ ἀδελφιδοῦ αὐτοῦ – ἐπιδείξατο δὲ (sc. αὐτός) spricht vielmehr dafür, daß drei Tragödien[45] aus dem Nachlaß zwar als weiterer Sieg des Euripides, aber natürlich nicht als weitere Teilnahme des Tragikers an den Dionysien verbucht worden sind (s. u. Anm. 49).

Es lassen sich also 18 Aufführungen anläßlich von Dionysien und eine postume Aufführung sichern. Für diese Aufführungen hat er 58 Tragödien[46] und 17 Satyrspiele geschrieben.

---

[42] Arg. (a) E. *Alc.* (Diggle 1 *p.* 34 = DID C 11): ἐδιδάχθη ἐπὶ Γλαυκίνου ἄρχοντος {τ} Ὀλ(υμπιάδος) ⟨πε΄ ἔτει β΄ (*i. e.* 438 v. Chr.)⟩. πρῶτος ἦν Σοφοκλῆς, δεύτερος Εὐριπίδης Κρήσσαις, Ἀλκμαίωνι τῶι διὰ Ψωφῖδος, Τηλέφωι, Ἀλκήστιδι.

[43] Neuerdings stellt Luppe (1997) die Zahl 22 in Frage. Es gibt indessen keinen Grund, an der Glaubwürdigkeit der beiden ältesten Handschriften zu zweifeln, die übereinstimmend diese Zahl nennen.

[44] Ebenso Luppe 1997, 94 Anm. 5; anders Kannicht 1996, 24. Nach Schol. Ar. *Ra.* 67 (= DID C 22) hat der gleichnamige Sohn und nicht der Neffe die Dramen aufgeführt (s. u.). Ein ähnlicher Vorfall ereignete sich 467 v. Chr., als Aristias Dramen (oder nur das Satyrspiel?) seines Vaters Pratinas aufführte (vgl. DID C 4). Aristias wurde allerdings nur zweiter.

[45] Schol. Ar. *Ra.* 67 (= DID C 22): οὕτω γὰρ καὶ αἱ Διδασκαλίαι φέρουσι, τελευτήσαντος Εὐριπίδου τὸν υἱὸν αὐτοῦ δεδιδαχέναι ὁμώνυμον ἐν ἄστει Ἰφιγένειαν τὴν ἐν Αὐλίδι, Ἀλκμαίωνα, Βάκχας. Ein Satyrspiel wurde also nicht gegeben, (zumindest keines, das der ältere Euripides geschrieben hatte).

[46] 17 × 3 Tragödien (zu den 17 Satyrspielen) + 1 × 4 Tragödien (des Jahres 438 v. Chr.) + 3 Tragödien, (die nach Euripides' Tod aufgeführt wurden) = 58 Tragödien.

Die verbleibenden (75 - 55 - 3 =) 17 Tragödien verteilen sich demnach auf (22 - 17 - 1 =) 4 weitere Aufführungen in Athen und eine unbekannte Zahl von nicht, oder nicht in Athen aufgeführten (und daher nicht in den Didaskalien verzeichneten) Tragödien. Von diesen vier weiteren Aufführungen ist nicht gesagt, ob es sich um Aufführungen anläßlich der Großen Dionysien oder der Lenäen handelte.[47] Euripides könnte anläßlich beider Feste Tragödien aufgeführt haben: jeweils vier Tragödien (davon eine ‚heitere' wie die *Alkestis*) zu den Großen Dionysien, jeweils zwei Tragödien zu den Lenäen. Zu berücksichtigen sind aber ferner mindestens zwei Tragödien,[48] die bei keiner der 22 in T. 4 bezeugten Aufführungen in Athen gespielt wurden, so daß man mindestens eine Teilnahme an den Lenäen annehmen muß.[49] Euripides hat also mindestens 18 Mal und höchstens 21 Mal zu den Großen Dionysien, mindestens einmal und höchstens viermal zu den Lenäen Dramen aufgeführt. Er hat bei diesen Agonen in Athen 17 Satyrspiele und mindestens eine, höchstens jedoch vier heitere Tragödien inszeniert. Neben den drei postum aufgeführten (*Iphigenie Aul.*, *Alkmaion Kor.*, *Bakchai*) fanden sich in der Bibliothek von Alexandria mindestens drei und höchstens neun Tragödien, die nicht, oder nicht in Athen

---

[47] Eine Teilnahme des Euripides an Lenäen-Agonen bestreiten Hoffmann 1951, 80; Russo 1960. Einen ersten Lenäen-Sieg des Euripides nimmt Luppe 1970, 5 f. für das Jahr 433/32 v. Chr. an; vgl. zuletzt Luppe 1997, 95 f. Über den Beginn der Lenäen-Agone vgl. Pickard-Cambridge 1968, 40.

[48] Schol. E. *Andr.* 445 (*Andromache*); Vita 2 *p.* 2 Schwartz (*Archelaos*); die Existenz weiterer Dramen, die nicht in Athen aufgeführt (und daher nicht in den Didaskalien verzeichnet) waren, ist sehr wahrscheinlich, s. o. Anm. 37.

[49] Ohne die Annahme zumindest eines Lenäen-Agons kommt man nur aus, wenn man die postume Aufführung als weitere Teilnahme des Euripides an den 22 Agonen in Athen verbucht, (17 Tragödien verteilen sich dann auf nur noch drei, nicht mehr vier Agone). Diese Rechnung verbietet sich aber, da in T. 4 nicht von 22 Inszenierungen Euripideischer Dramen die Rede ist, sondern von (Festspiel-) Jahren, in deren „ganzer Länge" Euripides inszenierte (ἐπιδείξατο δὲ ὅλους ἐνιαυτοὺς κβ'). Ob damit tatsächlich ein Zeitraum von zwölf Monaten gemeint ist, muß dahingestellt bleiben, doch trägt diese Nachricht sicher dem Umstand Rechnung, daß die Einstudierung von vier Dramen mit Laienchören einige Monate in Anspruch genommen hat.

aufgeführt worden waren, (darunter *Andromache* und *Archelaos*).[50]
Eine Rechnung $92 = 22 \times 4 + 4$ greift also auf jeden Fall zu
kurz.[51]

Wilamowitz (1875, 145) hatte darauf hingewiesen, daß die
Zahl der heute noch bekannten Euripideischen Dramen mit der
in den Testimonien (T. 1 kombiniert mit T. 2) genannten Zahl
jener Stücke, die noch in Alexandria vorhanden waren (70 Tragödien und acht Satyrspiele), übereinstimme[52] und daher mit
großer Gewißheit angenommen, daß die heute fragmentarisch
erhaltenen Dramen mit jenen in Alexandria vorhandenen identisch seien. Diese Annahme wurde ihm ein wichtiges Argument
in Echtheitsfragen. So hatte er (1919/62, 289 f.) auf der Grundlage dieser Annahme die Existenz eines *Phrixos B'* und eines
Autolykos B' akzeptiert,[53] aufgrund der einleuchtenden Überlegung aber, daß heute nicht mehr Dramen bekannt sein können
als in alexandrinischer Zeit, beide für διασκευαί gehalten, die
als bloße Überarbeitungen in einem Werkverzeichnis nicht gezählt worden seien.
    Wilamowitz' Annahme böte in der Tat eine hervorragende
Berechnungsgrundlage, doch lassen sich Unschärfen nicht vollkommen ausschließen: (1) Bei der großen Zahl von Titeln fragmentarisch erhaltener Dramen besteht die Möglichkeit, daß
Dramen unter verschiedenen Titeln,[54] respektive mehrere Dra-

---

[50] Diese Zahlen errechnen sich auf folgende Weise; die Verteilung von
17 Tragödien auf vier Agone erlaubt vier Möglichkeiten:
    (a) $(18 + 3 =)$ 21 Dionysien-Agone (17 Satyrspiele, 4 heitere Tragö-
dien) + 1 Lenäen-Agon + 3 außerhalb Athens aufgeführte Tragödien.
    (b) $(18 + 2 =)$ 20 Dion. (17 Sat., 3 heit. Trag.) + 2 Len. + 5 ausw. Trag.
    (c) $(18 + 1 =)$ 19 Dion. (17 Sat., 2 heit. Trag.) + 3 Len. + 7 ausw. Trag.
    (d) 18 Dion. (17 Sat., 1 heit. Trag.) + 4 Len. + 9 ausw. Trag.
[51] Hoffmann 1951, 80; Steffen 1971 a, 204 f.; Lesky 1972, 280. Es dürfen
natürlich - wie oft geschehen - auf keinen Fall die vier für *unecht* angesehenen Dramen als in den 92 *geschriebenen* enthalten gerechnet werden.
[52] Er strich *Kadmos*, *Lamia* (s. u. *p.* 177 ff.) und *Mysoi*, hielt *Peirithus*, *Rhadamanthys*, *Tennes* und das Satyrspiel *Sisyphos* für unecht, rechnete den *Epeios*
zu den Tragödien, und zu den Satyrspielen ein Drama, von dessen Titel
in der Inschrift vom Piräus (CAT B 1 TrGF 1) nur der erste Buchstabe
(Π) erhalten ist (dazu s. u.).
[53] Dazu noch (fälschlich) einen *Temenos B'*: Wilamowitz 1919/62, 289 f.
[54] So z. B. die Titel *Alope* und *Kerkyon*, *Polyidos* und *Glaukos*; vgl. auch
die *Bakchai*, die im Laurentianus mit *Pentheus* überschrieben sind, ein Titel,
unter dem auch Stobaios (3, 36, 9; 4, 23, 8) dieses Drama kannte (s. Luppe

men unter nur einem Titel[55] überliefert wurden, zumal wenn es
sich nur um kurze Fragmente und nicht um vollständige Stücke
handelte, die von Autor zu Autor weitergereicht wurden. Aus
diesem Grund ist eine Aussage darüber, ob Überarbeitungen in
Werkverzeichnissen mitgezählt worden sind, respektive umgekehrt, ob es sich bei den mit *B'* bezeichneten Stücken um
Überarbeitungen handelt, auf der Grundlage eines Titelver-
zeichnisses schwerlich zu treffen. Dagegen, daß es sich bei
diesen beiden Dramen um bloße διασκευαί handelt, spricht
indessen einerseits, daß in T. 1 sogar die für unecht gehaltenen
Dramen *Peirithus*, *Rhadamanthys* und *Tennes* nicht nur mit Titel
aufgeführt sind, sondern explizit unter die Zahl der erhaltenen
Dramen gerechnet werden (τούτων νοθεύεται τρία), andererseits, daß in der Sammlung von Hypotheseis Euripideischer
Dramen auf Papyrus (P. Oxy. 2455) der *Phrixos B'* eigens aufgenommen wurde (Hyp. F 32, *p.* 102 Austin), was bei einer bloßen
διασκευή wenig sinnvoll erscheint.

(2) Es besteht die Möglichkeit, daß ein Euripides-Zitat
bereits vor dem Lykurgschen Staatsexemplar der Tragikertexte
und vor der Aufnahme in die Bibliothek von Alexandria in die
Sekundärüberlieferung, etwa im Kreise des Peripatos, eingegangen ist und auf diesem Wege den Verlust des Originaltextes
überdauert hat.[56]

(3) Handelt es sich um bloße Titel, so können sehr wohl
auch in nachalexandrinischen Listen solange Titel von verlorenen Dramen erscheinen, wie sich didaskalische Informationen
über sie erhalten haben. Die von Bruno Snell (TrGF 1) zusam-
mengestellte Übersicht (DID C 1-24) über Reste von Didaska-

1988 b, 24). Für Aischylos und Sophokles existieren zahlreiche Überlegungen, inwieweit verschiedene Titel, unter denen Fragmente überliefert
sind, möglicherweise zu einem Drama gehören.

[55] So wurden verschiedene Dramen mitunter nur durch einen Titelzusatz unterschieden, z. B. *Autolykos, Hippolytos, Iphigeneia, Melanippe, Phrixos*.

[56] S. u. *Lamia*, *p.* 177 f. Ohne Angabe eines Titels überliefert Aristophanes (*Ra.* 1206-08. 1400 = Eur. F inc. 846. 888, letzteres von Austin fälschlich dem *Telephos* [*F 140] zugewiesen) zwei Fragmente aus Prologen von
Dramen, die Aristarch - nach Ausweis der Scholien *ad loc.* - im Euripideischen Corpus nicht mehr finden konnte.

lien bei antiken Autoren zeigt, daß diese Kenntnis - z. B. von einem Satyrspiel *Theristai* - noch sehr lange bestanden hat.[57]

Exkurs: Die Dramentitel auf dem *Marmor Albanum* (IG XIV 1152 = CIG 6047, IGUR 1508)

Zu den vier oben aufgeführten Testimonien zur Anzahl der Euripideischen Dramen kommt noch ein weiteres hinzu: die sehr wahrscheinlich kaiserzeitliche[58] Inschrift IG XIV 1152 = IGUR 1508, die 1704 auf dem Esquilin gefunden wurde und sich heute in Paris befindet (Abb. 1).[59] Die beiden Kolumnen waren an der Wand hinter einer sitzenden Euripides-Statue eingemeißelt.

Die Inschrift, die zahlreiche Verschreibungen und itazistische Fehler aufweist, enthält auf zwei Kolumnen einen Katalog Euripideischer Dramen in alphabetischer Reihenfolge. *Col.* 1 umfaßt die Stücke *Alkestis* bis *Herakl[es* (oder *Herakl[eidai*); der Rest der Kolumne ist abgebrochen. *Col.* 2 umfaßt die Titel *Kretes* bis *Orestes*. An dieser Stelle bricht die Inschrift ab; deutliche Reste einer *ordinatio* sind nicht erkennbar, gleichwohl gibt es klare Indizien, daß es eine solche gegeben hat.[60]

Das Höhenverhältnis von beschriebener und erhaltener zu nicht erhaltener Fläche in *col.* 1 beträgt 12 : 7, das bedeutet - da 26 Titel aufgeführt sind - theoretisch Raum für *ca.* 15 weitere Titel. Tatsächlich kommen aber nur acht Titel auf der abgebrochenen Fläche überhaupt in Frage. Zu ergänzen sind zwei mit H beginnende Dramen (entweder *Herakles* oder *Herakleidai*,[61]

---

[57] Natürlich ist auch ein Fehler bei der Angabe der Zahl der Satyrspiele nicht völlig auszuschließen, vgl. zum Beispiel die Angabe in der Aischylos-Vita (T 1, 50 TrGF 3): ἐποίησεν δράματα (*i. e.* τραγωιδίας) ο' (*i. e.* 70) καὶ ἐπὶ τούτοις σατυρικὰ ἀμφὶ τὰ ε' (*i. e.* 5). Die Übereinstimmung der verschiedenen Testimonien läßt aber in der Tat keinen Zweifel mehr offen (dazu s. u.).

[58] Die Inschrift datiert in das 2. Jh. n. Chr., Moretti *ad* IGUR 1508 (*p.* 14), dort auch Fundgeschichte und ältere Literatur.

[59] Paris, Louvre Ma 343. Abbildung nach Richter 1965. 1, 137 *fig.* 760.

[60] Das Photo läßt Spuren einer Bemalung erkennen, vgl. aber Kaibel *ad loc.*: „Testatur Froehnerus post Ὀρέστης fabulam nihil umquam scriptum fuisse, quod mirari possumus, causam tamen quaerere otiosum est."

[61] Da in *col.* 1, 26 nur Ηρακλ[erkennbar ist, kann - abweichend von der unten gegebenen Ergänzung Ηρακλ[εῖδαι - auch Ηρακλ[ῆς ergänzt

Elektra), zwei mit Θ (*Theseus, Thyestes*) und vier mit I beginnende Dramen (*Hiketiden, Ixion, Hippolytos, Ion*).

Abb. 1 (*Marmor Albanum* IG XIV 1152)

In *col.* 1 waren also mit großer Wahrscheinlichkeit insgesamt 34 Titel eingemeißelt. Geht man davon aus, daß der Steinmetz eine symmetrische Anordnung der Titel in beiden Kolumnen beabsichtigte, dann sind in *col. 2 ca.* 24 Titel zu den zehn vorhandenen zu ergänzen. In der Tat finden sich noch 24

werden; der jeweils andere Dramentitel stand dann in der folgenden Zeile.

Titel Euripideischer Dramen überliefert,[62] die sich somit genau in die Lücke fügen:[63]

col. 1

Ἄλκηςτιc
Ἀρχέλαος
Αἰγεύc
Αἴολος
5 Ἀλόπη (= Κερκύων)   (5)
Ἀντιγόνη
Ἀλκμέων (Α'/Β')
Ἀνδρομέδα
Ἀλέξανδρος   (10)
10 Αὔγη
Ἀνδρομάχη
Ἀντιγόνη (*recte* Ἀντιόπη)
Αὐτόλυκος (Α'/Β' cατ.)   (15)
Βάκχαι
15 Βελλεροφόντηc
Βούcιριc (cατ.)
Δίκτυc
Δανάη   (20)
Ἰφιγένεια (Α'/Β')
20 Ἑλένη
Ἰνώ
Ἑκάβη   (25)
Ἐρεχθεύc
Εὐρυcθεύc (cατ.)
25 Ἐπε‹ι›όc (cατ. ?)
Ἡρᾳκλ[εῖδαι ?
‹Ἡρακλῆc   (30)
Ἠλέκτρα
Θηcεύc
30 Θυέcτηc
Ἱκέτιδεc
Ἰξίων   (35)
Ἱππόλυτος (Α'/Β')
Ἴων›

col. 2

Κρῆτεc
Κρῆccα‹ι›   (40)
Κρεcφόντη{ε}c
Κύκλωψ (cατ.)
Λικύ‹μ›νιος
Μελάνιππος (*recte* Μελανίππη Α'/Β') (45)
Μήδεια
Μελέαγρος
Οἰνεύc
Οἰδίπουc
Ὀρέcτηc   (50)
‹Οἰνόμαος
Παλαμήδηc
Πελιάδεc
Πηλεύc
Πλειcθένηc   (55)
Πολύιδος (= Γλαῦκος)
Πρωτεcίλαος
Ῥῆcος
Cθενέβοια
Cίcυφος (cατ.) oder Cκίρων (cατ.) ?   (60)
Cκίρων (cατ.) oder Cυλεύc (cατ.) ?
Cκύριοι
Τήλεφος
Τημνενίδαι
Τήμενος   (65)
Τρωιάδεc
Ὑψιπύλη
Φαέθον
Φιλοκτήτηc
Φοῖνιξ   (70)
Φοίνιccαι
Φρῖξοc (Α'/Β')
Χρύcιπποc›   (74)

Bei der Symmetrie kann es sich kaum um einen Zufall handeln: Jeder Titel eines für echt angesehenen Dramas ist

---

[62] *Hippolytos* in *col.* 1 und *Phrixos* in *col.* 2 sind - ebenso wie im erhaltenen Teil der Inschrift *Alkmeon, Autolykos, Iphigeneia* und *Melanippe* - nur als jeweils *ein* Titel zu ergänzen.

[63] Im folgenden Text sind die itazistischen Fehler korrigiert und die bekannten Dramen ergänzt (Zahlen in Klammern zählen die Dramen; dabei ist ein Titel, den mehrere Dramen tragen, auch mehrfach gezählt).

einmal genannt, und zwar auch dann nur einmal, wenn es zwei
Dramen des gleichen Titels gibt. Es bestätigen sich damit die
aus den Testimonien gewonnenen Zahlen: 67 Tragödien und
sieben Satyrspiele wurden unter den erhaltenen Dramen für
echt angesehen. Die Hinzufügung der als unecht bezeichneten
Dramen *Peirithus*, *Rhadamanthys* und *Tennes*, die aufgrund der
alphabetischen Ordnung in *col. 2* zu denken wäre, würde die
Symmetrie empfindlich stören; gleiches gilt für das verdächtigte Satyrspiel, dessen Titel die Testimonien nicht nennen, und
das offensichtlich unter den drei Dramen zu suchen ist, deren
Titel mit Σ beginnen (*Sisyphos*, *Skiron*, *Syleus*).[64]

Die Vorlage für diese Inschrift war also offenbar eine
Liste, die alle im Altertum für echt angesehenen Dramen des
Euripides enthielt. Um Raum zu sparen, wurde auf jegliche
Zusätze zum Titel verzichtet, und jeweils ein Titel, den mehrere Dramen trugen - wie z. B. *Autolykos*, *Alkmeon* -, nur einmal
wiedergegeben.[65]
Eine besondere Berücksichtigung, (die an T. 2 erinnert),
scheinen auf dem *Marmor Albanum* die Satyrspiele erhalten zu
haben: Alle auf der Inschrift erkennbaren Satyrdramen (*Autolykos*, *Busiris*, *Eurystheus* und *Kyklops*)[66] sind jeweils *am Ende* der
Gruppe von Dramen mit gleichem Anfangsbuchstaben aufge-
führt - es ist unwahrscheinlich, daß es sich dabei um einen
Zufall handelt; vielmehr wird man darin das Rudiment einer
besonderen Rücksicht auf die Satyrspiele in der Vorlage erkennen, (ähnlich jener, die sich in T. 2 zeigt). Eine solche Sonder-
behandlung der Satyrspiele ist sonst an keiner Stelle zu beobachten: In den Papyrus-Hypotheseis sind die Satyrspiele will-
kürlich unter die Tragödien gereiht, ebenso im Titelverzeichnis
P. Oxy. 2456 und im Aischyleischen Dramenkatalog T 78 TrGF 3.

---

[64] Der (vollständig erhaltene) *Rhesos* galt dem Altertum trotz offen-
sichtlicher philologischer Kontroverse für echt (vgl. Arg. b *ad loc.*, Diggle
3 *p.* VI und *p.* 430 f.). Zur fehlenden *Alkmene* s. u. Interessanterweise fehlen
die schlecht bezeugten Titel *Kadmos* und *Lamia* (zu diesem Drama s. u.).

[65] Daß in Z. 12 die *Antigone* ein zweites Mal aufgeführt wird, ist eine
bloße Verwechslung mit der *Antiope*, die auf der Inschrift fehlt. Die
Verwechslung dieser beiden Dramen läßt sich auch bei Stob. 4, 19, 4 (zu
E. F 216) feststellen, wo die Handschriften zwischen beiden Titelangaben
schwanken.

[66] Zum *Epeios* s. u.

Zweierlei auf der Inschrift irritiert indessen: (1) Das Fehlen der für Euripides gut bezeugten *Alkmene*, das sich nur dadurch erklären läßt, daß das Drama unter einem anderen Titel verzeichnet war, es sich bei *Alkmene* also um einen Doppeltitel handelte.[67]

(2) Die Anführung eines an keiner anderen Stelle (und für keinen anderen Dichter) bezeugten Titels *Epeios*, die sich weit schwerer als bloßes Versehen erklären läßt als der Ausfall eines gut bezeugten Titels. Da das der Inschrift offenbar zugrunde liegende Konzept, zum einen alle *erhaltenen echten* Dramen des Euripides aufzulisten, zum anderen jedes Drama bzw. jeden Dramentitel nur einmal aufzuführen, erkennbar und in den übrigen Fällen mit anderen Zeugnissen in Übereinstimmung zu bringen ist, dürfte Vorsicht angebracht sein, einen nur an dieser Stelle bezeugten Titel allein aus diesem Grunde von vornherein zu verdächtigen.

Ergänzt man die Inschrift entsprechend den genannten Ordnungsprinzipien, muß man entweder annehmen, daß *Epeios* der Titel eines weiteren, sonst an keiner Stelle bezeugten Dramas, und *Alkmene* ein Doppeltitel ist, oder daß es sich bei dem *Epeios* um einen Irrtum handelt, dessen Zustandekommen sich allerdings um so schwerer erklären läßt, als er zugleich mit dem Ausfall der *Alkmene* einhergeht.

Geht man davon aus, daß *Epeios* der Titel eines Euripideischen Dramas ist, ergeben sich daraus weitergehende Folgerungen. Da der *Epeios* auf der Inschrift die Gruppe der mit E beginnenden Dramen abschließt (und unter dem Satyrspiel *Eurystheus* steht), muß es sich nach unserer Beobachtung um ein Satyrspiel handeln, „zu dem der plumpe Handwerker, der im Achäerlager als Wasserträger diente, wohl geeignet war".[68] Dies bedeutet allerdings, daß nur eines der beiden Autolykos-Dramen ein Satyrspiel gewesen sein kann.[69]

---

[67] Zu denken wäre etwa an den *Rhadamanthys* (Welcker 1841 2 *p.* 439. 690-94), den *Likymnios* (Hartung 1844 1 *p.* 534-42) oder die *Herakleidai*.

[68] Wilamowitz 1919/62, 289 Anm. 1.

[69] S. u. *Autolykos*, *p.* 39 f.

Den Testimonien zum Umfang des Euripideischen Corpus läßt sich also mit einiger Sicherheit entnehmen, daß Euripides 17 Satyrspiele geschrieben hat, von denen acht die Bibliothek von Alexandria erreicht haben: *Autolykos*, *Busiris*, *Epeios*, *Eurystheus*, *Kyklops*, *Sisyphos*, *Skiron* und *Syleus*. Eines der mit Σ beginnenden Stücke galt dem Altertum als unecht. Von den neun bereits in Alexandria verlorenen Satyrdramen sind immerhin zwei Titel bekannt: *Theristai* und *Lamia*.

In mindestens einem und höchstens vier Fällen hat Euripides anstelle eines Satyrspiels eine Tragödie mit *happy end* aufführen lassen: bezeugt ist dies allein für die *Alkestis*.

Euripides fälschlich zugeschriebene Satyrspiele

Da die Existenz eines *Autolykos B'* lange Zeit bestritten[70] respektive ein *Epeios* nicht in Betracht gezogen wurde, schien es opportun, nach jenem achten Satyrspiel zu suchen, das die Bibliothek von Alexandria erreicht hatte (vgl. Vita 2 f., *p.* 3 f. Schwartz, s. o. T. 1, T. 2), und von dem daher möglicherweise noch Spuren zu finden waren.

Bei seiner Rekonstruktion des alexandrinischen Werkverzeichnisses Euripideischer Dramen stieß Wilamowitz (1875, 158 f.) in einer Inschrift aus Piräus (IG II¹ 992 = IG II² 2363 = CAT B 1 TrGF 1), die in den Anfang des ersten Jahrhunderts v. Chr. datiert wird, auf den Rest eines Dramentitels, den er keiner der bekannten Tragödien zuordnen konnte und daher für das achte Satyrspiel hielt:

```
        Cκύριοι Cθενέβ[οια
40      c]άτυρο(ι) Cίcυ[φοc
        Θυέcτηc Θήcε[ὺc
        Δανάη Πολύϊ[δοc
        δεc· ᵛ Ἀλαι· Πλ[      Πα-
        λαμήδηc Π[
45      Πηλεὺc Π[          Πρω-
        τεcίλαοc [
        Φιλοκτήτη[c         Φοῖ-
        νιξ Φρίξοc Φ[
        ] Ἀφιδν[
50      Ἀλκ]μήνη Ἀλέ[ξανδροc
```

---

[70] S. u. *Autolykos*, *p.* 39 f.

] Εὐρυcθ⟨ε⟩ὺc [
]cτιc[

· · ·

In dieser Inschrift sind Spenden von *capsae* mit Euripides-Dramen aus einzelnen Demen (- die Namen Halai und Aphidna/Aphidnai sind in Z. 43 und Z. 49 erkennbar -) an eine Bibliothek in Piräus[71] verzeichnet. Lesbar sind sieben Dramentitel, die mit dem Buchstaben Π beginnen; ein achtes, die *Peliades*, konjizierte Wilamowitz am Ende von Z. 42 (Πολύϊ[δοc Πελιά-]| δεc·). Da er davon ausging, daß alle Tragödien, die sich in Alexandria erhalten hatten (67+3), bekannt seien, aber nur sieben von ihnen mit Π beginnen, wies er dieses achte Drama der Gruppe der Satyrspiele zu, in der noch die Stelle des achten in Alexandria erhaltenen Satyrdramas frei zu sein schien.[72]

Zu zaghaften Versuchen, das ominöse Drama Π[... zu identifizieren, kam es erst fast ein Jahrhundert später: Steffen (1971 a, 218) erwog einen Titel *Palaistai* und die Zuweisung der Hypothesis P. Oxy. 2455 *fr.* 19, an deren Anfang ein pluralischer Titel zu ergänzen ist (Παλαιcταὶ cάτυροι] ὧν ἀρχή), zu diesem neugewonnenen Satyrdrama. Das Hypothesisfragment erwies sich allerdings vier Jahre später als Inhaltsangabe zu den *Phoinissai*.[73] Die Ergänzung des Titels bleibt ebenso spekulativ wie jene von Luppe (1988 b), der ein Satyrspiel *Pentheus* in der Inschrift ergänzen will, von dem sich Reste einer Hypothesis P. Oxy. 2455 *fr.* 7 (= Hyp. F 17 Austin) erhalten hätten, in der er einen Ausschnitt des Dionysos-Mythos glaubt ausmachen zu können.

In der Tat macht der Anfangsbuchstabe Π in der Inschrift die Annahme eines achten Dramas, das mit Π beginnt, keineswegs erforderlich. Die ersten beiden mit Π beginnenden Stücke

---

[71] Zweifelnd Wilamowitz 1875, 141; Zuntz 1965, 251 Anm. 6; Snell im App.

[72] Vgl. Wilamowitz 1919/62, 289 Anm. 1: Entweder sei der *Epeios* ein Satyrspiel und das mit Π beginnende Drama eine Tragödie oder umgekehrt. Die Existenz eines *Autolykos B'* hatte er 1875, 158 noch zurückgewiesen, 1919/62, 289 f. zwar akzeptiert, doch mit der Einschränkung, daß dieses Drama als bloße διαcκευή nicht die Stelle des achten in Alexandria noch vorhandenen Satyrspiels einnehme.

[73] Haslam 1975, 151. S. auch *Lamia, p.* 180 f.

(*Z. 42 f. Polyidos, Peliades*?[74]) wurden offensichtlich von einem anderen Demos gespendet als die folgenden sechs (*Pleisthenes, Palamedes, P[..., Peleus, Peirithus* und *Protesilaos*). Es gibt aber keinen Grund anzunehmen, daß zwei Demen nicht auch dasselbe Drama gespendet haben können, so daß die Bibliothek hernach mehrere Exemplare dieses Dramas besaß. Ohne Zweifel kann also Z. 44 ein weiteres Mal *Polyidos* oder *Peliades* ergänzt werden.[75]

Sutton (1976, 78 f.)[76] glaubte, in Z. 39 dieser Inschrift darüber hinaus noch ein Satyrspiel mit einem pluralischen, mit Σ beginnenden Titel ergänzen zu können, der dem Titelzusatz cάτυρο(ι) in Z. 40 vorausgegangen sein müsse. Gewöhnlich wird der Titelzusatz cάτυροι nur für pluralische Titel verwandt (z. B. Θεριcταὶ cάτυροι), während ein singularischer Titel mit einer Form des Adjektivs cατυρικόc versehen wird, doch gibt es auch Ausnahmen.[77] Da - von den verlorenen *Theristai* einmal abgesehen, die kaum im ersten Jahrhundert v. Chr. in einer Bibliothek in Piräus vorhanden gewesen sein können, - unter Euripides' Satyrspielen keines mit einem pluralischen Titel bekannt ist, ging Sutton davon aus, daß zwischen *Stheneboia* und *Sisyphos* ein anderweitig unbezeugtes Satyrspiel gestanden haben müsse, dessen Titel wahrscheinlich mit Σ begonnen habe, weil eine alphabetische Ordnung auf dieser Inschrift leidlich eingehalten werde. Suttons Argument reicht indessen nicht aus, da es genügend Ausnahmen von der Konvention der Titelzusätze gibt. Ebensowenig vermag Luppes Ergänzung CΘενέβ[οια Cυλεύc A' B' | c]άτυρο(ι) zu überzeugen, da es für einen *Syleus B'*, dessen Hypothesis auf Papyrus (P. Oxy. 2455 *fr.* 5 = Hyp. F 16, F 18 Austin) den Verlust des Dramentextes überlebt haben soll,

---

[74] Da eine alphabetische Ordnung offenbar nicht konsequent eingehalten wurde, könnte Z. 42 f. auch Πολύϊ[δοc Ἱκέτι-]|δεc· ergänzt werden, womit sich das Problem eines achten mit Π beginnenden Dramas gar nicht erst ergäbe. Vgl. auch Sutton 1974 b, 50; Luppe 1986, 241 Anm. 37.

[75] Für diesen Hinweis danke ich Prof. Dr. Richard Kannicht.

[76] Vgl. Sutton 1980 c, 68.

[77] Zu dieser Konvention vgl. Steffen 1971 a, 217 f.; Steffen 1971 b, 32 f. Steffen nennt: Galen. *in Hippocr. Epidem. libr. VI comm.* 1, 29 (= S. F 538. 539: ἐν Cαλμονεῖ cατύροιc); Strab. 1, 3, 19 *p.* 60 c (= 19 Ion F 18: ἐν 'Ομφάληι cατύροιc); Philod. *de piet. p.* 36 Gomperz (= 20 Achaios F 20: ἐν E[ὐ]ριδι cατ[ύρ]οιc).

keine Evidenz gibt. Luppes Annahme setzt die Verfasserschaft des Dikaiarchos an den Euripideischen Papyrus-Hypotheseis voraus, die auf diese Weise den Kenntnisstand des Peripatos reflektierten und folglich auch in Alexandria verlorene Dramen behandeln konnten.[78] Die Frage nach Dikaiarchs Verfasserschaft kann an dieser Stelle nicht diskutiert werden, doch sei das in unserem Zusammenhange wichtigste Argument genannt: Die nicht unbeträchtlichen Papyrus-Funde haben nicht einen Titel eines Dramas zum Vorschein gebracht, das nachweislich in alexandrinischer Zeit schon verloren war wie z. B. die *Theristai*. Solange aber dieser Beweis für das hohe Alter der Papyrus-Hypotheseis nicht zu erbringen ist, sind alle Annahmen, die auf Dikaiarchs Verfasserschaft gründen, bloße Spekulation.[79] Mit Sicherheit ausgeschlossen ist aber, daß sich ein Drama, das die Bibliothek von Alexandria nicht mehr erreichte, im ersten Jahrhundert v. Chr. als Buchspende eines attischen Demos an die Bibliothek eines anderen inschriftlich verzeichnet finden kann.

Der Versuch, über die in den Testimonien (s. o. T. 1, T. 2) genannte Zahl von acht Satyrspielen, die sich in Alexandria erhalten hatten, hinaus weitere Satyrdramen, etwa unter den fragmentarisch erhaltenen Stücken, zu identifizieren, ist nahezu aussichtslos: Von den Dramen, die Alexandria nicht mehr erreicht haben, gibt es allenfalls Titel aus den Didaskalien (wie z. B. *Theristai*); Einzelfragmente (wie wahrscheinlich von der *Lamia*) müßten bereits in voralexandrinischer Zeit in die Sekundärüberlieferung eingegangen sein (s. o.).

---

[78] Dikaiarch ist als Verfasser von Hypotheseis bei Sextus Empiricus *M.* 3, 3 (καθὸ καὶ τραγικὴν καὶ κωμικὴν ὑπόθεϲιν εἶναι λέγομεν καὶ Δικαιάρχου τινὰϲ ὑποθέϲειϲ τῶν Εὐριπίδου καὶ Ϲοφοκλέουϲ μύθων, οὐκ ἄλλο τι καλοῦντεϲ ὑπόθεϲιν ἢ τὴν τοῦ δράματοϲ περιπέτειαν) und in der Hypothesis (b) zum *Rhesos* genannt (ὁ γοῦν Δικαίαρχοϲ ἐκτιθεὶϲ τὴν ὑπόθεϲιν τοῦ Ῥήϲου γράφει κατὰ λέξιν οὕτωϲ· [es folgt F 1108 N²]).

Zuntz 1955, 143-46 ließ nach eingehender Untersuchung der verschiedenen Hypothesis-Formen die Frage nach dem Verfasser der 'Tales from Euripides' offen; Haslam 1975, 150-56 trat für Dikaiarchos als Verfasser ein, gefolgt von Erbse 1984, 224; Luppe 1985 a, 610-12 (vgl. Luppe 1988 b, 18), obwohl Rusten 1982 kaum zu widerlegende Einwände gegen die Autorschaft des Dikaiarchos vorgebracht hatte. Vgl. auch Kassel 1985. Gegen Dikaiarch als Verfasser der Hypotheseis zuletzt Kannicht 1996, 29.

[79] Zu P. Oxy. 2455 *fr.* 5 s. u. *Sisyphos*, *p.* 196 ff.

Dana F. Suttons (1978 a) Annahme, der bislang als Tragödie angesehene *Theseus* sei ein Satyrspiel,[80] ist daher bereits im Ansatz verfehlt. Seine Argumente vermochten jedoch auch dann nicht von der Satyrspielqualität des *Theseus* zu überzeugen, wenn man nicht an die Zahl Acht gebunden wäre: (1) In F 384 spreche *serio-comic bloodiness*, in F 382 die allzu große Belanglosigkeit der Verse gegen den Charakter der Tragödie. Es ließen sich aber - selbst wenn Suttons Einschätzung der beiden Fragmente zuträfe - allenthalben Parallelen aus der griechischen Tragödie beibringen. (2) Für ein satyrhaftes Drama *Ariadna*,[81] das Pomponius nach Porphyrius *ad* Hor. *Ars* 221 geschrieben haben soll, wäre nach Ausweis der Beleglage ein *Theseus satyrikos* die einzige gut passende Vorlage, doch muß der Referenztext eines satyrhaften Dramas - wenn denn Pomponius tatsächlich eine *Ariadna* geschrieben hat, und der *Theseus* tatsächlich der Referenztext für dieses Drama ist - keineswegs ein Satyrspiel sein. (3) Die Überwältigung eines Ogers (des Minotauros durch Theseus) sei ein häufig benutztes Satyrspielmotiv. Das ist unbestritten richtig, doch ist das Thema der Überwindung eines Ogers gerade bei Euripides keineswegs auf die Satyrspiele beschränkt (vgl. z. B. *Helene* und *Iphigeneia Taur.*). Für die Annahme eines *Theseus satyrikos* fehlt also jegliche Grundlage.

---

[80] Vgl. auch Sutton 1980 c *passim*, bes. 67. 93; Sutton 1985 a.

[81] Es kann sich natürlich nicht um ein römisches Satyrspiel handeln, vgl. Welcker 3, 1363 f. Der Titel sticht innerhalb der Atellanen des Pomponius durch seine Zugehörigkeit zur griechischen Mythologie hervor; andere mythologische Titel, die auf eine Art Satyrspiel schließen lassen, existieren nicht. Von Ribbeck (Index, 2 *p.* 503) wird sogar die Authentizität des Dramas bestritten.

Autolykos

Identität

Unter Euripides' Namen und dem Titel *Autolykos* sind vier Fragmente überliefert, zu denen zwei Testimonien (Diomedes Gramm. Lat. 1 *p.* 490 Keil; Tzetzes *H.* 8, 435-53 Leone) kommen, die neben Autor und Titel auch die Satyrspielqualität *eines* Dramas *Autolykos* sichern.

Auf die Existenz *zweier* Stücke dieses Titels weist der Kontext, in dem F 282 bei Athenaios (10, 413 c) zitiert ist: Die von ihm angeführten 28 Verse hat er dem *ersten Autolykos* entnommen (Εὐριπίδης ἐν τῶι πρώτωι Αὐτολύκωι λέγει κτλ.). Ein weiterer Hinweis auf die Existenz zweier Autolykos-Dramen findet sich in dem zuerst 1939 publizierten P. Vindob. G 19766 *verso*, Z. 7, dem Anfang einer Hypothesis:] Αὐτόλυκος α[,[1] der jedoch erst in den Arbeiten von Wolfgang Luppe und Guido Bastianini (1989) sowie Richard Kannicht (1991) die gebührende Beachtung fand. An der Existenz eines *Autolykos A'* und folglich auch eines *Autolykos B'* kann also durch Athenaios' Nachricht und den P. Vindob. G 19766 kein Zweifel bestehen.[2]

Von den vier Fragmenten, die unter dem Titel *Autolykos* überliefert werden, sind zwei ausdrücklich als Satyrspielfragmente bezeugt (F 283. 284), die ihrerseits die Existenz eines Satyrspiels *Autolykos* in der Bibliothek von Alexandria sichern. Die beiden anderen Fragmente lassen sich aufgrund ihrer Sprache und ihres Tons dem Satyrspiel zuweisen,[3] darunter F 282,

---

[1] Text nach Kannicht 1991 a, 97 (s. u. *p.* 42).

[2] Die Existenz zweier Autolykos-Dramen war lange Zeit umstritten: Nauck (TGF[1]) vermutete, daß ἐν τῶι πρώτωι für ἐν τῶι cατυρικῶι in den Text gelangt sei; Meineke (1867, 354) versuchte πρώτωι aus einer Dittographie ἐν τῶι α αὐτ. zu erklären; Schmid (1936) schließlich ging davon aus, daß Athenaios nicht den Titel des Dramas, sondern die Stelle, die es in einer (nirgendwo bezeugten) alphabetischen Aufzählung von Satyrspielen einnahm, als Quelle angab: ἐν τῶι πρώτωι cατυρικῶι. Später sei die erklärende Glosse, die den Titel *Autolykos* hinzusetzte, in den Text geraten und habe das Wort cατυρικῶι ersetzt.

[3] F 282: s. u. *ad* V. 5 γνάθου. νηδύοc. V. 11 φοιτῶc'. V. 12 τρίβωνεc. V. 17 γνάθον. F 282 a: s. u. *ad* V. 2 ἀνδρίον.

d. h. daß es sich bei dem *Autolykos A'* um ein Satyrspiel handelt.
Nur eines der beiden Autolykos-Dramen ist aber als Satyrspiel
bezeugt, und nur eines von ihnen kann überhaupt ein Satyrspiel
sein (s. o Einleitung, *p.* 19), da es sich bei dem *Autolykos* um eines der acht in der Bibliothek von Alexandria noch *erhaltenen*
Satyrspiele handeln muß, die alle mit ihrem Titel bekannt
sind.[4] Alle vier Fragmente stammen also aus dem Satyrspiel
Autolykos A'. Auch mythographische und archäologische Zeugnisse, die zwar nicht mit letzter Sicherheit, aber doch mit sehr
hoher Wahrscheinlichkeit auf Euripideische Dramen zurückzu-
führen sind, weisen auf zwei unterschiedliche Sujets, ohne daß
man ihnen ein Indiz für die Satyrspielqualität auch des anderen
Autolykos-Dramas entnehmen könnte (s. u. *p.* 88 ff.). Der *Autolykos B'* könnte eine Tragödie gewesen sein, die - wie die *Alkestis*
- anstelle eines Satyrspiels aufgeführt worden ist; die Handlung
dieses Dramas findet sich möglicherweise bei Hygin *fab.* 201
nacherzählt.

Für die Datierung auch nur eines der beiden *Autolykoi* oder
die Zuweisung zu anderen, in demselben Agon aufgeführten
Dramen fehlen entsprechende Nachrichten. Aussichtslos sind
Suttons Versuche, dennoch beide Dramen einer bestimmten
Schaffensperiode des Euripides zuzuweisen. Metrische Beobachtungen brachten ihn zu dem Schluß, daß F 282, in dem er
eine Quote von 10,7 % aufgelösten Trimetern ermittelte, in den
frühen bzw. mittleren Zwanziger Jahren des fünften Jahrhunderts v. Chr. entstanden sein müsse, während F 283. 284 aus
einem Drama stammen müsse, das mindestens ein Jahrzehnt
nach dem ersten *Autolykos* zur Aufführung gelangt sei, denn er
interpretierte beide Fragmente als trochäische Tetrameter, die
Euripides in den 415 v. Chr. aufgeführten *Troades* zum *ersten* Mal
verwendet habe (Sutton 1974 e). Natürlich bieten weder die 28
Verse von F 282 eine ausreichende Grundlage, um anhand von
Trimeterauflösungen datieren zu können,[5] noch lassen sich

---

[4] Bekannt sind: *Autolykos* (*A'*), *Busiris*, *Epeios*, *Eurystheus*, *Kyklops*, *Sisyphos*,
Skiron und *Syleus* (s. o. Einleitung, *p.* 19 ff.).

[5] Auch in späten Dramen lassen sich Passagen entsprechender Länge
mit geringer Auflösungsrate finden: z. B. *Tr.* 468-94 nur vier Trimeterauflösungen, *Tr.* 618-46 sogar nur zwei. Fraglich ist darüberhinaus, ob die
Quote der Trimeterauflösungen in Euripides' Satyrspielen dieselbe Aussagekraft für die Datierung besitzt wie in seinen Tragödien. Bei ihrem

F 283. 284 eindeutig als trochäische Tetrameter lesen (s. u. *ad loc*). Darüber hinaus ist keineswegs sicher, daß 415 v. Chr. ein *terminus post quem* für trochäische Tetrameter in Euripideischen Satyrspielen sein muß.

Inhaltliche Überlegungen ließen Sutton (1980 c, 60) für den *Autolykos A'* noch einen zweiten Datierungsansatz verfolgen: Außer Euripides hat offenbar kein griechischer Dramatiker den Autolykos-Stoff bearbeitet,[6] doch gibt es eine Komödie gleichen Titels von Euripides' Zeitgenossen Eupolis, die 420 v. Chr. aufgeführt wurde,[7] und in der der Sieg eines Athleten namens Autolykos an den Panathenäen des Jahres 422 v. Chr. verspottet wurde.[8] Aufgrund der Athleteninvektive in F 282 vermutete Sutton, daß dieser Sieg auch das Euripideische Satyrspiel inspiriert habe, jedoch ist die Textgrundlage für einen so weitreichenden Schluß zu gering, so daß Suttons Vermutung bloße Spekulation bleibt.

Intertextuelle Referenzen zwischen Euripides' Satyrspiel und Eupolis' Komödie lassen sich nicht erkennen, so daß 420 v. Chr. sowohl als *terminus ante quem* als auch als *terminus post quem* ausfällt.

Testimonien

IG XIV 1152 = IGUR 1508 *col.* 1, 13

(...)
12   ΑΝΤΙΓΟΝΗ

Versuch, die Fragmente Euripideischer Dramen in eine relative Chronologie der erhaltenen Stücke zu integrieren, beschränken sich beispielsweise Cropp/Fick 1985 auf die Tragödienfragmente. Zur Problematik vgl. Hose 1995, 199 f.

[6] Sophokles F 242, 2 ist ein anderer Autolykos, der Sohn des Erichthonios, gemeint.

[7] F 48-75 PCG 5. Zur Datierung vgl. Storey 1990, 9. Durch mehrere Zeugnisse sind wir relativ gut darüber informiert, daß Eupolis sein Drama selbst überarbeitete. Storey 1990, 28 f. datiert Eupolis' *Autolykos B'* in das Jahr 419 oder 418 v. Chr.

[8] Die Siegesfeier für Autolykos ist der Anlaß für Xenophons *Symposion*; vgl. Ath. 5, 216 d.

ΑΥΤΟΛΥΚΟΣ
ΒΑΚΧΑΙ
(...)

P. Vindob. G 19766 *verso* [9]

6   ] τὸ δρᾶμα Εὐ̣[ρ]ι̣π̣(ίδου)
      ]   Αὐτόλυκος α[’]
8   Αὐτόλ]υ̣κος Ἑρμοῦ . [. . . (.)] . τιαφ[
        ]ωγ[
        * * *

8 τιαφ[Luppe/Bastianini : τί δὲ̣ [Oellacher, Gallo. (Am Ende dieser Zeile nehmen Luppe/Bastianini den Ausfall von ca. sieben, am Anfang der folgenden Zeile von ca. neun Buchstaben an).

7. **Αὐτόλυκος α[’].** Die Hypothesis wird in das zweite Jahrhundert datiert und stammt aus der Feder eines Schülers.[10] Die Zeilenanfänge des Papyrus sind zerstört, und der Dramentitel in Z. 7 ist nur darum vollständig lesbar, weil er - wie in vielen vergleichbaren Fällen - eingerückt ist.[11] Verwunderlich ist, daß nicht nur ein Zusatz cατυρικός fehlt (vgl. P. Strasb. 2676 Aa: Cυλεὺc cατυ]ρικό[c),[12] sondern auch die Ordinalzahl in abgekürzter Form erscheint (vgl. P. Oxy. 2455 *fr.* 14: Φρῖ[ξ]ος πρῶτος und P. Oxy. 2455 *fr.* 17: Φρῖξος δεύ[τ]ερ[ος]): Zu erwar-

---

[9] Text nach Kannicht 1991 a, 97. Erstherausgeber: Oellacher 1939, 52 f. (Nr. XXXII) (vgl. Körte 1941, 137 f.); vgl. Gallo 1980, 341-48; Luppe/Bastianini 1989, 33 f.

Daß P. Oxy. 3650 Z. 56-65 den Anfang der Hypothesis zu einer der beiden Autolykos-Dramen enthält, ist sehr unwahrscheinlich, vgl. Luppe 1985 c, 14-16; dieser Papyrus kann daher hier außer acht bleiben.

[10] Der Papyrus besteht aus drei Teilen: Der erste ist nicht identifizierbar, der zweite ist ein Apophthegma des Kynikers Diogenes von Sinope (fr. V B 227 Giannantoni), der dritte die *Autolykos*-Hypothesis. Das bislang unpublizierte *recto* enthält offenbar einen Rechnungsbeleg von anderer Hand (Luppe/Bastianini 1989, 31).

[11] Luppe/Bastianini (1989, 34 f.) nehmen an, daß er nachträglich als Präzisierung (und deshalb mit kleinerem Zeilenzwischenraum) unter Z. 6 τὸ δρᾶμα Εὐ̣[ρ]ι̣π̣(ίδου) gesetzt wurde.

[12] P. Strasb. 2676 gehört in dieselbe Sammlung von Hypotheseis wie P. Oxy. 2455, vgl. Haslam 1975, 150 Anm. 3.

Luppe/Bastianini 1989, 34 Anm. 9 schließen eine Kennzeichnung als Satyrspiel sowohl für die erste (τὸ δρᾶμα c̣α̣[τ]υ̣( )) als auch für die zweite Zeile (Αὐτόλυκος c̣[ατυ( )]) aus.

ten wäre der Titel Αὐτόλυκος πρῶτος cατυρικὸς; gleichwohl würde auch jeder andere Zusatz zum Titel auf die Existenz *zweier* Autolykos-Dramen hindeuten. Die Abweichungen von der Form der Hypotheseis P. Oxy. 2455 *etc.* (s. u. *ad* V. 8) erlauben keine weiterreichenden Schlüsse (wie etwa den, daß es sich beim *ersten Autolykos* möglicherweise um eine Tragödie und nur beim *zweiten Autolykos* um ein Satyrspiel gehandelt habe).

8. Αὐτόλ]υκος Ἑρμοῦ. Beginn der Inhaltsangabe;[13] Luppe/Bastianini erwägen drei mögliche Interpretationen: (1) In Z. 8 könnte τι als Indefinitpronomen zu einem vorangehenden Akkusativobjekt gehören und die folgenden Buchstaben zu einem Wort wie ἀφ[ελόμενος - dann gehörte zur Voraussetzung des Dramas, daß Autolykos seinen Vater Hermes bestohlen hätte. (2) Die Buchstabengruppe τια in Z. 8 könnte zu einem Akkusativobjekt (Plural eines Neutrums) gehört haben, das folgende φ zu einem Partizip wie φ[έρων - dann hätte Autolykos irgendetwas weggetragen (?), das Hermes gehört (oder von ihm stammt). (3) Die Buchstabengruppe τια in Z. 8 könnte auch zu einem femininen Substantiv im Dativ gehören, wodurch sich zahlreiche Deutungsmöglichkeiten ergeben.[14] Die größte Wahrscheinlichkeit hat aber die Deutung von Ἑρμοῦ (Z. 8) als Angabe des Vaters (z. B. Ἑρμοῦ [παῖς, vgl. Tzetzes *H.* 8, 435 und die Hypothesis zu den *Skyrioi* des Euripides, PSI 1286, 12: Θέτιδος τοῦ παιδὸς Ἀχιλλέω[ς κτλ.).

Diomedes, Gramm. Lat. 1 *p.* 490 Keil

Latina Atellana a Graeca satyrica differt, quod in satyrica fere Satyrorum personae inducuntur, aut siquae sunt ridiculae similes Satyris, Autolycus Busiris; in Atellana Oscae personae, ut Maccus.

---

[13] Der Annahme, daß es sich - analog zu der Praxis in den Hypotheseis z. B. P. Oxy. 2455 - um den ersten Vers des Dramas handle, würde der Zeilenanfang von Z. 8 nicht im Wege stehen, doch sind Zweifel angebracht, denn in Z. 9 ist die dann wohl ebenfalls zu erwartende Standardformulierung ἡ δ' ὑπόθεσις· ausgeschlossen, da sich der lesbare Teil der Zeile (]ωγ[) zu weit rechts befindet, als daß er noch zu einem Versende des Anfangsverses aus Z. 8 gehören könnte (vgl. P. Oxy. 2455 *fr.* 6, 76). Zu den Hypotheseisstandards vgl. Coles/Barnes 1965, 53 (zu P. Oxy. 2455 vgl. Luppe 1985 c, 14 f.).

[14] Luppe/Bastianini 1989, 36: „Autolico, per la ... di Hermes ...".

1. *fere*. Diomedes scheint das zentrale Element des Satyrspiels in Frage zu stellen, wenn er sagt, daß in Satyrspielen *gewöhnlich* Satyrn aufgetreten seien (oder andernfalls ihnen ähnliche, lächerliche Figuren). Diese Stelle und die Tatsache, daß Euripides 438 v. Chr. anstelle eines Satyrspiels die *Alkestis*, eine Tragödie mit burlesken Zügen und *happy end*, aufführen ließ, gaben Anlaß, die Existenz von Satyrspielen *ohne* Satyrchor anzunehmen.[15] Diomedes war aber offensichtlich falsch informiert, denn neben Autolykos und Busiris treten in den als Beispiel genannten gleichnamigen Dramen[16] Satyrn auf (vgl. Tz. *H.* 8, 448-50 zum *Autolykos*: ἐδίδου [*sc.* Αὐτόλυκος] πάλιν | ἢ ϲειληνὸν ἢ ϲάτυρον, γερόντιον ϲαπρόν τι, | ϲιμόν, νωδόν, καὶ φαλακρὸν, μυξῶδεϲ, τῶν δυϲμόρφων, und die Hypothesis zum *Busiris*, P. Oxy. 3651, 27: c]ᾳτυροι[17] προ.[ ). Wie also ist Diomedes' Fehler zu erklären? Wenngleich nicht auszuschließen ist, daß Euripideische Satyrspiele auch im vierten nachchristlichen Jahrhundert noch eingesehen werden konnten, so ist doch viel wahrscheinlicher, daß Diomedes nur eine Liste mit Euripideischen Dramentiteln (vergleichbar P. Oxy. 2456) vorlag, auf der Satyrspiele durch den Zusatz ϲατυροι oder ϲατυρικόϲ (bzw. ϲατυρική) gekennzeichnet waren. Eine solche Liste mußte noch nicht einmal - etwa auf der Grundlage von didaskalischen Informationen - *alle* Euripideischen Titel erfassen. Das Nebeneinander der beiden Zusätze, die generell die Satyrspielqualität

---

[15] Decharme 1899, Walker 1920, 1-17 (bes. 4) rechnet *Alkestis*, *Archelaos*, *Autolykos B'* und *Busiris* unter die "*quasi satyrica*", ohne jedoch Diomedes explizit zu erwähnen. Vgl. auch Rossi 1972, 254 Anm. 15; Churmuziadis 1974, 115-20.

[16] Autolykos und Busiris sind - soweit die Überlieferung ein solches Urteil zuläßt - nur in den gleichnamigen Euripideischen Satyrspielen aufgetreten.

[17] Steffen 1971 a, 215 f. nimmt an, daß mit *Autolycus Busiris* (Z. 2) auf jeweils ein Satyrspiel mit Satyrn (das Drama *Autolykos*) und eines ohne Satyrn (das Drama *Busiris*) hingewiesen wird, und er gründet seine Vermutung auf zahlreiche Vasenbilder, die Busiris mit negroiden Figuren zeigen (vgl. Schmid/Stählin 624 f.; Cockle in P. Oxy. LII [1984] *p.* 18). Tatsächlich gibt es aber Hinweise darauf, daß auf Vasenbildern neben negroiden Helfern des Busiris auch zusätzlich Satyrn dargestellt worden sind (s. u. *Busiris*). Nichts hingegen deutet darauf hin, daß Diomedes in Z. 2 Dramentitel und nicht die Namen von Dramenfiguren aufgelistet hat: Es kann kein Zweifel daran bestehen, daß Autolykos und Busiris als *ridiculae personae* genannt werden, die nach Diomedes' Ansicht *anstelle* von Satyrn in den *Graeca satyrica* auftraten.

kennzeichnen, konnte leicht zu Diomedes' Irrtum führen.[18] Ein Titel Αὐτόλυκος cατυρικόc könnte also Diomedes dazu verleitet haben anzunehmen, daß Autolykos eine *persona ridicula similis satyris* in einem Drama *ohne* Satyrn (im Gegensatz beispielsweise zu einem Satyrspiel Θεριcταὶ cάτυροι) gewesen sei. Schließlich ist überhaupt fraglich, ob Diomedes tatsächlich die Satyrdramen *Autolykos* und *Busiris* gelesen hat; daß er z. B. den *Kyklops* (und den in diesem Drama auftretenden Heros Odysseus) offensichtlich nicht kennt, zeigt bereits der nächste Abschnitt (Gramm. Lat. 1 *p.* 491 Keil):

Satyrica est apud Graecos fabula, in qua item tragici poetae non heroas aut reges sed satyros induxerunt ludendi causa iocandique, (...).

Diese Stelle zeigt darüber hinaus, daß Churmuziadis (1974, 118 f.) mit seiner Annahme, daß Diomedes' Nachricht einer besonderen Entwicklung des Euripideischen Satyrspiels Rechnung trage, fehl geht. In seinem Kapitel über den Satyrspielhelden (*p.* 115-20) hatte er für den Euripideischen *Kyklops* eine Schwerpunktverlagerung von der Orchestra zur Skene konstatiert, also von Silen und den Satyrn zu den Protagonisten, - ein Zurücktreten der Bedeutung des Chores zugunsten der handelnden Figuren, das sich fraglos innerhalb der Tragödie des fünften Jahrhunderts generell beobachten läßt. Dies habe für das Satyrspiel zur Folge, daß die Protagonisten in immer stärkerem Maße ,satyrische' Qualitäten annähmen. Wie Silenos sei auch Polyphem eine „satyrische" Figur (*p.* 118), auf die sich zunehmend die Komik des Dramas stütze. Deutlich zu Tage trete diese „Abweichung" (*p.* 119) vom Ethos des tragischen Helden in der Figur des Herakles in der Euripideischen *Alkestis*, jenem Drama, das das Satyrspiel völlig verdrängt hat.

Das Beispiel der *Alkestis* macht eines offenkundig: Wenn ein Drama anstelle eines Satyrspiels an vierter Position einer

---

[18] Gewöhnlich wird ein pluralischer Titel (z. B. Θεριcταί) mit dem Zusatz cάτυροι, ein singularischer Titel (z. B. Κύκλωψ) mit dem Adjektiv cατυρικόc (respektive cατυρική) versehen. Steffen 1971 a, 217 f. zählt unter 52 Nennungen von Satyrspieltiteln nur vier Fälle, an denen von dieser Regel abgewichen wurde (Galen. *in Hippocr. Epidem. libr. VI comm.* 1, 29 *ed.* Wenkebach-Pfaff [Corp. Med. Gr. 5, 10, 2, 2 p. 47] = Sophokles F 538. 539: ἐν Cαλμωνεῖ (cαλαμίνη Cod.) cάτυροιc [*bis*]. Strab. 1, 3, 19 *p.* 60 c = Ion 19 F 18: ἐν 'Ομφάληι cατύροιc. Philod. *de piet. p.* 36 Gomperz = Achaios 20 F 20 [TrGF ²1]: ἐν E['ί]ριδι cα[τύ]ροιc).

Tetralogie aufgeführt worden ist - und um ein solches müßte es sich bei den ‚Satyrdramen ohne Satyrchor' handeln - so wurde es nicht als Satyrspiel sondern (innerhalb des engen antiken terminologischen Systems) als Tragödie bezeichnet, mag es auch Züge tragen, die auf eine Beeinflussung durch das Satyrspiel hinweisen.[19]

Tzetzes *H.* 8, 435-53 Leone

435   Ἑρμοῦ παῖς ὁ Αὐτόλυκος, πατὴρ δὲ τοῦ Λαέρτου,
  πάππος τοῦ Ὀδυσσέως δέ, πένης δ' ὑπάρχων ἄγαν,
  ἐκ τοῦ Ἑρμοῦ χαρίζεται τὴν κλεπτικὴν τὴν τέχνην,
  ὡς ὑπὲρ τὸν Αἰγύπτιον κλέπτην ἐκεῖνον κλέπτειν
  καί γε τὸν Βαβυλώνιον, Ἡρόδοτος οὓς γράφει,
440   ὑπέρ τε τὸν Εὐρύβατον ὃν Ἕλληνες θρυλλοῦσιν,
  αὐτὸν τὸν Ἀγαμήδην τε μετὰ τοῦ Τροφωνίου
  ὑπερυδραγυρίζειν τε καὶ πάντα νικᾶν κλέπτην.
  κλέπτων καὶ γὰρ μετήμειβεν ἄλλα διδοὺς ἀντ' ἄλλων.
  ἐδόκουν δ' οἱ λαμβάνοντες τὰ σφῶν λαμβάνειν πάλιν,
445   οὐκ ἠπατῆσθαι τούτωι δὲ καὶ ἕτερα λαμβάνειν.
  ἵππον γὰρ κλέπτων ἄριστον ὄνον τῶν ψωριώντων
  διδοὺς ἐποίει δόκησιν ἐκεῖνον δεδωκέναι·
  καὶ κόρην νύμφην νεαρὰν κλέπτων, ἐδίδου πάλιν
  ἢ σειληνὸν ἢ σάτυρον, γερόντιον σαπρόν τι,
450   σιμόν, νωδόν, καὶ φαλακρὸν, μυξῶδες, τῶν δυσμόρφων.
  καὶ ὁ πατὴρ ἐνόμιζε τοῦτον ὡς θυγατέρα.
  ἐν Αὐτολύκωι δράματι σατυρικῶι τὰ πάντα
  ὁ Εὐριπίδης ἀκριβῶς τὰ περὶ τούτου γράφει.

435. Ἑρμοῦ παῖς. Von einem Verwandtschaftsverhältnis zwischen Hermes und Autolykos ist erst spät die Rede (Pherekydes 3 F 120 FGrHist), doch war der Gott dem Dieb bereits in der *Odyssee* besonders gewogen (*Od.* 19, 396-98, vgl. Ps. Hesiod F 66 Merkelbach/West aus dem *Gynaikon Katalogos*; s. u. *p.* 90).

πατὴρ δὲ τοῦ Λαέρτου. An keiner anderen Stelle ist Autolykos der Vater des Laertes, sondern er ist immer der Vater der Antikleia und daher mütterlicherseits Großvater des Odysseus. Da diese genealogische Konstellation ohne jeden Reflex in einer umfangreichen Rezeption geblieben ist, wird man sie eher auf einen Irrtum des Tzetzes als auf einen kühnen Ein-

---

[19] Vgl. dazu Sutton 1973 a; Seidensticker 1982, 129-52.

griff des Euripides zurückführen. Als Laertes' Vater wird bereits in der *Odyssee* (4, 755; 14, 182; 16, 118; 24, 270) Arkeisios genannt, nach Schol. *Q Od.* 16, 118 (2 *p.* 625 Dindorf) der Sohn des Zeus und der Euryodia, worauf wohl auch der Formelvers διογενὲc Λαερτιάδη πολυμήχαν' Ὀδυccεῦ[20] geht. Die Scholiasten kannten aber auch noch eine andere Abkunft des Arkeisios: Nach Schol. *T Il.* 2, 173 b (1 *p.* 218 Erbse) ist Laertes ein Urenkel des Hermes (ἔcτι δὲ Λαέρτου τοῦ Ἀρκειcίου τοῦ Κιλ⟨λ⟩έωc τοῦ Κεφάλου τοῦ Ἑρμοῦ).[21] Eustathios kennt beide Genealogien, verkürzt aber die Hermes-Linie um zwei Generationen: (...) Ἑρμοῦ μὲν Ἀρκείcιοc, αὐτοῦ δὲ Λαέρτηc ὁ τοῦ Ὀδυccέωc πατήρ.[22] Auf dem Wege einer solchen Verkürzung könnte auch die Genealogie bei Tzetzes entstanden sein (s. auch *ad* V. 448).[23]

436. πάππος τοῦ Ὀδυccέωc. Die *Ilias* kennt Autolykos nur als den Dieb des Eberzahnhelmes des Amyntor, den Odysseus dann von Meriones erhält; als Großvater des Odysseus erscheint er erst in der *Odyssee.*[24]

πένηc ... ἄγαν. Hermes als Autolykos' Vater und Lehrmeister in der Diebeskunst kannte schon Pherekydes von Athen (3 F 120 FGrHist): εἶχε γὰρ ταύτην τὴν τέχνην παρὰ τοῦ πατρόc. Autolykos' Armut aber als Motiv für seinen Lebenswandel ist ein neuer Zug in diesem Mythos (vgl. F 282, 6 f.).

438-41. Die von Tzetzes im folgenden genannten Diebe haben nichts mit Autolykos zu tun.

438 f. Αἰγύπτιον ... Ἡρόδοτος οὓc γράφει. Der ägytische Dieb, von dem Herodot berichtet, findet sich Hdt. 2, 121, der babylonische Dieb Hdt. 2, 150.

440. Εὐρύβατον. Wenn Tzetzes Eurybatos in die Reihe der Diebe mit aufnimmt, hat er die D. S. 9, 32, 1 berichtete Unterschlagung im Sinn: Eurybatos wird von Kroisos mit einer hohen Summe Geld und der Bitte um militärische Unterstützung

---

[20] Vgl. z. B. *Il.* 4, 358; *Od.* 5, 203.

[21] Vgl. aber Schol. b *Il.* 2, 631 (1 *p.* 315 Erbse), wo Kephalos als ein Sohn des Deïon bezeichnet wird.

[22] Eust. *ad Od.* 24, 1 (2 *p.* 311 Stallbaum), vgl. Eust. *ad Il.* 2, 173 (1 *p.* 302 van der Valk); die Zeus-Linie: Eust. *ad Il.* 16, 118 (2 *p.* 117 Stallbaum).

[23] *Ad* Lyc. 344 kennt er aber die übliche Genealogie, weswegen Masciadri (1987, 3) einen Fehler oder ein Versehen des Tzetzes ausschließt.

[24] *Od.* 11, 84-89; 19, 390-405; 21, 217-20; 24, 330-35.

zu den Spartanern geschickt, läuft aber zu den Persern über.
Der Name ‚Eurybatos' wurde zum Inbegriff des Bösewichtes,
während zugleich die Identität der tatsächlichen Person immer
undeutlicher wurde (vgl. Eust. *ad Od.* 19, 247 [2 *p.* 201 f. Stall-
baum]).

441. Ἀγαμήδην ... Τροφωνίου. Nach Pausanias 9, 37, 4
sind Agamedes und Trophonios Söhne des Erginos und wie ihr
berühmter Vater Baumeister. Die Geschichte ihres Diebstahls
aus dem Schatzhaus des boiotischen Königs Hyrieus ist in wesentlichen Zügen identisch mit jener, auf die V. 438 (Αἰγύπτιον
κλέπτην) bereits angespielt wurde (vgl. Hdt. 2, 121).

443. μετήμειβεν ἄλλα δίδους. „(Wenn immer Autolykos
etwas stahl), tauschte er es aus und gab etwas anderes an seiner Stelle zurück". Diese Darstellung von Autolykos' Diebeskunst ist singulär und stellt eine extreme Weiterentwicklung
des Märchenmotivs dar, das Euripides vorfand: Bei Ps. Hesiod
vermochte der Dieb, seine Beute unsichtbar zu machen
(F 67 a/b Merkelbach/West): ὅττί κε χερсὶ λάβεσκεν ἀείδελα
πάντα τίθεσκεν, bei Pherekydes, es in jede beliebige Gestalt zu
verändern (3 F 120 FGrHist): τοὺς ἀνθρώπους ὅτε κλέπτοι τι
λανθάνειν, καὶ τὰ θρέμματα τῆς λείας ἀλλοιοῦν εἰς ὃ θέλοι
μορφῆς.[25]

446. ἵππον ... ὄνον. Ob mit dem „räudigen Esel" einer
jener Lastesel gemeint ist, die F 283 (s. dort) genannt sind,
und mit dem „sehr edlen Pferd" eines von jenen, die F 284 (s.
dort) „Zügel aus Binsen" erhalten, ist fraglich. Über Autolykos'
Diebesgut herrscht in den verschiedenen Quellen zum Mythos
keine Einigkeit, vgl. Schol. *Il.* 19, 266-67 a; Schol. S. *Ai.* 190;
Hygin *fab.* 201; Polyaen. 6, 52; Tz. *Lyc.* 344.

444 f. ἐδόκουν ... ἠπατῆсθαι. s. *ad* V. 447 δόκηсιν.

447. δόκηсιν. „Falschen Glauben", „Wahn" (zur Bedeutung
von δόκηсις bei Euripides vgl. Wilamowitz *ad* E. *HF* 288 und
Kannicht *ad* E. *Hel.* 119). Autolykos' Diebeskunst besteht aus
zwei Elementen: (1) der Geschicklichkeit, seine kostbare Beute
gegen etwas Wertloses auszutauschen, - das macht ihn zum
Dieb; (2) der Fähigkeit, bei seinen Opfern einen Glauben hervorzurufen, der sie über die wahre Identität ihres Eigentums
hinwegtäuscht, - das macht Autolykos zu einem Sophisten. (In

---

[25] An eine Veränderung allein der Brandzeichen denkt Tzetzes *ad* Lyc.
344; s. u. *p.* 89.

der Tat schenken ihm seine Opfer Glauben, vgl. V. 444 f.). Es
zeigt sich - wie schon im *Kyklops* -, daß Euripides auch in seinen Satyrspielen die aktuellen naturwissenschaftlichen oder
philosophischen Debatten - in diesem Fall über Schein und Sein
respektive die Möglichkeit, das eine vom anderen zu unterscheiden, - auf der Bühne fortsetzt. Diese Eigenheit dürfte diesem Drama keineswegs zwangsläufig die unbefangene Komik
genommen haben, bietet doch eine solche Exposition Anlaß zu
mannigfaltigen komischen Effekten. Euripides hat die Möglichkeiten der Ausdeutung seiner Titelfigur Autolykos, die Homer
Od. 19, 395 f. vorgegeben hatte, bis zum äußersten ausgereizt:
ἀνθρώπους ἐκέκαστο | κλεπτοσύνηι θ’ ὅρκωι τε - womit frei-
lich nicht Meineidigkeit gemeint ist, sondern die Fähigkeit,
durch geschickte Formulierung der Eide gegen die Ansprüche
seiner Opfer gefeit zu sein (vgl. Schol. *Od.* 19, 396; Eust. *ad*
Od. 19, 396 [*p.* 1870, 60 ff. Stallbaum]).

448. κόρην νύμφην νεαράν. Zweifellos handelt es sich
um einen Brautraub, aus dem Tzetzes eine Szene wiedergibt:
νύμφη bezeichnet - neben der unspezifischen Bedeutung ‚Mädchen im heiratsfähigen Alter‘ - zunächst die ‚Braut‘ aber auch
die ‚Schwiegertochter‘ (*LXX* 1 *Reges* 4, 19; *Matt.* 10, 35). Die letzte
Bedeutung erhält nur dann Wahrscheinlichkeit, wenn sich Tzetzes V. 435 in der Vaterschaft des Autolykos *nicht* getäuscht hat
- dann müßte man davon ausgehen, daß Autolykos für seinen
Sohn Laertes eine Braut sucht, - wie es durchaus der Sitte
entsprach und von einigen der großen Helden erzählt wird,[26] -
es aber aufgrund irgendwelcher Komplikationen (Geldmangel?
vgl. *ad* F 282, 2) notwendig ist, das Mädchen zu stehlen. Wahrscheinlicher aber ist, daß Autolykos für sich selbst eine Braut
sucht, zumal der Umstand, daß er in der Mythologie gleich mit
drei Frauen in Verbindung gebracht wird (Amphithea,
Od. 19, 416; Neaira, Paus. 8, 4, 6; Mestra,[27] Ov. *Met.* 8, 738), auf
eine Vielzahl solcher Geschichten hinweist, ohne daß man jedoch davon ausgehen darf, daß die gestohlene Braut mit einer
der drei genannten zu identifizieren ist. Möglicherweise verbirgt sich in νεαρά - nach Ausfall eines Jotas in Tzetzes’
Quelle und neuer Akzentuierung als Oxytonon - der Name

---

[26] So wirbt z. B. Sisyphos für seinen Sohn Glaukos (Ps. Hesiod F 43 a
Merkelbach/West).
[27] Zur Gestalt der Mestra s. u. *p.* 118 ff.

Neaira, doch ist weit wahrscheinlicher, daß Tzetzes mit dem Adjektiv νεαρός ein Antonym zu σαπρός (V. 449) wählte, womit der Silen bzw. Satyr beschrieben wird.[28]

449 f. Bei der Beschreibung des Silens bedient sich Tzetzes in diesen beiden Versen eines spezifischen Vokabulars, das möglicherweise über seine Quelle Aufschluß zu geben vermag. Angesichts der spärlichen Zeugnisse byzantinischer Kenntnis von Silenen bzw. Satyrn sieht Masciadri (1987, 3 f.) gerade in diesen Versen ein wichtiges Indiz dafür, daß Tzetzes sich direkt auf einen Dramentext beziehen konnte (s. u. *p.* 51 ff.).

449. ἢ cειληνὸν ἢ cάτυρον. Tzetzes' Ungenauigkeit könnte darauf hindeuten, daß er tatsächlich nur wenig über die Natur der Satyrn und des Silen wußte und die folgenden Details bloß aus einer Sekundärquelle übernahm, war doch die Antwort auf die für den Verlauf der Handlung wichtige Frage, *wen* Autolykos 'eintauscht', mit Sicherheit dem Dramentext zu entnehmen.

γερόντιον cαπρόν τι. „Irgend so ein morsches Männlein"; cαπρός ist im Wortschatz der Komödie häufig anzutreffen, z. B. Ar. *Pax* 698: γέρων (...) cαπρός, (vgl. ferner *Ach.* 1101, *Eq.* 918 u. ö.), daneben auch in der Prosa, jedoch nie in Tragödie und Satyrspiel. Oeri (1948, 11 f.) rechnet das Adjektiv in den Kontext der Formulierungen, die speziell den Typ der komischen Alten charakterisieren. Daß an dieser Stelle der Silen gemeint ist, könnte für die Identifikation des „häßlichen Männleins" in F 282 a den entscheidenden Hinweis geben, s. *ad loc.*

450. cιμόν. „Mit platter Nase". Das Adjektiv, das sich in der Prosa und an mehreren Stellen in der Komödie findet, z. B. Ar. *Lys.* 288 (wo das Scholion noch zwei weitere Belege aus Aristophanes [F 76] und Platon [F 84] bietet), ist für Tragödie bzw. Satyrspiel sonst nicht belegt.[29] Auch Plattnasigkeit zählt Oeri (1948, 7-9) zu den wesentlichen Zügen, mit denen die komische Alte in der Komödie charakterisiert werde.

νωδόν. Aus dem Privativpräfix + ὀδούς gebildet (vgl. νήπιος), bezeichnet das Adjektiv eine der unangenehmsten und am deutlichsten sichtbaren Geißeln des Alters, die Zahnlosig-

---

[28] Zu νεαρός als Antonym zu cαπρός vgl. z. B. Arist. *HA* 534 b 4.

[29] Die einzige Ausnahme könnte adesp. *F 675, 3 TrGF 2 bilden, über dessen Gattungszugehörigkeit - Komödie oder Satyrspiel - keine Einigkeit besteht (s. Kannicht im App. *ad loc.*).

keit, - auch dies ein typisches Merkmal der komischen Alten in der Komödie (vgl. Ar. *Pl.* 1055-59; Oery ebd.). Das seltene Wort νωδός ist für die Komödie viermal belegt, vgl. z. B. Ar. *Ach.* 715: γέρων καὶ νωδός ὁ ξυνήγορος, *Pl.* 266: πρεσβύτην τιν' (...) ῥυπῶντα, κυφὸν, ἄθλιον, ῥυσὸν, μαδῶντα, νωδόν. Ein Beleg für Tragödie respektive Satyrspiel fehlt indessen.

φαλακρὸν. Glatzköpfigkeit ist eines der hervorstechendsten äußeren Merkmale des Silens und auch der Satyrn, weswegen φαλακρός ein im Satyrspiel häufig anzutreffendes Wort ist, vgl. A. F 47 a, 788 (*Amymone*); S. F 171, 3 (*Dionysiskos*); F 314, 368 (*Ichneutai*); E. *Cyc.* 227. Das Wort ist jedoch keineswegs auf diese Gattung beschränkt; Belege finden sich ebensohäufig in der Komödie, vgl. Ar. *Nu.* 540 (*lyr.*) mit Scholion, *Pax* 771, und ferner in der Prosa.

μυξῶδες. „Voller Schleim". Der früheste Beleg dieses Adjektivs gewöhnlicher Bildeweise findet sich bei Sophokles (F 687 a, 1), danach ausschließlich in medizinischer respektive biologischer Fachliteratur z. B. Hp. *Art.* 40, Arist. *GA* 761 b 33.

τῶν δυσμόρφων. „(Einer) von der häßlichen Sorte". δύς-μορφος gilt Masciadri (1987, 4 Anm. 15) als eines der wichtigsten Indizien dafür, daß Tzetzes bei der Beschreibung des Silens auf Euripides' Text zurückgreift, weil das Wort in der dramatischen Dichtung nur bei ihm, und zwar gleich dreimal, belegt ist: *Hel.* 1204, (wo es Menelaos' Lumpen bezeichnet), F 790,1 (*Philoktetes*), F 842, 2 (*Chrysippos*); (vgl. ferner noch Lyc. 692). Das Wort entstammt dem Prosa-Wortschatz und ist (besonders für die späte Zeit) gut belegt.

Exkurs: Tzetzes' Quelle

Mit der Frage nach Tzetzes' Quelle verknüpft sich eine Frage von enormer Bedeutung: Lag Johannes Tzetzes am Ende des zwölften Jahrhunderts noch respektive wieder ein vollständig erhaltenes Drama vor (Masciadri 1987), oder schöpfte er aus einer sekundären Quelle, etwa einer Sammlung von euripideischen Dramenhypotheseis (Sutton 1988)?

Tzetzes selbst spricht explizit davon, daß „er auf Satyr-dramen von Euripides" gestoßen sei (Schol. *ad Carmina Tzetzae*

XXI a 113), die „ihm allein" den Unterschied zwischen den
Gattungen Satyrspiel und Komödie eröffnet hätten:

ἐντυχὼν δὲ σατυρικοῖς δράμασιν Εὐριπίδου αὐτὸς μόνος ἐπέγνων ἐκ
τούτων σατυρικῆς ποιήσεως καὶ κωμωιδίας διάφορον.

An mehreren anderen Stellen bekennt Tzetzes, daß er
lange Zeit über das Wesen des Satyrdramas überhaupt im Unklaren gewesen sei und angenommen habe, daß etwa Euripides'
Alkestis und *Orestes* sowie Sophokles' *Elektra* Satyrspiele gewesen
seien wegen ihres Umschlags von Leid zu Beginn des Dramas
in Freude am Ende.[30] Erst der Fund und die Lektüre „vieler
Dramen des Euripides" hätten ihm gezeigt, daß das Satyrspiel
„Vergnügen ... und Lachen" bringe (Tz. Prooemium I, *Prolegomena de comoedia* XI a I, 152-56 Koster):[31]

εἶπον Ὀρέστην καὶ Ἄλκηστιν Εὐριπίδου καὶ τὴν Σοφοκλέους
Ἠλέκτραν εἶναι σατυρικὰ δράματα, ὡς ἀπὸ πένθους εἰς χαρὰν κα-
ταλήγοντα, καὶ οὕτω μέτροις τε καὶ λοιποῖς μου συγγράμμασιν
γράφων ἐδίδασκον, ἕως ἀναγνοὺς Εὐριπίδου πολλὰ δράματα εὗρον
καὶ ἔγνων τὰ σατυρικὰ δράματα τέρψεις θυμελικὰς ἀμιγεῖς καὶ
γέλωτα φέροντα.

Und um seine neugewonnenen Erkenntnisse zu demonstrie-
ren, gibt er im Anschluß daran eine knappe Inhaltsangabe zum
Syleus, in der er detaillierte Kenntnis vom Handlungsverlauf

---

[30] Tzetzes beruft sich auf Dionysios, Krates und Eukleides (XI a I, 111,
p. 28 Koster; weitere Similien nennt Koster *p.* 31 *ad* Z. 154 im App.). Zur
Formulierung vgl. die Hypothesis des Aristophanes von Byzanz zur *Alkestis*: τὸ δὲ δρᾶμα κωμικωτέραν ἔχει τὴν καταστροφήν. (...) τὸ δὲ δρᾶμά
ἐστι σατυρικώτερον, ὅτι εἰς χαρὰν καὶ ἡδονὴν καταστρέφει παρὰ τὸ
τραγικόν. ἐκβάλλεται ὡς ἀνοίκεια τῆς τραγικῆς ποιήσεως ὅ τε Ὀρέστης
καὶ ἡ Ἄλκηστις, ὡς ἐκ συμφορᾶς μὲν ἀρχόμενα, εἰς εὐδαιμονίαν ⟨δὲ⟩
καὶ χαρὰν λήξαντα, ⟨ἅ⟩ ἐστι μᾶλλον κωμωιδίας ἐχόμενα. Zu (früheren)
poetologischen Versuchen, die Gattungen zu scheiden, vgl. Seidensticker
1982, 14-20. 254 f.

[31] Vgl. Prooemium II, *Prolegomena de comoedia* XI a II, 59-71 (und An-
onymus Crameri II, XIC 45-55) Koster; Schol. *Carmina Tzetzae* XXI a 113
Koster. Zur Datierung dieser Schriften vgl. Masciadri 1987, 5. Durchaus
ein Widerspruch ist, daß Tzetzes einerseits behauptet, *Alkestis, Orestes* und
Elektra für Satyrspiele gehalten zu haben, in seinen frühen Schriften aber
andererseits Pratinas als einzigen Satyrspieldichter kennt: σατυρικὸν δὲ
Πρατίναν οἶδα μόνον (*Carmina Tzetzae* XXI a 92 Koster; vgl. *Prolegomena
ad Lycophronem* XXII b 37-41 Koster).

dieses Dramas zeigt.[32] Masciadri (1987, 5 f.) wertet *H.* 8, 435-53 schließlich als ein weiteres Indiz dafür, daß Tzetzes tatsächlich ein vollständiger Text Euripideischer Satyrdramen vorlag, so daß er aus dem *Autolykos* eine Szene und eine exakte Beschreibung eines Silens oder Satyrn wiedergeben konnte; man müsse Tzetzes' Selbstzeugnissen Glauben schenken.

Autolykos und *Syleus* sind das in alphabetischer Reihenfolge erste und letzte der Satyrspiele, die sich in der Bibliothek von Alexandria erhalten hatten und in die Sekundärüberlieferung eingehen konnten.[33] Tzetzes konnte also schwerlich auf beide Dramen als Teil einer alphabetischen Sammlung *aller* Euripideischen Dramen gestoßen sein, da sich zwischen diesen beiden mehr als fünfzig andere Dramen befunden haben müssen. Wollte man davon ausgehen, daß Tzetzes seine Kenntnis aus einem ihm vollständig vorliegenden Text des *Autolykos* entnahm, müßte man von einer Auswahl ausgehen, für die sich kein anderes Kriterium finden läßt, als daß es sich bei diesen Dramen um Satyrspiele handelte. Für die Existenz einer separaten Sammlung ausschließlich von Satyrdramen gibt es aber zu keiner Zeit Hinweise, und selbst das Interesse, eine solche Sammlung zusammenzustellen, müßte erst postuliert werden.[34]

Das Interesse an der Gattung Satyrspiel scheint in der Antike nicht besonders groß gewesen zu sein. Auch finden sich nur geringe Spuren einer literaturwissenschaftlichen Beschäftigung mit dieser Gattung,[35] wobei vor allem Aristoteles' Schweigen bemerkenswert ist.[36] Eine Sammlung Euripideischer Satyrspiele in einem Kodex ist also nicht gerade ein Fund, den man am Ende des zwölften Jahrhunderts erwarten würde.

Gleichwohl: etwa um dieselbe Zeit stieß Eustathios auf Euripides-Dramen aus einer alphabetischen Sammlung, die er

---

[32] Prooemium II, *Prolegomena de comoedia* XI a II, 62-70 Koster, s. u. Testimonien zum *Syleus*.

[33] Zu der Frage, wieviele und welche Satyrspiele in die Bibliothek von Alexandria gelangt sind, vgl. o. Einleitung, *p.* 19 ff.

[34] Vgl. Schmid 1936 (dazu s. o. Anm. 2).

[35] Chamaileon F 37 a-c Wehrli.

[36] Vgl. Seidensticker 1979, 206.

für die Nachwelt retten konnte,[37] - ein solcher Fund von Euripideischen Dramen war also im zwölften Jahrhundert nicht
prinzipiell ausgeschlossen.

Eustathios' Fund, der die Zahl der bekannten Euripideischen Dramen nahezu verdoppelte, war mit Sicherheit eine
Sensation für die zeitgenössische Fachwelt, und es spricht einiges dafür, in den von ihm gefundenen Dramen die πολλὰ
δράματα zu sehen, von denen Tzetzes schreibt. Unter den neu
gefundenen Dramen befand sich der *Kyklops*, der in der Tat
Aufschluß über das Wesen des Satyrspiels zu geben vermochte,
sodann Dramen wie z. B. die *Helena*, die *Iphigeneia bei den Taurern*
und der *Ion*, die Tzetzes' zuvor verwendete Kriterien für die
Unterscheidung Tragödie - Satyrspiel als unbrauchbar erweisen
mußten.[38] Diese Annahme vermag allerdings zunächst nur
Tzetzes' Erkenntnisgewinn in Hinsicht auf die Unterschiede
zwischen Satyrspiel und Tragödie respektive Komödie zu erklären, nicht aber seine Kenntnis der beiden Satyrdramen *Autolykos*
und *Syleus*, die er nur aus Dramenhypotheseis gezogen haben
kann, - hat sich doch auch die Kenntnis der Euripideischen
Dramen *Melanippe Soph.*, *Peirithus* und *Stheneboia*,[39] deren Text -
bis auf eine Reihe von Versen, die in den Hypotheseis zitiert
werden, - verloren ist, auf diese Weise erhalten.

Weniger Aussagekraft, als es auf ersten Blick scheint, hat
der von Masciadri (1987, 3 f.) ins Feld geführte Wortschatz, mit
dem der Silen V. 449 f. beschrieben wird, - mag auch die
Kenntnis der Byzantiner von Satyrn und Silenen im ganzen
spärlich gewesen sein. Bereits die Ungenauigkeit zu Beginn der
Beschreibung (ἢ cειληνὸν ἢ cάτυρον, V. 449) muß stutzig machen: Wenngleich die Beschreibung auf den Silen oder einen
der Satyrn gleichermaßen zutrifft, mußte doch die für den weiteren Verlauf des Dramas wichtige Frage, *wen* Autolykos gegen
ein hübsches junges Mädchen eintauschte, auf der Grundlage

---

[37] Es handelt sich um Dramen, deren Titel mit E und H (*Helena*, *Elektra*, *Herakles* und *Herakleidai*), bzw. mit I und K (*Ion*, *Hiketides*, *Iphigeneia
Taur./Aul.* und *Kyklops*) beginnt; vgl. Snell 1935/68; Zuntz 1955, 147-51; Turyn 1957, 305; Zuntz 1965, 90 m. Anm., 184-92.

[38] Interessanterweise äußert sich Tzetzes an keiner Stelle über den
Kyklops; ebensowenig ist Kenntnis der anderen Euripideischen Satyrspiele
Busiris, *Eurystheus*, *Sisyphos* und *Skiron*) erkennbar.

[39] Vgl. v. Arnim *p.* 25 f. 40. 43; Sutton 1988, 89-92.

des Dramentexts zu entscheiden gewesen sein. Von den sechs
Adjektiven, die dann im folgenden verwendet werden, ist nur
ein einziges (φαλακρός) für den Wortschatz des Satyrspiels
belegt, ohne jedoch auf ihn beschränkt zu sein. In der Tat ent-
stammen vier der Adjektive der Aristophaneischen Komödie
(cαπρός, cιμός, νωδός und φαλακρός), die Tzetzes durch seine
Scholiastentätigkeit gut kannte, und auch die beiden anderen
(μυξώδηc und δύcμορφοc) weisen weder durch ihre Wortbildung
noch durch ihre Belege eindeutig oder gar ausschließlich auf
eine Herkunft aus einem Euripideischen Satyrspiel. Deutlich
wird freilich Tzetzes' Versuch, den Kontrast zwischen dem
hübschen Mädchen, das Autolykos raubt, und dem Silen, den er
für sie eintauscht, denkbar groß zu zeichnen, und er bediente
sich bei der Darstellung eines Gegenbildes zu jenem Mädchen
der Topik der Alten Komödie, die er bei Aristophanes fertig
ausgebildet vorfand, nämlich dem Typus der komischen Alten,[40]
den er um ein einziges Merkmal verschärfte, die ‚Schleimig-
keit'. Angesichts dieses Befundes ist der Schluß, man könne aus
dem verwendeten Wortschatz auf die Quelle schließen, nicht
gerechtfertigt.

Die Entscheidung, ob man Tzetzes' Selbstzeugnissen Glauben schenkt oder nicht, ist dabei von der Einschätzung des
Plurals cατυρικὰ δράματα (und der Formulierung αὐτὸc μόνοc
ἐπέγνων ἐκ τούτων) abhängig, die man entweder wörtlich auffassen oder - in leichter Übertreibung - auf den *Kyklops* allein,
respektive - als Abstraktum - auf die Gattung Satyrspiel als
ganzes beziehen kann, die dieses Drama, einmal gefunden, für
Tzetzes von nun an repräsentierte. M. E. ist Tzetzes' Absicht,
seinem Erkenntnisgewinn in Hinsicht auf eine deutliche Schei-
dung der Komödie von Tragödie und Satyrspiel Gewicht zu verleihen, deutlicher erkennbar als seine Fähigkeit, einen Fund von
mehreren „Satyrspielen des Euripides" angemessen zu dokumentieren.

---

[40] Vgl. Oeri 1948, bes. 7-12.

Fragmente

F 282

κακῶν γὰρ ὄντων μυρίων καθ᾽ Ἑλλάδα
οὐδὲν κάκιόν ἐστιν ἀθλητῶν γένους·
οἳ πρῶτα μὲν ζῆν οὔτε μανθάνουσιν εὖ
οὔτ᾽ ἂν δύναιντο· πῶς γὰρ ὅστις ἔστ᾽ ἀνὴρ
5   γνάθου τε δοῦλος νηδύος θ᾽ ἡσσημένος
κτήσαιτ᾽ ἂν ὄλβον εἰς ὑπερβολὴν πατρός;
οὐδ᾽ αὖ πένεσθαι κἀξυπηρετεῖν τύχαις
οἷοί τ᾽· ἔθη γὰρ οὐκ ἐθισθέντες καλὰ
σκληρῶς μεταλλάσσουσιν εἰς τἀμήχανον.
10 λαμπροὶ δ᾽ ἐν ἥβηι καὶ πόλεως ἀγάλματα
φοιτῶς᾽· ὅταν δὲ προσπέσηι γῆρας πικρόν,
τρίβωνες ἐκβαλόντες οἴχονται κρόκας.
ἐμεμψάμην δὲ καὶ τὸν Ἑλλήνων νόμον,
οἳ τῶνδ᾽ ἕκατι σύλλογον ποιούμενοι
15 τιμῶσ᾽ ἀχρείους ἡδονὰς δαιτὸς χάριν.
τίς γὰρ παλαίσας εὖ, τίς ὠκύπους ἀνὴρ
ἢ δίσκον ἄρας ἢ γνάθον παίσας καλῶς
πόλει πατρῶιαι στέφανον ἤρκεσεν λαβών;
πότερα μαχοῦνται πολεμίοισιν ἐν χεροῖν
20 δίσκους ἔχοντες ἢ δι᾽ ἀσπίδων χερὶ
θείνοντες ἐκβαλοῦσι πολεμίους πάτρας;
οὐδεὶς σιδήρου ταῦτα μωραίνει πέλας
†στάς. ἄνδρας χρὴ σοφούς τε κἀγαθοὺς
φύλλοις στέφεσθαι, χὤστις ἡγεῖται πόλει
25 κάλλιστα σώφρων καὶ δίκαιος ὢν ἀνήρ,
ὅστις τε μύθοις ἔργ᾽ ἀπαλλάσσει κακὰ
μάχας τ᾽ ἀφαιρῶν καὶ στάσεις· τοιαῦτα γὰρ
πόλει τε πάσηι πᾶσί θ᾽ Ἕλλησιν καλά.

Ath. 10, 413 c; Gal. *Protr.* 10 (V. 1-9. 16-23). 13 (V. 19 f.); Eust. *Il.* 1299, 20
(V. 1 f.); P. Oxy. 3699 (V. 2 b-4 a); D. L. 1, 56 (V. 12); Plu. περὶ τοῦ Σω-
κράτους δαιμονίου 12 *p.* 475, 26 Sieveking (V. 22). πολιτικὰ παραγγέλματα
6 *p.* 71, 19 Hubert/Drexler (V. 22); (vgl. Synesius v. Kyrene περὶ βασι-
λείας (1) 25 p. 56, 2 Terzaghi).

3 πρῶτα μὲν ζῆν : πρῶτον οἰκεῖν Gal. A, P. Oxy. 3699   6 ὑπερβ. πατρός :
ὑπεκτροφὴν πάτρας Galen.   15 ἡδ. - χά. : {ἡδονὰς} δαιτὸς <ἐπιδόντες>

χάριν Marcovich. **23** {cτάc.} Cobet, Marcovich | cτάc. ἄνδραc χρὴ :
⟨ἀλλ᾽⟩ ἄν. ⟨οἶμαι⟩ Nauck/Mekler : παραcτατῶν· χρὴ γὰρ Angiò : ἱcτάμε-
νοc. κτλ. Pechstein. **26** ὅcτιc τε Musgrave : ὅcτιc γε Hs.

1 f. κακῶν ... μυρίων. „Unzählige Übel"; für den Plural
des Maskulinums („unzählige schlechte Menschen") ließe sich
anführen, daß an dieser Stelle Menschen miteinander verglichen
werden. Die Athleten wären dann eine besondere Gruppe innerhalb der κακοί, denen V. 23 die ἄνδρεc cοφοί τε κἀγαθοί ge-
genübergestellt werden. Indessen spricht aber die Beobachtung
dagegen, daß in dieser Junktur κακόc an den zwei einzigen anderen Stellen (*Alc.* 770; F 816, 8) ein Neutrum Plural ist. Angiò
(1992, 87) weist ferner auf die Vielzahl der Junkturen mit dem
sinnverwandten πόνοc, die zudem den Eindruck vermitteln,
μυρίοc habe eine unheilvolle Konnotation, vgl. *Heracl.* 331;
HF 1352 f.; *Hel.* 603; *Or.* 689. 1615. 1662 f.; *Cyc.* 1; F 236; F 816, 8;
ferner: *HF* 1275; *Tr.* 1221.

2. οὐδὲν κάκιόν ἐcτιν. Eine von Euripides häufiger als
von den anderen Tragikern gebrauchte Figur: Einem Adjektiv
im Positiv folgt dasselbe Adjektiv noch einmal im Komparativ
(oder Superlativ). Bowra (1960, 76) stellt dieser Figur im Epini-
kion des Euripides F 755, 2 f. PMG (καλὸν ἁ νίκα, | κάλλιcτον
δ᾽ ... κτλ.) F 282, 1 f. als "most piquant parallel" an die Seite;
weitere Stellen: F 494, 1 (*Melanipp. Capt.*) τῆc μὲν κακῆc κάκιον
οὐδὲν γίγνεται | γυναικόc, κτλ.; *El.* 1174 f. τροπαῖα, δείγματ᾽
ἀθλίων προcφαγμάτων. | οὐκ ἔcτιν οὐδεὶc οἶκοc ἀθλιώτεροc
κτλ. (vgl. auch F inc. 1034). Angiò, die (1992, 91) von F 282 als
einer „Umkehrung eines Epinikions" spricht, legt einen scharfen
Gegensatz καλόc – κακόc zwischen dem Epinikion auf Alkibiades und dem *Autolykos*-Fragment zugrunde, der indessen
schwächer ausgeprägt ist, als es auf ersten Blick scheint, denn
zum einen stehen in F 282 nicht Sieger, sondern Athleten allgemein im Mittelpunkt, und zum anderen sind gerade die Pferderennen, also die Disziplin, in der Alkibiades siegte, in F 282
ausgespart (s. u. *p.* 72). Die Frage, warum ausgerechnet die
Athleten das größte Übel seien, ist in V. 16-28 angedeutet: Sie
fallen im Alter der Polisgemeinschaft zu Last, weil sie sich
nicht bei Zeiten um ihre Altersversorgung gekümmert haben.

ἀθλητῶν γένουc. γένοc zur Bezeichnung einer Gruppe,
die nicht durch gleiche Abstammung sondern durch andere gemeinsame Merkmale definiert ist, findet sich bei Euripides

auch an anderen Stellen: πρεcβυτῶν γένοc (*Andr.* 727), γένοc
γυναικῶν (*Hipp.* 1252, *Cyc.* 185 f.), δούλων γένοc (F 49, 1), δεcποτῶν γένοc (F 50, 1, *Alexandros*). γένοc hat an diesen Stellen
immer eine unüberhörbar herablassende Konnotation.

    3. **πρῶτα μὲν ζῆν.** Weit besser als die Lesart πρῶτα μὲν
ζῆν fügt sich die *varia lectio* πρῶτον οἰκεῖν in den Kontext ein,
die eine Galen-Handschrift und der 1986 veröffentlichte Papyrus P. Oxy. 3699 bieten, denn die im folgenden (V. 4-8) angeführten Gründe weisen auf ein ökonomisches Unvermögen. In
diesen Worten wird nicht einfach nur ein allgemeiner morali-
scher Vorwurf gegen die Athleten erhoben, - wobei auch völlig
offen bliebe, *wofür* man „zu leben gut lernen" müsse, - sondern
der Kontext zeigt, daß ihnen eine ganz spezielle Fähigkeit
fehlt: Sie können nicht *haushalten*, denn sie lernen es nicht gut,
d. h. ihre Ausbildung, die sie dazu anhält, viel zu essen, setzt
genau die entgegengesetzten Prioritäten; aber selbst wenn es
ihnen möglich wäre, die notwendigen Dinge zu erlernen, wären
sie - einmal daran gewöhnt, viel zu essen, - nicht dazu in der
Lage, ihr Überleben auf Dauer zu sichern (s. u. *ad* V. 6). Zu
οἰκεῖν vgl. E. *Hipp.* 486 f.: τοῦτ' ἔcθ' ὃ θνητῶν εὖ πόλειc οἰκου-
μέναc | δόμουc τ' ἀπόλλυc', κτλ. F 200, 1 f. (*Antiope*): γνώμαιc
γὰρ ἀνδρὸc εὖ μὲν οἰκοῦνται πόλειc, εὖ δ' οἶκοc, κτλ., ebenso:
F 822, 1 f. (*Phrixos*): γυνὴ γὰρ (...) | ἥδιcτόν ἐcτι, δώματ' ἢν
οἰκῆι καλῶc.[41] Die Fähigkeit, mit dem eigenen Vermögen haus-
zuhalten, weist bei Euripides zugleich auch auf die Fähigkeit,
die Geschäfte der Polis gut zu verwalten, - genau dieser zwie-
fache Aspekt liegt in F 282 zugrunde, wie auch *El.* 386 f.: οἱ
γὰρ τοιοῦτοι τὰc πόλειc οἰκοῦcιν εὖ | καὶ δώμαθ', in einer
Passage, die deutliche Anklänge an F 282 zeigt (dazu s.
p. 70 ff.).

    4. **οὔτ' ἂν δύναιντο.** Die Ellipse offenbart das gesamte
Ausmaß der Unfähigkeit der Athleten, die in den folgenden Ver-
sen geschildert wird: Sie hat ihren Grund zum einen in der
Tatsache, daß ihre Ausbildung individuelle Höchstleistung aber
nicht Unterordnung unter eine Gemeinschaft bezweckt (s. *ad*
V. 22), zum anderen in ihrer maßlosen Verfressenheit.

---

[41] Aristophanes hat ihn für diese, respektive ähnliche Redewendungen
verspottet, vgl. v. Leeuwen *ad* Ar. *Ra.* 105.

ὅcτιc. „(Wie könnte auch) so einer, der …". Das Relati-
vum ὅcτιc bezeichnet hier eine Person speziell in Hinsicht auf
ihr Wesen und Vermögen, vgl. Kühner/Gerth 2. 2, 399 Anm. 1.
   5. γνάθου. Das Wort γνάθοc in der Bedeutung „Unterkiefer (eines Menschen)" ist dem tragischen Wortschatz
fremd,[42] der Komödie hingegen sehr geläufig. In der Tragödie
bezeichnet es entweder das Gebiß von schrecklichen Tieren
(Diomedes' menschenfressende Pferde: E. *Alc.* 492; 494, Schlangen, die die thebanischen Söhne verschlingen: E. *Ph.* 1138, Harpyen [?]: A. *Phineus* F 258), oder es dient als Metapher für rei-
ßende Vernichtung (Feuer: Phrynichos 3 F 5, 4; A. *Ch.* 325 [*lyr.*],
Seuche: A. *Ch.* 280, Folterwerkzeug: [A.] *Pr.* 64). Das gleiche
gilt für das epische, den Botenberichten vorbehaltene γναθμόc
E. *Med.* 1201 (das ‚beißende' Gift) und *Hipp.* 1223 (Pferdegebiß;
s. Barrett *ad loc.*). Das Satyrspiel orientiert sich in diesem Fall
am Sprachgebrauch der Komödie, allerdings ist im *Kyklops* nicht
der Unterkiefer eines Menschen (Odysseus) sondern entweder
der Unterkiefer des Menschenfressers Polyphem (V. 92; 146;
289; 303 [in der Junktur mit νηδύc, vgl. S. F inc. 848];[43] 310)
oder die Backe der Satyrn (V. 629) gemeint, die Odysseus mit
einer furchteinflößenden Grimasse unterstützen wollen (in
Wirklichkeit aber nur ihren feigen Rückzug beschönigen).
γνάθοc ist F 282, 5 also eine maßlose Übertreibung, eine Metapher für den alles verschlingenden Appetit. Wenn V. 17 γνάθοc
noch einmal genannt ist, dann ist das als Hinweis darauf zu
verstehen, daß Athleten gewöhnlich nur ihresgleichen gegenüberstehen, im Krieg hingegen mit einer völlig unbekannten
Aufgabe konfrontiert sind.
   νηδύοc. νηδύc erscheint in der Bedeutung ‚Magen' bei
Euripides nur einmal in einer Tragödie (*Supp.* 207), dagegen
dreimal im *Kyklops*; es bedeutet sonst meist ‚Unterleib', insbesondere ‚Mutterleib'.
   Der Magen ist die Quelle allen Übels, vgl. E. F inc. 915:
νικᾶ δὲ χρεία μ' ἡ κακῶς τ' ὀλουμένη | γαcτήρ, ἀφ' ἧc δὴ
πάντα γίγνεται κακά. S. u. Unsichere Fragmente, *ad loc.*

---

[42] Einen Sonderfall stellt adesp. F 381 TrGF 2, mit Sicherheit aus einem Satyrspiel, dar, in dem Marsyas zu der Aulos spielenden Athene
sagt: γνάθουc (*i. e.* die Wangen der Göttin) εὐθημόνει.
[43] S. F 848 stammt vermutlich aus einem Satyrspiel, vgl. Radt im App.

6. εἰc ὑπερβολὴν πατρόc. „Mehr als der Vater"; der adverbielle Gebrauch dieser Wendung aus dem Prosawortschatz ist innerhalb von Tragödie und Alter Komödie nur einmal und nur für Euripides belegt (*Hipp.* 939 f.).[44]

Galens *varia lectio* εἰc ὑπεκτροφὴν πάτρας, „zur Aufzucht einer Nachkommenschaft", bringt einen ganz anderen Gedanken ins Spiel, der V. 11 noch einmal aufgenommen wird - die Altersversorgung. Die Junktur des *hapax legomenon* ὑπεκτροφή mit πάτρα, das in der Bedeutung ‚Nachkommenschaft', ‚Sippe' sehr selten verwendet ist (in der Tragödie nur bei Euripides: E. *Ion* 258),[45] wird man allerdings kaum für Galens eigene Erfindung halten. Aus zwei Gründen ist dieser Lesart der Vorzug vor der des Athenaios zu geben:

(1) V. 7 οὐδ' αὖ (s. *ad loc*) bedeutet immer ‚und auch nicht' und führt nach negativem Vordersatz ein zweites, neues negatives Argument ein. Nach der Aussage (in Form einer rhetorischen Frage) (a): „sie können nicht mehr Wohlstand erwirtschaften als ihr Vater", ist (b): „sie können nicht als Tagelöhner leben" kein neues Argument.[46]

(2) V. 3 οἰκεῖν („haushalten", s. *ad loc.*) bedeutet nicht ‚Reichtum anhäufen' sondern: ‚das Überleben sichern'.[47] Nicht ein größeres Vermögen, als der Vater besaß, ist für die Altersversorgung wichtig, sondern - insbesondere nach antiker Vorstellung - Nachwuchs; vgl. z. B. E. *Ion* 472-80:

> ὑπερβαλλούcαc γὰρ ἔχει
> θνατοῖc εὐδαιμονίαc
> ἀκίνητον ἀφορμάν,
> 475 τέκνων οἶc ἂν καρποφόροι
> λάμπωcιν ἐν θαλάμοιc
> πατρίοιcι νεάνιδεc ἥβαι,
> διαδέκτορα πλοῦτον

---

[44] Musso (1988, mit Belegen) versucht zu zeigen, daß sich mit dem Verb οἰκεῖν das Ideal von der Vermehrung väterlichen Besitzes verbindet. Vgl. aber Stevens *ad* E. *Andr.* 581: "Perhaps a popular expression for managing one's own affairs" und Barrett *ad* E. *Hipp.* 1010-11 (mit Belegen).

[45] An einigen Stellen ist nicht klar zu entscheiden, ob πάτρα ‚Vaterland' oder ‚Nachkommenschaft', ‚Sippe' bedeutet: A. *Pers.* 774; F 61, 136; E. *Tro.* 966; [E.] *Rh.* 702. Zur Wortbildung s. Wackernagel 1919/53, 485-91.

[46] Statt der Verknüpfung: ‚nicht (a) und auch nicht (b)', wäre: ‚nicht (a) und noch nicht einmal (b)' zu erwarten, die die Konjunktion οὐδ' αὖ jedoch nicht leistet.

[47] Gleiches gilt natürlich auch für Athenaios' Lesart ζῆν.

480
ὡc ἔξοντεc ἐκ πατέρων
ἑτέροιc ἐπὶ τέκνοιc.

Die Ausbildung der Athleten (V. 3 μανθάνουcιν εὖ) fördert keine καλὰ ἔθη (V. 8), die notwendig wären, um der Unabänderlichkeit (V. 9 τἀμήχανον) von Armut und Schicksalsschlägen (V. 7 πένεcθαι κἀξυπηρετεῖν τύχαιc) zu begegnen. Ihre Lebensweise (vgl. V. 5) steht in der Gegenwart der Aufzucht von Nachwuchs im Wege (V. 6 ὑπεκτροφὴν πάτραc) und gefährdet daher die Zukunft (V. 11 f. γῆραc πικρόν | τρίβωνεc κτλ.), worüber freilich die Erfolge in der Jugend (V. 10 λαμπροὶ δ' ἐν ἥβηι κτλ.) hinwegtäuschen.

7-9. Durch ihre maßlose Lebensweise, die sich kaum von jener unterscheiden dürfte, die die in Japan höchst populären Sumo-Ringer praktizieren: viel essen, viel schlafen, hart trainieren, sind die Athleten in hohem Maße durch Einflüsse von außen gefährdet, die unvorhersehbare Veränderungen hervorrufen, auf die sich einzustellen die athletische Ausbildung nicht vorsieht. Euripides kontrastiert diese Lebensweise mit einem bürgerlichen Ideal der Selbstbescheidung, vgl. F 201 (*Antiope*):

καὶ μὴν ὅcοι μὲν cαρκὸc εἰc εὐεξίαν
ἀcκοῦcι βίοτον, ἢν cφαλῶcι χρημάτων,
κακοὶ πολῖται· δεῖ γὰρ ἄνδρ' εἰθιcμένον
ἀκόλαcτον ἦθοc γαcτρὸc ἐν ταὐτῶι μένειν.

7. οὐδ' αὖ. „Und auch nicht" (- die verneinende Antwort auf die vorangehende rhetorische Frage vorwegnehmend). Wollte man V. 6 Athenaios' Lesart εἰc ὑπερβολὴν πατρόc halten (s. *ad loc.*), müßte man die Bedeutung „und noch nicht einmal" annehmen, für die sich kein Beleg finden läßt; vgl. A. *Supp.* 378; S. *Ai.* 1118; *OT* 1373; *El.* 911; *OC* 692; F 314, 306; F 684, 2; E. *Hipp.* 1308; *Tro.* 734; *Hel.* 500; F 16, 30 Page (3 *p.* 128 [*Stheneboia*]).

πένεcθαι. Die Bedeutung dieses Wortes ist: ‚sich anstrengen‘, ‚harte Arbeit tun (müssen)‘, in der Folge dann: ‚unbemittelt sein‘, ‚Mangel haben‘. Die Arbeit eines Tagelöhners kommt natürlich zeitlich *nach* dem Erfolg in der Jugend, dann nämlich, wenn das Vermögen ‚aufgegessen‘ ist, und Not und Alter den Lebensunterhalt zusätzlich erschweren. Zur Abgrenzung der Armut gegen das Dasein eines Bettlers s. Ar. *Pl.* 553 f.

κἀξυπηρετεῖν τύχαις. ἐξυπηρετεῖν ist ein Intensivum von ὑπηρετεῖν mit der Bedeutung: ‚Ruderdienst leisten‘, dann: ‚helfen‘, ‚dienen‘, und von daher: ‚sich unterordnen‘, vgl. S. *OT* 217: τῆι νόcωι θ’ ὑπηρετεῖν. Das Wort ist bei Euripides nur hier belegt. τύχαι sind die ‚Wechsel des Schicksals‘, positive wie negative Ereignisse, respektive die ‚Schicksalsschläge‘ (d. h. ausschließlich negative Ereignisse). Wer - wie die Athleten - nach dem Höchsten strebt, und sich nicht mit dem bescheidet, was das Schicksal ihm zuteilt, läuft Gefahr, selbst dieses Wenige noch zu verlieren, E. F 1077, 2 f.: τὰς γὰρ παρούcαc οὐχὶ cώιζοντεc τύχαc | ὤλοντ’ ἐρῶντεc μειζόνων ἀβουλίαι. Zu τύχη bei Euripides vgl. Busch 1937, für unseren Kontext bes. *p.* 27. Die Fähigkeit, dem Schicksal zu trotzen, ist ein Gradmesser für die ‚Tapferkeit vor dem Feinde‘, vgl. E. *HF* 1349 f.: ταῖc cυμφοραῖc γὰρ ὅcτιc οὐχ ὑφίcταται | οὐδ’ ἀνδρὸc ἂν δύναιθ’ ὑποcτῆναι βέλοc.

8. **καλὰ ἔθη ... ἐθιcθέντεc.** Das Wort ἔθοc entstammt dem Prosawortschatz und erscheint noch je einmal bei Euripides (*Supp.* 340) und Sophokles (*Ph.* 844), es fehlt bei Aischylos[48] und in der Komödie. Zu ἐθίζεcθαι mit innerem Objekt ἔθοc vgl. Pl. *Lg.* 681 b: ἔθη ... ἃ εἰθίcθηcαν.[49] καλὰ ἔθη bedeutet soviel wie: ‚ein - im Unterschied zu den κακοὶ ἀθληταί - anständiges Leben führen‘. Vgl. auch Diogenes von Sinope 88 F 7, 9 TrGF 1: νῦν δ’ οὐκ ἐθιcθεὶc τοῦτ’ ἐπίcταμαι μὲν οὔ. Mit diesem Vers schließt ein Diener der Musen seine Klage, daß er seinen Körper nicht rechtzeitig gegen Hunger, Durst, Kälte und Hitze abgehärtet habe.

9. **cκληρῶc μεταλλάccουcιν.** „Sie stellen sich nur schwer (auf eine Situation, in der es keine Hilfe gibt) ein.“ Die Fähigkeit, sich auf Unglücksfälle einzustellen, ist in extremer Weise F inc. 964 ausgeführt, wo dasselbe Motiv von der Schädlichkeit einer Beschäftigung, die nur auf den Augenblick gerichtet ist, anklingt:

ἐγὼ δὲ ⟨ταῦτα⟩ παρὰ cοφοῦ τινοc μαθὼν
εἰc φροντίδαc νοῦν cυμφοράc τ’ ἐβαλλόμην,
φυγάc τ’ ἐμαυτῶι προcτιθεὶc πάτραc ἐμῆc
θανάτουc τ’ ἀώρουc καὶ κακῶν ἄλλαc ὁδούc,

---

[48] A. *A.* 727 f. ist wohl eher ἦθοc zu lesen, vgl. West im App.
[49] Vgl. Kambitsis *ad* E. *Antiope*, *p.* 64.

5   ἵν᾽ εἴ τι πάϲχοιμ᾽ ὧν ἐδόξαζον φρενί,
         μή μοι νεῶρες προσπεσὸν μᾶλλον δάκοι.

10. λαμπροί. λαμπρόϲ ist ein Attribut, das Athleten nicht
erst dann, wenn sie siegreich waren, zukommt, vgl. S. *El.* 685:
(*sc.* Ὀρέϲτηϲ) εἰϲῆλθε λαμπρόϲ, πᾶϲι τοῖϲ ἐκεῖ ϲέβαϲ.
πόλεωϲ ἀγάλματα. „Stolz der Stadt“. ἄγαλμα, nach Hsch.
α 63 Latte πᾶν ἐφ᾽ ὧι τιϲ ἀγάλλεται (αν λεγηται Hs.), bezogen
auf *concreta* oder *abstracta*, daneben aber auch von Gegenständen
(‚Schmuckstück‘, ‚Statue‘) gesagt,[50] bedeutet an dieser Stelle
entweder (1) ‚eine Person, auf die alle Blicke gerichtet sind‘
(vgl. z. B. A. *A.* 208 δόμων ἄγαλμα [*i. e.* Iphigenie]), oder (2) es
soll das Bild von wirklichen Statuen evoziert werden, die auf
dem Marktplatz siegreichen Athleten aufgestellt wurden, vgl.
Denniston *ad* E. *El.* 388 (387 f.: αἱ δὲ ϲάρκεϲ αἱ κεναὶ φρενῶν |
ἀγάλματ᾽ ἀγορᾶϲ εἰϲιν. Zum Kontext dieser Stelle s. u.
p. 79 ff.). Für die Deutung (1) spricht nicht nur der Fortgang des
Gedankens im nächsten Satz: ἀγάλματα in der Jugend - τρίβω-
νεϲ ἐκβαλόντεϲ κρόκαϲ im Alter, sondern auch die Parallele
E. *Hel.* 205 f.: Κάϲτορόϲ τε ϲυγγόνου τε | διδυμογενὲϲ ἄγαλμα
πατρίδοϲ.[51] Das stolze Einherschreiten auf dem Marktplatz bot
jede Menge Anlaß zum Spott, vgl. Metagenes F 10 PCG: καὶ
Λύκων (*i.e.* der Vater des Athleten Autolykos) ἐνταῦθά που |
⟨ × - ⟩ προδοὺϲ Ναύπακτον ἀργύριον λαβὼν | ἀγορᾶϲ
ἄγαλμα ξενικὸν ἐμπορεύεται.

11. φοιτῶϲ᾽. „(Sie) wandeln“. Das *simplex* φοιτᾶν bezeichnet im tragischen Wortschatz[52] fast ausschließlich die Bewegung von Göttern (S. *Tr.* 11: Acheloos, *Ant.* 785 [*lyr.*]: Eros; E.
Hipp. 148 [*lyr.*]: Diktynna/Artemis, 447: Aphrodite, *HF* 846:
Lyssa) oder Menschen in ekstatischen Zuständen (S. *Ai.* 59: der
rasende Aias, *OT* 477 [*lyr.*]: Oidipus als das noch unentdeckte
Verhängnis Thebens, V. 1255 als Wahnsinniger, der seine Tat erkannt hat; E. *Alc.* 355: Alkestis als Tote im Traum, *Hipp.* 144

---

[50] Zu ἄγαλμα ausführlich Wilamowitz *ad* E. *HF* 49. Vgl. Bloesch 1943,
24-30.

[51] Vgl. Pl. *Charm.* 154 c: πάντεϲ ὥϲπερ ἄγαλμα ἐθεῶντο αὐτόν (*i. e.*
Χαρμίδην), wo die Grenze zwischen beiden Bedeutungen fließend ist.

[52] Die Belege für φοιτᾶν finden sich ausschließlich bei Sophokles und
Euripides, während Aischylos nur die Ableitungen φοῖτοϲ (*Th.* 661) und
φοιτάϲ (*A.* 1273) zeigt, die sich aber ebenfalls in das im folgenden skiz-
zierte Bedeutungsfeld fügen.

[*lyr.*] die rasende Phaidra).⁵³ Das Satyrspiel scheint von dieser Praxis abzuweichen, da nämlich (an dieser Stelle) der würdevolle Ernst des Wortes in der Tragödie parodiert wird: wie junge Götter schreiten die Athleten auf dem Marktplatz einher - oder (E. F 675, 3 [*Skiron*], s. u. *ad loc.*, von Hetären) ein unüberhörbarer erotischer Unterton mitschwingt.

προσπέςηι γῆρας. Mit dem Vorausblick auf das schreckliche Dasein der Athleten im Alter rekurriert Euripides auf einen (nach Xenophanes F 2 West, s. u. *p.* 71) zweiten Referenztext, Tyrtaios F 12 West, jedoch mit einer Umkehrung der Argumentation, die sich bei näherem Besehen als groteske Übersteigerung entpuppt: Die Untauglichkeit des bloßen Athletendaseins im Krieg expliziert er erst ab V. 19 seiner Polemik, während Tyrtaios diesen Aspekt an den Anfang, das Motiv des Alters indessen ans Ende stellt. Hatte der tapfere Soldat nach Tyrtaios Aussicht auf ein Ansehen im Alter (V. 39: γηράσκων δ’ ἀστοῖσι μεταπρέπει κτλ.), so erwartet den kriegsuntauglichen Athleten bei Euripides natürlich genau das Gegenteil. Zur Darstellung des Schreckens des Alters in der Tragödie vgl. F inc. 1080.

12. τρίβωνες. „Abgetragene Mäntel“; τρίβων ist für Tragödie und Satyrspiel sonst nicht belegt und auch in der Komödie nicht allzu häufig. Aristophanes benutzt es *Ach.* 184; 343; *Vesp.* 1131; *Eccl.* 850, Eupolis F 280; daneben erscheint bei beiden auch das Diminutivum τριβώνιον. Bei den späteren Komikern ist τρίβων zum unvermeidlichen Utensil der Philosophen geworden. Sein erbärmlicher Zustand kennzeichnet den sozialen Status seines Trägers (Aristophon im *Pythagoristes* F 9, 3; F 12, 9; Menander in den *Didymoi* F 117, 1); auch Sokrates trägt einen solchen Mantel (Pl. *Smp.* 219 b). Hier beschreibt das Kleidungsstück den Zustand seines Trägers. Dumortiers (1967) Vermutung, Euripides könne die Metapher aus einer vorhellenistischen Übersetzung von Teilen des Alten Testaments entlehnt haben, erscheint angesichts der geringen Ähnlichkeit der Vergleichstexte (Jes. 50, 9; 51, 8, vgl. Psalm 102, 27; Hiob 13, 28) als zu gewagt.

---

⁵³ An zwei Stellen ist Vogelflug gemeint (E. *Hipp.* 1059, *Ion* 154), an zwei weiteren eine abstrakte zyklische Bewegung (S. *Ph.* 808: die Wiederkehr von Philoktetes’ Leiden; E. F 594 [= 43 Kritias [?] F 3, 2, *Peirithus*]: χρόνος).

κρόκαc. „Fäden" bzw. „Wollflocken". Das Wort ist sonst für Euripides und Aischylos nicht, für Sophokles nur einmal (*OC* 744) belegt, der Komödie hingegen durchaus geläufig, vgl. z. B. Aristophanes *V.* 1144; *Lys.* 896; *Th.* 738.

13. ἐμεμψάμην. Der Aorist bezeichnet das Urteil des Sprechers als bereits seit langer Zeit gefaßt und verleiht ihm so besonderen Nachdruck: „Ich muß ... tadeln." (Kühner/Gerth 2. 1 *p.* 164 f., dort weitere Belegstellen). Vgl. E. *Med.* 271-73 (Kreon zu Medea): cὲ τὴν cκυθρωπὸν καὶ πόcει θυμουμένην, | Μήδει', ἀνεῖπον τῆcδε γῆc ἔξω περᾶν | φυγάδα, κτλ. S. *El.* 1322: cιγᾶν ἐπήινεcα. Dieser Gebrauch des Aorists ist weitgehend auf die Tragödie beschränkt; vgl. ferner Denniston *ad* E. *El.* 215. Der Vers spielt auf Xenophanes F 2, 13 West an: ἀλλ᾽ εἰκῆι μάλα τοῦτο νομίζεται.

14. cύλλογον ποιούμενοι. „Indem sie zusammenkommen", vgl. E. *Heracl.* 335 (Demophon): κἀγὼ μὲν ἀcτῶν cύλλογον ποιήcομαι, und F 449, 1 (*Kresphontes*): ἐχρῆν γὰρ ἡμᾶc cύλλογον ποιουμένουc. Gemeint ist hier das Zusammenkommen zu Veranstaltungen, bei denen athletische Wettkämpfe ausgetragen werden, und an die sich die Siegesfeiern anschließen.

15. τιμῶc᾽ ἀχρείουc ἡδονάc. „Sie messen nutzlosen Vergnügungen Wert bei". Marcovich 1977, 126 hatte ἡδονάc athetiert und ἐπιδόντεc eingefügt (s. o. App.): „Sie ehren nutzlose Menschen, indem sie ihnen Speisung (*sc.* im Prytaneion) gewähren" (vgl. Xenoph. F 2, 8 f. West, Pl. *Ap.* 36 d, Plu. *Arist.* 27, 2). Der Eingriff in den Text ist jedoch überflüssig, da sich die Bedeutung von ἀχρείουc ἡδονάc aus dem sich V. 19 anschließenden Abschnitt herleiten läßt, wo die *Nutzlosigkeit* einzelner Sportarten für die Polis explizit wird. Mit ἀχρεῖαι ἡδοναί sind also die Olympischen Disziplinen gemeint, die deshalb nutzlos sind, weil sie die Athleten nicht kriegstauglich machen (vgl. E. *El.* 883); sie stehen somit in scharfem Gegensatz zu den καλὰ ἔθη (V. 8), die Lebenstauglichkeit garantieren.[54] Die

---

[54] Was in F 282 einander ausschließen soll, findet sich S. **F 1130 (das Oineus-Satyrspiel) harmonisch nacheinander aufgelistet. Die Satyrn brüsten sich dort V. 8-16 mit ihren unterschiedlichen Fähigkeiten in militärischen Dingen (V. 9 f.): τὰ πρὸc μάχην | δορόc, dann in (zunächst traditionell aristokratischen) athletischen Disziplinen (V. 10 f.): πάληc ἀγῶνεc, ἱππικῆc, δρόμου, | πυγμῆc, ὀδόντων, ὄρχεων ἀποcτροφαί, (bevor sie mit musischen, mantischen und zum Schluß intellektuellen Vorzügen prahlen). Man ist fast versucht, die Sophokleische Auflistung der Sport- und

Polemik richtet sich im Grunde wieder hauptsächlich gegen die Athleten, die als Gruppe völlig isoliert werden, und deren Treiben man nur deshalb Beachtung schenkt, weil es am Ende ein Festmahl auf Kosten des Siegers gibt. (Über die aufwendigen Siegesfeiern vgl. z. B. Ath. 1, 3 e).

16-23. Die Reihenfolge, in der die einzelnen Disziplinen genannt sind (V. 16: Ringkampf, Wettlauf, V. 17: Diskuswurf, Boxkampf), weicht von Xenophanes F 2 West ab, der die Disziplinen in der Reihenfolge ihrer Aufnahme in das Olympische Programm aufzählt (V. 1: Wettlauf, V. 2: Fünfkampf, V. 3: Ringkampf, V. 4: Boxkampf, V. 5: Pankration; eine Ausnahme stellt das Wagenrennen dar, das erst V. 10 genannt wird, obwohl es sich bei ihm möglicherweise um die älteste Disziplin handelt).[55] Es geht Euripides nicht um Wettkampf und Sieg in Olympia, sondern um Ausbildung und Lebensweise der Athleten, z. B. ihre Gefräßigkeit und ihr einseitiges Training. Augenfällig wird dies durch die Unterschlagung des ἔνοπλος, des Wettlaufes in voller Rüstung, in diesen Versen.[56] Doch selbst wenn man vom Waffenlauf einmal absieht, scheint die Auffassung, daß die hier aufgezählten Sportarten im Krieg keinen Nutzen hätten, nicht generell geteilt worden zu sein: Plutarch berichtet (*quaest. conv.* 2, 52), daß bei der Schlacht zu Leuktra die Thebaner aufgrund ihrer Überlegenheit im Ringkampf gesiegt hätten; Philostratos (*Gym.* 11) vergleicht die Schlacht bei Marathon mit einem Ringkampf (s. *ad* V. 20 f.).

16. παλαίσας. Gellius (15, 20) und Euripides-Vita (2 *p.* 1 Schwartz) berichten, daß der Tragiker in seiner Jugend im Ringkampf bzw. im Pankration ausgebildet worden sei, weil der Vater ein Orakel über künftige Siege seines Sohnes fehlinterpretiert habe. Denniston vermutet *ad* E. *El.* 386-90 (vgl. Kambitsis *ad* E. *Antiope, p.* 62 f.) eine späte Reaktion auf diese Ausbildung, doch scheint die Nachricht eher ein Topos der Tragiker-

---

Kampfarten (V. 10 f.) als Apposition zu τὰ πρὸς μάχην δορός aufzufassen, was vor dem Hintergrund von F 282 noch eine zusätzliche Pointe beinhaltete.

[55] Marcovich 1978, 23; Giannini 1982, 59. Vgl. Tyrtaios F 9 West, der in seiner Polemik die Wettkampf-Disziplinen auf Wettlauf und Ringkampf reduziert.

[56] Xenophanes konnte den Waffenlauf, der erst 520 v. Chr. als Disziplin in das Wettkampfprogramm der Olympischen Spiele aufgenommen wurde, vermutlich noch nicht kennen (vgl. Bowra 1938, 258).

Biographie zu sein, die das agonale Element tragischer Produktion in Athen betonen soll: Auch Sophokles soll als Athlet ausgebildet worden sein; bei Aischylos tritt an diese Stelle die (gut verbürgte) Nachricht, daß er sich in den Perserkriegen als Soldat ausgezeichnet habe.[57]

17. γνάθον. S. *ad* V. 5 γνάθου.

καλῶc. Vgl. Wilamowitz *ad* E. *HF* 599: „‚gut‘; aus der sprache des lebens, z.b. Ar. Frö. 888. bei Eur. z.b. Ion 417".

19. ἐν χεροῖν. Zum Dual von χεῖρ (und πούc) in der attischen Tragödie vgl. Dodds *ad* E. *Ba*. 615.

20 f. δι' ἀcπίδων χερὶ | θείνοντεc. „Durch die Schilde (der Feinde) mit der Hand hindurchschlagend", vgl. E. *Heracl.* 685 (Iolaos): οὐ θένοιμι κἂν ἐγὼ δι' ἀcπίδοc; und V. 738 (Iolaos): δι' ἀcπίδοc θείνοντα πολεμίων τινα. Der Kampf mit der bloßen Hand scheint ein Mythos aus den Perserkriegen zu sein: Nachdem den Spartanern im Thermopylen-Paß Lanzen und Schwerter nach und nach zerbrochen waren, kämpften sie mit ‚bloßer Hand‘ weiter (Hdt. 7, 224 f.; Philostr. *Gym.* 11).

22 f. cιδήρου ... πέλαc | cτάc. Die bisherigen Versuche, V. 23 zu heilen, vermögen nicht zu überzeugen (s. App.); an dem Verb ἵcταcθαι ist allerdings festzuhalten, da mit der ungewöhnlichen Wortstellung auf Tyrtaios F 12, 12 West angespielt wird: δῄϊων ὀρέγοιτ' ἐγγύθεν ἱcτάμενοc; Euripides variiert nur die Wortwahl, vgl. auch E. *HF* 1176 (Theseus): οὐ γὰρ δορόc γε παῖδεc ἵcταναι πέλαc. Die Konjektur ἱcτάμενοc dürfte V. 23 also das Richtige treffen; Daktylus im ersten Fuß ist für ein Satyrspiel nicht ungewöhnlich (vgl. z. B. E. *Cyc.* 20 ἐξέβαλεν ἡμᾶc κτλ., Barrett *ad* E. *Hipp.* 19). Der gleiche Typ eines Hyperbaton findet sich *e. g.* auch E. *Alc.* 1051: πότερα κατ' ἀνδρῶν δῆτ' ἐνοικήcει cτέγην;

22. ταῦτα μωραίνει. „Niemand begeht diese Dummheit (nämlich, daß er den Feinden mit Sportgeräten oder der bloßen Faust gegenübertritt)." War schon die Frage (V. 19 ff. πότερα μαχοῦνται ...) rhetorisch gestellt, so ist das Fazit aus dieser Passage (V. 16-21) nur mehr sophistische Pose. Die Möglichkeit, einen Mann nach seiner Tapferkeit vor dem Feinde zu beurteilen, war offenbar unter Euripides' Zeitgenossen nicht unumstritten, denn wer vermochte in dieser Situation eine Leistung

---

[57] Sophokles T 1, 3 TrGF 4; Aischylos T 1, 4 TrGF 3. Vgl. Lefkowitz 1981, 91.

zu beurteilen? vgl. E. *El*. 377 f.: τίc δὲ πρὸc λόγχην βλέπων |
μάρτυc γένοιτ᾽ ἂν ὅcτιc ἐcτὶν ἀγαθόc;[58] und E. *Supp*. 849-52:

850
κενοὶ γὰρ οὗτοι τῶν τ᾽ ἀκουόντων λόγοι
καὶ τοῦ λέγοντος, ὅcτιc ἐν μάχηι βεβὼc
λόγχηc ἰούcηc πρόcθεν ὀμμάτων πυκνῆc
cαφῶc ἀπήγγειλ᾽ ὅcτιc ἐcτὶν ἀγαθόc.

Vgl. Collard (mit weiterer Literatur) *ad* E. *Supp*. 846-56.
Andererseits war in der Phalanx, wo allzu waghalsiges Vorgehen eines Einzelnen den neben ihm Kämpfenden in Gefahr
brachte, eine andere Art von Einsatz und Leistung gefragt, als
Athleten gewöhnlich erbringen (s. *ad* V. 4).

μωραίνειν ist ein Wort, das in der Komödie nicht, in der
Tragödie äußerst selten (A. *Pers*. 719; E. *Med*. 614; *Andr*. 674;
F inc. 962, 3) anzutreffen ist.

23. coφούc τε κἀγαθούc. Intelligente und tüchtige (Männer)"; statt der traditionellen Formel καλὸc κἀγαθόc, die sich
mit dem in diesen Versen zurückgewiesenen Ideal verbindet,[59]
findet sich ein deutlicher Hinweis einerseits auf die coφίη, von
der Xenophanes (F 2, 12 West) sprach, andererseits auf die Sophistik, für die der Sprecher dieser Verse eintritt. coφὸc κἀγαθόc findet sich in der Tragödie nur zweimal:

(1) A. *Th*. 595 erhält Eteokles den Rat, gegen Amphiaraos
einen Gegner aufzustellen, der herausragende geistige und körperliche Fähigkeiten besitzt. Eteokles stellt ihm Lasthenes entgegen, den er folgendermaßen beschreibt (V. 622-24):

γέροντα τὸν νοῦν, cάρκα δ᾽ ἡβῶcαν φύει·
ποδῶκεc ὄμμα· χεῖρα δ᾽ οὐ βραδύνεται
παρ᾽ ἀcπίδοc γυμνωθὲν ἁρπάcαι δορί·

Bei Aischylos wird mit der Formel coφὸc κἀγαθόc der
ideale Kämpfer beschrieben: Jugend symbolisiert Körperkraft,
an dieser Stelle idealisch vereint mit Verstand, der auf die Er-
fahrungen eines langen Lebens zurückgreifen kann. Euripides'
Athletenbild erscheint neben Aischylos' Zeichnung des idealen
Kämpfers nur noch als groteske Verzerrung: Der ὠκύπουc ἀνήρ
(V. 16) rettet seine Stadt nicht - Lasthenes' ποδῶκεc ὄμμα war
indessen dazu selbstverständlich in der Lage; nicht der Boxer,

---

[58] Von Diggle athetiert, vgl. u. *p*. 80 ff.
[59] Benedetto 1971, 305, Anm. 11; Angiò 1992, 90.

der mit bloßer Hand auf feindliche Schilde einschlägt, treibt die Eindringlinge aus dem Land, wohl aber ehedem die Hand, die mit dem Speer den Feind an einer vom Schild nicht geschützten Stelle trifft.

(2) S. *Ph.* 119 überredet Odysseus Neoptolemos, dem kranken Philoktetes den Bogen zu stehlen, und kündigt ihm an, daß er nach gelungenem Coup als coφὸc κἀγαθόc gelten werde. Der Scholiast merkt *ad loc.* an: coφὸc μὲν διὰ τὸ κλέψαι, ἀγαθὸc δὲ διὰ τὸ πορθῆναι (*i. e.* die Eroberung Trojas).

Giannini (1982, 67) faßt coφοί τε κἀγαθοί als zwei Gruppen von Menschen auf: einerseits - und darin erweise sich Euripides als Nachahmer des Xenophanes - die Dichter (coφοί), die durch nützliche, erzieherische Dichtung (s. *ad* V. 26 μύθοιc) Schaden von der Polis abwenden, andererseits jene Politiker (ἀγαθοί), die sich durch Vernunft und Gerechtigkeit auszeichnen.[60] Die genannten Parallelen aus Aischylos und Sophokles sowie die Verwendung der traditionellen Formel καλόc τε κἀγαθόc zeigen indessen, daß es um die idealische Einheit zweier Eigenschaften geht, die ihre Bedeutung und ihren Sinn verliert, wenn man sie auf zwei Personengruppen verteilt. coφόc bezeichnet daher eine Eigenschaft, die über die Qualitäten gerechter Staatsmänner hinaus rhetorische (respektive poetische) Fähigkeiten in sich einschließt.

26. μύθοιc. μῦθοc kann an dieser Stelle - neben der einfachen Bedeutung ‚Wort' (als Gegensatz zu ‚Tat', z. B. *Il.* 9, 443; [A.] *Pr.* 1080 [*anap.*]) - zweierlei bedeuten: (1) ‚öffentliche Rede', wenn die coφοί τε κἀγαθοί, um Unheil von der Polis abzuwehren, als Volksredner aufgetreten sind, vgl. E. *Hec.* 122-24 (*lyr.*): τὼ Θηcείδα δ', | ὅζω Ἀθηνῶν, διccὼν μύθων | ῥήτορεc ἦcαν κτλ. (2) ‚Märchen', ‚Erdichtetes', ‚Erzählung',[61] vgl. E. *El.* 743 f. (*lyr.*): φοβεροὶ δὲ βροτοῖcι μῦθοι | κέρδοc πρὸc θεῶν θεραπείαν.

---

[60] Vgl. auch Angiò 1992, 90. Den beiden Elementen der Formel sind zwei in Naucks Text gleichgeordnete Relativsätze (chiastisch) zugeordnet: V. 24 f. χὤcτιc ἡγεῖται κτλ. und V. 26 f. ὅcτιc τε μύθοιc κτλ. Die Gleichordnung der beiden Relativsätze entstand durch Musgraves Konjektur in V. 26 ὅcτιc τε (aus ὅcτιc γε).

[61] Vgl. Giannini 1982, 67: „con le narrazioni poetiche". Wilamowitz *ad* E. *HF* 76: „μῦθοc (war) im attischen nur noch als ‚märchen' in gebrauch (...) die tragödie hielt die alte und im ionischen dauernde bedeutung ‚rede' aufrecht (...)."

Mag (1) auch auf ersten Blick naheliegender erscheinen, so spricht doch für (2), daß in F 282 eine Elegie des Xenophanes nachgeahmt wird, und sich auch für V. 27 μάχας ... καὶ στάσεις eine Referenzpartie in den Elegien des Vorsokratikers findet (F 1, 21-24 West):[62]

> οὔ τι μάχας διέπειν Τιτήνων οὐδὲ Γιγάντων
> οὐδὲ < > Κενταύρων, πλάσμα<τα> τῶν προτέρων,
> ἢ στάσιας σφεδανάς· τοῖς οὐδὲν χρηστὸν ἔνεστιν·
> θεῶν <δὲ> προμηθείην αἰὲν ἔχειν ἀγαθήν.

Xenophanes skizziert in diesen Versen ein poetologisches Programm, mit dem er sich gegen „die Früheren" richtet (vgl. die Polemik gegen Homer und Hesiod F B 11 Diels/Kranz), deren Dichtung er die Nützlichkeit abspricht. So wie Xenophanes also seiner Dichtung ein moralisches χρηστόν beimaß, könnte auch der Sprecher von F 282 diejenigen unter die σοφοί τε κἀγαθοί rechnen, die dichten oder Erdichtetes vortragen, das die Menschen davon abhält, schlimme Taten zu begehen, (oder dazu anhält, die Götter in Ehren zu halten, wie der Chor der *Elektra* 743 f. feststellt). Ein mögliches Beispiel für einen solchen ‚pädagogischen' μῦθος bietet [43 Kritias] F 19 (s. u. *ad loc.*).

28. πόλει τε πάσηι πᾶσί θ' Ἕλλησιν. Die Macht des Wortes dient der Verständigung (und somit dem Frieden) der griechischen Städte untereinander, vgl. E. *Supp.* 748 f.: πόλεις τ', ἔχουσαι διὰ λόγου κάμψαι κακά, | φόνωι καθαιρεῖσθ' οὐ λόγωι τὰ πράγματα.

Exkurs: Die Athleteninvektive

In der Athleteninvektive findet sich eine Reihe von sehr unterschiedlichen Einwänden gegen den professionellen Sport gebündelt, die Euripides weitgehend zeitgenössischen Diskussionen entnommen haben dürfte, von denen uns nur durch spätere Texte (s. u.) Kenntnis erreichte, während Euripides uns erhalte-

---

[62] στάσεις καὶ μάχαι (also in umgekehrter Reihenfolge) findet sich sonst nur Pl. *Phaed.* 66 c; *R.* 351 d; Arist. *Pol.* 1296 a; vgl. B. *Epin.* 11, 68 (διχοστασίαι - μάχαι) und S. *OC* 1234, wo beide Begriffe getrennt voneinander in einer Aufzählung erscheinen.

nen literarischen Vorlagen in weit geringerem Umfang verpflichtet ist, als es zunächst scheint.

Eine Abhängigkeit des Euripides von Xenophanes aus Kolo-
phon hatte jener Gesprächspartner in den *Deipnosophistai* des
Athenaios gesehen, der das *Autolykos*-Fragment zitiert, und als
Parallele die Elegie des Vorsokratikers (F 2 West) anführt.[63]

ἀλλ’ εἰ μὲν ταχυτῆτι ποδῶν νίκην τις ἄροιτο
ἢ πενταθλεύων, ἔνθα Διὸς τέμενος
πὰρ’ Πίcαο ῥοῆιc’ ἐν Ὀλυμπίηι, εἴτε παλαίων
ἢ καὶ πυκτοcύνην ἀλγινόεccαν ἔχων,
5   εἴτε τι δεινὸν ἄεθλον ὃ παγκράτιον καλέουcιν,
ἀcτοῖcίν κ’ εἴη κυδρότεροc προcορᾶν,
καί κε προεδρίην φανερὴν ἐν ἀγῶcιν ἄροιτο
καί κεν cῖτ’ εἴη δημοcίων κτεάνων
ἐκ πόλεωc, καὶ δῶρον ὅ οἱ κειμήλιον εἴη -
10 εἴτε καὶ ἵπποιcιν· ταῦτά κε πάντα λάχοι,
οὐκ ἐὼν ἄξιοc ὥcπερ ἐγώ· ῥώμηc γὰρ ἀμείνων
ἀνδρῶν ἠδ’ ἵππων ἡμετέρη cοφίη.
ἀλλ’ εἰκῆι μάλα τοῦτο νομίζεται, οὐδὲ δίκαιον
προκρίνειν ῥώμην τῆc ἀγαθῆc cοφίηc·
15 οὔτε γὰρ εἰ πύκτηc ἀγαθὸc λαοῖcι μετείη
οὔτ’ εἰ πενταθλεῖν οὔτε παλαιcμοcύνην,
οὐδὲ μὲν εἰ ταχυτῆτι ποδῶν, τόπερ ἐcτὶ πρότιμον,
ῥώμηc ὅcc’ ἀνδρῶν ἔργ’ ἐν ἀγῶνι πέλει,
τοὔνεκεν ἂν δὴ μᾶλλον ἐν εὐνομίηι πόλιc εἴη·
20 cμικρὸν δ’ ἄν τι πόλει χάρμα γένοιτ’ ἐπὶ τῶι,
εἴ τιc ἀεθλεύων νικῶι Πίcαο παρ’ ὄχθαc·
οὐ γὰρ πιαίνει ταῦτα μυχοὺc πόλεωc.

Xenophanes hatte in seiner Elegie jedoch nicht die Athleten angegriffen, - und man würde seine Absicht mißverstehen,
wenn man seine Elegie vom Standpunkt des *Autolykos*-Frag-
ments aus interpretierte, - sondern er hatte das Bild von den
Belohnungen der Olympiasieger benutzt, um für die cοφίη der
Männer, die eine Polis besonnen lenken, ein Maß zu setzen, das
es noch zu übertreffen gelte. Euripides übertrumpft das Xeno-
phaneische οὐκ ἐὼν ἄξιοc ὥcπερ ἐγώ durch ein οὐδὲν κάκιόν
ἐcτιν: Weil die Athleten nicht in der Lage seien, sich selbst
oder dem Staate zu nützen, sei ihr hohes Ansehen fehl am

---

[63] ταῦτ’ εἴληφεν ὁ Εὐριπίδηc ἐκ τῶν τοῦ Κολοφωνίου ἐλεγείων
Ξενοφάνουc οὕτωc εἰρηκότοc. Nach dem Zitat der Verse fährt er fort:
πολλὰ δὲ καὶ ἄλλα ὁ Ξενοφάνηc κατὰ τὴν ἑαυτοῦ cοφίαν ἐπαγωνίζε-
ται, διαβάλλων ὡc ἄχρηcτον καὶ ἀλυcιτελὲc τὸ τῆc ἀθλήcεωc εἶδοc
(Ath. 10, 413 f.).

Platze und die Sitte, die solche Ehrungen vorsieht, zu tadeln,
denn bekränzen müsse man gerechte und besonnene Männer,
die auch Meister des Wortes sind. Dieser schwerwiegende Unterschied wird vor allem durch die Behandlung *einer* Sportart
bei den beiden Dichtern deutlich: Xenophanes hebt die Pferderennen von den anderen Sportarten deutlich ab (V. 10), denn das
einzige, was die Sieger in dieser Disziplin mit denen der übrigen Disziplinen gemein haben, ist die - wie aus Xenophanes'
Zusammenstellung der Sportarten deutlich wird - ungerechtfertigte Verehrung, in deren Genuß die einen für einen Sieg aufgrund ihrer eigenen Körperkraft, die anderen aber aufgrund ihres finanziellen Engagements kommen.[64] Euripides verschweigt
die Pferderennen, denn sein Kriterium ist nicht die überzogene
Verehrung der Athleten, sondern ihre körperliche, geistige und
moralische Unzulänglichkeit.

Von den beiden Argumenten, die Xenophanes vorbringt, -
(1) der Sieg hat keinen Einfluß auf die εὐνομίη der Stadt
(V. 19), (2) er macht die Kassen der Stadt „nicht fett" (V. 22),
und ist dabei nur ein kurzes Vergnügen (V. 20), - hat sich Euripides indessen denkbar weit entfernt: Der Gedanke der εὐνομία
wird in F 282 nur am Rande berührt, wenn es darum geht, wer
anstelle der Athleten bekränzt, d. h. geehrt werden solle: nämlich
die Männer, die es verstehen, die Polis vernünftig und gerecht
zu lenken und *mit Worten* schlimme Taten abzuwehren
(V. 24-26). Xenophanes' ökonomisches Argument erscheint aus
einer völlig anderen Perspektive: Es geht Euripides nicht darum, daß die Athleten unfähig sind, die Kassen der Stadt „fett"
zu machen, sondern darum, daß sie sich nicht um ihre Altersversorgung, nämlich um Nachkommenschaft, kümmern können
(V. 3 ff.). Auch die kurze Freude über den Wettkampfsieg, die
Xenophanes noch der ganzen Stadt gönnt, erscheint bei Euripides auf den Blickwinkel der Einzelperson des Athleten reduziert: Nur in der Jugend kommt er in den Genuß der Ehrungen
(V. 10), im Alter teile er das Schicksal eines Clochards (V. 11 f.).
Xenophanes hatte nur die Praxis gerügt, der praktischen Intel-

---

[64] Der Preis bei einem Wettkampfsieg im Pferderennen ging nicht an
einen (oder mehrere) Reiter sondern an den Besitzer des Rennstalls. So
konnte sich Alkibiades rühmen, bei den Olympischen Spielen des Jahres
416 v. Chr. nicht nur den ersten, sondern auch noch weitere vordere Pla-
zierungen errungen zu haben (vgl. Bowra 1960, 68 f.; Finley/Pleket 1976,
71 f.).

ligenz (coφίη) geringeres Ansehen zukommen zu lassen als der
Körperkraft von Mensch und Tier; primär ging es ihm um eine
andere Motivation der Verehrung und nicht so sehr um eine andere Zielgruppe, zumal die Athleten in den Poleis seiner Zeit
der aristokratischen Führungselite entstammten. Euripides' Kritik zielt hingegen direkt auf die Person des geistlosen Kraft-
menschen, den die Athleten seines Jahrhunderts verkörperten.
Diese sind für Euripides nur mehr bemitleidenswerte Geschö-
pfe, die keine anderen Vergnügen haben, als sich den Bauch
vollzuschlagen, und die unweigerlich früher oder später in Not
geraten müssen, ohne sich selbst helfen zu können, und deren
einziger Vorzug schließlich, ihre Körperkraft, noch nicht einmal
in Kriegszeiten dem Staate nützlich werden kann.

Mit der Nutzlosigkeit der bloßen Körperkraft im Krieg ist
wiederum das Leitmotiv einer alten Elegie ins Groteske ver-
zerrt und übersteigert.[65] Die Diskussion darüber, inwieweit die
athletische Ausbildung auch militärisch von Nutzen ist, wird
zwar explizit zuerst in F 282 greifbar, aber sie ist in einer Elegie des Tyrtaios bereits angelegt, in der dieser erklärt, daß alle
hochgeschätzten Vorzüge von Menschen - zu allererst Körperkraft, dann Schönheit, Reichtum, edle Abkunft und schließlich
Redegewandtheit - für sich nicht der Erinnerung und des Ge-
denkens wert sind, sondern stattdessen nur Wehrkraft, Mut und
persönlicher Einsatz (F 12 West):

οὔτ' ἂν μνησαίμην οὔτ' ἐν λόγωι ἄνδρα τιθείην
οὔτε ποδῶν ἀρετῆς οὔτε παλαιμοσύνης,
οὐδ' εἰ Κυκλώπων μὲν ἔχοι μέγεθός τε βίην τε,
4   νικώιη δὲ θέων Θρηΐκιον Βορέην,
(...)
οὐ γὰρ ἀνὴρ ἀγαθὸς γίνεται ἐν πολέμωι
εἰ μὴ τετλαίη μὲν ὁρῶν φόνον αἱματόεντα,
12   καὶ δηίων ὀρέγοιτ' ἐγγύθεν ἱστάμενος·
ἥδ' ἀρετή, τόδ' ἄεθλον ἐν ἀνθρώποισιν ἄριστον
κάλλιστόν τε φέρειν γίνεται ἀνδρὶ νέωι.

Athletische und militärische Leistung erscheinen in diesen
Versen nur als nicht *a priori* identisch, bei Euripides sind sie
als unvereinbar gegeneinandergestellt (V. 16-23). Folgerichtig
erwartet die Athleten bei Euripides ein bitteres Alter in Not,
und bar jeder öffentlichen Reputation, können sie sich doch

---

[65] Ferner s. o. *ad* F 282, 23.

nicht im Kriege beizeiten bleibendes Ansehen und einen ehren-
vollen Platz in der Gemeinschaft erwerben, wie es Tyrtaios
(V. 39) beherzten Soldaten verhieß.

Tyrtaios' strenge Forderung, deren Bekanntheit und päda-
gogische Bedeutung Platon zeigt, der *Lg.* 629 a f. und 660 c-
661 a[66] auf die Elegie rekurriert, fand in Athen durch Solon
frühzeitig eine pragmatische Umsetzung,[67] der bei seiner Ge-
setzgebung auch eigens die Siegerprämien reglementierte: Um
das Ansehen der im Krieg Gefallenen aufzuwerten, deren Hin-
terbliebene staatliche Unterstützung erhielten, setzte er eine
Obergrenze der staatlichen Zuwendungen für siegreiche Athleten fest.[68] Diogenes Laertios (1, 56) behauptet, daß der Erfolg
dieser Maßnahme, - der Ehrgeiz, sich als ein exzellenter Soldat zu erweisen, - später gerade in Marathon sichtbar geworden sei.

Es scheint Solon darüber hinaus auch der hohe Aufwand,
den die Athletenausbildung forderte, und der in keinem Verhältnis zum privaten oder staatlichen Nutzen stand, ein Dorn im
Auge gewesen zu sein und sein abschätziges Urteil maßgeblich
bestimmt zu haben.[69] Euripides folgte also in seiner Präsenta-
tion der Athleten offenbar weit mehr der Einschätzung des Solon als der des Xenophanes oder des Tyrtaios. Ein Text, auf
den er sich bezogen haben könnte, ist nicht erhalten, aber Diogenes Laertios fand Solons Haltung offenbar in Euripides' Athleteninvektive reflektiert, aus der er F 282, 12 zitiert.

Den medizinischen Aspekt athletischer Ausbildung, der in
F 282, 5 f. mitschwingt, konnte Euripides ebenfalls bereits zeit-
genössischer Kritik entlehnen. In den professionellen Athleten
sah das fünfte Jahrhundert einen neuen, anderen Typus von
Athleten als jenen, den noch Xenophanes kannte.[70] Die besonderen Anforderungen an Ausbildung, Training und Ernährung
dieser ,Kampfmaschinen' förderte das Entstehen eines neuen
Spezialisten, des Trainers, und geriet gleichermaßen ins Visier

---

[66] Vgl. auch Pl. *Lg.* 696 e und 715 b.

[67] D. L. 1, 55-57.

[68] D. L. 1, 55; ohne Angabe von Solons Absicht: Plu. *Sol.* 23, 3.

[69] Diese Einschätzung der Athleten durch Solon bezeugt auch D. S.
9, 2, 5.

[70] Finley/Pleket 1976, 73; Kyle 1987, 124 f.

medizinisch-wissenschaftlicher Kritik[71] wie literarischen Spot-
tes.[72] Vor allem die Völlerei der Athleten entwickelte sich
schon im fünften Jahrhundert zu einem Topos der griechischen
Literatur, dem auch die Überlieferung von F 282 zu verdanken
ist.[73]

Für die spätere Rezeption der Athleteninvektive[74] scheint
Euripides - ganz im Gegensatz zu Xenophanes[75] und Tyrtaios[76]
- unbedeutend gewesen zu sein, wenngleich die von nun an im
Vordergrund stehenden Aspekte - einerseits die Untauglichkeit
einer athletischen Ausbildung für den Krieg, andererseits ihre
Schädlichkeit für Leben und Gesundheit, - in seinem *Autolykos*-
Fragment für uns zum ersten Mal berührt werden.

Die Philosophie griff eine in der medizinischen Literatur
wahrscheinlich schon des fünften Jahrhunderts etablierte Position auf, daß Übermaß und Einseitigkeit schädlich sei, Sport in
Maßen aber durchaus therapeutische Wirkung zeitige[77] und
folglich auch militärisch sinnvoll sein könne.[78] Xenophon läßt in
seinem *Symposion* (2, 17 f.) Sokrates ein Plädoyer für den Tanz
halten, mit dem er seinen Körper trainiere, ohne einseitig - wie
bei den Berufsathleten - Arme oder Beine auszubilden, respektive verkümmern zu lassen.[79] Für Platon ist Leibeserziehung
ein wichtiger Teil der Erziehung überhaupt geworden; sorgfältig

---

[71] Vgl. z. B. Hp. *Alim.* 34 Littré (und Gal. *Protr.* 11): διάθεϲιϲ ἀθλητικὴ
οὐ φύϲει, ἕξιϲ ὑγιεινὴ κρείϲϲων.

[72] Vgl. z. B. Ath. 10, 414 d: ὁ Ἀχαιὸϲ δὲ ὁ Ἐρετριεὺϲ περὶ τῆϲ εὐεξίαϲ
τῶν ἀθλητῶν διηγούμενόϲ φηϲι (es folgt Achaios *Athla/Athloi* 20 F 4, vgl.
auch 20 F 3).

[73] Ath. 10, 413 c: πάντεϲ γὰρ οἱ ἀθλοῦντεϲ μετὰ τῶν γυμναϲμάτων
καὶ ἐϲθίειν πολλὰ διδάϲκονται. διὸ καὶ Εὐριπίδηϲ ἐν τῶι πρώτωι Αὐτολύκωι λέγει· (F 282).

[74] Zur Rezeption vgl. Jüthner 1909, 36-47; Jüthner 1965, 94-97; Ziegler
1965, 298-302.

[75] Pl. *Ap.* 36 d; Isoc. 4, 1-2 und *Ep.* 8, 5-6.

[76] Pl. *Lg.* 629 a f., 660 c-661 a, 696 e, 715 b; vgl. West im App.

[77] Vgl. Hippokrates bei Gal. *Protr.* 10 f. Über ein Goldenes Zeitalter des
Sports, in dem athletische und militärische Ausbildung sich noch im
Einklang befanden s. Philostr. *Gym.* 43 f.

[78] Vgl. Jüthner 1909, 8-16. 30-35.

[79] *Mem.* 3, 12 ermahnt Sokrates einen jungen Mann, seinen Körper
nicht zu vernachlässigen, damit er gerade gegen die Gefahren des Krieges besser gewappnet sei.

prüft er, welche Sportarten für den Staat, d. h. im Krieg, nützlich und welche für die Bürger schädlich sind.[80] Seine Polemik
gegen die Berufsathleten richtet sich allein gegen Übermaß und
Einseitigkeit ihrer Ausbildung. Aristoteles[81] kann seiner Emp-
fehlung, nicht schon die Knaben der harten Lebensweise von
Berufsathleten zu unterziehen, immerhin mit einer statistischen
Beobachtung Nachdruck verleihen: Die Liste der Olympioniken
zeige, daß nur „zwei oder drei" als Männer an ihren Erfolg in
den Knabenwettkämpfen anknüpfen konnten, d. h. daß die unge-
sunde athletische Ausbildung und Lebensweise also noch nicht
einmal ihren eigenen Zweck über einen längeren Zeitraum hin-
weg zu erfüllen vermöge.[82] Der utilitaristische Ansatz ist bei
dem Kyniker Diogenes von Sinope schließlich in ganz andere
Richtung fortgeführt: Er polemisiert gegen die überflüssigen
und sinnlosen Mühen, denen sich die Athleten unterzögen, und
setzt diesen seine eigenen, realen Mühen (z. B. Armut, Krank-
heit, Schmerz) entgegen, deretwegen er Anerkennung ver-
diene.[83]

Die Frage, welche Bedeutung der Athleteninvektive (F 282)
innerhalb des Euripideischen Œuvres zukommt, ist nicht leicht
zu klären. Irritierend kommt hinzu, daß zwei extreme Positionen - Euripides als „Philogymnast"[84] und Euripides als Veräch-
ter des Sports samt aller unvermeidlichen Folgen[85] - Anhänger

---

[80] Pl. *R.* 404 a, 410 b; *Lg.* 629 a f., 660 c-661 a, 696 e, 715 b.

[81] Arist. *Pol.* 8, 4, 1338 b 40-1339 a 10.

[82] Von dem thebanischen Feldherrn Epameinondas (und in seiner Folge
von Philopoimen) wird berichtet, daß er jegliche körperliche Ausbildung,
die auf Vermehrung der Muskelkraft gerichtet sei, zurückwies und die
Körperfülle der Athleten, die der Gewandtheit abträglich sei, verab-
scheute (Plu. 192 c; Nep. *Epam.* 2. 5; Plu. *Phil.* 3). Alexander der Große
hatte ebenfalls keine Sympathien für die „Athletenbrut" (Plu. *Alex.* 4, 5-6
benutzt die Euripideische Wendung τὸ τῶν ἀθλητῶν γένος [V. 2]).

[83] D. Chr. 9, 10-13; D. L. 6, 2, 27.

[84] Jüthner 1965, 94: „Besonders schwer wiegt das wegwerfende Urteil
des Tragikers Euripides über die Berufsathleten, da er nach einzelnen
Bemerkungen in seinen Stücken Sinn für Sport verriet." Dazu Anm. 260:
„Nur ein Philogymnast prägt einen Satz wie ‚den Diomedes habe die
Lust am Scheibenwurf erfreut'" (E. *IA* 199 f.).

[85] Nestle 1901, 217: „Diese Predigt gegen die Gymnastik (*i. e.* F 282, d.
Verf.) ist in mehr als einer Hinsicht interessant. Einmal zeigt sie uns den
tiefgewurzelten Widerwillen des Dichters gegen das Kraftmenschentum
und Sportswesen (...). Es ist ohne weiteres zuzugeben, dass Euripides von

gefunden haben, wobei freilich letztere Position deutlich über-
wiegt und die Beurteilung des *Autolykos*-Fragments maßgeblich
bestimmt hat. Tatsächlich kann aber ein exponiertes *statement*
seiner Abneigung gegen Berufsathleten nur in einem hermeneu-
tisch bedenklichen Verfahren gewonnen werden, indem eine
ablehnende Haltung des Euripides gegenüber Sport und Athleten
erst aus diesen Versen deduziert und für die Deutung dieser
Verse sodann wieder zugrundegelegt wird. Es kann im folgenden also nicht darum gehen, Euripides' persönliche Haltung zu
ermitteln sondern nur das Spektrum der Äußerungen Euripideischer Figuren über Sport respektive Athleten darzustellen.

Tatsächlich finden sich für die Athleteninvektive innerhalb
des Euripideischen Werkes kaum Parallelen. Wohl durchzieht
der Gegensatz coφία – ῥώμη die Tragödien in vielen Facetten:
Er erscheint zum Beispiel im *Erechtheus* (F 369) als der Gegensatz zwischen *vita activa* und *vita contemplativa*, und in der *Antiope*
(F 199 f.) treffen in den Figuren der beiden Brüder Amphion und
Zethos musisch-intellektuelle Begabung und pragmatische Ver-
anlagung aufeinander. F 282 ist diesen Stellen sehr ähnlich,
doch besteht ein fundamentaler Unterschied darin, daß dort
Gleichberechtigung oder doch wenigstens ein Ausgleich zwischen den beiden Extremen intendiert ist, während in F 282
nicht nur die Körperkraft der praktischen Intelligenz unterworfen, sondern explizit die eine Seite, nämlich die der Athleten,
denunziert wird. Wenn aber tatsächlich von Sport die Rede ist,
handelt es sich in der Mehrzahl der Fälle um Beschreibungen
der Heimat Euripideischer Helden, in denen Sportstätten als
ein wichtiger Bestandteil der Jugend einen völlig selbstver-
ständlichen Platz einnehmen, ohne daß man einen kritischen
oder auch nur ironischen Unterton heraushören könnte: So gilt
Hipp. 1131-34 dem in die Verbannung ziehenden Hippolytos großes Bedauern, weil er die Pferderennbahn, als deren Herrin

---

seiner Antipathie fortgerissen in der Verurteilung des Turnwesens zu
weit geht." Denniston *ad* E. *El.* 386-90: „Aulus Gellius (15. 20) says that
Euripides' father trained him as an athlete, and that he won prizes at
contests. Perhaps the present outburst is a violent reaction against that
early training." Dazu auch Lesky 1972, 276: „Dahinter aber steht das Bild
des Geistmenschen Euripides, der in dem Preislied auf Athen (Med. 824)
von den Gaben der Weisheit und den Musen singt, den Aristophanes (*Ra.*
943. 1409) als Büchermenschen verspottet, und der gelegentlich seine Abneigung gegen athletischen Ungeist sehr unbefangen kundgibt."

Hipp. 228 f. Artemis apostrophiert wird, nicht mehr wiedersehen werde: οὐκέτι cυζυγίαν πώλων Ἐνετᾶν ἐπιβάcηι | τὸν ἀμφὶ Λίμναc τρόχον | κατέχων ποδὶ γυμνάδοc ἵππου. Tiefe Trauer ergreift die gefangenen Troerinnen (*Tr.* 833-35) inmitten der Ruinen beim Anblick der zerstörten Sportstätten: τὰ δὲ cὰ δρο-cόεντα λουτρὰ | γυμναcίων τε δρόμοι | βεβᾶcι κτλ., und Helena (*Hel.* 205-9) beim Gedanken an die verlassenen Sportstätten in der Heimat: Κάcτορόc τε cυγγόνου τε | διδυμογενὲc ἄγαλμα πατρίδοc | ἀφανὲc ἀφανὲc ἱππόκροτα λέ-|λοιπε δάπε-δα γυμνάcιά τε. Mit Achills Heimat wird (*IT* 435-37) vor allem der Ort evoziert, an dem der πόδαc ὠκύc trainierte: ἐπ' αἰ-|αν, λεύκαν ἀκτάν, Ἀχιλῆ-|οc δρόμουc καλλιcταδίουc, | ἄξεινον κατὰ πόντον. Möglicherweise ist *IA* 209-30 auf diese Stelle angespielt, wenn Achill wiederum, diesmal am steinigen Strand von Aulis, trainiert: (...) εἶδον | αἰγιαλοῖc παρά τε κροκάλαιc | δρόμον ἔχοντα cὺν ὅπλοιc κτλ. (*IA* 199-205 waren schon Diomedes, Meriones, Odysseus und Nireus genannt, die sich mit Diskuswerfen die Zeit vertreiben). *Ph.* 366-68 nennt Polyneikes, aus der Fremde heimgekehrt, die wichtigen Plätze seiner Vaterstadt: (...) πολύδακρυc δ' ἀφικόμην, | χρόνιοc ἰδὼν μέλαθρα καὶ βωμοὺc θεῶν | γυμνάcιά θ' οἷcιν ἐνετράφην Δίρ-κηc θ' ὕδωρ.

Nicht gegen die Ausübung von Sport an sich, sondern gegen die spartanische Praxis, die Mädchen an den athletischen Übungen der (leichtbekleideten) jungen Männer teilnehmen zu lassen, richtet sich Peleus' Tadel *Andr.* 595-600 und spiegelt sicherlich eine konservative athenische Position wieder:[86] αἳ ξὺν νέοιcιν ἐξερημοῦcαι δόμουc | γυμνοῖcι μηροῖc καὶ πέπλοιc ἀνειμένοιc | δρόμουc παλαίcτραc τ' οὐκ ἀναcχετοὺc ἐμοὶ | κοινὰc ἔχουcι. Auch F 785 aus dem *Phaethon*, auf den ersten Blick ein Kronzeuge Euripideischer Abneigung gegen Athleten, erweist sich für eine solche Deutung als unbrauchbar: μιcῶ δὲ [ ] ἀγκύλον | τόξον κρανείαc, γυμνάcια δ' οἰχοίατο. Die Zitatquelle, Plut. *Consol. ad uxorem* 3 *p.* 608 e, überliefert diese Verse als die Klage Klymenes um ihren toten Sohn Phaethon, und es zeigt Euripides' feines psychologisches Gespür, wenn er Klymene Abscheu vor den Sportgeräten zum Ausdruck bringen läßt, die in ihrem Sohn einst jene Begeisterung geweckt hatten,

---

[86] Kamerbeek *ad loc.* will nur Euripides' Stimme vernehmen, vgl. Stevens *ad loc.*

die ihn schließlich das Leben kostete. An keiner Stelle, wo Kritik oder Distanz herauszuklingen scheint, werden Athleten verurteilt.[87]

Eine Sonderstellung nimmt die *Elektra* ein, in der sich nicht nur Sportmetaphern in ungewöhnlich hoher Zahl häufen, sondern die auch aufgrund einiger Übereinstimmungen mit F 282 einer eingehenden Untersuchung bedarf. Bis V. 885 wird Orestes' Bezwingung seines Feindes Aigisthos wie ein Sieg bei athletischen Wettkämpfen gefeiert: V. 614 spricht Orestes selbst von dem Siegeskranz, den er sich holen werde (ἥκω 'πὶ τόνδε cτέφανον), V. 781 f. (im Bericht des Boten über Aigisthos' Tod) gibt er vor, in Olympia Zeus ein Opfer bringen zu wollen (πρὸc δ' Ἀλφεὸν | θύcοντεc ἐρχόμεcθ' Ὀλυμπίωι Διί). V. 824 f. (in demselben Botenbericht) wird geschildert, wie er „schneller, als ein Reiter die Pferderennbahn in beiden Richtungen durchläuft, das Opferkalb enthäutete" (θᾶccον δὲ βύρcαν ἐξέδειρεν ἢ δρομεὺc | διccοὺc διαύλουc ἵππιοc διήνυcε). Nach dem geglückten Anschlag, der freilich mehr einem Meuchelmord als einer heroischen Tat gleicht, wird Orestes zuerst von Aigisthos' Dienern bekränzt (V. 854);[88] dann fordert der Chor (V. 862 f.), - das erreichte Pathos noch übertrumpfend, - daß Orestes durch einen Siegeskranz geehrt werden solle, weil er einen *wichtigeren* Sieg davongetragen habe als jene, die in Olympia zu erringen seien (νικᾶι cτεφαναφόρα κρείccω τῶν παρ' Ἀλφειοῦ ῥεέθροιc τελέcαc), und auch Elektra sucht (V. 880-85) nach Steigerungsmöglichkeiten, als der Bruder ihr gegenübertritt. Als ob er ein siegreicher Feldherr sei, wertet sie seine Leistung mit den Worten:

> ἥκειc γὰρ οὐκ ἀχρεῖον ἔκπλεθρον δραμὼν
> ἀγῶν' ἐc οἴκουc, ἀλλὰ πολέμιον κτανὼν
885 > Αἴγιcθον, ὃc cόν πατέρα κἀμὸν ὤλεcε.

---

[87] Die Stellen *Alc.* 1026-35, wo sich Herakles als siegreicher Athlet vorstellt, der die verschleierte Alkestis vorgeblich als Kampfpreis errungen habe, ferner *HF* 162, *Tr.* 1209, *Hel.* 1472 und F 105 (*Alope*) zeigen eine indifferente Haltung gegenüber dem Sport.

[88] Orestes für seine Tat zu bekränzen fordert in der Volksversammlung, die über Orestes' Schicksal entscheiden soll, auch im *Orestes* (917-22) ein Landmann, der offensichtliche Ähnlichkeiten mit Elektras Ehemann aufweist. Nicht übergangen werden darf in diesem Zusammenhang, daß

Die Ähnlichkeit mit F 282 ist kaum zu übersehen: Mit dem
Urteil, daß Orestes' Erfolg nicht wie nutzloser athletischer
Wettkampf, sondern vielmehr als ein militärischer Sieg zu fei-
ern sei, bringt Elektra dasselbe zum Ausdruck wie der Sprecher
der Verse F 282, 15-21.

Der Fortgang des Dramas zeigt die Fehleinschätzung der
Folgen der Rache und die Verblendung, in der sie ausgeführt
wurde. Der Muttermord markiert die Peripetie; als die Geschwister nach dem Muttermord das Haus verlassen, nennt der
Chor sie τροπαῖα, δείγματ᾽ ἀθλίων προσφαγμάτων (V. 1174): Der
Glanz der Siegerpose ist verflogen. Es zeigt sich bereits
V. 524-29, daß Elektra in ihrer Erwartung, ihr Bruder werde
stolz, in der Palästra gestählt, aufrecht und furchtlos nach Argos kommen, um den Vater zu rächen, einer Illusion erlegen
ist. Der alte Diener, der Orestes schließlich wiedererkennen
wird, ist skeptischer (V. 550): ἀλλ᾽ εὐγενεῖς μέν, ἐν δὲ κιβδήλωι
τόδε und soll mit seiner Skepsis Recht behalten.[89] Orestes
selbst hat indessen ganz andere Vorstellungen von der Wesens-
art εὐγενής, die er V. 367-90 ausbreitet. Die 24 Verse zerfallen
in vier Abschnitte, von denen seit Wilamowitz (1875, 190-92)
zwei (V. 373-79. 386-90) umstritten sind, weil sie sich nur
„lose" in den Kontext einfügten.[90] In diesen Versen prüft Orestes Kriterien, mit denen sich Menschen beurteilen lassen
(367-70): Adel bürge ebensowenig für γνώμη μεγάλη, wie niedrige Abstammung zugleich auch niedrige Gesinnung bedeute.
Vermögen gehe nicht mit edler Gesinnung einher; Armut könne
zu schlimmem Tun verleiten (373-76). Bewährung vor dem
Feinde scheide als Kriterium aus, da sich im Gefecht keine

Orestes in der großen Trugrede des alten Pädagogen in Sophokles' *Elektra*
(V. 680-763) als Wagenlenker in Delphi zu Tode gekommen sein soll.

[89] Skepsis zeigt auch der Landmann, der Elektra geheiratet hat
(V. 406 f.).

[90] Textkritisch bieten die Stellen keinen Anstoß; zu den externen Indizien (D. L. 2, 33 zitiert *El.* 379 als Fragment aus der *Auge*) vgl. Denniston (*ad* 373-79) und Reeve (1973, 152). Von den Herausgebern ist nur
Diggle Wilamowitz gefolgt, Wecklein athetiert 373-79, und für Murray
sind allenfalls 383-90 verdächtig. Page (1934, 74 f.) athetiert 373-79 und
386-90, Reeve (1973, 151-53) sogar 368-79, 383-90 und 396-400, Cropp *ad*
loc. äußert sich zurückhaltend. Für die Echtheit der ganzen Passage sind
Denniston (*ad* 367-72, *ad* 373-9, *ad* 386-90), Basta Donzelli (1978, 229-42)
Goldhill (1986), und zuletzt noch einmal Basta Donzelli (1991, 107-22)
eingetreten.

Gelegenheit zu einer solchen Prüfung biete (377 f.). Welche Kriterien bleiben also übrig? Orestes bezeugt einen interessanten Wechsel der Perspektive innerhalb eines starren Beurteilungsinstrumentariums. Zwar bleibt auch nach seiner Einschätzung der Einzelne immer noch ausschließlich in einer Gemeinschaft erkennbar, aber beurteilt werden nicht mehr die Gemeinschaften, in die ein Mensch ohne sein Zutun gestellt ist (wie Familie, Besitzklasse, Phalanx), sondern diejenige, die er sich aus freien Stücken sucht (ὁμιλίαι V. 384); ebenso wird sein Verhalten in dieser Gemeinschaft bewertet (ἤθη V. 385).[91] Mit diesem Kriterium mußte Elektras Ehemann die bestmöglichen Referenzen erhalten; mit diesem Kriterium ist aber auch der kleinste gemeinsame Nenner gefunden, den Landmann und sich selbst gleichermaßen positiv beurteilen zu können - zumindest aus Orestes' Sicht. Am Ende seiner Ausführungen steht Orestes' Credo (386-89):

> οἱ γὰρ τοιοῦτοι τὰς πόλεις οἰκοῦσιν εὖ
> καὶ δώμαθ'· αἱ δὲ σάρκες αἱ κεναὶ φρενῶν
> ἀγάλματ' ἀγορᾶς εἰσιν. οὐδὲ γὰρ δόρυ
> μᾶλλον βραχίων cθεναρὸς ἀcθενοῦς μένει·

Denniston *ad loc.* sah zu Recht in diesen Worten einen „Ausfall gegen Athleten", der interessanterweise jedoch erst vor dem Hintergrund von F 282 verständlich wird, da Athleten nicht explizit genannt sind. Berührungspunkte finden sich *El.* 386 οἰκοῦσιν und F 282, 3 οἰκεῖν,[92] *El.* 388 ἀγάλματ' ἀγορᾶς und F 282, 10 πόλεως ἀγάλματα, ferner in der übereinstimmenden Ansicht, daß die bloße Körperkraft im Krieg keinen Vorteil bringe (*El.* 388-90 und F 282, 16-23); schließlich kann es auch kaum ein Zufall sein, daß Orestes *El.* 377 f. denselben Gemeinplatz in der Diskussion um die Möglichkeit, Menschen zu beurteilen, zurückweist, den der Sprecher von F 282 vehement zu propagieren vorgibt (s. *ad* 22 f.), in Wirklichkeit aber der Lächerlichkeit preisgibt.

---

[91] In diesen Versen wird V. 362 f. wiederaufgenommen: (Landmann) καὶ γὰρ εἰ πένης ἔφυν, | οὔτοι τό γ' ἦθος δυcγενὲc παρέξομαι. Zum reziproken Verhältnis von ὁμιλίαι und ἤθη vgl. E. F 1024, 4 Snell: φθείρουcιν ἤθη χρήcθ' ὁμιλίαι κακαί.

[92] Zu der Lesart (V. 3) πρῶτον οἰκεῖν (statt πρῶτα μὲν ζῆν) s. *ad loc.*

Daß an dieser Stelle gegen Athleten polemisiert wird, ist
eine konsequente Fortführung von Orestes' Argumentation, -
stehen doch Athleten zwar in hohem Ansehen (ἀγάλματ' ἀγορᾶc εἰcιν, V. 388), ohne aber ihrer Gemeinschaft wirklich zu
dienen.

Aus dieser Zusammenstellung werden drei Dinge deutlich:
(1) V. 367-90 und insbesondere V. 386-90, sind nicht interpoliert,
sie gehören zusammen und sind keineswegs "rather loosely
combined" (Page 1934, 74). (2) *Autolykos A'* und *Elektra* stehen
zweifellos in einem Zusammenhang, der jedoch nicht näher bestimmt werden kann. Es ist wenig wahrscheinlich, daß in der
Elektra auf die Textpassage F 282 im *Autolykos A'* angespielt
wird, denn es ist kaum denkbar, daß einzelne Elemente aus
dem Satyrspiel ohne die mit ihnen evozierte Komik in die Tragödie transportiert werden konnten. Für die umgekehrte Annahme ist vorauszusetzen, daß mit cάρκεc κεναὶ φρενῶν und
ἀγάλματ' ἀγορᾶc (*El.* 386 f.) die Athleten ausreichend genau
umschrieben waren, weil mit diesen Begriffen auf Topoi der
Beurteilung von Athleten rekurriert wurde. Für eine Datierung
des *Autolykos A'* läßt sich aus der Nähe zur *Elektra* nichts gewinnen, ebensowenig für den Inhalt des Dramas. (3) Ebensowenig
wie aus den übrigen Tragödien lassen sich aus der *Elektra* Indizien deduzieren, die es erlaubten, F 282 im Kontext eines persönlichen Ressentiments des Euripides gegen Athleten zu sehen.[93] Die Athleteninvektive steht vielmehr isoliert im Euripideischen Werk, so daß ihre Deutung als typisch Euripideischer
Habitus einer speziellen, sich durch die dramatischen Anforderungen dieses Satyrspiels erklärenden Deutung weichen muß.

Ein Pendant zu der Athleteninvektive findet sich in einer -
allem Anschein nach historischen - konservativen Attitüde, die
sich in Aristophanes' *Fröschen* artikuliert. Der Aristophaneische
Aischylos richtet *Ra.* 1069-71 folgenden Vorwurf an Euripides:

>   εἶτ' αὖ λαλιὰν ἐπιτηδεῦcαι καὶ cτωμυλίαν ἐδίδαξαc,
> 1070   ἢ 'ξεκένωcεν τάc τε παλαίcτραc καὶ τὰc πυγὰc ἐνέτριψεν
>   τῶν μειρακίων cτωμυλλομένων, (...)

---

[93] Anders Denniston *ad* E. *El.* 386-90.

Schlüsselwörter in dieser fiktiven Auseinandersetzung der beiden Dramatiker sind λαλία bzw. λαλεῖν.[94] Wenn Euripides (V. 954) für sich selbst in Anspruch nimmt, daß er die Athener zu reden gelehrt habe (ἔπειτα τουτουςὶ λαλεῖν ἐδίδαξα), und ihm Aischylos sofort ins Wort fällt: φημὶ κἀγώ, dann wird die unterschiedliche Bewertung der Rede (λαλεῖν) augenfällig. Denkt Euripides an die in der Demokratie unentbehrliche Fähigkeit des Redens und Diskutierens (vgl. V. 952. 957), so steht in Aischylos' Augen λαλεῖν für endloses Palavern, wo Tatkraft vonnöten wäre.[95] Die Folgen, die Euripides' Dramen für Athen gehabt hätten, seien nun allgegenwärtig: Zeit und Interesse für die Palaistren schwänden dahin, possenreißende Scharlatane, die das Volk betrügen, hielten das Heft in der Hand, und niemand könne noch „die Fackel hochhalten" aufgrund des daraus resultierenden Mangels an Sportlichkeit (V. 1083-88):[96]

> κᾆιτ' ἐκ τούτων ἡ πόλις ἡμῶν
> ὑπογραμματέων ἀνεμεστώθη
> 1085   καὶ βωμολόχων δημοπιθήκων
> ἐξαπατώντων τὸν δῆμον ἀεί,
> λαμπάδα δ' οὐδεὶς οἷός τε φέρειν
> ὑπ' ἀγυμνασίας ἔτι νυνί.

---

[94] Bemerkenswerterweise brüsten sich die Satyrn in Sophokles' Oineus-Satyrspiel (**F 1130, 15 f., s. a. ad F 282, 15) mit kriegerischen, athletischen *und* intellektuellen Fähigkeiten; letztere bezeichnen sie als τῶν κάτω λάλησις.

[95] Vgl. Dover *ad* Ar. *Ra.*, *p.* 22.

[96] Diese Stelle gilt als wichtiger Zeuge für Euripides' Haltung, vgl. Nestle 1901, 218.
Hinzuzufügen ist Athenaios, der 1, 3 e über Alkibiades' Olympiasieg im Wagenrennen berichtet und die Tatsache hervorhebt, daß „sogar Euripides" zu diesem Anlaß ein Epinikion (F 755 f. PMG) geschrieben habe: Ἀλκιβιάδης δὲ Ὀλύμπια νικήσας ἅρματι πρῶτος καὶ δεύτερος καὶ τέταρτος, εἰς ἃς νίκας καὶ Εὐριπίδης ἔγραψεν ἐπινίκιον. Wenngleich wahrscheinlich ist, daß Athenaios, der ja auch F 282 überlieferte, von Euripides' Abneigung gegenüber Athleten überzeugt war und sich nun darüber erstaunt zeigen könnte, daß der Tragiker diese zu überwinden vermochte, so findet sich doch gerade dafür kein Anhaltspunkt im Text. F 282 wird zu dem Thema ἀδηφαγία zitiert, die Invektive auf Xenophanes zurückgeführt. Das Erstaunen, das sich in καὶ Εὐριπίδης äußert, kann sich indessen ebensogut auf den Adressaten beziehen: Denn daß Euripides ausgerechnet für Alkibiades ein Epinikion schrieb, ist durchaus ungewöhnlich, zumal es offenbar sein einziges blieb, dessen Echtheit darüberhinaus offenbar schon der Antike umstritten war. Zum Epinikion vgl. Bowra 1960.

Der Vorwurf ist nicht neu, er findet sich bereits in der Auseinandersetzung zwischen dem κρείττων λόγοc und dem ἥττων λόγοc aus den *Wolken* des Aristophanes (*Nub.* 1052-55):[97]

KP   ταῦτ' ἐcτί, ταῦτ', ἐκεῖνα
      ἃ τῶν νεανίcκων ἀεὶ δι' ἡμέραc λαλούντων
      πλῆρεc τὸ βαλανεῖον ποιεῖ κενὰc δὲ τὰc παλαίcτραc.
HT   εἶτ' ἐν ἀγορᾶι τὴν διατριβὴν ψέγειc, ἐγὼ δ' ἐπαινῶ.

Der Vorwurf, zur λαλία, dem Palaver, zu erziehen, und damit die Palaistren zu leeren, ist an dieser Stelle nicht mit Euripides' Namen verbunden, und es ist auch gar nicht einsichtig, warum ein solcher Vorwurf sich allein gegen ihn richten und nur eine persönliche Abneigung kritisieren soll, schließlich richtet er sich gegen die Allgegenwart der Sophistik, die Euripides' Epoche (und sein Werk) kennzeichnet, aber dem Aristophaneischen Aischylos fremd sein muß. In den *Wolken* läßt Aristophanes seinen ‚Helden', den κρείττων λόγοc, *eine* zeitgenössische Meinung vertreten, die seinem Publikum nicht fremd gewesen sein kann. Er bedient sich dabei der Kontroverse ἔργωι μέν - λόγωι δέ in parodistischer Form: Die jungen Männer verbrächten den ganzen Tag damit, miteinander zu diskutieren, so daß ihre körperliche Ausbildung auf der Strecke bliebe. Daß der Aristophaneische Aischylos etwa anderthalb Jahrzehnte später wiederum von „leeren Palaistren" sprechen kann, zeigt, daß es sich um einen Standardvorwurf gegen die Sophistik handelte, für deren Siegeszug in Athen er den (Aristophaneischen) Euripides verantwortlich macht. Der sportliche Ehrgeiz habe - auf Kosten traditioneller Werte - sein Feld gewechselt.[98]

Euripides' Athleteninvektive erweist sich nun als das exakte Pendant zu dieser Haltung, sie scheint direkt auf einen solchen Vorwurf zu antworten, respektive ihn zu legitimieren: Sport mache arm und unglücklich und sei darüber hinaus gesellschaftlich vollkommen nutzlos. Wozu soll man dann aber noch die Palaistren betreten? Euripides schuf - in der fiktiven Situation eines Dramas und in dem komischen Ambiente eines

---

[97] Vgl. Dover *ad* Ar. *Ra.*, *p.* 22.

[98] Ein Zeichen für die Wahrnehmung dieses Antagonismus zwischen sophistischer und athletischer Ausbildung ist auch die Anekdote bei D. L. 2, 43, die Athener hätten ihre Palaistren und Gymnasien geschlossen, sobald sie Sokrates' Hinrichtung bereuten.

Satyrspiels - eine Figur, auf die jener Vorwurf des Aristophaneischen Aischylos tatsächlich zutrifft: eine durch und durch
,sophistische' Figur, die, um auch der Folgerung aus einem kli-
scheehaften Vorwurf gerecht zu werden, gegen die Athleten
polemisiert und ihrem ,Unwert' eine neue Tugend entgegenhält:
die εὐγλωccία, die Beredsamkeit, mit der es jedem „klugen und
besonnenen Mann" gelingt, „durch Worte schlimme Taten,
Kämpfe und Aufstände abzuwehren" (F 282, 25-27).

Ist diese Annahme zutreffend, ergeben sich daraus für das
Drama, aus dem F 282 stammt, weitreichende Konsequenzen:
Es ist dann keineswegs zwingend, daß Sport über diese Verse
hinaus die Handlung des Dramas weiter bestimmt hat, und daß
etwa Athleten in ihm aufgetreten sind. Wollte man noch weiter
gehen und die Szene, die Tzetzes (s. o.) wiedergibt, für dieses
Autolykos-Drama zugrundelegen, dann würde sogar Autolykos
selbst als Sprecher dieser Verse wahrscheinlich werden: Denn
Tzetzes schildert seine besondere Gabe, bei anderen Menschen
eine δόκηcιc hervorzurufen, die sie über die Realität hinwegtäuscht, so daß es ihm gelingt, dem Vater der Braut, die er
entführt hat, den Silen unterzuschieben und ihn in den Glauben
zu versetzen, dieser sei seine Tochter.

F 282 a Snell

μηδὲν τῶι πατρὶ
μέμφεcθ' ἄωρον ἀποκαλοῦντεc ἀνδρίον

Phot. 127, 2 Reitzenstein.

1. πατρὶ. Die Frage, wer in diesem Drama mit ,Vater' gemeint sein kann, ist nicht leicht zu klären. Lange Zeit ging
man davon aus,[99] daß dem Drama die Episode zugrundeliege,
die Hygin *fab.* 201 (s. u. *p.* 91) berichtet, und man nahm an, daß
Autolykos als Vater der Antikleia gemeint war. F 282 a stammt
aber aus dem Satyrspiel *Autolykos*, dem ersten der beiden Dramen. Hygin *fab.* 201 scheidet daher als Testimonium für dieses
Drama aus, und es bleiben nur noch zwei Möglichkeiten: (1) Da

---

[99] Wilamowitz 1907/62, 540; Steffen 1971 a, 214 m. Anm. 55.

es in dem Testimonium Tz. *H.* 8, 435-53 offensichtlich um einen
Brautraub geht, könnte auch der Vater der Braut gemeint sein.
In diesem Fall entzieht sich der Grund dafür, ihn gegen den
Vorwurf der Häßlichkeit in Schutz zu nehmen, vollkommen unserer Kenntnis. (2) Als wahrscheinlichere Möglichkeit bietet
sich an, in dem Papposilen den angesprochenen Vater zu sehen.[100] Dann paßt dieses Fragment gut in das Drama, aus dem
Tzetzes eine Szene wiedergibt: Autolykos stiehlt ein Mädchen
und gibt dem Vater den (häßlichen) Silen zurück, den dieser -
von Autolykos getäuscht - für seine Tochter hält. Diese Intrige
bedurfte freilich einer vorbereitenden Szene, denn nicht nur der
Silen mußte instruiert werden, damit der Vater der Braut den
Betrug nicht bemerkt, auch die Satyrn, die ja die ganze Zeit
auf der Bühne zugegen sind, durften den Schwindel nicht in
Gefahr bringen.

2. μέμφεσθ'. *I. e.* μέμφεσθε, da der Infinitiv μέμφεσθαι in
Tragödie und Satyrspiel nie elidiert wird.[101]

ἄωρον. ἄωρος („unzeitig", d. h. ‚zu früh' oder ‚zu spät') ist
weder in der Tragödie noch in der Komödie ein häufig belegtes
Wort. Gewöhnlich bedeutet es „vorzeitig" und erscheint (bis
auf A. *Pers.* 496: χειμῶν' ἄωρον) immer im Zusammenhang eines
frühen Todes. Für die hier verwendete Bedeutung „die Blüte
des Lebens hinter sich gelassen habend", „häßlich" (vgl. Tz.
H. 8, 449 f.) ist F 282 a der einzige Beleg für Tragödie und Satyrspiel. Vgl. Eupolis F 78 (*Baptai*), zugleich der einzige Beleg
für das Wort (in dieser Bedeutung) in der Alten Komödie: ὅτι
οὐκ ἀτρύφερος οὐδ' ἄωρος ἐcτ' ἀνήρ.

ἀνδρίον. Diminutive gelten als Indiz für den Satyrspiel-
charakter eines Dramas, da sie in der Tragödie nicht zu finden
sind, vgl. Wilamowitz 1893/1935, 192 und 1907/62, 540.

---

[100] Ebenso Conrad 1997, 195.
[101] Anders zuletzt Hose 1994 (mit weiterer Literatur).

F 283

†τοὺς ὄνους τοὺς λαρκαγωγοὺς ἐξ ὄρους οἴςειν ξύλα†

Poll. 10, 111.

1 − ∪ × + ia. trim. Mette | ⟨οἴςειν⟩ ἐξ ὄρους ⟨οἴςειν⟩ Musgrave.

1. Das Fragment ist in der überlieferten Form ametrisch.
Musgrave hatte durch Umstellung am Versende einen katalekti-
schen trochäischen Tetrameter mit Verletzung der *lex Porsonia*
hergestellt. Durch Abtrennung der ersten beiden Wörter erhielt
Mette (1982, 96) dagegen − ∪ × + jambischen Trimeter. Gegen
die Deutung als trochäischer Tetrameter spricht weniger die
Verletzung der *lex Porsonia*, die eine metrische Lizenz des Satyrspiels gegenüber der Tragödie darstellt, sondern die Tatsache, daß Trochäen für das Euripideische Satyrspiel nicht belegt
sind, (zusammen mit F 284) also der einzige Beleg für dieses
Metrum erst geschaffen würde. Pollux nimmt in seinen Zitaten
keineswegs Rücksicht auf metrische Einheiten,[102] so daß der
Deutung als Trimeterfragment der Vorzug vor jener als (voll-
ständigem) Tetrameter zu geben ist.
ὄνους. Tzetzes erwähnt *H.* 8, 446 ein Pferd und einen
Esel: Autolykos habe ein stattliches Pferd gestohlen und dem
Besitzer stattdessen einen räudigen Esel ‚zurückgegeben'. Ob
die Esel in diesem Fragment und die Pferde, von denen in
F 284 die Rede ist, im Zusammenhang mit diesem Verwandlungsbetrug stehen, geht aus den Fragmenten nicht hervor, -
der Plural ὄνους und ἵπποις spricht allerdings eher dagegen.
Die Erwähnung von „korbtragenden Eseln", die Holz aus
den Bergen holen, und Pferden, denen aus Binsen Zügel ge-
flochten werden (F 284), muß nicht unbedingt mit der Handlung
in direktem Zusammenhang stehen. Ähnlich wie im Kyklops
könnten in diesen Versen Tätigkeiten beschrieben werden, die
die Satyrn oder andere Figuren zu verrichten haben; vgl. z. B.
die ‚bukolische' Passage *Cyc.* 27 f., in der sich möglicherweise
eine Parallele sehen läßt: παῖδες μὲν οὖν μοι κλειτύων ἐν
ἐςχάτοις | νέμουςι μῆλα νέα νέοι πεφυκότες.
λαρκαγωγούς. „Korbtragend", *Hapax legomenon.*

---

102 Vgl. z. B. E. F 374. 442. 587. 1001. 1003.

F 284

†cχοινίναc γὰρ ἵπποιcι φλοΐναc ἡνίαc πλέκει†

Poll. 10, 178.

1 — ∪ × + ia. trim. (am Schluß fehlt ⟨ ∪ — ⟩) Herwerden, Mette : φλοΐναc γὰρ ⟨ — ⟩ ἵπποιcιν ἡνίαc πλέκει Churmuziadis | {cχοινίναc} Churmuziadis | {γὰρ} Mette : δ' Herwerden.

1. Das Fragment ist in der überlieferten Form ametrisch, doch gibt es verschiedene Versuche (s. App.), einen trochäischen Tetrameter oder - mit weit größerer Plausibilität - einen Trimeter herzustellen (s. *ad* F 283).

cχοινίναc. „Aus Binsen (cχοῖνοc) gemacht". Churmuziadis (1974, 232 Anm. 38) vermutet, daß cχοινίναc als Glosse zu dem synonymen, aber seltenen φλοΐναc (s. dort) in den Text geraten und daher zu athetieren ist.

Binsen war der Rohstoff für Seile, Taue und Körbe, vgl. E. *Cyc.* 208: cχοινίνοιc τ' ἐν τεύχεcιν (*i. e.* Binsensatten zum Verkäsen von Milch), Aristophanes F 172: φορμῶι cχοινίνωι.

ἵπποιc. S. *ad* F 283.

φλοΐναc. „Aus Schilf (φλέωc, jon. φλοῦc) gemacht" (s. *ad* cχοινίναc). Die beiden einzigen Belege für dieses Wort (außer Pollux bzw. Euripides) stammen aus einem märchenhaften Kontext: Herodot beschreibt 3, 98 die Bräuche eines indischen Stammes, dessen Angehörige sich Kleidung aus Binsen hergestellt und „wie einen Panzer" getragen hätten. Pausanias berichtet 8, 22 im Zusammenhang mit Stymphalos von menschenfressenden Vögeln in Arabien, gegen die sich die Jäger nicht mit bronzenen oder eisernen Panzern schützen könnten, die von den Schnäbeln dieser Vögel einfach durchbohrt würden, sondern nur in einem Gewand aus Binsen, in dem die Schnäbel der Vögel hängen blieben wie in Vogelleim.

Sagenstoff

Die Figur des Autolykos galt die ganze Antike hindurch als das Sinnbild eines gerissenen Diebes. Homer spricht von ihm als einem Mann, der unter allen anderen durch seine diebischen und betrügerischen Fähigkeiten hervorrage (ὃc ἀνθρώπουc ἐκέκαcτο | κλεπτοcύνηι θ᾽ ὅρκωι τε κτλ., *Od.* 19, 395 f.),[103] und für Hygin ist er schlicht *furacissimus* (*fab.* 201). Noch Tzetzes kann die Wendung Αὐτολύκειον πρᾶγμα im Zusammenhang mit einem Plagiat benutzen (Epist. 42).

Autolykos hat seine besondere Diebeskunst von Hermes erhalten, seinem Vater und zugleich der einzigen Figur in seiner Genealogie, über die in den antiken Quellen Einigkeit besteht. Er vermochte aufgrund der väterlichen Gabe, sein Diebesgut „unsichtbar" zu machen (Hesiod F 67a/b Merkelbach/West: ὅττί κε χερcὶ λάβεcκεν ἀείδελα πάντα τίθεcκεν) und daher unerkannt zu bleiben, entweder indem er die Brandzeichen der gestohlenen Tiere (Tz. *ad Lyc.* 344) oder ihre Gestalt veränderte (Pherekydes 3 F 120 FGrHist u. ö.):[104]

> εἶχε γὰρ ταύτην τὴν τέχνην παρὰ τοῦ πατρόc, ὥcτε τοὺc ἀνθρώπουc ὅτε κλέπτοι τι λανθάνειν, καὶ τὰ θρέμματα τῆc λείαc ἀλλοιοῦν εἰc ὃ θέλοι μορφῆc, κτλ.

Als seine Mutter werden Philonis, Chione und Telauge genannt,[105] als seine Frau Amphithea, Neaira und Mestra.[106] Durch seine Tochter Antikleia wird er Großvater des Odysseus,[107] durch seine Tochter Polymede Großvater des Jason und durch einen Sohn Aisimos der Großvater des Sinon.[108] Die Vielzahl dieser Verbindungen weist auf einen reichen Schatz von Sagen und Erzählungen um seine Gestalt hin, von denen uns allerdings das meiste verloren ist.

Von einem Diebstahl des Eberzahnhelmes des Amyntor, den später Odysseus vor Troja erhält, berichtet die *Dolonie* (*Il.* 10,

---

[103] Vgl. o. Kommentar zu Tzetzes *H.* 8, 447.

[104] Ovid (*Met.* 314) erzählt, Autolykos mache Weißes schwarz und Schwarzes weiß, Servius hingegen, daß der Dieb die eigene Gestalt habe verändern können (*Aen.* 2, 79).

[105] Philonis: Ps. Hesiod F 64, 14 Merkelbach/West, Pherekydes 3 F 120 FGrHist, Hygin *fab.* 200; Chione: Hygin *fab.* 200; Telauge: Eust. *Il.* 804, 25.

[106] Amphithea: *Od.* 19, 419; Neaira: Pausanias 8, 4, 6; Mestra: Ovid *Met.* 8, 738; an keiner dieser Stellen wird von Autolykos' Brautwerbung berichtet.

[107] Tz. *H.* 8, 435 soll er nicht der Vater der Antikleia sondern des Laertes sein, s. o. *ad loc.*

[108] Odysseus: *Od.* 11, 85 (u. ö.); Jason: Apollod. 1, 9, 16; Sinon: Tz. *ad Lyc.* 344 (u. ö.).

260); daß er die Rinder des Eurytos stiehlt und an Herakles verkauft, erzählt Apollodor (2, 6, 2), der Autolykos auch als Lehrer des Herakles im Ringkampf kennt.[109] Daß es sich hingegen um Stuten handelte, die er dann an Herakles verkauft, berichten Scholien zur *Odyssee*.[110] Auf der Suche nach den Stuten seines Vaters wird Iphitos von Herakles - im Zorn oder im Wahnsinn - umgebracht.[111]

Neben dem Eberzahnhelm des Amyntor und den Rindern bzw. Stuten des Eurytos läßt sich aus Ps. Hesiod F 66 Merkelbach/West noch eine weitere Diebestat des Autolykos erahnen,[112] bei der offenbar auch Hermes eine Rolle spielt:

] . δ[	]χαρίεντας ἐπαύ[λους
Αὐτολυκ[	]καὶ - καρτο[
πολλάκι δ[	] . . . . ανεγειρε[.] . [
Ἑρμείηι τ[	Κυλλη]γίωι Ἀργεϊφόντη[ι
τῶι νύκτ[ες	ςκοτο]μήνιοι ὕων [
ςπαρναί τε χ[λαῖναι	]ες τε χιτῶνες [
	βουκ]όλοι ἀγροιῷ[ται
	] . . . . . [

(left column line number: 5 aligned with τῶι νύκτ[ες)

Ist die Zuschreibung dieser Verse zum pseudohesiodeischen *Frauenkatalog* zutreffend, könnte die Erzählstruktur dieses Werkes Anhaltspunkte für ihren Inhalt liefern: Nach der Standardformulierung ἢ οἵη und dem Namen der Heroine folgt ihre *aventure galante* mit einem berühmten Heros oder einem Gott. In welcher Rolle Autolykos, dessen besondere Fähigkeiten ausdrücklich genannt werden (F 67 a/b Merkelbach/West, s. o. *p.* 89), involviert war, ist zwar nicht erkennbar, doch ist es nicht ausgeschlossen, daß es um seine Brautwerbung ging, - die man sich dann wahrscheinlich als Brautraub vorstellen darf.

Die einzige geschlossene Episode, die sich erhalten hat, bringt ihn mit Sisyphos zusammen, der in der Antike als der

---

[109] Apollod. 2, 4, 9; Eust. *Od.* 19, 396 (*p.* 1870, 55) mit Verweis auf Ailianos. Vgl. Theokrit 24, 115 f., wo Harpalykos - nach Theokrit ebenfalls ein Sohn des Hermes - als Herakles' Lehrer im Fechten genannt wird.

[110] Schol. *Od.* 21, 22; Eust. *Od.* 1899, 30. *Od.* 21, 22-30 ist Autolykos nicht erwähnt. Das Motiv, daß Herakles die Stuten selbst gestohlen habe, da ihm Eurytos die Hand seiner Tochter Iole verweigerte (D. S. 4, 3), scheint aber erst nachhomerisch zu sein (Schol. *Od.* ebd.; Eusthatios ebd.).

[111] S. u. Kommentar zum *Syleus*.

[112] Wie ἔπαυλοι (V. 1) zeigt, ging es wahrscheinlich um Viehdiebstahl (West 1985, 129).

κέρδιστος ἀνδρῶν (*Il.* 6, 153) galt. Die Sage von Autolykos' Diebstahl der Rinder des Sisyphos findet sich an mehreren Stellen, jeweils mit nicht unerheblichen Abweichungen voneinander. Für Euripides ist Hygin *fab.* 201 von besonderer Bedeutung, da Hygin an mehreren Stellen von Tragödien (oder Hypotheseis) beeinflußt zu sein scheint:[113]

> *is cum Sisyphi pecus assidue involaret nec ab eo posset deprehendi, sensit eum furtum sibi facere, quod illius numerus augebatur et suus minuebatur. qui ut eum deprehenderet, in pecorum ungulis notam imposuit. qui cum solito more involasset et Sisyphus ad eum venisset, pecora sua ex ungulis deprehendit quae ille involaverat et abduxit. qui cum ibi moraretur, Sisyphus Anticliam Autolyci filiam compressit, quae postea Laertae data est in coniugium, ex qua natus est Ulysses. ideo nonnulli auctores dicunt Sisyphium. ob hoc Ulysses versutus fuit.*

Die von Hygin wiedergegebene Sagenversion ist für uns zuerst in der tragischen Dichtung greifbar, wo sie nicht erzählt, sondern bereits vorausgesetzt wird. Sie lieferte für einige Charakterzüge des Odysseus ein Aition, das für die Darstellung des Odysseus ein breites Spektrum von Möglichkeiten bot: vom kaltblütigen Bösewicht oder feigen Handlanger des Heeresmobs z. B. in Sophokles' *Philoktetes* bzw. Euripides' *Aulischer Iphigenie*, bis hin zum vorsichtigen und klugen Vermittler im *Aias* des Sophokles.[114]

Zwei Versionen finden sich im Scholion zu S. *Ai.* 190:[115]

> λέγεται δὲ ἡ Ἀντίκλεια ἀποστελλομένη ἀπὸ Ἀρκαδίας ἐπὶ Ἰθάκην
> πρὸς Λαέρτην ἐπὶ γάμον κατὰ τὴν ὁδὸν Cιςύφωι cυνελθεῖν ἐξ οὗ ἦν
> φύσει Ὀδυςςεύς· ὁ δὲ Cίςυφος Κορίνθου βαςιλεὺς πανοῦργος ἀνὴρ
> περὶ οὗ φηςιν Ὅμηρος (*Il.* 6, 153)
>   ὃ κέρδιστος γένετ' ἀνδρῶν
> ὅςτις ὑπὸ τοὺς ὄνυχας καὶ τὰς ὁπλὰς τῶν ζώιων ἑαυτοῦ μονογράμ-
> ματον ἔγραψεν τὸ ὄνομα αὐτοῦ· Αὐτόλυκος δὲ κατ' ἐκεῖνο καιροῦ
> (*Od.* 19, 395 f.)
>   ἐκέκαςτο
>   κλεπτοςύνηι θ' ὅρκωι τε
> καὶ αὐτὰ τὰ κλεπτόμενα παρ' αὐτοῦ τὴν μορφὴν ἤλλαςςεν· κλέψας
> οὖν καὶ Cιςύφου θρέμματα καὶ μεταβαλὼν ὅμως οὐκ ἔλαθε τὸν
> Cίςυφον· ἐπέγνω γὰρ αὐτὰ διὰ τῶν μονογραμμάτων· ἐπὶ τούτοις δὲ
> ἐξευμενιζόμενος τὸν Cίςυφον ἐξένισεν αὐτὸν καὶ τὴν θυγατέρα αὐτοῦ
> Ἀντίκλειαν cυγκατέκλινεν αὐτῶι καὶ ἔγκυον ἐξ αὐτοῦ γενομένην τὴν

---

[113] Vgl. Wilamowitz 1875, 183; Zuntz 1955, 141 Anm. 6.

[114] Odysseus als Sohn des Sisyphos: A. F 175 (*Hoplon Krisis*); S. *Ai.* 190. *Ph.* 417. 625. 1310. F 567 (*Syndeipnoi*); E. *Cyc.* 104. *IA* 524.

[115] Vgl. auch Schol. S. *Ph.* 417, Tz. *ad Lyc.* 344.

παῖδα cυνώικιcε Λαέρτηι δι’ ὃ Cιcύφου ὁ ’Oδυccεύc· τὸν δὲ ’Oδυccέα
Cιcύφου cυνήθωc φηcὶ Cοφοκλῆc· καὶ ἐν Cυνδείπνωι (F 567)
ὦ πάντα πράccων, ὡc ὁ Cίcυφοc πολὺc
ἔνδηλοc ἐν cοὶ πάντα χὤ μητρὸc πατὴρ
καὶ Aἰcχύλοc ἐν ῞Oπλων κρίcει (F 175)
ἀλλ’ ’Aντικλείαc ἄccον Cίcυφοc,
τῆc cῆc λέγω cοι μητρὸc ἥ c’ ἐγείνατο
καὶ Εὐριπίδηc ἐν Κύκλωπι (V. 102-104)
⟨CI⟩   χαῖρ’, ὦ ξέν’· ὅcτιc δ’ εἶ φράcον πάτραν τε cήν.
⟨OΔ⟩   ῎Iθακοc ’Oδυccεύc, γῆc Κεφαλλήνων ἄναξ.
⟨CI⟩   οἶδ’ ἄνδρα, κρόταλον δριμύ, Cιcύφου γένοc·
φαίνεται δὲ τὸ κακόηθεc αὐτοῦ καὶ διὰ τῆc γενέcεωc.

Der Scholiast erklärt Odysseus’ Beinamen ‚Sisyphides‘ und
bietet zwei Versionen: Nach der ersten sei Antikleia auf dem
Weg nach Ithaka, um dort Laertes zu heiraten, Sisyphos begegnet, der sie schwängert und Vater des Odysseus wird.[116]
Nach der zweiten Version habe Autolykos selbst seine Tochter
Sisyphos zugeführt, um ihn nach seiner Entlarvung als Rinder-
dieb zu besänftigen. Sisyphos hatte in dieser Version die Hufe
seiner Rinder nicht erst *nach* Autolykos’ ersten Diebstählen gekennzeichnet, sondern - ein besonderer Zug seiner Schlauheit -
bereits vorher.[117]

Es ist vollkommen klar, daß die von Hygin respektive dem
Sophokles-Scholiasten erzählte Sagenversion und die Szene bei
Tzetzes (*H.* 8, 435 ff. s. o. *p.* 46) schlechterdings nicht vereinbar
sind: Wenn Autolykos nicht sein Diebesgut verwandelt, um es
dem Zugriff der Eigentümer zu entziehen, sondern gegen quali-
tativ Schlechteres austauscht und beim Eigentümer eine δόκηcιc hervorruft, die ihn über den Betrug hinwegtäuscht, hätte
Sisyphos keine Chance gehabt, den Diebstahl der Rinder zu bemerken.

---

[116] Daran, daß es sich dabei um eine Vergewaltigung handelte, wurde
zumindest in der Antike nicht gezweifelt, Plut. *Aetia Graeca* 43 *p.* 301 D:
’Aντίκλειαν ὑπὸ Cιcύφου βιαcθεῖcαν κτλ. Diese Begebenheit, so berichtet
er, werde von vielen erzählt, Istros von Alexandria nenne zusätzlich noch
den Ort von Antikleias Niederkunft. Vgl. u. Vasenbilder.
[117] Bei Polyainos *Strat. p.* 242 Woelfflin hatte Sisyphos unter die Hufe
seiner Rinder geschrieben: „Aὐτόλυκοc ἔκλεψεν.“

Vasenbilder

a   b   c

Abb. 1

(1) Auf einem Volutenkrater aus Ruvo,[118] zwischen 430 und 400 v. Chr. datiert, finden sich u. a., getrennt durch eine jonische Säule, zwei Szenen, die mit dem Autolykos-Mythos in Verbindung gebracht worden sind (Abb. 1):

(a) Auf der linken Seite sind vier junge Männer dargestellt, die zu einem fünften jungen Mann gehören, der, auf seine Lanze gestützt, eine neben ihm stehende Frau am Arm berührt.

(b) Auf der rechten Seite sind zwei Personengruppen abgebildet: links ein bärtiger alter Mann mit einem Szepter, den man als Autolykos identifiziert hat. Zu seinen Füßen befindet sich eine große Hydria, und neben ihm steht ein junger Mann, der eine Scherbe[119] in der Hand hält, auf dem sich eine Inschrift mit dem Namen „Sisyphos" befindet.

(c) Rechts von ihnen stehen, im Gespräch vertieft, zwei Frauen.

Die Zuschreibung der beiden Szenen zu einem Mythos ist trotz Adolf Furtwänglers bahnbrechender Deutung immer noch

---

[118] München, Staatl. Antikenslg. 3268. Das Gefäß ist vollständig abgebildet bei Arias/Hirmer 1960 *fig.* 236. 237 (Gegenseite). (Umzeichnung von Barnett 1898, 641). Vgl. Touchefeu 1986, 55 f.; Touchefeu-Meynier 1992, 181; Oakley 1994, 782.

[119] Ein Efeublatt erkennen Arias/Hirmer 1960, 106.

umstritten.[120] Da der Maler bei seiner Darstellung auf alle Attribute verzichtete, bleibt als einziges Indiz die Inschrift auf der Scherbe, die das Vasenbild dem Sisyphos-Mythos zuweist. Für die weitere ikonographische Deutung ist die Frage entscheidend, ob die beiden durch eine Säule getrennten Szenen kontinuierend aufzufassen sind, d. h. ob die zehn abgebildeten Figuren singulär, oder ob einzelne von ihnen möglicherweise doppelt dargestellt sind, weil die beiden Szenen nicht gleichzeitig, sondern nacheinander zu denken sind.[121] Furtwängler deutete die Figur des alten Mannes auf der rechten Seite des Frieses als Autolykos, der aus der großen Hydria soeben die *tessera hospitalis*, die Sisyphos zurückgelassen hatte,[122] herausgenommen und mit sorgenvoller Miene Laertes, dem Freier seiner Tochter Antikleia, gezeigt hat, der sie nun in der Hand hält. Antikleia, die am rechten Bildrand von ihrer Mutter getröstet wird, ist von Sisyphos schwanger, doch Laertes heiratet sie trotzdem; in einer zweiten Szene auf der linken Seite des Frieses stellt er sie seinen Gefährten vor, die sie skeptisch mustern: Der Ehrverlust des Mädchens ist ihnen also bekannt.

Gegner einer kontinuierenden Bilderzählung sehen in der linken Seite des Frieses Sisyphos, der seinen Freunden (?) Antikleia zeigt, doch bleibt die ganze Szene ebenso zusammenhanglos wie die Deutung der beiden Frauengestalten auf der rechten Seite.[123]

Ohne literarische Vorlage bleibt eine Deutung als ‚Hochzeit des Sisyphos‘,[124] nach der auf der rechten Seite Sisyphos durch

---

[120] Furtwängler 1909, 201-207 Taf. 98; ebenso: Schefold 1981, 157 f., gefolgt von Touchefeu 1986, 55 f. (vgl. dies. 1981, 828 f.). Anders Oakley 1994.

[121] Diese Frage wurde zuletzt behandelt von: Froning 1988, 197-99 (und Abb. 27; dort auch ältere Literatur). Ihr schloß sich Touchefeu-Meynier 1992, 181 an (vgl. Touchefeu-Meynier 1981, 828 f.; Touchefeu 1986, 55 f.); anders jedoch Oakley 1994, 782.

[122] Furtwängler legt (1909, 205) die von Schol. S. *Ai.* 190 erzählte Episode zugrunde, denn daß Sisyphos ein *hospitium* als Erkennungszeichen zurückließ, setzt Einvernehmen zwischen ihm und Autolykos voraus. Eine Hydria als Aufbewahrungsort für solche Dokumente findet sich auch an anderen Stellen (Furtwängler 1909, 204).

[123] Oakley 1994, 782 (Sisyphos mit Gefährten und Antikleia, Autolykos und Laertes, Amphithea und eine νυμφευτρία).

[124] Löwy 1929, 40 Anm. 42; Trendall 1938, 22 f.; Trendall/Kambitoglu 1978, 16. Diese Bezeichnung wirkte offenbar lange nach und wird biswei-

Los zum Bräutigam bestimmt wird und auf der linken Seite andere Freier „in lebhafter Spannung" zu sehen seien.

Die Vorzüge der Furtwänglerschen Interpretation sind offensichtlich: Sie vermag einerseits, die Darstellung in sich plausibel und auf der Grundlage literarischer Zeugnisse zu erklären (und dabei alle Figuren sinnvoll einzubeziehen); andererseits ordnet sie den ganzen Fries, der somit zum Sinnbild für Laertes' unerschütterliche Liebe wird, in einen großen Zusammenhang des ganzen Vasenbildes ein, denn auch das Thema des zweiten, unteren Frieses auf diesem Krater ist ein ungewöhnlicher Liebesbeweis: Jason kämpft mit Medeas Hilfe gegen den Drachen, der das Goldene Vlies bewacht; daß ein dritter Fries am Hals des Gefäßes Aphrodite inmitten von spielenden Eroten zeigt, wird von nahezu allen Interpreten unterschlagen.

Furtwängler nahm an, daß die ausdrucksstarken Szenen mit Laertes, Antikleia und Autolykos von einem Euripideischen Drama angeregt sind.[125]

(2) Mehrere Szenen aus einer literarisch gut bezeugten Episode des Autolykos-Mythos[126] fanden sich auf dem Relief einer Oinochoe des 2.-1. Jahrhunderts v. Chr. aus Anthedon (?), Boiotien, - signiert: ΔΙΟΝΥΣΙΟ, - die sich ehemals in Berlin befand, seit dem Zweiten Weltkrieg aber verschollen ist (Abb. 2).[127] Es existiert noch eine Umzeichnung[128] aus der

---

len selbst dann benutzt, wenn Laertes als Bräutigam identifiziert ist (vgl. Arias/Hirmer 1960, 106 f. *fig.* 236).

[125] Furtwängler 1909, 204. Seiner Meinung nach zeigt sich Euripides' Einfluß auf unteritalische Vasenmaler z. B. auch an einer Hydria aus Canosa (Bari, Mus. Arch. 1535) mit einer Darstellung der Kanake nach dem *Aiolos* (aufgeführt vor 423 v. Chr.), die auf ca. 410 v. Chr. datiert wird; vgl. Berger-Doer 1990, 951 Nr. 1. Zu verweisen ist auch auf den lukanischen Kelchkrater des Kyklops-Malers (London, BM 1947. 7-14. 18, Trendall 1989 Abb. 9), der eine Szene aus dem *Kyklops* des Euripides zeigt. Oakley 1994, 787 nimmt hingegen als Vorlage den *Laertes* des Ion von Chios an, das nur durch ein einziges Fragment (19 F 14) bezeugt ist, das zu dieser Frage keinen Aufschluß zu geben vermag (Blumenthal 1939, 34 denkt dagegen eher an eine Szene nach der μνηστηροφονία).

[126] S. o. Sagenstoff.

[127] Berlin, Staatl. Museen 3161 a. Vgl. Robert 1890, 93 *fig.* f (hier Abb. 2); v. Salis 1937; Sinn 1979, 114 (mit weiterer Literatur) Taf. 3, 1. 24, 1; Schefold 1981, 158 *fig.* 210; Oakley 1994, 783. Für wertvolle Hinweise danke ich Dr. Ralf Krumeich.

[128] Photographien bei Hausmann 1959 Taf. 44, 1-2.

Erstpublikation durch Carl Robert (1890), der für diese Art Gefäße auch die Arbeitsbezeichnung ‚homerische Becher' prägte.[129] Von rechts nach links sind drei Szenen dargestellt:

Abb. 2

(a) Autolykos, kenntlich durch eine Inschrift (ΑΥΤΟΛΥΚΟC), befindet sich, in der Linken einen Hirtenstab, die Rechte erhoben, in einer Diskussion mit Sisyphos (bezeichnet CIC⟨Y⟩Φ⟨OC⟩), der, ebenfalls mit einem Hirtenstab in der Linken, und mit der Rechten heftig gestikulierend, auf ihn zueilt. Der Grund ihres Streits scheint durch die Darstellung eines Rindes hinter Autolykos angedeutet; die literarischen Quellen erlauben den Schluß, daß Sisyphos seine von Autolykos gestohlenen Rinder zurückfordert.

(b) Laertes (bezeichnet Λ]AEPTHC) wendet sich Autolykos (bezeichnet ΑΥΤΟΛΥΚΟC) zu, der sich nach links dreht; Autolykos hält möglicherweise einen Gegenstand in der Hand, der jedoch nicht mehr erkennbar ist. Unklar ist, ob der links von Autolykos abgebildete Sisyphos (bezeichnet

---

[129] Robert 1890, 1 (nach Sueton *Nero* 47).

CIC⟨Y⟩ΦOC), der, neben zwei Rindern stehend, ein Joch in der Hand hält, ebenfalls zu dieser Gruppe gehört, oder ob eine weitere Szene des Mythos dargestellt ist.

(c) Sisyphos (bezeichnet CIC⟨Y⟩ΦOC̣), auf einer Kline sitzend, und Antikleia (bezeichnet ANTI{O}KΛEIA), neben dieser Kline stehend, berühren sich gegenseitig an der Schulter; offensichtlich versucht er, sie zu sich auf die Kline zu ziehen. Antikleia hält einen Spinnrocken in einer Hand. Links von beiden ist eine Tür sichtbar, deren rechter Flügel weit offen steht.

Schefold (1981) rekonstruiert die Mythenchronologie in der folgenden Anordnung der Szenen: (a) Autolykos' Diebstahl der Rinder des Sisyphos und der daraufhin zwischen beiden entbrannte Streit; (c) Sisyphos' Verführung der Antikleia; (b) Sisyphos holt sich seine Rinder zurück, und Laertes erfährt, daß er betrogen ist.

Die Euripideischen Satyrspiele *Autolykos* und *Sisyphos* wurden zuerst von Arnold von Salis (1937) als mögliche Vorlagen für die boiotische Oinochoe genannt; die These blieb jedoch nicht unumstritten.[130] Von Salis ging davon aus, daß die Szene (b) mit Sisyphos, Autolykos und Laertes am leichtesten als bildliche Darstellung einer Euripideischen Pointe erklärbar sei, wenn nämlich Sisyphos mit dem Joch in seiner Hand Laertes auf das ihm bevorstehende Ehejoch hinweise.[131]

(3) Autolykos, Sisyphos, Antikleia und Hermes waren auf einem makedonischen ‚homerischen Becher' dargestellt, von dem sich eine Gußform in Pella aus dem 2.-1. Jahrhundert v. Chr. erhalten hat (Abb. 3).[132] Die Umzeichnung der (negativen) Matrize zeigt von rechts nach links:

---

[130] V. Salis 1937, 165; zustimmend: Hausmann 1959, 56; Weitzmann 1959, 68; Webster 1964, 148 und zuletzt Kannicht 1991, 93 f. 98. Ablehnend: Schefold 1981, 158.

[131] Er führt E. *Med.* 242 und Hypothoon 210 F 3 (das allerdings nach Stob. 4, 22, 13 auch der *Antigone* des Euripides zugeschrieben wird) als Beispiele an, wo dieselbe Joch-Metapher verwendet ist. In dieser Bildszene läßt er (*p.* 164) Sisyphos mit dem Joch in der Hand zu Laertes sagen: „„Das also erwartet Dich, wohl bekomm's! Und grüß' mir schön die Jungfer Braut, Ade!' Oder ähnlich."

[132] Pella, Mus. 81.108. Vgl. Akamatis 1985, 393-405; Oakley 1994 a, 782 f.

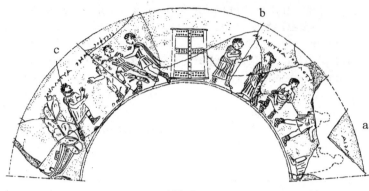

Abb. 3

(a)   Eine männliche Gestalt, von der nur noch der untere Teil
      des Körpers erhalten ist, befindet sich im Gespräch mit
      Antikleia, kenntlich allein durch die Inschrift ANTI]ḲΛEIA.
      Links daneben sitzt Autolykos (bezeichnet ΑΥΤΟΛΥ̣KOC)
      und scheint diese Szene zu beobachten. Akamatis (1985,
      395) hält es für sehr wahrscheinlich, daß es sich bei der
      männlichen Figur um Sisyphos handelt, der in dieser Bilds-
      zene im Hause des Autolykos die Tochter seines Gastge-
      bers kennenlernt. Autolykos' Habitus solle dabei seine Zu-
      stimmung zu dieser Liaison zum Ausdruck bringen.

(b)   Antikleia (bezeichnet ANTIKΛEIA), steht gegenüber einer
      Frau, die Akamatis als Mutter oder Amme deutet, und die
      mit beiden Armen heftig gestikulierend auf sie einredet.
      Antikleia ist nach Akamatis' Interpretation mit den Attri-
      buten einer (werdenden) Mutter dargestellt: Sie trägt einen
      langen Mantel, der ihr Haupt bedeckt und bis fast zum
      Boden reicht. Akamatis (1985, 396) nimmt an, daß Anti-
      kleias Mutter oder Amme in dieser Bildszene mit großem
      Entsetzen auf die Nachricht reagiert, daß Antikleia von
      Sisyphos schwanger ist. Eine zweiflüglige, geschlossene
      Tür links von ihnen weist auf den Ort der beiden Szenen
      hin: Sie finden im Hause statt.

(c)   Drei männliche Gestalten, - durch Inschriften kenntlich in
      der Mitte Sisyphos (bezeichnet CICYΦOC), dessen Hände
      nicht sichtbar und daher wahrscheinlich als auf dem Rük-
      ken gefesselt zu deuten sind, und auf der linken Seite

Hermes (EP]MHC), - eilen nach links, wo ihnen Autolykos (bezeichnet AYTOΛYKOC), entgegenkommt, hinter dem ein Felsen und ein Schiff erkennbar sind, die auf den Hades als Ort dieser Szene verweisen und Sisyphos' bevorstehende Bestrafung symbolisieren.[133] Akamatis (1985, 401) weist darauf hin, daß Sisyphos in dieser Szene als jung dargestellt ist, wodurch sie von der mythographischen Überlieferung abweicht, nach der Sisyphos am Ende seines Lebens von Hermes in den Hades abgeführt wird,[134] wo er als Strafe für seinen Götterbetrug einen Felsblock auf einen Berg wälzen muß, der kurz vor Erreichen des Gipfels immer wieder herabrollt.[135] Die dritte Männergestalt deutet Akamatis (ebd.) aufgrund von Vergleichen mit anderen Gefäßen vorsichtig als Herakles, der nach Sisyphos' Diebstahl der Pferde, die er Diomedes weggenommen hatte, allen Grund habe, ihn mit Hermes abzuführen.[136]

Dieselben Szenen sind auch auf einem Reliefbecher des 2.-1. Jahrhunderts aus Saloniki dargestellt.[137] Autolykos ist auf dem sehr schlecht erhaltenen Gefäß nicht erkennbar.

Akamatis (1985, 399) geht von einem Drama als literarischer Vorlage aus und zieht Aischylos, Euripides und Kritias in Betracht.[138]

Exkurs: ‚Homerische Becher' und Euripideische Dramen

Bereits Carl Robert (1890) hatte erkannt, daß die sogenannten homerischen Becher auf literarische Texte zurückgehen, und er erwog für den Dionysios-Lagynos Ps. Hesiods *Gy-*

---

[133] Die Miniaturisierung des Berges und des Felsblocks entspricht einer Konvention der Vasendarstellung, vgl. Oakley 1994 bes. Nr. 8. 14. 15 u. a. Auf Nr. 15 findet sich zusätzlich auch Charons Schiff. (Zu Hermes vgl. ebd. Nr. 10. 16, zu Herakles [mit Kerberos] Nr. 18).

[134] Pherekydes 3 F 119 FGrHist.

[135] Schol. Pi. O. 1, 97 2, 1 *p.* 194 Heyne; s. u. *Sisyphos, p.* 209 m. Anm. 58.

[136] Asklepiades bei Probus 12 F 1 FGrHist; s u. Sagenstoff zum *Sisyphos.* An Thanatos denkt Oakley 1994 a, 782.

[137] Saloniki, Arch. Mus. 5441. Literatur: Sinn 1979, 114 f. Taf. 24, 2-5. 39, 3 (Sinn erwägt ein Tyro-Abenteuer des Sisyphos).

[138] S. u. Kommentar zum *Sisyphos.*

naikon Katalogos als literarische Vorlage.[139] Diese hellenistischen
Reliefbecher, auf denen neben Szenen aus *Ilias* und *Odyssee* auch
Ante- und Posthomerica abgebildet sind, seien Abformungen
von Metallgefäßen, die ihre Darstellungen aus hellenistischen
Buchillustrationen übernommen hätten und sich in vielen De-
tails an zeitgenössischen Sarkophagreliefs orientierten.[140]
Wenngleich diese Hypothese, die in modifizierter Form noch
Ulrich Hausmann (1959) vertreten hatte,[141] in ihrer vollen
Tragweite nicht zuletzt aufgrund neu gefundenen Materials, das
zum ersten Mal in größerem Umfang Aussagen zu Herkunft,
Datierung und Verwendung erlaubte, als sehr unsicher erscheint,[142] so spielen doch diese Gefäße gerade für die Rekonstruktion Euripideischer Dramen eine große Rolle, da sich für
eine Reihe von ihnen die Vorlage ermitteln läßt.[143]

Die folgende Untersuchung von ‚homerischen Bechern' zu
den Euripideischen Tragödien *Phoinissai* und *Iphigeneia in Aulis*
soll über die Arbeitsweise und Formensprache ihrer Schöpfer
Aufschluß geben, sowie Möglichkeiten und Grenzen einer Dra-
menrekonstruktion auf der Grundlage der ‚homerischen Becher'
umreißen.[144]

---

[139] Robert 1890, 94 f.; ihm folgte Wilamowitz 1925 2 *p.* 55.

[140] Vgl. Robert 1908, 188-93; ein kurzer Abriß der Forschungsgeschichte
bei Hausmann 1959, 17; Sinn 1979, 13-16.

[141] Hausmann 1959, 17; vgl. Sinn 1979, 14.

[142] Vgl. Sinn 1979, 13-16. An eine enge Anlehnung an eine Textvorlage
möchte man indessen besonders bei den Bechern zu den *Phoinissai* des
Euripides (s. u.) glauben, wo die Abbildungen deutlich auf jeweils nur we-
nige Verse Bezug nehmen, und wo der Künstler an einer Stelle sogar die
Scholien zu kennen scheint (s. u. 4 a), und gleichermaßen Handlung und
Botenbericht dargestellt sind.

[143] Sinn 1979, 106-13 nennt *Oidipus, Phoinissai, Antiope, Iphigeneia in Aulis*;
ferner (105 f.) Aischylos *Phorkides*, Sophokles *Athamas*.

[144] Sinn 1979, 107-13; seine Sigel für die einzelnen Gefäße sind im
folgenden beibehalten.

Euripides *Phoinissai*:

(4) MB 45 (Abb. 4)

(a) = V. 911-28: „Manto führt Teiresias zu Kreon. Über den Seherspruch verzweifelt fällt dieser dem Teiresias zu Füßen"
(Sinn 1979, 107; vgl. V. 923 [Kreon zu Teiresias]: ὦ πρὸς σε
γονάτων καὶ γερασμίου τριχός). Abgebildet und bezeichnet
sind: Kreon, Teiresias und Manto; es fehlt Menoikeus, der
zwar V. 841, am Anfang der Szene, genannt ist, aber erst
V. 977 spricht. Teiresias' Tochter Manto ist V. 834 zwar angesprochen (θύγατερ), ihr Name wird jedoch an keiner
Stelle genannt. Es scheint, als ob dem Künstler (oder seiner unmittelbaren Vorlage) die Scholien zu V. 834[145] bekannt gewesen sind, in denen Manto mit Namen genannt
wird.

Abb. 4

(b) (= MB 47) = V. 1252-54: „Zweikampf zwischen Polyneikes
und Eteokles. Eteokles kämpft bei der Personifikation Thebens" (ebd.). Abgebildet und bezeichnet sind Polyneikes,
Eteokles und eine Personifikation Thebens, die V. 1252

---

[145] (Schol. E. *Ph.* 834 *ad* ἡγοῦ πάροιθε): Μαντὼ ἐκαλεῖτο ἡ θυγάτηρ τοῦ
Τειρεσίου (*MTB^i*). Πείσανδρος ἱστορεῖ ὅτι Ξάνθη γαμηθεῖσα Τειρεσίαι
ἐποίησε παῖδας τέσσερας, Φάμενον Φερεκύδην Χλῶριν Μαντώ (*MT*). Über
dem Vokativ θύγατερ (V. 834) ist im Codex Hierosolymitanus Patriarchalis
36 die Glosse μαντώ verzeichnet.

(... νῦν πόλεως ὑπερμαχεῖς) verdeutlicht. Die Bildszene re-
präsentiert den Inhalt eines Botenberichts, der in der folgenden Bildszene (4 c) dargestellt ist.

(c) (= MB 46) = V. 1259-82: „Der Bote bringt die Nachricht
von dem Zweikampf zu Iokaste, diese holt Antigone her-
bei" (ebd.; vgl. V. 1264 [Iokaste zu Antigone]: ὦ τέκνον ἔξ-
ελθ᾽ Ἀντιγόνη δόμων πάρος). Abgebildet und bezeichnet
sind: der Bote, Iokaste und Antigone. Es mag befremden,
diese Bildszene, die den Bericht des Boten zeigt (und die
vorangehende verdeutlicht), an dieser Stelle und nicht früher angeordnet zu finden, doch erklärt sich die Reihenfolge
der Bildszenen aus der Reihenfolge der abgebildeten Verse,
d. h. nicht die logische Reihenfolge der Szenen, sondern
die der Verse ist für das Verständnis der Abbildungen maßgeblich.

(d) = V. 1645-71: „Antigone fordert von Kreon die Bestattung
auch des Polyneikes" (ebd.). Abgebildet und bezeichnet sind
Kreon und Antigone; es fehlt Oidipus, der zwar zugegen
ist, aber zwischen V. 1625 und V. 1683 nicht spricht.

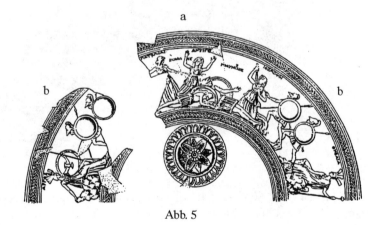

Abb. 5

(5) MB 48 (Abb. 5)

(a) (= MB 49) = V. 1425-59: „Eteokles (bereits getötet) und
Polyneikes (im Sterben liegend) zusammengesunken am
Boden. Hinter ihnen die klagende Antigone. Links die Eri-

nyen (*recte* Arai,[146] d. h. Flüche) des Oidipus; rechts gibt
sich Iokaste selbst den Tod" (Sinn 1979, 108). Abgebildet
und bezeichnet sind: [ΑΡΑΙ] ΠΑΤΡΩΙΑΙ (vgl. V. 1426 [Chor
zu Oidipus]: τὰς σὰς δ' ἀρὰς ἔοικεν ἐκπλῆσαι θεός.), Antigone, Eteokles, Polyneikes und Iokaste. Die Bildszene re-
präsentiert den Inhalt eines Botenberichtes.

(b) = V. 1460-75: „Die Argiver fliehen nach Argos, verfolgt von
den Thebanern aus Theben" (Webster 1964, 151). Abgebildet
sind zwei Krieger, die sich von der Personifikation der
Stadt Theben (bezeichnet ΘΗΒΑΙΑ) fortbewegen, und zwei,
die sich auf die Personifikation der Stadt Argos (bezeichnet ΑΡΓΟC) zubewegen.

(6) MB 50 (Abb. 6) = V. 1693-1701:
„Der erblindete Oidipus will vor
seiner Verbannung noch einmal
die Körper der ermordeten
Familienangehörigen befühlen".
(Sinn 1979, 109). Abgebildet ist
auf dem Gefäßfragment Oidipus
mit einer Beischrift: [ΟΙ-
ΔΙ]ΠΟΥС ΚΕΛΕΥΕΙ Α[Γ]Ε[ΙΝ
ΠΡΟC | ΤΟ] ΠΤΩΜΑ ΤΗС
ΑΥΤΟΥ ΜΗΤ[ΡΟC ΤΕ | ΚΑΙ]
ΓΥΝΑΙΚΟC ΚΑΙ ΤΩΝ ΥΙΩΝ.

Abb. 6

Euripides *Iphigeneia in Aulis*:

(7) MB 52 (Abb. 7).[147] 53

(a) = V. 107-12: „Agamemnon (rechts) übergibt dem Diener
(links) heimlich einen Brief an Klytaimestra, in dem er die
Aufforderung, Iphigeneia nach Aulis zu schicken, wider-
ruft" (Sinn 1979, 110). Abgebildet und bezeichnet sind Aga-
memnon und der Diener (ΕΠΙСΤΟΛΟ|ΦΟΡΟC ΠΡΟC ΚΛΥ-
ΤΑΙ|ΜΗСΤΡΑΝ).

---

[146] Vgl. Webster 1964, 151.

[147] Sinn 1979 Taf. 22, 1. Der Fries läuft von rechts nach links, wobei
die von Sinn aufgezählten Bildszenen die Reihenfolge c, a, b, d, e haben;
die Bildszenen folgen also nicht der Reihenfolge der Dramenszenen in
der Vorlage (zu erwarten wäre: a, b, c, e, d).

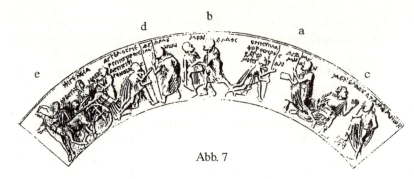

Abb. 7

(b) 　= V. 303-13: „Menelaos (rechts) fängt den Diener (links) ab und entreißt ihm den Brief" (ebd.). Abgebildet sind der Diener und Menelaos (bezeichnet ΜΕΝΕΛΑΟC), nicht aber Agamemnon, der, V. 314 angesprochen, wohl erst V. 317 die Bühne betritt.

(c) 　(= MB 54) = V. 314-413: „Menelaos (links) tritt mit dem geöffneten Brief vor Agamemnon hin und macht ihm Vorhaltungen, den gemeinsamen Beschluß der Heerführer hintergangen zu haben" (ebd.). Abgebildet und bezeichnet sind Menelaos und Agamemnon; es fehlt der Diener, der allerdings bald nach V. 319 die Bühne verlassen hat, da derselbe Schauspieler V. 414 als Bote wieder die Bühne betritt.

(d) 　= V. 414-39: „Der Bote (links) überbringt Agamemnon die Nachricht von der Ankunft Iphigeneias" (ebd.). Abgebildet und bezeichnet sind der Bote (ΑΓΓΕΛΟC ΠΕ| ΡΙ ΤΗC ΠΑΡΟΥCΙ|ΑC ΤΗC ΙΦΙ| ΓΕΝΕΙΑC) und Agamemnon;[148] es fehlt Menelaos, der zwischen V. 413 und V. 471 zwar auf der Bühne zugegen ist, aber schweigt.

(e) 　= V. 607-29: „Der Wagen mit den Ankömmlingen. Orest und Iphigeneia auf dem Wagen. Eine Dienerin (?) (*recte* Elektra) hilft beim Absteigen. Bei den Pferden ein Bursche" (ebd.). Abgebildet und bezeichnet sind Orest, Iphigenie und Elektra; ohne Bezeichnung links ein Diener bei den Pferden. Erstaunlich ist, daß Elektra bezeichnet ist, die im

---

[148] MB 53 weicht in der Schreibung ab: ΑΓΓΕΛΟC | ΠΕΡΙ ΤΗC ΠΑ|Ρ-ΟΥCΙΑC ΤΗC | ΕΙΦΙΓΕΝΕΙΑC (so auch MB 53 e) | ΠΡΟC ΑΓΑΜΕΜ-ΝΟΟΝΑ und: ΑΠΙCΤΟΛΕΙC.

Text noch nicht einmal genannt wird, während Klytaimestra auf der Abbildung fehlt.[149] (Vgl. zu dieser Szene 8 a).

(8) MB 55 (Abb. 8). 56. 57

(a)   = V. 621-27 (Orest) und V. 631-37 (Iphigenie): „Agamemnon begrüßt die Ankömmlinge; Iphigenie eilt auf ihn zu, Klytaimestra versorgt Orest" (Sinn 1979, 111). Zwei Textpartien haben offensichtlich die Vorlage für diese Bildszene geliefert, vgl. V. 621 f. (Klytaimestra zum Chor): καὶ παῖδα τόν-δε ... | λάζυcθ', Ὀρέcτην· und V. 632: (Iphigenie) πρὸc cτέρνα πατρὸc cτέρνα τἀμὰ προcβαλῶ. Abgebildet und bezeichnet sind Agamemnon, Iphigenie, Klytaimestra und Orest. (Vgl. zu dieser Szene 7 e).

(b)   (Keine Bildszene, sondern die Bezeichnung von Autor und Titel des abgebildeten Dramas: ΕΥΡ[ΙΠΙΔΟΥ] ΙΦΙ| ΓΕ-ΝΕΙΑC.)

(c)   = V. 819-54: „Im Gespräch miteinander entdecken Achill und Klytaimestra, daß Iphigeneia niemals wirklich dem Achill vermählt werden solle" (ebd.). Abgebildet und bezeichnet sind Achill und Klytaimestra.

(d)   = V. 866-95: „Klytaimestra erfährt im Gespräch mit dem Boten die Vorgeschichte ihrer Anreise" (ebd.). Abgebildet und bezeichnet sind Klytaimestra und der alte Diener (ΠΡ[Ε]C[ΒΥC] bzw. ΠΡΕCCΒΥC [sic]); es fehlt Achill, der zwischen V. 866 und V. 896 schweigend zugegen ist.

(e)   = V. 1338-68, bes. 1338-45: „Achill möchte mit Iphigeneia sprechen, verschämt wendet diese sich ab. Klytaimestra versucht zu vermitteln" (ebd.). Abgebildet und bezeichnet sind Achill, Klytaimestra und Iphigenie.

(f)   = V. 1211-75: „Iphigeneia bittet Agamemnon um ihr Leben. Klytaimestra wendet sich klagend ab" (Sinn 1979, 112). Abgebildet und bezeichnet sind Klytaimestra, Agamemnon und Iphigenie, ohne Bezeichnung ist Orest zu Füßen des Agamemnon (vgl. V. 1241 [Iphigenie]: ἀδελφέ). Klytaimestra ist zwischen V. 1209 und V. 1275 schweigend zugegen.

---

[149] Dazu vgl. Webster 1964, 150 f.; Zuntz 1955, 138. E. IA 737 zeigt, daß Elektra und eine weitere Tochter (vermutlich Chrysothemis) sich in Argos befinden (Agamemnon zu Klytaimestra): (οὐ καλὸν) καὶ τὰc γ' ἐν οἴκωι μὴ μόναc εἶναι κόραc.

Abb. 8

Für die beiden Autolykos-Gefäße läßt sich aus dieser Übersicht folgendes gewinnen, doch sei vorab schon auf den hypothetischen Charakter dieser Überlegungen hingewiesen:

(A) Szenen: Die ‚homerischen Becher' illustrieren einzelne Szenen aus Dramen, wobei mehrere Becher mit Szenen aus demselben Drama einander ergänzen (vgl. 4-6) oder variieren (vgl. 4 b/5 a und 7 e/8 a) können. Weder geben die von den Künstlern ausgewählten Bildszenen immer unmittelbar aufeinander folgende dramatische Szenen wieder,[150] noch scheint Vollständigkeit bei der Wiedergabe eines Dramas intendiert. Die Bildszenen können sowohl Handlung als auch Erzählung aus Botenberichten (4 b, 5)[151] repräsentieren; lyrische Passagen sind hingegen offenbar nicht berücksichtigt worden.

---

[150] Über die falsche Reihenfolge der Wiedergabe der Szenen 7 d-f s. o. Anm. 147; vgl. Webster 1964, 150 f. und Page 1934, 202.

[151] Vgl. auch das Gefäß MB 43 (Sinn 1979, 106), das dem *Oidipus* des Euripides zugeschrieben wird. Alle drei Bildszenen geben nicht Handlung sondern Erzählung wieder.

Es ist also denkbar, daß der Dionysios-Lagynos (2) und die Gußform aus Pella (3) dasselbe Drama als Vorlage haben, aus dem sie unterschiedliche Szenen illustrieren.

Bildszenen, die für eine Handlung wenig geeignet zu sein scheinen, lassen sich als Teile eines Botenberichtes deuten bzw. einer Vorgeschichte oder Nebenhandlung zuordnen, ohne daß man annehmen muß, daß das Drama damit in allen Teilen auf dem Gefäß wiedergegeben ist.

Die Bildszenen auf dem Dionysios-Lagynos - Autolykos' Rinderdiebstahl, Sisyphos' Wiederentdeckung und schließlich Rückführung seines Viehs sowie die Verführung bzw. Vergewaltigung Antikleias -, die als dramatische Szenen auf einer Bühne kaum vorstellbar sind, lassen sich dann als Bericht deuten, z. B. als Exposition eines Dramas.[152] Die Reihenfolge der Bildszenen auf beiden Gefäßen ist nicht festzulegen, da diese dem Verlauf der Dramenhandlung entweder bei Links- oder bei Rechtsdrehung des Gefäßes folgen können,[153] so daß bei jeweils drei Bildszenen ihre Reihenfolge nicht zu klären ist.

(B) Figuren: In den weitaus meisten Fällen sind die Figuren, die in einer Szene sprechen, auch abgebildet und mit ihrem Namen bezeichnet. Wenn man davon ausgeht, daß der Künstler relativ kurze Textpassagen illustriert hat, erklärt sich das Fehlen von Figuren, die in einer bestimmten Szene zwar auf der Bühne zugegen sind, aber schweigen (4 a: Menoikeus, 4 d: Oidipus). In einem Fall (7 e) ist Klytaimestra - obwohl sie eine wichtige Passage spricht - nicht abgebildet; statt ihrer findet sich Elektra, die im Kontext der Vorlage noch nicht einmal erwähnt wird.[154] Zweimal sind Statisten abgebildet und bezeichnet, deren Name auf der Bühne indessen gar nicht fällt (4 a: Manto [s. o.], 8 f: Orest). Es werden daneben auch Perso-

---

[152] Es ist nicht ungewöhnlich, daß ein Gefäß ausschließlich erzählte Szenen aus einem Drama wiedergibt, vgl. o. (5) und Sinn 1979, 106 (MB 44) mit drei Szenen, die die Auffindung des ausgesetzten Oidipus und schließlich seine Übergabe an Polybos darstellen. Der Grund mag darin liegen, daß tatsächlich ein Text illustriert werden sollte.

[153] Der Fries von (4) (MB 45, s. o. Abb. 4) läuft von links nach rechts, jener von (8) (MB 55-57, s. o. Abb. 8) umgekehrt.

[154] Wurde (oder war) vielleicht in einer Textvorlage eine abgekürzte Sprecherbezeichnung KΛ vor Klytaimestras erstem Auftritt mit HΛ verwechselt?

nen mit ihrem Namen auf den Bechern abgebildet, die gar
nicht auftreten, sondern z. B. in einem Botenbericht genannt
werden,[155] oder einfach nur zur Verdeutlichung der Bildszene
hinzugefügt sind.[156] Der Chor ist nie auf den Bechern zu finden, obwohl (oder vielleicht gerade weil) er immer auf der
Bühne anwesend ist.

Das Personal auf den beiden Autolykos-Gefäßen ist bei
weitem nicht so zahlreich; gleichwohl ist es möglich, daß einige
der abgebildeten Figuren (neben Autolykos: Antikleia, Sisyphos,
Laertes und Hermes) in der jeweils dargestellten Szene (oder
überhaupt im ganzen Drama) gar nicht aufgetreten sind, oder
doch nur als stumme Figur. In den Szenen (2 b), (3 a) und (3 c)
sind drei Personen mit einer Beischrift versehen. Nimmt man
an, daß jede von ihnen eine Rolle der dramatischen Vorlage repräsentierte, müßte man eine Szene mit drei Schauspielern annehmen, die zwar für eine Tragödie unproblematisch ist, es für
ein Satyrspiel aber erforderlich macht, die Abwesenheit des Silens zu erklären,[157] der von einem der drei Schauspieler gespielt werden muß und allenfalls für einen kurzen Moment die
Bühne verläßt. Geht man also von einem Satyrspiel als Vorlage
aus, kommt man nicht umhin, für alle drei Szenen eine
stumme Rolle anzunehmen - was zumindest für (2 b) problematisch ist[158] -, oder sie in einen Botenbericht zu verbannen.

Ohne literarische Quelle bleibt Akamatis' Vermutung, bei
der nicht bezeichneten Figur, die Sisyphos (3 c) abführt, handle
es sich um Herakles, wenngleich im Satyrspiel *Sisyphos* offenbar
beide Helden immerhin aufeinandertrafen. Vor dem Hintergrund
der anderen ‚homerischen Becher‘ würde man eher erwarten,
daß seine Figur eine Beischrift erhält, doch kann dies auf einer
puren Nachlässigkeit beruhen, wie auch das Pendant aus Salo-

---

[155] (4 b), (5 a): Eteokles und Polyneikes, (5 a): Iokaste und Antigone,
(7 e), (8 a): Orest, (8 f): Klytaimestra.

[156] So z. B. die Städtepersonifikationen von Theben bzw. Argos (4 b, 5 b)
oder Oidipus' Flüche (Arai) (5 a).

[157] Zur Frage der Bedeutung des Silens und der Zahl der Schauspieler
im Satyrspiel s. o. Einleitung, *p.* 15.

[158] Wenn Sisyphos in dieser Szene Laertes auf ein bevorstehendes
‚Ehejoch‘ hinweist, so ist diese *sottise* nur als Teil eines Redeagons zwischen den beiden zu denken, während dessen auch Autolykos schwerlich
als stumme Rolle vorstellbar ist.

niki sogar Antikleia in der (2 b) entsprechenden Bildszene ohne
eine Beischrift abbildete.

Ein Satyrchor ist auf den Bechern nicht zu erwarten, auffällig wäre aber das Fehlen des Silens, wenn es sich bei der
Vorlage dieser Becher um einen *Autolykos satyrikos* handeln sollte.

(C) Bühne und Requisiten: Die Bildszenen zeichnen sich
durch große Sparsamkeit der ikonographischen Mittel aus und
nehmen nicht selten Bezug auf sehr kurze Textpartien und die
in ihnen enthaltenen ‚Bühnenanweisungen'.[159] Kreons Hikesie
(4 a) beispielsweise, die aus zwei Halbversen in starker ellipti-
scher Verkürzung (*Ph.* 923 f.)[160] hervorgeht, beweist dabei ebensolche Genauigkeit im Detail wie die geöffnete Tür hinter Antigone (4 c), die andeutet, daß das Mädchen von Iokaste soeben
aus dem Haus herausgerufen wurde (*Ph.* 1264).[161] Die Beobachtungen auf den ‚homerischen Bechern' lassen sich auf einige
Szenen auf dem Dionysios-Lagynos und der Gußform aus Pella
übertragen.

Auf dem Dionysios-Lagynos ist links neben Sisyphos und
Antikleia eine geöffnete Tür zu sehen (2 c), die in Analogie zur
Iokaste-Antigone-Szene (4 c) sowohl den Ort der Szene - einen
Innenraum[162] -, als auch eine Bewegung abbildet, nämlich Sisyphos' Eintritt in Antikleias Zimmer.[163] Was in dieser Szene geschieht, wird noch deutlicher, wenn man den als Spinnrocken
gedeuteten Gegenstand in Antikleias Hand in die Überlegung
mit einbezieht. Zwar gibt es keine weitere Darstellung eines
Spinnrockens, die man als Vergleich heranziehen könnte, doch
gibt es eine (einzige) Textstelle - bezeichnenderweise bei

---

[159] Vgl. Sinn 1979, 21 f.

[160] Wie im Fall von Teiresias' Tochter Manto ergänzen die Scholien
die knappe Information (Schol. MᵍAᵍBⁱ E. *Ph.* 923): λείπει τὸ ‚ἱκετεύω'.

[161] Vgl. ferner die Darstellung des Schwertes in Iokastes Hand (5 a),
das sie sich „mitten durch den Hals" bohrt (*Ph.* 1457), und des Briefs
(7 a-c), um den es in den ersten Szenen der *Aulischen Iphigenie* geht.

[162] Auf eine Szene im Haus weisen auch die Türen der Becher HB 15
(Sinn 1979, 84 Abb. 4, 2 zur *Odyssee*) und HB 71 (ebd. 125 Taf. 28, 1 zu einer nichthomerischen Kirke-Vorlage).

[163] Auch die Szene (3 b) mit Antikleia und einer weiteren weiblichen
Figur spielt ‚im Frauengemach, und der Zuschauer erfuhr von diesem Gespräch in einem Botenbericht. Ob die geschlossene Tür auch noch für die
Szene (3 a) den Raum festlegt, wie Akamatis (1985, 395) annimmt, läßt
sich nicht entscheiden.

Euripides -, die sich als Parallele zu jener vorstellen läßt, die
der Schöpfer des Lagynos möglicherweise vor Augen hatte, und
in der ebenfalls ein Spinnrocken erwähnt wird: Orestes' und
Pylades' Überfall auf Helena im *Orestes* (V. 1431 f.): ἃ δὲ (*sc.*
Ἑλένα) λίνον ⟨λίνον⟩ ἠλακάτᾳ | δακτύλοις ἑλίσσεν. Spinn-
rocken und geöffnete Tür symbolisieren Sisyphos' Eindringen in
einen traditionell den Frauen vorbehaltenen Raum, es handelt
sich also nicht um eine Verführung, sondern um eine Vergewaltigung, wie auch Hygin (*fab.* 201) erzählt.[164] Sind diese Überlegungen zutreffend, kann diese Bildszene nur Erzählung repek-
tive Botenbericht und nicht Handlung auf der Bühne abbilden.

V. Salis' Deutung der sich rechts daran anschließenden
Bildszene (2 b) scheint den Konventionen der ‚homerischen Becher‘ durchaus zu entsprechen, und es überrascht nicht, daß
sich eine mögliche Textparallele wiederum bei Euripides findet.[165] Wenn v. Salis' Identifizierung des Gegenstandes in Sisyphos' Hand als Joch richtig ist, könnte das für die Identifizierung des dargestellten Sagenausschnittes allerdings gerade dann
weitreichende Folgen haben, wenn man seiner Deutung der
Bildszene nicht folgt: Mit dem Joch spannt Sisyphos zwei Rinder vor einen Pflug oder Wagen - und das kann kaum bedeuten, daß er in dieser Szene seine gestohlene Rinderherde zurückholt, sondern müßte auf eine andere, nicht bekannte Version dieser Sage hinweisen. Folgt man aber v. Salis' Annahme,
daß der Künstler mit dem Joch auf eine besondere Pointe im
Text anspielte, dann bleibt es allerdings offen, in welcher
Weise die Joch-Metapher verwendet wurde. Für einen Dialog
Sisyphos - Autolykos - Laertes läßt sich in der Literatur kein
Rückhalt finden, und es ist auch schwerlich ein Grund dafür zu
finden, daß sich Sisyphos nach seiner Schandtat, an Laertes
gewandt, über dessen bevorstehende Ehe äußert, denn schließlich wollte er sich an Autolykos rächen. Eine Situation, in der
Laertes die schwangere Antikleia zur Frau nimmt, würde sei-
nen Triumph zudem nur schmälern, und außerdem kennt die
Überlieferung keinen Grund, daß den zur Heirat fest entschlos-

---

[164] Anders Sinn 1979, 21, der die Szene unter der Rubrik ‚Zärtlichkeit‘
anführt; Robert 1890, 94. Natürlich symbolisiert der Spinnrocken auch Antikleias Tugendhaftigkeit.
[165] E. *Med.* 242.

senen[166] Laertes die Vorstellung von einem Ehejoch schrecken müßte, ganz anders als Jason respektive Medea, von deren Ehejoch E. *Med.* 242 die Rede ist. Viel wahrscheinlicher ist also, daß Autolykos in der genannten Bildszene Laertes berichtet, was Sisyphos *ihm*, dem Dieb, zurief, als er seine Rinder zurückholte;[167] die Szene wäre dann mit der Szene (1 b) auf dem süditalischen Volutenkrater identisch.

Eine ähnliche Szene wie (2 c) vermutet Akamatis in (3 a):[168] Sisyphos und Antikleia treffen sich im Haus des Autolykos; die Szene zeige also den Anfang von Sisyphos' Liaison mit Antikleia, wie die Szene (3 b), gleich daneben, ihr Ende kennzeichne. Akamatis' Rekonstruktionsversuch folgt dem bereits genannten Sophokles-Scholion, nach dem Autolykos, um Sisyphos zu besänftigen, ihm seine Tochter Antikleia selbst zugeführt haben soll, die später, von Sisyphos schwanger, mit Laertes verheiratet worden sei. Von den beiden Figuren sind kaum mehr als die Beine zu sehen, so daß sich nicht entscheiden läßt, was in dieser Bildszene geschieht. Ob Autolykos, der seinen Blick nach links zu beiden Figuren wendet und dabei völlige Ruhe verkörpert,[169] mehr als nur Zustimmung zu dieser Liaison zum Ausdruck bringt, läßt sich nicht entscheiden, doch mag die Aufregung, die Antikleias Amme (?) in der Szene (3 b) zum Ausdruck bringt, nicht recht dazu passen. Es braucht nicht eigens hervorgehoben zu werden, daß die Gußform aus Pella (3) und der Dionysios-Lagynos (2) verschiedene Vorlagen gehabt haben müssen, die die Beziehung Sisyphos - Antikleia unterschiedlich interpretierten - wenn Akamatis' Deutung der Szene (3 a) zutrifft.

---

[166] Vgl. Schol. S. *Ph.* 417: (...) Λαέρτης πολλὰ δοὺς χρήματα ἠγάγετο τὴν Ἀντίκλειαν.

[167] Die Joch-Metapher ist dabei keineswegs auf die Ehe beschränkt.

[168] Akamatis 1985, 395.

[169] Autolykos' sitzende Haltung geht wahrscheinlich auf eine ikonographische Konvention der ‚homerischen Becher' zurück, nach der wichtige Personen bisweilen sitzend dargestellt werden (Sinn 1979, 154; vgl. z. B. die Szene (8 a), wo Agamemnon auf einem Thron sitzt). Bei diesen Darstellungen ist immer ein Bein höher gestellt als das andere, so daß dem kleinen Steinhaufen, auf den Autolykos sein rechtes Bein abstellt, kaum allzu große Bedeutung beigemessen werden sollte.

Diese Deutung könnte aber in Widerspruch zu einer anderen Beobachtung[170] geraten, daß nämlich Sisyphos in der Hades-Szene (3 c) als junger Mann dargestellt sei. Betrachtet man nämlich beide Autolykos-Abbildungen auf der Gußform aus Pella, so fällt auf, daß er neben Antikleia und der als Sisyphos gedeuteten männlichen Gestalt (3 a) mit bloßem Oberkörper und ohne Bart als *junger* Mann, neben Sisyphos und Hermes im Hades hingegen (3 c) mit langem Gewand und Bart als *alter* Mann gekennzeichnet ist. Diese Beobachtung könnte durchaus einer Mythenchronologie entsprechen, nach der er als relativ junger Mann seine Tochter verheiratet habe und erst als alter Mann in den Hades gelangt sei, doch muß dann - entsprechend dieser unterschiedlichen Altersdarstellung - die männliche Gestalt neben Antikleia (3 a) entweder als ein sehr junger Sisyphos oder als eine andere Figur (am ehesten wohl Laertes) gedeutet werden.

Die Szene (3 c) wirft daneben noch eine Reihe anderer Fragen auf. Sisyphos' *Abführung* in den Hades durch Hermes - der an dieser Stelle nicht einfach nur ψυχοπομπóς sein kann - setzt voraus, daß er zuvor schon einmal aus dem Hades wieder zurückgekommen ist; seine ,Höllenstrafe' - er muß im Hades einen Felsblock einen Abhang hinaufwälzen, der ihm dort, kurz vor Erreichen des Gipfels immer wieder entgleitet und in die Tiefe hinabrollt, - die auf der Bildszene durch einen miniaturisierten und schematisierten Abhang neben Charons Schiff angedeutet wird, setzt voraus, daß er sich (wie die anderen Hades-Büßer auch) gegen die Macht der Götter erhoben hat, nämlich als er Thanatos fesselte und niemand mehr starb.[171] Dieser Mythos berührt sich indessen an keiner Stelle mit jenem des Autolykos; eine vage Verbindung läßt sich allenfalls über die Figur des Hermes herstellen, der einerseits Sisyphos abführt, andererseits der Vater des Autolykos ist. Die Abbildung gestattet es auch nicht anzunehmen, daß Autolykos in der Unterwelt zwangsläufig auf Sisyphos treffen muß, wie Odysseus in der *Nekyia*, denn es ist offensichtlich der Beginn von Sisyphos' Un-

[170] Akamatis 1985, 401.

[171] Sisyphos' Strafe kennt bereits die *Odyssee* (11, 593-600); ihre Ursache wird indessen zuerst von Pherekydes (3 F 119 FGrHist) genannt. Alle späteren geben nur einen sehr allgemeinen Grund an (z. B. Hygin *fab.* 60: „propter impietatem", verkürzend Paus. 2, 5, 1; s. u. *Sisyphos, p.* 209 f.).

terweltsmythos dargestellt, der im Kontext auch eines zufälligen Treffens mit Autolykos motiviert werden muß. Die Beobachtung, daß Autolykos auf der Gußform aus Pella (3) als junger und als alter Mann dargestellt ist, bietet zwei Lösungswege aus diesem Dilemma: Es könnte sich bei den Szenen (3 a) und (3 b) um eine Rückblende handeln, dann würde das Geschehen in der Unterwelt spielen, und die Beziehung zwischen Autolykos und Sisyphos durch eine Begegnung zu Lebzeiten exponiert; sehr viel wahrscheinlicher ist aber, daß es sich bei der Szene (3 c) um eine Vorausschau (z. B. eines *deus ex machina*) handelt, und die Antikleia-Episode im Zentrum steht.

Keiner der ‚homerischen Becher' erlaubte eine vollständige Rekonstruktion seiner Dramenvorlage, mochte er auch zentrale Szenen abbilden wie (4), (7) und (8). Ebensowenig geben die Autolykos-Gefäße ihre Quelle preis, auch wenn sie einzelne Szenen illustrieren, für die man gern eine dramatische Vorlage - vielleicht sogar ein Drama des Euripides - annehmen möchte. Selbst wenn ein Euripideisches Drama als Vorlage sehr wahrscheinlich ist,[172] so muß dennoch offen bleiben, ob beide Gefäße dasselbe Drama abbilden - neben zwei *Autolykoi* muß auch der *Sisyphos* in Betracht gezogen werden -, und ob es sich bei diesem Drama überhaupt um ein Satyrspiel handelt; - „aber auf feste Ergebnisse ist auch nicht zu rechnen, mit Hypothesen, selbst wenn sie ansprechend sein könnten, nichts gewonnen" (Wilamowitz 1928, 93).

Rekonstruktion

Unter der Voraussetzung, daß der Autolykos-Mythos offenbar nur von Euripides dramatisiert und auch außerhalb des Dramas im fünften Jahrhundert nicht nachweisbar rezipiert worden ist, machen es - wie sich gezeigt hatte - zwei Umstände sehr wahrscheinlich, daß Euripides zwei verschiedene *Autolykoi* geschrieben hat, die sich beide noch in der Bibliothek von Alexandria befunden haben: Der römische Mythograph Hygin gibt eine Version des Autolykos-Mythos wieder, die sich in wesentli-

---

[172] Auch der *Laertes* des Ion von Chios ist nicht auszuschließen; vgl. Oakley 1994, 787.

chen Zügen mit Darstellungen dieses Mythos auf einem oder
wahrscheinlich sogar zwei ‚homerischen Bechern' in Überein-
stimmung bringen läßt. Die von Hygin (und den hellenistischen
Gefäßen) wiedergegebene Sagenversion ist mit Sicherheit nicht
identisch mit jener, die Tzetzes explizit für eines der beiden
Dramen - nämlich das Satyrspiel - bezeugt. Zwar läßt sich die
Existenz eines zweiten Autolykos-Dramas nicht aus der bloßen
Existenz eines zweiten Sujets herleiten, doch weisen in diesem
Fall die Zeugen für ein zweites Sujet unabhängig voneinander
auf ein und dieselbe mögliche Quelle: ein Euripideisches
Drama. Bei diesem Drama, dem *Autolykos B'*, handelt es sich of-
fenbar um eine Tragödie mit *happy end*; vielleicht wurde sie -
wie die *Alkestis* - anstelle eines Satyrspiels aufgeführt.[173] Die
in diesem Drama auftretenden Personen waren Autolykos und
Sisyphos, wahrscheinlich noch Laertes und Antikleia, möglicherweise auch eine Amme der Antikleia (bzw. Amphithea) und
Hermes. Als Ort der Handlung ist das Haus des Autolykos zu
denken. Stoff des Dramas ist die bei Hygin (*fab.* 201) erzählte
Geschichte von Autolykos' Diebstahl der Rinder des Sisyphos
und dessen Rache.

Über diese Skizze hinaus lassen sich einige Szenen erschließen.[174] Wenn der Dionysios-Lagynos auf dieses Drama
Bezug nimmt und seine Bildszenen Textpassagen abbilden, ist
(1) eine Szene Autolykos - Sisyphos in einer Auseinandersetzung um Rinder erkennbar (s. o. Nr. 2 a); (2) eine zweite Szene
Autolykos - Sisyphos, in der von Laertes die Rede ist, oder
eine Szene Autolykos - Laertes, in der es um Sisyphos geht,[175]
oder eine Szene Sisyphos - Autolykos - Laertes. In dieser
Szene (s. o. Nr. 2 b) wurde in einem besonderen Zusammenhang
ein Joch erwähnt. (3) In einem Botenbericht wurde Sisyphos'
Vergewaltigung der Antikleia erzählt, die in ihrem Zimmer
beim Spinnen überrascht wurde.[176]

---

[173] Dazu s. o. Einleitung, *p.* 13 f.

[174] Guggisberg (1947, 124) hat auf mögliche Gemeinsamkeiten mit den
Ichneutai des Sophokles hingewiesen: die Suche nach den gestohlenen
Rindern anhand der Hufspuren.

[175] Vgl. o. Vasenbilder: (1), den süditalischen Volutenkrater.

[176] ‚Vergewaltigung der Tochter des Gastgebers' ist möglicherweise
auch ein Motiv in Sophokles' Satyrspiel (?) *Kedalion* (*F 328-33): Orion
hatte die Tochter des Oinopion vergewaltigt und war zur Strafe von ihm
geblendet worden (vgl. Servius *Aen.* 10, 763, 2 *p.* 465 f. Thilo/Hagen).

Weitere Szenen würden hinzukommen, wenn sich erweisen
ließe, daß die Gußform aus Pella ebenfalls von diesem Drama
beeinflußt war, wofür die abgebildeten Hauptrollen Autolykos,
Sisyphos und Antikleia sprechen. Erkennbar ist (4) eine Szene,
in der Antikleia und eine männliche Figur (Sisyphos - dann ist
die Szene möglicherweise mit [1] identisch - oder Laertes?) zu
sehen waren (s. o. Nr. 3 a). Autolykos, der zwar auch abgebildet
ist, muß nicht zwangsläufig als ebenfalls auf der Bühne präsent
gedeutet werden, (was ein weiteres Mal gegen ein Satyrspiel
spricht); möglich ist, daß in dieser Szene etwas geschieht, das
er geplant, verabredet oder befürchtet hat. (5) In einer weiteren Szene (s. o. Nr. 3 b) war Antikleia mit einer Amme (oder
ihrer Mutter Amphithea?) zu sehen. Möglicherweise gab es in
dieser Szene große Aufregung, weil Antikleia von Sisyphos
schwanger war. Schließlich ist eine Szene (6) erkennbar, in der
Sisyphos offenbar von Hermes (und einer weiteren, sehr wahrscheinlich stummen Figur) in den Hades abgeführt wird, wo ihnen Autolykos begegnet. Diese letzte Szene (s. o. Nr. 3 c) ist
nicht unproblematisch, weil man schwerlich in diesem Drama
einen Ortswechsel annehmen möchte, der zudem mit einem
großen Zeitsprung verbunden ist. Eine mögliche Lösung bietet
die Annahme, daß Autolykos am Ende des Dramas, von Sisyphos überlistet und gekränkt, dem Bösewicht ein schlimmes
Ende prophezeit, vielleicht mit den Worten: „Dich werde ich
im Hades wiedersehen, wenn ich ein alter Mann bin, und mein
Vater Hermes wird dich selbst dorthin zu deiner gerechten
Strafe führen!"[177] Das Drama wird mit der Hochzeit von Laertes und Antikleia sicher ein *happy end* gehabt haben.

Für das Satyrspiel *Autolykos A'* sind wir allein auf Tzetzes
angewiesen. Die in diesem Drama auftretenden Personen waren
Autolykos und der Silen, sowie ein Chor aus Satyrn; ferner ist
von einem Vater die Rede, dessen Name Tzetzes unglücklicherweise nicht nennt, und von einer Tochter, ebenfalls namenlos,
deren Auftreten zwar möglich, aber zur Rekonstruktion der von
Tzetzes beschriebenen Szene dramaturgisch ebensowenig erforderlich ist, wie das Erscheinen von Hermes, Laertes und Odysseus, die Tzetzes eingangs erwähnt. Der Ort der Handlung -
mag auch das Haus des Vaters sehr wahrscheinlich sein - ist

---

[177] Vgl. die Prophezeiung des geblendeten Polyphem im *Kyklops* 696-700.

ebenso unbekannt wie der Stoff, der dem Drama zugrunde lag, und aus dem nur ein einziges Motiv erkennbar ist: der Brautraub.

Tzetzes gibt eine sehr detaillierte Exposition des Dramas: Autolykos ist verarmt, weswegen ihm sein Vater Hermes eine Gabe von ganz besonderer Art verleiht, die Kunst, unerkannt zu stehlen, die sich aber in Euripides' Satyrspiel als eine besondere Überredungskunst entpuppt: Autolykos kann ein prächtiges Pferd stehlen und durch einen räudigen Esel ersetzen. Den Eigentümer aber hindert eine δόκηϲιϲ, in die ihn Autolykos zu versetzen in der Lage ist, die wahre Identität seines Besitzes zu erkennen. Diese Gabe ist offenbar das tragende Motiv in diesem Drama.

Mehrere Szenen respektive dramatische Motive lassen sich ausmachen: (1) Autolykos' Tausch eines Pferdes gegen einen räudigen Esel; es ist durchaus wahrscheinlich, daß von dieser Diebestat in einer exponierenden Szene nur gesprochen wurde, und weder Pferd noch Esel auf der Bühne zu sehen waren. Möglicherweise sind die Fragmente F 283 und F 284 dieser Szene entnommen. Wichtigstes Motiv aber - wenn man Tzetzes glauben darf - ist (2) Autolykos' Diebstahl eines hübschen Mädchens, respektive ihr ‚Tausch' gegen den Silen. Da die Pointe darin liegt, daß der Vater des Mädchens diesen Tausch nicht entdeckt, obwohl er den Silen vor Augen hat, ist es sehr wahrscheinlich, daß nicht die eigentliche Entführung sondern nur die Wirkungen der δόκηϲιϲ des Vaters auf der Bühne gezeigt wurden. Dies macht die Annahme dreier weiterer Szenen notwendig: (1 a) Es war natürlich erforderlich, den Silen auf seine neue Rolle vorzubereiten, und wahrscheinlich mußte auch der Satyrchor in diese Vorbereitungen miteinbezogen werden; dieser Bühnenszene ist mit hoher Wahrscheinlichkeit F 282 a entnommen, wo Autolykos die Satyrn anweist, ihren Vater nicht ein „häßliches altes Männlein" zu nennen, weil sie damit den Zauber seiner Überredungskunst zunichte machen würden. Die Szene, in der der Vater den Silen für seine Tochter hält (2), bedurfte einer Motivierung, die möglicherweise in einer eigenen Szene (1 b) vorgenommen wurde, denn die Frage, warum der namenlose Vater in einem Stück (und wohl auch einer Szene) mit Autolykos gezeigt wird, mußte dem Zuschauer erklärt werden. (3) Schließlich ist es schwerlich vorstellbar, daß dieser

Betrug nicht entdeckt, der Dieb nicht überführt oder gar bestraft worden ist.

Wenn man Tzetzes' Darstellung Glauben schenken darf, hat Euripides in diesem Drama ein ‚perfektes Verbrechen' auf die Bühne gebracht: Es gibt einen Täter, ein Opfer, ein Motiv - aber niemanden, der die Tat bemerken kann, denn Autolykos verursacht bei seinen Opfern eine δόκηϲιϲ, die es seinen Opfern unmöglich macht, überhaupt zu erkennen, daß sie geschädigt worden sind. Euripides parodiert in diesem Drama offensichtlich aktuelle Diskussionen um den Gegensatz von Sein und Schein und um die Möglichkeiten, beides voneinander zu unterscheiden.

Freilich ist nicht anzunehmen, daß Autolykos bei seinem Treiben nicht erkannt, der Dieb nicht überführt würde. Doch wenn es nicht möglich ist, den Schein mit Hilfe der normalen Sinnesorgane zu entlarven, dann muß es eine andere Möglichkeit des Erkennens geben. Gerade dieses Thema ist der Gegenstand eines anderen Satyrspielfragments, das zwar für Euripides gut bezeugt, seit etwas über einem Jahrhundert bis in jüngste Zeit aber gemeinhin Kritias, dem Kopf der Dreißig Tyrannen des Jahres 404/403 v. Chr. zugesprochen worden ist (43 F 19).

In diesem Fragment spricht Sisyphos über einen klugen Mann, der in grauer Vorzeit auftrat und die Menschen einen *neuen* Glauben an die Götter lehrte. Die Götter seien seitdem Garanten der Gesetze; mächtige δαίμονεϲ vermochten nämlich nicht nur, jede Freveltat zu sehen und jedes unrechte Wort zu hören, sondern sogar jeden unausgesprochenen Gedanken wahrzunehmen. Diese an Sokrates erinnernde Götterkonzeption könnte das notwendige Pendant zu Autolykos' Diebeskunst sein. Wenn die Zuschreibung dieses Fragments zum *Autolykos* richtig ist, dann war eine Auseinandersetzung des Meisterdiebs Autolykos mit dem Erzbetrüger Sisyphos auch der Gegenstand dieses Autolykos-Dramas.

Die Diskussion der Autorschaft dieses Fragments, die Deutung seines Inhalts und die Frage seiner Zugehörigkeit bedürfen allerdings einer ausführlichen eigenen Behandlung an anderer Stelle.[178]

---

[178] S. u. Unsichere Fragmente: [43 Kritias] F 19.

Exkurs: Autolykos, Mestra und Erysichthon

Von zentraler Bedeutung für die Rekonstruktion des Dramas, in das uns Tzetzes einen kleinen Blick werfen läßt, ist die Klärung der Frage, welche Figuren sich hinter dem Mädchen und ihrem Vater verbergen könnten, von denen Tzetzes spricht, ohne ihre Namen zu nennen. Diese Frage zu beantworten, besteht immerhin eine kleine Aussicht.

Geht man die Reihe der Frauen durch, die von der mythographischen Tradition mit Autolykos verbunden werden (s. o.), dann zeichnet sich eine von ihnen durch eine besondere Fähigkeit aus, die sie geeignet erscheinen läßt, in die Rolle des Mädchens zu schlüpfen: die Zauberin Mestra, die ihre Gestalt verändern kann.[179]

Ihr Mythos wird unterschiedlich erzählt;[180] in der ältesten Quelle, Ps. Hesiods *Gynaikon Katalogos*, erscheint er als ein Brautkauf (F 43 a Merkelbach/West): Sisyphos freit für seinen Sohn Glaukos bei Erysichthon um Mestra, einigt sich mit ihm über den Kaufpreis und nimmt sie mit (V. 20 ff.). Mestra versucht aber, sich der Ehe mit Glaukos durch Flucht zu entziehen, möglicherweise indem sie ihre Gestalt verändert (V. 31 f.). Über Schaden und Schadenersatz kommt es daraufhin zwischen Erysichthon und Sisyphos zu einem Streit, der nur von Athene geschlichtet werden kann (V. 35-43).[181] Sisyphos wird ein zweites Mal versucht haben, Mestra heimzuführen, aber da greifen die Götter ein, die eine Nachkommenschaft des Glaukos mit

---

[179] Auf ihren Mythos wies schon Masciadri (1987, 3 Anm. 9) hin, ohne ihn jedoch für eine Rekonstruktion zu nutzen. Zum Erysichthon-Mythos und seinen Quellen zuletzt Müller 1987, 65-76 und Müller 1988.

[180] Vgl. Ps. Hesiod F 43 a Merkelbach/West (s. u.); Palaiphatos 23 (*p.* 31 f. Festa, s. u.); Lykophron *Alex.* 1393-96 (mit Scholion, s. u.); Antoninus Lib. 17 (*p.* 30 Papathomopulos, s. u.); Ovid, *Met.* 8, 738-878 (s. u.). Ob in Achaios' Satyrspiel *Aithon* (20 F 5a-11 TrGF 1) Mestra auftrat, ist sehr unsicher; Vasenbilder machen eher den Baumfrevel des Aithon als Sujet wahrscheinlich (?), vgl. Kron 1988, 16 Nr. 2. 3. Zur Abhängigkeit der literarischen Quellen des Aithon/Erysichthon- bzw. Mestra-Mythos untereinander vgl. McKay 1962; Hollis *ad* Ov. *Met.* 8, 738-878 (1970); Fehling 1972; Hopkinson *ad* Call. *Cer.* (1984) 18-30; Kron 1988, 14-16 (mit der älteren Literatur).

[181] Zur Frage, wer von beiden nach Athenes Schiedsspruch der Geschädigte ist, vgl. West 1963, 754 f.; Merkelbach 1968, 134 f.; Steinrück 1994.

Mestra nicht wünschen (V. 51-54). Poseidon entführt sie und zeugt mit ihr Eurypylos (V. 55-58), bevor sie wieder nach Athen zurückkehrt und sich immer wieder aufs neue um den Hunger ihres Vaters kümmert (V. 69).

In der Form eines burlesken Schwankes präsentiert sich der Mythos dann spätestens seit hellenistischer Zeit: Mestras Vater Erysichthon hat einen Demeter geweihten Hain abgeholzt und ist deshalb mit unstillbarem Hunger bestraft worden, weswegen er den Beinamen Aithon („der Brennende") erhielt. Sie aber besitzt die Gabe, eine beliebige Gestalt annehmen zu können, und ernährt ihn, indem sie sich immer wieder verkaufen läßt, dann ihre Gestalt ändert und zu ihrem Vater zurückkehrt. Das älteste Zeugnis für diese Version des Mythos, in der die Unendlichkeit von Aithons Hunger gewissermaßen durch die ‚Unendlichkeit' von Mestras Verkauf, Verwandlung und Wiederkehr aufgehoben wird, ist Lykophrons *Alexandra* (V. 1393-96), wo die Bekanntheit dieser Version allerdings bereits vorausgesetzt wird; das Scholion zu dieser Stelle gibt das Märchen vollständig wieder:

Ἐρυσίχθων τις Θετταλὸς ὁ καὶ Αἴθων καλούμενος υἱὸς Τριόπα ἐξέτεμε τὸ ἄλσος τῆς Δήμητρος, ἡ δὲ ὀργισθεῖσα ἐποίησεν αὐτῶι ἐμφῦναι λιμὸν μέγαν ὥστε μηδέποτε λήγειν τῆς πείνης. εἶχε δὲ οὗτος θυγατέρα Μήστραν φαρμακίδα, ἥτις εἰς πᾶν εἶδος ζώιου μετεβάλλετο, καὶ ταύτην εἶχε μέθοδον τῆς λιμοῦ ὁ πατήρ. ἐπίπρασκε γὰρ αὐτὴν καθ᾽ ἑκάστην ἡμέραν καὶ ἐκ τούτων ἐτρέφετο, ἡ δὲ πάλιν ἀμείβουσα τὸ εἶδος φεύγουσα πρὸς τὸν πατέρα ἤρχετο. (...) ἡ δὲ τούτου θυγάτηρ πορνευομένη καὶ παρὰ τοῦ μὲν βοῦν, ⟨παρὰ⟩ τοῦ δὲ πρόβατον καὶ παρ᾽ ἄλλου ἄλλο εἶδος λαμβάνουσα ἔτρεφεν ἑαυτὴν καὶ τὸν γέροντα.

Der Verwandlungsbetrug, der im Satyrspiel des Euripides im Grunde vorweggenommen ist, wenn die Tochter gegen den Silen eingetauscht wird, hat vielerlei Ausdeutungen erfahren. Folgte Mestra bei Ps. Hesiod zunächst Glaukos als Braut in Menschengestalt und floh dann (in veränderter Gestalt, vielleicht als Vogel?)[182] zu ihrem Vater zurück, so wurde sie in der hellenistischen Fassung in Tiergestalt (Rind, Schaf „und anderes" nennt das Lykophron-Scholion, Hund, Vogel und Pferd

---

[182] V. 32: ὤιχετ᾽] ἀπαΐξασα, γυνὴ δ᾽ ἄφαρ α[ὖτις ἔγεντο. (Wenn die Ergänzungen von West und Lobel richtig sind). Auch Merkelbach 1968, 134 denkt an eine Verwandlung in einen Mann; vgl. ferner McKay 1962, 32.

fügt Palaiphatos 23 hinzu) verkauft und verwandelt sich für ihre
Flucht wieder in die alte Gestalt. Bei Antoninus Liberalis
(17, 5), dessen Abhängigkeit von Nikander diskutiert wird,[183]
wird sie in Menschengestalt als Sklavin verkauft und kehrt
nach ihrer Verwandlung in einen Mann zum Vater zurück.

   Die facettenreichste Darstellung des Mythos findet sich
bei Ovid (*Met.* 8, 738-878),[184] der - neben Kallimachos' Demeter-Hymnos, dessen Darstellung von Aithons Götterfrevel er
mit Sicherheit[185] benutzt hat - mehreren Versionen verpflichtet
zu sein scheint, doch überrascht zunächst, daß Mestra, die
nicht mit ihrem Namen genannt wird und nur durch ihren Vater
Erysichthon identifiziert werden kann, gleich zu Beginn (V. 738)
als *Autolyci coniunx* eingeführt wird. Ausführlich erzählt Ovid
Erysichthons Götterfrevel und seine fürchterliche Strafe (in
Anlehnung an Kallimachos),[186] Armut und Elend (vgl. Palaiphatos), schließlich Mestras Verkauf in die Sklaverei (vgl. Ant.
Lib.). In ihrer Not wendet sie sich an Poseidon, der sie einst
entführt hatte (V. 850 f.): *‚eripe me domino, qui raptae praemia nobis
| virginitatis habes' ait; haec Neptunus habebat* (vgl. Ps. Hesiod). Der
Meergott verleiht ihr den Verwandlungszauber, und ehe sie sich
versieht, hat sie die Gestalt eines Fischers, in der sie unerkannt entkommen kann (vgl. Ant. Lib.; auch Ps. Hesiod?[187]).
Daraufhin setzt die von Lykophron bekannte Episode ein (s. o.
das Scholion), in der Verkauf, Verwandlung (als Stute, Rind,
Hirsch oder Vogel)[188] und Rückkehr zum Vater einander konti-
nuierlich abwechseln. Doch kaum hat dieser Kreislauf begon-
nen, kommt er, ohne daß ein triftiger Grund genannt wird, auch
schon zum Erliegen: Seinen eigenen Körper verzehrend stirbt
Erysichthon eines jammervollen Todes. Es ist zwingend, daß
Autolykos, - mag er auch nur einmal kurz am Anfang genannt

---

[183] Vgl. McKay 1962, 28 f.; Hopkinson *ad* Call. *Cer. p.* 21 (mit älterer Literatur). Bei Ant. Lib. heißt sie Hypermestra.

[184] Vgl. Hollis *ad* Ov. *Met.* 8, 738-878; Bömer *ad* Ov. *Met.* 8, 725-878.

[185] Hopkinson *ad* Call. *Cer. p.* 23.

[186] Vgl. Hopkinson *ad* Call. *Cer. p.* 22-24.

[187] Vgl. McKay 1962, 32; Merkelbach 1968, 134.

[188] Der *cervus* ist das einzige männliche Tier in Ovids Aufzählung.
McKay (1962, 30) nimmt daher an, daß Ovid diese Aufzählung vollständig
aus einer griechischen Vorlage übertragen hat, in der das griechische
ἔλαφός stand, das - im Unterschied zur lateinischen Übersetzung - als
epicoenum dienen kann.

worden sein, - als derjenige gedacht ist, der Mestras Zauber
durchschaut und gebrochen hat,[189] und dessen Hochzeit wohl
am ehesten als Brautraub vorstellbar ist. Ovid bezeugt damit,
daß es Versionen dieses Mythos gab, in denen Mestra nicht als
von vornherein im Besitz des Verwandlungszaubers gezeigt
wurde, und zumindest eine Version, in der Autolykos eine wichtige Rolle spielte; die ‚dramatischen' Möglichkeiten der Figur
Autolykos bleiben bei Ovid[190] indessen vollkommen ungenutzt.
Es ist nicht auszuschließen, daß diese Vorlage mittelbar oder
unmittelbar auf Euripides zurückgeht.

Ein weiteres Indiz, daß der Erysichthon/Mestra-Mythos im
Satyrspiel *Autolykos* dramatisiert war, ist E. F inc. 895 (ἐν
πλησμονῆι τοι Κύπρις, ἐν πεινῶντι δ' οὔ): Athenaios bezeugt,
daß Euripides diesen Vers zwei Versen aus Achaios' Satyrspiel
Aithon nachgebildet habe (20 Achaios F 6): ⟨ × ⟩ ἐν κενῆι γὰρ
γαστρὶ τῶν καλῶν ἔρως | οὐκ ἔστι· πεινῶσιν γὰρ ἡ Κύπρις
πικρά. In diesem Satyrspiel trat der hungrige Erysichthon/
Aithon auf, und es hat einige Wahrscheinlichkeit für sich, daß
Euripides mit der Nachbildung des Verses nicht nur auf die-
selbe Thematik sondern auch auf dasselbe Sujet rekurrierte.[191]
Dies war in keinem anderen Drama möglich.

Für die Handlung des Satyrspiels *Autolykos* ließe sich dann folgendes gewinnen: Mit Erysichthon/Aithon und Mestra werden
Vater und Tochter identifiziert. Autolykos raubt Mestra und
gibt ihrem Vater an ihrer Stelle den Silen zurück. Da der alle
Zeit hungrige Erysichthon,[192] der vielleicht mit einer Art von
Heiratsschwindel seinen Lebensunterhalt bestreitet, den Betrug
nicht bemerken kann, wäre die Handlung des Dramas an dieser

---

[189] Anders Hollis *ad* Ov. *Met.* 8, 738 und Hopkinson *ad* Call. *Cer. p.* 22
Anm. 2, die Autolykos' Ehe mit Mestra für ein Ereignis halten, das Erysichthons Tod folgt.

[190] Autolykos erscheint in den *Metamorphosen* noch einmal; *Met.* 11, 313-15
wird seine Abstammung von Hermes und Chione erzählt und seine Diebeskunst kurz beschrieben.

[191] Zu E. F inc. 895 s. u. Unsichere Fragmente *ad loc., p.* 287.

[192] Vgl. E. F inc. 915 (s. o. *ad* F 282, 5 νηδύος), das sich fast wie die
Rechtfertigung eines Erysichthon anhört, dessen Machenschaften durchschaut sind (zu diesem Fragment s. u. Unsichere Fragmente *ad loc., p.* 289).

Stelle schon zu Ende. Es muß also eine andere Figur aufgetreten sein, durch die der Betrug ans Licht kommt.

Wer aber sollte ihn überführen? Ps. Hesiod legt nahe, daß es Sisyphos, der „schlaueste der Menschen"[193] - zugleich aber auch ein bekannter Kontrahent des Autolykos - ist, der hinzukommt, vielleicht um Mestra mit seinem Sohn Glaukos zu verheiraten. An dieser Stelle der Handlung mußte Autolykos' Betrug offenbar werden. Ein komischer Effekt des Stückes - neben dem Trickdiebstahl und der gegen den quälenden Hunger notwendigen Völlerei - könnte darin bestanden haben, daß Erysichthon dem erstaunten Sisyphos in vollem Ernst den Silen als seine Tochter vorstellte. Aus dieser Konstellation ergeben sich mannigfache dramatische und komische Möglichkeiten, die sich eng innerhalb der Topik des Satyrspiels bewegen.

---

[193] *Il.* 6, 153: κέρδιϲτοϲ (...) ἀνδρῶν.

Busiris

Identität

Von Euripides' Satyrspiel *Busiris* sind nur spärliche Reste erhalten. Neben der inschriftlichen Nennung des Titels im Dramenkatalog vom Esquilin (IG XIV 1152 = IGUR 1508 *col.* 1, 16) sind zwei der Fragmente (F 313, F 315) mit Angabe von Autor und Titel überliefert. Die Satyrspielqualität, für die man lange Zeit allein das Zeugnis des Diomedes (Gramm. Lat. 1 *p.* 490 Keil) heranzog,[1] wurde 1984 durch einen Papyrusfund (P. Oxy. 3651 Z. 23-34), der minimale Reste vom Anfang einer Hypothesis (und Reste vom ersten Vers des Dramas) enthielt, bestätigt. Beide Testimonien nennen zwar nicht Euripides, doch läßt die Kombination des Titels *Busiris* mit anderen - dem *Autolykos* bei Diomedes und dem *Bellerophontes* in der Hypothesis[2] - keinen Zweifel an der Richtigkeit der Zuschreibung.

Der Busiris-Stoff ist zwar oft von Komödiendichtern,[3] als Satyrspiel aber offenbar nur von Euripides bearbeitet worden. Vasenbilder (s. u.), die Busiris, Herakles und Satyrn zeigen, machen eine Datierung in die Fünfziger Jahre des fünften Jahrhunderts wahrscheinlich, d. h. in Euripides' früheste Schaffensperiode.

Testimonien

IG XIV 1152 = IGUR 1508 *col.* 1, 16

15
```
(...)
ΒΕΛΛΕΡΟΦΟΝΤΗС
ΒΟΥСΕΙΡΙС
ΔΙΚΤΥС
(...)
```

---

[1] Zu Diomedes s. o. *Autolykos, p.* 43 ff.

[2] Vgl. Cockle *ad* P. Oxy. 3651, *p.* 17 f.

[3] Epicharmos Fr. 21-22 Kaibel; Kratinos F 23 PCG; Antiphanes F 66-68 PCG; Ephippos F 2 PCG; Mnesimachos F 2 PCG.

P. Oxy. 3651, 23-34

Βούϲειρι[ϲ ϲατυρικόϲ, οὗ ἀρχή
]ῷ δαῖμον ο[
25   ἡ δ' ὑπόθεϲ[ιϲ·
]... α μῆλα δ.[
ϲ]άτυροι προ.[
..]ερ.[
.]τεϲ[
30   ]..ιγυ[
]μι.[
.].. [
].τo[
.].[

23. Βούϲειρι[ϲ ϲατυρικόϲ. Der Titel des Satyrspiels; zur Ergänzung ϲατυρικόϲ vgl. P. Strasb. 2676 A a Z. 1 (aus demselben Fund wie P. Oxy. 2455): Ϲυλεὺϲ ϲατυ]ρικό[ϲ, wo der Titel aus dem im folgenden referierten Inhalt erschlossen werden kann (s. u. *Syleus, p.* 243).
24.]ῷ δαῖμον ο[. Anfangsvers des Dramas (s. u. *ad* F 312+1).[4]
26. μῆλα. „Äpfel"; μῆλον ist in der Bedeutung ‚Schaf‘, ‚Kleinvieh‘ *etc.* auf die Dichtung beschränkt (Cockle *ad loc.*); irreführend ist der Hinweis des Scholiasten zu *Il.* 4, 176, Herodot habe das Wort in dieser Bedeutung gebraucht.[5]
Ohne Zweifel sind die Äpfel der Hesperiden gemeint, jene Arbeit des Herakles, die ihn auch nach Ägypten führte, wo er auf Busiris traf. Luppe (1990) ergänzt Z. 25-27: ἡ δ' ὑπόθεϲ[ιϲ· (Freiraum) Ἡρακλεῖ τὰ | χρυϲ]ᾶ μῆλα λα[βόντι τὰ τῶν Ἑϲπερίδων | ϲ]άτυροι προϲ[απήντηϲαν. Ist diese Ergänzung zumindest dem Sinn nach richtig, hätte Herakles also vor seiner Begegnung mit Busiris die Äpfel der Hesperiden bereits an sich gebracht, während die mythographischen Zeugnisse (s. u. Sagenstoff) übereinstimmend eine umgekehrte Reihenfolge beider

---

[4] Vgl. Luppe 1988 c, 505 Anm. 2.
[5] Ein Versuch, den Mythos von den goldenen Äpfeln der Hesperiden als Verwechslung der Homonyme zu rationalisieren, findet sich bei Diodor 4, 27, 1: τούτουϲ (*sc.* Ἕϲπερον καὶ Ἄτλαντα) δὲ κεκτῆϲθαι πρόβατα τῶι μὲν κάλλει διάφορα, τῆι δὲ χρόαι ξανθὰ καὶ χρυϲοειδῆ· ἀφ' ἧϲ αἰτίαϲ τοὺϲ ποιητὰϲ τὰ πρόβατα μῆλα καλοῦνταϲ ὀνομάϲαι χρυϲᾶ μῆλα.

Episoden bieten. Luppe weist aber darauf hin, daß Herakles und die Hesperiden wohl vor dem Nominativ cάτυροι (Z. 27) genannt sein müssen, und der Freiraum (Z. 25) hinter ἡ δ’ ὑπόθε-c[ιc· für eine Ergänzung Ἡρακλεῖ τὰ τῶν Ἑcπερίδων zu klein sei, die in der folgenden Zeile nach χρυc]ᾶ μῆλα genug Raum für eine andere zeitliche Bestimmung ließe.

27. c]ᾴτυροι. Der Chor des *Busiris* bestand aus Satyrn; mit diesem Papyrusfund ist eine von Decharme (1899) aufgebrachte Kontroverse über die Existenz von Satyrspielen ohne Satyrn endgültig beendet; dazu s. o. Testimonien zu *Autolykos*, *ad* Diomedes, Gramm. Lat. 1 *p.* 490 Keil.

30.]..ιγυ[. Die Herausgeberin Helen M. Cockle weist *ad loc.* darauf hin, daß die erkennbaren Spuren eine Ergänzung Α]ἴγυ[πτοc nicht zulassen.

Diomedes, Gramm. Lat. 1 *p.* 490 Keil

Latina Atellana a Graeca satyrica differt, quod in satyrica fere Satyrorum personae inducuntur, aut siquae sunt ridiculae similes Satyris, Autolycus Busiris; in Atellana Oscae personae, ut Maccus.

Kommentar zu diesem Testimonium s. o. *Autolykos*, Testimonien *ad loc. p.* 43 ff.

Fragmente

[*F 312 a Snell (= F inc. 922)][6]

D. S. 20, 41, 6 + P. Oxy. 2455 *fr.* 19.

Die fälschliche Zuschreibung des von Diodor überlieferten Euripides-Fragments (F 922 = F 914 N[1]) zum Prolog des *Busiris* geht auf Wilamowitz zurück,[7] der die libysche Sibylle Lamia für die Prologsprecherin des Satyrspiels hielt.[8] Der 1962 publizierte Papyrus mit euripideischen Hypotheseis (P. Oxy. 2455

---

[6] Den Text s. u. *Lamia, p.* 180.

[7] Wilamowitz 1875, 159; 1893/1935, 192; 1919/62, 289 Anm. 1.

[8] S. u. *Lamia, p.* 180 f.

fr. 19) schien Wilamowitz' Vermutung zu bestätigen, da Turner (*ad loc. p.* 68) in den Resten des Anfangsverses der Hypothesis F 922, 1 wiederzuerkennen glaubte. Ihm folgten in ihren Ausgaben Snell (F 312 a)[9] und Austin (Hyp. F 6 *p.* 90). Erst 1975 konnte Haslam erweisen, daß es sich bei dem Papyrusfragment um die Hypothesis zu den *Phoinissai* handelt, deren erste zwei Verse interpoliert sind; der Anfangsvers in der Hypothesis ist dagegen identisch mit *Ph.* 3. Haslams Ergebnisse wurden 1984 durch P. Oxy. 3651 Z. 23-34 (s. o.) bestätigt, der die Hypothesis des *Busiris* (und Teile des ersten Verses) enthielt.[10]

F 312+1

]ῶ δαῖμον ο[

P. Oxy. 3651 Z. 24.

ῶ δαῖμον. Die Anrede wurde von Cockle aus]..αιμονο̣[ergänzt. In der Tat ist der Vokativ Sg. bei Euripides sehr häufig (vgl. *Alc.* 384; *Hipp.* 871; *Hel.* 455; F 444, 1 [*Hippolytos Kalyptomenos*]).[11] Die beiden bekannten Anfangsverse Euripideischer Satyrspiele beginnen ebenfalls mit einer Anrede an einen (einzelnen) Gott: an Dionysos *Cyc.* 1, an Hermes F 674 a (aus der Hypothesis F 18, 75 *p.* 94 Austin zum *Skiron*, s. u. *ad loc.*).[12]

Natürlich sind auch die Ergänzungen δαίμονος (vgl. *Hel.* 211), δαιμόνων (vgl. *Hipp.* 1092) und δαίμονες möglich (vgl. Luppe 1990, 15). Auszuschließen ist jedoch eine Ergänzung aus F 922 τίς τοὐμὸν ὄνομα τοὐπονείδιςτον (τοὔνομα τὸ ἐπονείδιςτον Hs.), da keiner der αιμονο̣ vorangehenden Buchstabenspuren zu τιςτου paßt (Cockle *ad loc.*, *p.* 21).

Einen identischen Versanfang überliefert Menander *Aspis* 404 = adesp. F 307 a, 404: ῶ δαῖ]μον, ὃν βα[...]ν[(Snell im App.: ΔΑΟϹ 'γνωμολογῶν'), dem der Prologvers aus der *Sthene-*

---

[9] Vgl. auch Snell 1963. Anders Steffen 1971 a und 1971 b, 216-18.

[10] Haslam 1975, 151; vgl. auch Cockle *ad* P. Oxy. 3651 Z. 24, *p.* 21 f.

[11] Vgl. auch *Rh.* 56.

[12] Nicht mehr erkennbar ist der Anfangsvers in der Hypothesis zum *Syleus.*

boia (E. F 661, 1) folgt, vgl. Gomme/Sandbach *ad loc*. Es ist also immerhin möglich, daß der Sprecher zuvor - ähnlich der berühmten Szene Ar. *Ra*. 1119-1250 - ebenfalls einen Prologvers, vielleicht aus dem *Busiris*, rezitierte.[13]

F 312+2 (= F 85) ?

μέτεcτι τοῖc δούλοιcι δεcποτῶν νόcου·

Stob. 4, 19, 23 *p.* 426 Hense.

Das Fragment geht bei Stobaios (4, 19, 23) unmittelbar F 313 voraus; es fehlt in der Handschrift *A* und wird in *M* dem *Alkmeon*, in *S* dem *Busiris* zugewiesen. Nauck gibt es zwar der Tragödie, merkt aber im Apparat (*p.* 385) an: „fortasse ad Busiridem potius quam ad Alcmeonem versus referendus est." Steffen (SGF *p.* 218 F 6) stellt es zum *Busiris*, und Mette (1982) weist das Fragment *beiden* Dramen zu, kennzeichnet es aber im *Alkmeon* mit einem Fragezeichen (F 104 ? und F 396 Mette).[14]

μέτεcτι ... νόcου. „Sklaven sind von der Krankheit/dem Verhängnis ihrer Herren in Mitleidenschaft gezogen". νόcoc wird oft von Wahnsinn und Verblendung gebraucht, die ein Gott (z. B. Aphrodite im *Hippolytos*) verhängt hat. Im *Busiris* - wenn die Zuschreibung des Fragments an dieses Drama zutreffend ist - kann damit kaum etwas anderes bezeichnet sein als Busiris' Obsession, jeden ankommenden Fremden dem Zeus zu opfern (s. u. Sagenstoff). Wie eine fremde Person von der eigenen νόcoc in Mitleidenschaft gezogen werden kann, zeigt E. *Hipp.* 730 f. (Phaidra über Hippolytos): τῆc νόcου δὲ τῆcδέ μοι | κοινῆι μεταcχὼν cωφρονεῖν μαθήcεται. μέτεcτι könnte also an dieser Stelle durchaus nicht nur ‚Mitwisserschaft' (vgl. *Hipp.* 40 [Aphrodite über Phaidras Liebeswahn]: ξύνοιδε δ' οὔτιc οἰκετῶν νόcον), sondern ‚Komplizenschaft' bedeuten.

---

[13] Vgl. auch adesp. *F 17 (von Cobet aus Alciphr. 3, 13, 1 wiederhergestellt): ὦ δαῖμον ὃc μ' εἴληχαc, ὡc πονηρὸc εἶ.

[14] Anders Hense im App. *ad loc. p.* 426. Den vollständigen Verlust eines weiteren Fragments aus dem *Busiris* nimmt Luppe 1988 c, 504 f.

F 313

δούλωι γὰρ οὐχ οἷόν τε τἀληθῆ λέγειν,
εἰ δεσπόταισι μὴ πρέποντα τυγχάνοι.

Stob. 4, 19, 24 *p.* 426 Hense.

1 f. δούλωι … δεσπόταισι. Reflexionen über Verhältnis
und Verhalten von Herren und Sklaven finden sich bei Euripides
weit häufiger als bei den anderen Tragikern. Ein Topos ist die
πιϲτότηϲ des Gesindes, die es am Geschick der Herren Anteil
nehmen und bis zu einem gewissen Grade auch teilhaben läßt;
vgl. *Hel.* 726 f.: κακὸϲ γὰρ ὅϲτιϲ μὴ ϲέβει τὰ δεϲποτῶν, | καὶ
ξυγγέγηθε καὶ ϲυνωδίνει κακοῖϲ und F 529 (*Meleagros*): ὡϲ ἡδὺ
δούλοιϲ δεϲπόταϲ χρηϲτοὺϲ λαβεῖν | καὶ δεϲπόταιϲι δοῦλον
εὐμενῆ δόμοιϲ.[15] Er findet sich auch im Satyrspiel, vgl. u.
F 375 (*Eurystheus*) und F 689 (*Syleus*).
2. εἰ … τυγχάνοι. „Wenn sich Dinge, die den Herrschaf-
ten nicht ziemen, ereignet haben". Eine solche Aussage paßt
am ehesten zu den Satyrn, die in diesen beiden Versen auf Busiris' Menschenopfer anspielen.

**F 314

ἁγνίϲαι

Hsch. α 648 Latte; (Phot. *p.* 19, 17 Reitzenstein; *AB p.* 339, 8 Bekker).

ἁγνίϲαι. Ursprünglich „reinigen" (insbesondere in rituellen
Kontexten). Hesych schreibt: ἁγνίϲαι· ἀποθῦϲαι. Βουϲίριδι καὶ
διαφθεῖραι. Ϲοφοκλῆϲ ἐν Ἀμφιαράωι (F 116). ἁγνίϲαι ist eine
Konjektur von Musurus, die Handschrift bietet ἁγνῆϲαι, eine
dorische Nebenform zu dem Verb ἄγειν. Da Hesych zwar den
Titel, aber nicht (wie bei F 315, s. u.) den Dichter nennt, ist

---

(Stob. 4, 15 a, 14 *p.* 378 Hense: Εὐριπίδου †Βουτημένω†, vgl. Meineke im
App. *ad loc.*) an.
[15] Vgl. ferner *El.* 632 f.; F 93 (*Alkmene*); zur Treue der Diener ausführlich Brandt 1973, bes. 30 f.

immerhin in Betracht zu ziehen, daß Hesych an dieser Stelle eine Glosse zu Epicharms *Busiris* wiedergeben könnte, die dann nicht nur die seltene dorische Form sondern zugleich die ungewöhnliche Bedeutung (bzw. die elliptische Verwendung) des Wortes ἄγειν - „(zum Opfer) führen" (vgl. LSJ *s. v.*, I. 3 und IV. 1) erklären sollte.[16]

Für Musurus' Konjektur spricht indessen die parallele lexikographische Überlieferung, die allerdings ausschließlich auf Sophokles Bezug nimmt: Synag. 339, 8 Bekker (1, 24, 25 Bachm.): ἀγνίcαι· τὸ θῦcαι. διαφθεῖραι, κατ' ἀντίφραcιν. οὕτω Coφοκλῆc. Phot. Berol. 19, 17 = Phot. Athen. 322, 7: ἀγνίcαι· τὸ διαφθεῖραι, κατὰ (κατ' Phot. Athen.) ἀντίφραcιν. καὶ τὸ ἀποθῦcαι. οὕτωc Coφοκλῆc. Bei Sophokles' *Amphiaraos* handelt es sich wahrscheinlich ebenfalls um ein Satyrspiel.

Das Fragment gehört also offensichtlich in den Kontext des Menschenopfers bei dem ägyptischen König Busiris (s. u. Sagenstoff). Vgl. auch E. *IT* 705, wo mit der doppelten Bedeutung des Wortes (‚als Opfer töten'/‚entsühnen') gespielt wird.

F 315

ἀτρεκήcαcα

Hsch. α 8143 Latte.

ἀτρεκήcαcα. „Zuverlässig/genau seiend";[17] die dem Denominativum zugrundeliegende Bedeutung ist wohl ‚unverdreht' (zu einer Wurzel *τρεκοc oder *τρεκυc, s. Frisk *s. v.*).[18] Das Verb ἀτρεκεῖν ist *Hapax legomenon*. Aber auch das homerische

---

[16] Die alphabetische Reihenfolge läßt sowohl ἀγνῆcαι als auch ἀγνίcαι zu. Hesych liefert für ἀγνεῖν zwei Einträge im Präsens (α 640: ἀγνεῖ· λαμβάνει. α 641: ἀγνεῖν· ἄγειν Κρῆτεc) und einen im Perfekt (α 646: ἀγνήκαμεc· ἠνέγκαμεν Αἰτωλοί); weitere (außerpräsentische) Formen bei Cauer/Schwyzer: ἀχνηκότας (387, 14 *p*. 203; 201 v. Chr.; falsch LSJ *s. v.*), διεξαγνηκέναι (23, 14 *p*. 8; neben διεξαγαγόντες ebd.; 2./1. Jh. v. Chr.). Hesych böte also mit ἀγνῆcαι den einzigen Beleg für einen Aorist mit Nasalsuffix.

[17] Hesych paraphrasiert: ἀκριβωcαμένη (ἀκριβηcαμένη Cod.).

[18] Vgl. u. Hesych ε 2116 (s. *ad* F 674 [*Sisyphos*]): ἑλίccων· πλέκων. ψευδόμενος, οὐκ ἐπὶ εὐθείαc λέγων.

ἀτρεκής (bzw. ἀτρεκέως) und das ebenfalls davon abgeleitete ἀτρέκεια findet sich innerhalb des Wortschatzes der dramatischen Dichtung nur bei Euripides (ἀτρεκής: *Hipp.* 261; 1115, F 472, 8 [*Kretes*] = F 79, 8 Austin; ἀτρέκεια: F 91 [*Alkmene*]).

Die Form des Partizips muß nicht unbedingt bedeuten, daß in diesem Drama eine weibliche Figur auftrat,[19] wohl aber, daß von einer einzelnen, exponierten Frau die Rede war.

Sagenstoff

Die Beseitigung des ägyptischen Königs Busiris[20] gehört zu den Parerga des Herakles: Auf dem Weg, die Äpfel der Hesperiden zu holen und zu Eurystheus zu bringen, gerät der Heros in die Fänge des Pharaos, der - wie alle ξενοκτόνοι in Euripideischen Satyrspielen[21] ein Sohn des Poseidon[22] - ankommende Fremde am Altar des Zeus opfert.[23] Herakles aber kann sich befreien und tötet den Frevler.[24]

Ein Scholion zu Apollonios Rhodios (4, 1396) bezeugt, daß der Mythos in dieser Form bereits von Pherekydes von Athen erzählt wurde (3 F 17 FGrHist):

ὁ δὲ (*sc.* Ἡρακλῆς) ἔρχεται οὕτως ἐπὶ τὰ χρυσᾶ μῆλα. ἀφικόμενος δὲ εἰς Τάρτηϲϲον πορεύεται εἰς Λιβύην, ἔνθα ἀναιρεῖ Ἀνταῖον τὸν Πο-

---

[19] Anders Hartung 1844 2 *p.* 360, und zuletzt Steffen 1979, 58.

[20] Zur Etymologie des Namens vgl. Drexler 1937, 858 f.; Burton 1972, 246-48.

[21] Vgl. Lamia (?), Polyphem, Skiron, Syleus.

[22] Um einen anderen Busiris handelt es sich bei dem Sohn des Aigyptos, der die Danaide Automate heiratet und von ihr in der Hochzeitsnacht erdolcht wird (anders Laurens 1986, 147).
   Busiris' Mutter ist nach Isokrates (*Busiris* 10) Libye, die Tochter des Zeus-Sohnes Epaphos, nach Agathon von Samos (843 F 3 FGrHist) Anippe, die Tochter des Neilos, nach Apollodor (2, 5, 11) Lysianassa, die Tochter des Epaphos.

[23] Isokrates berichtet an mehreren Stellen im *Busiris* (z. B. 5), daß Polykrates Busiris auch des Kanibalismus bezichtigt habe; zu Busiris' Menschenopfer vgl. Griffiths 1948; Burton 1972, 204 f.

[24] Allein Plutarch *Thes.* 11 sagt, daß Herakles den Ägypter Zeus *geopfert*, an ihm also das vollzogen habe, was eigentlich ihm selbst zugedacht war; die Mythographen sprechen indesssen nur von ‚töten' (ἀποκτείνειν). Agathon von Samos erzählt (843 F 3 FGrHist), daß Herakles den Busiris mit der Keule erschlagen habe.

ϲειδῶνοϲ ὑβριϲτὴν ὄντα εἶτα ἀφικνεῖται ἐπὶ τὸν Νεῖλον εἰϲ Μέμφιν
παρὰ Βούϲιριν τὸν Ποϲειδῶνοϲ, ὃν κτείνει καὶ τὸν παῖδα αὐτοῦ
Ἰφιδάμαντα καὶ τὸν κήρυκα Χάλβην καὶ τοὺϲ ὀπάοναϲ πρὸϲ τῶι
βωμῶι τοῦ Διόϲ, ἔνθα ἐξενοκτόνουν.

In einem Epos erzählt Panyassis von Menschenopfern in
Ägypten, doch ob auch von Busiris die Rede war, läßt sich
nicht klären.[25]

Der Busiris-Stoff war vor Euripides ein-, vielleicht sogar
zweimal dramatisch bearbeitet worden. Von Epicharms *Busiris*
haben sich allerdings nur wenige Fragmente erhalten, aus denen
nicht mehr hervorgeht, als daß Herakles als ‚Fresser‘ auftrat
(F 21 Kaibel):[26]

> πρᾶτον μὲν αἴκ’ ἔϲθοντ’ ἴδοιϲ νιν, ἀποθάνοιϲ·
> βρέμει μὲν ὁ φάρυγξ ἔνδοθ’, ἀραβεῖ δ’ ἁ γνάθοϲ,
> ψοφεῖ δ’ ὁ γομφίοϲ, τέτριγε δ’ ὁ κυνόδων,
> ϲίζει δὲ ταῖϲ ῥίνεϲϲι, κινεῖ δ’ οὔατα.

Aus Kratinos’ Komödie *Busiris*, die Euripides’ Satyrspiel
möglicherweise vorausging, hat sich nur ein einziger Vers erhalten; er weist auf eine Opferszene hin (F 23 PCG): ὁ βοῦϲ
ἐκεῖνοϲ χἠ μαγὶϲ καὶ τἄλφιτα.[27]

Der Busiris-Mythos war im fünften Jahrhundert bestens
bekannt und - wie die Vasenbilder (s. u.) bezeugen - beliebt.
Zur selben Zeit zeichneten sich aber mit Herodots Kritik an
diesem Mythos (2, 45) bereits Möglichkeiten einer Neu- bzw.
Uminterpretation ab:

> λέγουϲι δὲ πολλὰ καὶ ἄλλα ἀνεπιϲκέπτωϲ οἱ ῞Ελληνεϲ· εὐήθηϲ δὲ
> αὐτῶν καὶ ὅδε ὁ μῦθόϲ ἐϲτι τὸν περὶ τοῦ Ἡρακλέοϲ λέγουϲι, ὡϲ
> αὐτὸν ἀπικόμενον ἐϲ Αἴγυπτον ϲτέψαντεϲ οἱ Αἰγύπτιοι ὑπὸ πομπῆϲ

---

[25] F 12 Bernabé. Die Menschenopfer in Ägypten sind interessanterweise gerade von Herodot (2, 45) vehement bestritten worden (s. u.; vgl.
auch Eratosthenes bei Strabon 17, 80, 2).

[26] Daß adesp. Dor. F 223 Austin ebenfalls zu diesem Drama gehört,
hat schon der Erstherausgeber des Papyrus, Ernst Siegmann (ad P. Heid.
181) vermutet: In *col.* 1 des Papyrusfragments geht es um ein Festessen
und seine Folgen (vgl. F inc. 148 Kaibel), in *col.* 2 um Herakles’ Taten.

[27] Von den übrigen Komödien mit dem Titel *Busiris*, von Antiphanes
(F 66. 67 PCG), Ephippos (F 2 PCG) und Mnesimachos (F 2 PCG), haben
sich ebenfalls keine Fragmente nennenswerten Umfangs erhalten.

132   *Busiris*

ἐξῆγον ὡc θύcοντεc τῶι Διί· τὸν δὲ τέωc μὲν ἡcυχίην ἔχειν, ἐπεὶ δὲ
αὐτοῦ πρὸc τῶι βωμῶι κατάρχοντο, ἐc ἀλκὴν τραπόμενον πάνταc
cφέαc καταφονεῦcαι. ἐμοὶ μέν νυν δοκέουcι ταῦτα λέγοντεc τῆc
Αἰγυπτίων φύcιοc καὶ τῶν νόμων πάμπαν ἀπείρωc ἔχειν οἱ ῞Ελλη-
νεc· τοῖcι γὰρ οὐδὲ κτήνεα ὁcίη θύειν ἐcτὶ χωρὶc ὀΐων καὶ ἐρcένων
βοῶν καὶ μόcχων, ὅcοι ἂν καθαροὶ ἔωcι, καὶ χηνῶν, κῶc ἂν οὗτοι
ἀνθρώπουc θύοιεν; ἔτι δὲ ἕνα ἐόντα τὸν Ἡρακλέα καὶ ἔτι ἄνθρωπον,
ὡc δή φαcι, κῶc φύcιν ἔχει πολλὰc μυριάδαc φονεῦcαι;

Herodot argumentiert - zumindest vorgeblich - empirisch
gegen Menschenopfer in Ägypten und appelliert an den *common
sense*, wenn er einwendet, Herakles habe sich gegen eine so
große Übermacht gar nicht wehren können - eine Überlegung,
die jedes Drama gattungsbedingt getrost außer acht lassen
kann.

Eine andere Möglichkeit der Uminterpretation war die Ent-
koppelung von Busiris und Herakles mit weitreichenden Folgen.
Noch im fünften Jahrhundert entdeckte die schulmäßige Rheto-
rik Busiris als Übungsobjekt für Lob- und Verteidigungsreden.[28]
Isokrates versuchte den Nachweis, daß Herakles gar nicht bei
Busiris gewesen sei, da dieser viel früher gelebt habe; die
Nachrichten darüber seien also bloße Märchen (*Busiris* 36 f.):

> καὶ μὲν δὴ καὶ τοῖc χρόνοιc ῥαιδίωc ἄν τιc τοὺc λόγουc τοὺc τῶν
> λοιδορούντων ἐκεῖνον ψευδεῖc ὄνταc ἐπιδείξειεν. οἱ γὰρ αὐτοὶ τῆc τε
> Βουcίριδοc ξενοφονίαc κατηγοροῦcι καί φαcιν αὐτὸν ὑφ’ Ἡρακλέουc
> ἀποθανεῖν· ὁμολογεῖται δὲ παρὰ πάντων τῶν λογοποιῶν Περcέωc τοῦ
> Διὸc καὶ Δανάηc Ἡρακλέα μὲν εἶναι τέτταρcι γενεαῖc νεώτερον,
> Βούcιριν δὲ πλέον ἢ διακοcίοιc ἔτεcι πρεcβύτερον.

Eine andere Möglichkeit, Busiris zu ‚entlasten‘, ist die
Koppelung des Menschenopfers an einen Seherspruch, der dadurch pointiert wird, daß der (griechische) Seher sogleich nach
seinem Dienst für den ägyptischen König das erste Opfer wird.
Dieses Aition für Busiris' Fremdenfeindlichkeit ist eine Erfindung des Kallimachos,[29] deren weitreichende Folgen jedoch erst

---

[28] Polykrates bei Isokrates *Busiris* (*passim*); wenn man Isokrates Glauben schenken darf, ist Polykrates' Versuch einer Lobrede auf den ägyptischen König allerdings völlig mißraten, - für Isokrates die imaginäre oder
reale Ausgangssituation, an seinen Vorgänger gewandt, mehr ein Verbes-
serungsvorschlag denn eine neue Apologie zu verfassen. Quintilian 2, 17, 4
kannte offenbar noch Polykrates' Lobrede auf Busiris.
[29] Seneca *quaest. nat.* 4, 2, 16: „per novem annos non ascendisse Nilum
superioribus saeculis Callimachus est auctor." Vgl. Pfeiffer *ad loc., p.* 55.

bei Ovid erkennbar sind: Herakles' Rache konnte völlig wegfallen (z. B. Ovid *Ars* 647-52) oder zumindest als Handlungsmoment stark zurücktreten. Seit alexandrinischer Zeit präsentierte sich der Mythos in seinem Kern, wie ihn Apollodor (2, 5, 11) erzählt:[30]

μετὰ Λιβύην δὲ (*sc.* Ἡρακλῆς) Αἴγυπτον διεξήιει. ταύτης ἐβασίλευε Βούσιρις Ποσειδῶνος παῖς καὶ Λυσιανάσσης τῆς Ἐπάφου. οὗτος τοὺς ξένους ἔθυεν ἐπὶ βωμῶι Διὸς κατά τι λόγιον· ἐννέα γὰρ ἔτη ἀφορία τὴν Αἴγυπτον κατέλαβε, Φράσιος δὲ ἐλθὼν ἐκ Κύπρου, μάντις τὴν ἐπιστήμην, ἔφη τὴν ἀφορίαν παύσασθαι ἐὰν ξένον ἄνδρα τῶι Διὶ σφάξωσι κατ' ἔτος. Βούσιρις δὲ ἐκεῖνον πρῶτον σφάξας τὸν μάντιν τοὺς κατιόντας ξένους ἔσφαζε. συλληφθεὶς οὖν καὶ Ἡρακλῆς τοῖς βωμοῖς προσεφέρετο τὰ δὲ δεσμὰ διαρρήξας τόν τε Βούσιριν καὶ τὸν ἐκείνου παῖδα Ἀμφιδάμαντα ἀπέκτεινε.

Die Reise zu den Hesperiden findet sich in völlig neuem Gewande bei Diodor 4, 27, 2-5, wo die Beseitigung des Unholds eine ganz untergeordnete Bedeutung hat, und Busiris nur darum erwähnt wird, weil er den Anstoß zu einem neuen Hesperidenabenteuer gibt:[31]

τούτων δὲ τῶν Ἀτλαντίδων κάλλει καὶ σωφροσύνηι διαφερουσῶν, λέγουσι Βούσιριν τὸν βασιλέα τῶν Αἰγυπτίων ἐπιθυμῆσαι τῶν παρθένων ἐγκρατῆ γενέσθαι· διὸ καὶ ληιστὰς κατὰ θάλατταν ἀποστείλαντα διακελεύσασθαι τὰς κόρας ἁρπάσαι καὶ διακομίσαι πρὸς ἑαυτόν.
κατὰ δὲ τοῦτον τὸν καιρὸν τὸν Ἡρακλέα τελοῦντα τὸν ὕστατον ἆθλον Ἀνταῖον μὲν ἀνελεῖν ἐν τῆι Λιβύηι τὸν συναναγκάζοντα τοὺς ξένους διαπαλαίειν, Βούσιριν δὲ κατὰ τὴν Αἴγυπτον τῶι Διὶ σφαγιάζοντα τοὺς παρεπιδημοῦντας ξένους τῆς προσηκούσης τιμωρίας καταξιῶσαι. (...) τοὺς δὲ ληιστὰς ἐν κήπωι τινὶ παιζούσας τὰς κόρας συναρπάσαι, καὶ ταχὺ φυγόντας εἰς τὰς ναῦς ἀποπλεῖν. τούτοις δ' ἐπί τινος ἀκτῆς δειπνοποιουμένοις ἐπιστάντα τὸν Ἡρακλέα, καὶ παρὰ τῶν παρθένων μαθόντα τὸ συμβεβηκός, τοὺς μὲν ληιστὰς ἅπαντας ἀποκτεῖναι, τὰς δὲ κόρας ἀποκομίσαι πρὸς Ἄτλαντα τὸν πατέρα· ἀνθ' ὧν τὸν Ἄτλαντα χάριν τῆς εὐεργεσίας ἀποδιδόντα μὴ μόνον δοῦναι τὰ πρὸς τὸν ἆθλον καθήκοντα προθύμως, ἀλλὰ καὶ τὰ κατὰ τὴν ἀστρολογίαν ἀφθόνως διδάξαι. περιττότερον γὰρ αὐτὸν τὰ κατὰ τὴν ἀστρολογίαν ἐκπεπονηκότα καὶ τὴν τῶν ἄστρων σφαῖραν φιλοτέχνως εὑρόντα ἔχειν ὑπόληψιν ὡς τὸν κόσμον ὅλον ἐπὶ τῶν ὤμων φοροῦντα.

---

[30] Vgl. Hygin *fab.* 31. 56.
[31] Diodor behandelt Busiris an mehreren Stellen, s. 1, 17, 3; 67, 9-11; 88, 5 (vgl. Burton 1972, 14 f.; 204 f.; 246-48). 4, 18, 1.

Diogenes von Sinope (bei Dion Chrysostomos 8, 32) hat Herakles' und Busiris' Aufeinandertreffen auf einen sportlichen Wettkampf reduziert, der freilich für Busiris tödlich ausgeht:

τὸν δὲ Βούcιριν εὑρὼν (*sc.* Ἡρακλῆc) πάνυ ἐπιμελῶc ἀθλοῦντα καὶ δι' ὅληc ἡμέραc ἐcθίοντα καὶ φρονοῦντα μέγιcτον ἐπὶ πάληι, διέρρηξεν ἐπὶ τὴν γῆν καταβαλὼν ὥcπερ τοὺc θυλάκουc τοὺc cφόδρα γέμονταc.

Ein Einfluß des Euripides auf Diogenes ist denkbar,[32] zumal es sich gerade bei den beiden Elementen, die er der Busiris-Handlung hinzufügt - Sport und Völlerei -, um typische Satyrspielmotive handelt.

Vasenbilder

Die bildliche Darstellung des Busiris-Abenteuers,[33] setzt etwa in der Mitte des sechsten Jahrhunderts v. Chr. in verschiedenen Werkstätten Griechenlands ein. Zur ersten Hälfte des fünften Jahrhunderts hin konzentriert sich die Produktion von Vasen mit Busiris-Darstellungen in Athen, um dann von der Mitte des fünften Jahrhunderts an für etwa ein Jahrhundert auszusetzen. Aus dem ausgehenden vierten Jahrhundert haben sich schließlich in Italien noch einige wenige Vasenbilder erhalten, die zugleich den Abschluß der Behandlung des Busiris-Themas bilden: Weder aus hellenistischer noch aus römischer Zeit sind Darstellungen des Busiris bekannt, trotz gleichzeitiger literarischer Behandlung.

Die Versuche, die drei erkennbaren Phasen mit der Rezeption bestimmter literarischer Werke zu korrelieren, sind aussichtslos. Ein einziges Gefäß indessen läßt sich mit einer Aufführung von Euripides' Satyrspiel *Busiris* in Verbindung bringen:

---

[32] Vgl. u. *Syleus*, *Lukianos *Vit. auct.* 7, *p.* 250.

[33] Laurens 1986, 151 f. (mit umfangreichen Literaturangaben). Für wichtige Hinweise - insbesondere auf die im folgenden beschriebene attische Schale - danke ich Dr. Ralph Krumeich.

Laurens weist darauf hin, daß sich die Busiris-Darstellungen auf Vasenbilder beschränken.

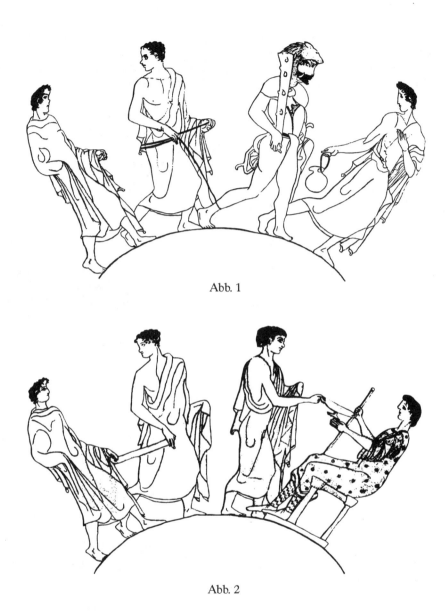

Abb. 1

Abb. 2

Eine attisch-rotfigurige Schale, die um die Mitte des fünften Jahrhunderts entstanden ist,[34] zeigt, wie Herakles, erkenn-

[34] Berlin SMPK F 2534. Nichts mit der Busiris-Darstellung zu tun hat
der Satyr auf einem fragmentarisch erhaltenen, lukanischen rotfigurigen

bar durch sein Löwenfell, in Fesseln von Dienern abgeführt
(Abb. 1)[35] und zu Busiris, der auf einen Thron sitzt, gebracht
wird (Abb. 2). Die Diener des ägyptischen Königs sind durch
Stupsnasen und gekräuselte Locken als Afrikaner gekennzeichnet. Auf Anregung durch ein Satyrspiel[36] deutet die Innenseite
der Schale (Abb. 3), auf der Herakles, auf einem Felsen sitzend, einen Kantharos hält, während ihm gegenüber ein Silen
mit einem Weinkrug in der Hand steht. Auch bei anderen
Gefäßen ist die Darstellung des Busiris-Mythos nicht auf den
Außenfries beschränkt,[37] so daß man mit einiger Wahrscheinlichkeit annehmen darf, daß sich der Vasenmaler durch ein in
der Mitte des fünften Jahrhunderts in Athen aufgeführtes
Satyrspiel *Busiris* hat inspirieren lassen. Ein weiteres Indiz
könnte für eine dramatische Vorlage sprechen: Während die
meisten anderen Vasen den Moment abbilden, in dem Herakles
sich gegen den ägyptischen König und dessen Gehilfen beim
Opfer erhebt, einige von ihnen sogar schon getötet hat, zeigt
die Berliner Schale einen Ausschnitt des Mythos, der durchaus
auch eine Bühnenszene abbilden könnte.[38]

Kelchkrater (New York MMA 58, vgl. Laurens 1986, 148 f. Nr. 6); er gehört
zu einer Szene mit Dionysos auf der anderen Seite des Gefäßes.

[35] Diese, wie auch die beiden folgenden Abbildungen (mit Ergänzungen) nach Greifenhagen 1962 Taf. 100, 1; 2; 4. Für die Bildbearbeitung
danke ich Karin Wake.

[36] Vgl. Brommer 1937, 44 Nr. 47; Brommer 1959, 76 Nr. 65; Greifenhagen
1962, 41 Abb. 7. 8, Taf. 100, 1-4. Weder El Kalza 1970, 72 f. noch Laurens
1986 erwähnen einen Zusammenhang zwischen der Schale und dem
Satyrspiel.

[37] Vgl. Laurens 1986 Nr. 13. 16.

[38] Statt einer Dramenszene könnte allerdings auch eine andere künst-
lerische Tradition vorliegen, vgl. die attisch-rotfigurige Pelike (Paris Cab.
Méd. 393), die um 460 v. Chr. datiert wird (El Kalza 1970, 71 f.; Laurens
1986, 148 Nr. 1), und die gleiche Szene abbildet. Natürlich war der Vasenmaler nicht gezwungen, eine Bühnenszene abzubilden, er konnte ebensogut eine hinterszenische Handlung darstellen. Zu Einflüssen der Busiris-
Komödien auf die Vasenmalerei vgl. El Kalza 1970, 85 f. 92.

Abb. 3

Rekonstruktion

Die erhaltenen Reste des Dramas sind zu gering und die möglichen Testimonien zu unspezifisch, um Euripides' *Busiris* rekonstruieren zu können. Es lassen sich immerhin einige Züge des Satyrspiels erkennen:

Ort der Handlung ist Ägypten. Durch den Titel ist Busiris als Hauptfigur gesichert, durch die Hypothesis der Satyrchor mit dem Silen[39] und Herakles, den man ohnehin in diesem Mythos erwartet hätte. Fraglich bleibt allerdings, in welchem

---

[39] Die Annahme von Schmid/Stählin 1, 3 *p.* 626; Steffen 1971 a, 216; Steffen 1979, 57, daß der Chor des *Busiris* nicht aus Satyrn, sondern aus dunkelhäutigen Dienern des Busiris gebildet würde, ist durch den Papyrusfund P. Oxy. 3651 nun widerlegt.

Verhältnis die Satyrn zu Busiris respektive Herakles stehen,
und wie sie überhaupt nach Ägypten gelangt sind.[40] Von einem
Abhängigkeitsverhältnis ist F 312+2 und F 313 die Rede, in dem
sehr wahrscheinlich die Satyrn gestanden haben, doch konnte
wohl auch Herakles sich in diesem Drama als δοῦλος (nämlich
des Eurystheus) bezeichnen.[41] Ungeklärt ist das Femininum aus
F 315: Der Auftritt einer einzelnen Frauengestalt würde darauf
hindeuten, daß Euripides vom Kern des Mythos abwich; solche
Abweichungen sind - wie die Sagenversion des Diodor beweist,
- durchaus möglich. In den Euripideischen Satyrspielen scheint
die Hinzufügung eines erotischen Motivs zum eigentlichen
Mythos typisch zu sein,[42] so daß nicht auszuschließen ist, daß
beispielsweise eine Tochter des Busiris in diesem Drama auftrat.

Der dem Drama zugrundeliegende Stoff ist also Herakles'
Parergon nach seiner Reise zu Atlas, um die Äpfel der Hesperiden zu holen. Es ist eher unwahrscheinlich, daß sich bei Diodor
und Dion Chrysostomos, deren Sagenversionen vom eigentlichen
Mythos stark abweichen, Reflexe auf das Satyrspiel des Euripides zeigen. Das von Diodor geschilderte Piraten-Abenteuer
dürfte wohl den Rahmen der dramatischen Möglichkeiten eines
Satyrspiels sprengen, wenngleich die Uminterpretation der
Figur des Atlas als weiser Sternkundiger eine Pointe ist, die
gut in ein komisches Drama paßt. Ein gleiches gilt für die
Begegnung von Herakles und Busiris, von der Diogenes (bei
Dion) spricht. Die Zeugnisse sind indessen zu spät und die Anzahl der möglichen dramatischen Vorlagen zu groß, als daß sich
aus den Mythographen Sicherheit gewinnen ließe.[43]

---

[40] Diodor berichtet (1, 88, 3), daß Satyrn und Pane in Ägypten verehrt
wurden; das mag für das Drama als Begründung genügen, warum sie
nicht - wie andere Ankömmlinge - geopfert wurden.

[41] Die Plurale δούλοιϲι (F 312+2) und δεϲπόταιϲι (F 313) dienen wahrscheinlich der Verallgemeinerung der Aussage und geben keinen Anhaltspunkt für die *dramatis personae*.

[42] Vgl. den Brautraub in dem von Tzetzes erwähnten *Autolykos*, Polyphems Verwechslung des Silen mit einer der Chariten im *Kyklops*, die
Hetären im *Skiron* und die Tochter des Syleus im gleichnamigen Stück.

[43] Wenig Anhaltspunkte bietet das aus F 313 hervorgehende Thema
‚Lüge': Wurde Herakles mit falschen Versprechungen, vielleicht mit der

Über die Handlung des Dramas läßt sich nicht mehr sagen, als daß Herakles nach Ägypten kommt und in die Gewalt des Königs Busiris gerät, der alle ankommenden Fremden dem Zeus opfert. Eine Szene, die den Heros mit Löwenfell und Keule vor dem Thron des Königs zeigt, findet sich auf einer zeitgenössischen Vase, die den in der überwiegenden Zahl der Fälle abgebildeten Höhepunkt des Busiris-Abenteuers nur andeutet: Herakles ist jedoch weit davon entfernt, seinen Widersacher anzugreifen. Die überraschende Wende bei Busiris' Versuch, Herakles zu opfern, und der Tod des Königs konnten nicht auf der Bühne dargestellt werden; eine solche Szene mußte in den hinterszenischen Bereich verlegt oder in einem Botenbericht erzählt werden.[44] An dieser Stelle wird deutlich, daß Euripides möglicherweise den Mythos veränderte und eine weitere Figur mit auf die Bühne brachte, denn es ist sehr unwahrscheinlich, daß Herakles seine Heldentat selbst, und nur den Satyrn, berichtet haben soll. Ein Blick auf das Ende des *Kyklops* zeigt, daß die Strafe für den Frevler nur einen kleinen Teil der Handlung des Dramas ausmacht, während der Redeagon zwischen Odysseus und Polyphem und das μηχάνημα zuvor breiten Raum einnehmen.

Hoffnung auf ein großes Festessen, zum Opfer geführt? (vgl. o. Epicharm F 21 Kaibel; Anm. 26).

[44] Vgl. z. B. den Botenbericht in der *Elektra* (V. 761-858) über Orestes' Mord an Aigisth. Beiden Morden ist gemeinsam, daß sie während bzw. unmittelbar vor einer Opferung geschehen und daher selbst zu einer rituellen Schlachtung geraten. Radermacher 1902 a hat angenommen, daß die ,Phrygerszene' im *Orestes* des Euripides (*Or.* 1369-1502) nach dem Vorbild des *Busiris* gestaltet sei. Drei Elemente beherrschten dabei die parallelen Szenen im *Orestes* und im *Busiris*: (1) die anfängliche Verstellung von Orest und Pylades bzw. Herakles, die in ein blutiges Massaker unter den Dienern der Helena bzw. des Busiris umschlägt, (2) die „Feigheit der Barbaren" (*p.* 282), (3) eine „komische travestierende Auffassung von dem Abenteuer" (ebd.). Radermacher versuchte, die erschlossene Vorbildszene aus dem *Busiris* für die Interpretation des *Orestes* nutzbar zu machen und nahm an, daß diese Tragödie - ähnlich wie die *Alkestis* - den Platz eines Satyrspiels eingenommen habe. Sutton (1980 c, 60 f.) kehrt ohne ersichtlichen Grund das von Radermacher angenommene Abhängigkeitsverhältnis der beiden Dramen um und zieht den *Busiris* als Satyrspiel jener Tetralogie von 408 v. Chr. in Betracht, in die auch der *Orestes* gehörte.

Ein weiteres *fragmentum incertum*, das möglicherweise aus dem *Busiris* stammt und von den Vorbereitungen für Herakles' Opferung handelt, ist F 920 a (= F 479 N²): φιμώς[ατ' α]ὐτοῦ κἀποκλείσα[τε στό]μα. S. u. Unsichere Fragmente *ad loc.*

Ohne Zweifel wird Herakles den ägyptischen König Busiris überwunden und getötet haben, doch ist die eigentliche Handlung des Euripideischen Satyrspiels nicht mehr zu rekonstruieren, auch wenn sich noch typische Satyrspielmotive (Verletzung des Gastrechts, Befreiung aus Sklaverei) erkennen lassen.[45]

---

[45] Zu typischen Satyrspielmotiven s. Seidensticker 1979, 246 f.; Seaford *ad* E. *Cyc. p.* 36 f.

Epeios ?

Identität

Die Existenz eines Dramas *Epeios* ist allein[1] durch die sehr wahrscheinlich kaiserzeitliche[2] Inschrift IG XIV 1152 (= IGUR 1508)[3] bezeugt, das *Marmor Albanum*, ein Katalog Euripideischer Dramen, der an einer Wand hinter einer sitzenden Euripides-Statue angebracht ist (s. o. *p.* 30, Abb. 1). Dieser Katalog scheint die antiken Nachrichten über den Umfang des für echt angesehenen Euripideischen Œuvres zu bestätigen, das in nachalexandrinischer Zeit noch erhalten war.[4] Die Inschrift kann als zuverlässig gelten, da 35 der 36 verzeichneten Titel gesichert sind, und als einziger der *Epeios* nicht anderweitig bezeugt ist. Zudem kann eine Verwechslung mit einem anderen Dichter ausgeschlossen werden,[5] handelt es sich doch offenbar bei dem *Epeios* um ein zumindest in alexandrinischer Zeit noch erhaltenes Drama des Euripides.[6]

Die Satyrspielqualität des Dramas läßt sich nicht beweisen, ist aber durchaus wahrscheinlich:[7]

---

[1] Wilamowitz 1875, 140. 142 glaubte in der Inschrift vom Piräus (IG II[1] 992 = IG II[2] 2363 = CAT B 1 TrGF 1, s. o. Einleitung, *p.* 34 f.) Z. 52] ΕΠΕ[ΙΟC, und damit ein weiteres Zeugnis für den *Epeios* erkennen zu können (vgl. Nauck TGF[2] *p.* 464 *ad loc.*).

[2] Moretti *ad* IGUR 1508 (*p.* 14).

[3] Stein und Statue befinden sich heute in Paris, Louvre, Ma 343. Zu dieser Inschrift s. o. Einleitung, *p.* 29 ff.

[4] Kuiper 1907, 361. Es fehlt allerdings die *Alkmene*, hinter der sich ein Doppeltitel verbergen muß; dazu s. o. Einleitung, *p.* 33 m. Anm. 67.

[5] Ein Drama mit dem Titel *Epeios* ist sonst weder für eine Tragödie bzw. ein Satyrspiel noch für eine Komödie belegt.

[6] Von' den Herausgebern bestreitet allein Matthiae (1829. 9, 2) die Existenz eines Dramas dieses Titels. An ein Drama *Epopeus* denkt Hartung 1844 2 *p.* 176 f., gefolgt von Wagner 1846, 699. Eine Verschreibung aus ΕΓΕΟC, *i. e.* ΑΙΓΑΙΟC, ein Beiname des Archelaos, der in den *Temenidai* aufgetreten sei, nimmt Walker 1920, 6 f. an.

[7] Ein Satyrspiel vermutete zuerst Wilamowitz 1919/62, 289 Anm. 1.

(1) Aus dem *Marmor Albanum* sind vier bezeugte Satyrspieltitel verzeichnet: *Autolykos, Busiris, Eurystheus* und *Kyklops*. Die
Dramentitel sind in alphabetischer Reihenfolge auf der Inschrift
angeordnet, wobei allerdings nur der Anfangsbuchstabe berücksichtigt wurde. *Autolykos, Busiris* und *Kyklops* sind jeweils als
letzte Titel ihrer Gruppe mit gleichem Anfangsbuchstaben aufgeführt, ebenso der *Eurystheus*, gefolgt nur noch vom *Epeios*.
Diese Beobachtung läßt den Schluß zu, daß bei der Anbringung
der Inschrift neben der alphabetischen Reihenfolge und der
Weglassung von Titelzusätzen, (wobei auch die Zahl der Titel
auf der Inschrift reduziert wurde, so daß auf möglichst engem
Raum und in möglichst kurzer Form das ganze Euripideische
Werk aufgelistet werden konnte), die Trennung von Tragödien
und Satyrspielen als ein weiteres Ordnungsprinzip eine Rolle
gespielt hat.

(2) Die Figur Epeios paßt eher in ein Satyrspiel als in eine
Tragödie.[8]

(3) In die Bibliothek von Alexandria gelangten noch acht
Euripideische Satyrspiele.[9] Neben *Autolykos A'*, *Busiris*, *Eurystheus*, *Kyklops*, *Sisyphos*, *Skiron* und *Syleus* könnte der *Epeios* die
fehlende achte Stelle einnehmen.[10]

Testimonium

IG XIV 1152 = IGUR 1508 *col.* 1, 25

(...)
EYPYCΘEYC
25   ΕΠΕ‹Ι›ΟC
ḤṚAKΛ[
(...)

---

[8] Vgl. Wilamowitz 1919/62, 289 Anm. 1.

[9] Die antiken Quellen (Vita 2. 3, *p.* 3. 4 Schwartz) s. o. Einleitung,
p. 20.

[10] Nur eines der beiden Autolykos-Dramen ist als Satyrspiel tatsächlich bezeugt, vgl. o. *Autolykos, p.* 39 f.

Sagenstoff

Bereits in *Ilias* und *Odyssee* sind die Elemente angelegt, die Epeios geeignet erscheinen lassen, als *ridicula persona* in einem Satyrspiel aufzutreten.

(1) Epeios' wichtigste Tat im Heer der Griechen vor Troja ist die Erbauung des hölzernen Pferdes, das schließlich die Einnahme der Stadt ermöglicht.[11] Sah der epische Kyklos in ihm offenbar nur den Handlanger des Odysseus, der als der eigentliche Urheber der Kriegslist galt,[12] gewann Epeios ab klassischer Zeit zunehmend an Eigenständigkeit. Euripides bezeichnet ihn im Prolog der *Troiades* (V. 9-12) als den Konstrukteur des hölzernen Pferdes, den Athene unterstützte;[13] bei Vergil (*Aen.* 2, 264) avancierte er schließlich zum *doli fabricator*[14] und zum festen Mitglied der Crew im Pferd.[15] Einen Grund dafür findet Quintus Smyrnaios:[16] Epeios kann als einziger den komplizierten Mechanismus der Ein- und Ausstiegsluke bedienen.

Der Schöpfer des riesigen Pferdes war im Kyklos ein ἀρχιτέκτων, ein Zimmermann; die nachklassische Zeit entdeckte indessen die künstlerischen Qualitäten und machte Epeios zu einem ἀνδριαντοποιός, der Götterbilder schuf, die bisweilen sogar magische Kräfte besaßen.[17]

Einen Reflex dieser Thematik wollte Welcker 1841 *2 p.* 523 in Euripides F inc. 988 erkennen, das er darum dem Euripideischen *Epeios* zuwies: τέκτων γὰρ ὢν ἔπραccεc οὐ ξυλουργικά.[18]

---

[11] *Od.* 8, 493; 11, 523. Die Testimonien zum Mythos von der Einnahme Trojas sind zusammengestellt bei Austin 1959, 16-25; vgl. auch Austin (1964) *ad* Verg. *Aen.* 2, 15. *p.* 264.

[12] Apollod. Epit. 5, 14 mit Verweis auf die *Kleine Ilias.*

[13] Athenes Hilfe auch bei Proklos *Chrest. arg.* F 1 Bernabé; Vergil, *Aen.* 2, 14-16; Hygin *fab.* 108; Triphiodor 57.

[14] Ebenso Triph. 295.

[15] Lukian *Hipp.* 2; Triph. 189.

[16] *Posthom.* 12, 314-35.

[17] Dieg. 8, 1-3 zu Kallimachos F 197 Pfeiffer (*p.* 193). Platon *Ion* 533 b stellt ihn in eine Reihe mit Daidalos. Götterbilder von Hermes und Aphrodite kennt noch Pausanias 2, 19, 6.

[18] Dazu s. u. Unsichere Fragmente, *ad loc.* Welcker versucht *p.* 523-27 eine Rekonstruktion des *Epeios* (allerdings als Tragödie).

(2) Geradezu sprichwörtlich ist Epeios' Feigheit:[19] In der *Ilias* spricht er selbst von sich, daß er zur Schlacht nicht tauge (23, 670); Stesichoros degradiert ihn zum Wasserträger der Atriden (F 200 PMG). Lykophron nennt (930-50) als einziger einen Grund für Epeios' Feigheit: die Meineidigkeit des Vaters. Epeios als Koch des griechischen Heeres, und damit einen völlig neuen Aspekt bringt Varro bei der Erklärung des Plautusverses „Epeum fumificum, qui legioni nostrae habet | coctum cibum" (F inc. 1 Lindsay) ins Spiel: „Epeum fumificum cocum, ab Epeo illo qui dicitur ad Troiam fecisse Equum Troianum et Argivis cibum curasse." (Varro *l. l.* 7, 38).

(3) Anläßlich der Leichenspiele des Patroklos erscheint Epeios schließlich noch als ein exzellenter Boxer,[20] der aber beim Diskuswurf - sehr zum Amusement der Zuschauer - kläglich versagt.

---

[19] Der Komiker Kratinos mußte sich den Vorwurf gefallen lassen, er sei Ἐπειοῦ δειλότεροc (Hsch. ε 4345 Latte; Suda ε 2131 Adler).

[20] *Il.* 23, 664-99; ebenso Lukian *VH* 2, 22.

Eurystheus

Identität

Das Satyrspiel *Eurystheus* des Euripides ist gut bezeugt: Zehn Fragmente sind mit Angabe des Dichters und des Titels zitiert; die Satyrspielqualität bezeugen Pollux (F 373. 374) und Stephanos von Byzanz (F 380); der Titel ist zudem zweimal inschriftlich belegt (s. u. Testimonien).

Nachrichten über das Aufführungsjahr oder die Titel der Tragödien, mit denen zusammen der *Eurystheus* aufgeführt wurde, existieren dagegen nicht. Eine inhaltliche und eine sprachliche Beobachtung geben indessen einen Hinweis darauf, daß es sich bei diesem Satyrspiel um ein spätes Drama handeln könnte:

(1) Mythenchronologisch umschließt Euripides' Satyrspiel *Eurystheus* exakt seine Tragödie *Herakles*, und auch sprachlich findet sich eine ganze Reihe von Parallelen zwischen beiden Dramen (s. u. *ad* F 371, 1. F 373, 1. 376, 1 f. 378, 1. 380). Der *Herakles* wird aufgrund der Auflösungsrate seiner Trimeter (21, 5 %) in die letzte Dekade Euripideischen Schaffens (415-406 v. Chr.)[1] datiert.

(2) In F 373 (s. u. *ad loc.*) findet sich möglicherweise eine Anspielung auf einen Vers der *Hypsipyle*, die aufgrund einer Nachricht im Scholion zu Ar. *Ran.* 53 zwischen 412 und 407 v. Chr. datiert wird.[2]

Die sprachliche und inhaltliche Nähe von *Herakles* und *Eurystheus* suggeriert ihre Zugehörigkeit zu einer Inhaltstetralogie, zu der ferner der *Peirithus* gehört haben könnte, dessen Echtheit allerdings umstritten ist.[3]

---

[1] Zur Datierung des *Herakles* vgl. Bond *ad* E. *HF p*. XXX-XXXII.

[2] S. Bond *ad* E. *Hyps. p*. 144; Cockle *ad* E. *Hyps. p*. 40 f.

[3] S. u. Rekonstruktion.

Testimonien

IG XIV 1152 (= IGUR 1508) *col.* 1, 24

(...)
EPEXΘEYC
EYPYCΘEYC
25 EΠE⟨I⟩OC
(...)

IG II² 2363 *col.* 2, 24 (= CAT B 1, 51 TrGF 1)

(...)
50   AΛK]MHNH AΛE[ΞANΔPOC
       ] EYPYCΘ⟨E⟩YC [
       ]ϹṬIϹ[

Fragmente

F 371

HPAKΛHC
πέμπεις δ' ἐc Ἅιδου ζῶντα κοὐ τεθνηκότα,
καί μοι τὸ τέρθρον δῆλον εἰcπορεύομαι.

Erot. τ 29 *p.* 86, 15 Nachmanson.

2 εἰcπορεύομαι : εἰ πορ. Bothe (ebenso, jedoch im Futur: v. Herwerden) : οἶ
πορ. Erfurdt : ὡc πορ. Weil.

1. Herakles ist von Erotian ausdrücklich als Sprecher dieser Verse benannt: Εὐριπίδηc ἐν Εὐρυcθεῖ ποιεῖ τὸν Ἡρακλέα
λέγοντα οὕτωc (es folgt F 371). Vgl. E. *HF* 1247: θανών, ὅθεν-
περ ἦλθον, εἶμι γῆc ὕπο.
ἐc Ἅιδου ζῶντα. Die Ungeheuerlichkeit, als Lebender in
den Hades geschickt zu werden, findet sich in diesen Worten
nur bei Euripides; vgl. *Heracl.* 949 (Alkmene zu Eurystheus): ὃc
καὶ παρ' Ἅιδην ζῶντά νιν κατήγαγεc; ähnlich auch *Tr.* 442

(Kassandra über Odysseus): ζῶν εἶc’ ἐc Ἅιδου.[4] Im *Peirithus* berichtet Herakles vor Aiakos sehr präzise über seine schwere Aufgabe ([43 Kritias][5] F 1, 10-14):

12

ἥκω δὲ δεῦρο πρὸc βίαν, Εὐρυcθέωc
ἀρχαῖc ὑπείκων, ὃc μ’ ἔπεμψ’ Ἅιδου κύνα
ἄγειν κελεύων ζῶντα πρὸc Μυκηνίδαc
πύλαc, ἰδεῖν μὲν οὐ θέλων, ἆθλον δέ μοι
ἀνήνυτον τόνδ’ ὤιετ’ ἐξηυρηκέναι.

2. μοι ... δῆλον. „Obwohl mir der Untergang sicher ist"; es handelt sich in Naucks Text um einen *accusativus absolutus*,[6] bei dem ein ὄν ausgefallen ist (vgl. Kühner/Gerth 2. 2 *p.* 87-90; 102 f. mit Similien, die für unsere Stelle indessen unbefriedigend bleiben). Die ungewöhnliche Konstruktion gab Anlaß zu zahlreichen Verbesserungsversuchen (s. App.), die umso mehr berechtigt erscheinen, als εἰcπορεύεcθαι im tragischen und komischen Wortschatz sonst nicht belegt ist, während sich das Simplex sehr häufig (sogar *in lyricis*) findet. Wollte man also an dem *accusativus absolutus* festhalten, müßte man wohl δῆλον ὂν πορεύομαι konjizieren; weit eleganter und daher vorzuziehen ist die Konjektur von Bothe εἰ πορεύομαι.

τέρθρον. Die eigentliche Bedeutung des Wortes τέρθρον ist: ‚oberstes Ende der Segelstange‘; hier steht es im übertragenden Sinne von „Ende", „Untergang", vgl. Erotian τ 29 *p.* 86 Nachmanson: τέρθρον γὰρ ἔλεγον οἱ παλαιοὶ τὸ ἔcχατον καὶ ἐπὶ τέλει (mit F 371 als Beleg).[7] Das Wort ist im Wortschatz von Tragödie, Satyrspiel und Komödie nur an dieser Stelle belegt.[8] Mit Herakles’ Befürchtung spielt Euripides auf eine entsprechende Stelle in der *Ilias* an (8, 362-69, s. u. Sagenstoff).

---

[4] Zu dieser Stelle vgl. G. Schade *ad* Lykophron *Alexandra* 648-87, Phil. Diss. Berlin 1998 (im Druck).

[5] Zur Autorschaft s. u. *p.* 185 ff.

[6] Zum *accusativus absolutus* bei Euripides s. Stevens *ad* E. *Andr.* 521.

[7] Zur Wortbedeutung s. Seeck 1967, 49 Anm. 4.

[8] Indessen findet sich das Adjektiv τέρθριοc als *terminus technicus* der Seefahrt S. F 333 (*Kedalion*, vgl. Pearson *ad loc.*) und Ar. *Eq.* 404.

F 372

οὐκ ἔϲτιν, ὦ γεραιέ, μὴ δείϲηιϲ τάδε·
τὰ Δαιδάλεια πάντα κινεῖϲθαι δοκεῖ
βλέπειν τ' ἀγάλμαθ'· ὧδ' ἀνὴρ κεῖνοϲ ϲοφόϲ.

Schol. *MB* E. *Hec.* 838. (Vgl. Tz. *H.* 1, 518).

3 βλέπειν Grotius : βλέπει Hs. : λέγειν F. G. Schmidt.

1. **οὐκ ἔϲτιν.** „Auf keinen Fall". Der Greis, der in diesen
Versen angesprochen ist, wollte sich wahrscheinlich - erschreckt durch ein ἄγαλμα des Daidalos (s. u. *ad loc.*) - aus
dem Staube machen und wird nun zurückgehalten; vgl. E. *Alc.*
538 f.: Herakles bemerkt, daß sein Gastfreund Admetos Trauer
trägt und will sich abwenden: ξένων πρὸς ἄλλων ἑϲτίαν πο-
ρεύϲομαι. Admetos wehrt jedoch energisch ab: οὐκ ἔϲτιν, ὦναξ·
μὴ τοϲόνδ' ἔλθοι κακόν.

ὦ γεραιέ. Soweit die *dramatis personae* des *Eurystheus* bekannt sind, gibt es nur eine Figur, auf die diese Anrede paßt:
der Silen; vgl. E. *Cyc.* 145; 194; 229: (ὦ) γέρον. Da die Satyrn
in diesem Drama offenbar an der Seite des Herakles Abenteuer
bestehen müssen, ist dieser wahrscheinlich der Sprecher der
Verse, in denen er seinem furchtsamen Gehilfen zuredet.

2 f. Δαιδάλεια ... ἀγάλμαθ'. „Statuen von Daidalos"; vgl.
Hsch. δ 48 Latte *s. v.* Δ.: Ἀριϲτοφάνηϲ (*F 202 PCG)[9] τὸν ὑπὸ
Δαιδάλου καταϲκευαϲθέντα ἀνδριάντα, ὡϲ διὰ τὸ ἀποδιδράϲκειν
δεδεμένον. Statuen aus Daidalos' Werkstatt, die so lebensge-
treu sind, daß sie davonlaufen, wenn sie nicht festgebunden
werden, waren offenbar mehr als einmal für einen Komödien-
witz gut, vgl. Kratinos F 75, 4 f. (*Thrattai*,[10] wo die Figur allerdings aus Bronze und nicht aus Holz ist): (A) ἀλλὰ χαλκοῦϲ
ὢν ἀπέδρα. (B) πότερα Δαιδάλειοϲ ἦν | ἤ τιϲ ἐξέκλεψεν αὐτόν;
Noch Platon spielt darauf an (*Men.* 97 d, Sokrates zu Menon):
ταῦτα (*sc.* Δαιδάλου ἀγάλματα), ἐὰν μὲν μὴ δεδεμένα ἦι, ἀπο-
διδράϲκει καὶ δραπετεύει, ἐὰν δὲ δεδεμένα, παραμένει.[11] Im

---

[9] Latte im App. *ad loc.*: „Aristophanes grammaticus potius quam comi-
cus".

[10] Aufgeführt *ca.* 430 v. Chr.

[11] Ganz ähnlich auch *Euthphr.* 11 c; vgl. Morris 1992, 223.

Gegensatz zu diesen Statuen „scheint" (V. 2, δοκεῖ) die in F 372 gemeinte Statue sich nur zu bewegen und macht keine Anstalten davonzurennen. Im Gegenteil: die Anrede μὴ δείςηιc τάδε (V. 1) macht vielmehr wahrscheinlich, daß der angesprochene Greis (der Silen?) davon abgehalten wird, vor einer bloßen Statue Reißaus zu nehmen. Der Grund ist gesagt: „Alle" Statuen von Daidalos sind so naturgetreu geschaffen, daß man den Eindruck gewinnt, sie könnten mit ihren Augen sehen[12] und sich bewegen. Genau diese beiden Details wurden im Altertum immer wieder mit dem mythischen Bildhauer Daidalos in Verbindung gebracht, (wofür unsere Stelle das früheste Zeugnis ist), vgl. D. S. 4, 76, 2-3:[13]

> κατὰ δὲ τὴν τῶν ἀγαλμάτων κατασκευὴν τοcοῦτο τῶν ἀπάντων ἀνθρώπων διήνεγκεν ὥcτε τοὺc μεταγενεcτέρουc μυθολογῆcαι περὶ αὐτοῦ διότι τὰ καταcκευαζόμενα τῶν ἀγαλμάτων ὁμοιότατα τοῖc ἐμψύχοιc ὑπάρχει· βλέπειν τε γὰρ αὐτὰ καὶ περιπατεῖν, καὶ καθόλου τηρεῖν τὴν τοῦ ὅλου cώματοc διάθεcιν, ὥcτε δοκεῖν εἶναι τὸ καταcκευαcθὲν ἔμψυχον ζῷον. (3) πρῶτοc δ' ὀμματώcαc καὶ διαβεβηκότα τὰ cκέλη ποιήcαc, κτλ.

Die mit F 372 evozierte Szene erinnert eindringlich an Aischylos **F 78 a col. 1 (*Isthmiastai/Theoroi*, ebenfalls ein Satyrspiel).[14] In diesem Fragment hantieren offenbar die Satyrn mit Masken bzw. Skulpturen, die ebenfalls furchteinflößende Wirkung haben, und die mit Daidalos in Verbindung gebracht werden. Diese Wirkung, von der in beiden Fragmenten die Rede ist, beruht zum einen auf der naturgetreuen Darstellung - dafür bürgt der Name Daidalos -, zum anderen aber auf der Neuartigkeit dieser Kunst; das würde bedeuten, daß die Erfindung selbst ein Thema des Satyrspiels gewesen sein könnte,[15] und daß Daidalos als *dramatis persona* nicht ausgeschlossen werden kann, obgleich nicht recht ersichtlich ist, welche Rolle er im *Eurystheus* gespielt haben könnte. Ein Mythos, in dem Herakles

---

[12] S. *ad* V. 3 βλέπειν.

[13] Weitere Testimonien bei Overbeck 1868 Nr. 125; 129; 131; 133. Nach einigen Mythographen war er überhaupt der Erfinder der Bildhauerei: Apollod. 3, 15, 9; Hygin *fab.* 274.

[14] Zu diesem Fragment vgl. (mit der älteren Literatur) Radt im App. *ad loc.*; Kassel 1983, 5; Morris 1992, 217-19.

[15] Zu typischen Satyrspielthemen vgl. Seidensticker 1979, 247 f.; Seaford *ad* E. *Cyc. p.* 36 f.

und Daidalos zusammentreffen, ist nicht bekannt, und die einzige Stelle, die auf einen solchen - freilich verlorenen - Mythos verweisen könnte (E. *HF* 471) durch Konjektur verändert: In der Handschrift *L* ist Herakles' Keule als Δαιδάλου ψευδῆ δόϲιν bezeichnet; Herrmann änderte in δαίδαλον (*sc.* ξύλον), ψ. δ. Zu Herakles' Keule s. Bond *ad loc.*

Die Statue war für die Zuschauer sichtbar; ob sie zu den Requisiten der Aufführung dieses Dramas oder zur Ausstattung des Dionysos-Theaters während der Großen Dionysien gehörte, läßt sich nicht entscheiden. Von der einfachen Desillusionskomik einer Einbeziehung des realen Theaterraumes in den fiktiven des Dramas bis hin zum (mißglückten) Versuch einer Kontaktaufnahme mit der (vermeintlich lebendigen) Statue[16] bietet die Ausgangssituation der Szene, aus der F 372 stammt, komisch-dramatische Möglichkeiten in Hülle und Fülle.[17]

3. βλέπειν. Im Supplement zu den TGF[2] entschied sich Nauck, statt Schmidts Konjektur λέγειν, die er zuvor favorisiert hatte, Grotius' Konjektur βλέπειν zu übernehmen, die aus dem βλέπει der Handschrift hergestellt war.

Schmidts Konjektur sollte die Aussage des zitierten Belegs mit dem Zitatkontextes in Übereinstimmung bringen, in dem von ‚Stimme' die Rede ist (Schol. E. *Hec.* 838): περὶ τῶν Δαιδάλου ἔργων, ὅτι ἐκινεῖτο καὶ προΐει φωνὴν, αὐτόϲ τε ὁ Εὐριπίδηϲ ἐν Εὐρυϲθεῖ λέγει (es folgen E. F 372, dann Zitate der Komödiendichter Kratinos, F 75 [s. o.], und Platon, F inc. 204 [s. u.]). Tatsächlich aber muß wohl das Mißverständnis beim Scholiasten gesucht werden, denn nur der dritte Beleg bietet eine Daidalos-Statue mit Stimme (Platon F inc. 204):[18]

(A)   οὗτοϲ, τίϲ εἶ; λέγε ταχύ· τί ϲιγᾶιϲ; οὐκ ἐρεῖϲ;
ΕΡΜΗϹ   Ἑρμῆϲ ἔγωγε Δαιδάλου φωνὴν ἔχων
           ξύλινοϲ βαδίζων αὐτόματοϲ ἐλήλυθα.

Doch auch die vom Scholiasten kommentierte Stelle der *Hekabe* verbietet die Annahme, alle Daidalos-Statuen in Dramen seien mit einer Stimme ausgestattet, und würden daher von

---

[16] Dazu s. Kassel 1983.

[17] Die (unterschiedliche) Wirkung von Statuen bzw. Skulpturen scheint ein von Euripides gern verwendetes Motiv zu sein, vgl. *Alc.* 348-54; ferner vielleicht: *Protesilaos, Epeios?*

[18] Vgl. aber Kassel 1983, 4-7.

einem Schauspieler gespielt (*Hec.* 835-40, Hekabe zu Agamemnon):

835   ἑνός μοι μῦθος ἐνδεὴς ἔτι.
            εἴ μοι γένοιτο φθόγγος ἐν βραχίοιcιν
            καὶ χερcὶ καὶ κόμαιcι καὶ ποδῶν βάcει
            ἢ Δαιδάλου τέχναιcιν ἢ θεῶν τινοc,
            ὡc πάνθ' ἁμαρτῆι cῶν ἔχοιτο γουνάτων
840   κλαίοντ', ἐπιcκήπτοντα παντοίουc λόγουc.

Mit allen Mitteln versucht Hekabe, wie der Chor V. 846-49 gleich darauf irritiert feststellen wird, den einstigen Erzfeind Agamemnon als Bundesgenossen bei ihrer Rache zu gewinnen. Sie will keineswegs vor dem griechischen Heerführer wie eine Daidalos-Statue auftreten, die mit Rede begabt ist, sondern sie versucht, ihren Armen und Händen, ihrem Haar und dem Schritt ihrer Füße, mit einem Wort: ihrer Gestik, eine (nonverbale) Eindringlichkeit zu verleihen, die von den Daidalos-Statuen der Sage, die sich „zu bewegen scheinen" und Schrecken hervorrufen, geradezu sprichwörtlich ist.[19] Damit entfällt das früheste Zeugnis für sprechende Daidalos-Statuen,[20] und es bleibt allein das genannte Platon-Fragment, doch mahnt Kassel (1983, 6) zur Vorsicht: man solle es lieber dahingestellt sein lassen, „wer sich beim Komiker Platon als Ἑρμῆc Δαιδάλου ausgibt".

F 373

     πᾶc δ' ἐξεθέριcεν ὥcτε πύρινον ⟨cτάχυν⟩
     cπάθηι κολούων φαcγάνου μελανδέτου

Poll. 10, 145.

---

[19] Diese Betonung der nonverbalen Beeinflussung bei der Hikesie trägt topische Züge, vgl. E. *El.* 332-35 (und Thierney *ad* E. *Hec.* 838).

[20] Ob es sich bei dem Δαιδάλου μίμημα in Aischylos' *Isthmiastai/ Theoroi* (**F 78 a, 7) um ein Werk des mythischen Bildhauers handelt, ist nicht sicher (vgl. Kassel 1983, 5; Morris 1992, 218 [mit weiterer Literatur]); daß es keine Stimme hat, wird indessen ausdrücklich hervorgehoben (V. 7: φωνῆc δεῖ μόνον, V. 20: κήρυκ' [ἄ]γαυδον).

1. πᾶc ... ⟨cτάχυν⟩. „Jeder erntete * * * ab wie eine Weizen<ähre>". cτάχυν ist von Bentley (Nauck, TGF² im App. *ad loc.*) oder Pierson (Bekker im App. *ad* Pollux 10, 145) nach F 757, 6 N² (aus der *Hypsipyle*, jetzt: V. *c.* 925 *p.* 107 Cockle) ergänzt: ἀναγκαίωc δ᾽ ἔχει | βίον θερίζειν ὥcτε κάρπιμον cτάχυν. An der Richtigkeit dieser Ergänzung kann kaum ein Zweifel bestehen, zumal cτάχυc (bzw. cτάχυν) bei Euripides häufig an derselben *sedes* und in Junktur mit einem vergleichbaren Adjektiv (oder Genetivattribut) zu finden ist und oft metaphorische Bedeutung hat, vgl. *Supp.* 31: κάρπιμοc cτάχυc; *Cyc.* 121: Δήμητροc cτάχυν; *Ph.* 939: χρυcοπήληκα cτάχυν; *Ba.* 264: γηγενῆ cτάχυν; F 360, 22 (*Erechtheus*): θηλειῶν cτάχυc.

In F 373 ist sehr wahrscheinlich von der lernäischen Hydra[21] die Rede (Nauck, TGF² *p.* 474, vgl. Steffen 1979, 60): ὥcτε zeigt, daß es in diesem Fragment nämlich *nicht* um Kornernte - etwa das Lityerses-Abenteuer[22] - geht, wozu auch ein φάcγανον μελάνδετον nicht das rechte Werkzeug wäre. In der Tat paßt die Erntemetapher zu keiner anderen mühevollen Herakles-Tat besser als zu dem aussichtslosen Versuch, die Hydra mit dem Schwert zu köpfen (vgl. E. *HF* 419 f.: μυριόκρανον | πολύφονον κύνα Λέρναc; V. 1188: ἑκατογκεφάλου ... ὕδραc); an der Stelle jedes abgeschlagenen Kopfes wuchsen sofort zwei neue nach (vgl. E. *HF* 1274 f.: ἀμφίκρανον καὶ παλιμβλαcτῆ κύνα | ὕδραν). Bei dieser Arbeit hatte Herakles Unterstützung von Iolaos (s. u. Sagenstoff), in diesem Drama offenbar von den Satyrn (vgl. Steffen 1979, 60 f.), denn πᾶc[23] bezeichnet einen einzelnen aus einer Gruppe, in der alle das gleiche tun, und bei der es sich nur um den Satyrchor handeln kann. Angesichts der notorischen Feigheit der Satyrn (vgl. z. B. E. *Cyc.* 624-55) mag es überraschen, daß jemand vom heldenhaften Kampf der Satyrn an der Seite des Herakles gegen die Hydra berichtet, und es ist daher sehr wahrscheinlich, daß der Silen (wie im Prolog des *Kyklops*) oder der Chor diese Verse

---

[21] Zur Genealogie der Hydra und ihrer Beziehung zu Kerberos s. u. *ad* F 380.

[22] S. u. *Theristai*, *p.* 182 ff.

[23] Naucks Annahme (im App. *ad loc.*), daß πᾶc korrupt sei, entbehrt der Grundlage.

spricht, möglicherweise wenn der Held selbst gerade nicht auf der Bühne ist.[24]

Den Kontext des *Hypsipyle*-Fragments konnten weder Bentley noch Pierson kennen; er wurde erst durch größere Papyrusfragmente um die Jahrhundertwende erkennbar[25] und handelt überraschenderweise ebenfalls von einer Schlange: Als Hypsipyle den sieben gegen Theben ziehenden Fürsten nahe Nemea eine Quelle zeigt, wird der ihr zur Erziehung anvertraute Prinz Opheltes von einer Schlange getötet. Hypsipyle wird zu Unrecht des Mordes angeklagt und soll sterben, als im letzten Moment der Seher Amphiaraos, einer der sieben, als Zeuge auftritt und sie rettet. Er berichtet über die Schlange und beendet sein Plädoyer mit der Gnome, daß ‚mit Notwendigkeit das Leben abgeerntet werde, wie die fruchttragenden Kornähren'.

Wenn (1) die Ergänzung cτάχυν in V. 1 richtig ist, und (2) in diesem Fragment tatsächlich von Herakles' (oder von des Silens/der Satyrn) Kampf gegen die lernäische Hydra gesprochen wird, liegt der Schluß nahe, daß Euripides mit diesen Versen auf die eingangs genannte Textstelle (V. c. 925 *p.* 107 Cockle) in seiner *Hypsipyle* anspielt. Da dieses Drama durch Schol. Ar. *Ra.* 53 nach 412 v. Chr. datiert,[26] würde man zugleich einen *terminus post quem* für die Aufführung des *Eurystheus* erhalten, der dann zu den späten Euripideischen Dramen gehörte.

2. cπάθηι. „Mit der Klinge". Das Wort, „Bez. mehrerer flacher und länglicher Gegenstände" (Frisk *s. v.* cπάθη), für das sich in der Komödie zahlreiche Belege (vor allem bei Menander) finden, ist für den Wortschatz von Tragödie und Satyrspiel nur noch ein weiteres Mal - in der Bedeutung ‚Weberschiffchen' - belegt: A. *Ch.* 232.

---

[24] In Herakles' Aufzählung seiner Erga geht die Erlegung der Hydra der Entführung des Kerberos unmittelbar voraus (*HF* 1274-78).

[25] P. Pet. II 49 (c) *ed.* Mahaffy (1893); P. Oxy. 852 *ed.* Grenfell/Hunt (1908).

[26] διὰ τί δὲ μὴ ἄλλο τι πρὸ ὀλίγου διδαχθέντων καὶ καλῶν Ὑψιπύληc Φοινιccῶν Ἀντιόπηc; ἡ δὲ Ἀνδρομέδα ὀγδόωι ἔτει προειcῆκται. Zur Datierung der *Hypsipyle* s. Cockle *ad* E. *Hyps. p.* 40 f.; Bond *ad* E. *Hyps. p.* 144; als spätestes Aufführungsdatum der *Hypsipyle* nehmen beide das Frühjahr 407 v. Chr. an.

φαςγάνου μελανδέτου.   „(Des) schwarzgefaßten Schwertes". Im Wortschatz von Tragödie und Satyrspiel begegnet
μελάνδετος einmal bei Aischylos (*Th.* 43: μελάνδετος cάκος)
und noch zweimal - jeweils in Verbindung mit ξίφος - bei Euripides (*Ph.* 1091; *Or.* 821, also zwei späten Dramen); es fehlt in
der Komödie. Die genaue Bedeutung war schon den Scholiasten
zu den genannten Euripides-Stellen nicht klar.[27] An einen
schwarzen Schwertknauf aus Horn oder Eisen denkt der Scholiast zu E. *Ph.* 1091: (*sc.* τὸ ξίφος) μέλαιναν λαβὴν ἔχον κερα-
τίνην. ἢ cιδηρᾶν. Die Formulierung μελάνδετον δὲ φόνωι |
ξίφος ἐς αὐγὰς ἀελίοιο δεῖξαι (E. *Or.* 821 f.) ließ den Scholiasten zu dieser Stelle darüberhinaus noch an eine blutige Klinge denken: ἢ μέλαν παρὰ τοῦ φόνου γενόμενον.
    Im ersten Fall (*Ph.* 1091) ist von dem blanken, noch 'unbe-
nutzten' Schwert die Rede, mit dem sich Menoikeus das Leben
nehmen wird, und in μελάνδετος schwingt eine düstere Assozi-
ation von der todbringenden Wirkung der Waffe mit.[28] Gleiches
wird für unsere Stelle gelten, nannte doch schon Hesiod
(*Th.* 316) Herakles' Waffe im Kampf gegen die Hydra ein νηλὴς
χαλκός.

                            F 374

        ⟨ × – ∪ – ⟩ ἢ κύαθον ἢ χαλκήλατον
        ἠθμὸν προςίςχων τοῖςδε τοῖς ὑπωπίοις

Poll. 10, 108.

    1 f.   ἢ κύαθον ἢ χαλκήλατον | ἠθμόν.   „Entweder einen
Schöpflöffel oder ein aus Bronze getriebenes Sieb". Die Wortwahl ist auffällig: κύαθος und ἠθμός sind der Tragödie fremd
und nur an dieser Stelle belegt, der Komödie hingegen sehr geläufig; χαλκήλατος begegnet indessen nur einmal in der attischen Komödie (Ar. *Ra.* 929), - an einer Stelle, wo sich der Aristophaneische Euripides über Aischylos' unverständliche Wörter

---

[27] Ebensowenig Schol. *Il.* 15, 733 b, wo das nur einmal bei Homer verwendete μελάνδετος behandelt wird.
[28] Vgl. auch Kannicht *ad* E. *Hel.* 1656 und Mastronarde *ad loc.*

ereifert, - häufig jedoch in der Tragödie, vor allem bei Aischylos. Die Vermischung dieser unterschiedlichen Sphären mußte für sich schon komisch wirken und macht den Silen als Sprecher dieser Verse durchaus wahrscheinlich.

Der bronzene κύαθοc war ein unverzichtbares Hilfsmittel, um Wein aus dem κρατήρ zu schöpfen (z. B. Anacr. F 356, 4 f. PMG), zugleich wurde er aber auch zur Linderung von Hämatomen benutzt; seine Nützlichkeit gegen ein ‚blaues Auge‘ war in der Komödie geradezu sprichwörtlich: In Aristophanes' *Eirene* wundern sich Trygaios und Hermes über die Poleis, die, zuvor einander bekriegend, nun auf einmal miteinander schwatzen und lachen, καὶ ταῦτα δαιμονίωc ὑπωπιαcμέναι | ἀπαξάπαcαι καὶ κυάθουc προcκείμεναι (V. 541 f.).[29] Der Scholiast zu dieser Stelle vermerkt: ἐπεὶ ἐν ὀξυβάφοιc χαλκοῖc τὰ ὑπώπια ἀνατρίβοντεc ἢ τοιούτοιc τιcὶν ἀφανῆ ποιοῦcιν, und fügt als Parallele noch Apollophanes F 3 PCG hinzu: κύαθον λάβοιμι τοῖc ὑπωπίοιc. In der *Lysistrate* (V. 444) schließlich genügt die Drohung, der andere werde gleich nach einem κύαθοc verlangen (κύαθον αἰτήcειc τάχα), um die drohenden Handgreiflichkeiten abzuwehren.

Freilich handelt es sich bei dem κύαθοc nicht, wie die Kommentatoren zu diesen Stellen einhellig annehmen, um einen Schröpfkopf, der gegen Hämatome ein denkbar ungeeignetes Hilfsmittel wäre. Der κύαθοc war durch seine besondere Form und Größe und aufgrund der speziellen thermischen Eigenschaften von Bronze gut geeignet, Schwellung und Bluterguß zu lindern; ein medizinisches Instrument im eigentlichen Sinne war er indessen nicht. Deswegen konnte statt seiner auch ein Sieb (in der entsprechenden Größe) benutzt werden, sofern es aus Bronze war, (zur Wirkung von „kühler Bronze" gegen Hämatome vgl. [Arist.] *Pr.* 890 b 7-37). Gleichwohl überrascht in unserem Fragment die Unentschiedenheit bei der Wahl der Mittel,

---

[29] Diese Stelle wird auch von Athenaios (10, 424 b) zitiert, der sie wahrscheinlich mißverstanden hat und statt der heilsamen Wirkung eines κύαθοc nur dessen Eignung als Schlagwaffe im Sinn hat. Gulick *ad loc.* (4 *p.* 421 Anm. b) nimmt an, daß in Athenaios' Text κυάθοιc προcκ. gestanden habe; V. 541 ist bei Athenaios jedoch ausgefallen, so daß sich diese Annahme der Möglichkeit einer Überprüfung entzieht. Wahrscheinlicher ist, daß in späteren Zeiten mit dem Gebrauch bestimmter bronzener Trinkgeschirre auch deren besondere Vorzüge in Vergessenheit geraten sind.

die wohl nur darauf hindeuten kann, daß dem Sprecher dieser Verse Linderung für seinen Bluterguß erst noch bevorsteht, er also auf der Bühne mit einem ‚blauen Auge‘ auftritt, das von einer unmittelbar vorangegangenen Rauferei herrührt.

2. τοῖcδε τοῖc ὑπωπίοιc. „(An) mein blaues Auge (haltend)“. Der Sprecher könnte sich sein blaues Auge bei einer Prügelei anläßlich eines Gelages eingehandelt haben, vgl. E. *Cyc.* 534 (Odysseus zu Polyphem): πυγμὰc ὁ κῶμοc λοίδορόν τ’ ἔριν φιλεῖ.

F 375

†πιcτὸν μὲν οὖν εἶναι χρὴ† τὸν διάκονον
τοιοῦτον εἶναι καὶ cτέγειν τὰ δεcποτῶν.

Stob. 4, 19, 26 *p.* 426 Hense.

2 τοιοῦτον Nauck : τοιοῦτον τ’ *SMA*.

1 f. Der Text des Fragments ist schwer gestört und hat Anlaß zu zahlreichen Verbesserungsvorschlägen gegeben; vgl. aber Hense *ad loc.*: „verba pessime habita quaeque nostris quidem subsidiis probabiliter nemo expedierit.“ Der Sinn der beiden Verse ist indessen relativ klar erkennbar: Es ist die Pflicht loyaler Diener, über ihre Herrschaft nichts (und das heißt wohl vor allem: nichts Ehrenrühriges) bekannt werden zu lassen.

2. cτέγειν τὰ δεcποτῶν. „Die Angelegenheiten der Herrschaften geheimhalten“. Werden auf der Bühne Intrigen gesponnen, ist es notwendig, sich der Treue der Zuhörenden - meist des Chores - zu versichern, vgl. z. B. E. *El.* 272 f. (Orestes): αἴδ’ οὖν φίλαι cοι τούcδ’ ἀκούουcιν λόγουc; Elektra kann ihn beruhigen: ὥcτε cτέγειν γε τἀμὰ καὶ c’ ἔπη καλῶc. In Sophokles’ *Trachiniai* bittet Deianeira den Chor, die Kenntnis von ihrem unheilvollen Liebeszauber für sich zu behalten (V. 596 f.): μόνον παρ’ ὑμῶν εὖ cτεγοίμεθ’· ὡc cκότωι | κἂν αἰcχρὰ πράccηιc, οὔποτ’ αἰcχύνηι πεcῆι.

Die dramatische Situation, in die F 375 hineingehört, ist schwer zu ermitteln. Der Sprecher dieser Verse ist entweder

selbst διάκονος (Herakles? Silen?[30] der Chor?)[31] und resümiert
über seine Schweigepflicht - dann wird er auch gewiß etwas zu
verbergen haben -, oder er ist δεσποτῶν τις (Eurystheus) und
sucht sich seine Mitwisser zum Schweigen zu verpflichten.

Über das Verhältnis zwischen Herr und Sklave s. Kannicht
ad E. *Hel.* 726 und s. o. *Busiris, ad* F 313, *p.* 128.

F 376

οὐκ οἶδ᾽ ὅτωι χρὴ κανόνι τὰς βροτῶν τύχας
ὀρθῶς σταθμήσαντ᾽ εἰδέναι τὸ δραστέον.

Stob. 4, 34, 41 *p.* 838 Hense.

2 σταθμήσαντ᾽ Pierson : ἀθρήσαντ᾽ *SM* | τὸ *SMA* : τί West.

1 f. ὅτωι ... κανόνι ... σταθμήσαντ᾽. Ohne Not änderte
Pierson[32] nach Hesych c 1600 Schmidt σταθμήσας· ἐν ζυγῶι
στήσας das ἀθρήσαντ᾽ der Handschriften (s. App.) in σταθμή-
σαντ᾽, wobei er für κανών fälschlich die Bedeutung ‚Waagschale‘ zugrundelegte.[33] Während ἀθρεῖν für den Wortschatz
der Tragödie gut belegt ist, findet sich σταθμᾶν nur noch ein
einziges Mal (E. *Ion* 1137), wo es als *terminus technicus* für das
Ausmessen einer Baufläche gebraucht ist. κανών schließlich ist
ein von Euripides häufiger verwendetes Wort mit der Bedeutung ‚Richtschnur‘,[34] sowohl als *terminus technicus* der Zimmer-
mannssprache (*HF* 945; *Tr.* 6. 814) als auch im übertragenen

---

[30] Der Silen ist allerdings schnell bereit, seine Pflichten zu vergessen,
wenn ihn ein anderer Gewinn lockt, vgl. *Cyc.* 163, wo er von Odysseus
aufgefordert wurde, die Vorräte des Kyklopen aus der Höhle zu holen:
δράσω τάδ᾽, ὀλίγον φροντίσας γε δεσποτῶν.

[31] Campo 1940, 56 denkt an Kerberos, den treuen Wächter des Hades.
Wilamowitz *ad loc.* (ms.): „Chorus dixerit verba“.

[32] Vgl. Valckenaer 1824, 178.

[33] In gleicher Weise schien es Valckenaer notwendig, E. *Cyc.* 379
ἀθρήσας in σταθμήσας zu ändern; Diggle nennt im App. *ad loc.* fälschlich
Pierson als Urheber dieser Konjektur.

[34] Von den übrigen Tragikern scheint es nur Sophokles *F 474, 5 (*Oinomaos* [?], als *terminus technicus*) noch einmal, von den Komikern nur Aristophanes (*Av.* 999; 1002; 1004; *Ra.* 799; 956 [bezeichnenderweise aus dem
Munde des Aristophaneischen Euripides]) verwendet zu haben.

Sinne (*Hec.* 602; *Supp.* 650; *El.* 52; F 303, 4). In der Bedeutung ‚Waagschale' ist es indessen nicht zu finden; damit entfällt die Grundlage für Piersons Konjektur: Die Lesart ἀθρήϲαντ' der Handschriften ist zu halten.

1. τύχαϲ. Zu τύχη vgl. Busch 1937, 25.

2. τὸ δραϲτέον. West 1983, 74 weist darauf hin, daß es für τὸ δρ. keine Parallele gebe; δραϲτέον kann nicht *res facienda* sondern nur *faciendum est* heißen, der Artikel ist also zu streichen. Wests Konjektur τί δρ. ist daher dem überlieferten Text vorzuziehen.

F 377

μάτην δὲ θνητοὶ τοὺς νόθους φεύγουϲ' ἄρα
παῖδαϲ φυτεύειν· ὃϲ γὰρ ἂν χρηϲτὸϲ φύηι,
οὐ τοὔνομ' αὐτοῦ τὴν φύϲιν διαφθερεῖ.

Stob. 4, 24 c, 44 *p.* 614 Hense.

1. τοὺς νόθουϲ. Die Problematik der νόθοι wird von Euripides weit häufiger auf die Bühne gebracht als von anderen Dramatikern; weit häufiger widerfährt ihnen aber auch Gerechtigkeit in ihrer Beurteilung.[35]

Die Aussage, daß die Menschen es *vermieden*, νόθοι zu zeugen, ist allerdings ungewöhnlich;[36] ähnlich ist allenfalls die des Euripideischen Hippolytos, selbst ein νόθοϲ: Zu Unrecht für den Tod seiner Stiefmutter Phaidra verantwortlich gemacht, erklärt er die ungerechte Behandlung durch seinen Vater mit seinem unseligen Status als außerehelicher Sohn, um sich dann selbst zu verwünschen: μηδεὶϲ ποτ' εἴη τῶν ἐμῶν φίλων νόθοϲ (V. 1083).

Völlig unklar ist, wer der Sprecher dieser Verse ist, bzw. über wen sie gesagt sind: Keine der bekannten *dramatis personae* vermag man so recht als νόθοϲ zu bezeichnen. Man wird kaum

---

[35] Vgl. z. B. *Andr.* 638: νόθοι δὲ πολλοὶ γνηϲίων ἀμείνονεϲ; ferner: *Hipp.* 309; F 52 (= F 40 Snell *Alexandros*); F 141 (*Andromeda*); F 168 (*Antigone*).

[36] F 141 (*Andromeda*) ist die Rede davon, daß νόθοι als Schwiegersöhne unerwünscht seien.

annehmen, daß Herakles gemeint sei, nur weil sein Vater Zeus und nicht Amphitryon war;[37] soweit ist nur Aristophanes in den *Ornithes* (V. 1646-54) gegangen, wo Pisthetairos dem Heros darlegt, daß er als Bastard von der Erbfolge ausgeschlossen sei, doch geht es in diesem Zusammenhang darum, daß seine *Mutter* nicht Zeus' rechtmäßige Ehefrau war. Zudem ist in diesem Fragment ausdrücklich von Sterblichen die Rede, die es vermieden, Bastarde zu zeugen.

Es liegt daher nahe, eine weitere Figur in diesem Drama anzunehmen, und für die Identität dieser Figur könnte sich in der parallelen Überlieferung des Mythos von Herakles' Kerberos-Abenteuer ein vager Anhaltspunkt finden. Im Hades traf der Heros auf seine Freunde Peirithus und Theseus, die nach dem mißglückten Versuch, Persephone zu rauben, in der Unterwelt festgehalten wurden. Zumindest Theseus konnte er befreien[38] und in die obere Welt zurückbringen.[39] Es ist also nicht auszuschließen, daß Theseus im *Eurystheus* auftrat,[40] und auf ihn

---

[37] Anders: Schmid/Stählin 626, 1. Im *Herakles* (V. 149) bezeichnet Lykos Amphitryon als den συγγαμός und τέκνου κοινεών des Zeus; ebenso Amphitryon über sich V. 340. V. 184 nennt Amphitryon Herakles seinen Sohn: παῖδα τὸν ἐμόν. Aus dem Zusammenhang geht hervor, daß die Unsicherheiten in Herakles' Abstammung als ein Vorzug ausgelegt werden, nicht - wie in F 377 - als anstößig, vgl. besonders den Lobpreis von Herakles' Abstammung in den Worten des Chors V. 696-700. Herakles selbst sieht sich indessen lieber als Sohn des Amphitryon und äußert V. 1258-65 sein Befremden über Zeus.

[38] Im *Peirithus* des Euripides - dessen Autorschaft allerdings umstritten ist (vgl. u. *Sisyphos* p. 185 ff.; Unsichere Fragmente, [Kritias 43] F 19, p. 289 ff.) - bleibt Theseus deshalb im Hades, weil er es als schimpflich ansieht, seinen Freund dort im Stich zu lassen. Folgerichtig muß daher in diesem Drama auch Peirithus befreit worden sein, damit *beide* zurückkehren können; vgl. die Hypothesis zum *Peirithus* [43] F 1 TrGF 1; weitere Stellen s. im App. zu [43] F 1 TrGF 1.

[39] Die Befreiung von Theseus und Peirithus aus dem Hades hat sehr wahrscheinlich ältere Quellen als das Drama *Peirithus*: Pausanias berichtet 9, 31, 5 davon, daß Hesiod ein Gedicht dieses Inhalts zugeschrieben werde (vgl. F 280 Merkelbach/West). Zwei Verse, die Pausanias 10, 28, 1 f. aus einem Gedicht *Minyas* zitiert, zeigen ebenfalls einen Ausschnitt aus diesem Mythos (F 1 Bernabé). Als den Dichter der *Minyas*, die an den Anfang des fünften Jahrhunderts v. Chr. datiert wird, nennt Pausanias 4, 33, 7 Prodikos von Phokis (T 1 Bernabé).

[40] Im *Herakles*, der mythenchronologisch genau an den *Eurystheus* anschließt, ist von Theseus' Rettung die Rede, die Herakles zusätzlich Zeit gekostet habe (V. 619. 621).

paßt auch die Bezeichnung νόθος, denn er ist ein unehelicher
Sohn des Aigeus von Pittheus' Tochter Aithra.[41]

Im *Peirithus* bietet er offenbar Herakles bei der Bezwingung des Kerberos seine Hilfe an, doch lehnt dieser ab aus
Furcht, Eurystheus könnte die Tat dann als unerfüllt werten
([43 Kritias] F 7, 8-14):[42]

⟨HP.⟩   cαυτῶι τε,] Θηcεῦ, τῆι τ' Ἀθηναίων πό[λει
          πρέποντ' ἔλεξαc· τοῖcι δυc[τυ]χοῦcι γάρ
10   ἀεί ποτ' εἶ cὺ cύμμαχοc· cκῆψιν [δ' ἐμ]οί
          ἀεικέc ἐcτ' ἔχοντα πρὸc πάτραν μολεῖν.
          Εὐρυcθέα γὰρ πῶc δοκεῖc ἄν, ἄcμενον
          εἴ μοι πύθοιτο ταῦτα cυμπράξαντά cε
          λέξειν ἂν ὡc ἄκραντοc ἤθληται πόνοc;

Im *Herakles* indessen scheut er sich nicht, Theseus' Hilfe in
Anspruch zu nehmen, um den Hades-Hund von Hermion (V. 615)
nach Argos zu bringen (V. 1386 f.): ἕν μοί τι, Θηcεῦ, cύγκαμ'·
ἀγρίου κυνὸc | κόμιcτρ' ἐc Ἄργοc cυγκατάcτηcον μολών.

2. **παῖδαc φυτεύειν.** παῖδαc ist tautologisch, wie nicht
selten bei Verwandschaftsbezeichnungen, vgl. E. *Supp.* 985 f.
(*lyr.*): Εὐάδνην, | ἣν Ἴφιc ἄναξ παῖδα φυτεύει; vgl. Collard *ad
loc.* (mit weiteren Stellen).

3. **τοὔνομ'.** „Ruf", „Leumund"; vgl. F 168 (*Antigone*):
ὀνόματι μεμπτὸν τὸ νόθον, ἡ φύcιc δ' ἴcη. Zum Problem der
ἰcότηc aller Menschen bei Euripides s. u. Unsichere Fragmente,
ad F inc. 1048, *p.* 350 ff.; vgl. Bond *ad* E. *HF* 633-36.

---

[41] Mythologische Quellen für den Vater Aigeus: *Il.* 1, 265 = [Hes.]
Sc. 182; Theogn. 1233; B. 17, 15 f. Maehler (Enkel des Pandion) u. a. In der
Odyssee (11, 631) gilt Theseus als „Göttersohn", d. h. als ein Sohn des Poseidon (Pi. F 243 Snell/Maehler; B. 17, 36 Maehler; E. *Hipp.* 887 u. ö.). Die
mythologischen Zeugnisse für Theseus' Mutter Aithra sind zwar sehr spät
(Apollod. 3, 10, 7; Hygin *fab.* 14; Plu. *Thes.* 3), doch ist Aigeus' Seitensprung
in Troizen notwendige Voraussetzung für Theseus' Reise von dort nach
Athen, auf der er Sinis, Skiron, Kerkyon, Prokrustes und andere Unholde
beseitigt (s. u. *Skiron p.* 242), womit er sich als attischer Nationalheros
profiliert.

[42] Von Kerberos ist auch adesp. F 658 *fr.* b, 2 TrGF 2 die Rede, das
möglicherweise aus demselben Drama stammt; vgl. Cockle *ad* P. Oxy. 3531
p. 31.

F 378 [43]

νῦν δ᾽ ἤν τις οἴκων πλουσίαν ἔχηι φάτνην,
πρῶτος γέγραπται τῶν τ᾽ ἀμεινόνων κρατεῖ·
τὰ δ᾽ ἔργ᾽ ἐλάςςω χρημάτων νομίζομεν.

Stob. 4, 31 b, 42 *p.* 748 Hense.

1 οἴκων *SM* : ὄκνων *A* : οἴκοι Grotius, v. Herwerden.　　2 τῶν ... κρατεῖ
v. Herwerden : τῶν κακιόνων κράτει *SMA*.

1. οἴκων πλουσίαν ... φάτνην. „Reiche Lebensverhält-
nisse des Hauses"; gemeint ist: ‚wer aus einer reichen Familie
stammt‘, ‚wer von Hause aus ein Leben in Reichtum führt‘.

φάτνη (‚Futterkrippe‘, insbesondere für Pferde) findet sich
innerhalb des Wortschatzes der Tragödie ausschließlich bei
Euripides (*Alc.* 496; *Hipp.* 1240; *HF* 382; *El.* 1136; *Hel.* 1181; *Ba.* 510.
618; F 670 [*Stheneboia*]). Hier ist es - wie sonst nur noch F 670,
wo von den ἐπάκτιοι φάτναι der Fischer die Rede ist, - im
metaphorischen Sinne gebraucht.[44] Nur in dieser übertragenen
Bedeutung ist das οἴκων der Handschriften haltbar, das so als
Genetivattribut zu φάτνην dient, vgl. *Andr.* 467: (sc. οὐδέποτ᾽
ἐπαινέςω) † ἔριδας οἴκων; andernfalls ist mit Grotius οἴκοι zu
konjizieren.

2. πρῶτος γέγραπται. „Steht an erster Stelle (einer
Schrift oder Inschrift)", vgl. Thukydides 6, 55, 2 (über eine
Stele auf der Agora in Athen, auf der Namen und Untaten der
Peisistratiden verzeichnet waren): καὶ ἐν τῆι αὐτῆι ςτήληι (sc. ὁ
Ἱππίας) πρῶτος γέγραπται μετὰ τὸν πατέρα; und Platon
Phaedr. 258 a (über οἱ μέγιστον φρονοῦντες τῶν πολιτικῶν, die
am Anfang ihrer Reden und Schriften Claqueure zu Wort kom-
men lassen): ἐν ἀρχῆι ἀνδρὸς πολιτικοῦ {ςυγγράμματι} πρῶτος
ὁ ἐπαινέτης γέγραπται. Natürlich ist nicht auszuschließen, daß

---

[43] Zur Kombination von F 378 mit F inc. 1048 s. u. Unsichere Fragmente *p.* 350 ff.

[44] Im Wortschatz der Komödie gibt es nur zwei Belege für φάτνη, bei
Aristophanes (*Nu.* 13) und Eubulos (F inc. 126, 2 PCG), der das Wort im
übertragenen Sinne gebraucht: πολλοί, φυγόντες δεσπότας, ἐλεύθεροι |
ὄντες πάλιν ζητοῦςι τὴν αὐτὴν φάτνην. Kassel/Austin verweisen im App.
ad loc. auf Zenob. *Vulg.* 3, 50: εἰς ἀρχαίας φάτνας· ἐπὶ τῶν ἀπολαύςεώς
τινος ἐκπεςόντων εἶτα πάλιν ἐπὶ τὴν ἀρχαίαν ἐλθόντων δίαιταν.

in diesem Fragment von einer Inschrift gesprochen wird, ist
doch offenbar in F 372 eine Statue von Bedeutung; viel wahrscheinlicher ist aber, daß die Redewendung hier in metaphori-
schem Sinne gebraucht ist und soviel bedeutet wie: ‚der erste
im Staate sein‘, ‚Herrscher sein‘, und dies besonders, wenn das
Fragment aus dem Kontext einer Erörterung über die Gleichheit der Menschen stammt (s. u.); vgl. E. *Supp.* 429-34 (Theseus’
Plädoyer für die Demokratie und gegen die Tyrannis):

οὐδὲν τυράννου δυcμενέcτερον πόλει,
430   ὅπου τὸ μὲν πρώτιcτον οὐκ εἰcὶν νόμοι
κοινοί, κρατεῖ δ’ εἶc τὸν νόμον κεκτημένοc
αὐτὸc παρ’ αὑτῶι· καὶ τόδ’ οὐκέτ’ ἔcτ’ ἴcον.
γεγραμμένων δὲ τῶν νόμων ὅ τ’ ἀcθενὴc
ὁ πλούcιόc τε τὴν δίκην ἴcην ἔχει.

Ist diese Vermutung zutreffend, könnte sich F 378 gegen
die Alleinherrschaft des Eurystheus richten. Mit der Tyrannis
verband sich die Vorstellung von Reichtum, der sich auf eine
Kopfsteuer gründete, die im demokratischen Athen als verpönt
galt.[45] Geradezu sprichwörtlich war der Reichtum der persi-
schen Satrapen, vgl. E. *HF* 643-45 (*lyr.*):

μή μοι μήτ’ Ἀcιήτιδοc
τυραννίδοc ὄλβοc εἴη,
645   μὴ χρυcοῦ δώματα πλήρη

Mit großer Wahrscheinlichkeit stammt also F 378 aus der
Klage einer Bühnenfigur über die ungerechte (oder auch ungerechtfertigte) Herrschaft des Eurystheus.

F 379

cκύφοc τε μακρόc

Ath. 10, 498 d; Eust. *Od.* 1775, 19.

---

[45] Daß diese Vorstellung im Athen des fünften Jahrhunderts verbreitet
war, wird in Thukydides’ Notiz (6, 54, 5) deutlich, daß sich die Peisistratiden auf die Erhebung einer Einkommenssteuer von „nur“ 5 % beschränkt
hätten: Ἀθηναίουc εἰκοcτὴν μόνον πραccόμενοι τῶν γινομένων (sc. οἱ
Πειcιcτρατίδαι).

1. **cκύφοc.** Mit dem Heteroklitikon cκύφοc wird seit *Od.* 14, 112 ein Trinkgefäß für verschiedene Getränke bezeichnet. Zum unterschiedlichen Genusgebrauch[46] bemerkt Athenaios 11, 498 f (dem eine Vielzahl von Belegen für cκύφοc zu verdanken ist), ὅτι τῶι cκύφει καὶ τῶι κιccυβίωι τῶν μὲν ἐν ἄcτει καὶ μετρίων οὐδεὶc ἐχρῆτο, cυβῶται δὲ καὶ νομεῖc καὶ οἱ ἐν ἄγρωι, ὡc ὁ Εὔμαιοc (*Od.* 14, 112), und nennt Asklepiades von Myrleia als Gewährsmann.[47] Die von Athenaios (ebd.) berichtete Kontroverse zwischen Aristarch und Aristophanes, ob cκύφοc *Od.* 14, 112[48] - dem einzigen Vorkommen dieses Wortes bei Homer - als Maskulinum oder Neutrum aufzufassen (und entsprechend in den Text einzugreifen) sei, läßt indessen auch den Schluß zu, daß es sich bei dieser Heteroklise nicht um ein soziokulturelles (und soziolektales) Phänomen handelt, sondern daß verschiedenartige Gefäße gemeint sein können: Möglicherweise sind durch das Genus ihrer Bezeichnung Wein- und Milchbecher unterschieden, die wahrscheinlich in Größe und Material ungleich waren. Mag also Asklepiades (und wohl auch Aristophanes) davon ausgegangen sein, daß zum rustikalen Ambiente bei dem Sauhirten Eumaios die rustikale Lexis (τὸ cκύφοc) eher passe, so konnte vielleicht Aristarchos für das Maskulinum ins Feld führen, daß Eumaios seinem Gast auch auf dem Lande sehr wahrscheinlich Wein aus einem für dieses Getränk vorgesehenen Gefäß reichte.

Mit dieser Annahme ließe sich immerhin der bei Euripides' zwischen Maskulinum und Neutrum schwankende Gebrauch von cκύφοc erklären, den man bisweilen durch Konjektur vereinheitlichen wollte.[49] Euripides benutzt das Wort cκύφοc im *Kyklops* viermal: als Maskulinum V. 256. 556, als Neutrum V. 390. 411. Als sich Odysseus (V. 256) gegenüber Polyphem

---

[46] Egli 1954, 75 f. nimmt an, daß das Neutrum in Analogie zu Neutra wie κύτοc und κῦφοc u. a. aus dem Maskulinum gebildet wurde.

[47] Ebenso Ath. 11, 477 b. c.

[48] Ath. 11, 498 f: παρ' Ὁμήρωι δὲ Ἀριστοφάνηc ὁ Βυζάντιοc γράφει· πληcάμενοc δ' ἄρα οἱ δῶκε cκύφοc, ὥιπερ ἔπινεν. Ἀρίcταρχοc δὲ· πληcάμενοc δ' ἄρα οἱ δῶκε cκύφον, ὥιπερ ἔπινεν. Ἀcκληπιάδηc δ' ὁ Μυρλεανὸc ἐν τῶι περὶ τῆc Νεcτορίδοc φηcὶν, ὅτι τῶι cκύφει καὶ τῶι κιccυβίωι τῶν μὲν ἐν ἄcτει καὶ μετρίων οὐδεὶc ἐχρῆτο, cυβῶται δὲ καὶ νομεῖc καὶ οἱ ἐν ἀγρῶι, ὡc ὁ Εὔμαιοc· πληcάμενοc δῶκε cκύφοc, ὥιπερ ἔπινεν, οἴνου ἐνίπλειον.

[49] Vgl. Wecklein 1904; Seaford *ad* E. *Cyc.* 390.

rechtfertigt, nicht Gewalt, sondern *ein* Becher Wein habe den Silen dazu veranlaßt, den Besitz des Kyklopen zu veräußern (V. 152-67), ist klar, daß es *sein* Becher war, den er zusammen mit dem Schlauch von Bord brachte (V. 151). Um genau so einen für Wein bestimmten Becher wird es sich auch V. 556 handeln, als Odysseus, Polyphem und der Silen ein Symposion nach allen Regeln der Kunst zelebrieren (V. 519-89). Der gigantische Becher hingegen, den der Kyklop V. 390 benutzt, ist für Milch gedacht, denn Wein ist dem Kyklopen unbekannt. Die Zweckentfremdung dieses Bechers durch Odysseus (V. 411) verfehlt nicht die beabsichtigte Wirkung: Im Nu ist Polyphem betrunken, und die Intrige kann in Gang gesetzt werden.

Zwei weitere Weinbecher - wiederum im Maskulinum - erscheinen *Alc.* 798 (Herakles' Symposion im Hause des Admet) und *El.* 499 (Vorbereitungen, um die noch unerkannten Gäste Orest und Pylades zu bewirten). Als Neutrum findet sich cκύφοc nur noch einmal F 146, 2 (*Andromeda*), wo explizit gesagt ist, daß der Becher mit Milch gefüllt ist.[50]

Ist die Annahme richtig, daß Euripides cκύφοc in dieser Weise verwendete, könnte F 379 aus einer Symposion-Szene stammen.

F 379 a Snell (= F inc. 933)

(über Herakles)

βάcκανον †μέγιcτον ψυχαγωγόν

Lex. Vind. ψ 6 *p.* 195, 3 Nauck; Joh. Sard. Rhet. Gr. 15 *p.* 82, 21 Rabe. (Vgl. *Et. Magn. Gen.* β 51 Lasserre/Livadaras).

βάcκανον | μέγιcτον ⟨αὐτοῦ⟩ ψυχαγωγόν Steffen : βάcκανον ⟨ | × — ⟩ μέγιcτον ψυχαγωγόν ⟨ — ∪ × ⟩ Mette.

1. Im *Lexicon Vindobonense* (ψ 6 Nauck, 1867), findet sich ψυχαγωγόc als Synonym für ἀνδραποδιcτήc verbunden mit ei-

---

[50] Das Wort cκύφοc ist dem Wortschatz der Tragödie sonst fremd (Aischylos benutzt F 184 [*Perraibides*] allerdings cκύφωμα) und Komödie sowie Satyrspiel vorbehalten; neben den genannten Stellen aus dem *Kyklops* und der hier besprochenen vgl. ferner: Ion 19 F 26 (*Omphale*, Neutr.: οἶνοc οὐκ ἔνι | ἐν τῶι cκύφει); Achaios 20 F 33 (*Omphale*, Mask.).

nem Euripides-Beleg, den Nauck zunächst nicht für den Wortlaut eines Fragments hielt, sondern für eine Paraphrase von
E. *Alc.* 1128:[51] ψυχαγωγὸc ὁ ἀνδραποδιcτήc. Εὐριπίδηc· βάcκανον μέγιcτον ψυχαγωγόν. Er nahm das Fragment erst in den
TGF² als F inc. 933 auf. Aufgrund von Dox. 347, 15-18 Schol. *Π*
(ed. Rabe RhM 62 [1907] 570) wies Wilamowitz 1910/62, 257
die Glosse dem *Eurystheus* zu:[52] εἴρηται δὲ τὸ ψυχαγωγεῖν ἐπὶ
ἀνδραποδιcτοῦ, ὡc Εὐριπίδηc ἐν τῶι Εὐρυcθεῖ ἐπὶ τοῦ Ἡρακλέουc.

βάcκανον. „Schandmaul". Das Substantiv (und Adjektiv)
βάcκανοc (vgl. Hsch. β 96: βάcκειν· κακολογεῖν) ist im Wortschatz von Tragödie und Satyrspiel - neben dieser Stelle - nur
noch einmal belegt (Sophokles F inc. 1034), wo Hesych (β 91)
eine ganz eigene, singuläre Bedeutung attestiert: βάcκανοc· (...)
Cοφοκλῆc ἰδίωc τὸ βάcκανον ἐπὶ τοῦ ἀχάριcτοc. In der Komödie wird es dagegen von übelredenden bzw. übelwollenden Menschen gebraucht (Ar. *Eq.* 103; *Pl.* 571; Antiph. F 80, 8; F 159, 4
PCG; Men. *Pk.* 529).

ψυχαγωγόν. Aus dem *Lexicon Vindobonense* (ψ 6 Nauck), das
den Wortlaut des Fragments überliefert, und Dox. 347, 15-18
Schol. *Π* (ed. Rabe RhM 62 [1907] 570, s. o.), das die Zuweisung des Fragments an den *Eurystheus* ermöglichte, scheint her-
vorzugehen, daß Herakles in diesem Drama als Sklavenhändler
aufgetreten ist. Wäre diese Bedeutung an dieser Stelle richtig,
hätte dies weitreichende Folgen für die Rekonstruktion des
Dramas; den entstehenden Schwierigkeiten wollte Steffen
(1975, 9 f.) dadurch entgehen, daß er annahm, Herakles sei in
diesem Drama *sein eigener* Sklavenhändler, da er Eurystheus
seine Dienste freiwillig anbietet (s. u. Sagenstoff). Er konji-
zierte daher: βάcκανον | μέγιcτον ⟨αὑτοῦ⟩ ψυχαγωγόν.

Unser Fragment wäre indessen der einzige voralexandrini-
sche Beleg für diese Bedeutung und müßte Phrynichos (*Praep.*
soph. p. 127 de Borries) entgangen sein:

---

[51] Damit, daß Herakles in dieser Szene wie ein Sklavenhändler eine
Sklavin als Alkestis ausgibt, ist dieser Vers (s. u.) allerdings vollkommen
mißverstanden.

[52] Vgl. Ioann. Sard. *in Aphthon. Progymn.* 5 ed. Rabe: „ψυχαγωγεῖν οὐκ
ἐχρῆν, εἰ λυπεῖν ἠβούλετο." ψυχαγωγεῖν μὲν εἴρηται ἐπ’ ἀνδραποδιcτοῦ·
Εὐριπίδηc ἐν τῶι Εὐρυcθεῖ ἐπὶ τοῦ Ἡρακλέουc. ψυχαγωγεῖν δὲ ἐπὶ ἡδο-
νῆc οἱ παλαιοὶ ἔλεγον, ὡc Πλάτων ἐν Φαίδρωι (261 a)· „ῥητορικὴ ἂν εἴη
τέχνη ψυχαγωγίαν ἔχουcα."

ψυχαγωγός· οἱ μὲν Ἀλεξανδρεῖς τὸν τῶν παίδων ἀνδραποδιστὴν οὕτω καλοῦσιν, οἱ δ' ἀρχαῖοι τοὺς τὰς ψυχὰς τῶν τεθνηκότων γοητείαις τισὶν ἄγοντας. τῆς αὐτῆς ἐννοίας καὶ τοῦ Αἰσχύλου τὸ δρᾶμα ‚ψυχαγωγός‘ (*i. e. Psychagogoi*, F 273-78).

Eine weitere Bedeutung - ‚Seelengeleiter‘ - ergibt sich aus Sophokles F 327 a, das Doxopatres überliefert: ἀλλ' οἱ θανόν-τες ψυχαγωγοῦνται μόνοι. Dieses Fragment stammt aus dem *Kerberos* (ein Satyrspiel?), der wahrscheinlich das gleiche Sujet hat wie der *Eurystheus*.

Welche der drei Bedeutungen (‚Sklavenhändler‘, ‚Seelenge-leiter‘, ‚Seelenbeschwörer‘) an dieser Stelle richtig ist, läßt sich nicht mit Sicherheit feststellen. Die Bedenken gegen einen ‚Sklavenhändler‘ Herakles in diesem Drama lassen es indessen als geraten erscheinen, Phrynichos' Zeugnis höheren Wert bei-zumessen als den byzantinischen Lexika, die das Fragment überliefern. Der Fehler in den Lexika mag davon herrühren, daß in einer Liste von Belegen für völlig verschiedene Wortbe-deutungen von ψυχαγωγός zwei Belege beim Kopieren nicht deutlich genug voneinander getrennt wurden, und zu einem Zeitpunkt, wo der Beleg nicht mehr überprüfbar war, ihm ver-sehentlich eine andere Bedeutung zugewiesen wurde.

Eine inhaltliche Erwägung macht es wahrscheinlich, daß ψυχαγωγός in der Bedeutung ‚Seelenbeschwörer‘[53] verwendet ist: ψυχαγωγός wird an dieser Stelle *über* Herakles gesagt, aber sicherlich wird er sich gegen diese Bezeichnung hier ebenso verwahren wie *Alc.* 1128: Herakles hat in dieser letzten Szene des Dramas Alkestis gerade entschleiert, und Admet blickt ungläubig in das Antlitz seiner Frau, die er kurz zuvor bestattet hatte. Sie kommt ihm vor wie ein φάσμα νερτέρων. Das würde aber bedeuten, daß Herakles nicht wirklich mit Tha-natos gerungen, sondern sich nur als Seelenbeschwörer betätigt hätte; mit gespielter Entrüstung weist er diese Vermutung zu-rück: οὐ ψυχαγωγὸν τόνδ' ἐποιήσω ξένον.[54] Kaum wahrschein-

---

[53] In dieser Bedeutung findet es sich schon A. *Pers.* 687.

[54] Vgl. das Scholion *ad loc.*: ψυχαγωγοί τινες γόητες ἐν Θετταλίαι οὕτω καλούμενοι, οἵτινες καθαρμοῖς τισι καὶ γοητείαις τὰ εἴδωλα ἐπάγουσί τε καὶ ἐξάγουσιν.

lich ist indessen die Vorstellung, daß Herakles als ein Seelengeleiter in diesem Drama auftrat.

Es ist naheliegend, für den *Eurystheus* eine ganz ähnliche
Szene wie die beschriebene aus der *Alkestis* anzunehmen: Herakles ist aus der Unterwelt zurückgekehrt; aber da wohl kaum
Kerberos als εἴδωλον oder φάσμα νερτέρων bezeichnet werden
kann, - er haust nicht als totes Wesen in der Unterwelt - läßt
sich F 379 a als weiteres Indiz dafür werten, daß Theseus in
diesem Drama auftrat. Sein unerwartetes Erscheinen in dieser
Szene könnte ebensolche Ungläubigkeit hervorgerufen haben
wie Alkestis' Rückkehr. Als Sprecher kommen in jedem Fall die
Satyrn oder der Silen in Frage, wofür nicht nur die Wortwahl
spricht (s. o. *ad* βάσκανον), sondern gerade die auch an anderer
Stelle bewiesene Despektierlichkeit, mit der sie Heroen begegnen; vgl. E. *Cyc.* 104 (der Silen über Odysseus): οἶδ' ἄνδρα,
κρόταλον δριμύ, Cιcύφου γένοc.

F 380

Ταρτάρειος

St. Byz. *p.* 606, 8 Meineke.

1. **Ταρτάρειος.** „Unterweltlich"; Innerhalb der Tragödie ist
dieses Wort nur für Euripides belegt, und zwar im *Herakles*
(V. 907): τάραγμα ταρτάρειον, eine „Erschütterung aus der
Tiefe der Erde".

In Hesiods *Theogonie* (V. 304-12) sind Typhaon, der Sohn
des personifizierten Tartaros, und Echidna die Eltern des Ha-
deswächters Kerberos, der damit ein Bruder anderer Ungeheuer,
darunter des Orthos und der lernäischen Hydra, wird.[55] Bei
Sophokles (*OC* 1574: ὦ Γᾶc παῖ καὶ Ταρτάρου) scheint - wenn
man dem Scholion *ad loc.* Glauben schenken darf - diese Genealogie sogar noch um eine Generation verkürzt; in beiden Fällen
könnte Ταρτάρειος also auch ein Patronym des Kerberos sein,
und von ihm ist in diesem Fragment wahrscheinlich die Rede.

---

[55] Sein Stammbaum bei West *ad* Hes. *Th. p.* 244.

Wie das Adjektiv im *Herakles* ist das Substantiv Τάρταρος,
- Bezeichnung für den tiefsten, noch unter dem Hades liegenden Bereich der Unterwelt und Kerker für Zeus' schlimmste
Widersacher sowie die Erinyen (A. *Eum.* 72), - in der Tragödie
nahezu ausschließlich an Stellen äußerster Dramatik zu finden:
sehr häufig in lyrischen oder anapästischen Partien ([A.] *Pr.*
154. 1051; E. *Hipp.* 1290; *HF* 907; S. *OC* 1574); oft sind Götter die
Sprecher (A. *Eum.* 72: Apollon, [A.] *Pr.* 1029: Hermes, E. *Hipp.*
1290: Artemis, *HF* 870: Lyssa), oder es wird Schreckliches ausgesprochen ([A.] *Pr.* 154. 219: Prometheus Klage und Anklage
gegen Zeus, E. *Ph.* 1604: Oidipus verwünscht nach seiner Verbannung die Heimat, *Or.* 265: Orest erkennt im Wahnsinn seine
Schwester nicht mehr, S. *OC* 1389: Oidipus verflucht seinen
Sohn).

Auch wenn der *Eurystheus* ein Satyrspiel ist, so ist doch
kaum anzunehmen, daß F 380 aus einer nicht ebenso dramatischen Szene stammt. F 380 wäre damit der einzige, wenn auch
schwache Reflex auf eine bewegende Szene (Herakles' Abstieg
in die Unterwelt? seine Rückkehr von dort?) in einer Dramenhandlung, die wir allenfalls in groben Zügen rekonstruieren
können.

Sagenstoff

Eurystheus, der Herrscher über Mykene, Argos und Tiryns,
ist ein Verwandter des Herakles: Drei Söhne des Perseus
(Sthenelos, Alkaios und Elektryon) hatten drei Töchter des Pelops (Nikippe oder Amphibia, Astydameia und Eurydike) geheiratet. In der nächsten Generation heiratete Alkaios' Sohn Amphitryon seine Cousine Alkmene, die Tochter des Elektryon.
Doch bevor er mit ihr seinen Sohn Iphikles zeugte, kam ihm
Zeus zuvor und zeugte mit ihr Herakles, dem er die Herrschaft
zugedacht hatte. Er verkündete in der Götterversammlung seinen Plan, daß der nächstgeborene aus dem Stamm des Perseus
die Herrschaft übernehmen werde und verpflichtete sich gegenüber Hera, deren List[56] er nicht erahnte, durch einen Eid zur
Einhaltung dieses Plans. Die eifersüchtige Hera vereitelte jedoch seine Absicht, indem sie Alkmenes Schwangerschaft ver-

---

[56] Heras List: *Il.* 19, 95-124; D. S. 4, 9, 4-5; Apollod. 2, 4, 5.

längerte, und die der Nikippe respektive Amphibia beschleunigte, so daß Eurystheus, der Sohn des Sthenelos und Cousin von Amphitryon und Alkmene, zuerst geboren wurde und seinem Vater auf den Thron folgte.

Die mythologischen Quellen für diese Verwandtschaftsverhältnisse sind sehr widersprüchlich und stammen zum Teil erst aus der Zeit nach dem fünften Jahrhundert; sie könnten sich Euripides und seinen Zeitgenossen aber in folgender Weise dargestellt haben:[57]

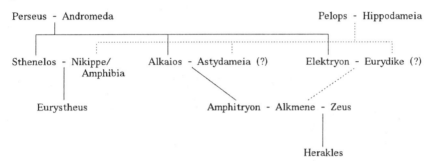

Heras List wurde offenbar erst in hellenistischer Zeit zu einem Aition für Herakles' Sklavendienst bei Eurystheus. Diodor erzählt (4, 9, 5), daß Zeus nach seiner Täuschung durch Hera zwar an seinen Eid gebunden war, aber gleichwohl seinem Sohn zu zukünftigem Ruhm verhelfen wollte. Er überredete sie, Herakles' Deifizierung zuzustimmen, wenn dieser in Eurystheus' Diensten zwölf Arbeiten leistete.

---

[57] Die Linie Perseus - Sthenelos - Eurystheus: E. *Heracl.* 361. Eurystheus' Mutter ist Nikippe nach Hesiod F 191 Merkelbach/West bzw. Amphibia, ebenfalls eine Tochter des Pelops, nach Pherekydes 3 F 68 FGrHist.
Die Linie Perseus - Alkaios - Amphitryon: E. *HF* 2 f. Amphitryons Mutter Astydameia wird erst von den Mythographen genannt: Apollod. 2, 4, 5.
Die Linie Perseus - Elektryon - Alkmene ist notwendige Voraussetzung für Heras List, die schon in der *Ilias* (19, 95-124) erzählt wird, und gehört somit zum ältesten Teil des Mythos. Alkmenes Vater Elektryon ist zuerst [Hes.] *Sc.* 3, als ihr Großvater wird E. *Heracl.* 211 Pelops (bei Herodoros [31 F 15 FGrHist] Perseus), als ihre Mutter zuerst D. S. 4, 9, 1 Eurydike genannt. Andere Quellen nennen Lysidike, ebenfalls eine Tochter des Pelops: Plu. *Thes.* 7, Paus. 14, 2 (nur durch Wilamowitz' Konjektur Hes. F 193, 10 f. Merkelbach/West). Eine andere Überlieferung bietet Apollodor (2, 4, 5), nach der Elektryon Anaxo, die Tochter seines Bruders, heiratet.

Euripides selbst hat in seiner Tragödie *Herakles* (V. 13-25) Amphitryon einen anderen Grund für die entwürdigende Arbeit seines Sohnes darlegen lassen: Amphitryon hatte seinen Schwiegervater *in spe* Elektryon getötet,[58] und wurde daraufhin von Sthenelos verbannt, der die Gelegenheit nutzte, selbst an die Macht zu gelangen. Auch Eurystheus gestattete es Amphitryon nicht, nach Argos zurückzukehren, weil er dessen Anspruch auf die Macht fürchtete. Aus Gefälligkeit gegenüber seinem Ziehvater hatte sich Herakles selbst angeboten, das Land von schweren Plagen zu befreien, um auf diesem Wege Eurystheus zu bewegen, Amphitryon in seine Heimat zurückkehren zu lassen. Eurystheus indessen war daran gelegen, Herakles durch unlösbare Aufgaben zu beseitigen.[59] Als Herakles erfolgreich von seiner letzten Arbeit heimkehrt, tötet er in einem Anfall von Wahnsinn seine Kinder und seine Frau Megara.

Als ein dritter Grund findet sich in Analogie zu anderen Mythen, in denen Sklavendienst als Buße für einen Mord selbst Göttern auferlegt wird,[60] bei Apollodor (2, 4, 12) Herakles' Frondienst als Sühne für den Mord an Frau und Kindern.[61]

Die schwierigste[62] und bei Euripides und den meisten Mythographen letzte der zwölf Arbeiten für Eurystheus, führt ihn in die Unterwelt, um von dort Kerberos zu holen. Sie ist bereits in der *Ilias* fester Bestandteil des Mythos (8, 362-69):[63]

> οὐδέ τι τῶν μέμνηται, ὅ οἱ μάλα πολλάκις υἱὸν
> τειρόμενον cώεcκεν ὑπ' Εὐρυcθῆοc ἀέθλων.
> ἤτοι ὁ μὲν κλαίεcκε πρὸc οὐρανόν, αὐτὰρ ἐμὲ Ζεὺc
> 365   τῶι ἐπαλεξήcουcαν ἀπ' οὐρανόθεν προΐαλλεν.

---

[58] Im Streit: [Hes.] *Sc.* 11 f.; versehentlich: Pherekyd. 3 F 13 b.

[59] Vgl. [43 Kritias] F 1, 10-14 aus dem *Peirithus*, s. o. *ad* F 371, 1. Sein Haß gegen die Kinder des Herakles nach dessen Tod ist der Gegenstand der *Herakliden* des Euripides.

[60] Z. B. Apollon bei Admet, E. *Alc.* 1-7. Vgl. auch Herakles' Sklavendienst bei Omphale, s. u. *Syleus p.* 272 ff.

[61] Zur Reihenfolge von Sklavendienst und Kindermord vgl. (mit weiteren Stellen) Bond *ad* E. *HF p.* XXVII-XXX.

Erst hellenistisch ist schließlich das homoerotische Motiv, daß Herakles die zwölf Arbeiten aus Liebe zu Eurystheus auf sich genommen habe: Schol. T *Il.* 15, 639 c; Ath. 13, 603 d.

[62] Vgl. *Od.* 11, 623 f. (Herakles zu Odysseus in der Unterwelt): οὐ γὰρ ἔτ' ἄλλον | φράζετο τοῦδέ τί μοι χαλεπώτερον εἶναι ἄεθλον.

[63] Vgl. *Od.* 11, 623-26.

εἰ γὰρ ἐγὼ τάδε ἤιδε' ἐνὶ φρεcὶ πευκαλίμηιcιν,
εὖτέ μιν εἰc Ἀΐδαο πυλάρταο προΰπεμψεν
ἐξ Ἐρέβευc ἄξοντα κύνα cτυγεροῦ Ἀΐδαο,
οὐκ ἂν ὑπεξέφυγε Cτυγὸc ὕδατοc αἰπὰ ῥέεθρα.

Die Reihenfolge der einzelnen Erga des Dodekathlos ist indessen nicht einheitlich: Während bei Sophokles (*Tr.* 1097) zumindest noch das Hesperiden-Abenteuer folgt, machte Euripides im *Herakles* die Entführung des Kerberos zur letzten Tat des Helden im Dienste des Eurystheus. Sowohl die Abfolge von Sklavendienst und Kindermord - die Theseus' *deus ex machina*-Auftritt ermöglicht[64] - als auch die Position des Kerberos-Abenteuers am Ende des Dodekathlos - die Herakles' für die Exposition des Dramas nötiges, langes Fortbleiben motivieren - sind unverzichtbare Voraussetzungen für Euripides' Tragödie und möglicherweise überhaupt seine Erfindung.[65] Die Frage indessen, wie weit man vom *Herakles* auf den *Eurystheus* schließen darf, wie eng also die stoffliche Verknüpfung dieser beiden Dramen war, ist letztendlich nicht zu entscheiden.

Kerberos wird zuerst Hesiod *Th.* 311 - eine der wenigen Stellen bei griechischen Dichtern, wo der Name des fürchterlichen Unterweltsmonsters ausgesprochen wird[66] - als Sproß der Echidna, einem Mischwesen aus Mensch und Schlange, und des Typhaon, eines mehrköpfigen Ungeheuers, genannt (s. o. *ad* F 380). Mit seinen Geschwistern Orthos, dem Wachhund des Geryon, und der lernäischen Hydra hat Kerberos seine Natur als mehrköpfiges Monster[67] gemein, dessen Leib Schlangen erwachsen,[68] und wie seine Geschwister wird auch er von Hera-

---

[64] Zur Figur des Theseus im *Eurystheus* s. o. *ad* F 377, 1.

[65] Vgl. Bond *ad* E. *HF p.* XXVII-XXX.

[66] Vgl. Bond *ad* E. *HF* 24.

[67] Vgl. Hes. *Th.* 312: πεντεκοντακέφαλον; Pi. *Dith.* 2 F 249 b: Κέρβεροc ἑκατογκεφάλαc (ο. ä.); S. *Tr.* 1098, E. *HF* 611. 1277: τρίκρανον. Bakchylides 5, 60 ist nur von einem καρχαρόδοντα κύν' die Rede. Nichts ist über den Kerberos in Stesichoros' gleichnamigem Gedicht (F 206 Davies) und Sophokles' gleichnamigem Satyrspiel (F 327 a) bekannt. Zu einer möglichen Identität des Sophokleischen *Kerberos* mit einem anderen Herakles-Satyrspiel vgl. Radt *ad loc. p.* 312; ferner: *p.* 186 f. (*Epi Tainaro Satyroi*), 231 (*Herakles Satyrikos*) TrGF 4.

[68] Darauf geht wahrscheinlich E. *HF* 24 τρισώματον. Im Gegensatz zu den anderen beiden Erwähnungen des Hades-Hundes (V. 611. 1277) spricht

kles bezwungen. Doch im Unterschied zu Orthos und der
Hydra, bestand die Schwierigkeit bei seiner Bezwingung darin,
daß keine tödliche Gewalt gegen den Hades-Wächter angewendet werden konnte oder durfte.

Rekonstruktion

Trotz umfangreicher literarischer Zeugnisse[69] zum Stoff
des *Eurystheus* und nicht weniger Fragmente, die eine ganze
Reihe von einzelnen Szenen erkennen lassen, gelingt eine vollständige Rekonstruktion der Handlung des Dramas nicht.

Titel und F 371 sichern Herakles' Entführung des Kerberos
aus der Unterwelt in Eurystheus' Diensten als den Stoff des
Satyrspiels. Da es sehr wahrscheinlich ist, daß am Ende des
Dramas sowohl Herakles die Freiheit wiedererlangt, als auch
die Satyrn zu ihrem eigentlichen Herrn Dionysos zurückkehren,
dürfte dieses Ergon des Helden wie auch in Euripides' Tragödie
Herakles als seine letzte Tat für Eurystheus gedacht sein.

Als *dramatis personae* sind durch den Titel Eurystheus, durch
die gut bezeugte Satyrspielqualität Silen und die Satyrn gesichert, durch F 371 und F 379 a Herakles, den man aufgrund des
zugrundeliegenden Mythos allerdings ohnehin als Figur in diesem Drama annehmen mußte. Mit hoher Wahrscheinlichkeit ist
Theseus aufgetreten, wie F 377 (und F 379 a?) zeigt, vielleicht
auch Peirithus, wie die Hypothesis zu dem gleichnamigen
Drama nahelegt. Nicht völlig auszuschließen ist ein Auftritt des
Daidalos, der sich allerdings schwer in die Handlung integrieren
läßt (vgl. F 372).

Die Satyrn könnten von vornherein Eurystheus - wie im
Kyklops Polyphem - zugeordnet, und Herakles erst danach als
Diener des Königs zu ihnen gestoßen sein. Da man aber sehr
wahrscheinlich davon ausgehen muß, daß das Drama mit ihrer
Freilassung aus den Diensten des Eurystheus endete, wird man
auch annehmen, daß ihre Abhängigkeit von Eurystheus an jene
des Herakles gekoppelt ist.

---

an dieser Stelle allerdings nicht Herakles, sondern Amphitryon, der das
Untier selbst nicht gesehen hat.

[69] Vasenbilder lassen sich mit dem *Eurystheus* nicht in Verbindung
bringen.

Fraglich ist, ob der Hades-Hund Kerberos auf der Bühne zu sehen war, scheuten sich doch viele der griechischen Dichter allein schon, seinen Namen auszusprechen.[70]

Ort der Handlung ist ein Platz *vor* der Stadt, in der Eurystheus residiert.[71]

Einige der Fragmente erlauben Rückschlüsse auf die Szenen, aus denen sie stammen:[72]

(1) Eine Figur (Silen?) erzählt von zurückliegenden Abenteuern an Herakles' Seite. Von der lernäischen Hydra wird offenbar in F 373 gesprochen, und vielleicht gehört auch F 375 in diesen Zusammenhang: Als Herakles mit dem erymanthischen Eber auf den Schultern zurückkehrte, versteckte sich Eurystheus aus Angst in einem großen Pithos. Dies wäre durchaus eine Peinlichkeit, die der Sprecher dieses Fragments als loyaler Diener zu verheimlichen hätte. Wenn die Annahme zutrifft, daß von diesen beiden Erga des Herakles die Rede war, dann ist es sehr wahrscheinlich, daß auch andere Erga des Herakles aufgezählt worden sind. In einen solchen Zusammenhang paßt F inc. 863, in dem möglicherweise von der Heimkehr des Herakles von zurückliegenden Abenteuern die Rede war, mit dem erymanthischen Eber bzw. mit dem nemeischen Löwen auf der Schulter:[73]

ἥκει δ' ἐπ' ὤμοις ἢ cυὸc φέρων βάρος
ἢ τὴν ἄμορφον λύγκα, δύcτοκον δάκος

---

[70] S. o. Sagenstoff, *p.* 171 f.

[71] Mykene: *Il.* 15, 638 f, Tiryns: E. *Alc.* 481, Argos: E. *HF* 1387. Die Mythographen erzählen (D. S. 4, 12; Apollod. 2, 5, 1; in der *Ilias* ist diese Sagenversion allerdings schon vorausgesetzt), daß Eurystheus dem mit dem erymanthischen Eber heimkehrenden Herakles aus Angst verboten habe, die Stadt zu betreten.

[72] Die folgende Numerierung der Szenen bildet nicht ihre Reihenfolge in der Handlung des Dramas ab; sicher ist nur, daß (1) und (2) zum Anfang und (7) zum Ende des Dramas gehören.

[73] Goins 1989 nahm an, daß in diesen Versen Herakles genannt wird, der den Hades-Hund auf seinen Schultern trage (dazu s. u. Unsichere Fragmente *ad loc.*, *p.* 347 ff.). Vasendarstellungen zeigen Kerberos immer an der Leine, nie auf den Schultern des Herakles; auf dem Rücken trägt der Held indessen den erymanthischen Eber und über den Schultern das Fell des nemeischen Löwen zu Eurystheus.

In eine solche Szene paßt auch eine Klage über Eurystheus' ungerechte (und ungerechtfertigte) Herrschaft, wie sie
in F 378 anklingt. Stammt diese Szene aus dem Prolog, der für
eine solche Exposition des Dramas der rechte Ort ist,[74] wird
der Zuschauer auch die Gründe für den Aufenthalt der Satyrn
bei Eurystheus respektive bei Herakles erfahren haben. Als
Sprecher kommen Herakles oder - weit wahrscheinlicher - der
Silen in Frage.

(2) Herakles erhält von Eurystheus den Auftrag, Kerberos
aus dem Hades zu holen (F 371). Es ist wahrscheinlich, daß
Herakles sich nicht sofort auf den Weg dorthin gemacht hat,
sondern eine Zeitlang mit sich haderte, diesen Auftrag auszu-
führen.[75]

(3) Eine Figur (Silen?) erzählt, daß sie ihr blaues Auge be-
handle (F 374). Es ist möglich, daß es sich dabei um eine Finte
handelt - ähnlich wie im *Kyklops* (V. 227), wo Polyphem die
Rötung nach dem Weingenuß auf der Glatze des Silens für eine
Blessur hält, die dieser sich bei der Verteidigung der Vorräte
des Kyklopen zugezogen habe, - eine Fehleinschätzung die der
Silen tunlichst zu korrigieren vermeidet. Nichts hindert jedoch
daran anzunehmen, daß von einer tatsächlichen Verletzung
gesprochen wird; unter Umständen gehört dieses Fragment auch
in Szene (1).

(4) Eine Statue von Daidalos veranlaßt durch ihre lebens-
getreue Darstellung eine Figur A, die Flucht zu ergreifen; eine
Figur B versucht, sie daran zu hindern (F 372). Mit A ist sehr
wahrscheinlich der Silen, mit B Herakles zu identifizieren.

(5) Auf eine Symposionszene deutet möglicherweise F 379
hin.

(6) Einer Zuordnung entzieht sich F 376. Die Feststellung,
es sei nicht ermittelbar, wonach Menschengeschick zu beurteilen, und wie in der gegenwärtigen Situation zu handeln sei,
erlaubt keine Rückschlüsse auf die Situation, in der sie geäu-
ßert wurde.

(7) Die Szene (2), in der Herakles den Auftrag erhält,
Kerberos zu entführen, macht zumindest eine weitere Szene, in

---

[74] Vgl. den Prolog des Silen im *Kyklops*.

[75] Vgl. *Il.* 8, 362-69 (s. o. Sagenstoff, *p.* 170 f.); auch Odysseus zeigt im
Kyklops (V. 347-55) zu allererst Ratlosigkeit, wie er sich und seine Kame-
raden aus der Hand des Kyklopen befreien soll.

der Herakles erfolgreich aus dem Hades wiederkehrt, zwingend erforderlich. Ob der Höllenhund auf die Bühne kam oder - wie im *Herakles* in einem (hinterszenischen) Heiligtum untergebracht ist -, spielt keine so große Rolle, wenn Herakles zur großen Überraschung für die Satyrn Theseus mitbringt. Dessen unerwarteter Aufritt dürfte ebenso auf Unglauben gestoßen sein, wie die Rückkehr der stummen Alkestis in der letzten Szene des gleichnamigen Dramas. Ist diese Annahme richtig, ließe sich F 379 a in eine solche Szene integrieren; und nach einigen Erklärungen - vielleicht über Theseus' Anteil am Erfolg der Mission - könnte auch die Würdigung der νόθοι (F 377) am Ende des Dramas gestanden haben.

Zwischen *Herakles* und *Eurystheus* bestehen bemerkenswerte Verknüpfungen: Das Satyrspiel beginnt mit Eurystheus' Auftrag, Kerberos zu holen, der im Prolog der Tragödie zur Vorgeschichte gehört (V. 23-25); es endet mit Herakles' Rückkehr zu Eurystheus - sehr wahrscheinlich zusammen mit Theseus -, die am Ende der Tragödie (V. 1386-88) in einer Bitte des Herakles an Theseus, ihn bei Transport und Übergabe des Hades-Hundes zu begleiten, angekündigt ist (und die ihrerseits bei den Kommentatoren *ad loc.* zu Irritationen führte). Verwunderlich ist, daß Euripides das Kerberos-Thema noch einmal am Ende des Dramas aufgreift, wo es keine dramatische Funktion hat und störend wirkt, - ja überhaupt, daß zur Exposition des Dramas der Tragödie gehört, daß Herakles' letzte Arbeit noch nicht abgeschlossen ist, obwohl es die Dramatik des *Herakles* nur gesteigert hätte, wenn Herakles als *freier* Mann und aller Dienstpflichten ledig aufgetreten wäre, um dann in tiefstes Elend gestürzt zu werden.[76]

Diese Beobachtungen legen den Schluß nahe, daß beide Dramen einer Inhaltstetralogie angehört haben. In der Tat scheint Euripides in seiner letzten Schaffensperiode zumindest einmal[77] zu der Praxis zurückgekehrt zu sein, inhaltlich durch

---

[76] Keineswegs selbstverständlich ist zudem, daß in beiden Dramen das Kerberos-Abenteuer Herakles' letzte Tat im Dienste des Eurystheus ist (s. o. Sagenstoff).

[77] Im Jahr 415 v. Chr. führte Euripides die Trojanische Tri- bzw. Tetralogie auf, bestehend aus den Dramen *Alexandros*, *Palamedes* und *Troades* mit dem Satyrspiel *Sisyphos*, dessen Einbindung in den inhaltlichen Verbund der anderen Dramen allerdings nicht geklärt ist (s. u. *Sisyphos*

einen Mythos verbundene Dramen aufzuführen, für die es -
auch bei anderen Tragikern - nach Aischylos' Tod (456/55
v. Chr.) lange Zeit keine Belege gibt.[78]

Schwierigkeiten bereitet bei dieser Annahme, daß man eher
von einer Tetralogie als von einer Dilogie auszugehen hat, sich
aber unter den bekannten Dramentiteln des Euripides kaum
weitere finden lassen, die die Lücke zu füllen vermögen.[79]
Eine Ausnahme könnte der *Peirithus* bilden, dessen Echtheit allerdings umstritten ist.[80] Der Inhalt dieses Dramas ist durch
die Hypothesis des Johannes Logothetes ([43] F 1 TrGF 1) bekannt, die zugleich die Anfangsverse enthält, die Herakles vor
Aiakos in der Unterwelt zeigen (s. o. *ad* F 371, 1). Demnach umschließt der *Eurystheus* mythenchronologisch die Handlung auch
dieses Dramas, die zwischen Herakles' Aufbruch in den Hades
(*Eurystheus*, nach F 371) und seiner Rückkehr nach Theben
(*Herakles*, nach V. 523) spielt.

---

p. 212 ff.). Als weitere Inhaltstetralogien sind *Temenos, Temenidai, Archelaos*
sowie *Oinomaos, Chrysippos* und *Phoinissai* (wozu ein bereits in Alexandria
verlorenes Satyrspiel gehörte; s. o. Einleitung *p.* 19) erwogen worden (vgl.
Lesky 1972, 381). Möglicherweise ist am Ende des fünften Jahrhunderts
vereinzelt wieder zur Aufführungspraxis der Inhaltstetralogie zurückgekehrt worden, wie die Nachrichten über Philokles' *Pandionis* (430-14 v. Chr.
[?], 24 F 1 TrGF 1) und Meletos' *Oidipodeia* (letztes Viertel des fünften
Jahrhunderts [?], 48 F 1 TrGF 1) zeigen (Webster 1965, 24; vgl. auch Gantz
1979, 296).

[78] Zum Problem der Tetralogie bei Euripides s. Murray 1932; Murray
1946; Ferguson 1969; Koniaris 1973; Scodel 1980 (*passim*); ferner vgl.
Gantz 1979 (mit älterer Literatur).

[79] Dieser Umstand könnte dadurch begründet sein, daß die fehlenden
Dramen zu den bereits in Alexandria verlorenen acht Tragödien gehörten
(s. o. Einleitung *p.* 19 ff.).

[80] Dazu s. u. *Sisyphos p.* 185 ff.; Unsichere Fragmente, [Kritias 43] F 19,
p. 289 ff.

Lamia ?

Identität

Ein Euripideisches Drama mit dem Titel *Lamia* ist zuerst von Lactantius *Div. inst.* 1, 6, 8 bezeugt, der als Quelle Varros Schrift *Antiquitates Rerum Divinarum* (F 56 a Cardauns) nennt.[1] Laktanz' Zusammenstellung von Prophetinnen, die zu verschiedenen Zeiten an verschiedenen Orten gewirkt haben und Sibyllen genannt wurden, enthält eine libysche Sibylle, die „im Prolog der *Lamia*" von Euripides erwähnt worden ist. Diese Synopse diente ihrerseits als Quelle für zahlreiche Sibyllenkataloge in griechischer Sprache (s. u. Testimonium), die teils mit, teils ohne Nennung der Quelle eine libysche Sibylle an zweiter Stelle des Katalogs aufzählen.

Im Dramenkatalog vom Esquilin[2] ist ein Titel *Lamia* hingegen nicht verzeichnet, obwohl die mit K, Λ und M beginnenden Dramen vollständig aufgeführt sind. Auch in den antiken Aufstellungen über die Zahl der erhaltenen Euripideischen Dramen ist die *Lamia* nicht mitgezählt, denn sie befindet sich nicht unter den in Alexandria erhaltenen Dramen, die dem Titel nach alle bekannt sind. Das Drama gehört also zu jenen Euripideischen Stücken, die bereits in der Bibliothek von Alexandria nicht mehr vorhanden waren; handelt es sich tatsächlich um ein Satyrspiel, waren indessen auf jeden Fall noch didaskalische Informationen erreichbar, so daß das Drama wahrscheinlich - wie die *Theristai* - unter die von Euripides geschriebenen, aber nicht erhaltenen Stücke gezählt werden konnte.[3]

Das bis auf Varro als frühesten Zeugen zurückführbare Zeugnis wird durch Diodor (20, 41, 6) gestützt, der zwei Euripideische Verse zitiert, die offenbar Anfangsverse eines Prologs sind, und in denen eine Frau als die Libyerin Lamia, nach einigen (späten) Zeugnissen die Mutter der libyschen Sibylle, vor-

---

[1] Über die Glaubwürdigkeit von Lactantius' Quellenangabe vgl. Cardauns *ad loc. p.* 165; Parke/McGing 1988, 29-33.

[2] S. o. Einleitung, *p.* 29 ff.

[3] S. o. Einleitung, *p.* 19 f.

gestellt wird (s. u. Fragment). Da für kein anderes Euripideisches Drama ein Auftritt dieser Figur bezeugt oder auch nur
ohne große Schwierigkeiten anzunehmen ist,[4] handelt es sich
bei diesen Versen sehr wahrscheinlich um den Anfang des Prologs, von dem Varro respektive Laktanz sprach.

Dieser Befund macht es sehr wahrscheinlich, daß die
Zeugnisse des Diodor und des Varro ursprünglich zusammenge-
hörten und sich als einzige Nachricht von Euripides' Drama bis
ins erste Jahrhundert v. Chr. erhalten haben, während die *Lamia*
selbst bereits in voralexandrinischer Zeit verloren ging. Varros
respektive Diodors Gewährsmann ist daher am ehesten im
Kreise des Peripatos zu suchen. Dies ist um so wahrscheinlicher, als zuerst von Aristoteles bzw. seinem Umkreis eine
Mehrzahl von Sibyllen erwähnt (*Pr.* 954 a 36 f.) und auf ihre unterschiedliche Namen verwiesen (*Mir.* 838 a 6) wird, und sein
Schüler Nikanor (146 F 1 FGrHist) Varros Gewährsmann für die
erste Sibylle ist. Diodors Gewährsmann ist sehr wahrscheinlich
Theophrasts Schüler Duris.[5]

Für die Satyrspielqualität dieses Dramas läßt sich allein
der Charakter der Titelfigur Lamia anführen, die kaum in eine
Tragödie paßt, aber ein Satyrspiel-Oger κατ' ἐξοχήν ist. Für ein
Satyrspiel spricht auch, daß der 424 v. Chr. gestorbene Komödiendichter Krates ein Stück gleichen Titels geschrieben hat,
auf das Aristophanes offensichtlich in den *Wespen* und - mit
identischem Wortlaut - im *Frieden* anspielt.[6] Auch die Sibylle
und ihre Orakelsprüche haben nur im heiteren Drama einen Ort
(Ar. *Eq.* 61; *Pax* 1095. 1116).

---

[4] Zu Wilamowitz' Annahme, Lamia sei die προλογίζουσα des *Busiris*,
vgl. u. Testimonium, *ad* Z. 2; Fragment, *ad* F 472+1.

[5] 76 F 17 FGrHist, s. Jacoby *ad loc.*

[6] *V.* (aufgeführt an den Lenäen 422 v. Chr.) 1035. 1177; *Pax* (aufgeführt an den Dionysien 421 v. Chr.) 758. Auf Krates F 20 PCG spielt Aristophanes allerdings wohl auch noch sehr viel später an: *Ec.* 76-78.

Testimonium

Varro, *Antiquitates Rerum Divinarum* F 56 a Cardauns

Ceterum Sibyllas decem numero fuisse (...) primam fuisse de Persis, cuius mentionem fecerit Nicanor, (...) secundam Libyssam, cuius meminerit Euripides in Lamiae prologo.

Varro bei Lact. *inst.* 1, 6, 8 (vgl. Cardauns *ad loc. p.* 165 mit weiterer Literatur). Griechische Übersetzung vom Verfasser der *Theosophia Sibyllarum* (*p.* 57-59 Erbse): Cίβυλλαι τοίνυν, ὡc πολλοὶ ἔγραψαν, γεγόναcιν ἐν διαφόροιc τόποιc καὶ χρόνοιc τὸν ἀριθμὸν δέκα. (...) πρώτη οὖν ἡ Χαλδαία εἴτ' οὖν ἡ Περcὶc (...), ἧc μνημονεύει Νικάνωρ (...). δεύτερα ἡ Λίβυcca, ἧc μνήμην ἐποιήcατο Εὐριπίδηc ἐν τῶι προλόγωι τῆc Λαμίαc. Davon wiederum zahlreiche Exzerpte, z. T. mit Verweis auf Euripides (Anon. *Prol. de Orac. Sibyll. p.* 2 Geffcken; Schol. T Pl. *Phaedr.* 244 b, *p.* 80 Green; Phot. *Amph.* 150, 5 *p.* 191 Westerink), z. T. ohne ihn (Suda c 361 Adler; Jo. Lydus *De Mens.* 4, 47 Wünsch = *An. Par.* 1 *p.* 332 f.). Zum Abhängigkeitsverhältnis dieser Testimonien untereinander s. (mit weiterer Literatur) Westerink *l. c. p.* 191; Erbse *l. c. p.* 58 f.

2. *in Lamiae prologo.* „Im Prolog (des Dramas) *Lamia*". Wilamowitz' Annahme,[7] daß Lamia nicht die Titelfigur sondern die Prologsprecherin des Dramas sei, aus dem F 472+1 stammt, stützt sich auf Meinekes Konjektur τοὐμὸν ὄνομα (für τοὔνομα), obwohl es für das Possessivpronomen an dieser Stelle keinerlei Anhaltspunkte gibt (s. u. *ad* F 472+1, 1). Überhaupt hat es wenig Wahrscheinlichkeit, daß ein Drama nicht nach seinem Titel, sondern seinem Prologsprecher zitiert wird; für eine solche Praxis lassen sich keine Belegstellen anführen: Ein Genetivattribut zu *in prologo* enthält den Titel des Dramas, vgl. Quint. *Inst. Or.* 11, 3, 91: „in Hydriae (*sc.* Menandri) prologo"; Sueton *De poetis* F 11, 44: „in prologo Adelphorum (*sc.* Terenti); vgl. ferner Arist. *Rh.* 1413 b 27: ἐν τῶι προλόγωι τῶν Εὐcεβῶν (*sc.* τοῦ Φιλήμου);[8] Plu. *De Aud. Poet.* 4, *p.* 19 a: ὁ Μένανδροc ἐν τῶι προλόγωι τῆc Θαῖδοc.

---

[7] Wilamowitz 1893/1935, 192; vgl. Wilamowitz 1931, 1 *p.* 273 Anm. 2: „Daß eine Lamia den Prolog des Euripideischen Busiris sprach, darf als gesichert gelten." Vgl. zuletzt Hypothesis F 6, *p.* 90 Austin; s. u. *ad* F 472+1, 1. Anders Kuiper 1907, 364.

[8] Dichter und Drama sind nicht bekannt; es handelt sich nicht um

Fragment

F 472+1 (= F inc. 922, [*F 312 a Snell])

τίc τοὐμὸν ὄνομα τοὐπονείδιcτον βροτοῖc
οὐκ οἶδε Λαμίαc τῆc Λιβυcτικῆc γένοc;

D. S. 20, 41, 6.

1 τίc ... τοὐπ. Meineke : τίc τοὔνομα τὸ ἐπονείδιcτον Hs. : τίc τοὔνομ'
⟨οὔ, τίc⟩ τοὐπονείδιcτον βροτοῖc oder τίc τοὐπονείδιcτον βροτοῖc, ⟨τίc⟩
τοὔνομα Pechstein.

1 f. Wilamowitz, der keinen Zweifel daran hatte, daß die
beiden Verse aus dem Prolog eines Satyrspiels stammen
(1875, 159; ms. *ad loc.*), wies sie dem *Busiris* zu. Da er davon
ausgehen mußte, daß Varros Zeugnis sich auf dasselbe Drama
bezieht, aus dem auch das Fragment stammt, las er zu Unrecht
„in prologo Lamiae" als „in der Prologrede der Lamia" (s. o.
Testimonium). Diese Auffassung wurde durch Meinekes Konjektur eines Personalpronomens der ersten Person (s. o. App.)
ermöglicht, die jedoch wenig Wahrscheinlichkeit besitzt (s. u.
ad V. 1); ein jambischer Trimeter läßt sich indessen auch anders
leicht herstellen (s. App.). Gleichwohl schien sich diese Zuweisung durch den 1962 publizierten Papyrus mit Hypotheseis Euripideischer Dramen P. Oxy. 2455 *fr.* 19, 3 zunächst zu bestätigen.
Turner (*ad loc. p.* 68) meinte, den spärlichen Rest]νειδιcτ̣[des
Prologverses, der zu Beginn der Hypothesis zitiert wird, mit
dem ersten Vers unseres Fragments identifizieren zu können.
Trotz gewichtiger Einwände[9] übernahmen Snell (*F 321 a Snell)
und Austin (Hypothesis F 6, *p.* 90 Austin) diese Zuschreibung,
die nur wenige Jahre später Haslam (1975, 151, Anm. 9) als
falsch erweisen konnte. Bei *fr.* 19 handelt es sich um V. 3 der

---

den Zeitgenossen des Menander.
   [9] Der Titel des in *fr.* 19 beschriebenen Dramas steht im Plural, da
der Anfangsvers mit der Formel ὧν ἀρχή· eingeleitet wird. Da alle pluralischen Titel - außer den *Theristai* - auszuscheiden schienen, nahm
Snell 1963, 495 eine Titelangabe Βούcιριc cάτυροι] ὧν ἀρχή an; vgl.
Lloyd-Jones 1963, 442 f.; Steffen 1971 a, 216-18; Steffen 1971 b; Steffen
1979, 58-60.

Phoinissai (ἵπποιcιͺν εἰλίccͺων), den antiken Anfangsvers des Dramas.[10]

In dem 1984 veröffentlichten Papyrus P. Oxy. 3651, der nunmehr ohne Zweifel die Hypothesis zum *Busiris* zu Tage brachte,[11] lassen sich zwar Reste des Anfangsverses erkennen, eine Identität mit V. 1 unseres Fragments ist jedoch ausgeschlossen.[12]

Gegen Lamia als Prologsprecherin respektive überhaupt *dramatis persona* im *Busiris* spricht nicht zuletzt die räumliche Entfernung zwischen Libyen, wo Lamia, und Ägypten, wo Busiris haust: Will man von einem Auftritt beider Figuren ausgehen, kommt man wohl kaum ohne die Annahme eines Ortswechsels aus, die indessen wenig Wahrscheinlichkeit hat. Herakles müßte zudem auf seinem Weg nach Westen zu Atlas zuerst auf Busiris und dann auf Lamia treffen.

1. τοὐμόν. Meinekes Konjektur (s. o. App.), die Lamia zur Prologsprecherin macht,[13] entbehrt jeder Grundlage. Es ist zudem eher unwahrscheinlich daß Lamia - von Anfang an im vollen Bewußtsein ihrer bei allen Menschen verhaßten Existenz[14] - ihr Schicksal (Zeus' Liebe, Heras fürchterliche Rache, ihre eigene, zunehmende Verbitterung, die sie zuletzt zu einer Kindesmörderin hat werden lassen, s. u. Sagenstoff) in Form einer rationalen Exposition vorträgt. Ist Lamia - wie Polyphem im *Kyklops* - ein Oger, dürfte ihr die eigene, unheilvolle Berühmtheit kaum berichtenswert erscheinen.

---

[10] E. *Ph.* 1 f. sind spätere Hinzufügung.

[11] S. o. *Busiris*, *p.* 124 f.

[12] Cockle *ad loc. p.* 21 weist darauf hin, daß μονο[(Z. 24) zwar an τίc τοὐμον ὄνομα erinnert, aber im Papyrus die vorangehenden Buchstaben nicht als TICTOY gelesen werden können; τοὐμὸν ist Konjektur (s. o. *ad* F 472+1).

[13] Andere Titelheldinnen, die bereits im Prolog auftreten, sind: Andromache, Iphigenie (in Tauris) und Helena. Möglicherweise spricht auch Telephos im gleichnamigen Drama den Prolog (F 696 ?).

[14] Eine solche Äußerung erwartet man allenfalls am Ende eines Dramas als bittere Erkenntnis, z. B. S. *OT* 1519.

Sagenstoff

In welcher Form sich Euripides der Lamia-Stoff präsentierte, ist nicht zu klären. Die Komödie *Lamia* des Krates (F 20-25 PCG) und verschiedene Anspielungen bei Aristophanes (*V.* 1035. 1177; *Pax* 758; *Ec.* 76-78) deuten auf einen gut bekannten Mythos mit unterschiedlichen Ausprägungen hin.[15]

Ein Reflex auf das verlorene Euripideische Satyrspiel findet sich bei dem Theophrast-Schüler Duris, auf den Schol. Ar. *Pax* 758 d (*p.* 118 f. Koster) und Diodor 20, 41, 2-6 - zugleich Zitatquelle unseres Fragments - zurückgehen[16] (76 Duris F 17 FGrHist):[17]

ταύτην ἐν τῆι Λιβύηι Δοῦρις ἐν δευτέρωι Λιβυκῶν ἱστορεῖ γυναῖκα καλὴν γενέσθαι, μιχθέντος δ' αὐτῆι Διὸς ὑφ' Ἥρας ζηλοτυπουμένην ἃ ἔτικτεν ἀπολλύναι· διόπερ ἀπὸ τῆς λύπης δύσμορφον γεγονέναι καὶ τὰ τῶν ἄλλων παιδία ἀναρπάζουσαν διαφθείρειν.

Diese Version gibt nur die wichtigsten Elemente des Mythos (Liebesaffäre mit Zeus, Heras Rache, Lamias Reaktion) wieder. Sowohl der Aristophanes-Scholiast als auch Diodor bieten indessen mehr Details, die auf unterschiedliche Quellen zurückgehen können, möglicherweise aber auch schon von Duris berichtet wurden.

Der Scholiast läßt Lamia von Libyen nach Italien reisen, wahrscheinlich, um so einen Ortsnamen zu erklären.[18] Diodor hingegen macht Lamia zu einer libyschen Königin, die in einer Höhle bei Automala an der Ostküste der Großen Syrte zur Welt gekommen sei. Folgerichtig bringt sie in seiner Version die Kinder anderer Frauen nicht eigenhändig um, sondern ord-

---

[15] Vasenbilder lassen sich mit einem Satyrspiel *Lamia* nicht in Verbindung bringen. Mehrere attisch-schwarzfigurige Lekythoi, (um 500 v. Chr. entstanden), wurden einem Herakles-Abenteuer mit Lamia (?) zugeschrieben, die auf diesen Abbildungen einer Sphinx gleicht (vgl. Haspels 1936, 143 f. Taf. 49; Vermeule 1977, Taf. 80, 1-4. 81, 1; zweifelnd Boardman 1990, 120).

[16] Vgl. Jacoby *ad loc.* 2 C *p.* 121: „D(uris) hat den mythos erzählt und in Palaiphatos' art rationalisiert."

[17] Zitiert: Schol. Ar. *V.* 1035 d (*p.* 156 Koster).

[18] Ist Λαμητῖνοι gemeint? Jacoby *ad loc.*, 2 C *p.* 120 hält statt dessen einen Umzug nach Thessalien für wahrscheinlicher.

net ein Massaker an, das an den Kindermord in Bethlehem erinnert.

Ein Grundzug des Mythos scheint zu sein, daß Lamia sich von einer begehrenswerten Frau in eine verbitterte, skrupellose und häßliche Kindesmörderin verwandelt.[19]

Mit Verweis auf eine andere Quelle erzählt der Aristophanes-Scholiast, daß Hera aus Rache zusätzlich eine fortwährende Schlaflosigkeit über Lamia verhängt habe, damit sie auch im Schlaf keine Erlösung von ihrer Trauer fände. Zeus habe ihr jedoch aus Mitleid die Fähigkeit gegeben, ihre Augen aus den Augenhöhlen herauszunehmen und wieder einzusetzen. Dieses Detail ist von besonderem Interesse, zum einen weil es auch an anderen Stellen erzählt wird,[20] zum anderen weil es in sich nicht logisch ist: Es ist nicht einzusehen, wie diese besondere Fähigkeit gegen Lamias Schlaflosigkeit Abhilfe schaffen kann. Möglicherweise geht die Inkonzinnität der Argumentation auf die Verkürzung einer rationalisierenden Erklärung des Mythos zurück: Diodor berichtet parallel dazu, daß sich Lamia, sooft sie betrunken gewesen sei, für nichts interessiert habe und jeden habe tun lassen, was er wollte, weswegen „einige erzählen", daß sie ihre Augen in einen Korb legte. Könnte sich hinter diesen unzusammenhängenden Elementen ein Reflex auf das Satyrspiel des Euripides verbergen? Lamias Besänftigung durch übermäßigen Alkoholgenuß und die herausnehmbaren - und darum stehlbaren - Augen erinnern stark an das Mechanema, mit dem Polyphem unschädlich gemacht wurde;[21] Ausschweifender

---

[19] Der Aristophanes-Scholiast entnimmt offenbar einer anderen Quelle, daß Lamia von Zeus die Gabe erhalten habe, beliebig ihre Gestalt zu verändern. An einen Hermaphrodit denkt MacDowell *ad* Ar. *V.* 1035; vgl. Krates F 20 (mit App.) und F 24 PCG.

[20] Diodor (s. u.); Herakleitos (περὶ ἀπίϲτων 34, 3 *p.* 85 Festa) gibt zwei Versionen wieder: (1) Lamia werfe, sooft sie von Sinnen sei, ihre Augen in einen Kessel; (2) Hera habe Lamia geraubt und geblendet, indem sie ihre Augen „ausgrub und in die Berge warf"; Plutarch (*De Cur.* 2, *p.* 515 f) erwähnt nur, daß sie blind schlief und ihre Augen in einem Gefäß aufbewahrte, außer Haus aber ihre Augen einsetzte und sehend war.

[21] Die Gemeinsamkeiten mit dem Kyklopen reichen noch weiter: Beider Vater ist Poseidon (Plu. *Pyth. Or.* 9 *p.* 398 c; [D. Chr.] 37, 13; Paus. 10, 12, 1; der Aristophanes-Scholiast nennt allerdings Βῆλοϲ als ihren Vater). Es ist mit Sicherheit kein Zufall, daß alle Euripideischen Satyrspiel-Oger (Busiris, Lamia [?], Polyphem, Skiron, Syleus) Kinder des Poseidon sind.

Alkoholgenuß, Trickdiebstahl und Überwindung eines Ogers sind typische Satyrspielmotive.[22]

Die literarischen Zeugnisse verraten nicht, wer Lamias Treiben ein Ende bereitet hat, wohl aber, daß es ein abruptes Ende fand (Ar. *V.* 1177): ἡ Λάμι᾽ ἁλοῦς᾽ ἐπέρδετο.

Schwierigkeiten bereitet die libysche Sibylle, die im Prolog genannt worden sein muß, und um deretwillen das Fragment möglicherweise überhaupt nur zitiert worden ist. Späte Zeugnisse (Plu. *Pyth. Or.* 9 *p.* 398 c; [D. Chr.] 37, 13; Paus. 10, 12, 1) machen sie zu Lamias Tochter; eine Tochter ist jedoch mit dem Lamia-Mythos in keiner Weise vereinbar, so daß man annehmen muß, daß dieses Verwandtschaftsverhältnis nicht auf Euripides zurückgeht.[23] Wahrscheinlich war im Prolog der *Lamia* von den Sprüchen einer Sibylle die Rede, und da mit Lamias Vorstellung als Libyerin in den ersten Versen bereits das Lokal gegeben war, konnten Spätere nicht zuletzt aufgrund der äußerlichen Ähnlichkeiten in der Beschreibung Lamias als häßlicher, alter Frau und der landläufigen Vorstellung von einer Sibylle dieses Verwandtschaftsverhältnis herstellen.

---

[22] Lamias herausnehmbare Augen sind vielleicht eine Anleihe aus dem Perseus-Mythos, die man ohne weiteres Euripides zutrauen mag, der häufiger in seinen Satyrspielen Mythen kontaminierte. Zu typischen Satyrspielmotiven vgl. Seidensticker 1979, 247 f.; Seaford *ad* E. *Cyc. p.* 36 f.

[23] Wäre im Prolog Lamias Tochter erwähnt worden, hätte Euripides vermutlich auch einen Namen genannt; die libysche Sibylle bleibt indessen namenlos.

Sisyphos

Identität

Im Jahr 415 v. Chr. nahm Euripides mit den Stücken *Alexandros*, *Palamedes*, *Troades* und dem Satyrspiel *Sisyphos* am tragischen Agon der Großen Dionysien teil und unterlag dem Tragiker Xenokles, von dessen Dramen (*Oidipus*, *Lykaon*, *Bakchai* und das Satyrspiel *Athamas*) sich nicht mehr als die Titel erhalten haben. Der Name des dritten Konkurrenten ist verloren. Ailian, dem wir diese didaskalische Information verdanken (s. u. Testimonien), läßt keinen Zweifel daran, daß er das Urteil der Jury für eine Fehlentscheidung hält. Aus seiner Kritik gehen indessen seine eigenen Kriterien nicht hervor; es scheint allerdings, daß er die Dramen des Xenokles nicht mehr (Ξενοκλῆc, ὅcτιc ποτὲ οὗτός ἐcτιν), von Euripides' Tetralogie hingegen mehr als nur die *Troades* kannte, die zu den zehn Tragödien der Auswahl gehörten: Εὐριπίδην δὲ ἡττᾶcθαι, καὶ ταῦτα τοιούτοιc δράμαcι. Ailian ist der einzige Zeuge für die Satyrspielqualität des *Sisyphos*, doch bleibt die Frage offen, ob ihm die Tetralogie noch vollständig vorlag. Der *terminus post quem* für einen Verlust des Dramas ist mit einer um das Jahr 100 v. Chr. datierten Inschrift aus dem Piräus (s. u. Testimonien) gegeben, die offenbar Buchschenkungen an eine Bibliothek auflistet, und auf der das Satyrspiel neben weiteren Dramen des Euripides und anderer tragischer sowie komischer Dichter verzeichnet ist.

Exkurs: Wilamowitz' Zweifel an der Echtheit des Euripideischen *Sisyphos*

Die Nachricht in der Euripides-Vita (3 *p.* 4 Schwartz),[1] daß von den acht erhaltenen Satyrspielen des Euripides eines umstritten sei, veranlaßte Wilamowitz, eine Hypothese zu entwik-

---

[1] S. o. Einleitung, *p.* 20 (T. 2): τὰ πάντα δ' ἦν αὐτοῦ δράματα ϙβ' (*i. e.* 92), cῴζεται δὲ αὐτοῦ δράματα ξζ' (*i. e.* 67) καὶ γ' (*i. e.* 3) πρὸc τούτοιc τὰ ἀντιλεγόμενα, cατυρικὰ δὲ η' (*i. e.* 8), ἀντιλέγεται δὲ καὶ τούτων τὸ α' (*i. e.* 1). νίκαc δὲ ἔcχε ε' (*i. e.* 5).

keln, nach der das Satyrspiel *Sisyphos* des Euripides - ebenso
wie die *Theristai* - frühzeitig verloren gegangen, und ein Drama
gleichen Titels - wie im Falle des unechten *Rhesos* - an seine
Stelle getreten sei. Er kombinierte drei Indizien:

(1) Die Vita (2 *p.* 3 Schwartz) nennt die Titel dreier Tragödien (*Tennes, Rhadamanthys, Peirithus*), deren Echtheit im Altertum umstritten war;[2] zusammen mit dem unechten Satyrspiel
schien Euripides also eine vollständige Tetralogie abgesprochen
worden zu sein.

(2) Athenaios (11, 496 a) schwankt in der Zuschreibung des
Peirithus zwischen Euripides und Kritias: ὁ τὸν Πειρίθουν
γράψας εἴτε Κριτίας ἐστὶν ὁ τύραννος ἢ Εὐριπίδης.

(3) Ebenfalls zwischen Euripides und Kritias strittig ist ein
42 Zeilen umfassendes Satyrspielfragment, nach Ausweis einer
Quelle (Aet. *Plac.* 1, 7) eine Rhesis der Bühnenfigur Sisyphos.
Obwohl das Fragment aus einem beliebigen anderen Drama
stammen kann, in dem Sisyphos auftrat, ist nie ein anderer
Titel als *Sisyphos* in Betracht gezogen worden.[3]

Wilamowitz (1875, 161-72, bes. 165 f.) konstruierte daraus
folgende Hypothese:

Kritias habe eine Tetralogie, bestehend aus den Stücken
Peirithus, Rhadamanthys, Tennes und einem Satyrspiel *Sisyphos*,
geschrieben, die zwischen 411 und 403 v. Chr. aufgeführt worden und darum auch in den amtlichen Didaskalien verzeichnet
gewesen sei.

Eines von ihnen (*Peirithus*) habe in seiner Behandlung phi-
losophischer Lehrmeinungen und in seiner Sprache Ähnlichkeiten mit Euripideischen Dramen aufgewiesen und sei daher Euripides zugesprochen worden. Dasselbe sei in der Folge mit allen
übrigen Dramen geschehen, die in dieser Didaskalie verzeichnet
gewesen seien.

Alle Voraussetzungen für diese Hypothese sind indessen
bloße Postulate: Die drei in der Euripides-Vita genannten Dramen müssen (1) von ein und demselben Dichter stammen,

---

[2] Ebd. (T. 1): τὰ πάντα δ᾽ ἦν αὐτοῦ δράματα ϙβ᾽ (i. e. 92), σῴζεται
δὲ οη᾽ (i. e. 78)· τούτων νοθεύεται τρία, Τέννης Ῥαδάμανθυς Πειρίθους.

[3] Snell führt das Fragment 43 F 19 TrGF 1 ohne Bedenken unter dem
Titel *Sisyphos* an, ebenso: Diels/Kranz 88 F 25.

(2) einer Tetralogie dieses Dichters angehören und auch in einer Didaskalie verzeichnet gewesen sein. (3) Das Euripideische Satyrspiel *Sisyphos* muß (wie die *Theristai*) frühzeitig verloren gegangen, und (4) an seine Stelle ein gleichnamiges Drama *Sisyphos* getreten sein, aus dem das Fragment 43 F 19 stammt.

Wilamowitz spricht den Alexandrinern die Fähigkeit ab, die Frage der Echtheit eines Euripideischen Dramas auf dem Wege einer philologischen Untersuchung zu klären. Als Beweis hierfür stehe der unechte *Rhesos*, dessen Sprache sich in hohem Maße von der der Euripideischen Dramen unterscheide - anders als etwa die der *Rhadamanthys*-Fragmente -, gleichwohl aber als Euripideisch „hingenommen" worden sei und die Stelle eines früh verlorenen Dramas gleichen Titels eingenommen habe.[4] Wilamowitz nahm daher an, daß ein ganz anderes, allerdings nur auf ersten Blick rationales Verfahren den Ausschlag gegeben habe, die drei in der Vita genannten Dramen Euripides abzusprechen: ein Abgleich der Titel im Dramencorpus mit den Didaskalien. Die Zahl von drei Tragödien und einem Satyrspiel genügte Wilamowitz, die Existenz einer entsprechenden Didaskalie anzunehmen, und Athenaios' Zeugnis reichte ihm, diese Didaskalie mit Kritias in Verbindung zu bringen (1875, 166): „quodsi Tennem Rhadamanthum Pirithoum ab Euripide abiudicant, eundem auctorem, didascalias consentientes habuisse putandi sunt, quodsi Pirithoum Critiae adtribuerunt, eius nomen didascalia ferebat." Philologische Beobachtungen hätten später die durch den Abgleich mit den Didaskalien erwiesene Zuschreibung an Kritias zunächst für den *Peirithus*, dann auch für die übrigen in der Didaskalie genannten Dramen in Frage gestellt (ebd.): „atqui didascalia quattuor fabulas amplectitur, ac si una propter sentiendi et dicendi similitudinem quandam Euripidi vulgo tradita est, idem in omnibus eius didascaliae fabulis factum esse haud absurde conici potest." Die daraus ent-

---

[4] Wilamowitz 1875, 165 f.: „num vero Alexandrini ita subtiles se praestiterunt? fortasse alibi (in comoedia, in Hesiodo), non in Euripide. namque Rhesum (cuius dictio multo longius ab Euripides distat quam v. c. Rhadam. 660, quod nemo non Euripideum haberet, nisi certo testimonio innisus) quoniam eius nominis fabulam didascaliae ferebant, patienter ei certe tolerarunt qui catalogum confecerunt."

Vgl. Diggle 3 *p*. VI, der die Frage der Echtheit des *Rhesos* offen läßt, und Zanetto *p*. V f. (mit der älteren Literatur), der für die Echtheit eintritt.

standene Kontroverse sei daran erkennbar, daß nicht nur *Peiri-thus*, sondern auch *Sisyphos* zwischen Euripides und Kritias strittig sind.

Wenn aber in der Tat ein unbekannter Euripides-Philologe diese Methode angewendet haben sollte, beim Abgleich eines Euripideischen Dramenkatalogs mit den Didaskalien jene Dramen zu ermitteln, die dort nicht für Euripides, sondern für einen anderen Dichter verzeichnet waren, um auf diesem Wege die unechten Stücke aus dem Euripideischen Corpus zu eliminieren, dann konnte er dabei nicht den *Sisyphos* beanstanden, der in den Didaskalien für das Jahr 415 v. Chr. verzeichnet war. Man müßte also - wollte man Wilamowitz' Hypothese verfechten - annehmen, daß von dem ursprünglichen, rein mechanischen Verfahren im besonderen Falle des *Sisyphos* abgewichen wurde.[5] Dann freilich wäre gerade bei unserem Satyrspiel größte Vorsicht geboten, einer antiken Entscheidung gegen die Echtheit zu folgen.

Wilamowitz' Hypothese erweist sich somit bei genauer Prüfung als inkonsistent; von nur postulierten Voraussetzungen ausgehend, gibt sie vor, sich auf eine plausible Methode stützen zu können, muß aber letzten Endes doch von ihr abweichen.

Der von Wilamowitz angenomme Abgleich des Werkkatalogs mit den Didaskalien ist für diesen Zweck aber ohnehin ein unbrauchbares Verfahren. Ein solcher Abgleich ermöglichte zwar sehr wohl - allerdings in umgekehrter Richtung - verlorene Dramen aufzuspüren, wenn sie in den Didaskalien genannt wurden, im Katalog hingegen fehlten - das beste Beispiel ist das Satyrspiel *Theristai*, von dem der Schreiber der Hypothesis zur *Medea* nach Einsicht der Didaskalien weiß, daß es verloren ist[6] -, aber um Stücke als unecht zu erweisen, die im Werk-

---

[5] In dem von Wilamowitz angenommenen Fall, daß in der Didaskalie, in der die zuvor als unecht aus einem Euripideischen Dramenkatalog ausgeschiedenen Tragödien verzeichnet waren, sich auch ein *Sisyphos* befand, konnte nur ein philologisch begründetes Urteil über die Autorschaft dieses Drama entscheiden.

[6] Arg. (a) E. *Med.* (Diggle 1 *p.* 90): τρίτος Εὐριπίδης Μηδείαι, Φιλοκτή-τηι, Δίκτυι, Θεριϲταῖϲ ϲατύροιϲ. οὐ ϲώιζεται. Ein weiteres Satyrspiel, von dem sich nach Verlust des Textes nur noch der Titel in den Didaskalien erhalten hatte, verbirgt sich wahrscheinlich in Arg. (g) E. *Ph.* (Diggle 3 *p.* 80 f.): δεύτεροϲ Εὐριπίδηϲ < > †καθῆκε διδαϲκαλίαν περὶ τούτου.

katalog vorhanden waren, jedoch in den Didaskalien für Euripides nicht bezeugt waren **und** sich zugleich der Didaskalie für einen anderen Tragiker zuweisen ließen, war ein solcher Abgleich vollkommen ungeeignet. Den antiken Grammatikern war nämlich sehr wohl bekannt, daß Euripides auch außerhalb Athens Dramen aufgeführt hat, die darum nicht in den amtlichen Didaskalien festgehalten waren. Das Beispiel der *Andromache* beweist, daß das Fehlen eines Dramas in den Didaskalien nicht zu dem Urteil führte, daß das Drama unecht sei, sondern zu dem Schluß, daß es Euripides nicht in Athen aufgeführt hatte (Schol. E. *Andr.* 445): εἰλικρινῶς δὲ τοὺς τοῦ δράματος χρόνους οὐκ ἔςτι λαβεῖν· οὐ δεδίδακται γὰρ Ἀθήνηςιν.[7] Aufführungen außerhalb Athens waren - neben jenen am makedonischen Königshofe - offenbar auch späten Schriftstellern noch bekannt (z. B. Ailian *VH 2*, 13: καὶ Πειραιοῖ δὲ ἀγωνιζομένου τοῦ Εὐριπίδου καὶ ἐκεῖ κατήιει [*sc.* Cωκράτης]).

Von der Zuweisung eines solchen Stücks an einen anderen Dichter einzig aufgrund einer didaskalischen Nachricht werden die antiken Grammatiker mit Sicherheit Abstand genommen haben, da sie sehr wohl wußten, daß unter den rund 600 Dramen, die für den Zeitraum Euripideischen Wirkens allein in den Didaskalien der Großen Dionysien verzeichnet waren, zahllose Stücke denselben Titel trugen. Die Didaskalien führten nach unseren Zeugnissen[8] den Titel als einziges für den Abgleich relevantes Identifikationsmerkmal an,[9] so daß eine eindeutige

---

καὶ γὰρ ταῦτα† ὁ Οἰνόμαος καὶ Χρυςίππος καὶ < οὐ> cώιζεται (dazu vgl. Kannicht 1996, 28).

[7] Freilich hat man die Didaskalien in einer Diskussion über die Echtheit eines Dramas mitberücksichtigt, vgl. Arg. (b) [E.] *Rh.* (Diggle 3 *p.* 430): τοῦτο τὸ δρᾶμα ἔνιοι νόθον ὑπενόηςαν, Εὐριπίδου δὲ μὴ εἶναι· τὸν γὰρ Cοφόκλειον μᾶλλον ὑποφαίνειν χαρακτῆρα. ἐν μέντοι ταῖς διδαςκαλίαις ὡς γνήςιον ἀναγέγραπται καὶ ἡ περὶ τὰ μετάρcια δὲ ἐν αὐτῶι πολυπραγμοcύνη τὸν Εὐριπίδην ὁμολογεῖ. Diese Formulierung läßt nicht den Schluß zu, daß umgekehrt eine Untersuchung der Didaskalien einer Diskussion der Echtheit vorausgegangen wäre.

[8] Vgl. DID C 1-24, *p.* 43-49 TrGF 1.

[9] Eine genauere Identifikation der Dramen ermöglicht die in den auf Papyrus gefundenen Dramenhypotheseis praktizierte Zitation des Anfangsverses (zu solchen Hypotheseis s. u.). Wie unsicher die Identifizierung eines Dramas in den Didaskalien gewesen sein muß, zeigt der Hinweis des Aristophanes in der Hypothesis zu Sophokles' *Aias* (Z. 9-13 Pearson, vgl. ebd. Arg. S. *OT* II Z. 23 f), daß der (erhaltene) *Aias* gewöhnlich Αἴαc

Zuweisung von Dramen außerordentlich schwierig, wenn nicht gar ausgeschlossen war.

Wilamowitz' Hypothese erweist sich als nicht haltbar.[10] Es ist darum notwendig, ihre Ergebnisse einzeln[11] zu revidieren, die nicht selten auch dann anerkannt sind, wenn der Hypothese als ganzer wenig Glaubwürdigkeit beigemessen wird.[12]

Die Fragmente von *Peirithus*,[13] *Rhadamanthys* und *Tennes* sind daher einzeln und unabhängig voneinander auf ihre Echtheit zu untersuchen. Das Übergewicht der Euripides-Bezeugungen kehrt allerdings die Beweislast um: Solange die antiken

---

μαcτιγοφόροc betitelt werde, Dikaiarch aber Αἴαντοc θάνατοc schreibe, während sich in den Didaskalien **kein** Zusatz finde.

[10] Vgl. die Rez. von Wecklein 1876, 727: „die weitere ausführung über die drei unechten stücke Tennes, Rhadamanthys, Peirithoos, die mit dem Sisyphos zusammen eine tetralogie gebildet haben und den Kritias zum verfasser haben sollen, bewegt sich nur in hypothesen."

[11] Z. B. Kritias' Autorschaft am *Peirithus* (Kuiper 1907; Page 1950, 120 f.) oder am Sisyphos-Fragment [43] F 19 (Dihle 1977); dazu s. u. Unsichere Fragmente *ad loc.*, *p.* 289 ff.

[12] So z. B. Davies 1989, 24. 32.

[13] Gegen den *Peirithus* führte Wilamowitz (1875, 162-65) auch inhaltliche und sprachliche Argumente ins Feld (vgl. Page 1950, 120 f.). Wilamowitz' Vorwurf, die in diesem Drama erkennbare Kosmologie weiche von der aus anderen Euripideischen Dramen bekannten ab, basiert auf dem äußerst fragwürdigen hermeneutischen Verfahren, hinter der Äußerung einer Bühnenfigur die Meinung des Dichters unmittelbar erkennen zu können. Zu seinen sprachlichen Einwänden (dazu Kuiper 1907) vgl. Reinhard 1934, 259: „Um sich klar zu werden, wie schwach doch am Ende all diese Beweise aus dem Wortgebrauch sind, mache man einmal mit irgend etwas sicher Aischyleischem die Gegenprobe, z. B. mit dem Vitellschen Fragment: 21 ἐξαρθεῖcα fehlt bei Aischylos, ist Sophokles geläufig; 2 ὁ φύcαc, vom Vater, fehlt bei Aischylos, ist bei Sophokles gang und gäbe. Wo gerieten wir in diesem Falle hin, wenn nicht das Zeugnis uns zu Hilfe käme? Wie wenig aus dem Vokabular beweist, lehrt auch der Streit um den Prometheus." Ferner Luppe, 1977, 322: „Ferner sei das (voreilige) Urteil von Wilamowitz (BKT V 2, edd. W. Schubart/U. v. Wilamowitz-Moellendorff, S. 68 [..]) über Pap. Berol. 9908 in Erinnerung gerufen (1907): ‚Daß der Papyrus uns Verse aus dem Ἀχαιῶν cύλλογοc des Sophokles erhalten hat, würde man den Versen selbst sicher entnehmen ... und wer den Stil der Tragiker unterscheidet, kann den Dichter nicht verkennen.' Wer hätte schon gern den Vorwurf des ‚Verkennens des Stils der Tragiker' auf sich genommen - bis 1962 der Oxyrhynchus-Papyrus 2460, der sich in mehreren Bruchstücken mit dem Berliner Papyrus überschneidet, und in Fr. 32 mit Euripides fr. 715 N² (‚Telephos') deckt, Euripides als den Verfasser erwies!"

Gründe für die Zweifel an der Echtheit, der Dramen *Peirithus*, *Rhadamanthys* und *Tennes* unbekannt sind - mag auch ein durch philologische Untersuchungen begründetes Urteil die größte Wahrscheinlichkeit besitzen -, kann dem in der Euripides-Vita bezeugten Verdacht kaum mehr Glaubwürdigkeit beigemessen werden als der antiken Entscheidung für die Echtheit des *Rhesos*. Eine Diskussion der Autorschaft des Kritias hat aufgrund der Beleglage nur für *Peirithus* und das Sisyphos-Fragment eine Berechtigung. Ob allerdings dieses Fragment tatsächlich einem Drama *Sisyphos* angehört, läßt sich anhand von Aetios' Hinweis, daß Sisyphos der Sprecher dieser Verse sei, nicht entscheiden.[14]

Welches Satyrspiel der Euripides-Biograph (s. o. Anm. 1) als verdächtigt anführte, läßt sich nicht mehr eruieren; die zweite Angabe in der Vita (s. o. Anm. 2) schreibt nichts von einem unechten Satyrspiel, und es ist nicht absolut sicher, ob mit den drei Tragödien, die das eine biographische Exzerpt, ohne die Titel zu nennen, unter die verdächtigten zählt, *Peirithus*, *Rhadamanthys* und *Tennes* gemeint sind. Diese drei Dramen waren auf jeden Fall nicht die einzigen im Euripideischen Corpus, deren Echtheit diskutiert wurde, wie die Hypothesis (b) zum *Rhesos* zeigt (s. o. Anm. 7).

Wenn die Annahme stimmt, daß die Inschrift auf dem *Marmor Albanum*[15] nur die für echt angesehenen Dramen des Euripides aufführt, dann ist das unechte Satyrdrama unter den Stücken zu suchen, deren Titel mit Σ beginnt; da die alphabetisch geordnete Liste auf der Inschrift aber unterhalb des *Orestes* abbricht, läßt sich keine Sicherheit gewinnen. Ebenfalls nur zwei mit Σ beginnende Satyrspieltitel - darunter der *Sisyphos* - befanden sich wahrscheinlich auf der Inschrift vom Piräus (IG II² 2363 *col.* 2, 39 f., s. u. Testimonien *ad loc.*). Ob auf dieser Inschrift, die Bücherschenkungen verzeichnet, nur unverdächtigte Dramen aufgelistet sind, läßt sich indessen nicht klären; im-

---

[14] Denkbar ist, daß das Fragment aus dem *Autolykos A'* stammt, in den es auch thematisch sehr gut paßt (s. o. *Autolykos p.* 117; s. u. Unsichere Fragmente *ad loc. p.* 307 ff.). Eine Entscheidung ist aber nicht zu treffen, da zu wenig über den *Sisyphos* bekannt ist.
[15] S. o. Einleitung, *p.* 29.

merhin befand sich sehr wahrscheinlich der *Peirithus* unter den gespendeten Dramen.[16]

Testimonien

IG II² 2363 *col.* 2, 40 (= CAT B 1, 40 TrGF 1)

(...)
CKYPIOI CΘENEB[OIA
40 C]ATYPO(I) CICY[ΦOC
ΘYECTHC ΘHCE[YC
(...)

39 f. Die Anordnung der Dramentitel auf dieser Inschrift[17] ist nicht streng alphabetisch, doch stehen in den erkennbaren Fällen mit demselben Buchstaben beginnende Titel in Gruppen beieinander, so daß man annehmen kann, daß in den Lücken Z. 39 f. mit Σ beginnende Titel - es bleiben allein die beiden Satyrspiele *Skiron* und *Syleus* noch übrig[18] - zu ergänzen sind. Der rechte Rand der Inschrift hat sich an keiner Stelle erhalten, so daß die Größe der Lücke nicht exakt bestimmbar ist, doch läßt sich anhand von plausiblen Ergänzungen[19] feststellen, daß nicht mehr als 20/21 Buchstaben in einer Zeile standen (- dabei ist I als ‚halber Buchstabe' gezählt). Trifft diese Beobachtung das Richtige, reicht in dem Freiraum (Z. 39) neben CΘENEB[OIA der Platz nicht für mehr als einen der beiden Satyrspieltitel. In der Zeile darunter, in der von dem Titel *Sisyphos* noch die ersten vier Buchstaben zu erkennen sind, reicht der Platz offensichtlich nicht für einen weiteren Titel, wenn Satyrspiele durch einen Titelzusatz - wie nach Z. 40 zu erwar-

---

[16] S. o. Einleitung, *p.* 34 f.

[17] Zu dieser Inschrift (mit der neueren Literatur, die jedoch nichts zu der hier behandelten Stelle beiträgt), s. TrGF 1 im App. *ad loc.*; SEG XXXVII 130 (1987).

[18] Die beiden einzigen mit Σ beginnenden Tragödientitel, *Skyrioi* und *Stheneboia*, sind in Z. 39 klar erkennbar vorausgegangen.

[19] Z. B. Z. 41: ΘYECTHC ΘHCE[YC ΔIKTYC] | ΔANAH (damit sind alle mit Θ und Δ beginnenden Titel aufgelistet), Z. 43: (...) ΠΛ[EICΘENHC ΠA-]|ΛAMHΔHC, Z. 47: ΦIOKTHTH[C ΦAEΘΩN ΦOI-]|NIΞ ΦPIΞOC Φ[OI-]NICCAI (d. h. alle mit Φ beginnenden Stücke, wenn nicht statt *Phaethon* ein zweiter *Phrixos* zu ergänzen ist); vgl. Luppe 1986, 240 f.

ten - gekennzeichnet wurden. In Z. 39 f. ist also (mit Snell) zu
ergänzen (in Klammern die Anzahl der Buchstaben):

CKYPIOI CΘENEB[OIA CKEIPΩN   (oder: CYΛEYC)   (21/20,5)
40 C]ATYPO(I) CICY[ΦOC CATYPOI   (19)

Auf dem Wege der Buchschenkung, die mit dieser Inschrift
dokumentiert wird, gelangten also offenbar nur zwei Satyrspiele, deren Titel mit Σ beginnt, in die Bibliothek von Piräus;
eines von ihnen war der *Sisyphos*.

Rein spekulativ ist die Annahme, der Grund hierfür sei,
daß entweder *Skiron* oder *Syleus* für unecht angesehen und
daher nicht gespendet wurden. Im Gegensatz zum *Marmor Albanum*, auf dem offensichtlich nur für echt angesehene Dramen
verzeichnet sind,[20] entziehen sich die Kriterien der Auswahl
der Dramen auf dieser Inschrift vollkommen unserer Kenntnis.[21]

40. C]ATYPO(I). Der Zusatz cάτυροι zu einem singularischen Titel (- abgesehen von den verlorenen *Theristai* ist kein
pluralischer Satyrspieltitel für Euripides bekannt -) ist wieder-
holt als nicht unproblematisch dargestellt worden (vgl. zuletzt
Steffen 1971 a, 216-18; Steffen 1971 b; Steffen 1979, 58-60), aber
immerhin belegt, vgl. Galen *in Hippocr. Epidem. libr. VI comm.* 1, 29
Wenkebach-Pfaff, *i. e.* Sophokles *Salmoneus* F 538. 539: ἐν
Cαλμωνεῖ cατύροιc (*bis*); Phld. *Piet. p.* 36 Gomperz, *i. e.* Achaios
Iris F 20: Ἀχ]αιὸc ἐν E[ἴ]ριδι cατ[ύρ]οιc; Str. 1, 3, 19 *p.* 60 c, *i. e.*
Ion *Omphale* F 18: ἐν Ὀμφάληι cατύροιc. Für die Inschrift wird
der Steinmetz wohl aus Platzgründen den unorthodoxen, aber
kürzeren Titelzusatz gewählt haben.

Luppes (1986, 242 f.) Vorschlag, in Z. 39 f. CYΛEYC A' B' |
C]ATYPO(I) zu ergänzen, entbehrt damit also einer Notwendigkeit, vermag aber das Problem eines pluralischen Zusatzes
neben singularischem Titel ohnehin nicht zu lösen. Der eigentliche Einwand gegen den Titelzusatz cάτυροι bei einem singularischen Titel zielt darauf ab, daß ein pluralischer Titel, der
immer auf eine Eigenschaft oder Tätigkeit des Satyrchores
hinweist, zu seinem Zusatz cάτυροι in einem prädikativen

---

[20] S. o. Einleitung, *p.* 29 ff.

[21] Es scheint, daß man bei der Ergänzung Z. 42-46 kaum ohne den
Peirithus auskommt, der zu den verdächtigten Dramen gehörte (s. o. Einleitung, *p.* 19 ff.).

Verhältnis steht (z. B. Θερισταὶ cάτυροι - „die Satyrn als Schnitter"), während ein singularischer Titel - in aller Regel der Name eines Hauptakteurs - dies nicht leisten kann, auch dann nicht, wenn zwei singularische Titel zusammengefaßt werden. Der Titelzusatz cάτυροι neben einem singularischen Titel - in diesem Fall *Skiron* oder *Syleus* - setzt voraus, daß er sich als eigene Bezeichnung bereits verselbständigt hat und als synonym für cατυρικὸν (δρᾶμα) gebraucht wird; es kann dann freilich nicht zugleich auch anstelle des Plurals cατυρικὰ (δράματα) gebraucht worden sein. Zu Luppes eigentlicher Absicht, auf diesem Wege ein Testimonium für zwei Syleus-Dramen zu schaffen, s. u. *p.* 197.

Ailianos *VH* 2, 8 (= DID C 14 TrGF 1)

κατὰ τὴν πρώτην καὶ ἐνενηκοστὴν ὀλυμπιάδα, καθ' ἣν ἐνίκα Ἐξαίνετος ὁ Ἀκραγαντῖνος cτάδιον, ἀντηγωνίcαντο ἀλλήλοιc Ξενοκλῆc καὶ Εὐριπίδηc. καὶ πρῶτοc γε ἦν Ξενοκλῆc, ὅcτιc ποτὲ οὗτόc ἐcτιν, Οἰδίποδι καὶ Λυκάονι καὶ Βάκχαιc καὶ Ἀθάμαντι cατυρικῶι. τούτου δεύτεροc Εὐριπίδηc ἦν Ἀλεξάνδρωι καὶ Παλαμήδει καὶ Τρωιάcι καὶ Cιcύφωι cατυρικῶι. γελοῖον δέ (οὐ γάρ;) Ξενοκλέα μὲν νικᾶν, Εὐριπίδην δὲ ἡττᾶcθαι, καὶ ταῦτα τοιούτοιc δράμαcι. τῶν δύο τοίνυν τὸ ἕτερον· ἢ ἀνόητοι ἦcαν οἱ τῆc ψήφου κύριοι καὶ ἀμαθεῖc καὶ πόρρω κρίcεωc ὀρθῆc, ἢ ἐδεκάcθηcαν.

*P. Oxy. 2455 *fr.* 5, 43-49 (Hypothesis F 18 *p.* 94 Austin)

```
        ]υcκε[(.)]ρ[
45   ἐ]πιφαν[εὶ]c δ' Ἡρα[κλῆc
        ]ενοc ὑπ[ὸ] τοῦ cυ[
        ]. λαβών· καὶ το.[
        ]...γ αὐτοῦ κα[ὶ] τη[
49   ]θηι. —
```

(Es folgt der Anfang der *Stheneboia*-Hypothesis)

Text nach Austin; Turners Anfügungen kleinerer Papyrusstücke auf der linken, der oberen und der rechten Seite, die Austin und Barrett für richtig ansahen, sind hier entfernt, s. Luppe 1986, 225 f.

44]τ[ο]υ Cκε[ί]ρ[ων Barrett/Austin : αὐ]τ[ο]ὺc κε[ί]ρ[ων Sutton.
46 Cυ[λέωc Sutton, Luppe.

45. ἐ]πιφαν[εὶ]c δ' Ἡρα[κλῆc. Deutlich wird ein Auftritt des Herakles gegen Ende des Dramas. Es kann sich dabei um Herakles' *ersten* Auftritt handeln (vgl. Arg. *Cyc.* Z. 3 f. 1 *p.* 2 Diggle: ἐπιφανεὶc δ' Πολύφημοc), der dann am Ende des Dramas am ehesten als *deus ex machina* zu denken wäre (vgl. Arg. *Andr.* Z. 16 1 *p.*275 Diggle: Θέτιc ἐπιφανεῖcα; Arg. *Or.* Z. 18 3 *p.* 187 Diggle: ἐπιφανεὶc δ' Ἀπόλλων; Arg. *Ba.* Z. 16 3 *p.* 289 Diggle: Διόνυcοc δὲ ἐπιφανείc; PSI 1286, 4 [= F 14 *p.* 92 Austin]: Ἄρτεμιc ἐπιφανεῖcα), aber durch F 673 ausgeschlossen werden kann (s. u.). Wahrscheinlicher ist also, daß Herakles (wie im *Syleus* [s. u.] und wie Odysseus im *Kyklops*) die Bühne mehrmals betritt und verläßt, und die Hypothesis an dieser Stelle seinen letzten Auftritt notiert.

46. ὑπ[ὸ] τοῦ cυ[. Von besonderem Interesse ist die Figur, durch die offensichtlich Herakles etwas widerfährt. Das Υ ist auf dem Papyrus nicht vollständig erhalten, (und sollte besser υ geschrieben werden), vgl. Luppe (1986, 226): „Von dem Υ ist nur die linke Schräge erhalten, eine andere Lesung aber kaum möglich." Turner (*ad loc. p.* 56) meinte immerhin, Cι[cύφου ausschließen zu können. Zu Suttons (1976, 77 f.) und Luppes (1986) Konjektur Cυ[λέωc s. u. Statt um einen Eigennamen kann es sich freilich auch um ein mit cυν– zusammengesetztes Nomen wie cύμμαχοc o. ä. handeln.

[*P. Oxy. 2455 *fr.* 7, 91-101 (= Hypothesis F 7 *p.* 93 Austin)]

Zum Problem der Zuschreibung der Papyrus-Hypotheseis zu den Dramen *Sisyphos* und *Skiron* s. u. *p.* 196 ff.; Text s. u. *Skiron, p.* 223.

P. Oxy. 2456, Z. 6

(...)
5   [Cυλε]ὺc cατυρικόc
       [Cίc]υφος <cατυρικόc>
       Τήμενοc
       (...)

6. [Cίc]υφος <cατυρικόc>. Die Auslassung des Titelzusatzes, der das Drama als Satyrspiel kennzeichnet, beruht wahrscheinlich auf einem bloßen Irrtum (Turner *ad loc. p.* 70: "due to

mere mistake"),[22] wie man ihn z. B. auch in dem Aischyleischen Dramenkatalog des *Mediceus* (T 78 TrGF 3) an mehreren Stellen annehmen muß.[23]

Exkurs: P. Oxy. 2455 *fr.* 5-8 und die Reihenfolge der mit Σ beginnenden Dramenhypotheseis in den *Tales from Euripides*

Unter den Hypotheseisfragmenten zu den mit Σ beginnenden Dramen des Euripides in dem 1962 veröffentlichten Papyrus
P. Oxy. 2455[24] befinden sich zwei Fragmente, deren Zuordnung
zu der Hypothesis eines bestimmten Dramas nicht sicher ist:

(1) *Fr.* 5 enthält das Ende einer Hypothesis zu einem
Drama, das einen Auftritt des Herakles erkennen läßt (Z. 45),
und den Anfang der *Stheneboia*-Hypothesis (hier nicht abgedruckt). Das Fragment wurde vom Erstherausgeber (Turner *ad
loc. p.* 56) dem *Sisyphos* zugewiesen, da vor der *Stheneboia*-Hypo-
thesis nur ein mit P oder Σ beginnender Dramentitel in
Betracht kam,[25] *Rhadamanthys*, *Rhesos*, *Skyrioi* und *Syleus* aber
ausschieden, weil entweder sich Hypothesisschlüsse erhalten
haben, oder sich ein Auftritt des Herakles im Drama ausschließen ließ; der in Z. 45 erkennbare Auftritt des Herakles gab so
auch den Ausschlag für den *Sisyphos* (vgl. F 673) vor dem *Skiron*
(s. u. Abb. 1).
Barrett (bei Austin *ad loc. p.* 94) wies das Fragment hingegen dem *Skiron* zu, weil er Z. 44 (auf einem Papyrusstreifen,
den Luppe [1986, 225 f.; 1994, 13] als zu unsichere Anfügung

---

[22] So auch Luppe 1986, 240 Anm. 32.

[23] Z. B.: *Amymone satyrike*, *Kerkyon satyrikos*, *Kerykes satyroi* u. a.

[24] Teile des bedeutenden Fundes hatte Turner schon einige Jahre früher dem 9. Papyrologenkongreß in Oslo 1958 vorgelegt (Turner 1958).

[25] Die Hypotheseis sind in dieser Sammlung alphabetisch sortiert,
doch wird dabei nur der Anfangsbuchstabe berücksichtigt. Snell (1935/68)
führt diese Sortierungsgenauigkeit auf die Aufbewahrungsbedingungen
antiker Texte (in Form von Papyrusrollen) in Tontöpfen zurück, die eine
exakte Sortierung nicht ermöglichten. Auch Inschriften weisen diese
Form der Sortierung auf (s. o., Testimonien; ferner vgl. o. P. Oxy. 2456;
ebenso findet sich diese Form der Sortierung im Dramenkatalog des
Aischylos T 78, der u. a. in der Handschrift *M* den erhaltenen Dramen
vorangestellt ist.

wieder entfernte),]τ[ο]ῦ Cκε[ί]ρ[ων ergänzen zu können glaubte (s. u. Abb. 2).[26]

Sutton (1976, 77 f.),[27] der zu Recht Herakles' Auftritt im *Skiron* beanstandete und Z. 44 αὐ]τ[ο]ὺc κε[ί]ρ[ων las, schlug das Fragment aufgrund seiner Ergänzung in Z. 46 (ὑπ[ὸ] τοῦ) Cυ[λέωc dem *Syleus* zu, ohne zu berücksichtigen, daß das Fragment ab Z. 50 den Anfang der *Stheneboia*-Hypothesis enthält, also das Ende der *Syleus*-Hypothesis darstellen müßte, das aber in *fr.* 8 vorliegt.[28]

Luppe (1986), der zunächst Barretts Ergänzungen in Z. 44 rückgängig machte (und damit eine Zugehörigkeit des Fragments zum *Skiron* wieder in Frage stellte), folgte Suttons Ergänzung in Z. 46 und mußte folgerichtig *zwei* Syleus-Dramen annehmen, wofür es indessen keinerlei Indizien gibt.[29] Da Titel und Anzahl der in Alexandria noch erhaltenen Euripideischen Satyrspiele bekannt sind,[30] scheidet ein zweiter *Syleus* aus, und solange nicht beweisbar ist, daß tatsächlich Dikaiarch der Verfasser der Hypotheseis ist,[31] kann nicht davon ausgegangen werden, daß sich unter den *Tales from Euripides* Hypotheseis von Dramen, in diesem Falle also eines mutmaßlichen zweiten *Syleus*, befinden, die schon in alexandrinischer Zeit verloren waren. *Fr.* 5 bleibt also allein zwischen den Hypotheseis zu *Sisyphos* und *Skiron* strittig.

(2) *Fr.* 7 hatte Turner dem *Skiron* zugeordnet, da das Fragment aus der Hyothesis eines Satyrspiels stammen mußte (Z. 91. 96 werden Satyrn erwähnt), und er - nach einer Anfügung am unteren Ende des Papyrus[32] - mit Z. 102 (Ç[) den Anfang der *Syleus*-Hypotheseis annahm. Daß es sich um diese Hypothesis handeln müsse, ermittelte Turner (*ad loc. p.* 57) wie-

---

[26] Ihm folgt Steffen 1971 a, 26 m. Anm. 5; Steffen 1971 b, 222 Anm. 98. Zu der Ergänzung: Luppe 1986, 225.

[27] Vgl. aber Sutton 1980 c, 64 f. m. Anm. 200.

[28] S. u. *Syleus ad loc., p.* 246; der *Syleus*-Hypothesis (*fr.* 8) folgt jene des *Temenos*.

[29] Nicht überzeugend ist seine parallele Ergänzung in der Bücherliste vom Piräus (IG II^2 2363 = CAT B 1 TrGF 1, s. o. *ad loc.*) Z. 39 f.: Cκύριοι, Cθενέβ[οια, Cυλεὺc A' B' | c]άτυροι, Cίcυ[φοc cατυρικόc (s. o. *ad loc.*).

[30] S. o. Einleitung, *p.* 29 ff.

[31] Zu dieser Frage s. o. *p.* 37.

[32] Dazu Luppe 1988 b, 17 Anm. 11.

derum im Ausschlußverfahren: Da die Hypothesisanfänge zu den Dramen *Skiron* und *Stheneboia* erhalten waren, und er davon ausging, daß dem *Sisyphos* die *Stheneboia* (in *fr.* 5) unmittelbar folgte, kamen ohnehin nur *Syleus* und *Skyrioi* in Betracht; letztere Hypothesis schied er aus, da seiner Meinung nach *fr.* 8, das das Ende der *Syleus*-Hypothesis enthält, rechts an *fr.* 7 anschließt und der Raum für zwei Hypotheseis (zu *Skyrioi* und zu *Syleus*) nicht ausreicht (s. u. Abb. 1).

Barrett und Austin (*ad loc. p.* 93) trennten zwar den von Turner am unteren Rand des Papyrusfragments angesetzten Streifen (Z. 102), nahmen aber aufgrund eines größeren Leerraums unter Z. 101 dennoch an, daß es sich um einen Hypothesisschluß handeln müsse. Da die Hypothesisschlüsse von *Syleus* (*fr.* 8) und *Skiron* (Barrett hatte *fr.* 5 dem Ende der *Skiron*-Hypothesis zugewiesen, s. o.) bekannt waren, und P. Oxy. 2455 nur Hypotheseis zu Dramen mit den Buchstaben M–X enthält, blieb als einziges Satyrspiel der *Sisyphos* übrig, dessen Hypothesis Barrett und Austin das Fragment zuwiesen (s. u. Abb. 2).[33]

Luppe (1988 b) nahm das Fragment indessen vollkommen aus der Reihe der Σ-Dramen heraus; doch sein Versuch, aus *fr.* 7 ein an keiner Stelle bezeugtes Satyrspiel *Pentheus* zu erschließen,[34] ist aus dem bereits genannten Grund, daß Dikaiarchs Verfasserschaft und damit ein ausreichend hohes Alter der *Tales* nicht beweisbar ist, wenig wahrscheinlich.

Insbesondere Barretts Studien zur Hypothesis der *Phoinissai* (Barrett 1965), die neben der Rekonstruktion des Papyrustextes und zahlreicher Zuweisungen bis dahin nicht identifizierter Fragmente vor allem sichere Erkenntnisse über die Größe der Textkolumnen erbrachten, ist es zu verdanken, daß die *communis opinio* weitgehend der Textgestaltung und Fragmentzuweisung in dem von Austin herausgegebenen Text folgte. Sie muß

---

[33] Ihnen folgte Steffen 1971 b, 221. Abwegig ist Suttons Versuch (Sutton 1980 c, 65 Anm. 201 und *p.* 67 f.), *fr.* 7 mit einem Satyrspiel *Theseus* in Verbindung zu bringen: Weder war der *Theseus* ein Satyrspiel (s. o., Einleitung *p.* 38), noch besteht Aussicht, Fragmente einer Hypothesis zu diesem Drama (mit dem Anfangsbuchstaben Θ) in P. Oxy. 2455 zu finden (s. o.).

[34] Einen mit Π beginnenden Titel eines Satyrspiels hatte schon Wilamowitz (1875, 158 f.) anhand der Bücherliste aus Piräus (IG II² 2363 = CAT B 1 TrGF 1, Z. 44) erwogen; vgl. Luppe 1988 b, 24 f.; s. o. Einleitung, *p.* 34 ff.

damit zugleich hinnehmen, daß im *Skiron*, der Theseus' Abenteuer mit dem megarischen Wegelagerer zum Inhalt hat, Herakles auftritt, der in diesen Mythos indessen nicht hineingehört.
Die folgende Untersuchung zeigt, daß für die Zuordnung von
fr. 5 und *fr.* 7, die nur in Übereinstimmung mit einer plausiblen
Anordnung der Fragmente in den Textkolumnen des Papyrus
vorgenommen werden kann, drei Möglichkeiten zur Verfügung
stehen, und neben Turners und Austins Anordnung der Dramenhypotheseis im Papyrus eine dritte die größte Wahrscheinlichkeit besitzt.

Das in der Hypothesissammlung erste mit Σ beginnende
Drama ist sehr wahrscheinlich die Tragödie *Skyrioi*, von deren
Inhaltsangabe sich P. Oxy. 2455 aber offenbar keine Spuren
erhalten haben. In dem bereits 1933 publizierten Hypothesis-
papyrus PSI 1286, der einer gleichen Sammlung angehört,
jedoch von anderer Hand geschrieben ist, folgt das Drama auf
Rhesos und *Rhadamanthys*; es ist also anzunehmen, daß auch in
der Hypothesissammlung, aus der P. Oxy. 2455 stammt, die
Skyrioi das erste mit Σ beginnende Drama waren.[35] Das letzte
der Σ-Stücke ist der *Syleus*, dessen Hypothesisschluß in *fr.* 8
dem Anfang der *Temenos*-Hypothesis unmittelbar vorausgeht.[36]
Zugleich mit der Zuschreibung von *fr.* 5 und *fr.* 7 ist also die
Reihenfolge der Dramenhypotheseis zu *Stheneboia*, *Sisyphos* und
Skiron zu klären. Da sowohl *fr.* 5 als auch *fr.* 7 das Ende einer
Hypothesis darstellen und aus einem Satyrspiel stammen,[37]
müssen beide Fragmente verschiedenen Dramen, und zwar
jeweils entweder dem *Sisyphos* oder dem *Skiron*, angehören.

Für eine Rekonstruktion der Textkolumnen des Papyrus ist
ferner wichtig, daß das Ende der *Stheneboia*-Hypothesis (*fr.* 6,

---

[35] Von einer in P. Oxy. 2455 und PSI 1286 analogen Reihenfolge der
Dramenhypotheseis geht auch Luppe 1986, 223 aus.

[36] Derselben Sammlung wie P. Oxy. 2455 gehört P. Strasb. 2676 an, dessen *fr.* A a den Anfang der *Syleus*-Hypothesis enthält (Haslam 1975, 150
Anm. 3). *Fr.* B d gehört in den Anfang der *Stheneboia*-Hypothesis (Mette
1982, 233 *ad* F 880 b Mette; Luppe 1984 b, 35 Anm. 2; Luppe 1984 c, 7 f.).

[37] In *fr.* 5 wird Herakles erwähnt (Z. 45), der nicht in den *Skyrioi* auftrat (Luppe 1986, 223 f.); das Fragment endet mit dem Anfang der *Stheneboia*-Hypothesis, so daß auch diese Tragödie ausscheidet. In *fr.* 7 (Z. 91.
96) werden Satyrn ausdrücklich erwähnt. Der *Syleus* scheidet allerdings
aus, da das Ende zu seiner Hypothesis in *fr.* 8 erkennbar ist.

65-73, im folgenden als *fr.* 6 a bezeichnet) den Anfang einer Kolumne darstellt (Turner *ad loc. p.* 56); gleiches gilt für *fr.* 7 (Luppe 1988 b, 16). Die Länge der Kolumnen hatte Barrett (1965, 66 Anm. 5; übereinstimmend Luppe 1986, 230) mit 32-33 Zeilen, wenn sich in dieser Kolumne ein Hypothesiskopf befindet, und mit 35 Zeilen bei fortlaufendem Text berechnet. Mit diesen Eckdaten lassen sich drei Modelle berechnen:

(1) *Skyrioi - Sisyphos - Stheneboia - Skiron - Syleus* (nach Turner)

Die Länge der Kolumnen (s. Abb. 1), die Turner (*p.* 33) fälschlich mit 43-45 Zeilen berechnet hatte, ist bei diesem Modell auf 32/33 Zeilen reduziert. In *col.* D ist unter *fr.* 7 P. Strasb. 2676 *fr.* A a eingefügt,[38] das Turner noch nicht kannte. Die Position von *fr.* 5 in *col.* B (sowie der Anfang der *Sisyphos*-Hypothesis in *col.* A) ist variabel; sie folgt in diesem Modell einer Wahrscheinlichkeitserwägung.

Es ergeben sich für die Hypotheseis zu den einzelnen Dramen folgende Textlängen:

Skyrioi: nicht berechenbar.

Siyphos: nicht berechenbar, (*fr.* 5 enthält in *col.* B 7 Zeilen Text).

Stheneboia: (24-) 35 Zeilen (*col.* B: 15 Zeilen in *fr.* 5 und bis zu 11 verlorene Zeilen; *col.* C: 9 Zeilen in *fr.* 6 a).

Skiron: 34/35 Zeilen (*col.* C: 17 Zeilen in *fr.* 6 b und 6/7 verlorene Zeilen; *col.* D: 11 Zeilen in *fr.* 7).

Syleus: 26/27 Zeilen (*col.* D: 12 Zeilen in *fr.* A a, 9/10 verlorene Zeilen; *col.* E: 5 Zeilen in *fr.* 8).

---

[38] Vgl. T. S. Pattie *per lit.* bei Luppe 1986, 236, Anm. 28: "Your fragment (= *fr.* 2676 Aa) would fit slightly better under fragment 7. ... But ... there is no direct join, and the probability is much less than 100%." Die anderen Fragmente des P. Strasb. 2676 sind aufgrund ihrer geringen Größe in diesem und den folgenden Modellen nicht berücksichtigt.

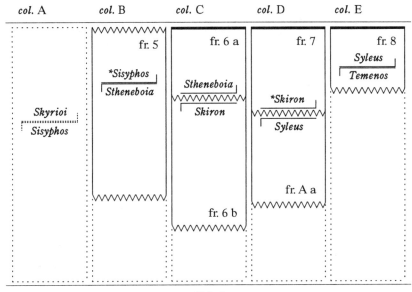

col. A   col. B   col. C   col. D   col. E

Abb. 1

Die ungefähre Länge der *Stheneboia*-Hypothesis läßt sich anhand des in den mittelalterlichen Handschriften überlieferten Textes[39] mit *ca.* 36 Zeilen berechnen (Luppe 1986, 237) und läßt sich auch mit diesem Modell in Übereinstimmung bringen. Die Hypotheseis zu Satyrspielen werden dagegen bedeutend kürzer gewesen sein;[40] auffällig ist aber in diesem Modell das Mißverhältnis der Hypothesislängen von *Syleus* und *Skiron*.

(2) *Skyrioi - Skiron - Stheneboia - Sisyphos - Syleus* (Austin)

Auch in diesem Modell (s. Abb. 2) ist in *col.* D unter *fr.* 7 P. Strasb. 2676 *fr.* A a eingefügt, das Austin noch nicht kannte, und die Position von *fr.* 6 b in *col.* A und *fr.* 5 in *col.* B variabel; sie folgt wiederum einer Wahrscheinlichkeitserwägung.

---

[39] S. Nauck TGF[2] *p.* 567; v. Arnim *p.* 43.
[40] Luppe 1986, 237, Satyrspiele: 26-28 Zeilen, *Orestes*: 41 Zeilen, *Phoinissai*: 38 Zeilen, *Stheneboia*: 36 Zeilen.

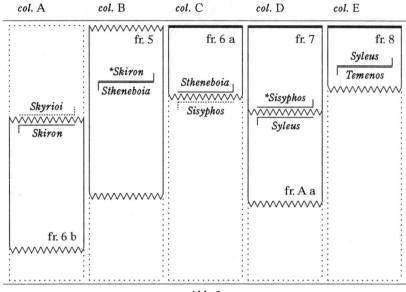

Abb. 2

Es ergeben sich für die Hypotheseis zu den einzelnen Dramen folgende Textlängen:

Skyrioi: nicht berechenbar.

Skiron: 24-40 Zeilen (*col.* A: 17 Zeilen in *fr.* 6 b, dazu eine ungewisse Zahl verlorener Zeilen; *col.* B: 7 Zeilen in *fr.* 5).

Stheneboia: (24-) 35 Zeilen (*col.* B: 15 Zeilen in *fr.* 5 und wahrscheinlich 10/11 verlorene Zeilen; *col.* C: 9 Zeilen in *fr.* 6 a).

Sisyphos: 34/35 (*col.* C: 23/24 verlorene Zeilen; *col.* D: 11 Zeilen in *fr.* 7).[41]

Syleus: 26/27 Zeilen (*col.* D: 12 Zeilen in *fr.* A a und 9/10 verlorene Zeilen; *col.* E: 5 Zeilen in *fr.* 8).[42]

---

[41] Austin *ad loc. p.* 93: „desunt lineae fere 24" (zusätzlich zu den Zeilen in *fr.* 7).

[42] Austin *ad loc. p.* 96: „desunt lineae non plus 22" (zusätzlich zu den Zeilen in *fr.* 8).

Auffällig sind die unausgeglichenen Hypothesislängen von *Sisyphos* und *Syleus*. Schwerwiegenden Anstoß aber erregt der von Austin angenommene Auftritt des Herakles im *Skiron*.

(3) *Skyrioi - Skiron - Sisyphos - Stheneboia - Syleus*

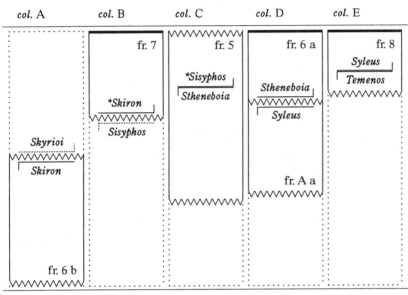

Abb. 3

Es ergeben sich für die Hypotheseis zu den einzelnen Dramen (s. Abb. 3) folgende Textlängen:

Skyrioi: nicht berechenbar.

Skiron: 28 (-44) Zeilen (je nach Länge der *Skyrioi* in *col.* A; 17 Zeilen in *col.* A, dazu wahrscheinlich kaum noch verlorene Zeilen; *col.* B: 11 Zeilen in *fr.* 7).

Sisyphos: 28 (-40) Zeilen (je nach Länge der *Stheneboia* in *col.* C; *col.* B: wahrscheinlich 21/22 verlorene Zeilen; *col.* C: 7 Zeilen in *fr.* 5).

Stheneboia: (24-) 35 Zeilen (je nach Länge des *Sisyphos* in *col.* B; *col.* C: 15 Zeilen in *fr.* 5, dazu wahrscheinlich 10/11 verlorene Zeilen; *col.* D: 9 Zeilen in *fr.* 6 a).

Syleus: 28/29 Zeilen (*col.* D: 12 Zeilen in *fr.* A a und 11/12 verlorene Zeilen; *col.* E: 5 Zeilen in *fr.* 8).

Austins Anordnung der Papyrusfragmente (2) zeigte nicht nur ein unausgeglichenes Verhältnis der Hypothesislängen, sondern kam nicht ohne die wenig wahrscheinliche Annahme aus, daß Herakles im *Skiron* auftrat. Gegenüber Turners modifiziertem Vorschlag (1) zeigt das dritte Modell ein deutlich ausgeglicheneres Verhältnis der Längen der einzelnen Hypotheseis: Es ist sehr wahrscheinlich, daß für die Satyrspiele *ca.* 28 Zeilen und für die Tragödie *Stheneboia ca.* 35 Zeilen in Anschlag zu bringen sind, doch läßt dieses Modell Abweichungen von starren Durchschnittswerten zu. Die Hypothesisanfänge von *Syleus* und *Stheneboia* liegen in diesem Modell unmittelbar nebeneinander: Das könnte der Grund sein, daß sich im P. Strasb. 2676, der aus derselben Rolle wie P. Oxy. 2455 stammt, Fragmente genau dieser beiden Dramen - jeweils vom Anfang der Hypotheseis - nebeneinander finden.[43]

Diese Übersicht über die Möglichkeiten der Anordnung der Hypotheseis in P. Oxy. 2455 zeigt, daß die Zuweisung von *fr.* 5 zum *Sisyphos* und von *fr.* 7 zum *Skiron* weit mehr Wahrscheinlichkeit besitzt, als die von Turner vorgenommene und auch als die von Austin, der beide Fragmente genau umgekehrt zuweist. Herakles ist, wie F 673 zeigt, *dramatis persona* im *Sisyphos*, Hermes, wie F 674 a nahelegte, im *Skiron*.

Fragmente

F 673

χαίρω cέ τ', ὦ βέλτιcτον Ἀλκμήνηc τέκοc,
⟨ × – ∪ ⟩ τόν τε μιαρὸν ἐξολωλότα.

Suda χ 174 Adler; *Et. Gen.* (B) *p.* 306, 11 Miller (vgl. *EM* 808, 5 Gaisford).

2 < > : ἐλθόντα Valckenaer : cωθέντα Cobet : ὁρῶcα Luppe.

[43] Daß die *Syleus*-Hypotheseis direkt auf jene der *Stheneboia* folge, hatte schon Luppe 1984 b, 35 Anm. 2, aufgrund dieser Tatsache in Erwägung gezogen, vgl. auch Luppe 1984 c.

1 f. Die Zugehörigkeit von F 673 zum *Sisyphos* wurde immer wieder bestritten. Hartung 1844 2 *p.* 287, Wilamowitz 1875, 166 und Luppe 1986, 166 (und Luppe 1988, 18 Anm. 15) wollten das Fragment aus inhaltlichen Erwägungen dem *Syleus* zusprechen, da Herakles im Sisyphos-Mythos keinen Ort habe (vgl. u. Sagenstoff). In der Tat würde das Fragment sehr gut dorthin passen, doch rechtfertigt dies allein nicht den schweren Eingriff.

Snell (im App. zu 43 Kritias T 2, *p.* 170 f. und F 19, *p.* 182 TrGF 1) erwägt, F 673 und F 674 einem Drama *Sisyphos* des Kritias zuzuweisen (dazu s. o. *p.* 185 ff. und s. u. Unsichere Fragmente, *ad* [43 Kritias] F 19, *p.* 289 ff.).

χαίρω ... ἐξολωλότα. Das Fragment ist in der Suda im Anschluß an eine Redensart der Bewohner von Oropos überliefert: χαίρω ϲε ἐληλυθότα. Ὠρωπικοὶ οὕτως λέγουϲιν. Εὐριπίδηϲ Ϲιϲύφωι· „χαίρω γέ ϲε, ὦ βέλτιϲτε Ἀλκμήνηϲ τέκος, ... τόν τε μιαρὸν ἐξολωλότα."[44] Eine inhaltliche Verbindung zwischen der Redensart der Oroper und Euripides' Vers ist nicht erkennbar; die einzige Gemeinsamkeit scheint in der Kombination der Formulierung χαίρω ϲε mit einem Partizip Perfekt Aktiv zu liegen,[45] die möglicherweise für Euripides ungewöhnlich war, vgl. S. *Ai.* 136 (der Chor begrüßt in der Parodos Aias): ϲὲ μὲν εὖ πράϲϲοντ’ ἐπιχαίρω; [E.] *Rh.* 390 f. (Rhesos begrüßt Hektor): χαίρω δέ ϲ’ εὐτυχοῦντα καὶ προϲήμενον | πύργοιϲιν ἐχθρῶν; 70 Karkinos II F inc. 8, 1 TrGF 1: χαίρω ϲ’ ὁρῶν φθονοῦντα.

Der Kontext des Fragments ist trotz der Lücke am Anfang von V. 2 klar: Herakles tritt, nachdem er einen Unhold beseitigt hat, auf die Bühne[46] und wird dort von einer bereits anwesenden Figur begrüßt, der die vorausgegangene Tat des Helden, wahrscheinlich durch einen Botenbericht, schon bekannt ist.

---

[44] Nauck übernahm diesen Text mit Konjekturen von Cobet (Z. 1 ϲέ τ’) und Valckenaer (Z. 2 βέλτιϲτον). Das *Et. Gen.* gibt nur V. 1 wieder (χαίρω ϲε ἐληλυθότα· „χαίρω ϲε, ὦ βέλτιϲτε, Ἀλκμήνηϲ τέκος."), das *EM* nur Dichter und Titel (χαίρω ϲε ἐληλυθότα· Ὀρωπικοὶ [*sic*] οὕτω λέγουϲι, καὶ Εὐριπίδηϲ Ϲιϲύφωι).

[45] Luppe (1986, 233 f. Anm. 22), der wie Hartung (1844 2 *p.* 287) und Wilamowitz (1875, 166) das Fragment dem *Syleus* zuweist, erwägt aufgrund der geographischen Nähe von Oropos und Aulis, das nach Apollodor (2, 6, 3; s. u. *Syleus p.* 272 ff.) Schauplatz von Herakles’ Beseitigung des Syleus ist, einen Nebenchor von Einwohnern aus Oropos.

[46] Möglicherweise handelt es sich um den in der Hypothesis (s o. Testimonien, *ad fr.* 7, 45) erzählten Auftritt des Herakles.

Weder der Sprecher, noch der Schurke, von dem die Rede ist, sind erkennbar. Als Ergänzung für die Lücke wurde von Valckenaer ἐλθόντα vorgeschlagen, womit die Formulierung des Lexikonlemmas wiederaufgenommen wird. Wahrscheinlicher ist aber das Partizip eines Verbs mit der Bedeutung ‚am Leben sein‘ oder ‚mit dem Leben davongekommen sein‘, die Cobets Ergänzung cωθέντα trifft, vgl. denselben Gedanken in E. *Hipp.* 1339-41: τοὺς γὰρ εὐσεβεῖς θεοὶ | θνήισκοντας οὐ χαίρουσι· τούς γε μὴν κακοὺς | αὐτοῖς τέκνοισι καὶ δόμοις ἐξόλλυμεν.

Unwahrscheinlich ist Luppes (1986, 233 f. Anm. 22) Vorschlag ὁρῶcα, der davon ausgeht, daß F 673 zum *Syleus* gehört und die Tochter oder eine Dienerin des Syleus Sprecherin der Verse sei: Das Partizip würde beide Akkusativobjekte regieren, was zur Folge hätte, daß die Sprecherin nicht nur Herakles, sondern auch die Leiche des Syleus auf der Bühne sähe. Ob eine solche Szene möglich ist, nachdem Herakles seinen Widersacher durch eine Überschwemmung getötet hat, und ob Syleus' Tochter auf diese Weise ihre Freude über den Tod des Vaters zum Ausdruck bringen kann, ist äußerst fraglich.

2. τὸν ... μιαρόν. „Schurke". Das Wort μιαρός ist als Substantiv in der Tragödie nicht zu finden,[47] der Komödie hingegen sehr geläufig (z. B. Ar. *Ach.* 282: παῖε παῖε τὸν μιαρὸν). Im Satyrspiel findet es sich noch an zwei weiteren Stellen: S. F 314, 197 (*Ichneutai*; Silenos [?] über einen der Satyrn): ἆ μιαρέ; E. *Cyc.* 677 (Polyphem über Odysseus): ὁ μιαρός.[48]

Sisyphos kann wohl kaum der Schurke sein, den Herakles getötet hat, denn er stirbt nicht eines gewaltsamen Todes: Thanatos holt ihn - wie er auch Alkestis im gleichnamigen Drama des Euripides holt -, mag er auch erst nach Ares' Eingreifen erfolgreich sein (s. u. *p.* 210). Ganz gleich, welche Figur sich hinter dem namenlosen Bösewicht verbirgt, - F 673 zeigt offensichtlich, daß Sisyphos nicht - wie Busiris oder Syleus -

---

[47] Es ist auch als Adjektiv in der Tragödie - im Gegensatz zur Komödie - äußerst selten: S. *Ant.* 746; E. *Ba.* 1384 (möglicherweise auch F 266, 3).

[48] Churmuziadis (1968, 161-63) hatte (auf der Grundlage von P. Oxy. 2456 Z. 6 [s. o. Testimonium *ad loc.*]) vermutet, daß es sich beim *Sisyphos* nicht um ein Satyrspiel, sondern um eine burleske Tragödie (vergleichbar der *Alkestis*) handle, da keines der beiden Fragmente einen Hinweis auf die Satyrspielqualität liefere; der Befund widerspricht jedoch dieser Vermutung.

als gewalttätiger Schurke Herakles gegenübertrat,[49] daß es also im *Sisyphos* nicht um die Überwindung eines Ogers ging, (wie in den genannten Satyrspielen, ferner im *Kyklops* und im *Skiron*, vielleicht auch in der *Lamia*), sondern sehr wahrscheinlich um einen raffinierten Fall von Täuschung, Diebstahl oder Betrug (wie im *Autolykos* und vielleicht auch im *Eurystheus*), wofür - anders als die genannten Gegenspieler des Herakles - die Figur des Sisyphos sehr gut geeignet ist.

F 674

ἑλίccων

Hsch. ε 2116 Latte.

1. **ἑλίccων.** Die genaue Bedeutung des Wortes ἑλίccειν - „ein lieblingswort des Euripides" (Wilamowitz *ad* E. *HF* 690) - läßt sich für diese Stelle nicht ermitteln und war offenbar schon dem Scholiasten, der Hesych als Gewährsmann diente, nicht mehr klar: ἑλίccων· πλέκων, ψευδόμενος, οὐκ ἐπὶ εὐθείας λέγων, ἢ κινῶν (κοινον Hs.). Εὐριπίδης Cιcύφωι.

Euripides benutzt das Verb, das der Komödie offenbar fremd war,[50] in mannigfacher Bedeutung, nicht selten auch mehrfach mit unterschiedlicher Bedeutung in einem Drama

---

[49] Steffen (1971 a, 221 m. Anm. 92; 1979, 61 m. Anm. 61) verweist auf einen Rekonstruktionsversuch von Schöll (1839. 1, 124 [*i. e.* Anm. 77]), nach dem Herakles die Satyrn aus der Gewalt eines Wegelagerers Sisyphos befreit habe, der Reisende mit Felsbrocken erschlägt. Der auf ersten Blick ansprechende Versuch entpuppt sich aber bei näherem Besehen als pure Spekulation.

[50] Strattis F inc. 71, 5 PCG ist sehr wahrscheinlich Euripides-Parodie, s. Kassel/Austin im App. *ad loc.*; (vgl. Ar. *Ra.* 827: ἀνελιccομένη). Von den Tragikern hat es offenbar Aischylos nicht verwendet (vgl. aber [A.] *Pr.* 138 [*lyr.*]. 1085 [*lyr.*]. 1092 [*lyr.*]), Sophokles dreimal (*Ai.* 358 [*lyr.*]; *Ant.* 231; *El.* 746), Euripides 38 Mal (*El.* 437 [*lyr.*]; *HF* 671 [*lyr.*]. 690 [*lyr.*]. 868; *Tr.* 116 [*lyr.*]. 333 [*lyr.*]. 763; *Sisyphos* F 674; *Hyps.* c. 214 *p.* 61 [*lyr.*], c. 905 *p.* 107, 1582 *p.* 119 Cockle [*lyr.*]; *Antiop.* F 221, 2; *IT* 7. 1103 [*lyr.*]. 1145 [*lyr.*]. 1271 [*lyr.*]; *Ion* 1164. 1503 [*lyr.*]; *Hel.* 1362 [*lyr.*]; *Ph.* 3. 235 [*lyr.*]. 711. 1178. 1186. 1622; *Or.* 171 [*lyr.*]. 444. 892. 1266 [*lyr.*]. 1292 [*lyr.*]. 1379 [*lyr.*]. 1432 [*lyr.*]; *Ba.* 570 [*lyr.*]. 1123; *IA* 215 [*lyr.*]. 1055 [*lyr.*]. 1480 [*lyr.*]. 1571) und einmal Theodektas (72 F 10, 1).

nebeneinander. Die Grundbedeutung ist: „eine Windung machen, winden, wälzen, herumdrehen" (Frisk *s. v.* ἕλιξ, 1 *p.* 496). Nicht selten ist es daher bei Euripides im Zusammenhang mit Tanzbewegungen zu finden (*HF* 690; *El.* 437 [von einem Delphin]; *Tr.* 333; *IT* 1145; *Ph.* 235; *IA* 1055. 1480). Ferner findet es sich bei Abstrakta (*HF* 671 [αἰών]; *Hel.* 1362 [ἔνοcιc αἰθερία]; *Hyps.* 1582 *p.* 119 Cockle [*sc.* Schicksal?]), im Kontext von Sprache und Gedanken indessen nur *Or.* 891 f.: καλοὺc κακοὺc | λόγουc ἑλίccων;[51] im Umfeld unseres Fragments war allerdings der abstrakte Gebrauch des Verbs offenbar nicht eindeutig erkennbar.

Sagenstoff

Sisyphos, ein Sohn des Aiolos und Enkel des mythischen Stammvaters der Griechen, Hellen,[52] gilt in der griechischen Mythologie seit der *Ilias* (6, 153) als der κέρδιcτοc ἀνδρῶν; mit ihm erhielten die griechischen Dichter eine der facettenreichsten Gestalten, die zahllose Deutungen erfuhr.[53] Aristoteles (*Po.* 1456 a 19) beschreibt den tragischen Helden Sisyphos als das Musterbild des ‚bösen Klugen‘, dessen Täuschung (und Überwindung) besonders wirkungsvoll sei:[54]

---

[51] Vgl. dazu das Kompositum ἐξελίccειν, *Supp.* 141: θεcπίcματα ἐξ. - Göttersprüche auslegen; *Ion* 397: λόγον ἐξ. - einen Plan entwickeln.

[52] Euripides nennt Sisyphos' Abstammung im *Aiolos* (F 14, 1 f.): ῞Ελλην γάρ, ὡc λέγουcι, γίγνεται Διόc, | τοῦ δ᾿ Αἴολοc παῖc, Αἰόλου δὲ Cίcυφοc; vgl. Hesiod F 9. 10 Merkelbach/West. Euripides scheint der erste zu sein, der Sisyphos als einen Abkömmling des Zeus bezeichnet (ebenso: Apollod. 1, 7, 2, 6; Schol. *Od.* 10, 2 [2 *p.* 444, 21 Dindorf]; Schol. A. R. 1, 118. Hellen gilt sonst als Sohn des Deukalion).

[53] Offenbar galt der Aspekt der überragenden Klugheit (vgl. Hes. F 10, 2 Merkelbach/West: αἰολομήτηc; F 43 a, 18: πολύφρων; Alc. F 38 a Voigt: ἀνδρῶν πλεῖcτα νοηcάμενοc; Pi. *O.* 13, 52: πυκνότατοc) erst den tragischen Dichtern als anrüchig (s. u.); vgl. auch Schol. Ar. *Ach.* 391 a: δριμύν τινα καὶ πανοῦργον παραδεδώκαcιν οἱ ποιηταὶ τὸν Cίcυφον, διὰ μιᾶc λέξεωc παρ᾿ Ὁμήρωι δεδιδαγμένοι (es folgt *Il.* 5, 153).

[54] Der Text ist möglicherweise lakunös, denn das Beispiel, das Aristoteles nennt, steht in einem merkwürdigen Widerspruch zu dem in *Po.* 1452 b 30-1453 a 7 Gesagten. Danach ist unklar, wie der Sturz des gerissenen Schurken oder des tapferen Ungerechten von Glück in Unglück φόβοc und ἔλεοc respektive φιλανθρωπία erregen kann. Das genannte

ἐν δὲ ταῖς περιπετείαις καὶ ἐν τοῖς ἁπλοῖς πράγμασι στοχάζονται ὧν βούλονται (sc. οἱ ποιηταὶ) θαυμαστῶς· τραγικὸν γὰρ τοῦτο καὶ φιλάνθρωπον. ἔστιν δὲ τοῦτο, ὅταν ὁ σοφὸς μὲν μετὰ πονηρίας ⟨δ'⟩ ἐξαπατηθῆι, ὥσπερ Cίcυφος, καὶ ὁ ἀνδρεῖος μὲν ἄδικος δὲ ἡττηθῆι.

Die Fragmente griechischer Dramen zeigen ihn allerdings vor allem in heiteren Stücken: Aischylos schrieb zwei Sisyphos-Dramen (*Sisyphos Drapetes*, *Sisyphos Petrokylistes*), die ihn als Ausreißer aus dem Hades respektive ‚Sträfling' dort zeigten, und von denen zumindest eines ein Satyrspiel war. Über den *Sisyphos* des Sophokles (F 545 TrGF 4) ist nichts bekannt; Euripides ließ den Erzlügner wahrscheinlich sogar in zwei Satyrspielen auftreten.[55] *Sisyphos* erscheint ferner als Komödientitel bei Apollodor von Gela (T 1, aus der Suda), *Sisyphus* möglicherweise als Titel einer *fabula Atellana* des Pomponius.[56]

Die bekannteste Episode des Sisyphos-Mythos ist seine Strafe in der Unterwelt, von der bereits in der *Odyssee* (11, 593-600) berichtet wird: Sisyphos muß einen Fels einen Hang hinaufwälzen, doch entgleitet ihm der Stein immer wieder kurz vor Erreichen des Gipfels und zwingt ihn, von neuem mit seiner schweren Aufgabe zu beginnen.[57]
    Der Grund für diese fürchterliche Strafe - sein Aufbegehren gegen die göttliche Ordnung - wird zuerst von Pherekydes (3 F 119 FGrHist) erzählt:[58]

Beispiel paßt demzufolge schlecht in Aristoteles' Konzeption von τραγικόν bzw. φιλάνθρωπον (vgl. Else *ad loc. p.* 548).

[55] S. o. *Autolykos, p.* 117 (über das Kritias zugeschriebene Sisyphos-Fragment s. u. Unsichere Fragmente *ad* [43] F 19, *p.* 289 ff.). Sisyphos trat offenbar auch im *Autolykos B'* auf. Mit Sisyphos verbinden sich in der griechischen Tragödie darüber hinaus nur zwei lokale Aspekte: (1) Sisyphos als Stammesheros Korinths: E. *Med.* 405. 1381; F 16, 17 (*Aiolos*), (2) Sisyphos im Hades, entweder als Büßer in der Unterwelt: E. *HF* 1103, oder als Überwinder des Todes S. *Ph.* 625.

[56] Zu Pomponius' *Sisyphus* s. Sutton 1977 (mit älterer Literatur).

[57] Zahllose Vasenbilder, von denen sich allerdings keines mit unserem Satyrspiel in Verbindung bringen läßt (Brommer 1959, 64 f.), zeigen fast ausschließlich diesen Ausschnitt des Mythos, s. Oakley 1994 a. Ausnahmsweise ist er mit Autolykos und Antiklea abgebildet, s. o. *Autolykos, p.* 93 ff.

[58] Abweichend von Pherekydes berichtet ein Scholion zu Pi. *O.* 1, 97 (2, 1 *p.* 194 Heynen [von Drachmann nicht aufgenommen]), daß Hermes den Ausreißer zurückgeholt habe. Diese Szene findet sich auch auf einem ‚homerischen Becher' wieder (s. o. *Autolykos*, Vasenbilder Nr. 3 c, *p.* 98 f.).

Διὸς τὴν Ἀσωποῦ θυγατέρα Αἴγιναν ἀπὸ Φλιοῦντος εἰς Οἰνώνην διὰ τῆς Κορίνθου μεταβιβάσαντος, Cίcυφος ζητοῦντι τῶι Ἀσωπῶι τὴν ἁρπαγὴν ἐπιδεικνύει τέχνηι, καὶ διὰ τοῦτο ἐπεσπάσατο εἰς ὀργὴν καθ᾽ ἑαυτοῦ τὸν Δία. ἐπιπέμπει οὖν αὐτὸν τὸν Θάνατον. ὁ δὲ Cίcυφος αἰcθόμενος τὴν ἔφοδον δεcμοῖς καρτεροῖς ἀποδεcμεῖ τὸν Θάνατον. διὰ τοῦτο οὖν cυνέβαινεν οὐδένα τῶν ἀνθρώπων ἀποθνήιcκειν, ἕως λύει τὸν Θάνατον ὁ Ἄρης καὶ αὐτῶι τὸν Cίcυφον παραδίδωcιν. πρὶν ἢ δὲ ἀποθανεῖν τὸν Cίcυφον ἐντέλλεται τῆι γυναικὶ Μερόπηι τὰ νενομιcμένα μὴ πέμπειν εἰς Ἅιδου. καὶ μετὰ χρόνον οὐκ ἀποδιδούcηc τῶι Cιcύφωι τῆς γυναικὸς ὁ Ἅιδηc πυθόμενος μεθίηcιν αὐτὸν ὡς γυναικὶ μεμφόμενον. ὁ δὲ εἰς Κόρινθον ἀφικόμενος οὐκέτι ὀπίcω ἄγει, πρὶν ἢ γηραιὸν ⟨ἀποθανεῖν. διὸ αὐτὸν⟩ ἀποθανόντα κυλινδεῖν ἠνάγκασεν ὁ Ἅιδηc λίθον πρὸς τὸ μὴ πάλιν ἀποδρᾶναι. ἡ ἱcτορία παρὰ Φερεκύδει.

Ältere Zeugnisse (Alkaios F 38 a Voigt; Theognis 699-712[59]) stellen Sisyphos' Wiederkehr aus dem Totenreich in den Vordergrund, bezeichnen sie aber nicht als Grund für seine spätere Bestrafung.

Große Probleme bereitet die Anrede an Herakles in F 673 für die Rekonstruktion des Dramas, da eine Begegnung der beiden mythischen Figuren Herakles und Sisyphos weder literarisch noch archäologisch belegt ist.[60] Die Antwort auf die Frage, welchen Sagenstoff Euripides seinem *Sisyphos* zugrunde legte, bewegt sich also von vornherein im Bereich der Spekulation. Die einzelnen Vorschläge können daher allein nach dem Grad ihrer Wahrscheinlichkeit beurteilt werden.

Eine Gelegenheit, bei der Sisyphos und Herakles einander begegnen konnten, erwog Murray (1932): Sisyphos stahl Eurystheus das Viergespann des Diomedes, das Herakles aus Thra-

---

Eust. *ad Od.* 11, 592 *p.* 1701, 50-53 nennt Geras, das personifizierte Alter, als denjenigen, der Sisyphos zurückholt.

[59] Zur Echtheit dieser Passage vgl. Henderson 1983.

[60] Aus diesem Grunde wurde F 673, das einen Auftritt des Herakles im *Sisyphos* einleitet, verschiedentlich einem anderen Drama zugewiesen (s. o. *ad loc.*). M. E. ist ein Zusammentreffen dieser beiden berühmten Gestalten der griechischen Mythologie im *Sisyphos* weit weniger problematisch als ein Auftritt des Herakles im *Skiron* (s. o. *p.* 239), so daß P. Oxy. 2455 *fr.* 5, 45 (ἐ]πιφαν[εὶ]c δ᾽ Ἡρα[κλῆc) als ein weiteres Indiz für das ungewöhnliche Zusammentreffen dieser beiden grundverschiedenen Figuren zu werten ist.

kien geholt hatte,[61] und gab es seinem Sohn Glaukos. Dieser wurde anläßlich der Leichenspiele des Pelias selbst ein Opfer seiner menschenfressenden Stuten, die er in der boiotischen Stadt Potnia gehalten hatte. Während Glaukos' unseliges Ende sehr wahrscheinlich von Aischylos im *Glaukos Potnieus* dramatisiert wurde und verschiedentlich von Scholiasten und Mythographen erwähnt wird,[62] gibt es nur einen einzigen Hinweis darauf, daß es sich bei Glaukos' Pferden um Diomedes' berühmtes Viergespann handelte: Asklepiades bei Probus (12 F 1 FGrHist), der sich aber immerhin auf mehrere Gewährsleute bezieht:[63]

Potnia urbs est Boeotiae, ubi Glaucus, Sisyphi filius et Meropes, ut Asclepiades in τραγωιδουμένων *libro primo ait, habuit equas, quas adsueverat humana carne alere, quo cupidius in hostem irruerent et perniciosius. ipsum autem, cum alimenta defecissent, devoraverunt in ludis funebribus Peliae. quidam autem has equas Diomedis fuisse, quas Hercules ad Eurysthea perduxerit, et ab Eurystheo a Sisypho distractas eumque filio suo dedisse.*

Murrays Vorschlag fand weitgehend Zustimmung,[64] und tatsächlich wäre Asklepiades' Buch über die in den Tragödien verwendeten Sagenstoffe ein exzellentes Zeugnis, doch läßt es sich nicht mit Sicherheit auf den Euripideischen *Sisyphos* beziehen. Weit wahrscheinlicher ist nämlich, daß Asklepiades in dem von Probus überlieferten Sagenauszug die Vorgeschichte eines

---

[61] Von Euripides wird diese Arbeit des Helden mehrfach erwähnt (*Alc.* 65-67. 476-506; *HF* 380-89 [*lyr.*]).

[62] Hygin *fab.* 250. 273, 11; Schol. E. *Or.* 318; Schol. E. *Ph.* 1124.

[63] Das Motiv der menschenfressenden Pferde weist indessen nach Thrakien: Nicht nur der thrakische König Diomedes, sondern auch Lykurg, (dessen aussichtslosen Kampf gegen Dionysos ebenfalls Aischylos, in seiner *Lykurgeia*, dramatisierte), besaß solche Pferde; mit ihm verwechselte Murray (1932, 655; 1946, 142; 1955, 89; ebenso: Koniaris 1973, 109; Steffen 1979, 61 [vgl. aber Steffen 1971 a, 221]) den von Asklepiades genannten Thraker (Sutton 1980 c, 65 Anm. 202). Einige Euripides-Handschriften (*MTA*) bieten zu *Ph.* 1124 ein Scholion, das auch Glaukos zu einem Thraker machen und ihn nicht von Sisyphos abstammen lassen will: Γλαῦκον δὲ οὐ τὸν ἀπὸ Cιςύφου, ἀλλὰ τὸν Θρᾶικα τὸν ἄγριον.

[64] Steffen 1971 a, 221; 1979, 61; Koniaris 1973, 109 (vgl. Sutton 1980 c, 65). Sutton (1980 c, 33) erwägt ein Zusammentreffen der beiden anläßlich der (neubegründeten) Isthmischen Spiele; ob die sportlichen Wettkämpfe indessen den geeigneten Stoff für ein Satyrspiel mit Sisyphos und Herakles liefern können, ist zu bezweifeln.

Glaukos-Dramas wiedergegeben hat.[65] Darüber hinaus ist der
Schluß, daß Herakles und Sisyphos in der von Asklepiades
erzählten Sagenversion einander begegneten, keineswegs zwingend.[66]

Ein anderer Ansatz, den Sagenstoff des *Sisyphos* einzugren-
zen, geht davon aus, daß die dem Satyrspiel bei der Aufführung
im Jahr 415 v. Chr. vorangegangenen Tragödien *Alexandros, Palamedes* und *Troades* sämtlich dem trojanischen Sagenkreis angehören und mythenchronologisch aufeinander folgen, und daher
auch der *Sisyphos* sehr wahrscheinlich sein Sujet aus diesem
Sagenkreis schöpft.[67] Die mythenchronologische Abfolge der
Tragödien ist dabei kein Argument dafür, daß der *Sisyphos* zeitlich *nach* dem in den Tragödien gezeigten Geschehen spielt, -
zeigen doch die bekannten Inhaltstetralogien des Aischylos
gerade in diesem Punkt große Freiheit.[68]

Bethe (1927, 374) und zuletzt Webster (1967 b, 165) haben
auf der Suche nach einem zur Trojanischen Trilogie passenden
Sujet vermutet, daß im *Sisyphos* mit der bei Schol. S. *Ai.* 190
und Hygin *fab.* 201[69] erzählten Sage von Sisyphos' Vergewaltigung der Antikleia ein Aition für Odysseus' Schlechtigkeit in
den vorausgehenden Tragödien *Palamedes* und *Troades* gegeben
worden sei. Odysseus' vermeintliche Abstammung von Sisyphos

---

[65] Jacoby *ad loc.* erwägt Aischylos' *Glaukos Potnieus.* Vgl. Scodel 1980,
122 f.

[66] S. Scodel 1980, 123.

[67] Zur Trojanischen Trilogie respektive Tetralogie s. Murray 1932;
Murray 1946; Conacher 1967, 127-34 (bes. 133 f.); Ferguson 1969; Scodel
1980. Gegen eine Inhaltstrilogie oder -tetralogie um die Figur des Odysseus: Koniaris 1973.

[68] Nur vier Satyrspiele des Aischylos lassen eine stoffliche Verbindung
mit vorangehenden Tragödien erkennen: *Sphinx, Proteus, Lykurgos* und *Amymone.* Sie bilden in der Regel keineswegs mythenchronologisch den
Abschluß des in den Tragödien behandelten Sagenkreises; (vgl. Gantz
1979, 300 m. Anm. 67). Im Fall des *Proteus* scheint die inhaltliche Verbindung mit den Tragödien so lose zu sein, daß Aristarch und Apollonios
von der *Orestie* nur als einer Trilogie sprachen (Schol. *VEVb3* Ar. *Ra.* 1124
[= A. T 65 c TrGF 3]: τετραλογίαν φέρουσι τὴν Ὀρεστείαν αἱ διδασκα-
λίαι· Ἀγαμέμνονα, Χοηφόρους, Εὐμενίδας, Πρωτέα σατυρικόν. Ἀρίστ-
αρχος καὶ Ἀπολλώνιος τριλογίαν λέγουσι χωρὶς τῶν σατύρων.

[69] Zu diesen beiden Testimonien s. o. *Autolykos p.* 91 f. Hartung (1844
1 *p.* 285-87) hält *Autolykos B'* und *Sisyphos* sogar für alternative Titel *eines*
Dramas.

dient - immer aus dem Munde einer Bühnenfigur - an vielen
Stellen der griechischen Tragödie[70] nicht nur dazu, den
πολύτροπος als Bastard zu diffamieren, sondern auch dazu,
sein Handeln für den gegenwärtigen Moment zu interpretieren,
indem es auf den angeblichen Vater, den Erzschurken Sisyphos,
zurückgeführt wird. Ob aber Euripides tatsächlich seine im
Palamedes auf der Bühne und in den *Troades* nur im Hintergrund
agierende Figur Odysseus selbst durch ein im Satyrspiel nach-
geschobenes Aition für seine Schlechtigkeit (seine Abstammung
von Sisyphos) interpretiert hat, scheint m. E. zweifelhaft,
demonstriert doch gerade Euripides an vielen Stellen äußerste
Skepsis gegenüber der Möglichkeit, einen Menschen nach seiner
Herkunft beurteilen zu können.[71] Die Verbindung des Satyrspiels mit der vorangehenden Trilogie (respektive mit zwei der
drei Tragödien) wird aber allein dann hergestellt, wenn diese
Möglichkeit als Gewißheit vorausgesetzt wird. Wenn aber
Odysseus im *Sisyphos* nicht aufgetreten ist, bleibt als einziges
verbindendes Element zwischen Tragödien und Satyrspiel die
Gestalt eines ,gerissenen Schurken' übrig: in der Tragödie
Odysseus, im Satyrspiel sein ,Vater' Sisyphos. Ob ein inhaltli-
cher Konnex zwischen der Sage vom Trojanischen Krieg einerseits und der Sage von Autolykos' Diebstahl der Rinder des
Sisyphos andererseits für den Zuschauer nachvollziehbar wird,
wenn von Antikleias Vergewaltigung in einem Botenbericht des
Satyrspiels die Rede ist, muß doch sehr fraglich bleiben.

Ein weiterer Einwand richtet sich gegen die Annahme, im
Satyrspiel der Trojanischen Trilogie seien neben Sisyphos auch
Autolykos und Antikleia aufgetreten: Wenn Euripides drei
Stücke mit einer offensichtlichen inhaltlichen Verbindung
schrieb - mag sie auch noch so lose sein -, ist naheliegend,
daß auch das Satyrspiel demselben Sagenkreis entstammt. Mag
Autolykos' Diebstahl der Rinder des Sisyphos und dessen Rache
an Antikleia vielleicht als Aition für Odysseus' Schlechtigkeit

---

[70] A. F 175, 1 (*Hoplon Krisis*), S. *Ai.* 190; *Ph.* 417. 625. 1311; F 567, 1 (*Syn-deipnoi*), E. *Cyc.* 104; *IA* 524. 1362. In den *Troades* (und den erhaltenen Fragmenten des *Alexandros* und des *Palamedes*) findet sich kein Hinweis auf Sisyphos.

[71] Vgl. z. B. in diesem Zusammenhang Orestes' Reflektionen über zu-verlässige Kriterien, um einen Menschen zu beurteilen, in der *Elektra* (V. 367-90, s. o. *Autolykos p.* 79 ff.) und die Diskussion über die νόθοι im *Eurystheus* (s. o. *ad* F 377, 1).

in zwei der drei vorausgehenden Tragödien selbst dann erkannt worden sein, wenn Odysseus - wie in den *Troades* - gar nicht auftrat, so widerrät doch die trilogische Konzeption der Tragödien die Annahme, daß das Satyrspiel und alle auftretenden Figuren einem völlig anderen Sagenkreis angehören.

Als drittes muß gegen diese Annahme eingewendet werden, daß sie die Zuweisung von F 673, in dem Herakles angesprochen wird, zu einem anderen Drama als dem *Sisyphos* unumgänglich macht:[72] Eine Konstellation der Figuren Autolykos/ Antikleia - Sisyphos - Herakles ist schlechterdings in einem Satyrspiel nicht vorstellbar. Mit Herakles würde man sich dabei aber zugleich der einzigen Figur in diesem Drama berauben, die sich wenigstens mit Troja in Verbindung bringen läßt, führte er doch - betrogen um seinen Lohn für die Befreiung von Laomedons Tochter Hesione - den ersten griechischen Zug gegen die Stadt an den Dardanellen.[73]

Findet sich auch kein Sagenstoff, der Herakles und Sisyphos vereint, so sind sie doch einerseits ‚verbunden' durch gemeinsame Gegner: Thanatos, den Sisyphos fesselt, und Herakles im Ringkampf bezwingt (E. *Alc.* 1140-42), vielleicht auch Geras, das personifizierte Alter, der allerdings nur auf Vasenbildern zusammen mit Herakles zu sehen ist,[74] und der nach einer, allerdings spät bezeugten Sagenversion (Eust. *ad Od.* 11, 592 *p.* 1701, 50-53) Sisyphos schließlich in den Hades zurückholt, - andererseits durch einen Ort, an dem sie sich ab einem bestimmten Zeitpunkt zugleich aufhalten: Hades.

Die Annahme, daß Euripides' Sisyphos im Hades spielt, besitzt die größte Wahrscheinlichkeit;[75] an diesem Ort spielte -

---

[72] Eine weitere Folge wäre, daß das Hypothesisfragment P. Oxy. 2455 *fr.* 5 dem *Skiron* zugewiesen werden müßte. Diese Zuweisung besitzt für sich schon wenig Wahrscheinlichkeit (s. o. *p.* 196 ff.) und schafft zudem ein neues Problem dadurch, daß geklärt werden muß, auf welche Weise Herakles im Skiron-Mythos involviert sein kann, der doch fest mit Theseus verbunden ist.

[73] Zuerst *Il.* 5, 638-42.

[74] Dazu und zu möglichen literarischen Reflexen s. Shapiro 1988. Die Vasenbilder gehören sämtlich in die Zeit von 500-460 v. Chr. Zu einer möglicherweise von Komödie oder Satyrspiel beeinflußten attischen Pelike s. Giglioli 1953, 111-13. Geras ist Titelheld einer Aristophaneischen Komödie (F 128-55 PCG, zur Datierung s. App. ebd.).

[75] Vgl. Churmuziadis 1974, 124; anders: Sutton 1977, 392, Anm. 2.

soweit man das dem Titel entnehmen darf - auch Aischylos'
Sisyphos Petrokylistes.[76] Überhaupt stieß jeder griechische Held
zwangsläufig auf Sisyphos, wenn er sich in die Unterwelt
begeben mußte,[77] und für Herakles finden sich sogar zwei
Situationen:

(1) Herakles' zwölfte und letzte Arbeit zwingt ihn, sich in
die Unterwelt zu begeben, um den Hades-Hund Kerberos von
dort zu holen.[78] Eine besondere Schwierigkeit dieser Aufgabe
lag darin, daß Herakles den Hund ohne Waffengewalt zu Eurystheus bringen mußte. Statt Körperkraft war also Listigkeit
gefragt, und dabei konnte wohl niemand besser behilflich sein
als Sisyphos.[79] Bei manchen seiner Arbeiten hat Herakles Helfer, wie etwa Atlas bei der Beschaffung der Hesperiden-Äpfel;
vielleicht half Atlas' Schwiegersohn bei der Beschaffung des
Hades-Hundes?[80]

(2) Unter den zahlreichen Helden im Hades, auf die Odysseus in der *Nekyia* trifft, werden als letztes unmittelbar nacheinander Sisyphos (*Od.* 11, 593-600) und Herakles (V. 601-26)

---

[76] Reichenbach (1889, 13) mutmaßt, daß der Euripideische *Sisyphos* dasselbe Sujet gehabt habe wie Aischylos' *Sisyphos Drapetes*. Doch daß Herakles in die Rolle derjenigen schlüpfen könnte, die Thanatos befreien
(Ares, s. u.) respektive Sisyphos in die Unterwelt zurückholen (Hermes,
Geras, s. u.), bestreitet zu Recht schon Schöll 1839, 122 Anm. 77: Es wi-
derspräche dem „mythischen Charakter des Herakles", dem Hades zu dienen, dem er gewöhnlich zu schaden trachtet, indem er Theseus, Peirithus
und Alkestis seinen Fängen entreißt oder den Kerberos von dort raubt.

[77] So z. B. Odysseus: *Od.* 11, 593-600, oder Herakles: E. *HF* 1103.

[78] Euripides hat diesen Stoff im *Eurystheus* (s. F 371) und im *Peirithus*
behandelt; (zur umstrittenen Autorschaft des Euripides s. o. *p.* 185 ff.; zu
Herakles' Abstieg in den Hades s. o. *Eurystheus, p.* 170 ff.). Zu den Möglichkeiten, Herakles' Aufenthalt im Hades komische Seiten abzugewinnen,
vgl. z. B. Ar. *Ra.* 465-78 (Aiakos). 503-18 (Magd der Persephone).

[79] Hilfe benötigt Herakles offenbar auch im *Peirithus*, wo ihm Theseus
seine Unterstützung anbietet. Herakles lehnt aber ab, weil er befürchtet,
Eurystheus könnte die Aufgabe wegen der Mitwirkung des Freundes als
nicht erfüllt ansehen.

[80] Ein Konnex zum Troja-Thema ließe sich in Form einer Ankündigung des Herakles denken, daß er Troja zerstören und sich an Laomedon
rächen werde, wenn sein Sklavendasein einmal vorüber sei. Apollodor
zumindest legt Hesiones Befreiung (2, 5, 9) als Parergon zwischen die
neunte Arbeit (der Gürtel der Hippolyte) und die zehnte Arbeit (die Rinder des Geryon), Trojas Eroberung (2, 6, 4) indessen lange nach Herakles'
Dienst für Eurystheus, also auch nach seinen Abstieg in die Unterwelt.
Das gäbe Herakles die Gelegenheit, über seine Rachepläne zu sprechen.

ausführlich behandelt.[81] Den sich mühenden Sisyphos sieht Odysseus von Ferne, ohne mit ihm ein Wort zu wechseln. Mit dem Herakles-Eidolon - der Gott gewordene Held „selbst" (V. 602) vergnügt sich bei den unsterblichen Göttern - führt er indessen ein kurzes Gespräch. Die absurde Szene ist an Buffonerie kaum zu überbieten: Herakles, finster dreinblickend und einen Pfeil schußbereit auf dem berühmten Bogen, erkennt Odysseus sofort und spricht ihn auf sein bitteres Schicksal an (ἤ τινὰ καὶ σὺ κακὸν μόρον ἠγηλάζεις, V. 618), um dann von seinem eigenen Hades-Abenteuer (V. 623-26) zu berichten. Am Rande der Szene ist Sisyphos zu sehen, der einzige, der sich ‚wirklich' müht, (denn der ‚echte' Herakles befindet sich bei den Göttern, wie sich der ‚echte' Odysseus bei den Phaiaken befindet). Wie Herakles und Odysseus ist er einer der wenigen, denen es vergönnt war, den Hades einmal lebend zu verlassen. Diese Episode aus der *Nekyia* ist nicht minder geeignet als das Kyklopenabenteuer, Sujet eines Satyrspiels zu werden.[82]

Rekonstruktion

Über die Handlung des Euripideischen *Sisyphos* läßt sich wenig Sicheres sagen: Neben dem Silen und dem Satyrchor (bezeugt durch Ailian) lassen sich als *dramatis personae* Sisyphos (durch den Titel) und Herakles (durch F 673, vgl. P. Oxy. 2455 *fr.* 5, 45) sichern. Des weiteren hat wahrscheinlich ein nicht identifizierbarer Bösewicht (der auf keinen Fall Sisyphos sein kann) eine Rolle gespielt und in diesem Drama den Tod

---

[81] V. 631 werden Theseus und Peirithus nur noch kurz erwähnt, bevor das „bleiche Entsetzen" (V. 633) Odysseus bewegt, den unwirtlichen Ort zu verlassen. (Der elfte Gesang endet V. 640).

[82] Als Platon am Ende der *Apologie* (41 a) Sokrates den Richtern erklären läßt, warum der Tod für ihn keinen Schrecken habe, nimmt er das *Nekyia*-Thema von Neuem auf: Es sei ein ungleich größerer Wert, läßt er den zum Tode Verurteilten sagen, sich im Hades mit den verblichenen Richtern, Dichtern und Heroen zu unterhalten, als weiterzuleben. Daß in der Aufzählung der Namen derjenigen, mit denen er sich unterhalten will, Palamedes erscheint, der bei Homer fehlt, und Sisyphos nicht weggelassen wurde, der doch ein ἄδικος ist, (und mit dem sich Odysseus nicht unterhält), veranlaßte Brenk (1975), in dieser Passage des frühen Platon-Dialogs die Namen als Anspielungen u. a. auch auf die Tetralogie des Euripides von 415 v. Chr. aufzufassen.

gefunden. Ort der Handlung ist wahrscheinlich der Hades, - der einzige Ort, an dem sich Herakles und Sisyphos mit Sicherheit begegnen konnten. Der dem Stück zugrunde liegende Stoff entstammt aller Wahrscheinlichkeit nach der Vorgeschichte des Trojanischen Krieges oder den *Nostoi*, - möglicherweise der *Nekyia*.[83]

In F 673 und den Resten der Papyrushypothesis (P. Oxy. 2455 *fr.* 5, 43-49) lassen sich zwei, oder vielleicht auch nur eine Szene mit Herakles erkennen: (1) Herakles tritt auf; er hat ein Abenteuer hinter sich, und ein Schurke ist tot; sehr wahrscheinlich hat Herakles ihn getötet (F 673). (2) Herakles tritt auf; es widerfährt ihm etwas (?) von einer Person (συ[?); er (?) hält etwas (P. Oxy. 2455).

Keinen Hinweis auf den Sagenstoff, dafür aber noch eine weitere Szene, in der Sisyphos einer nicht identifizierbaren Figur offenbar die Angst davor nehmen will, etwas Unrechtes zu tun, enthält das Sisyphos-Fragment [43 Kritias] F 19, dessen Autorschaft allerdings umstritten ist.[84] Da in den beiden Autolykos-Dramen offenbar auch Sisyphos aufgetreten ist, läßt sich das Fragment auch dann nicht diesem Drama zuweisen, wenn sich Euripides als der Dichter der 42 Verse erweisen ließe.[85]

---

[83] Odysseus' Hades-Fahrt hatte Kassandra *Tr.* 442 als letzte seiner Mühen prophezeit.

[84] S. o. *p.*185 ff.; s. u. Unsichere Fragmente, *p.* 289 ff.

[85] S. u. Unsichere Fragmente *ad loc.* Ein umfangreicher Versuch, dieses Fragment vor dem Hintergrund der vorangegangenen Tragödien zu interpretieren, bei Scodel 1980, 122-37.

Skiron

Identität

Das Satyrspiel *Skiron* ist für Euripides gut bezeugt: Alle Fragmente sind mit Angabe des Autors und des Titels überliefert; die Satyrspielqualität ist durch Pollux 10, 35 (F 676), P. Oxy. 2455 *fr.* 6 (Z. 85: cάτυ[ρ]οι) und P. Oxy. 2456 (s. u. Testimonien) gesichert. Es gibt keine Hinweise dafür, daß der *Skiron* das im Altertum verdächtigte Satyrspiel im Œuvre des Euripides gewesen ist, (muß es sich doch bei diesem um eines der drei Satyrspiele handeln, deren Titel mit Σ beginnt).[1]

Über das Aufführungsjahr[2] und die Titel der zusammen mit dem *Skiron* aufgeführten Tragödien existieren keine Nachrichten.

Testimonien

[*P. Oxy. 2455, *fr.* 5, 43-49 (Hypothesis F 18, 43-49 *p.* 94 Austin)]

S. o. *Sisyphos*, *p.* 194. Zur Zuweisung dieses Fragments zur *Sisyphos*-Hypothesis s. o. *Sisyphos*, *p.* 196 ff.

P. Oxy. 2455, *fr.* 6, 74-90 (= Hypothesis F 18, 74-90 *p.* 94 Austin)

```
        Cκείρων [cάτυροι, ὧν ἀρχή·
75   Ἑρμῆ, cὺ γὰρ δὴ [
        ἔχεις. ἡ δ' ὑ[πόθεcιc·
        Cκείρων τῶν κατειcτ[
        θηι· πετρῶνα καταλαβ[ὼν
        ἀπὸ ληιcτείαc βίον εῖχ[εν            υἱὸc
80   Ποcειδῶνοc ὤν· καὶ τὴ[ν τῶν cτενῶν αὐ-
        τὸc ἔμβαcιν οὐ θεωρῶν, [ἔχων δὲ πρόcκο-
        πον καὶ διάκονον τῆc ὕβ[ρεωc Cιληνόν,
```

---

[1] S. o. Einleitung, *p.* 32; *Sisyphos*, *p.* 185 ff.
[2] Zu 411 v. Chr. als möglichem *terminus ante quem* für die Aufführung des *Skiron* s. u. *ad* F 675, 4.

ἐκείνωι μὲν ἐπέτρεψ[εν τὴν ὁδὸν φρου-
ρεῖν, αὐτὸς δὲ ἐχωρίσθ[η. ἔπειτα δ᾽ εἰς τὴν
85   ἐρημίαν cάτυ[ρ]οι εἰcκ[ωμάcαντεc μετὰ
ἑταιρῶν θη[
θηcαν ὑποτ[
κειαc ἐχοντ[
μετὰ χεῖρα[c
90   δ[. . . . .].τε[

Text nach Austin.

74 cάτυροι, ὧν Austin : cατυρικόc, οὗ Luppe.   **77** κατειcτ[: κατ᾽
᾽Icθ[μὸν ἵν᾽ ἐπόπτηc γενη- Luppe.   **79** υἱὸc Austin : καυχώμενοc Luppe.
80 ᾗ. τὴ[ν ... αὐ-]|τὸc Barrett: τὴ[ν ῾Ερμοῦ παριόν-]|τοc Turner : τή[ν τινοc
τιμωροῦν-]|τοc Luppe.   **81** ἔμβαcιν : ἔγβαcιν Parsons/Lloyd-Jones.   (Voll-
ständiger textkritischer Apparat zuletzt bei Luppe 1994, 15).

74. Cκείρων [cάτυροι, ὧν ἀρχή. Beginn der Hypothesis:
In der ersten Zeile wird gewöhnlich der Titel des Dramas ge-
nannt, wenn nötig erweitert um einen Zusatz (z. B. Hypothesis
F 31, 221, *p.* 101 Austin: Φρῖ[ξ]οc πρῶτοc; F 32, 267 *p.* 102 Austin:
Φρῖξοc δεύ[τ]ερ[οc). Wenngleich nicht auszuschließen ist, daß
Austins Ergänzung zutrifft (s. o. *Sisyphos*, Testimonien, *ad* IG
II/III² 2363 *col.* 2, 40), ist durch die Reste des Hypothesis-
anfangs zum *Syleus* (P. Strab. 2676 A a, 1: Cυλεὺc cατυ]ρικό[c,
οὗ ἡ ἀρχή·) eine Ergänzung cατυρικόc wahrscheinlicher.

75 f. ῾Ερμῆ, cὺ γὰρ δὴ [– ᴗ – ⨯ –] **ἔχειc.** Anfangsvers
des Dramas (s. u. *ad* F 674 a Snell); der gewöhnlich in der dritten Zeile einer Hypothesis stehenden Formulierung ἡ δ᾽ ὑπόθε-
cιc, mit der die Inhaltsangabe eingeleitet wird, geht an dieser
Stelle noch das Ende des Prologverses voraus. Die gleiche Verteilung des Prologverses über zwei Zeilen läßt sich bei den
Hypotheseis zu *Oidipus* (*fr.* 4, 41 f.), *Hypsipyle* (*fr.* 13, 185 f.), *Phrixos A᾽* (*fr.* 14, 222 f.) und *Phoinix* (*fr.* 14, 242 f.) in demselben Papyrus beobachten.[3]

77. τῶν κατειcτ[. Der Anfang der Inhaltsangabe liegt völlig im Dunkeln (Austin im App. *ad loc.*: „perobscura fort. cor-
rupta"); zu erwarten ist nach dem Namen nun der Aufenthaltsort Skirons, vgl. Barrett (ebd.): Cκείρων κατὰ τὴν εἰcβολὴν τοῦ
᾽Icθμοῦ πετρῶνα καταλαβὼν cτενόπορον. Unwahrscheinlich ist

---

[3] Vgl. Luppe 1994, 15 m. Anm. 13. Zu den Hypothesisstandards vgl. Co-
les/Barnes 1965, 53; speziell zu P.Oxy. 2455: Luppe 1985 c, 13 f.

Luppes Korrektur respektive Ergänzung (1982 a, 232; 1994, 15): τῶν κατ᾽ Ἰcθ[μὸν ἵν᾽ ἐπόπτης γενη-]|θῆι, da sie nicht ohne die äußerst problematische Annahme einer Verschreibung von τ statt θ auskommt. Zudem wirkt die Stellung von ἵνα nach dem Genetivattribut für einen einfachen Hypothesistext zu gekünstelt.

78. πετρῶνα καταλαβ[ὼν. Das regierende Nomen dürfte in Z. 77 Cκείρων sein: „(Skiron) hielt einen felsigen Ort besetzt." Gemeint ist eine Paßstelle an der Straße von Phaleron nach Megara im Gebirge Geraneia, wo der Skiron-Mythos im Altertum lokalisiert und nach ihm auch Örtlichkeiten benannt wurden (s. u. Sagenstoff). Von einer Cκιρωνὶc ὁδόc sprechen Hdt. 8, 71 und Paus. 1, 44, 6, von Cκίρωνοc ἀκτή (oder ἀκταί) S. *F 24 (*Aigeus*) und E. *Hipp.* 1208. Die nach Skiron benannten Felsen, Cκ(ε)ιρωνίδεc πέτραι (E. *Hipp.* 979 f.; *Heracl.* 860. Strab. 1, 2, 20; 8, 6, 21; 9, 1, 4. D. S. 4, 59, 4. Apollod. 2, 8, 1; Epit. 2, vgl. auch Lukian *D Mar.* 5, 1) ließen sich genau lokalisieren (Strab. 9, 1, 4):

> μετὰ δὴ Κρομμυῶνα[4] ὑπέρκεινται τῆc Ἀττικῆc αἱ Cκειρωνίδεc πέτραι, πάροδον οὐκ ἀπολείπουcαι πρὸc θαλάττηι· ὑπὲρ αὐτῶν δ᾽ ἐcτὶν ἡ ὁδὸc ἡ ἐπὶ Μεγάρων καὶ τῆc Ἀττικῆc ἀπὸ τοῦ Ἰcθμοῦ. οὕτω δὲ cφόδρα πληcιάζει ταῖc πέτραιc ἡ ὁδόc, ὥcτε πολλαχοῦ καὶ παράκρημνόc ἐcτι, διὰ τὸ ὑπερκείμενον ὄροc δύcβατόν τε καὶ ὑψηλόν· ἐνταῦθα δὲ μυθεύεται τὰ περὶ τοῦ Cκείρωνοc καὶ τοῦ Πιτυοκάμπτου, τῶν ληιζομένων τὴν λεχθεῖcαν ὀρεινήν, οὓc καθεῖλε Θηcεύc.

79 f. ἀπὸ ληιcτείαc ... Ποcειδῶνοc ὤν. „(Skiron) verdiente seinen Lebensunterhalt durch Räuberei, obwohl er ein Sohn des Poseidon war." Die Nennung des Vaters erwartet man eigentlich schon Z. 77; da sie erst hier, nach der Erwähnung von Skirons ehrenrührigem Gelderwerb nachgeschoben wird, ist ein konzessives Verhältnis des Partizips zum Hauptsatz naheliegend (Steffen 1971 b, 28). Luppe (1994, 16) hingegen liest (mit seinen Ergänzungen, s. o. App. *ad* 79. 80 f.): „wobei er sich rühmte, von Poseidon abzustammen, und das Auftreten/Einschreiten eines Rächers nicht in Erwägung zog." Damit wäre ähnlich wie im Prolog der *Alkestis* (V. 65-69) also bereits in der Eingangsszene das Ende des Dramas vorweggenommen, doch scheint der Prolog des *Skiron* strukturell eher dem des *Kyklops* als jenem der

---

[4] Der Ort liegt in der Nähe des heutigen Agia Theodori.

Alkestis zu gleichen, denn der Silen befindet sich bis zur Parodos allein auf der Bühne; - woher sollte er aber von Theseus'
Eingreifen wissen? Daß der Hypothesisschreiber in seiner Inhaltsangabe ohne entsprechende Hinweise im Dramentext den
Ausgang des Dramas andeutete, ist unwahrscheinlich, denn es
wäre zweifellos überflüssig: Seinen Lesern war der Skiron-
Mythos nicht unbekannt. (Vgl. u. *ad* Z. 80 f.).

Wie Skiron sind auch alle anderen Euripideischen Satyrspiel-Oger (Busiris, Polyphem, Syleus) Söhne des Poseidon;[5] er
ist also ein Stiefbruder des Theseus.

80 f. αὐ-]|τὸϲ ἔμβαϲιν οὐ θεωρῶν. Bis Z. 80 hatte der
Hypothesisschreiber die bekannten Züge des Skiron-Mythos
skizziert, nun folgen spezielle Voraussetzungen für das Drama:
Skiron hat den Ort, wo er gewöhnlich Reisende überfällt, verlassen und den Silen beauftragt, an seiner Stelle den Weg zu
bewachen (Z. 81-84). Diese Vorgeschichte erinnert an die Eingangsszene des *Kyklops*, in der man den Silen allein auf der
Bühne bei der Hausarbeit für Polyphem sieht, der zur Jagd
fortgegangen ist. Während diese Exposition des Dramas aus
διάκονον (Z. 82), ἐπέτρεψ[εν (Z. 83), ἐχωρίϲθ[η (Z. 84) zwei-
felsfrei hervorgeht, sind der Grund für Skirons Abwesenheit
bzw. die näheren Umstände unklar; alles scheint von der Bedeutung von ἔμβαϲιϲ abzuhängen. Turner (*ad loc. p.* 57, s. o. App.)
wollte darin Hermes' Flügelschuhe sehen: Skiron habe Hermes
(und nicht den Silen) zu seinem ἐπίτροποϲ καὶ διάκονοϲ gemacht, weil er den Gott trotz seines göttlichen Schuhwerks
("divine footwear") nicht erkannte,[6] doch wird man dieser Deutung der Szene schwerlich folgen.[7] Problematisch ist auch Luppes (1994, 16) Übersetzung als ,Auftreten', ,Einschreiten' einer
Person (eines Rächers: τιμωροῦν-]|τοϲ, s. o.), weil diese Bedeu-
tung des Substantivs nicht belegt ist, und auch das zugrundeliegende Verb ἐμβαίνειν selten in diesem Sinne gebraucht ist

---

[5] Hinzu kommt Lamia, wahrscheinlich Titelheldin eines verlorenen
Euripideischen Satyrspiels (s. o. *Lamia, p.* 177 f., die eine Tochter des Poseidon ist.

[6] In dieser Bedeutung: ,das, wo man hineintritt', ,Schuh' (Luppe 1994,
16) und als Homonym zu ἔμβαϲ, findet sich das Wort A. A. 945.

[7] Mette (1964) folgte Turner in seiner Auffassung, daß Hermes von
Skiron den Auftrag erhielt, an seiner Stelle die Paßstraße zu bewachen
(vgl. aber Mette 1982, 242); Zweifel bereits bei Lloyd-Jones 1963, 440.

(Luppe ebd.).[8] Am besten fügt sich Austins Deutung als ‚Zugang (zum Engpaß)', wenngleich der umständliche pleonastische Stil (οὐ θεωρῶν – ἐχωρίcθ[η [Z. 84]; [ἔχων ...] διάκονον [Z. 81 f.] – ἐκείνωι ... ἐπέτρεψ[εν [Z. 83]) irritiert. Wenn ἔμβαcιν im Papyrus zu ἔγβαcιν (*i. e.* ἔκβαcιν) korrigiert wird (Parsons bei Lloyd-Jones 1963, 440), ändert sich nur die Perspektive: ἔμβαcιc beschreibt den Weg von Athen (Theseus' Ziel) aus, ἔκβαcιc den Weg von Troizen (Theseus' Ausgangspunkt) aus, d. h. entsprechend der Route, die Theseus eingeschlagen hat; der Hypothesisschreiber könnte bei der Erwähnung des Lokals ebensogut die eine wie die andere Perspektive gewählt haben.

85. ἐρημίαν. Der Ort der Handlung ist ebenso menschenleer wie die Insel, auf der Polyphem lebt (vgl. E. *Cyc.* 22. 116. 447 und bes. 622: Κύκλωπος ... ἐρημίαν).[9]

cάτυ[ρ]οι εἰcκ̣[ωμάcαντεc. Parodos: Auftritt der Satyrn.

86. ἑταιρῶν. Hatte Turner (1958, 17) an Theseus' Gefährten gedacht, machen F 675 und F 676 (s. d.) indessen ein Femininum sehr viel wahrscheinlicher: Die Satyrn bringen Hetären aus Korinth mit in die Einsamkeit.[10] In welcher Weise man sich ihren Auftritt vorstellen muß, läßt sich weder anhand der Fragmente, noch anhand der Hypothesis klären. Einen Hinweis könnten allerdings wieder die Eingangsszenen des *Kyklops* geben: In der Parodos (V. 41-81) ziehen die Satyrn tanzend mit einer Schafherde ein, die in die Sikinnis mit einbezogen wird (vgl. z. B. V. 49 f.: ψύττ'· οὐ τᾷδ', οὔ; οὐ τᾷδε νεμῇι κλειτὺν δροcεράν; κτλ.). Man hat angenommen,[11] daß die Satyrn während des Tanzes dressierte Schafe auf die Bühne treiben, doch scheint Kassels Einwand (1955, 282 f.) schlagend zu sein: „Läßt

---

[8] In den Dramenhypotheseis findet sich das Verb nur Arg. *Hel.* Z. 14 f. (3 *p.* 2 Diggle) mit völlig anderer Bedeutung: νηὶ ἐμβάντεc.

[9] Das Wort weist natürlich auch auf die Trennung von Satyrn und Silen von Dionysos hin (Seaford *ad* E. *Cyc.* 622).

[10] Zu Schmids (Schmid/Stählin 3, 626, Anm. 7, ebenso Mette 1964, 71) Vermutung, daß Skiron in diesem Stück als Bordellwirt aufgetreten sei, die durch dieses Hypothesisfragment sehr wahrscheinlich hinfällig geworden ist (Steffen 1971 b, 221 f.), s. Luppe 1994, 17 Anm. 15.

[11] Wilamowitz 1906, 18 folgten Ussher *ad* E. *Cyc.* *p.* 181 (Gegenstimmen ebd. Anm. 69), Sutton 1980 c, 96; zurückhaltend: Seaford *ad* E. *Cyc.* *p.* 41-81.

sich den ἄλογα ζῷα soviel Gelehrigkeit wirklich zutrauen?"[12] – sicher nicht. Zudem wäre soviel Bemühen um Realismus völlig inadäquat für dieses Stück, das in Ermangelung eines Steines vor der Kyklopenhöhle kaum die Fiktion von der Gefangenschaft des Odysseus und seiner Gefährten aufrecht zu erhalten vermag (und geradezu mit dem Effekt spielt, daß eine Figur für jemand anderes gehalten wird, vgl. V. 585). Die Satyrn im *Kyklops* ziehen mit einer Gruppe von Statisten ein, wahrscheinlich denselben, die im ersten Epeisodion als Gefährten des Odysseus wieder die Bühne betreten (und V. 345 f. ebenso wie zuvor, V. 82 f., in die Höhle getrieben werden). Es ist naheliegend, daß die Satyrn auch im *Skiron* mit Statisten in die Orchestra zogen.

Diese Hetären kommen aus dem nicht weit vom Skironischen Felsen entfernten Korinth (s. u. *ad* F 675. 676), und es ist daher nicht unwahrscheinlich, daß F inc. 1084, wo jemand erzählt, daß er aus Akrokorinth kommt, der Stadt der Aphrodite, aus der Parodos stammt (s. u. Unsichere Fragmente *ad loc.*): ἥκω περίκλυστον προλιποῦς' Ἀκροκόρινθον, | ἱερὸν ὄχθον, πόλιν Ἀφροδίτας.

*P. Oxy. 2455, *fr.* 7, 91-101 (= Hypothesis F 17, 91-101 *p.* 93 Austin)

```
      ]ν οὖν cάτυροι κα[
      ]εους· Ἑρμῆc δ' ἐcθη[
      ]ων ἐπέζευξεν [
      ]φυγὼν δ' ἐντεῦθε[ν
95    ] μαχόμ[ε]νοc cὺν α[ὐ]τῶι [
      ἐπι]φανεὶc δὲ τοῖc cατύροιc παρ[        ἐ-
      ξέπ]ληξεν αὐτούc· ὧν μὲν οι.[
                 ]c[. .].ηθηcαν | εἶναι [
                 ]ταc ἐμπρή|cειν [
100              ]c δήcειν τωκε[
                 ]υτουc φυγεῖν [
```

Text nach Austin. Zur Zuweisung des Fragments zur *Skiron*-Hypothesis s. o. *Sisyphos*, *p.* 196 ff. Eine weder von Turner noch von Austin dokumen-

---

[12] Vgl. Erbse 1984, 287: „Man sollte auch fragen, wie der Boden von Bühne und Orchestra nach dem Durchzug der Herde ausgesehen haben mag."

tierte Anfügung eines Papyrusfragments trennt Luppe 1988 b, 16 f. ab: Zu dieser Anfügung sollen Z. 98 εἶναι, Z. 99: -cειν, sowie vollständig Z. 100 f. gehören.

91 f. [Ἡρα-|κλ]έουc Barrett : .]εουc Luppe.   **92** ἐcθῆ[τα Turner. **96 f.** [ἐξ-|ἐπ]ληξεν Luppe.   (Vollständiger textkritischer Apparat zuletzt bei Luppe 1988 b, 16).

91. Die Lücke zwischen *fr.* 6, 74-90 und *fr.* 7, 91-101 kann nicht sehr groß gewesen sein (zur Position des Fragments innerhalb der Papyrusrolle s. o. *Sisyphos*, *p.* 196 ff.). Entsprechend dem modifizierten Modell nach Turner (ebd. [1], *p.* 162 f.) sind maximal sieben Zeilen ausgefallen. Nach dem dritten Modell, das wohl die größte Wahrscheinlichkeit besitzt, fehlen maximal 16 Zeilen; da die Satyrspielhypotheseis im Durchschnitt offenbar geringfügig weniger als 30 Zeilen Länge besaßen, ist indessen kaum mit einem Verlust von mehr als ein oder zwei Zeilen zu rechnen.[13]

92.]εουc.   Barrett, der dieses Hypothesisfragment dem *Skiron* ab-, und dem *Sisyphos* zusprach (s. o. *Sisyphos*, *p.* 196 ff.), schlug die Ergänzung [Ἡρα-| κλ]έουc vor, da F 673 Herakles als *dramatis persona* im *Sisyphos* sichere. Gehört das Fragment zum *Skiron*, ist indessen nicht mit einem Auftritt des Herakles zu rechnen. Luppe 1988 b, 19 gibt darüber hinaus zu bedenken, daß am Zeilenanfang nicht mehr als ein Buchstabe verloren ist; (Z. 95 f. könnte [ἐ-| πι]φ. getrennt worden sein; Z. 96 f. sei mit Sicherheit die korrekte Trennung [ἐξ-| ἐπ]λ. zu erwarten).

Ἑρμῆc.   Hermes wird im Prologvers angerufen (s. o. *fr.* 6, 75 bzw. s. u. F 674 a) und erscheint hier offensichtlich als *dramatis persona*. Steffen,[14] der Austin in der Zuweisung von *fr.* 7 an die *Sisyphos*-Hypothesis folgte, wollte - mit Verweis auf die Prologverse von *Hiketiden*, *Phoinissai* und *Kyklops* - aus der Anrede an Hermes an dieser Stelle herleiten, daß der Gott in diesem Drama überhaupt nicht aufgetreten sei; und Luppe (1988 b, 18 f.) formulierte diese Hypothese in Form einer Regel: „Der Prologsprecher ist bei Euripides gewöhnlich allein auf der Bühne; wenn er eine Gottheit apostrophiert, so ist sie kein Ak-

---

[13] Lloyd-Jones 1963, 440 läßt beide Fragmente direkt aneinander anschließen.

[14] Steffen 1971 b, 222 f.; 1979, 63.

teur des Dramas."[15] Ob die drei Götteranrufungen in Euripideischen Prologen[16] allerdings einen so weitreichenden Schluß zulassen, ist äußerst fraglich. Dabei ist m. E. weniger die rein
mathematische Frage ausschlaggebend, ob diese Stellen für
Euripides' Werk repräsentativ sind, sondern vielmehr die Frage,
welche ästhetische oder dramatische Funktion die von Steffen
und Luppe aufgestellte Regel haben soll, - zumal Hermes eine
Figur ist, - wie Luppe (1988, 18) selbst einräumt - die „in jedem Satyrspiel aufgetreten sein (könnte)". Zur möglichen Rolle
des Hermes im *Skiron* s. u. *ad* F 674 a.

ἐcθη[. Das Sigma ist im Papyrus über das Epsilon als
Korrektur geschrieben, so daß Turner ἐcθῆ[τα vermutete. Ist
die Lesung ἐ῾c῾θη[richtig, läßt sich tatsächlich kaum eine andere Ergänzung denken. Mit ἐcθήc wird in den Hypotheseis immer ein für die Handlung wichtiges, wenn auch nicht näher dif-
ferenziertes Kleidungsstück bezeichnet, das nicht selten dazu
dient, die Identität seines Trägers zu verbergen: Arg. E. *Alc.*
(a) Z. 8 (1 *p.*33 Diggle): der Schleier, mit dem Herakles Alkestis
verhüllt, die er Thanatos abgerungen hat; Arg. E. *Skyrioi* (PSI
1286, 15, F 19 *p.* 96 Austin): Achills Frauenkleider, die ihn vor
dem Zugriff des griechischen Heeres schützen sollen; Arg. E.
Ba. Z. 13 (3 *p.* 289 Diggle): Pentheus' Frauenkleider; oder es
dient dazu, seinen Träger umzubringen: Arg. E. *Med.* (a) Z. 6
(1 *p.* 88 Diggle). Ein Kleidungsstück des Hermes, das besondere
Beachtung verdienen und auch für die Handlung des Dramas
von Bedeutung sein könnte, ist seine Tarnkappe, die Ἄϊδος
κυνῆ, mit der er z. B. in Sophokles' Satyrspiel *Inachos*

---

[15] Steffens Einwand richtete sich gegen die von Turner und Mette
(1964) vorgetragene Meinung (s. o. *ad fr.* 6, 80 f.), Hermes sei im *Skiron* als
Gehilfe des Ogers aufgetreten. Luppe argumentiert gegen eine Zuweisung
von *fr.* 7 an die *Skiron*-Hypothesis, das er statt dessen einem sonst unbezeugten Satyrspiel *Pentheus* zuweisen möchte.

[16] Der Prolog der *Hiketiden* beginnt mit Aithras Gebet zu Demeter an
deren Altar im Heiligtum von Eleusis; Jokaste rügt in den *Phoinissai* Helios ob seiner unseligen Strahlen, die dieser am Tag, als Kadmos nach
Theben kam, auf die Erde sandte, bevor sie das Schicksal des Labdaki-
den-Hauses erzählt (zur Frage der Echtheit von V. 1 f. s. Mastronarde *ad
loc.*; anders Erbse 1984, 224-27); der Silen beginnt im Prolog des *Kyklops*
seinen Bericht von den Mühen, die er und die Satyrn für ihren Herrn auf
sich genommen haben, und wegen der sie zuletzt auf die Kyklopeninsel
verschlagen wurden, mit einer Anrufung des Dionysos. Möglicherweise
gehört auch der Prolog der *Skyrioi* (F 681 a Snell) mit seiner Anrufung der
Helena in die Reihe dieser Prologe.

(F 269 c, 19) die Satyrn erschreckt.[17] Ob die Tarnkappe mit ἐcθήc bezeichnet werden konnte, ist allerdings offen.

93. ἐπέζευξεν. „(Er) verband miteinander". Als regierendes Nomen bietet sich Ἑρμῆc in der vorausgehenden Zeile an. Der Mythos gibt keinen Hinweis auf das, was Hermes zusammengebunden haben könnte. Nimmt man indessen ein anderes Subjekt für ἐπέζευξεν an, ergibt sich eine vage Möglichkeit für die Lösung: Unweit der Skironischen Felsen hauste Sinis/Pityokamptes, der vorbeikommende Reisende entweder dadurch umbrachte, daß er sie zwang, ihm beim Niederbeugen einer Fichtenspitze zu helfen, dann aber rasch losließ und den arglosen Helfer mit dem zurückschnellenden Baumwipfel in die Höhe katapultierte (Hygin. *fab.* 38; Schol. Luc. *J Tr.* 21 [*p.* 65 Rabe]; Apollod. 3, 16, 2), oder indem er sie gleich überwältigte und an zwei herabgebogene Fichtenstämme band, die beim Zurückschnellen ihr Opfer zerrissen (D. S. 4, 59; Paus. 2, 1, 4; Schol. Pi. *I. p.* 193 Drachmann; Ov. *Met.* 7, 440). Auf ihn ist möglicherweise in F 679 angespielt,[18] so daß die Annahme nicht abwegig zu sein scheint, daß in Z. 92 f. von einer Aktion gegen Sinis gesprochen wird, in die auf irgendeine Weise Hermes involviert ist, und bei der Baumwipfel aneinander gebunden werden.[19] Zu Sinis/Pityokamptes s. u. *ad* F 679. 680.

93-97. ἐπέζευξεν ... [ἐ-|ξέπ]ληξεν αὐτούc. Um die offenbar sehr dramatischen Szenen, die in diesen Zeilen nacherzählt werden, wenigstens in Umrissen zu erkennen, wäre es erforderlich, das jeweils regierende Nomen der Partizipien (φυγών, μαχόμενοc, ἐπιφανείc) zu identifizieren. Hermes ist Z. 92 genannt, doch könnte das Subjekt nach Z. 92 wechseln. Denkbar ist ferner, daß die drei Partizipien von unterschiedlichen Nomen regiert werden. Erkennbar ist auf jeden Fall, daß zum einen der Schauplatz der nacherzählten Handlung wechselt, d. h. ein Teil der Handlung nicht auf der Bühne stattfindet (und dem Zuschauer in einem Botenbericht präsentiert wird); zum anderen

---

[17] Die Tarnkappe hat vielleicht auch in den *Phorkides* des Aischylos und einem oder zwei gleichnamigen Satyrspielen (Timokles [oder Philokles?] 86 T dub. 5; adesp. F 10 b) ein Rolle gespielt.

[18] In F 676 findet sich offenbar eine Anspielung auf einen dritten Frevler: Prokrustes.

[19] Herodot (7, 36) gebraucht das Wort, als er von den Baumstämmen berichtet, die Xerxes über Schiffspontons zusammenbinden ließ, um den Hellespont zu überbrücken.

ist erkennbar, daß mindestens drei Figuren beteiligt sind, denn die in Z. 95 beschriebene Szene bedarf eines Kämpfers, eines Helfers und natürlich eines Gegners. Naheliegend ist: Theseus - Hermes - Skiron, wenngleich nicht auszuschließen ist, daß statt Hermes der Silen an Theseus' Seite kämpft (vgl. Silens Prahlerei von seinen Heldentaten E. *Cyc.* 1-8). Da die Kampfszene mit Sicherheit nicht auf der Bühne stattfand, ist man nicht auf drei Schauspieler beschränkt und den Silen wird man am ehesten noch auf der Bühne erwarten, wenn die Hauptakteure abgegangen sind.

99 f. ἐμπρήϲειν ... δήϲειν. Das Futur weist darauf hin, daß in diesen beiden Zeilen von Ereignissen die Rede ist, die erst später eintreten werden, oder deren Potentialität hervorgehoben wird, denn in den Dramenhypotheseis ist der Gebrauch des Infinitiv Futur auf nur wenige Fälle beschränkt:

(1) Verweis auf ein Ereignis, das noch innerhalb der Handlung des Dramas eintritt: Arg. E. *Hipp.* Z. 13 (1 *p.* 204 Diggle): κατεπαγγειλαμένη (*sc.* ἡ τρόφοϲ) αὐτῆι (*sc.* τῆι Φαίδραι) βοηθήϲειν.

(2) Inhalt von Orakelsprüchen: Arg. [A.] *Pr.* Z. 5 (*p.* 401 West): ἐὰν μὴ εἴπηι (*sc.* ὁ Προμηθεὺϲ) τὰ μέλλοντα ἔϲεϲθαι τῶι Διί. Arg. E. *Ph.* (a) Z. 9 (3 *p.* 76 Diggle): Τειρεϲίαϲ δὲ ἔχρηϲε νικήϲειν τοὺϲ ἐκ τῆϲ πόλεωϲ. Hierzu gehört auch die Ankündigung der *dea ex machina* Artemis: Arg. E. *Hipp.* Z. 24 (1 *p.* 205 Diggle): τῶι δὲ Ἱππολύτωι τιμὰϲ ἔφη (*sc.* ἡ Ἄρτεμιϲ) γῆι ἐγκαταϲτήϲεϲθαι.

(3) Drohungen: Arg. [A.] *Pr.* Z. 4 f. (*p.* 401 West): Ἑρμῆϲ τε παράγεται ἀπειλῶν αὐτῶι (*sc.* τῶι Προμηθεῖ) κεραυνωθήϲεϲθαι (s. o. [2]). Arg. E. *Or.* Z. 18 (3 *p.* 187 Diggle): οἱ δὲ φθάϲαντεϲ (*sc.* Orest, Pylades und Elektra im Palast des Menelaos, Hermione in ihrer Gewalt) ὑφάψειν ἠπείληϲαν.

Bei der Überlegung, in welcher Absicht die futurischen Infinitive ἐμπρήϲειν und δήϲειν hier gebraucht sind, ist zu berücksichtigen, daß die Hypothesis bald nach Z. 99 endet. Da sich unterhalb von Z. 101 ein größerer Leerraum befindet, nahmen Turner und Austin nach dieser Zeile Hypothesisschluß an. Es wird also wohl Z. 99 f. das Ende des Dramas nacherzählt, wodurch ein Vorverweis auf spätere Ereignisse im Drama unwahrscheinlich wird. Auch einen *deus ex machina*-Schluß wird man für ein Satyrspiel kaum annehmen; ebenfalls unwahrscheinlich ist, daß es sich Z. 99 f. um einen Orakelspruch handelt. Gut würde indessen nach ἐπι]φανεὶς δὲ τοῖc cατύροιc und [ἐ-|ξέπ]ληξεν αὐτούc (Z. 96 f) eine Drohung (gegen die Satyrn) passen, zumal wenn gesagt wird, daß jemand „fesseln wird"; unklar ist in jedem Fall aber ἐμπρήcειν, da nicht erkennbar ist, was in der kargen und unbewohnten Gegend am Skironischen Felsen angezündet werden könnte.

P. Oxy. 2456 Z. 3

(...)
[Cκύ]ριοι
3 [Cκί]ρων cατυρικόc
[Cθε] νέβοια
(...)

[P. Amh. II 17 (= Hypothesis F 18 *p.* 95 Austin)]

Die beiden Erstherausgeber dieses Papyrusfragments, Grenfell und Hunt, folgten Blaß 1901 in der Identifikation des Papyrusfragments als Teil einer Hypothesis zum *Skiron*, da sich *verso* Z. 8 der Versanfang von F 678, 2 κακοὺc κολάζειν wiederzufinden schien (vgl. Mekler 1907, 75 f. mit der älteren Literatur). Trotz früher Skepsis (Wilamowitz 1902, 62, ebenso: Zuntz 1955, 134 Anm. 3) wurde diese Zuschreibung lange Zeit akzeptiert (Steffen SGF *p.* 222; Austin F 18 *p.* 95; Mette 1982, 242). Aufgrund einer Untersuchung anhand neuer Photos konnte Luppe (1982 b, mit der früheren Literatur; vgl. auch 1994, 14) indessen nachweisen, daß es sich bei diesem Fragment weder um eine Hypothesis der bekannten Art handelt, (sondern um einen Tragikerkodex mit Scholien), noch sich F 678 sinnvoll in den Kontext integrieren läßt, so daß P. Amh. II 17 als Testimonium für den *Skiron* ausscheidet.

Fragmente

F 674 a Snell

Ἑρμῆ{ι}, cὺ γὰρ δὴ [– ∪ – × –] ἔχειc

P. Oxy. 2455 *fr.* 6, 75 f. (= Hypothesis F 18, 75 f. *p.* 94 Austin).

1 [φροντίδ' ἐμπόρων] Snell : [τῶν ὁδοιπόρων] Steffen.

1. Ἑρμῆ{ι}. Das Drama beginnt mit einer Anrufung des Hermes, der die Bühne allerdings erst zu einem späteren Zeitpunkt betreten wird.[20] Seine Rolle in diesem Stück ist nicht erkennbar: Er könnte ebensogut derjenige Gott sein, dessen Hilfe ein Wanderer bei den Skironischen Felsen bedarf, - ist er doch schon in der *Ilias* der Geleiter des Priamos (πόμπος, *Il.* 24, 24. 182), der dem greisen trojanischen König unbemerkt Zutritt zum Lager der Myrmidonen verschafft, - wie derjenige, vor dem sich Wanderer eher fürchten müssen, - nennt ihn doch der homerische Hermes-Hymnos einen Räuber (λῃϊστήρ, *h. Merc.* 14) respektive Anführer der Diebe (ἀρχὸς φιλητέων, ebd. 292).[21] Wenn also tatsächlich Silenos den Prolog dieses Dramas spricht, könnte er sowohl Hermes um Hilfe in seiner Lage bitten,[22] als auch den Gott der Diebe wegen des Sklavendienstes bei Skiron schelten.[23] Im zweiten Fall ergäbe sich eine ähnliche Ausgangssituation wie im *Kyklops*, wo der Silen Dionysos in seiner Klage anruft, denn auf der Suche nach ihm gerieten er und die Satyrn in die Gewalt des Kyklopen. Wie im *Kyklops* Dionysos derjenige ist, der Polyphem am Ende tatsächlich bezwingt - als Wein nämlich[24] - so könnte im *Skiron* Hermes derjenige sein, der Theseus zum Erfolg verhilft.

Zu Steffens und Luppes Annahme, Hermes könne *wegen* der Anrede an ihn nicht *dramatis persona* sein, s. o. *ad* P. Oxy. 2455 *fr.* 7, 92.

cὺ γὰρ δὴ. Emphatische Anrede, z. B. an eine zweite Figur (bzw. einen Statisten): E. *Alc.* 1138 (Admet zu Herakles) cὺ γὰρ δὴ τἄμ' ἀνώρθωσας μόνος, *El.* 82 f. (Orestes zu Pylades bei ihrem ersten Auftritt) Πυλάδη, cὲ γὰρ δὴ πρῶτον

---

[20] Dazu s. o. *ad* P. Oxy. 2455 *fr.* 7, 92.

[21] Vgl. Hipponax F 2, 2 Degani (= 3 a, 2 West) φωρῶν ἑταῖρε. Auch in der *Ilias* planten die Götter zuerst, Hermes mit dem Diebstahl von Hektors Leichnam zu beauftragen (*Il.* 24, 24. 109), lassen aber dann - aus Rücksicht auf Thetis - von diesem Plan ab (*Il.* 24, 71).

[22] Sei es, daß er um Befreiung aus Skirons Dienst, sei es, daß er um Unterstützung bei seinem Auftrag, Skiron zu vertreten, bittet.

[23] Ebenso Conrad 1997, 190.

[24] Daß im Weinschlauch sich nicht bloß ein Getränk verbirgt sondern der Gott selbst, wird an mehreren Stellen ausdrücklich hervorgehoben: E. *Cyc.* 156. 454. 519-29.

ἀνθρώπων ἐγὼ | πιϲτὸν νομίζω κτλ., oder auch an eine Gott-
heit: Men. *Mis.* A 1 ὦ Νύξ – cὺ γὰρ δὴ πλεῖϲτον Ἀφροδίτηϲ
μέροϲ | μετέχειϲ θεῶν κτλ.[25]

F 675

καὶ τὰϲ μὲν ἄξηι, πῶλον ἢν διδῶιϲ ἕνα,
τὰϲ δ' ἢν ξυνωρίδ'· αἳ δὲ κἀπὶ τεϲϲάρων
φοιτῶϲιν ἵππων ἀργυρῶν. φιλοῦϲι δὲ
τὸν ἐξ Ἀθηνῶν παρθένουϲ ὅταν φέρηι
πολλάϲ

Poll. 9, 75.

4 τὸν Cobet : τὰϲ Hss., Snell.

1 f. **τὰϲ μὲν ... τὰϲ δ' ... αἳ δὲ.** Die Hypothesis zum *Ski-*
ron (P. Oxy. 2455 *fr.* 6, 86) zeigte, daß die Satyrn zusammen mit
Hetären in die Orchestra einziehen, wo sich zu diesem Zeitpunkt nur der Silen befindet. Die Hetären werden von Statisten
dargestellt (vgl. Odysseus' Gefährten im *Kyklops*). Von diesen
Hetären ist in F 675 die Rede; sie stammen aus dem nahen Korinth, wie sich u. a. aus ihrer Vorliebe für korinthisches Geld in
V. 1-3 erschließen läßt. Pollux spricht *ad loc.* von korinthischen
Hetären und auch das „korinthische Mädchen", von dem F 676
gesprochen wird, ist sicher eine von ihnen. Korinth war im Altertum für seine ἱερόδουλοι ἑταῖραι (vgl. Str. 8, 6, 20: πλείουϲ ἢ
χιλίαϲ ἱεροδούλουϲ ἐκέκτητο ἑταίραϲ)[26] berühmt, die zum Tem-
pel der Aphrodite Melainis auf dem Burgberg Akrokorinth gehörten.

1. **πῶλον.** Mit dem „Füllen" ist, wie Pollux *ad loc.* ausdrücklich bezeugt, eine korinthische Münze gemeint, die auf
einer Seite ein Bild des Pegasos zeigte (s. u. *ad* V. 4 παρθένουϲ).[27] Der Beginn der korinthischen Münzprägung liegt im

---

[25] Weitere Stellen zum Vokativ in Verbindung mit γάρ s. Denniston
1954, 69.

[26] Vgl. auch Ath. 13, 573 e f.

[27] Abbildung bei Franke/Hirmer 1972 Taf. 153: Stater aus Korinth, um
430/415 v. Chr.

Dunkeln, doch ist der Pegasos bereits auf den frühesten Stateren abgebildet (Kraay 1976, 79 f.); die Produktion der Statere wurde - ähnlich wie die des attischen Tetradrachmons (Kraay 1976, 68) - mit Beginn des Peloponnesischen Krieges gesteigert (Jenkins/Küthmann 1972, 97).

Sowohl πῶλος als auch παρθένος werden bisweilen selbst als erotische Metaphern gebraucht, vgl. Epikratis F 8, 3 f. (*Choros*): ὡς δάμαλις, ὡς παρθένος, | ὡς πῶλος ἀδμής; Eubulos F 82, 2 (*Pannychis*): πώλους Κύπριδος.[28]

2. ξυνωρίδ'. „Zweigespann"; gemeint sind zwei πῶλοι, also zwei korinthische Statere. Steffen (SGF *p.* 265) schrieb aufgrund des möglicherweise gleichen Zusammenhangs adesp. F 163 a (= F inc. 19 Steffen): ἔξιππα καὶ τέθριππα καὶ ξυνωρίδας dem *Skiron* zu.[29]

2 f. κἀπὶ τεσσάρων | ... ἵππων. ἐπί mit Genetiv bezeichnet in diesem Zusammenhang sowohl die Richtung der Bewegung (unabhängig davon, ob das Ziel erreicht wird oder nicht), als auch die Veranlassung (vgl. Kühner/Gerth 2. 1, 496 f.): Die zuerst genannten Hetären wird man mit sich führen, wenn man ein oder zwei Tetradrachmen bezahlt, die zuletzt genannten indessen schreiten verzückt von sich aus „auf vier Pferdchen hin".[30]

3. φοιτῶσιν. φοιτᾶν wird in der Tragödie nie von Menschen gebraucht, es sei denn, sie befinden sich in einem ekstatischen Zustand (Stellen s. o. *Autolykos, ad* F 282, 11). Die beiden einzigen Ausnahmen finden sich bezeichnenderweise in Satyrspielen, wo der würdevolle Ernst des Wortes parodiert wird (F 282, 11), respektive ein erotischer Unterton mitschwingt.

4. παρθένους. Bei den an dieser Stelle gemeinten Münzen handelt es sich um attische Tetradrachmen, die auf einer Seite ein Bild der Athene Parthenos trugen.[31] Sie waren etwa doppelt soviel wert, wie die zuvor erwähnten korinthischen Statere (Kraay 1976, 329 f.); ihr Gegenwert betrug in der zwei-

---

[28] Vgl. Hsch. π 4500 Schmidt: πῶλος· ἑταίρα.

[29] Die Zugehörigkeit zu einem Satyrspiel (respektive einer Tragödie) ist jedoch nicht unumstritten, s. u. Unsichere Fragmente, *ad loc.*

[30] Vgl. Snell 1967, 184.

[31] Abbildung bei Franke/Hirmer 1972 Taf. 119: Tetradrachmon aus Athen, um 430/407 v. Chr. Die große Verbreitung und Beliebtheit dieser Münze preist Aristophanes *Ra.* 722-24.

ten Hälfte des fünften Jahrhunderts etwa das Vierfache des Tagesverdienstes eines einfachen Arbeiters (eine Drachme), mit dem dieser sich und seine Familie ernähren konnte (Franke/Hirmer 1972, 33).[32] Das attische Tetradrachmon war seit dem sechsten Jahrhundert in Gebrauch; seine Prägung erfuhr einen Höhepunkt am Beginn des Peloponnesischen Krieges, wurde aber 411 v. Chr. nahezu eingestellt (Kraay 1976, 68),[33] womit sich möglicherweise ein *terminus ante quem* für den *Skiron* ergibt.

Der Hinweis auf Athen irritiert in diesem Zusammenhang allerdings: Welche Figur dieses Dramas mag wohl attisches Geld mitbringen,[34] denn Theseus, der aus Troizen kommen wird, scheidet sicher aus. Wenn man nicht weitere *dramatis personae* annehmen will, bleiben nur die Satyrn. Diese könnten die Hetären für sich selbst mitgebracht und ihr teures Vergnügen aus Skirons Beute bezahlt haben, die sie zusammen mit dem Silen wohl eigentlich bewachen sollten (s. o. P. Oxy. 2455 *fr.* 5, 79 f.);[35] vielleicht zeigen sie ihm in der Szene, aus dem dieses Fragment stammt, stolz die Mädchen, die sie mitgebracht haben.

F 676

σχεδὸν χαμεύνηι σύμμετρος Κορινθίας
παιδός, κνεφάλλου δ' οὐχ ὑπερτείνεις πόδα

Poll. 10, 35.

---

[32] Legt man indessen den Tageslohn eines Geschworenen in Athen am Ende des fünften Jahrhundert zugrunde (drei Obolen, *i. e.* eine halbe Drachme), entspricht der Gegenwert eines attischen Tetradrachmons einem ganzen Wochenverdienst (vgl. Jenkins/Küthmann 1972, 89).

[33] 407/406 v. Chr. gingen die Athener dazu über, Kupfermünzen mit einem feinen Silberüberzug zu prägen. Vgl. Ar. *Ra.* 718-33: Aristophanes läßt den Chor in der Parabase der alten Währung nachtrauern, und deren Niedergang mit dem charakterlichen Niedergang der führenden athenischen Bürger vergleichen.

[34] Auch Snell 1967, 184 geht davon aus, daß in diesen Versen von einem Handel mit einem Athener die Rede ist.

[35] Auch im *Kyklops* erwies sich ja der Silen als ein schlechter Diener, der schnell bereit war, für ein wenig Wein den ganzen Besitz des Kyklopen zu verschleudern (*Cyc.* 164 f.).

1 f. „Nahezu genauso groß wie das Bett des korinthischen Mädchens, ragst du mit deinem Fuß nicht über das Kissen hinaus." Die Anspielung auf Prokrustes ist unüberhörbar,[36] der unweit des Skironischen Felsens hauste und vorbeiziehende Fremde zwang, sich in ein Bett zu legen, wo er ihnen entweder über das Bett hinausragende Glieder abschlug oder sie wie ein Schmied mit einem Hammer auf passende Größe streckte. Theseus überwältigte diesen Unhold als letzten auf seinem Wege von Troizen nach Athen, die Auseinandersetzung mit ihm steht Theseus also noch bevor.

1. χαμεύνηι. Die χαμεύνη[37] ist ein einfaches, niedriges Bett, ein Strohsack, vgl. Hsch. χ 143 Schmidt: χαμεύνη· cτιβάc. καὶ ταπεινὴ κλινίc. Im Wortschatz von Tragödie und Komödie ist das Wort selten belegt: In Aischylos' *Agamemnon* (V. 1540, „Totenbahre") verdeutlicht es Agamemnons unrühmliches Ende; auch in Aristophanes' *Ornithes* (V. 816) dient die geringe Höhe des Möbels (respektive die ,Nähe zum Erdboden') als Sinnbild für Ärmlichkeit. Im *Rhesos* wird mit χαμεύνη das Feldbett des Hektor (V. 9) bzw. des Rhesos (V. 852) bezeichnet; ebenso vielleicht in Sophokles' *Dolopes* (F 175).

2. κνεφάλλου. Diese Stelle ist der einzige Beleg für das in der Komödie durchaus häufig verwendete Wort im tragischen Wortschatz.

F 677

οὐδὲ κωλῆνεc νεβρῶν

Ath. 9, 368 d.

1. κωλῆνεc νεβρῶν. „Oberschenkel/Schinken von Hirschkälbern". Der Stilbruch durch die Verbindung des hochpoetischen, und mitsamt seinen Ableitungen im tragischen Wortschatz oft begegnenden νεβρόc mit κωλήν, das in der Komödie häufig, im Wortschatz von Tragödie und Satyrspiel indessen

---

[36] Vgl. Snell 1967, 186 Anm. 3.
[37] Schreibung und Akzentuierung schwanken in der handschriftlichen Überlieferung, s. Radt im App. *ad* S. F 175 (*Dolopes*) TrGF 4.

nur an dieser Stelle anzutreffen ist, mag eine komische Wirkung erzielt haben. νεβρός weist aber zugleich auch in die Sphäre des Dionysos, denn das Hirschkalbfell ist die Bekleidung der Mänaden und all derjenigen, die sich dem bakchantischen Treiben des Gottes anschließen wollen (z. B. Teiresias, E. *Ba.* 249: ἐν ποικίλαιcι νεβρίcι Τειρεcίαν ὁρῶ), nicht zuletzt auch des Gottes selbst (E. F 752, 1 f. [*Hypsipyle*]): Διόνυcοc, ὃc θύρ-cοιcι καὶ νεβρῶν δοραῖc | καθαπτὸc κτλ. Es ist ein ἱερὸν ἐνδυτόν (E. *Ba.* 137), „weil es die dionysischen Qualitäten des Hirschkalbs an seinen Träger weitergab" (Dodds *ad* E. *Ba.* 111). Als der Silen in den Aischyleischen *Diktyulkoi* um Danae wirbt, umschmeichelt er den kleinen Perseus mit der Aussicht, er werde von nun an mit Hirschkälbchen sein Vergnügen haben (F 47 a, 808): τέρψηι δ᾽ ἴκτιcι κα[ὶ] νεβρο[ῖc.

Sprache und Aussage von F 677 könnten also darauf hinweisen, daß das Fragment aus dem Prolog des Silens stammt, der darüber lamentiert, daß er und die Satyrn von Dionysos und der dionysischen Sphäre getrennt sind (vgl. E. *Cyc.* 25 f.).

F 678

⟨ × – ∪ – × – ∪ ⟩ ἔcτι τοι καλὸν
κακοὺc κολάζειν

Stob. 4, 5, 6 *p.* 198 Hense.

1 f. Wenn nicht überhaupt Theseus selbst der Sprecher dieser Verse ist, so sind sie gewiß über ihn gesagt, vgl. E. *Supp.* 339-41 (Theseus):

πολλὰ γὰρ δράcαc καλὰ
340   ἔθοc τόδ᾽ εἰc Ἕλληναc ἐξεδειξάμην,
ἀεὶ κολαcτὴc τῶν κακῶν καθεcτάναι.

2. **κακοὺc κολάζειν.** Die Identifizierung der beiden Wörter in P. Amh. II 17 *verso* Z. 8 führte zu der Annahme, daß dieser Papyrus eine Hypothesis zum *Skiron* enthalte, und zu weit gehenden Rekonstruktionsversuchen (s. Mette 1964). Luppe (1982 b) konnte indessen diese bereits früh bezweifelte (Wilamowitz 1902, 62, weitere Literatur s. o. Testimonien *ad loc.*) An-

nahme entkräften. In der Tat stand die Zuschreibung des Papyrus zum *Skiron* auf sehr schwachen Füßen: Zwar findet sich die
Formulierung κακοὺς κολάζειν (in dieser Form) in keinem anderen Drama,[38] doch steht eine Form (oder eine Ableitung) von
κολάζειν signifikant häufig an derselben *sedes* wie in F 678,[39] so
daß sich eine Zuschreibung des Papyrustextes zum *Skiron* aufgrund der bloßen Wiederholung dieser beiden Wörter verbietet.

F 679

⟨ × – ∪ – × – ∪ ⟩ ἢ προσπηγνύναι
κράδαις ἐρινᾶις

Ath. 3, 76 c.

1. κράδαις. Bevor Theseus auf seinem Weg nach Athen
die Skironischen Felsen erreichte, mußte er einen anderen Unhold überwinden: Sinis (s. o. *ad* P. Oxy. 2455, *fr.* 7, 93); auf ihn
oder auf seine grausame Art, vorbeikommende Fremde zu töten, wird in diesen Versen (und offenbar auch in der Hypothesis) möglicherweise angespielt. Der ‚Fichtenbeuger' (Pityokamptes) dieses Dramas hätte allerdings - wenn diese Vermutung richtig ist - seine Opfer nicht mit Hilfe von Fichten[40]
sondern von Feigenbäumen traktiert. Der Grund dafür könnte
sein, daß in der Szene, aus dem diese Verse stammen, womöglich eine Komödienszene parodiert wird, denn mit κράδη wurde
in der Komödie Feigenbaum und zugleich auch Bühnenkran bezeichnet, vgl. Poll. 4, 128: ὃ δ' ἐστὶν ἐν τραγωιδίαι μηχανή,
τοῦτο καλοῦσιν ἐν κωμωιδίαι κράδην. δῆλον δ' ὅτι συκῆς ἐστι
μίμησις· κράδην γὰρ τὴν συκῆν καλοῦσιν οἱ Ἀττικοί.[41] In Form
von simpler Desillusionskomik parodierten die Komödiendichter
derartige Szenen bisweilen selbst, vgl. Aristophanes' *Gerytades*:

---

[38] Vgl. aber E. *Hel.* 1172: τοὺς κακοὺς κολάζομεν und Kannicht *ad loc.*

[39] Incl. F 678 in 19 von 29 Fällen: A. *Pers.* 827; S. *Ai.* 1160; *OT* 1147.
1148; *El.* 1463; *OC* 439; E. *Andr.* 740; *Supp.* 255. 341. 388; *Tr.* 948; *El.* 1028;
Ba. 1322; F 255, 4; [Kritias 43] F 19, 6. 19; Moschion 97 F 3, 2; adesp. F 412, 1.

[40] Gehört vielleicht E. *F inc.* 1002: κορμοῖσι πεύκης in diesen Zusammenhang?

[41] Zit. bei Kassel/Austin im *App. ad* Ar. F 160.

περιάγειν ἐχρῆν | τὸν μηχανηποιὸν ὡc τάχιcτα τὴν κράδην (F 160), und die Dramen *Atalantos* und *Phoinissai* des Strattis: ἀπὸ τῆc κράδηc, ἤδη γὰρ ἰcχὰc γί[νομαι]| ὁ μηχανηποιὸc μ' ὡc τάχιcτα καθελέτω (F 4), κρεμάμενοc ὥcπερ ἰcχὰc ἐπὶ κράδηc (F 46).

F 680

ὁμαρτεῖν

Hsch. α 3457 Latte.

ὁμαρτεῖν Wecklein, Nauck : ἁμαρτεῖν Handschrift.

1. ὁμαρτεῖν ist die attische Form zu ἁμαρτεῖν, „zusammen gehen", „begleiten", „folgen", gebildet von einem erstarrten Instrumental ἁμαρτῆι, ‚zusammen', ‚zugleich'. Beide Wörter, Verb und Adverb, finden sich in episch-jonischer und attischer Form seit der *Ilias*.[42] Nach Hesych stand allerdings ἁμαρτῆι im Euripides-Text, doch wies Nauck den Beleg durch Konjektur dem folgenden Lemma zu (Hsch. α 3456-58):

> ἁμαρτῆι· ὁμοῦ προῆκαν τὰ δόρατα (*Il.* 5, 656) {Εὐριπίδηc Cκείρωνι (Nauck)}
> ἁμαρτεῖν· ἀκολουθεῖν. ⟨Εὐριπίδηc Cκείρωνι (Nauck)⟩ Cοφοκλῆc δὲ ἐν Φιλοκτήτηι (V. 231) ἐπὶ τοῦ ἀποτυχεῖν
> ἁμαρτήδην· ὁμοῦ ⟨Εὐριπίδηc Cκείρωνι (Alb)⟩

Naucks Athetese des Belegs in α 3456 (und Versetzung nach α 3457) ist in der Tat dann notwendig, wenn sich der Bezug auf die *Ilias*-Stelle sichern läßt, doch könnte sich bereits α 3453 auf *Il.* 5, 656 beziehen.[43] In diesem Fall würden sich zwei identische Lemmata an zwei verschiedenen Stellen bei

---

[42] Wackernagel 1916, 70 nimmt ursprüngliches ἁμαρτεῖν an, „aber schon in der alexandrinischen Überlieferung lag durchweg ὁ- daneben." Im Adverb habe sich die ursprüngliche episch-jonische Form länger bewahrt als im Verb. Diggle nimmt daher für das Verb durchgehend die attische, für das Adverb indessen die episch-jonische Form in den Text; zum Befund bei Euripides vgl. Barrett *ad* E. *Hipp.* 1195.

[43] Hsch. α 3453: ἁμαρτῆι· ἅμα, κατ' ἐπακολούθηcιν, ὡc Ὅμηροc χρῆται.

Hesych auf dieselbe Referenzstelle beziehen; dies wäre sehr unwahrscheinlich.

Wenn aber die Annahme richtig ist, daß im *Skiron* von Sinis (oder auch nur von seiner grausamen Art, Fremde zu töten) die Rede war (s. o. *ad* P. Oxy. 2455, *fr.* 7, 93), dann ist denkbar, daß in Euripides' Text (und in der *Ilias*) tatsächlich ἁμαρτῆι stand, und das Interpretament einen Kontext referiert, in dem eine Gruppe von Leuten - vermutlich die Satyrn - (herabgebogene) Baumstämme gleichzeitig los- und in die Höhe schnellen lassen.

F 681

ἔμβολα

Hsch. ε 2307 Latte.

1. **ἔμβολα.** Mit ἔμβολον (bzw. ἔμβολος) wird ein Gegenstand bezeichnet, der dazu dient, in etw. hineingesteckt zu werden: ein ‚Pflock' oder ein ‚Riegel'. Hesych, der die Glosse überliefert, äußert sich nicht zu der Bedeutung des Wortes, sondern teilt nur mit, daß es an dieser Stelle und im *Palamedes* (F 590) im Neutrum statt wie üblich im Maskulinum gebraucht wurde (Hsch. ε 2307): ἔμβολα· Εὐριπίδης Παλαμήδηι καὶ Cκίρωνι ἔμβολα. τὸ δὲ πολὺ ἀρρενικῶς λέγουσι τοὺς ἐμβόλους. Im Wortschatz von Tragödie und Komödie ist das Wort (im Neutrum) nur noch an zwei weiteren Stellen belegt, die für die Klärung der Bedeutung in unserem Zusammenhang jedoch nichts beitragen: E. *Ph.* 114 (Bronzeriegel der Stadttore Thebens), *Ba.* 591 (Marmorarchitrave in der Fassade von Pentheus' Palast). Als Maskulinum findet es sich nur einmal, Ar. F 334, 3 (*Thesm. B'*), wo Hesych (ε 2308) die Bedeutung erklärt (τὸ αἰδοῖον).

Sagenstoff

Skiron ist ein megarischer Lokalheros, dessen Name sich von cκῖροc - ‚Karst', ‚Kalk' ableitet, und in mehreren Namensformen (Skiros, Skiras) in der felsigen Landschaft zwischen Phaleron, der Insel Salamis und Megara verehrt wurde. Er ist zugleich Eponym für zahlreiche Orte und Landstriche dieses Gebiets.[44] Neben der megarischen Tradition, die Skiron als einen Heros aus vornehmer Familie und als Ahnherrn des Peleus und des Telamon zeigt,[45] existiert ein zweiter Sagenstrang, der seinen Ausgangspunkt vermutlich in Athen hat, und nach dem Skiron ein Wegelagerer und Räuber an der Straße zwischen Phaleron und Megara war, der vorbeikommende Fremde an einer engen Wegstelle ins Meer stieß, schließlich aber auf gleiche Weise von Theseus getötet wurde.[46]

Auch der *Skiron* könnte, wie alle anderen Oger-Stücke - mit Ausnahme des *Syleus* - von einem Drama gleichen Titels des Epicharm beeinflußt sein. Die beiden Fragmente (F 125. 126 Kaibel) geben darüber - wie auch in allen anderen Fällen - jedoch keine Anhaltspunkte. Eine Komödie *Skiron* schrieb im vierten oder dritten Jahrhundert v. Chr. Alexis (F 210 Kassel/ Austin).

---

[44] Dazu ausführlich Hanell 1934, 40-48.

[45] Nach Plu. *Thes.* 10 zuerst bei Simonides (= F 138 PMG); vgl. Schol. *Il.* 21, 184-185; Schol. E. *Andr.* 687; Apollod. 3, 12, 6. Möglicherweise ist an diesen Stellen aber Skiron mit Chiron verwechselt, vgl. Schol. *Il.* 16, 14 (= Philostephanos FHG 3 *p.* 33 *fr.* 35 Müller); Schol. Pi. *N.* 5, 12 a *p.* 91 Drachmann.

[46] Dieser Mythos findet sich zuerst bei Bakchylides (18, 24 f.: ἀθα-cταλόν τε | Cκίρωνα κατέκτανεν); vgl. ferner D. S. 4, 59, 4; Plu. *Thes.* 10; Schol. E. *Hipp.* 979; Schol. Luc. *J Tr.* 21 (*p.* 65 Rabe); Hygin *fab.* 38; Ov. *Met.* 7, 443-47; Paus. 1, 44, 8. Zahllose archäologische Zeugnisse zeigen Bekanntheit und Beliebtheit dieses Mythos im fünften Jahrhundert (Woodford 1994, 931 f.).

Zuerst auf Vasenbildern (vgl. Woodford 1994 Nr. 62/99/308: Attischer schwarzfiguriger Skyphos, Athen Akropolismuseum 1280, 500-490 v. Chr.) nachweisbar ist auch die Variante dieses Mythos, nach dem die Fremden nicht durch den Sturz von den Klippen ihr Leben verloren hätten, sondern im Meer von einer großen Schildkröte (χελώνη) gefressen worden seien, vgl. Apollod. Epit. 1, 2.

Rekonstruktion

Stoff des Satyrspiels ist Theseus' Überwindung des Skiron auf seinem Weg von Troizen nach Athen. Als *dramatis personae* lassen sich Skiron (durch den Titel), Theseus (durch den Mythos), die obligatorischen Satyrn und der Silen (durch P. Oxy. 2455 *fr.* 6, 85) sowie Hermes (*fr.* 7, 92; vgl. F 674 a Snell) sichern. Anspielungen auf Sinis (F 679, *fr.* 7, 93) und Prokrustes (F 676) müssen nicht notwendig bedeuten, daß sie auf der Bühne aufgetreten sind. In der Parodos zog eine Gruppe von Hetären mit in die Orchestra ein, die von Statisten gespielt wurden. Sicher auszuschließen ist ein Auftreten des Herakles, der infolge einer falschen Zuschreibung von *fr.* 5, 43-49 zum *Skiron* lange Zeit als *dramatis persona* angesehen wurde.[47] Der Ort der Handlung liegt im Gebirge Geraneia an der Straße von Phaleron nach Megara; die *Skene* stellt wahrscheinlich Skirons Behausung dar. In einer Szene ist eine ärmliche Liege zu sehen (s. o. *ad* F 676).

Die beiden Hypothesisfragmente lassen wichtige dramatische Voraussetzungen und zwei Szenen erkennen, denen einzelne Dramenfragmente zugeordnet werden können:[48]

P. Oxy. 2455 *fr.* 6 zeigt in groben Umrissen den Anfang des Dramas mit dem Prolog des Silen bis zum Einzug der Satyrn, die Hetären mitbringen. Silenos und die Satyrn müssen Skiron dienen, der seinen Lebensunterhalt damit verdient, vorbeikommende Fremde zu berauben (Z. 79). Darin zeigt sich eine von

---

[47] Vgl. die Rekonstruktionsversuche von Mette 1964; Snell 1967; Steffen 1971 b, (der das Drama *p.* 26 wegen des vermeintlichen Auftritts des Herakles kurz nach dem Nikias-Frieden, 421 v. Chr., datiert, obgleich er gegen Herakles' Auftritt im *Skiron* große Zweifel hegt, *p.* 25 f.; vgl. auch Steffen 1971 a, 224).
Zwar gibt es im fünften Jahrhundert v. Chr. zahllose Versuche in Kunst und Literatur, Theseus durch die Verbindung mit Herakles eine größere Bedeutung zu verleihen (s. Bond *ad* E. *HF p.* XXX mit weiterer Literatur), doch wäre mit Herakles' Eindringen in einen traditionell Theseus vorbehaltenen Mythos im *Skiron* der genau umgekehrte Fall zu erklären.

[48] Weitere Fragmente, die möglicherweise zum *Skiron* gehörten sind F inc. 879 sowie die beiden bereits erwähnten Fragmente F inc. 1084 und adesp. F 163 a; dazu s. u. Unsichere Fragmente, *ad loc.*

den dramatischen Konventionen erzwungene Änderung des Mythos, nach dem Skiron die Fremden dazu zwingt, ihm die Füße zu waschen, dann aber mit einem Tritt ins Meer stößt, - ein Handlungselement, das auf der Bühne schlechterdings nicht darstellbar war. Aus irgendeinem Grund hat Skiron aber den Ort des Verbrechens verlassen und den Silen beauftragt, den Zugang zum Engpaß zu bewachen (Z. 81-84). Mit einer Anrufung an Hermes (F 674 a Snell) beginnt der Silen, der sich wie im *Kyklops* wahrscheinlich allein auf der Bühne befindet, den Prolog, in dem er diese Einzelheiten erzählt und den Grund für die Gefangenschaft bei dem Bösewicht nennt, sich möglicherweise auch über sein Schicksal beklagt: in eine solche Klage könnte F 677 gehören. Dann stürmen die Satyrn in die Orchestra, die Hetären aus Korinth mitbringen (Z. 85 f.).

Wenn diese Interpretation der erkennbaren Reste der Hypothesis richtig ist, stellt sich sofort die Frage, in welcher Weise die Hetären in die Handlung involviert sind: Die Satyrn haben sie teuer mit korinthischem und attischem Geld gemietet (s. o. *ad* F 675, 4), - doch woher haben sie das Geld? Auf der Bühne ist offenbar eine ärmliche Liege zu sehen (F 676), die - wenn sie nicht einer dieser Hetären gehört - so doch auf jeden Fall von ihr benutzt wird. Es ist naheliegend, daß die Satyrn mit dem erbeuteten Geld, (das sie und der Silen wahrscheinlich bewachen sollten), ihr Vergnügen in der Einsamkeit des Ortes (Z. 85) finanziert haben. In einer Szene unmittelbar nach der Parodos, aus der vielleicht F 675 stammt, könnten sie die Hetären dem Silen zeigen.

Aus einer bald darauf folgenden Szene, in der Theseus auftrat, und in der er vom Silen über die Gefährlichkeit des Lokals aufgeklärt wird, stammt möglicherweise F 678: Theseus' stolze Antwort, daß es großartig sei, Frevler zu bestrafen.

Die Zugehörigkeit von P. Oxy. 2455 *fr.* 7, 91-101 zur Hypothesis des *Skiron* ist nicht durch die Nennung des Titels gesichert, aber aus verschiedenen Gründen sehr wahrscheinlich.[49] Dieses Fragment stammt vom Ende des Dramas; die dazwischen liegende Handlung mußte demnach in *ca.* fünf Zeilen

---

[49] S. o. *Sisyphos*, *p.* 196 ff.

nacherzählt worden sein, von denen sich nur die Zeilenanfänge erhalten haben.[50]

In den erkennbaren Zeilen könnte sich folgendes zugetragen haben: Auf der Bühne befindet sich Hermes (Z. 92, vielleicht durch seine Hadeskappe unsichtbar?); er oder eine andere Figur (Sinis?) hatte etwas (Baumstämme?) zusammen- respektive an etwas gebunden (ἐπέζευξεν, Z. 93). Einer (anderen?) Figur gelingt die Flucht (]φυγὼν δ' ἐντεῦθε[ν, Z. 94), und sie verläßt die Bühne, kämpft an einem anderen Ort „mit ihm", d. h. „an seiner Seite" (μαχόμ[ε]νος cὺν α[ὐ]τῶι, Z. 95), kehrt, ohne Zweifel siegreich, zurück und erscheint plötzlich auf der Bühne (ἐπι]φανεὶc δὲ τοῖc cατύροιc, Z. 96). Durch den neuerlichen Auftritt sind die Satyrn erschrocken ([ἐ-| ξέπ]ληξεν αὐτούc, Z. 97).[51] Möglicherweise wurde ihnen gedroht: Irgend etwas würde angezündet (ἐμπρήcειν, Z. 99) und sie (?) gefesselt werden (δήcειν, Z. 100). Am Ende wird Theseus über alle Unbill triumphiert haben, und auch die Satyrn konnten sicher ihre Freiheit wiedererlangen (vielleicht dazu Z. 101 α]ὐτοὺc (?) φυγεῖν).

Bei der Umsetzung der märchenhaften Erzählung von Theseus' Überwindung des Skiron war Euripides mit dem Problem konfrontiert, daß zum einen der eigentliche Kern der Märchenhandlung einer Intrige entbehrte[52] und kaum ausreichend Stoff für ein ganzes Drama, auch nicht für ein kurzes Satyrspiel bot, zum anderen der Höhepunkt der Handlung, Theseus' Bestrafung des Skiron, gemäß den Theaterkonventionen nicht auf der Bühne stattfinden konnte, sondern in einen Botenbericht verlegt werden mußte. Da der Mythos Theseus seinen Gegner unmittelbar nach dem ersten Zusammentreffen töten läßt, müßte auch dieses Zusammentreffen zwischen den beiden Kontrahenten von der Bühne verbannt werden, es sei denn, diese Elemente des

---

[50] Wahrscheinlich sind nur ein bis zwei Zeilen zwischen den Fragmenten ganz verloren gegangen (s. o. P. Oxy. 2455 *fr.* 7 *ad* Z. 91, *p.* 224).

[51] Ein ähnlicher Handlungsverlauf ist am Ende des *Syleus* erkennbar: Herakles verläßt die Bühne, um Syleus zu töten. Als er wieder zurückkommt, findet er Syleus' Tochter Xenodike von den Satyrn bedrängt und kann sie im letzten Moment vor Übergriffen retten (s. u. *Syleus*, Testimonien, P. Oxy. 2455 *fr.* 8 *ad* Z. 106 f., *p.* 246 f, Rekonstruktion, *p.* 282 f.).

[52] Vgl. etwa Odysseus' Kyklopenabenteuer in der *Odyssee*, in dem alle Elemente des Mechanemas bereits angelegt sind.

Mythos wären im Drama verändert und Teile der Handlung stark retardiert. Trotz der geringen Reste des erhaltenen Materials sind solche Eingriffe in den Mythos deutlich zu erkennen.

Der folgenreichste Eingriff ist durch die Gattung vorgegeben: die Integrierung der Satyrn in die Handlung. Diese ermöglicht die Exposition des Dramas für den Zuschauer im Prolog des Silen. Eine erste starke Retardierung wird dann durch Skirons Abwesenheit (P. Oxy. 2455 *fr.* 6, 83 ἐκείνωι μὲν ἐπέτρεψ[εν] erzeugt, die offensichtlich dazu dient, Theseus, *bevor* er auf Skiron trifft, über die drohende Gefahr zu unterrichten.[53] Die weitere Aufgabe bestand nun darin, die im Mythos angelegte, gewalttätige Konfrontation von Skiron und Theseus hinauszuzögern und eine gute Motivation dafür zu finden, daß Skirons Bestrafung von der Bühne weg verlegt werden, aber der unbedingt zu erwartende Agon Theseus-Skiron gleichwohl dort stattfinden kann. Dieser Retardierung diente offenbar die Einführung der Hetären, doch bleibt unklar, in welcher Weise sie in das Spiel integriert sind. Denkbar ist, daß sie Skirons Aufmerksamkeit zunächst von Theseus ablenken - vielleicht, weil die Satyrn Besitz ihres Herrn veruntreut haben, - oder daß Skiron an ihnen ebensoviel Gefallen findet wie Polyphem im *Kyklops* am Wein und seine Halbbrüder Sinis und Prokrustes herbeiholen will, wie auch der Kyklop zunächst beabsichtigt, seine Brüder zum Symposion einzuladen (*Cyc.* 530-40).[54]

---

[53] Vgl. E. *Cyc.* 96-131; der Silen klärt Odysseus u. a. über Polyphems Unart auf, Fremde zu verspeisen. Diese Änderung des Mythos ist eine wichtige Voraussetzung für den weiteren Verlauf des Dramas: In der *Odyssee* landet Odysseus nämlich im klarem Wissen von Polyphems frevlerischer Gesinnung und dem hohen Risiko für sich und seine Gefährten auf der Kyklopeninsel; bei Euripides landet er dagegen als argloser Gast, der sein Schiff proviantieren muß, bei Polyphem. Die Blendung des Kyklopen aus Rache für die getöteten Gefährten erhält daher eine viel größere Berechtigung, da ja auf der Bühne, wo die Höhle nicht von einem Stein verschlossen ist, keine Notwendigkeit mehr besteht, den Unhold zu blenden, um den gefangenen Gefährten die Flucht aus der Höhle zu ermöglichen.

[54] Vgl. P. Oxy. 2455 *fr.* 7, 93; F 679. 680 (?) (Sinis); F 676 (Prokrustes).

Syleus

Identität

Um das Jahr 437 v. Chr. gründeten die Athener im ehemals thrakischen Teil Makedoniens die Stadt Amphipolis unweit eines Landstrichs, der Cυλέος πεδίον hieß, und mit ihr durch den Fluß Strymon verbunden war. Diese Stadt, die von enormer strategischer Bedeutung war, ging den Athenern noch im ersten Jahrzehnt des Peloponnesischen Krieges wieder verloren. Während dieser Zeit, zwischen 437 und 424 v. Chr., meint Wilamowitz,[1] habe Euripides das Satyrspiel *Syleus* in Athen aufgeführt. Für diese Datierung sprechen sprachliche und inhaltliche Ähnlichkeiten mit zwei anderen Euripideischen Tragödien, der *Alkestis* (438 v. Chr.) und der *Andromache* (zwischen 427 und 417 v. Chr.), so daß das Drama, dessen Titel und Satyrspielqualität mehrfach bezeugt sind, in die Nähe der ältesten erhaltenen Dramen des Dichters zu rücken ist, doch bleiben die genaue Datierung und der tetralogische Zusammenhang im Dunkeln.[2]

Testimonien

P. Strasb. 2676 A a

Cυλεὺc cατυ]ρικό[c, οὗ ἡ ἀρχή·
      ]ν ὑψ[όθεν
ἡ δ' ὑ]π[ό]θεcιc·
Ἡρακλεῖ φονε]ύcαντι τὸν ἑαυτ[οῦ ξένον
5   Ἴφιτον τὸν Ε]ὐρύτου· Ζεὺc ἐπ[
      ἀπ]εμπολη{ι}θέντι [

---

[1] Wilamowitz *ad* E. *HF p.* 73 Anm. 134.

[2] Die Existenz zweier *Syleus*-Dramen nimmt Luppe 1986 an; es ist jedoch sehr unwahrscheinlich, daß es zwei Dramen dieses Titels gegeben hat (s. o. Einleitung, *p.* 36 f.; *Sisyphos*, *p.* 197).
    Zu der wiederholt von Welcker (1824, 506 Anm. 798; 1826, 302 f.; 1841 2 *p.* 444) geäußerten Vermutung, daß sich hinter dem Titel *Syleus* das 431 v. Chr. zusammen mit den Tragödien *Medeia*, *Philoktetes* und *Diktys* aufgeführte Satyrspiel *Theristai* verbirgt, das Aristophanes von Byzanz ausdrücklich als „nicht erhalten" kennzeichnet, s. u. *Theristai*, *p.* 284 ff.

```
              ]ι̣· εἶδε τὸν ποη[
              ]ν ἐνιαυτὸν δ[
              ]..[..]μενοc ὐ[
10            ἤν]εγκε τ.[
              ] ἐκεῖθε[ν
              ]..[
```

Text nach Mette 1969 (Z. 5 b-8 ohne die „nur beispielshalber" vorgenom-
menen Ergänzungsvorschläge, vgl. Luppe 1984 b, 37).

1 cατυ]ρικό[c Hagedorn.   [οὖ ἀρχή· Uebel   **1-5** Ergänzungen von Mette.
5 Εἴφιτον Luppe.   **5 b-8** Ζεὺc ἐπ[αγγείλαc | τοῦ μύcουc ἀπ]εμ-
πολη⟨ι⟩θέντι [αὐτῶι ἀπαλ-|λαγὴν ἔcεcθα]ι̣· εἶδε τὸν ποή[cαντα οὕτωc |
'Ομφάληι ὅλο]ν ἐνιαυτὸν δ[ιακονοῦντα Mette („beispielshalber") : Ζεὺc
ἐπ[έταξεν | εἰc δουλείαν ἀπ]εμπολη⟨ι⟩θέντι ['Ομφά-|ληι λατρεύει]ν· εἰ δὲ
τὸν πόγ[ον τοῦτον | ?ἐπαξίωc? ὅλο]ν ἐνιαυτὸν δ[ιενέγκοι (-και -κειεν)
Luppe.   **10 f.** ἀπήν]εγκε τᾶ̣[c δικέλληι | ἐcκαμμέναc ἀμπέλουc] Pechstein.

1-12. P. Strasb. 2676 A a gehört zu derselben Papyrusrolle
wie P. Oxy. 2455, der Hypotheseis zu Euripideischen Dramen
enthält, die sogenannten *Tales from Euripides*. Der Straßburger
Papyrus wurde 1969 von Schwartz als Wartetext veröffentlicht
und noch in demselben Jahr in derselben Zeitschrift von Mette
(1969, 173) als Anfang einer *Syleus*-Hypothesis erkannt. Haslam
konnte 1975 (*p.* 150 Anm. 3) durch einen Vergleich der Papyrusfragmente P. Strasb. 2676 als Teil des seit 1962 bekannten
Hypothesis-Papyrus P. Oxy. 2455 identifizieren; Ergänzungsvorschläge zuletzt von Luppe 1984 b.

1. Cυλεὺc cατυ]ρικό[c. Die Titelzeile im Straßburger Pa-
pyrus ist der einzige Beleg für einen Satyrspieltitel mit einem
Titelzusatz cατυρικόc in den *Tales* (vgl. die Hypotheseis zu
Autolykos (*p.* 42 f.), *Busiris* (*p.* 124 f.) und *Skiron* (*p.* 218 ff.).

2. Anfangsvers des Dramas (s. u. F 686+1). Zu den Hypothesisstandards vgl. Coles/Barnes 1965, 53; Luppe 1985 c, 13 f.

4-8. Die Zuschreibung dieser Papyrushypothesis zum
Syleus basiert auf der Identifizierung des Namen Eurytos
(E]ὐρύτου, Z. 5) in Verbindung mit dem erkennbaren Verkauf
einer Person, *i. e.* Herakles, (ἀπ]εμπολη⟨ι⟩θέντι, Z. 6), der von
den Mythographen her bekannt ist. Sowohl Diodor (4, 31) als
auch Apollodor (2, 6, 3) erzählen, daß Herakles als Sühne für
den Mord an seinem Gast Iphitos, dem Sohn des Eurytos, eine

bestimmte Zeit[3] bei der lydischen Königin Omphale als Sklave dienen mußte. Hermes[4] verkaufte ihn in die Sklaverei, doch verband Herakles mit seiner Herrin eine gegenseitige Sympathie, so daß Omphale ihm bald die Freiheit schenkte. Während seines Dienstes befreite er ihr Herrschaftsgebiet von allerhand Bösewichten, darunter auch von Syleus (s. u. Sagenstoff und Vasenbilder). Da der Anfang des Dramas aus Philon (*Quod omn. prob.*, s. u.) und Tzetzes (*Proleg. de com.*, s. u.) bekannt ist, - Herakles wird dort von Hermes an Syleus verkauft - überrascht es, daß der Hypothesisschreiber ausführlich in die Vorgeschichte zurückgreift. Herakles' Verkauf an Syleus ließ sich bis zur Entdeckung des Papyrus als Euripideische Änderung des Mythos erklären, die aber die Ausblendung der wesentlichen Elemente der Omphale-Sage erforderlich zu machen schien: (1) Herakles' Mord an seinem Gast Iphitos (vgl. Z. 4 f.: Ἡρα-κλεῖ φονε]ύσαντι ... [Ε]ὐρύτου). Dieser Mord stürzt ihn nach der Tat in einen Zustand des Wahnsinns;[5] (2) Herakles' Verkauf in die Sklaverei (auf Zeus' Geheiß) (vgl. Z. 5 f.: Ζεὺc ... [ἀπ]εμπολη{ι}θέντι) und sein (hier nur einjähriger) Dienst als Sühne (vgl. Z. 8: ἐνιαυτὸν). Ob Herakles' Mord an Syleus dem athenischen Theaterpublikum als gerechtfertigt erschien, obwohl Euripides seine Figur Syleus offenbar von dem *crimen* des Ausbeuters und Mörders vorbeiziehender Fremder befreit hat,[6] muß schon fraglich erscheinen, als eine offenbar von Zeus (Z. 5) auf ein Jahr bestimmte (Z. 8) Sühne für die schlimmste Verletzung des Gastrechts konnte es Herakles' Zerstörung des Weinguts und den Mord an Syleus wohl kaum hinnehmen.[7]

Ist Herakles' Mord an Syleus also schon für sich problematisch, weil er sich nicht (als freier Mann) gegen offensichtli-

---

[3] S. *Tr.* 70: ein Jahr. Herodoros FGrHist 31 F 33, D. S., Apollod., Tz. *H.* 2, 430 Leone: drei Jahre.

[4] Bei D. S. einer von Herakles' Freunden.

[5] Apollod. 2, 6, 2.

[6] Anders als Herakles im *Busiris*, Theseus im *Skiron* und Odysseus im *Kyklops* ist Herakles im *Syleus* gerade *nicht* ein ξενοφονῶν, denn warum sollte er den Aufwand treiben, sich Sklaven zu kaufen, wenn er gewöhnlich vorbeikommende Fremde zur Arbeit zwingen kann?

[7] Allerdings kann Herakles in Ions *Omphale* - nach der gleichen Exposition: Mord an Iphitos, Verkauf in die Sklaverei - seinen Sühnedienst als „einjähriges Fest" bezeichnen (19 F 21): ἐνιαυσίαν γὰρ δεῖ με τὴν ὀρτὴν ἄγειν.

ches Unrecht zur Wehr setzt, so wird das Verständnis von seiner Rolle und seinem Verhalten in diesem Drama zusätzlich noch erschwert durch das Schuld- und Sühnemotiv in der Papyrushypothesis, mit dem sich sein Verhalten gegenüber Syleus schwer in Übereinstimmung bringen läßt (dazu s. u. Rekonstruktion).

Die Ergänzungen Z. 5 b-8 von Mette 1969 und Luppe 1984 b (s. o. App.) sind inhaltlich beide gleichermaßen ansprechend.[8] Völlig unsicher ist aber, ob Zeus im Drama wirklich Herakles' Verkauf an Omphale anordnete, denn dann wäre nicht zu erklären, warum Hermes den Helden an Syleus verkaufte. Weit wahrscheinlicher ist daher, daß Herakles nicht an Omphale verkauft wird, und daß von ihr möglicherweise noch nicht einmal die Rede war.

5. Ε]ὑρύτου·. Der Hochpunkt trennt auch an anderen Stellen im Hypothesispapyrus P. Oxy. 2455 logische und nicht nur syntaktische Einheiten (Luppe 1986, 226).

10 f. ἤν]ϵγκϵ τ. [ ] ἐκϵῖθϵ[ν. Vgl. Apollod. 2, 6, 3: (Ἡρακλῆϲ) ϲὺν ταῖϲ ῥίζαιϲ τὰϲ ἀμπέλουϲ ϲκάψαϲ (Ϲυλέα) μετὰ τῆϲ θυγατρὸϲ Ξϵνοδίκηϲ ἀπέκτϵινϵ. Tz. *Proleg. de com.* (s. u. Z. 2 f.): ἀνϵϲπακὼϲ δὲ (*sc.* Ἡρακλῆϲ) ... τὰϲ ἀμπέλουϲ ἁπάϲαϲ νωτοφορήϲαϲ τϵ αὐτὰϲ ϵἰϲ τὸ οἴκημα (d. h. in die *Skene*). Vielleicht ist zu ergänzen: ἀπήν]ϵγκϵ τὰ[ϲ δικέλληι | ἐϲκαμμέναϲ[9] ἀμπέλουϲ] ἐκϵῖθϵ[ν.

P. Oxy. 2455 *fr.* 8, 103-107 (= Hypothesis F 20 *p.* 96 Austin)

```
      ]καὶ τὸν Ϲυλέα ἀναϲ[
   θυγα]τέρα τοῦ προϵιρημ[ένου
105   ]νοϲ διωκομένην [
      ]γ· τούτου[ϲ] μὲν οὖν [     Ξϵνο-
   δί]κην δὲ ἔϲωϲϵν. —
```

Text nach Austin.

---

[8] Zu Einwänden gegen Mettes Ergänzungen s. Luppe 1984 b, 37.

[9] ϲκάπτϵιν in der Bedeutung ‚ausgraben‘, ‚von Grund auf zerstören‘ s. E. *HF* 999. Das *nomen agentis* ϲκαπανϵύϲ ist ein Epitheton des Herakles (Lyc. 652); v. Holzinger 1896, 89 nimmt sogar an, daß die Syleus-Episode in der Form, in der sie Euripides in unserem Drama erzählt, den Anlaß zu dieser Benennung bot.

103-107 . . . .]καὶ τὸν Cυλέα· ἀναc[τρέψαc δὲ τὴν | θυγα]τέρα τοῦ
προειρημ[ένου καθορῶν ὑ-|πό τι]νοc διωκομένην [τῶν cατύρων ?
ἐβοή-|θηcε]ν· τούτου[c] μὲν οὖν [?ἀπήλαcεν· Ξενο-|δί]κην δὲ ἔcωcεν.
Luppe : καὶ τὸν Cυλέα ἀναc[ταυρῶcαι. | τὴν δὲ θυγα]τέρα τοῦ
προειρημ[ένου ἐν-|τὸc τοῦ πιθῶ]νοc διωκομένην [οἱ Cάτυροι |
ἐνέκλειcα]ν· τούτου[c] μὲν οὖν [ἐπέπληξεν | Ξενοδίκην δ]ὲ ἔcωcεν.
Churmuziadis. 107 δί]κην (oder δό]κην?) δὲ Foulkes/Harder/Luppe.

103-107. Das Oxyrhynchus-Fragment gibt das Ende der
Hypothesis zum *Syleus* wieder, denn nach Z. 107 beginnt die
Hypothesis zum *Temenos*. Zwischen dem Straßburger Papyrus
und dem Oxyrhynchus-Papyrus sind *ca.* 11/12 Zeilen, also rund
40 % des gesamten Textes, verloren gegangen s. o. *Sisyphos*,
p. 196 ff.

104 f. θυγα]τέρα τοῦ προειρημ[ένου ... διωκομένην. Die
„Tochter des vorhergenannten (*i. e.* Syleus)" ist Xenodike (s. u.
Z. 106), sie tritt erst am Ende des Dramas auf. In der letzten
Szene wird ihr - wahrscheinlich von den Satyrn - nachgestellt
(s. u. *ad* Z. 106 f.; F 693. 694).

106 f. τούτου[c] μὲν ... [Ξενο-|δί]κην δὲ ἔcωcεν. Sub-
jekt ist mit großer Wahrscheinlichkeit Herakles, der am Ende
des Dramas wieder die Bühne betritt, wo sich zum einen eine
Gruppe von Figuren, - bei der es sich nur um die Satyrn handeln kann, - zum anderen Xenodike befindet; Syleus ist wahrscheinlich zu diesem Zeitpunkt schon tot.

Mit Herakles, Xenodike, den Satyrn (und Silenos) ist das
Ensemble vollständig auf der Bühne versammelt, für weitere
Figuren stehen also keine Schauspieler mehr zur Verfügung, so
daß es Silen und die Satyrn sein müssen, die Xenodike bedrän-
gen und von Herakles in die Schranken verwiesen werden (s. u.
ad F 693. 694).

107. Zur Ergänzung des Namens s. Harder 1979, 11 Anm.
12; Luppe 1984 b, 38; Diggle 1989, 4. Die Namensform Ξενοδόκη
findet sich nur in einer Gruppe von Apollodor-Handschriften
(*VLTN*), so daß die meisten Zeugnisse für Ξενοδίκη sprechen.

P. Oxy. 2456 Z. 5

(...)
[Cθε]νέβοια
5   [Cυλε]ὺc cατυρικόc

248 *Syleus*

[Cίc]υφος ⟨cατυρικόc⟩
Τήμενος
(...)

Philon *Quod omn. prob.* 99-104 (6 *p.* 28-30 Cohn)

ἴδε γοῦν οἷα παρ' Εὐριπίδηι φηςὶν ὁ Ἡρακλῆς· (F 687). (...)
πάλιν τὸν αὐτὸν cπουδαῖον οὐχ ὁρᾶις, ὅτι οὐδὲ πωλούμενος θεράπων
εἶναι δοκεῖ, καταπλήττων τοὺς ὁρῶντας, ὡς οὐ μόνον ἐλεύθερος ὢν
ἀλλὰ καὶ δεςπότης ἐςόμενος τοῦ πριαμένου; ὁ γοῦν Ἑρμῆς πυνθα-
5 νομένωι μέν, εἰ φαῦλός ἐςτιν, ἀποκρίνεται (F 688. 689) εἶτ' ἐπιλέγει·
(F 690). ἐπεὶ δὲ καὶ πριαμένου Cυλέως εἰς ἀγρὸν ἐπέμφθη, διέδειξεν
ἔργοις τὸ τῆς φύςεως ἀδούλωτον· τὸν μὲν γὰρ ἄριστον τῶν ἐκεῖ
ταύρων καταθύcας Διὶ πρόφαcιν εὐωχεῖτο, πολὺν δ' οἶνον ἐκφορήcας
ἀθρόον εὖ μάλα κατακλιθεὶς ἠκρατίζετο. Cυλεῖ δὲ ἀφικομένωι καὶ
10 δυcαναcχετοῦντι ἐπί τε τῆι βλάβηι καὶ τῆι τοῦ θεράποντος ῥαθυμίαι
καὶ τῆι περιττῆι καταφρονήςει μηδὲν μήτε τῆς χρόας μήτε ὧν ἔπραττε
μεταβαλὼν εὐτολμότατά φηcι· (F 691). τοῦτον οὖν πότερον δοῦλον ἢ
κύριον ἀποφαντέον τοῦ δεςπότου, μὴ μόνον ἀπελευθεριάζειν ἀλλὰ
καὶ ἐπιτάγματα ἐπιτάττειν τῶι κτηcαμένωι καὶ εἰ ἀφηνιάζοι τύπτειν
15 καὶ προπηλακίζειν, εἰ δὲ καὶ βοηθοὺς ἐπάγοιτο, πάντας ἄδην
ἀπολλύναι τολμῶντα;

2. πωλούμενος θεράπων. Zu Euripides' Änderung des
Mythos, daß Herakles nicht als freier Mann Syleus gegenübertritt, sondern ihm als Sklave verkauft wird, s. o. *ad* P. Strasb.
2676 A a. Philon verschweigt den Grund, warum Herakles als
Sklave ausgerechnet an Syleus verkauft werden soll; überhaupt
läßt er offenbar alles, was die Wirkung seines Exempels beein-
trächtigen könnte, unerwähnt.

3. καταπλήττων τοὺς ὁρῶντας. Diejenigen, die beim Anblick von Herakles' Wandlung erschrocken sind, dürften kaum
im Publikum zu suchen sein, (das sich über diese Szene wahrscheinlich eher amüsierte); vielmehr handelt es sich wohl um
die Satyrn, die ihren strengen Herrn ja kennen. Philon vermeidet es konsequent, die Satyrn respektive den Silen zu erwähnen und damit die Satyrspielqualität des Dramas preiszugeben,
die den Wert seines Exempels vermutlich gemindert hätte.

3 f. οὐ μόνον ἐλεύθερος ... πριαμένου. Das Futur ἐcόμε-
νος weist darauf hin, daß Philon an dieser Stelle bereits Ereig-
nisse vom Ende des Dramas vorwegnimmt. Er will zeigen, daß
Herakles nicht nur seinem Herrn mutig gegenübertritt, sondern

daß sich das hierarchische Verhältnis zwischen ihm und Syleus im Laufe des Dramas umkehrt.

Die geistige Freiheit des Sklaven, seine Tüchtigkeit unabhängig von seinem Stand, ist das beherrschende Thema des *Syleus*,[10] aus dem Philon drei Szenen wiedergibt: (1) eine Szene, in der Herakles verkauft wird (Z. 2-6); (2) eine Gelageszene (Z. 7-9); (3) den Agon zwischen Diener und Herrn (Z. 9-12). Abschließend (Z. 12-16) zieht Philon ein Fazit und gibt einen Ausblick auf den Ausgang des Dramas.

6 f. ἐπεὶ δὲ ... ἐπέμφθη, διέδειξεν ... ἀδούλωτον. Vgl. u. Tz. *Proleg. de com.*, Z. 1-4. Philon verschweigt, daß Herakles in einem Weinberg[11] arbeiten soll, und daß er sein Zerstörungswerk dort beginnt; möglicherweise erschien es ihm fraglich, ob Herakles' Vorgehen gerechtfertigt sei. Als vage Hinweise darauf, daß ihm Herakles' Zerstörung des Weinbergs gleichwohl bekannt ist, könnten allenfalls Z. 7 ἔργοιϲ und Z. 10 βλάβηι dienen.

7 f. τὸν μὲν ... καταθύϲαϲ ... εὐωχεῖτο. Tz. *Proleg. de com.*, Z. 4 f. erzählt nur von zwei Stieren, von denen sich Herakles den besseren aussucht.

8. ἐκφορήϲαϲ. Allem Anschein nach fand das Gelage *auf der Bühne* statt, wenn Herakles den Wein „heraustrug" und sich dann „niederließ". Dort konnte er auch Syleus auffordern, sich seinerseits niederzulassen und mit ihm um die Wette zu trinken (s. u. *ad* F 691).

10 f. ἐπί τε τῆι βλάβηι ... καταφρονήϲει. Syleus ist zum einen aufgebracht über den Schaden, den Herakles angerichtet hat, *i. e.* die Zerstörungen im Weinberg, (die seine Lebensgrundlage gefährden), zum anderen über die pflichtvergessene Ausgelassenheit (ῥαθυμία) seines Dieners, der sich ungefragt aus seinen Vorräten bedient, und schließlich über die äußerste Respektlosigkeit und Despektierlichkeit, mit der Herakles ihm,

---

[10] Vgl. z. B. auch den *Busiris* und den *Eurystheus*, in denen offenbar ebenfalls dieses Thema eine große Rolle spielt. Zu den Sklaven bei Euripides vgl. Brandt 1973 und Mette 1982, 435-48.

[11] Die Bezeichnung ‚Weinberg' ist irritierend, da im gesamten Mittelmeerraum Wein vor allem in der Ebene angebaut wird. Dies gilt auf jeden Fall für Syleus' Weingut, das Herakles durch die Umleitung eines Flusses überfluten kann (s. u. Tz. *Prolog. de com.* Z. 8 f.). Gleichwohl wird hier wie im folgenden an der traditionellen Bezeichnung für einen Acker, in dem Wein angebaut wird, festgehalten.

seinem Herrn, gegenübertritt, und damit in seinem Status gefährdet.

14. ἐπιτάγματα ἐπιτάττειν. Am Ende des Dramas gibt Herakles seinem Herrn Befehle (vgl. u. *ad* F 690, 3). Tzetzes (s. u. Z. 7 f.) sagt nur, daß er dem „Vorsteher des Hofes" befiehlt, ihm Obst und Kuchen zu bringen.

15 f. εἰ δὲ καὶ βοηθοὺς ... ἀπολλύναι. Am Ende der Auseinandersetzung zwischen Herakles und Syleus kommt es offenbar zu Handgreiflichkeiten zwischen ihnen (τύπτειν καὶ προπηλακίζειν, Z. 14 f.), die gemäß den Theaterkonventionen nicht auf der Bühne zu sehen waren. Syleus geht ab (s. u. *ad* F 687, 1) und holt Verstärkung gegen Herakles, der zunächst wohl noch auf der Bühne zurückbleibt. Syleus' Bemühen ist jedoch umsonst, da Herakles alle seine Helfer tötet. Zu Herakles' *Mechanema* s. u. Tz. *Proleg. de com.*, Z. 8-10.

Lukianos Vitarum auctio 7

ΕΡΜΗΣ
οὗτος ὁ τὴν πήραν ἐξηρτημένος, ὁ ἐξωμίας, ἐλθὲ καὶ περίιθι
ἐν κύκλωι τὸ cυνέδριον. βίον ἀνδρικὸν πωλῶ, βίον ἄριστον
καὶ γεννικόν, βίον ἐλεύθερον· τίς ὠνήσεται;

ΑΓΟΡΑCΤΗC
ὁ κῆρυξ πῶς ἔφηc cύ; πωλεῖc τὸν ἐλεύθερον;
ΕΡ. ἔγωγε. 5
ΑΓ. εἶτ᾽ οὐ δέδιαc μή cοι δικάcηται ἀνδραποδιcμοῦ ἢ καὶ προκα-
λέcηταί cε εἰς Ἄρειον πάγον;
ΕΡ. οὐδὲν αὐτῶι μέλει τῆc πράcεωc· οἴεται γὰρ εἶναι παντάπαcιν
ἐλεύθεροc.
ΑΓ. τί δ᾽ ἄν τιc αὐτῶι χρήcαιτο ῥυπῶντι καὶ οὕτω κακοδαιμόνωc 10
διακειμένωι; πλὴν εἰ μὴ cκαπανέα γε καὶ ὑδροφόρον αὐτὸν
ἀποδεικτέον.
ΕΡ. οὐ μόνον, ἀλλὰ καὶ ἢν θυρωρὸν αὐτὸν ἐπιcτήcηιc, πολὺ πι-
cτοτέρωι χρήcηι τῶν κυνῶν. ἀμέλει κύων αὐτῶι καὶ τὸ ὄνομα.
ΑΓ. ποδαπὸc δέ ἐcτιν ἢ τίνα τὴν ἄcκηcιν ἐπαγγέλλεται; 15
ΕΡ. αὐτὸν ἐροῦ· κάλλιον γὰρ οὕτω ποιεῖν.
ΑΓ. δέδια τὸ cκυθρωπὸν αὐτοῦ καὶ κατηφέc, μή με ὑλακτήcηι
προcελθόντα ἢ καὶ νὴ Δία δάκηι γε. οὐχ ὁρᾶιc ὡc διῆρται τὸ
ξύλον καὶ cυνέcπακε τὰc ὀφρῦc καὶ ἀπειλητικόν τι καὶ χο-
λῶδεc ὑποβλέπει; 20
ΕΡ. μὴ δέδιθι· τιθαcὸc γάρ ἐcτι.

1-21. Herakles' Sklavendienst und sein Engagement gegen
die Geißeln der Menschheit machte nicht nur ihn zum Ideal der
kynischen Philosophenschule, sondern gerade dieses Euripideische Drama zur Muster-Parabel ihrer Lehre, weil es die Freiheit des Menschen als unabhängig von seinem sozialen Status
exemplifizierte. Nicht nur Philon und die zahlreichen anderen
Autoren, die aus dem *Syleus* zitieren, legen davon Zeugnis ab,
sondern auch der Satiriker Lukian, der mit bissiger Häme gerade die Verkaufsszene, die uns durch Philon überliefert ist,
aufs Korn nimmt:[12] Der Begründer der kynischen Philosophie,
Diogenes von Sinope, ist in Lukians Satire mit Herakles identifiziert: Er nennt den Heros sein Vorbild und trägt zum Zeichen
dafür eine Keule (Z. 18 f.). Wie er werden auch andere Protagonisten griechischer Philosophenschulen auf einem Sklaven-
markt feilgeboten: Zum Verkauf stehen Pythagoras, Demokrit,
Heraklit, Sokrates, Chrysippos und Pyrrhon. Als Auftraggeber
figuriert Zeus; Hermes übernimmt die Funktion eines Markt-
schreiers.

Als eine der Vorlagen zu Lukians βίων πρᾶcιc gilt eine
(verlorene) Satire Διογένουc πρᾶcιc des Menippos,[13] der seinerseits wohl aus Euripides' *Syleus* schöpfte (Helm 1906, 241 f.).
Die Ähnlichkeiten zwischen der von Philon wiedergegebenen
Verkaufsszene und der Diogenes-Satire legen indessen nahe,
daß Lukian, - der seinen Euripides gut kannte,[14] - selbst den
Syleus benutzte.[15]

2 f. βίον ἄριcτον καὶ γεννικὸν ... ἐλεύθερον.   Diogenes
wird mit den gleichen Qualitäten beschrieben, wie Herakles bei
Euripides in dem von Philon überlieferten Fragment F 688, 1-3:
(1) ἥκιcτα φαῦλοc, (2) cεμνὸc κοὐ ταπεινὸc οὐδ᾽ ... ὡc ἂν δοῦλοc κτλ. (3) Die Furchtlosigkeit, mit der er Syleus gegenübertritt, und in der die Kyniker ein Vorbild für die Freiheit des
Weisen, *i. e.* die Unabhängigkeit von seinen Leidenschaften, die
sogar dazu führe, daß er - unbesehen seines sozialen Standes -
über die Masse der Unweisen herrsche, da diese Sklaven ihrer
πάθη seien, deutet sich als Motiv bei Euripides bereits in der
Verkaufsszene an (F 689, 1 f.): δεcπότας ἀμείνονας | αὑτοῦ und

---

[12] Vgl. Helm 1906, 241 f.
[13] D. L. 6, 29: Μένιππος ἐν Διογένουc πράcει, vgl. Helm 1906, 231-38.
[14] Zu Euripides' Bedeutung für Lukian s. Seeck 1990.
[15] Helm 1931, 890.

führt schließlich zur Peripetie (vgl. o. Ph. *Quod. omn. prob.* Z. 4; 12-14).

11. cκαπανέα γε καὶ ὑδροφόρον. Cκαπανεύc ist ein Epitheton des Herakles bei Lykophron (Lyc. 652), das vielleicht sogar auf Herakles' Rolle im *Syleus* zurückgeht.[16] Ist diese Annahme richtig, dann liegt es nahe, das Wort ὑδροφόρος als Anspielung auf das Ende des Dramas aufzufassen: Herakles wird nämlich das Weingut des Syleus überfluten (s. u. *ad* Tz. *Proleg. de com.* Z. 8 f.). Möglicherweise ist Herakles von Syleus tatsächlich als cκαπανεύc *und* ὑδροφόρος ‚eingestellt' worden, - dann erhielte das ungewöhnliche Ende des Dramas und Euripides' merkwürdiger Eingriff in den Mythos dadurch eine Pointe, daß Herakles durch seine übertriebene ‚Gründlichkeit' in mehr als nur einer Hinsicht Syleus' Weingut zerstört: Er soll als cκαπανεύc im Weinberg umgraben, um den Boden zu lüften, doch er gräbt die Weinreben mitsamt ihren Wurzeln aus (s. u. Tz. *Proleg. de com.* Z. 2 f.); er soll als ὑδροφόρος für die Bewässerung der Reben sorgen; doch setzt er alles unter Wasser.

17-20. δέδια τὸ cκύθρωπον ... Wie Syleus bei Euripides hat auch Diogenes' Käufer Bedenken wegen des bedrohlichen Äußeren des von Hermes Angepriesenen, vgl. F 689, 2 f.: cὲ δ' εἰcορῶν | πᾶc τιc δέδοικεν.[17] Von dem Stier, der mit funkelnden Augen dem Angriff des Löwen entgegensieht, ist in der Parodie nur mehr ein kläffender Köter übriggeblieben: μή με ὑλακτήcηι προcελθόντα ἢ καὶ νὴ Δία δάκηι γε. Als besonders angsteinflößend hebt der Käufer Herakles' finsteren Blick (Z. 17. 19 f., vgl. F 689, 3 f.) und die Keule (Z. 19, vgl. F 688, 4) hervor.

Tzetzes Prooemium II, *Prolegomena de comoedia* **XI a II, 62-70**

Ἡρακλῆc πραθεὶc τῶι Cυλεῖ ὡc γεωργὸc δοῦλοc ἐcτάλη εἰc τὸν ἀγρὸν τὸν ἀμπελῶνα ἐργάcαcθαι, ἀνεcπακὼc δὲ δικέλληι προρρίζουc τὰc ἀμπέλουc ἁπάcαc νωτοφορήcαc τε αὐτὰc εἰc τὸ οἴκημα τοῦ ἀγροῦ θωμοὺc μεγάλουc ἐποίηcε τὸν κρείττω τε τῶν βοῶν θύcαc
5 κατεθοινᾶτο καὶ τὸν πιθεῶνα δὲ διαρρήξαc καὶ τὸν κάλλιcτον πίθον ἀποπωμάcαc τὰc θύραc τε ὡc τράπεζαν θεὶc "ἦcθε καὶ ἔπινεν" ἄιδων, καὶ τῶι προεcτῶτι δὲ τοῦ ἀγροῦ δριμὺ ἐνορῶν φέρειν ἐκέλευεν ὡραῖά τε καὶ πλακοῦνταc· καὶ τέλοc ὅλον ποταμὸν πρὸc τὴν

---

[16] V. Holzinger 1896, 89 (s. o. *ad* P. Strasb. 2676 A a, Z. 10 f.).

[17] Zur Frage, wer der Sprecher dieser Verse ist, s. u. *ad loc.*

ἔπαυλιν τρέψας τὰ πάντα κατέκλυσεν ὁ δοῦλος ἐκεῖνος ὁ τεχνι-
10 κώτατος γεωργός.

1-10. Zu der Frage, woher Tzetzes im zwölften Jahrhundert noch so präzise Kenntnis von einem Euripideischen Satyrspiel hat, vgl. o. *Autolykos, p.* 51 ff.
Tzetzes, der mit dieser Inhaltsangabe des *Syleus* ein Musterbeispiel für eine Satyrspielhandlung (im Gegensatz zu einer Komödienhandlung) geben will, skizziert zwei Szenen, eine Verkaufsszene (Z. 1) und eine Gelageszene (Z. 4-8). Schließlich gibt er noch einen kurzen Ausblick auf den Ausgang des Dramas (Z. 8-10): Herakles' Zerstörung des ganzen Gutes, bei der wohl auch Syleus (und seine Helfer) den Tod gefunden haben. Besonderes Gewicht legt er auf die Gelageszene, wogegen er die Auseinandersetzung zwischen Herakles und Syleus nahezu vollkommen übergeht. Im Mittelpunkt seiner Darstellung steht Herakles, während Syleus nur kurz am Anfang, der Silen und die Satyrn indessen überhaupt nicht erwähnt werden, obwohl sie doch die eigentlichen Hauptfiguren eines Satyrspiels sind; auch der Auftritt des Hermes und der Xenodike ist Tzetzes keiner Erwähnung wert.

1. Ἡρακλῆς πραθεὶς τῶι Cυλεῖ. Verkaufsszene; zu Euripides' Änderung des Mythos, daß Herakles nicht als freier Mann Syleus gegenübertritt, sondern ihm als Sklave verkauft wird, s. o. *ad* P. Strasb. 2676 A a, *p.* 244 f. Diese Szene endet mit Herakles' Abgang.

2 f. ἀνεσπακὼς ... τὰς ἀμπέλους. Als Herakles wieder die Bühne betritt, ist sein Zerstörungswerk im Weinberg bereits vollendet; der Zuschauer erfährt davon, weil Herakles die ausgerissenen Reben mitbringt und auf der Bühne auftürmt.

4 f. τὸν κρείττω τε τῶν βοῶν θύσας κατεθοινᾶτο. Beginn der Gelageszene; Herakles opfert dem Zeus (vgl. o. Ph. *quod omn. prob.* 99-103, Z. 8) einen Stier, ißt, trinkt und läßt es sich wohlsein. Zum Problem, ob Herakles' Gelage zumindest teilweise auf der Bühne stattfand, s. u. Rekonstruktion.

5. τὸν πιθεῶνα δὲ διαρρήξας. Tzetzes' Schilderung des Einbruchs in Syleus' Weinkeller zeigt deutliche Ähnlichkeiten mit adesp. F 90 (= F inc. 9 Steffen), das schon Cobet, Nauck und Wilamowitz für ein Satyrspielfragment hielten. S. u. Unsichere Fragmente *ad loc.*, *p.* 357 f. Das Fragment würde gut in die Gelagesszene passen.

7. ἦcθε καὶ ἔπινεν. Koster *ad loc.* nahm an, daß Tzetzes auf eine homerische Wendung anspielt: ἔcθων καὶ πίνων *Il.* 24, 476; *Od.* 10, 272. 20, 337.[18]

7 f. ἄιδων ... φέρειν ἐκέλευεν ὡραῖά τε καὶ πλακοῦντας. Der - wohl gegenüber Syleus geäußerte - Vorwurf, Herakles habe zum Rindfleisch (s. o. Z. 4) sich auch noch frisches Obst bestellt und dann beim Essen (unmusikalisch) gesungen, findet sich in F inc. 907, das zuerst von Matthiae und zuletzt von Mette (1982, 247, *F 921) dem *Syleus* zugewiesen wurde (s. u. Unsichere Fragmente *ad loc.*, *p.* 355 ff.).

8 f. τέλος ... τὰ πάντα κατέκλυcεν. Tzetzes ist die einzige Quelle, die es ermöglicht, das Ende der Auseinandersetzung zwischen Herakles und Syleus in groben Zügen zu rekonstruieren. Aus Philon (s. o.) ist bekannt, daß - entgegen der mythographischen Tradition (s. u. Sagenstoff und Vasenbilder) - Herakles seinen Widersacher Syleus nicht unmittelbar im Anschluß an die Auseinandersetzung wegen des zerstörten Weinbergs und des geplünderten Weinkellers tötet, sondern daß Syleus Zeit gewinnt, um Helfer zu holen, d. h. die Bühne verläßt.[19] Das Ende des Dramas ist aus der Hypothesis (P. Oxy. 2455 *fr.* 8, 103-107) bekannt: Herakles tritt auf und rettet Syleus' Tochter Xenodike vor den Satyrn. Zwischen diesen beiden Szenen muß auch Herakles die Bühne verlassen haben, um Syleus zu töten; daß er den Unhold auf der Bühne erschlüge, wäre gemäß der Theaterkonventionen ohnehin nicht zu erwarten gewesen. Euripides' Änderung des Mythos überrascht dennoch, denn sie verknüpft ein Element aus einem anderen Herakles-Mythos, die Reinigung der Augias-Ställe, mit der Syleus-Sage.[20]

---

[18] Vgl. ferner πῖνε καὶ ἦcθε: *Od.* 5, 94. 6, 249. 7, 177 und ἦcθιε πῖνέ τε *Od.* 14, 109. Vgl. aber dazu auch F 687, 1 f.: ὄπτα, κάτεcθε cάρκας, ἐμπλήcθητί μου | πίνων κελαινὸν αἷμα (s. u. *ad loc.*).

[19] Vgl. u. *ad* F 687, 1.

[20] Zu einem möglichen Grund für die Änderung s. o. *ad* Luc. *Vit. auct.* Z. 11.

Fragmente

F 686+1

]ν ὑψ[όθεν

P. Strasb. 2676 A a Z. 2 (Ergänzung von Mette).

1. ὑψ[όθεν. Mettes Ergänzung mag beeinflußt sein durch den Anfang von Ions Satyrspiel *Omphale*, der die gleiche Exposition wie der *Syleus* hat, (19 F 17 a): ὄρων μὲν [ἤ]δη Πέλοποc ἐξελαύ[νο]μεν, | Ἑρμῆ, βόρειον [ἵπ]πον, ἄνεται δ᾽ ὁδόc.[21] Hermes und Herakles sind auf dem Weg aus der Peloponnes nach Lydien zu Omphale, und sie legen diese Strecke auf dem Luftwege zurück. Ebenso könnte auch im *Syleus* der Prologsprecher von der ‚Landung' bei Syleus sprechen; die Ergänzung ist jedoch völlig unsicher.[22]

*F 687

ΗΡΑΚΛΗC
πίμπρη, κάταιθε cάρκαc, ἐμπλήcθητί μου
πίνων κελαινὸν αἷμα· πρόcθε γὰρ κάτω
γῆc εἶcιν ἄcτρα, γῆ δ᾽ ἄνειc᾽ ἐc αἰθέρα,
πρὶν ἐξ ἐμοῦ cοι θῶπ᾽ ἀπαντῆcαι λόγον.

1-4 Ph. *Quod omn. prob.* 25 (6 *p.* 8 Cohn; = Ph. [a]). 99 (6 *p.* 28 Cohn; = Ph. [b]). *De Ios.* 78 (4 *p.* 77 Cohn; = Ph. [c]; voraus geht E. *Ph.* 521). *Leg. alleg.* 3, 202 (1 *p.* 158 Cohn; = Ph. [d]); Eus. *PE* 6, 2 (*p.* 300 Mras; voraus geht E. *Ph.* 521). **1** Artem. 4, 59 (*p.* 284 Pack).

1 πίμπρη Pierson : πίμπρα Ph. (b). (c) : ὄπτα Ph. (a); Artem. : τέμνε Eus. : es fehlt bei Ph. (d). **2** πίνων : πίνουcα Ph. (d). κάταιθε : κάτεcθε Ph. (a) *M*, Ph. (d) Hss. : κατέcθιε Artem. **3** γῆc κύκλον ἴδηc ἠρμένον πρὸc αἰθέρα Ph. (c). αἰθέρα : οὐρανόν Ph. (a); Eus.

---

[21] In diesen Zusammenhang gehören wahrscheinlich auch noch die Fragmente F 18 und F 19.

[22] Die Buchstabenreste würden auch eine Ergänzung zu F 941, 1: ὁρᾶιc τὸ]ν ὕψιου τὸνδ᾽ ἄπειρον αἰθέρα zulassen, der Prolog hätte dann jedoch eine für Euripides äußerst ungewöhnliche Form und Struktur.

1-4. Die wichtigste Quelle für F 687 ist Philon *Quod omn. prob.* 99, der die vier Verse insgesamt viermal in seinen Werken, darunter allein zweimal in dieser Schrift zitiert (s. App.). An dieser Stelle bezeugt Philon nicht nur Herakles als Sprecher dieser Verse, sondern skizziert auch den Kontext des Fragments und zitiert noch 13 weitere Verse aus diesem Drama, dessen Titel er nicht nennt, dessen Titelfigur Syleus aber eine eindeutige Identifizierung ermöglicht.

Gegen die Zugehörigkeit von F 687 zum *Syleus* hat sich allerdings v. Groningen (1930, 293-96) mit einer Reihe von Argumenten gewandt:

(1) Philon habe F 687 und F 688-91 als Beispiele für zwei verschiedene Thesen benutzt: (a) Der Tüchtige läßt sich auch in äußerster Bedrängnis nicht zu opportunistischem Verhalten hinreißen; (b) auch ein Sklave kann seine geistige Freiheit bewahren und dadurch Herr über seinen Herrn werden (v. Groningen 1930, 295 f.); die Gültigkeit und Aussagekraft der ersten These werde gemindert, wenn Herakles als Sklave die zitierten Verse (F 687) äußere. V. Groningen übersieht jedoch, daß Philon das Fragment F 687 auch an den drei anderen Stellen (s. App.) zitiert, um den Gegensatz zwischen Status und Statur, dem heroischen Verhalten eines Sklaven, der durch die Bewahrung seiner geistigen Unabhängigkeit weit über seinen Herrn hinauswächst, und dem sklavischen Verhalten eines Freien, der seine geistige Freiheit in der Bedrängnis verspielt, in seiner schärfsten Form zu illustrieren. Beide Thesen Philons gehören also untrennbar zusammen, ihre Koinzidenz, exemplifiziert in der Gestalt des Herakles, wird durch die Formulierung πάλιν τὸν αὐτὸν cπουδαῖον οὐχ ὁρᾶιc; (Ph. *Quod omn. prob.* Z. 2), mit der die zweite These an die erste angeschlossen wird, eigens hervorgehoben.[23]

(2) In genau dieser Formulierung sieht v. Groningen (1930, 296) ein weiteres Indiz dafür, daß erst das nun folgende Euripides-Exempel dem *Syleus* entnommen sei: πάλιν bedeute soviel

---

[23] Nicht nachvollziehen läßt sich v. Groningens (1930, 294) Annahme, die Reihenfolge der von Philon zitierten Fragmente entspreche ihrer ursprünglichen Abfolge im Drama und müsse bei der Rekonstruktion bewahrt werden.

wie „in einem anderen Drama".[24] Nicht zu bestreiten ist, daß das Adverb diese Bedeutung haben **kann**, ob es sie haben **muß**, ist allerdings keineswegs sicher. Weniger das Adverb als vielmehr die Betonung der Identität der Hauptperson in beiden Exempeln, Herakles, könnte für v. Groningens These sprechen, denn diese Betonung erscheint nur dann sinnvoll, wenn der Kontext, in dem sich Herakles jeweils befindet, in beiden Fällen ein anderer ist. Doch auch diese Überlegung macht die Abtrennung von F 687 nicht zwingend erforderlich, kann doch Philon ebensogut auch einfach nur zwei verschiedene Szenen in einem Drama im Sinn gehabt haben.

(3) Schließlich meint v. Groningen (1930, 296) eine unüberbrückbare Diskrepanz im „ἦθος" von F 687 und F 688-91 feststellen zu können, denn es sei keine Situation bekannt, in der sich Herakles in Syleus' Gewalt befinde.[25] Zweifellos muß der Inhalt von F 687 *prima vista* überraschen, impliziert das Fragment doch Syleus' kannibalisches Ansinnen. Viel eher wäre Busiris als Adressat dieser Verse geeignet: Herakles könnte sich mit diesen Worten über das ihm drohende Menschenopfer empören.

Sehr wahrscheinlich läßt sich aber der ungewöhnliche Inhalt aus der Situation des Dramas erklären, in der diese vier Verse gesprochen werden. Tzetzes und Philon (s. o. Testimonien) beschreiben, wie Herakles sich nach seiner zerstörerischen Arbeit im Weinberg an Syleus' Vorräten gütlich tut, einen Stier schlachtet (vorgeblich als Opfer für Zeus), den Weinkeller plündert und den zurückgekehrten Hausherrn ohne jeden Anflug von Angst zu einem Wetttrinken einlädt. Syleus' Reaktion ist berechenbar: Mehr noch als der Schaden, den Herakles angerichtet hat, erregt dessen furchtloses Auftreten seinen Unmut und Zorn, gefährdet es doch seinen Status als δεcπότηc, als desjenigen, der Befehle erteilt; F 688 und F 689 zeigen ihn schon zu einem früheren Zeitpunkt im Drama als darauf bedacht, sich nicht jemanden als Sklaven ins Haus zu holen, der ‚ein besserer Herr' wäre als er selbst und lieber Be-

---

[24] V. Groningen 1930, 296: „Quod adverbium aut significat: in alia fabula, aut nil significat."

[25] V. Groningen 1930, 296: „Denique fragmenti primi ἦθος, quod vocant, huic fabulae vix convenit; nam novimus Herculem ne in ullis rebus quidem Syleo obnoxium fuisse."

fehle erteilt als ihnen gehorcht. Es ist daher durchaus denkbar, daß Syleus, um seinen Status wiederzuerlangen, Herakles droht, mit ihm ähnlich zu verfahren, wie dieser zuvor mit seinem Stier, ist doch auch diese Situation bereits durch einen erhaltenen Vers (F 689, 4) aus dem Anfang des Dramas vorbereitet: ταῦρος (*i. e.* Herakles) λέοντος (*i. e.* folglich Syleus) ὡς βλέπων πρὸς ἐμβολήν (s. u. *ad loc.*). Herakles gibt indessen diesen Drohungen - wie Philon *Quod omn. prob.* 99 schreibt - nicht nach, sondern antwortet kühn und freimütig (F 687). Es ist also gerade das ‚ἦθος‘, das die Zugehörigkeit dieses Fragments zu dem von Philon und Tzetzes in groben Umrissen skizzierten Drama *Syleus* nahelegt, denn die vier Verse zeigen, daß sich Herakles eben *nicht* in Syleus' Gewalt befindet.

Artemidor zitiert V. 1 ὄπτα, κατέσθιε[26] als einen Vers aus der *Andromache.*[27] Der Grund für diese Verwechslung muß in der Ähnlickeit der *Syleus*-Szene mit der *Andromache*-Szene liegen, die Artemidor im Sinn hatte, vgl. E. *Andr.* 257-60 (Hermione zu Andromache):

EP.   πῦρ σοι προσοίσω, κοὺ τὸ σὸν προσκέψομαι, ...
AN.   σὺ δ' οὖν κάταιθε· θεοὶ γὰρ εἴσονται τάδε.
EP.   ... καὶ χρωτὶ δεινῶν τραυμάτων ἀλγηδόνας.
AN.   σφάζ', αἵματου θεᾶς βωμόν, ἢ μέτεισί σε.   260

In dieser Szene wiederholen sich Motive, die auch im *Syleus* eine Rolle gespielt haben: die Androhung schwerer Mißhandlung ebenso wie die Beharrlichkeit, ihr nicht nachzugeben. Hermione verlangt von Andromache Unterwürfigkeit und Selbsterniedrigung, wenn sie ihr Leben retten wolle (V. 164-68)/Syleus verlangt von Herakles offenbar ebenfalls ein „unterwürfiges Wort" (θῶπα λόγον, V. 4). Die Parallelen der Drohszenen in *Andromache* und *Syleus* deuten auf eine sehr ähnliche Struktur hin:[28]

(1) Hermione/Syleus treten auf, Andromache/Herakles befinden sich bereits auf der Bühne.

---

[26] *Metri causa* ist κάτεσθε zu schreiben. Der in V überlieferte Text bietet eine interessante Verschreibung: ὀπτὰς κατήσθιε σάρκας.

[27] Mette (1982, 48) weist den von Artemidor überlieferten Vers zweifelnd einer (unbezeugten) *Andromache B'* (*F 158 a) zu.

[28] Das Thema dieser Auseinandersetzung, das ἐλευθεροστομεῖν, Ph. *Quod omn. prob.* 99, ist in der *Andromache* (V. 153) gleich zu Beginn explizit genannt.

(2) Hermione beschuldigt Andromache, ihr den Gatten entfremdet zu haben (*Andr.* 155-58)./Syleus beschuldigt Herakles, sich an seinem Eigentum schadlos zu halten und seinen Weinberg zerstört zu haben (Ph. *Quod omn. prob.* 103 [s. o. Z. 10]). Es beginnt eine heftige Auseinandersetzung; Hermione/Syleus drohen mit schlimmsten Mißhandlungen und Mord (*Andr.* 257-68/ Ph. *Quod omn. prob.* 25; *Leg. alleg.* 3, 202).

(3) Andromache/Herakles lassen sich jedoch davon nicht beirren. (*Andr.* 254-73/F 687). Hermione geht ab, um einen ‚Köder' zu holen, der ihr Andromache in die Hand spielt (*Andr.* 264)./Syleus geht ab, um Unterstützung gegen Herakles zu holen (Ph. *Quod omn. prob.* 104 [s. o. Z. 15]).

1 f. πίμπρη, κάταιθε cάρκαc, ἐμπλήcθητί ... αἷμα. „Brenne, verbrenne (mein) Fleisch, trink dich satt an meinem schwarzen Blut". Herakles widersetzt sich Syleus rhetorisch versiert mit einem *Trikolon crescens*, doch geht mit der formalen Klimax keine inhaltliche einher: (ἐμ)πιμπράναι wird - wenn es sich beim Objekt um Menschen handelt - im Zusammenhang mit der Verbrennung auf dem Scheiterhaufen verwendet: E. *HF* 1151 (Herakles überlegt, ob er sich selbst auf dem Scheiterhaufen zur Sühne für den Mord an seinen Kindern verbrennen soll): cάρκα †τὴν ἐμὴν† ἐμπρήcαc πυρί; S. *Ph.* 801 (Philoktetes bittet Neoptolemos, ihn zu verbrennen, so wie er vormals Herakles diesen Gefallen erwiesen habe): ἔμπρηcον, ὦ γενναῖε; oder es steht im übertragenen Sinne für völlige Zerstörung: E. *Ion* 527 (Xuthos zu Ion): κτεῖνε καὶ πίμπρη (ohne Objekt), wo die Formulierung befremdlich ist, da Ion (V. 524) nur gedroht hatte, ihn mit einem Pfeil zu erschießen. κατάιθειν mit einem Menschen als Objekt findet sich im Wortschatz von Tragödie, Satyrspiel und Komödie sonst nur einmal, Ar. *Th.* 727: κατάιθειν τὸν πανοῦργον (*i. e.* Mnesilochos).[29]

Beide Verben sind nahezu synonym, insofern sie völlige Zerstörung durch Feuer zum Ausdruck bringen. Dieser Aspekt paßt allerdings nicht recht zu πίνων κελαινὸν αἷμα, zumal in dieser Reihenfolge; zu erwarten ist, daß der kannibalische Aspekt bereits in den ersten beiden Kola zum Ausdruck ge-

---

[29] Vgl. Ar. *Th.* 730: ὕφαπτε καὶ κάταιθε (ohne Objekt). Lyc. 48 (cάρκαc κατάιθων) geht es um den Leichnam der Skylla, der von ihrem Vater verbrannt wird, um zu neuem Leben erweckt zu werden.

bracht wird, wie dies bei der *varia lectio* ὄπτα, κάτεϲθε (s. App.) der Fall ist.

πίμπρη, κάταιθε vermag aber vor allem aus textkritischen Gründen nicht zu befriedigen. πίμπρη (bzw. das falsche πίμπρα) findet sich zweimal, beide Male bei Philon, der dieses Fragment insgesamt viermal zitiert (s. o. App.); Philon hat also möglicherweise den Wortlaut seines Zitats den Anforderungen des Kontexts angepaßt.[30] Dies könnte insbesondere an der für die Rekonstruktion des *Syleus* besonders wichtigen Stelle Ph. *Quod omn. prob.* 99 der Fall sein, wo Philon den Dramenhelden Herakles dem indischen Magier Kalanos an die Seite stellt, der Alexander dem Großen mit Selbstverachtung gegenübertritt mit den Worten: πῦρ μεγίϲτουϲ τοῖϲ ζῶϲι ϲώμαϲι πόνουϲ καὶ φθορὰν ἐργάζεται· τούτου ὑπεράνω ἡμεῖϲ γινόμεθα, ζῶντεϲ καιόμεθα. Wenige Seiten zuvor (*Quod omn. prob.* 25) hatte er dasselbe Fragment schon einmal zitiert, und an dieser Stelle zwar auch die heroische Weigerung, sich einer unmenschlichen Drohung zu fügen, mit diesen Versen exemplifiziert, aber den Aspekt der völligen Vernichtung durch Feuer dabei nicht eigens hervorgehoben; der Text lautet dort: ὄπτα, κάταιθε und in einer Handschrift (*M*) ὄπτα, κάτεϲθε. Es ist wahrscheinlich, daß in Euripides' Text ὄπτα, κάτεϲθε stand, und daß Philon den kannibalischen Aspekt zurückgedrängt und den Aspekt der völligen Zerstörung durch Feuer (entsprechend den Anforderungen seines Kontextes) mit der Formulierung πίμπρη, κάταιθε an seine Stelle gesetzt hat. Nicht auszuschließen ist ferner, daß aufmerksame Kopisten den mehrfach zitierten Vers innerhalb Philons Werks im Laufe der Textüberlieferung vereinheitlichten.

Die *varia lectio* ὄπτα, κάτεϲθε κτλ. - „brate, verschlinge (mein) Fleisch, trink dich satt an meinem schwarzen Blut"[31] - findet sich in zwei voneinander unabhängigen Überlieferungssträngen, bei Philon (*Quod omn. prob.* 25, in *M*, vgl. auch Ph. *Leg. alleg.* 3, 202: ⟨ ⟩ κάτεϲθε) und bei Artemidor (in *L*, zu Ar-

---

[30] Auf diesem Wege ist wahrscheinlich auch Eusebios' *varia lectio* τέμνε, κάταιθε entstanden.

[31] Die Satyrn befinden sich bei Syleus quasi in einem ‚kultivierteren' Ambiente als bei Dionysos, nämlich an einem Ort, wo der Wein, den die Anhänger des Dionysos gewöhnlich trinken, angepflanzt, geerntet und gekeltert wird. Vielleicht läßt sich Syleus' kannibalisches Ansinnen unter diesem Aspekt auch als eine gegenüber dem wilden *Sparagmos* ‚fortschrittlichere' Form von ekstatischem Kannibalismus auffassen.

tem. s. o. *ad* V. 1, *p.* 259). Artemidor ist als Textzeuge vermutlich deswegen nicht adäquat gewürdigt worden, weil er F 687, 1
im festen Glauben, es sei ein Vers aus der *Andromache*, zitiert.
Doch gerade aus diesem Grunde verdient die von Artemidor
überlieferte Lesart Glauben, da sie schlechter in den von ihm
umrissenen Kontext paßt als jene, die Nauck aus Philon (*Quod
omn. prob.* 99, *De Ios.* 78) übernahm, die Spuren ihrer Herkunft
also nicht verwischt wurden oder einer Anpassung an den Kontext des Zitats zum Opfer fielen. Auch daß sich in der *Andromache*-Passage, die Artemidor vor Augen hatte, als er F 687, 1
zitierte, (*Andr.* 257-60, s. u.) der Imperativ κάταιθε findet, erlaubt nicht, in seinen Zitattext einzugreifen und eine Lesart
herzustellen, die nur Philon (*Quod omn. prob.* 99, *De Ios.* 78), nicht
aber Artemidor selbst zeigt, denn in der *Andromache* ist κάταιθε
durch das Altarfluchtmotiv begründet, das für den *Syleus* mit
Sicherheit auszuschließen ist.

2-4. Das *Adynaton* kehrt in der Rede des Sosikles gegen
den Versuch der Lakedaimonier wieder, in Athen dem Peisistratiden Hippias zur Macht zu verhelfen.

4. θῶπ' ... λόγον. ein ‚unterwürfiges Wort, das die Rettung bedeutet'. Vgl. E. *Heracl.* 983-85 (der gefangene Eurystheus
zu Alkmene):

> γύναι, cάφ' ἴcθι μή με θωπεύcοντά cε
> μηδ' ἄλλο μηδὲν τῆc ἐμῆc ψυχῆc πέρι
> 985   λέξονθ' ὅθεν χρὴ δειλίαν ὀφλεῖν τινα.

Die starke Betonung, gerade das, was die eigene Rettung
in dieser Situation ermöglichen würde (und vom Gegner verlangt wird), nicht zu sagen, findet sich auch in der *Andromache*
(V. 250): ἰδοὺ cιωπῶ κἀπιλάζυμαι cτόμα. Das Nomen θώψ erscheint im Wortschatz von Tragödie, Satyrspiel und Komödie
nur hier und adesp. F 152 a (μιcῶ παρ' ἐχθρῶν θῶπαc εὐειδεῖc
λόγοιc); daneben begegnen allerdings zahlreiche Ableitungen
(θωπεία, θώπευμα, θωπεύειν, θώπτειν *etc.*).

F 688

ΕΡΜΗC ἥκιϲτα φαῦλοϲ, ἀλλὰ πᾶν τοὐναντίον·
  τὸ ϲχῆμα ϲεμνὸϲ κοὐ ταπεινὸϲ οὐδ' ἄγαν
  εὔογκοϲ ὡϲ ἂν δοῦλοϲ, ἀλλὰ καὶ ϲτολὴν
  ἰδόντι λαμπρὸϲ καὶ ξύλωι δραϲτήριοϲ.

Ph. *Quod omn. prob.* 101 (6 *p.* 29 Cohn).

2 τὸ ϲχῆμα v. Herwerden : πρόϲχημα Philon (πρὸϲ ϲχῆμα A).

1-4. Philon zitiert F 688 als Äußerung des Hermes: ὁ γοῦν
Ἑρμῆϲ πυνθανομένωι μὲν, εἰ φαῦλόϲ ἐϲτιν, ἀποκρίνεται, er
läßt aber offen, auf wessen Frage Hermes antwortet. Damit
verbindet sich zugleich auch das Problem, wer F 689 (und
F 690) spricht, d. h. ob nach F 688 ein Sprecherwechsel stattfindet, den Philon nicht eigens kennzeichnet. Sollte Herakles
selbst die Frage gestellt ·haben, ob er φαῦλοϲ sei,[32] dann am
ehesten im Ton der Entrüstung und im Zusammenhang mit seinem unehrenhaften Verkauf als Sklave, denn ein von Selbst-
zweifeln geplagter Herakles, (der dann allerdings mit F 691 zu
seinem gewohnten Selbstbewußtsein zurückfindet), dürfte mit
der Topik des Satyrspiels kaum vereinbar sein. Er erhielte auch
auf seine Frage eine Antwort, die schlechterdings nicht geeignet ist, seine Entrüstung zu besänftigen (oder seine Zweifel
auszuräumen): τὸ ϲχῆμα ϲεμνόϲ (wirklich nur ,τὸ ϲχῆμα‘?), κοὐ
ταπεινὸϲ οὐδ' ἄγαν εὔογκοϲ ὡϲ ἂν δοῦλοϲ (also nur ein biß-
chen εὔογκοϲ?), ἀλλὰ καὶ ϲτολὴν ἰδόντι λαμπρὸϲ (nur äußer-
lich?) καὶ ξύλωι δραϲτήριοϲ (sollte Herakles ausgerechnet das
vergessen haben?). Hermes' Worte lassen sich sehr viel ein-
facher als ,Reklame' für Herakles verstehen, getragen von einem subtilen, ironischen Understatement: Herakles muß sich
nicht verstellen, um als Sklave verkauft werden zu können,
Hermes löst dieses Problem (vgl. F 689, 1 f.) für ihn, dem Gott
wird man ohnehin zutrauen, daß er sich auf so einen schwieri-

---

[32] Churmuziadis 1974, 129 nimmt an, daß Hermes auf Herakles' Frage
antwortet, und Syleus nicht auf der Bühne ist, da das Thema des Dia-
logs: Hermes' Beunruhigung über Herakles' Äußeres, das nicht dem eines
Sklaven entspricht, Syleus' Gegenwart ausschließe, da er diese Worte
nicht hören dürfe. Ebenso v. Groningen 1930, 298 f.

gen Handel versteht. Er antwortet in diesen Versen Syleus, der zwar sein Interesse an Herakles bekundet hat, aber sich noch abwägend und unentschlossen zeigt (s. o. *ad* Luc. *Vit. auct.* Z. 17-20). Zum Problem des dritten Schauspielers s. u. *p.* 277 f.

2. τὸ ϲχῆμα. Vgl. E. *Ion* 239 f.: γνοίη δ᾽ ἂν ὡϲ τὰ πολλά γ᾽ ἀνθρώπου πέρι | τὸ ϲχῆμ᾽ ἰδών τιϲ εἰ πέφυκεν εὐγενήϲ.

3. εὔογκοϲ. „Gut gebaut", „von der richtigen Statur", ist außer an dieser Stelle nur noch bei Diogenes von Sinope 88 F dub. 7, 5 für den Wortschatz der Tragödie belegt: εὔογκον εἶναι γαϲτρὶ μὴ πληρουμένηι.

ϲτολήν. Mit ϲτολή kann an dieser Stelle durchaus auch das Löwenfell bezeichnet sein, vgl. E. *HF* 465 f.: ϲτολήν τε θηρὸϲ ἀμφέβαλλε ϲῶι κάραι | λέοντοϲ. Zu der Frage, ob Herakles in diesem Drama das Löwenfell trug, s. u. *ad* F 689, 4.

ἰδόντι. Herakles ist auf der Bühne zu sehen (vgl. auch F 689, 2: ϲὲ δ᾽ εἰϲορῶν); anders v. Groningen 1930, 297.

F 689

οὐδεὶϲ δ᾽ ἐϲ οἴκουϲ δεϲπόταϲ ἀμείνοναϲ
αὑτοῦ πρίαϲθαι βούλεται· ϲὲ δ᾽ εἰϲορῶν
πᾶϲ τιϲ δέδοικεν. ὄμμα γὰρ πυρὸϲ γέμειϲ,
ταῦροϲ λέοντοϲ ὡϲ βλέπων πρὸϲ ἐμβολήν.

Ph. *Quod omn. prob.* 101 (6 *p.* 29 Cohn).

1 δεϲπόταϲ (δεϲπότην ἀμείνονα *AQT*) : δεϲπότηϲ Musgrave, Wilamowitz ms. 2 αὑτοῦ Cohn : αὐτοῦ Hss. εἰϲορῶν : διορῶν *M.* 4 ἐμβολήν : ἐντολήν *M.*

1-4. Das Fragment schließt in der Zitatquelle (Ph. *quod omn. prob.*, s. o. *p.* 248 Z. 5) direkt an das vorangegangene Verszitat (F 688) an; eine Auslassung oder ein Sprecherwechsel ist nicht angezeigt,[33] doch fällt ein Wechsel des Tons nach F 688

---

[33] Wilamowitz hat in seinem Handexemplar des TGF[2] *ad loc.* die Fragmentnummer 689 durchgestrichen; Naucks Trennung der acht Verse in zwei Fragmente (und der damit implizierte Sprecherwechsel) schien ihm also ebensowenig plausibel wie Steffen, der F 688 und F 689 als *ein* Fragment behandelte (F 29 a). Auch Mette (1982, 246 f.) faßt F 688-90 als *ein* Fragment (F 919) zusammen.

sofort auf: Herakles wird direkt angesprochen: cè δ' εἰcορῶν, πυρὸc γεμεῖc, (F 690: τὸ γ' εἶδοc αὐτό cου, V. 1; εἴηc ἄν, V. 2; θέλοιc, V. 3), und die Eigenschaften, die ihm zugeordnet werden, entsprechen dem gewohnten Herakles-Bild: seine Erscheinung ist furchteinflößend, er ist bereit, den ‚Angriff des Löwen‘ (V. 4) zu parieren, und eher gewillt, Befehle zu geben, als entgegenzunehmen (F 690, 3).

Mit der Frage nach dem Sprecher von F 689 (und F 690) verknüpft sich ein schwerwiegendes Problem für die Rekonstruktion: Äußert Hermes diese Worte zu Herakles, muß man eine Szene annehmen, in der Hermes Herakles erklärt, daß er mit seinem gewohnten *Habitus* schlecht als Sklave verkauft werden kann. Man muß dann noch hinnehmen, daß (vgl. o. Ph. *Quod omn. prob., p.* 248, Z. 4 f.) Hermes auf eine Frage des Herakles selbst, ob er denn φαῦλοc sei (s. o. *ad* F 688, 1-4), antwortet. Wahrscheinlich unterschätzt man mit einer solchen Annahme Hermes' Qualitäten als Gott der Händler (und Betrüger).

Findet indessen mit F 689 ein Sprecherwechsel statt, dann ist vorstellbar, daß Euripides in dieser Szene alle Register der tragischen Ironie zieht, wenn Syleus diese Worte (F 689 und F 690) zu Herakles spricht.

Zum Problem des dritten Schauspielers s. u. *p.* 277 f.

1. **δεcπότας ἀμείνονας.** Natürlich wird sich Herakles Syleus als überlegen erweisen, vgl. Philon (*Quod omn. prob.,* s. o. *p.* 248, Z. 3 f.): (*sc.* Ἡρακλῆc) καταπλήττων τοὺc ὁρῶνταc, ὡc οὐ μόνον ἐλεύθεροc ὢν ἀλλὰ καὶ δεcπότηc ἐcόμενοc τοῦ πριαμένου. Dasselbe Motiv findet sich sowohl im *Alexandros* F 51: δούλουc γὰρ οὐ | καλὸν πεπᾶcθαι κρείccοναc τῶν δεcποτῶν (in demselben Sinne auch F 48), und im *Archelaos* (F 251): κρείccω γὰρ οὔτε δοῦλον οὔτ' ἐλεύθερον | τρέφειν ἐν οἴκοιc ἀcφαλὲc τοῖc cώφροcιν.

3. **ὄμμα γὰρ πυρὸc γέμειc.** Das besondere Funkeln in Herakles' Augen zeigt, daß er ein Sohn des Zeus ist (Apollod. 2, 4, 9, der auch adesp. F 33 [= F inc. 6 Steffen] wiedergibt: πυρὸc δ' ἐξ ὀμμάτων | ἔλαμπεν αἴγλην, das Methner (1876, 5) dem *Syleus* zuweisen will).[34]

4. **ταῦροc ... ἐμβολήν.** Mit diesem Bild gibt Syleus, - wenn er der Sprecher ist, - ohne es zu wissen, aber sehr tref-

---

[34] Wilamowitz notierte am Rand seines Handexemplars des TGF *ad loc.* „Eur. Busiris?" S. u. Unsichere Fragmente *ad loc.*

fend, das Verhältnis zwischen sich und Herakles wieder, wie es sich in einer späteren Szene (vgl. F 687) zeigen wird. Es erscheint noch einmal, E. *HF* 869, in Lyssas Beschreibung der Wirkung des über Herakles kommenden Wahnsinns auf den Gepeinigten.

Das Bild des Stieres (*i. e.* Herakles), der den Angriff des Löwen erwartet, läßt sich kaum mit der Vorstellung in Einklang bringen, daß Herakles das für ihn typische Löwenfell getragen habe. Churmuziadis (1974, 237 Anm. 60) geht daher davon aus, daß Herakles ohne das Löwenfell vor Syleus auftrat, durch das er zu leicht erkannt worden wäre.[35]

F 690

⟨ ⨯ – ⟩ τό γ' εἶδος αὐτὸ coῦ κατηγορεῖ
cιγῶντος ὡς εἴης ἂν οὐχ ὑπήκοος,
τάccειν δὲ μᾶλλον ἢ ἐπιτάccεcθαι θέλοις.

Ph. *Quod omn. prob.* 101 (6 *p.* 29 Cohn).

1 τό : ἐπεὶ τό Groningen : καὶ πᾶν τό v. Herwerden (F 690 schließe so unmittelbar an F 689 an). τό γ' εἶδος Elmsley : τὸ εἶδος Hss. | αὐτὸ coῦ Nauck : αὐτό cov Elmsley : αὐτοῦ οὐ/οῦ Hss.

1-3. Syleus (s. o. *ad* F 689) spricht diese Worte zu Herakles; zwischen F 689 und F 690 sind offenbar nur wenige Zeilen ausgelassen (s. o. Ph. *Quod omn. prob.* Z. 5: εἶτ' ἐπιλέγει·); v. Herwerden (1892, 437) nahm sogar nur den Ausfall von zwei Wörtern (καὶ πᾶν) an, doch hätte sich Philon wohl kaum die Mühe gemacht, deren Auslassung mit εἶτ' ἐπιλέγει zu umschreiben.

1 f. τό γ' εἶδος αὐτὸ ... cιγῶντος. In dieser Szene scheint Herakles nicht zu sprechen (cιγῶντος, V. 1). Bereits Hartung (1844 1 *p.* 160 f.) und Jahn (1861, 157 f.) waren davon ausgegangen, daß es - um Herakles zu verkaufen - notwendig sei, daß Hermes ihm beim eigentlichen Verkaufsgespräch eine besondere

---

[35] Ohne weitere Bedeutung mag in diesem Zusammenhang die Tatsache sein, daß auch Diogenes in Lukians Satire zwar die Keule (als Zeichen seiner Verehrung für Herakles), nicht aber ein Löwenfell trägt, sondern statt dessen ein τριβώνιον (*Vit. auct.* 8; zu dem ‚Philosophenmäntelchen' vgl. o. *Autolykos, ad* F 282, 12).

Zurückhaltung auferlege.[36] Diese Vorsicht war primär Philons Undeutlichkeit geschuldet, der seine Leser im Unklaren läßt, auf wessen Frage Hermes in F 688 antwortet, und weniger durch die Logik der Handlung bedingt: Jede Figur, die Herakles feindlich gesinnt ist, überschätzt sich selbst und unterschätzt den Gegner (vgl. z. B. Lykos im *Herakles*, ebenso wohl auch Busiris im gleichnamigen Satyrspiel, s. o.). Auch Syleus wird sich - trotz anfänglicher Bedenken (ähnlich wie Diogenes' Käufer bei Lukian, s. o.) - nicht gescheut haben, einen offensichtlich sehr tüchtigen Sklaven zu kaufen. Seine Selbstüberschätzung äußert sich dann in Sätzen voller tragischer Ironie.

τό γ' εἶδοc αὐτὸ coῦ κατηγορεῖ bedeutet, daß auch ohne Herakles' Zutun jedermann vollkommen klar wird, daß er sich nicht zum Sklaven eignet, jede Art der Verstellung also umsonst ist. Die logische Konsequenz wäre, daß Herakles bei den Verkaufsverhandlungen nicht dabei ist (v. Groningen 1930, 298 f.), doch dann wäre nicht nur Herakles' Schweigen (cι-γῶντοc, V. 2) überflüssig, sondern die ganze Szene, in der Hermes zu Herakles spricht, ihm seinen *Habitus* vorhält, der ihn unverkäuflich mache, und ihm darum Verhaltensmaßregeln gibt. Auch mit der Verpflichtung, daß Herakles während der Kaufverhandlung schweigen solle (Churmuziadis 1974, 156 f.), ist es nicht getan: Was sollte sein Schweigen noch nützen, wenn ihn schon sein bloßer Anblick verrät?

Der einzige Ausweg aus diesem Dilemma ist, mit F 689 einen Sprecherwechsel anzunehmen und F 689 sowie F 690 dem Syleus zu geben, auf dessen Frage Hermes schon mit F 688 hätte antworten können. Zu dem sich daraus ergebenden Problem der Schauspielerzahl s. u. *p.* 277 f.

3. τάccειν ... θέλοιc. Vgl. Tz. *Prolog. de com.* Z. 7 f.: τῶι προεcτῶτι δὲ τοῦ ἀγροῦ (...) ἐκέλευεν. Mit dem ‚Aufseher über den Weinberg' kann kaum Syleus gemeint sein, obwohl Philon (*Quod omn. prob.*, s. o. *p.* 248 Z. 14) das nahelegt: (Herakles) ἐπιτάγματα ἐπιτάττειν τῶι κτηcαμένωι (*i. e.* Syleus). Wenn man

---

[36] V. Groningen (1930, 298 f.) wollte sogar den Verkauf vollkommen von der Bühne verbannen: Zu schwierig sei es, den Helden als Sklaven an eine zwielichtige Gestalt wie Syleus zu verkaufen und dabei verräterische Worte über Herakles' Unwilligkeit, Befehle entgegenzunehmen (F 690), zu äußern. Daß Syleus allerdings Herakles ungesehen kauft, ist vollkommen ausgeschlossen, denn es ist undenkbar, daß jemand einen Sklaven in Abwesenheit kaufen würde.

aber davon ausgeht, daß in dieser Szene Syleus auftreten wird (s. *ad* F 687), und daß dem Satyrspiel neben der Rolle des Pappposilen nur zwei Schauspieler zur Verfügung standen, dann bleibt neben Syleus nur Silenos in der ‚Rolle‘ eines Gutsverwalters oder Vorarbeiters, ähnlich wie im *Kyklops*.

F 691

ΗΡΑΚΛΗC

κλίθητι καὶ πίωμεν· ἐν τούτωι δέ μου
τὴν πεῖραν εὐθὺς λάμβαν’ εἰ κρείccων ἔcηι.

Ph. *Quod omn. prob.* 103 (6 *p.* 30 Cohn).

1 f. Herakles hat in Syleus’ Weinberg die Reben samt ihren Wurzeln herausgerissen und zum Hof geschleppt, dort schlachtet er ein Rind und plündert den Weinkeller (s. o. Ph. *Quod omn. prob.*, *p.* 248 Z. 7-9., Tz. *Proleg. de com.*, *p.* 252 f. Z. 4-6). In diesem Moment tritt Syleus auf, den Herakles in diesem Fragment anspricht.

1. **κλίθητι καὶ πίωμεν.** Vgl. E. *Alc.* 795 (Herakles zum Diener des Admetos): πίηι μεθ’ ἡμῶν, und E. *Cyc.* 543 (Silenos zu Polyphem): κλίθητι νύν μοι.

Poole (1990, 112 f.) vergleicht die Gelageszenen der beiden Stücke mit dem *Syleus* und versucht einen Motivkomplex zu isolieren, der aus drei Hauptelementen bestehe:

(1) Übermäßiges Essen und Trinken (*Syleus:* F inc. 907;[37] E. *Alc.* 747-59; E. *Cyc.* 409-26)[38] des Hauptakteurs (Polyphem/ Herakles) in dieser Szene.

(2) Rücksichtsloses und arrogantes Auftreten, das durch ‚unmusikalisches Grölen‘ (ἄμουcα: F inc. 907; E. *Alc.* 760; *Cyc.* 426) im Kontrast zum Weinen anderer (Syleus’ Tochter, F 694; den um Alkestis trauernden Diener im Haus, E. *Alc.* 760-64; Odysseus’ Gefährten, E. *Cyc.* 425) hervorgehoben werde.

---

[37] F inc. 907 gehört sehr wahrscheinlich zum *Syleus*, s. o. *ad* Tz. *Proleg. de com.*, *p.* 252 f., Z. 7 f., s. u. Unsichere Fragmente *ad loc.*

[38] Die Wirkung des Alkohols wird E. *Cyc.* 424 und *Alc.* 758 durch das Verb θερμαίνειν ausgedrückt.

(3) Die Anwesenheit von Trinkgefährten und der Versuch, einen von ihnen zu verführen, (erfolgreich ist allerdings nur Polyphem bei Silenos, E. *Cyc.* 583-89).

Pooles Beobachtung, daß Herakles' Aufforderung an Admets Diener (E. *Alc.* 790 f.), Kypris zu ehren, eine Verführung vorbereiten sollte, ist sicher richtig. Unzutreffend dagegen ist seine Annahme von Parallelen im *Syleus*, denn Syleus wird kaum Herakles' Aufforderung, mit ihm zu trinken (V. 1), nachgekommen sein, auch wird sein Grölen (F 907) kaum in Kontrast zu Xenodikes Tränen (F 694, 2) gestanden haben, und schließlich sind päderastische bzw. homoerotische Annäherungsversuche im *Syleus* nicht erkennbar.

Die beiden ersten Elemente sind burleske Topoi von Gelageszenen, die Aufforderung mitzutrinken, ist hingegen offensichtlich ein funktionales Motiv, das in der *Alkestis* die Peripetie einleitet (Herakles erfährt von Alkestis' Tod und bricht auf, um sie Thanatos zu entreißen), und im *Kyklops* das Mechanema ermöglicht (Polyphem wird daran gehindert fortzugehen, so daß es möglich ist, ihn betrunken zu machen, um ihn zu blenden).

F 692

τοῖς μὲν δικαίοιc ἔνδικος, τοῖς δ' αὖ κακοῖς
πάντων μέγιστος πολέμιος κατὰ χθόνα.

Stob. 4, 5, 1 *p.* 198 Hense.

1 f. Während Hartung (1844. 1 *p.* 163) diese Worte Herakles *quasi* als Resümee nach der Ermordung des Syleus sagen läßt (ebenso Steffen 1971 a, 226; Sutton 1980 c, 67), ordnet Jahn (1861, 159) das Fragment einer Szene zu, in der Herakles den Weinberg zerstört und einen „entsetzten Aufseher des Weinbergs, der Gewaltthätigkeiten aller Art fürchtet", mit diesen Worten beruhigt. Denkbar ist aber vielleicht auch, daß dieses Fragment in eine Szene mit Hermes, Herakles und Syleus gehört. Wenn Herakles in dieser Szene stumm auftritt (vgl. *ad* F 690, 1 f.), muß Hermes der Sprecher sein. Er könnte mit diesen Worten Syleus in Sicherheit wiegen, denn dieser wird sich selbst gewiß nicht für einen κακός halten.

1. τοῖς μὲν δικαίοις ἔνδικοc. Vgl. A. F inc. 281 a, 17 (aus dem sog. "Dike-play"): ⟨ΔΙΚΗ⟩ το]ῖ̣ς μὲν δ[ι]καίοις ἔνδι̣κ̣ον, V. 19:[39] ⟨ΔΙΚΗ⟩ τοῖς δ᾽ αὖ μα]ταίοις (weitere Buchstaben nicht erkennbar).

F 693

⟨ ✕ – ∪ – ✕ – ∪ – ✕ ⟩ εἶα δή, {φίλον} ξύλον,
ἔγειρέ μοι ceαυτὸ καὶ γίγνου θραcύ.

1 f. Eust. *Il.* 1, 302 *p.* 167 van der Valk; *Et. Gen.* ε 131 Adler (*B*) *p.* 99, 31 Miller (*EM p.* 294, 25 Gaisford); Jo. Alex. *De accent. p.* 25, 5 Dindorf; Hsch. τ 1626 Schmidt; A. D. *Pron. p.* 73, 14 Schneider; Luc. *Asin.* 5; Suet. *Nero* 49 *p.* 257, 5 Ihm; Sozomenos *Eccl. hist.* 7 *p.* 27, 7 Bidez.

1 φίλον Eust.

1. **ξύλον.** Mit ξύλον wird Herakles' Keule bezeichnet (s. o. F 688, 4), die mit kunstvollen Schnitzereien verziert ist (vgl. E. *HF* 471: ξύλον ... δαίδαλον[40]). Der Kontext (vgl. auch die *variae lectiones*, s. App.) dieses Fragments legt allerdings nahe, daß ξύλον hier im obszönen Sinne für ‚Phallos‘ gebraucht wird.[41] In dieser Bedeutung ist ξύλον indessen nicht belegt, und auch die für diese Bedeutung in Anspruch genommene Hesych-Glosse τ 1626 Schmidt: τύλον· τὸ αἰδοῖον. οἱ δὲ ξύλον, erweist sich bei näherem Besehen als unbrauchbar: Sie besagt im Gegenteil, daß in dem Fall, daß τύλον und αἰδοῖον synonym sind, αἰδοῖον und ξύλον gerade *nicht* synonym sein können.[42] Noch ein weiteres Argument spricht gegen diese *Metaphrasis*: Soll mit ἔγειρε und γίγνου θραcύ das Verlangen nach einer Erektion ausgesprochen werden (Sutton 1984 a), so kann doch

---

[39] V. 18 spricht der Chor.

[40] Dazu allerdings s. o. *Eurystheus, p.* 149 f.

[41] Churmuziadis 1974, 246 Anm. 111 denkt an Lederphalloi als Teil des Satyrkostüms. Vgl. ferner Mette 1982, 248; völlig abwegig Sutton 1984 a.

[42] Darüber hinaus sollte nicht vergessen werden, daß Hesych-Glossen sich auf bestimmte Textstellen beziehen, - ob genannt oder nicht, - über die hinaus sich die Synonymität des Interpretaments nicht erstreckt (zum Gebrauch der Hesych-Glossen vgl. Leumann 1950, 29 f. Anm. 20).

wohl kaum ξύλον in der Bedeutung ‚(nicht erigierter) Phallos‘ angesprochen werden.

2. ἔγειρέ μοι cεαυτό. Ob Euripides mit diesen Versen ein geflügeltes Wort schuf oder nur aufnahm, ist nicht zu klären; vermutlich ist das Fragment der früheste Beleg, vgl. aber Kratinos *Plutoi* F 171, 63 f. Kassel/Austin: ἔγειρε, θυμέ, γλῶ[τταν εὐ–]|κέραcτον ὀρθουμένην. Adesp. F 1063, 2 f. Kassel/Austin: ὥcτ᾽ ἔγειρ᾽, ἔγειρε δὴ | [νῦν cε]αυτὸν μὴ παρέργωc. Nauck (TGF² *p.* 578) nennt Suet. *Nero* 49 und Luc. *Asin.* 5, Mette (1982, 248) ferner Sozomenos *Eccl. hist.* 7, 27, 7 γίγνου θραcύ als weitere Stationen der Rezeption dieser Wendung.

Der Sprecher dieses Fragments macht sich mit diesen Worten offensichtlich Mut in einem Konflikt, in dem Herakles’ Keule eine Rolle spielt, die in einem Akt naiver Magie angesprochen und beschworen wird. Es kann nicht Herakles der Sprecher von F 693 sein, denn er, der Syleus furchtlos einlädt, mit ihm um die Wette zu trinken (F 691), hat diese Form der Ermutigung wohl kaum nötig. Vielmehr hat es den Anschein, daß der Sprecher versucht, durch Herakles’ Waffe an dessen Mut zu partizipieren; es bleiben als Sprecher der Silen und die Satyrn. Doch wie kommen sie in den Besitz von Herakles’ Keule?

Es bieten sich zwei Möglichkeiten an: (1) Herakles hat seine Waffen zurückgelassen, entweder schon als er in den Weinberg aufbrach, oder als er loszog, um Syleus’ Weingut zu überschwemmen (s. o. Tz. *Proleg. de com.*, *p.* 252 f., Z. 8 f.). (2) Die Satyrn haben ihm die Waffen gestohlen, beispielsweise wenn er nach seinem Gelage in Syleus’ Haus trunken eingeschlafen ist.[43] Der Diebstahl der Waffen des schlafenden Herakles ist ein durch Vasenbilder gut bezeugtes Satyrspielmotiv;[44] für den *Syleus* ist es freilich rein spekulativ. Herakles scheint seine Waffen offenbar gar nicht zu benötigen, wenn er Syleus durch eine Überschwemmung seines Weinguts tötet; es ist also immerhin möglich, daß er seine Waffen freiwillig oder unfrei-

---

[43] Oder die Satyrn zusammen mit Xenodike: Churmuziadis 1974, 151. 157. In eine solche Szene plaziert er adesp. F 416 (s. u. *p.* 282 Anm. 68; Unsichere Fragmente *ad loc.*).

[44] Vgl. Brommer 1984, 89 (mit der älteren Literatur): „Sicher sind alle diese Vasenbilder durch Satyrspiele veranlaßt." Zuletzt Vollkommer 1988, 67; Boardman 1990, 156.

willig zurückließ, und sich die Satyrn ihrer bemächtigen konnten.

Es bleibt dann die Frage, gegen wen die Satyrn Herakles' Keule erheben wollten. Sie werden es wohl kaum gewagt haben, gegen Herakles anzutreten, und auch, um gegen Syleus loszuziehen, dürfte es ihnen an Mut fehlen. Wenn sie überhaupt die Waffen gegen jemanden einsetzen und nicht nur mit ihnen wie kleine Kinder spielen, ist am wahrscheinlichsten, daß sie sich gegen ein wehrloses Opfer zusammenrotten: Xenodike, die Tochter ihres alten Peinigers Syleus. Das Ende der Hypothesis (P. Oxy. 2455 *fr.* 104-107) gibt möglicherweise genau diese Szene wieder: Silenos und die Satyrn „verfolgen" (Z. 105) Xenodike, doch da kommt Herakles im letzten Moment, geht gegen „diese" (Z. 106) vor und „rettet Xenodike" (Z. 106 f.).

F 694

βαυβῶμεν εἰσελθόντες· ἀπόμορξαι cέθεν
τὰ δάκρυα

AB p. 85, 10 Bekker; Hsch. β 354 Latte.

1 ἀπόμορξαι Bekker : ἀπομόρξαι Hs.

1. βαυβῶμεν. „Laß uns miteinander schlafen"; vgl. adesp. F 165: ἡ δὲ προυκαλεῖτό με | βαυβᾶν μεθ' αὑτῆc.[45] Im Wortschatz von Tragödie bzw. Satyrspiel ist βαυβᾶν sonst nicht belegt.

ἀπόμορξαι. ist für Tragödie (und Satyrspiel) ohne Parallelstellen. Die so ganz untragische Diktion dieser Verse mag ein weiteres Indiz dafür sein, daß sie von den Satyrn bzw. Silenos gesprochen werden.

---

[45] Churmuziadis (1974, 153. 156) weist dieses *adespoton tragicum* dem *Syleus* zu (s. u. Unsichere Fragmente *ad loc.*).

Sagenstoff und Vasenbilder

Der Mythos von Syleus, der jeden vorbeikommenden Fremden zwingt, in seinem Weinberg zu arbeiten, bis er schließlich
an Herakles gerät, gehört ursprünglich in den Kreis jener Sagen
von Wegelagerern und Räubern, die das Gastrecht mißachten,
und mit deren obligatorischer Bestrafung sich zugleich tragische und burleske Züge in einem Stück vereinbaren ließen. Die
mythographische Überlieferung kennt zwei Versionen der Sage;
nach der einen[46] ist die Begegnung zwischen Herakles und
Syleus in die Omphale-Sage eingebettet: Zur Sühne für den
Mord an seinem Gast Iphitos[47] muß Herakles der lydischen
Königin Omphale als Sklave dienen. Er befreit ihr Land von
einer Reihe von Unholden, darunter auch von Syleus. Herakles
läßt sich zunächst auf die Arbeit im Weinberg ein, zerstört ihn
aber dann, indem er die Reben mitsamt ihren Wurzeln heraus-
reißt, und erschlägt schließlich Syleus und dessen Tochter.
Der Name der Tochter - Xenodike (oder Xenodoke) -
verrät aber, daß sie in einer ursprünglichen Version Syleus als
gerechte Figur an die Seite gestellt war (und vermutlich auch
von Herakles nicht getötet wurde). Möglicherweise veränderte
die Einbindung in die Omphale-Sage die Rolle der Tochter. Die
Kontrastierung des Syleus mit einer gerechten Figur und die
Unabhängigkeit von der Omphale-Sage sind die Merkmale der
anderen, der Überlieferung nach älteren Sagenversion,[48] die
von einem Bruder des Syleus, Dikaios, berichtet, der seine
Nichte Xenodike aufzieht, und sie Herakles nach Syleus' Tod
zur Frau gibt.
Für den Syleus-Mythos ist Euripides' Satyrspiel selbst das
älteste literarische Zeugnis, doch zeigen Vasenbilder, daß der
Mythos schon um 490 v. Chr. bekannt und beliebt gewesen
ist;[49] keines der sieben erhaltenen, zwischen 490 und 460
v. Chr. entstandenen Vasenbilder läßt sich allerdings mit einem
Satyrspiel in Verbindung bringen.[50] Die Frage, ob Herakles als

---

[46] D. S. 4, 31, 7; Apollod. 2, 6, 3; Tz. *H.* 2, 424-38 Leone.

[47] S. o. *ad* P. Strasb. 2676 A a Z. 4-8.

[48] Konon 26 F 17 FGrHist (s. u.); ohne Syleus' Tochter zu erwähnen:
Speusippos *Epist. Socrat.* 28, 6 *p.* 125 Parente.

[49] Oakley 1994 b, 827; vgl. auch Brommer 1959, 65.

[50] Brommer 1959, 65.

Sklave des Syleus respektive der Omphale, oder ob er als vorbeiziehender Fremder (d. h. als Freier) in Syleus' Weinberg arbeitet, läßt sich anhand der Vasenbilder nicht entscheiden. Auch läßt sich Omphale auf den Vasenbildern nicht mit Sicherheit identifizieren, wenn nicht das Motiv des Rollen- oder Kleidertausches zwischen ihr und Herakles erkennbar ist.[51] Diese Unschärfen vorausgeschickt, ergibt sich ein genau umgekehrtes Bild für den Omphale-Mythos: In diesem Fall sind die literarischen Zeugnisse (Sophokles *Trachiniai* 70. 252 f. 356 f.; Ion von Chios *Omphale*; Achaios *Omphale*)[52] älter als die archäologischen. Das älteste Zeugnis für Herakles' Verkauf in die Sklaverei findet sich bei Aischylos (*A.* 1040 f.): καὶ παῖδα γάρ τοί φασιν Ἀλκμήνης ποτὲ | πραθέντα τλῆναι δουλίας μάζης θιγεῖν. Leider verschweigt Aischylos, an wen, und als Sühne wofür Herakles verkauft wird, doch ist es sehr wahrscheinlich, daß Aischylos auf die Omphale-Sage anspielt.

Singulär erscheint allerdings die Sagenvariante in Euripides' Satyrspiel, nach der Herakles als Sühne für den Mord an Iphitos nicht an Omphale sondern an Syleus verkauft wird, er also nicht Syleus' Gast, sondern sein Sklave ist. Da erst die späten Mythographen Diodor und Apollodor das Syleus-Abenteuer als eine Episode der Omphale-Sage erzählen, läßt sich also nicht klären, ob Euripides zwei verschiedene Mythen (Sklavendienst bei Omphale/Zwangsarbeit als Freier bei Syleus) vermischte,[53] oder die Syleus-Episode aus dem Omphale-

---

[51] Boardman 1994, 52. Die ältesten Darstellungen des Herakles-Omphale-Mythos finden sich auf einer attisch-rotfigurigen Pelike (London BM E 370, Boardman 1994 Nr. 2) um 440-30 v. Chr. und einem boiotischen rotfigurigen Skyphos (Berlin SMPK V. I. 3414, Boardman 1994 Nr. 1) um 425 v. Chr., doch ist die Zuschreibung mangels Beischriften unsicher. Darstellungen von Omphale mit Herakles' Attributen finden sich ab dem vierten, Darstellungen von Herakles in Frauenkleidern ab dem ersten Jahrhundert v. Chr.

[52] Vgl. ferner die Anspielungen in der Alten Komödie: Kratinos *Cheirones* (*F 259 PCG) und Eupolis *Philoi* (F 294 PCG). In einer heftigen Polemik gegen Perikles und die Hetäre Aspasia wird sie offenbar als Ὀμφάλη τύραννος bezeichnet; der Text ist allerdings korrupt.

[53] Dafür würde die Lokalisierung der beiden Sagen - Syleus in Nordgriechenland, Omphale in Lydien - sprechen, doch ist weder die Lokalisierung der Syleus-Sage (über das Cυλέος πεδίον, Hdt. 7, 115) eindeutig möglich, - so lokalisiert Speusippos (s. o. Anm. 48) die Sage bei Amphipolis, Konon (s. u.) in Thessalien und Apollodor in Aulis - noch läßt sich

Mythos herauslöste (Sklavendienst für Syleus *anstatt* für Omphale).

Allein bei Euripides erscheint auch die Sagenvariante, daß Herakles einen Fluß umleitet, um schließlich Syleus zu töten und sein Weingut zu zerstören, womit der Tragiker offenbar auf eines der kanonischen Erga, die Reinigung der Augias-Ställe, zurückgriff.

Bereits voreuripideisch ist allerdings die Figur der Xenodike, die auf einigen der Vasen abgebildet ist.[54] Auf einer dieser Vasen[55] stiehlt sie Herakles' Waffen. Sie ist bei Diodor und Apollodor - also bei den Mythographen, die das Syleus-Abenteuer in den Omphale-Mythos einbetten, - zugleich mit ihrem Vater Opfer des Herakles. Darauf, daß sie - wie ihr Name schon verrät - ursprünglich eine positive Rolle im Syleus-Mythos spielt, weist indessen die Romanze, die (nach Photios) der Mythograph Konon erzählt hat (26 F 17 FGrHist):

Δίκαιος καὶ Cυλεὺς ἀδελφοί, Ποσειδῶνος υἱοί, περὶ τὸ Πήλιον ὄρος τῆς Θεσσαλίας ᾤκουν. καὶ ἦν ὁ μὲν δίκαιος, καὶ ὡς ὠνομάζετο οὕτως καὶ ἦν· Cυλέα δὲ ὑβριστὴν ὄντα Ἡρακλῆς ἀναιρεῖ. ξενίζεται δ᾽ ὑπὸ Δικαίου καὶ ἐρᾶι τῆς Cυλέως θυγατρὸς ἰδὼν αὐτὴν παρ᾽ αὐτῶι τρεφομένην, καὶ εἰσάγεται γυναῖκα. ἡ δὲ ἀποδημήσαντος Ἡρακλέους τῶι περὶ αὐτὸν ἔρωτι καὶ πόθωι βαλλομένη θνῄσκει· καὶ ἐπὶ προσφάτωι τῆι κηδείαι ἐπανιὼν Ἡρακλῆς ἔμελλεν αὐτὸν τῆι πυρᾶι συγκατακαίειν, εἰ μὴ οἱ παρόντες λόγοις παρηγοροῦσι μόλις ἐκώλυσαν. καὶ ἀπελθόντος Ἡρακλέους τὸ cῆμα τῆς κόρης οἱ πρόc-οικοι περιεδείμαντο καὶ ἀντὶ μνήματος ἱερὸν Ἡρακλέους ἀπέφηναν.

Womöglich war neben Omphale kein Raum mehr für eine andere Liebesbeziehung des Herakles, so daß Xenodike bei Diodor und Apollodor gegenüber der lydischen Königin das Nachsehen hatte.

Omphale eindeutig Lydien zuweisen (vgl. Tümpel 1909, 870-72; Herzog-Hauser 1942, 387-89).

[54] Oakley 1994 b Nr. 5-7.

[55] Attisch-rotfiguriger Skyphos, Zürich Univ. ETH 19, Oakley 1994 b Nr. 7, um 460 v. Chr. Auf der anderen Seite der Vase sind interessanterweise Theseus und Skiron abgebildet.

Rekonstruktion

Keines der fragmentarisch erhaltenen Satyrspiele des Euripides ist so gut dokumentiert wie der *Syleus*, so daß es zu diesem Drama mehr Rekonstruktionsversuche als zu jedem anderen gibt.[56] Die bisherigen Versuche sind jedoch unzureichend, da sie teils die Papyrushypotheseis noch nicht einbeziehen konnten, teils die Schauspielerzahl nicht berücksichtigen. Aus diesem Grunde erscheint es notwendig, die Anzahl der Rekonstruktionsversuche noch um den folgenden zu vermehren.

Dem Satyrspiel des Euripides liegt als Stoff Herakles' Überwindung des Syleus zugrunde. Neben dem Titelhelden Syleus lassen sich Hermes und Herakles (durch Philon), Silenos und mit ihm die Satyrn als obligatorischer Satyrspielchor und (durch P. Oxy. 2455 *fr.* 8) schließlich Syleus' Tochter Xenodike als *dramatis personae* sichern; die Satyrn sind sehr wahrscheinlich Sklaven des Syleus. Ort der Handlung ist ein Platz vor dem Haus des Syleus in einem Weingut.

Die eigentliche Handlung ist rasch erzählt: Herakles hat sich durch den Mord an seinem Gast Iphitos, mit schwerer Schuld beladen und muß entsühnt werden. Das Orakel von Delphi wies ihn an, sich von Hermes in die Sklaverei verkaufen zu lassen und ein Jahr lang als Sklave zu dienen (P. Strasb.). An diesem Punkt setzt das Drama ein.

Hermes und Herakles gelangen zu Syleus, und es beginnen Verkaufsverhandlungen. Zwar gibt es anfänglich Bedenken, weil Herakles sich von gewöhnlichen Sklaven unterscheidet und offenbar lieber Befehle gibt als entgegennimmt, aber Syleus kauft ihn schließlich und schickt ihn zur Arbeit in den Weinberg (F 688-90, Philon, Lukian).

Von dort kehrt Herakles alsbald nach ,gründlicher' Arbeit zurück: Er hat die Weinreben mit ihren Wurzeln herausgerissen, auf dem Rücken herbeigetragen und türmt sie vor Syleus' Haus auf (Tzetzes). Er schlachtet einen stattlichen Stier, opfert Zeus, plündert Syleus' Weinkeller, legt sich zu Tisch, ißt und trinkt. Dem Silen, Syleus' Haushofmeister, trägt er auf, Obst, vor allem Feigen, und Kuchen zu holen (Philon, Tzetzes).

---

[56] Vgl. zuletzt: Steffen 1971 a, 225 f.; Churmuziadis 1974, 123-34. 144-57.

Plötzlich tritt Syleus auf; er ist maßlos erbost darüber, daß sein Sklave nicht nur seinen Weinberg zerstört hat, sondern sich nun auch noch an seinen Vorräten schadlos hält und sich vor allem von seinem Auftreten nicht im geringsten beeindrukken läßt und überhaupt keine Furcht zeigt. Als Herakles ihn auffordert, mit ihm um die Wette zu trinken (F 691, Philon), droht er ihm Gewalt an. Herakles zeigt sich ungerührt: Selbst wenn Syleus vorhabe, ihn zu braten und zu verschlingen, dazu sein Blut zu trinken, werde er kein unterwürfiges Wort von ihm hören (F 687, Philon). Syleus muß kleinlaut beigeben; er geht fort, um Helfer zu holen und Herakles zu bestrafen (Philon).

An der spannendsten Stelle versiegen unsere Informationsquellen: Wir erfahren nicht mehr, als daß auch Herakles fortgeht - wodurch auch immer veranlaßt - und einen Fluß umleitet, der Syleus' Felder überschwemmt (Tzetzes), und daß er seine Widersacher - vermutlich in den Fluten - tötet (Philon). Als er zurückkommt, findet er Syleus' Tochter Xenodike von den Satyrn bedrängt. Gerade im rechten Moment rettet er Xenodike und weist die Satyrn in ihre Schranken (P. Oxy.).

Die Handlung zerfällt, soweit erkennbar, in vier Szenen: (1) eine Verkaufsszene, (2) eine Gelageszene, (3) die Auseinandersetzung zwischen Herakles und Syleus und (4) die Rettung Xenodikes.

(1) Philon (s. o. Testimonien) erzählt, daß Hermes auf die Frage, ob Herakles φαῦλος sei, u. a. die elf von ihm zitierten Verse (F 688-90) antworte. Diese Verse, aus Hermes' Mund, in Gegenwart von Syleus gesprochen, scheinen eher geeignet, Herakles' Verkauf zu vereiteln (s. o. *ad loc*), als ihn zu fördern. Läßt sich F 688 noch als ironische Reklame für Herakles auffassen, so können F 689-90 schlechterdings nur dann zu Herakles gesagt sein, wenn Syleus nicht dabei ist. Sie lassen sich dann nur als Ermahnung an Herakles interpretieren. Dies bedingt eine Szene *vor* der eigentlichen Verkaufsszene, in der Hermes seinem Schützling Verhaltensmaßregeln für den folgenden Verkauf gibt.[57] Diese Annahme vermag indessen nicht

---

[57] Die Annahme einer solchen Szene ist fester Bestandteil aller Rekonstruktionsversuche seit Hartung 1844 1*p*. 160 f.

recht zu befriedigen. Zum einen will nicht einleuchten, warum es Hermes nicht gelingen soll, Herakles auch unter erschwerten Bedingungen zu verkaufen: Wem, wenn nicht ihm, ist zuzutrauen, daß er Herakles mit dem für ihn typischen *Habitus* an Syleus verkauft? Schwer vorstellbar ist ferner, aus welchem Grund, und in welcher Gesprächssituation Herakles fragen sollte, ob er selbst denn „nichtsnutzig" sei, - ohne dann eine wirklich befriedigende Antwort zu erhalten (s. o. *ad* F 688). Im übrigen wären - wie Hermes selbst richtig bemerkt (F 690, 1 f.), alle Bemühungen des Herakles, einen leicht verkäuflichen Sklaven zu mimen, ohnehin umsonst, denn sein bloßer Anblick, ohne daß er ein Wort zu sagen braucht, verraten, daß er nicht zu einem Sklaven taugt (s. o. *ad* F 690, 1 f.). Die dramatische Funktion einer solchen Szene vor der eigentlichen Verkaufsszene ist also vollkommen fraglich, ihr Gewinn für die Handlung in keiner Weise erkennbar.

Diese Schwierigkeiten fallen weg, wenn man dagegen nach F 688 einen Sprecherwechsel in Philons Text annimmt,[58] für den der Text allerdings keinen Anhaltspunkt bietet. Philon kam es darauf an, eine Charakterisierung des Herakles zu geben; ob nur F 688 von Hermes, F 689-90 hingegen von Syleus gesprochen worden sind, war für seinen Kontext unerheblich. Möglicherweise war der Sprecherwechsel auch in seinem Text nur durch eine Paragraphos gekennzeichnet, die im Laufe der Überlieferung leicht abhanden kommen konnte.

Der Gewinn für die Handlung ist enorm: Hermes konnte Syleus gegenüber den Grund für Herakles' Verkauf in die Sklaverei nennen und somit wichtige Voraussetzungen des Dramas exponieren. Auf Syleus' daraufhin gestellte und nicht ganz unberechtigte Frage, ob denn Herakles etwa „nichtsnutzig" sei, konnte Hermes für Herakles lobende Worte finden (F 688); dann beschreibt Syleus seinen Eindruck von Herakles und äußert seine Bedenken, ihn zu kaufen, die Hermes freilich zerstreuen kann; Syleus kauft ihn schließlich doch.

Wenn aber die Fragmente F 688-90 in die Szene gehören, in der Herakles verkauft wird, muß man unweigerlich davon ausgehen, daß Hermes, Syleus und Herakles (d. h. Verkäufer,

---

[58] Sprecherwechsel nehmen die Herausgeber Dindorf und Nauck, ferner Schmid/Stählin 1, 3, *p.* 625 (m. Anm. 8) und Guggisberg 1947, 128 an.

Käufer und ‚Ware') auf der Bühne zu sehen sind. Diese Annahme ist nicht unproblematisch, weil es sehr wahrscheinlich
ist, daß sich dort auch Silenos befindet, der ebenfalls von einem Schauspieler gespielt wird;[59] es stehen aber nur drei
Schauspieler zur Verfügung. Drei mögliche Auswege aus diesem
Dilemma bieten sich an:

(a) Die Verkaufsszene ist Teil des Prologs; Silen und Chor
sind also noch nicht aufgetreten.

Diese Annahme hat wenig Wahrscheinlichkeit, weil sich
eine für Euripides äußerst ungewöhnliche Form des Prologs mit
einem Dreigespräch ergäbe, und am Ende dem Schauspieler des
Hermes wenig Zeit bliebe abzugehen, um gleich danach wieder
als Silen mit den Satyrn in der Parodos die Bühne zu betreten.

(b) Die Verkaufsszene findet nach der Parodos statt; der
Chor ist auf der Bühne, doch wird der Silen kurzfristig fortgeschickt. Derselbe Schauspieler kommt sofort als Hermes wieder
auf die Bühne zurück.

Gegen diese Annahme spricht, daß sie häufige Auftritte
und Abgänge von Figuren erforderlich macht, für die sich
schlecht eine gute Motivation finden läßt: Der Silen ist (spätestens seit der Parodos) auf der Bühne, Syleus tritt auf; der Silen wird fortgeschickt, Syleus bleibt allein zurück, bis Hermes
mit Herakles auftritt; Hermes geht ab, Herakles wird fortgeschickt, und Syleus ist erneut allein (oder noch für eine ge-
wisse Zeit zusammen mit Herakles) auf der Bühne; der Silen
kehrt zurück usw.

(c) Die Verkaufsszene findet nach der Parodos statt, und
der Silen befindet sich (mit dem Satyrchor) bereits auf der
Bühne. Hermes tritt mit Herakles auf, der indessen von einem
Statisten gespielt wird, dann - oder auch zuvor schon - kommt
Syleus auf die Bühne.

Für diese Lösung spricht vor allem, daß sie mit der geringsten Zahl an Auftritten und Abgängen von Schauspielern
auskommt: Der Schauspieler des Hermes tritt auf, verläßt die
Bühne nach der Verkaufsszene und kommt - nach einem Chorlied - als Herakles wieder zurück, ohne daß der Protagonist
(Syleus) und der Deuteragonist (Silenos) dadurch in ihrer Hand-
lungsfähigkeit eingeschränkt würden.

---

[59] Zur Frage der Zahl der Schauspieler im Satyrspiel vgl. o. Einleitung,
p. 15.

Der Sprecher von F 690 (Syleus) weist selbst darauf hin, daß Herakles schweigt: τό γ' εἶδος αὐτό (V. 1) kann kaum etwas anderes bedeuten, als daß alle Beobachtungen, die Syleus zuvor an Herakles gemacht hat (s. o. F 689) allein aus seinem äußerem Erscheinungsbild geschlossen sind, denen Herakles offensichtlich auch nichts hinzufügt (ςιγῶντος, V. 2). Ein Beispiel für eine solche Szene findet sich E. *Alc.* 1008-1158, wo Alkestis stumm neben Herakles, der sie soeben Thanatos abgerungen hat, und Admetos auftritt.[60] Offensichtich war es aber notwendig, das Schweigen zu motivieren oder doch zumindest eigens hervorzuheben (E. *Alc.* 1143, Admet zu Herakles): τί γάρ ποθ' ἥδ' ἄναυδος ἔστηκεν γυνή;[61]

Ist diese Annahme richtig, dann ergäbe sich für den Anfang des Dramas folgende Struktur: Den Prolog hält der Silen, der ähnlich wie im *Kyklops* Haus und Hof seines Herrn versorgen muß.[62] Er nennt den Grund, warum die Satyrn sich bei Syleus befinden und nicht bei Dionysos. Nach dem Einzug der Satyrn in der Parodos treten Hermes und Herakles auf. Analog zu der Struktur des ersten Epeisodions des *Kyklops* könnte Hermes erzählen, woher er kommt, und was seine Aufgabe ist, und vielleicht beginnt dann der Handel, der allerdings - anders als im *Kyklops* - durch den Auftritt des Unholdes nicht vereitelt sondern zu einem Abschluß gebracht wird. Das erste Epeisodion würde dann damit enden, daß Herakles zur Arbeit in die Weinberge geschickt wird, Hermes und Syleus ihrer Beschäftigung nachgehen, und schließlich Silenos und die Satyrn allein auf der Bühne zurückbleiben.[63]

---

[60] Vgl. Dale *ad* E. *Alc.* 1146.

[61] Alkestis ist noch für drei Tage stumm, zudem muß sie den Göttern der Unterwelt erst ein Sühneopfer bringen, bevor sie wieder unter den Lebenden vollends aufgenommen ist. Vgl. auch Pylades' Schweigen in der letzten Szene des *Orestes* (V. 1591 f.), in der Pylades, der in einer stummen Rolle auftritt, seine Zustimmung angeblich durch sein Schweigen bestätigt: ΜΕ. ἦ καὶ cύ, Πυλάδη, τοῦδε κοινωνεῖς φόνου; | ΟΡ. φηcὶν cιωπῶν· ἀρκέcω δ' ἐγὼ λέγων. Neben ihm befinden sich Elektra und Hermione als Statisten auf der Bühne, Helena wird mit dem *deus ex machina* Apollon etwas später hinzukommen; damit sind drei Figuren auf der Bühne, die einmal von einem Schauspieler, ein anderes Mal von einem Statisten gespielt werden.

[62] Der Silen als Prologsprecher auch bei Conrad 1997, 196.

[63] In dieses Epeisodion gehören neben den bereits genannten F 688-90

(2) Die Gelageszene könnte entweder auf der Bühne statt-
gefunden haben (vgl. die Symposionszene im *Kyklops* 519-81)
oder durch einen ‚Boten', wahrscheinlich Silenos, berichtet worden sein. In letzterem Falle ergäbe sich ein zunächst ähnlicher
Szenenverlauf wie in der *Alkestis* (747-802): Ein Diener tritt auf
und berichtet von Herakles, der aus dem Weinberg mit den
ausgerissenen Weinreben zurückgekehrt ist, einen Stier
geschlachtet und Zeus geopfert hat und nun den Weinkeller
plündert. Als nächstes kommt Herakles aus dem Haus, möglicherweise weil er den ‚Boten' zum Mitzechen bewegen will;
dann erscheint Syleus, der den Zerstörer seines Weinberges
sucht.

Im Unterschied zur *Alkestis*, wo der Chor die Bühne verlassen hat (er folgt Alkestis' ἐκφορά), gibt es im *Syleus* keine Ver-
anlassung anzunehmen, daß der Chor - und mit ihm Silenos -
nicht auf der Bühne seien. Der Silen ist wahrscheinlich - ähnlich wie im *Kyklops* und im *Skiron* - Haushofmeister des abwe-
senden Bösewichts, und - wie im *Kyklops* - eher schnell bereit,
seine Pflichten über einer ordentlichen Zecherei zu vergessen,
als Herakles' Zerstörung und Veruntreuung von Syleus' Besitz
vor dem Publikum zu rügen. Für eine weitere Figur - etwa
einen θεράπων wie in der *Alkestis* - steht kein Schauspieler
mehr zur Verfügung, wenn neben Silenos am Ende dieser Szene
noch Herakles und Syleus auftreten.

Die Annahme, daß die Gelageszene *nicht* auf der Bühne
stattfindet, würde es also erforderlich machen, eine gute Motivation für Silenos' Auftritt und seinen Botenbericht von den
Ereignissen im Innern des Hauses zu finden, obgleich man ihn
am ehesten dort (als Herakles' Zechkumpan) erwartet. Zudem
legt Herakles' Aufforderung an Syleus, mit ihm um die Wette
zu trinken: „Leg dich nieder und trink ..." (F 691) nahe, daß
dieses Wetttrinken augenblicklich und an Ort und Stelle, d. h.
auf der Bühne, stattfinden soll, wo sich Herakles bereits zum
Trinken niedergelassen haben muß. Und schließlich könnte ein
Detail, das Tzetzes (*Proleg. de com.*, s. o. *p.* 252 f., Z. 6) dieser
Szene hinzufügt, darauf hindeuten, daß Herakles es sich *coram
publico* gut gehen ließ: Er benutzte nämlich herausgebrochene
Türen als Tisch.

---

vielleicht auch F 692.

Andererseits müssen sich schwerwiegende Einwände dagegen erheben, daß Herakles auf der Bühne einen Stier schlachtet, zubereitet und verspeist.

Die wahrscheinlichste Lösung ist, daß die eigentliche Gelageszene - so wie das kannibalische Mahl des Kyklopen, von dem Odysseus berichtet (*Cyc.* 382-426), - nicht auf der Bühne vor sich geht, sondern im Hause; der Zuschauer erfährt davon durch einen ‚Botenbericht‘ des Silen, der vielleicht deswegen die Bühne betritt, weil er auf dem Weg ist, frisches Obst und Kuchen zu holen (vgl. o. Tz. *Proleg. de com.*, *p.* 252 f., Z. 7 f.).[64] Ähnlich wie im *Kyklops* wird dann das Symposion nach draußen, d. h. auf die Bühne, verlegt. Weil dort kein Tisch vorhanden ist, reißt Herakles kurzerhand eine Tür aus ihren Angeln und benutzt sie als Tafel. Diese Szene findet wahrscheinlich ein jähes Ende mit Syleus' Auftritt.

(3) In der Auseinandersetzung zwischen Herakles und Syleus wurden mit Sicherheit die Themen berührt, die dem Drama zu seiner späteren Bedeutung für die kynische Philosophenschule (und deren Rezeption) verhalfen.[65] Syleus dürfte Herakles auf seine Rechtlosigkeit hingewiesen haben, die sein ‚Sklave‘ nicht nur bestreiten, sondern über die er sich schließlich *nonchalant* hinwegsetzen wird.[66]

Der Streit der beiden findet ein vorläufiges Ende als Syleus abgeht, um sich gegen Herakles Verstärkung zu holen (vgl. o. Ph. *Quod omn. prob.*, *p.* 248, Z. 15). Es ist wenig wahrscheinlich, daß Herakles, der eben noch seinen ‚Herrn‘ zum Trinken aufforderte (F 691), seinerseits sogleich die Bühne verläßt: Eher wird er mit demselben Gleichmut sitzen bleiben und weiter trinken.

Es stellt sich aber die Frage, was zwischen Syleus' Abgang und Herakles' Rückkehr (im letzten Epeisodion) geschieht. Churmuziadis (1974, 156 f.) nimmt an, daß Herakles im Anschluß

---

[64] In diese Szene könnten F inc. 907 und adesp. F 90 gehören, s. u. Unsichere Fragmente *ad loc.*

[65] Vgl. Helm 1906, 241 f.

[66] Gehören vielleicht in diesen Disput auch die Fragmente E. F inc. 958 und adesp. F 304. 326. 327, die Philon neben F 687-91 in demselben Werk zitiert?

an das Symposion einschläft,[67] und ihn Xenodike und die
Satyrn seiner Waffen berauben.[68] Damit wäre zwar in Anlehnung an ein Vasenbild (s. o. Sagenstoff und Vasenbilder) erklärt,
warum Herakles einen Weg finden muß, seine Widersacher
ohne Waffen auszuschalten - nämlich indem er Syleus' Felder
unter Wasser setzt; nicht geklärt ist aber die Frage, aus welchem Anlaß er die Bühne verläßt: Wodurch oder von wem
wurde er geweckt, oder - wenn Churmuziadis' ansprechender
Rekonstruktionsvorschlag nicht zutreffen sollte, - warum verläßt Herakles die Bühne, obwohl er sich vorher Syleus furchtlos
gegenüberstellte? Es muß einen Anlaß gegeben haben, der ihn
dazu brachte, die Bühne zu verlassen und Maßnahmen gegen
seine Feinde zu ergreifen, ohne daß man gezwungen wäre,
diese plötzliche Verhaltensänderung als Feigheit auszulegen, die
Herakles niemals zu einem kynischen Ideal hätte werden lassen
können.

In Anlehnung an die Gestaltung der Figur Xenodikes bei
dem Mythographen Konon und an (sehr wahrscheinlich von Satyrspielen beeinflußte) Vasenbilder ergibt sich im Grunde nur
eine einzige Lösung: Silenos und die Satyrn sind die Diebe von
Herakles' Waffen; Xenodike hingegen ist - wie ihr Name bereits vermuten läßt - Herakles nicht feind, sondern sie weckt
ihn und warnt ihn vor der kommenden Gefahr, so daß Herakles
die Bühne verläßt, auf der der Silen, die Satyrn und möglicherweise auch noch Xenodike zurückbleiben.[69]

(4) Von dieser Szene ist nur das Ende bekannt: Xenodikes
Rettung. Am Anfang des letzten Epeisodions sind Silenos und
die Satyrn sehr wahrscheinlich zusammen mit Xenodike auf der
Bühne, da Herakles im vorangegangenen Epeisodion abging, um
Syleus mitsamt seinen Helfern zu töten. Xenodike ist in Sorge
um Herakles. In ihrer Verzweiflung wendet sie sich an die ver-

---

[67] Auch Polyphem zieht sich im Anschluß an das Symposion zur Ruhe
zurück (*Cyc.* 589).

[68] In diese Szene könnte adesp. F 416 passen: ⟨ ✕ — ⟩ κραταιῶι πε-
ριβαλὼν βραχίονι | εὕδει πιέζων χειρὶ δεξιᾶι ξύλον (*sc.* Ἡρακλῆc),
Churmuziadis 1974, 150 f. 156 f. (s. u. Unsichere Fragmente *ad loc.*)

[69] Diesem Epeisodion lassen sich nur F 687 und F 691 sicher zuordnen.

meintlich getreuen Satyrn und den Silen. Umsonst, denn diese wittern ihre Chance, sich ihr gefahrlos nähern zu können.[70]

Das Urteil über Herakles' Eingreifen im letzten Moment, wie auch über die Bestrafung des Syleus, dürfte sicher vorweggenommen sein in dem Fragment F 692, mit dem die unterschiedlichen Charaktere von Syleus und seiner Tochter in diesem Drama wahrscheinlich treffend gekennzeichnet sind. Wie in der *Alkestis* hat Herakles wahrscheinlich von seiner ‚Heldentat' im Kampf mit Syleus selbst berichtet.

Betrachtet man das Ende des Dramas, bleibt jedoch ein ungutes Gefühl zurück, und man vermag Herakles' Triumph über den Weinbauern Syleus ebensowenig nachzuvollziehen, wie die Berechtigung, - noch dazu in einem Satyrspiel - einen Weinberg zu zerstören: Ist das nicht ein klarer Affront gegen Dionysos? Es mag eine Ungunst der Überlieferung sein, die uns Syleus' Bösartigkeit - und damit einen gerechten Grund, ihn zu bestrafen - vorenthalten hat, doch auch im *Kyklops* stellt sich angesichts von Odysseus' Triumph über Polyphem nicht uneingeschränkt die Befriedigung ein, daß die gute Sache über die schlechte gesiegt habe.

---

[70] Churmuziadis (1974, 157) nimmt an, daß (neben F 692 und F 693) sowohl F 694 (s. o. *ad loc.*) als auch adesp. F 165 dem letzten Epeisodion angehören, und daß beide Fragmente aufeinander Bezug nehmen: Der Silen fordert Xenodike auf, ihre Tränen abzuwischen und ins Haus zu gehen, um mit ihm zu schlafen (F 694). Später von Herakles deswegen zur Rede gestellt, wird er alles abstreiten und stattdessen behaupten, Xenodike habe ihn aufgefordert, mit ihr zu schlafen (adesp. F 165).

Theristai

Identität

Zu den Großen Dionysien des Jahres 431 v. Chr. trat Euripides mit den Dramen *Medeia, Philoktetes, Diktys* und dem Satyrspiel *Theristai* gegen die Tragiker Euphorion und Sophokles an und unterlag ihnen. Während allerdings die *Medeia* unter die zehn Dramen des Euripides-Kanons aufgenommen und daher vollständig überliefert wurde, ist das Satyrspiel dieser Aufführung früh verloren gegangen und konnte bereits in der Bibliothek von Alexandria nicht mehr gelesen werden.

Testimonium

Aristophanes von Byzanz, Arg. E. *Med.* (a) Z. 40-44 Diggle

ἐδιδάχθη ἐπὶ Πυθοδώρου ἄρχοντος ὀλυμπιάδι πζ' ἔτει α' (*i. e.* 431 v. Chr.). πρῶτος Εὐφορίων, δεύτερος Cοφοκλῆς, τρίτος Εὐριπίδης Μηδείαι, Φιλοκτήτηι, Δίκτυι, Θεριcταῖc caτύροιc. οὐ cώιζεται.

Sagenstoff

Der den *Theristai* zugrunde liegende Stoff kann nicht ermittelt werden, da wegen des frühzeitigen Verlustes des Dramas mit Testimonien bzw. Reflexen bei späteren Dichtern nicht gerechnet werden kann,[1] und der Titel („die Schnitter") keinen genauen Anhaltspunkt für einen bestimmten Mythos liefert, sondern nur die Tätigkeit des Satyrchores beschreibt.

Friedrich Gottlieb Welcker erwog - ausgehend von dem θερίζειν der Satyrn - den in Phrygien spielenden Lityerses-Mythos als Sujet (s. u. Anm. 4). Lityerses war ursprünglich nur

---

[1] Es ist völlig ausgeschlossen, daß sich Poll. 4, 54 (Campo 1940, 57 f.), Schol. *UEAGPT* Theoc. 10, 41 (*p.* 235 Wendel, s. u.) oder der hellenistische Tragiker Sositheos (99 F 1 a-3, s. u.) auf die *Theristai* des Euripides beziehen können (anders Mette 1982, 129). Sositheos orientierte sich wahrscheinlich am *Kyklops* des Euripides (Latte 1925, 10).

die Bezeichnung eines Arbeitsliedes, bevor die Überlieferung den ersten Sänger dieses Liedes mit diesem Namen belegte und von ihm eine Geschichte erzählte (Schol. *UEAGPT* Theoc. 10, 41):[2]

ὁ Λιτυέρcηc οἰκῶν Κελαινὰc τῆc Φρυγίαc τοὺc παριόνταc τῶν ξένων εὐωχῶν ἠνάγκαζε μετ' αὐτοῦ θερίζειν. εἶτα ἑcπέραc ἀποκόπτων τὰc κεφαλὰc αὐτῶν τὸ λοιπὸν cῶμα ἐν τοῖc δράγμαcι cυνειλῶν ᾖδεν. Ἡρακλῆc δὲ ἀναιρήcαc αὐτὸν κατὰ τὸν Μαίανδρον ποταμὸν ἔρριψεν, ὅθεν καὶ νῦν οἱ θεριcταὶ κατὰ Φρυγίαν ἄιδουcιν αὐτὸν ἐγκωμιάζοντεc ὡc ἄριcτον θεριcτήν.

Dieser Stoff liegt Sositheos' Satyrspiel *Daphnis oder Lityerses* zugrunde, der den (phrygischen) Mythos allerdings um (sizilische) Figuren aus der zeitgenössischen Bukolik, Daphnis und Thaleia, bereicherte.[3]

Das Sujet würde in der Tat sehr gut zu einem Euripideischen Oger-Drama vergleichbar *Busiris, Kyklops, Lamia* (?), *Skiron* und *Syleus* passen, und es scheint gerade dem des *Syleus* so ähnlich zu sein, daß Welcker von der Identität der beiden Dramen ausging: „Unter diesen Schnittern würde man den Lityerses verstehn, wenn nicht Euripides dieselbe Sage nach der lydischen Gestalt unter dem Namen Cυλεύc behandelt hätte".[4] Dem klar zutage liegenden Widerspruch, daß die *Theristai* Aristophanes von Byzanz als verloren galten, der *Syleus* aber Philon von Alexandria noch gut bekannt war, versuchte Schöll (1839, 160 Anm. 111) mit der Annahme zu begegnen, daß von zwei Titeln ein und desselben Dramas sich der eine (*Theristai*) nur in den Didaskalien, der andere (*Syleus*) nur in den Hand-

[2] Als Bezeichnung eines Arbeitsliedes wird der Name auch in der wahrscheinlich frühesten Erwähnung gebraucht: Menander F 230 Körte: ἄιδοντα λιτυέρcην. Als Erfinder des Ernteliedes erscheint er Theoc. 10, 41: θᾶcαι δὴ καὶ ταῦτα τὰ τῶ θείω Λιτυέρcα. Als mythologische Figur tritt er erst in Sositheos' Drama *Daphnis oder Lityerses* (99 F 1 a-3) hervor.

[3] Die Satyrspielqualität ist nicht gesichert, aber sehr wahrscheinlich (vgl. zuletzt Xanthakis-Karamanos 1994 mit der älteren Literatur).

[4] Welcker 1824, 506 Anm. 798; vgl. Welcker 1826, 302 f., wo er die Identität begründet; ferner Welcker 1841 2 *p.* 444.

schriften fand, so daß dem Grammatiker die Identität des Dramas verborgen bleiben mußte.[5]

Welckers These von der Identität von *Syleus* und *Theristai* trat Hartung (1844 1 *p*. 374) energisch entgegen, der den frühen Verlust der *Theristai* durch Aristophanes ausreichend bezeugt sah und darüber hinaus feststellte, daß für einen Chor von ‚Schnittern‘ im *Syleus* kein Platz sei.[6] Allerdings schloß er sich dem ersten Teil von Welckers Annahme an, daß in den *Theristai* die Auseinandersetzung von Herakles und Lityerses dramatisiert gewesen sei. Dies ist bis heute allgemein akzeptiert.[7]

Diese Annahme ist zwar ansprechend, aber in keiner Weise überprüfbar; sie gründet sich allein auf der Schlußfolgerung, daß in einem *die Schnitter* betitelten Drama der Chor ein Schnitterlied singen müsse,[8] als dessen πρῶτος εὑρετής Lityerses galt, dessen Mythos gut in die Reihe der Euripideischen Satyrspielstoffe paßt. Mit Euripides' *Theristai* wäre zugleich auch der früheste Beleg für diesen Mythos verloren gegangen.

---

[5] Methodisch unzulässig ist Schölls (ebd.) Zweifel daran, ob der Zusatz οὐ σώιζεται sich bei Aristophanes ursprünglich wirklich auf das Satyrspiel dieser Tetralogie bezog.

[6] Hinzuzufügen ist vielleicht noch, daß wohl die Aufgabe des Herakles bzw. der Satyrn im *Syleus* mit θεριστής kaum treffend bezeichnet ist.

[7] Es ist paradox, daß kaum ein anderes Satyrspiel des Euripides - den *Kyklops* einmal ausgenommen - so große Aufmerksamkeit fand wie die *Theristai*, obwohl nicht mehr als der Titel erhalten ist. Vgl. Hermann 1848 (mit der älteren Literatur); zuletzt Xanthakis-Karamanos 1994 (mit weiterer Literatur).

Hermann (1848) meinte, in einer schwarzfigurigen aiginetischen Schale aus der Sammlung Fontana in Triest einen Reflex auf das verlorene Satyrspiel zu entdecken. Die sog. Ergotimos-Schale, die sich heute in Berlin befindet (Inv. 3151, s. Beazley ABV *p*. 79; Beazley 1987, 22), wird um die Mitte des sechsten Jahrhunderts v. Chr. datiert und fällt daher als Zeugnis aus. Gesicherte Vasendarstellungen zum Lityerses-Mythos fehlen überhaupt.

[8] Teile eines Ernteliedes finden sich offenbar in dem Papyrus P. Ryl. I 34 zitiert: In den Versenden von neun Zeilen meint Gronewald (1988) einen deutlichen Bezug auf Sisyphos erkennen zu können. Offenbar fügte sich sein Mythos von der Überwindung des Todes und der Rückkehr aus dem Hades gut in die Ernte-Metapher. Es ist also durchaus denkbar, einen Chor von Schnittern auch in der Dramatisierung eines ganz anderen Mythos (Sisyphos?) zu finden.

Unsichere Fragmente

Die folgenden Fragmente, die zum Teil nur einer Zuweisung zu einem bestimmten Drama, zum Teil aber sogar einer eindeutigen Zuweisung an Euripides entbehren, wurden verschiedentlich mit Euripideischen Satyrspielen in Verbindung gebracht.

Da Satyrspielfragmente nur aus den Dramen *Autolykos*, *Busiris*, *Epeios* (?), *Eurystheus*, *Sisyphos*, *Skiron* oder *Syleus* stammen können,[1] lassen sich einige Fragmente diesen Dramen aus inhaltlichen Gründen - soweit die Fragmente bestimmte Figuren oder Motive erkennen lassen - plausibel zuweisen.

Euripidis fragmenta incerta				988	-	*Epeios*
TGF[2]	St.	hier		1007 c	-	*Autolykos* oder *Sisyphos*
854	35	a. Zuordnung		1008	44	a. Zuordnung
863	36	*Eurystheus*		1020	45	a. Zuordnung
864	37	*Syleus*		1048	16	*Eurystheus*
879	38	*Busiris* oder *Skiron*		1084	-	*Skiron*
895	-	*Autolykos*		*Fragmenta adespota*		
907	39	*Syleus*		TrGF 2	St.	hier
915	-	*Autolykos*		33	6	a. Zuordnung
920 a	-	*Busiris*		90	9	*Syleus*
922	40	*Lamia* (s. o. *p.* 180 f.)		163 a	19	*Skiron*
936	41	*Eurystheus*		165	20	*Syleus*
937	42	a. Zuordnung		381	35	a. Zuordnung
983	43	a. Zuordnung		416	38	*Syleus*

[43 Kritias] F 19 s. u. *Autolykos* oder *Sisyphos*.

Autolykos

F inc. 895 ?

ἐν πληϲμονῆι τοι Κύπρις, ἐν πεινῶντι δ' οὔ.

Ath. 6, 270 c. Schol. Theocr. 10, 9. Eust. *Od.* 267 *p.* 1596, 45. Ohne den Namen des Dichters: Lib. *Decl.* 3 *p.* 389 f. Prov. in Milleri Mél. de litt. gr. *p.* 381. Schol. S. *Ant.* 781. Greg. Naz. 2 *p.* 213 c. [Men.] *Mon.* 159. Vgl. ferner:

---

[1] Dazu s. o. Einleitung, *p.* 19 ff.

Antiphanes bei Ath. 1, 28 f. Clem. Al. *Strom.* 3 *p.* 514. Arist. *Pr.* 10, 47 *p.* 896 a 24. Them. *Or.* 13 *p.* 164 b. Greg. Pal. *Prosop. p.* 13 f. Plu. *De tuenda sanitate praec. c.* 8 *p.* 126 c; *Quaest. natur. c.* 21 *p.* 917 b. Ael. *NA* 8, 1. Gnomol. cod. Urbin. *p.* 432.

1. Euripides ist als Dichter dieses Verses durch Athenaios (und Eustathios) und den Theokrit-Scholiasten sicher bezeugt. Für eine Zuschreibung zu einem Satyrspiel sprechen eine lexikalische Beobachtung (s. u.) und die von Athenaios erwähnte Nachricht, daß Euripides diesen Vers aus Achaios' Satyrspiel *Aithon* (20 F 6) geschöpft habe: (F 6) ... Ἀχαιός φησιν ἐν Αἴθωνι σατυρικῶι, παρ' οὗ ὁ σοφὸς Εὐριπίδης λαβὼν ἔφη (F 895): Es hat große Wahrscheinlichkeit, daß ein Vers, der auf ein Satyrspiel so eng Bezug nimmt, selbst aus einem Satyrspiel stammt.[2]

Das Hungermotiv, das in diesem Vers anklingt, könnte eine Entsprechung in F 282, 5 γνάθου δὲ δοῦλος νηδύος θ' ἡσσημένος haben. Hat Euripides im *Autolykos A'* ebenfalls den Erysichthon-Stoff bearbeitet, ist es darüber hinaus aus inhaltlichen Gründen sehr wahrscheinlich, daß das Fragment aus diesem Satyrspiel stammt. Zu Erysichthon s. o. *Autolykos, p.* 118 ff.).

Euripides' Vers ist in der Antike oft zitiert worden (s. o. App.) und wurde von Antiphanes (F inc. 238, 3 f.: ἐν πλησμονῆι γὰρ Κύπρις, ἐν δὲ τοῖς κακῶς | πράσσουσιν οὐκ ἔνεστιν Ἀφροδίτη βροτοῖς)[3] und Ps. Menander (Mon. 231: ἐν πλησμονῆι τοι Κύπρις, ἐν πεινῶσι δ' οὔ, Mon. 263: ἐν πλησμονῆι μέγιστον ἡ Κύπρις κράτος) in leichter Variation wieder aufgenommen.

πεινῶντι. Das Wort πεινᾶν findet sich bei den Tragikern nur viermal: neben F 895 einmal bei Sophokles (F 199 *Eris*) und zweimal bei Achaios (20 F 6 *Aithon satyrikos,* F 25 *Kyknos* [= F 21 Steffen]); diesen vier Stellen stehen 36 Belege aus der Komödie gegenüber. Da auch für Sophokles' *Eris* (s. Radt im App. *ad loc.*) und für Achaios' *Kyknos* (vgl. Steffen SGF *p.* 160 f. 239 f. und Sutton 1974 d, 117. 133)[4] die Satyrspielqualität diskutiert worden ist, liegt die Annahme nahe, daß der Gebrauch dieses Wortes sich auf Satyrspiel und Komödie beschränkt.

---

[2] Vgl. Nauck TGF[2] *ad loc.*: „Versum ex satyris depromptum esse recte iudicat F. Leo Senecae trag. vol. 1 p. 175.“

[3] Paratragodie? vgl. Kassel/Austin im App. *ad loc.*

[4] Vgl. Guggisberg 1947 *ad loc.*

F inc. 915 ?

νικᾶι δὲ χρεία μ' ἡ κακῶc τ' ὀλουμένη
γαcτήρ, ἀφ' ἧc δὴ πάντα γίγνεται κακά.

Clem. Al. *Strom.* 6 *p.* 743. Diphilos bei Ath. 10, 422 b.

1. Euripides ist als Dichter der beiden Verse sicher durch
Clemens und Athenaios bezeugt; für die Satyrspielqualität des
Fragments gibt es indessen keine Anhaltspunkte; die Zuschreibung zum *Autolykos satyrikos* - unter der angenommenen Voraussetzung, daß in diesem Drama der Erysichthon-Mythos behandelt worden ist, - gründet sich einzig auf das Hungermotiv
(s. o. *ad* F inc. 895). Daß der ‚Bauch‘, d. h. der unstillbare Hunger, den Sprecher dazu veranlaßt, irgendetwas zu tun, das ihn
offenbar in Schwierigkeiten gebracht hat, ist ein Motiv, das zu
keiner anderen Figur besser passen würde als zu Erysichthon.
Zu Erysichthon s. o. *Autolykos, p.* 118 ff.).

Autolykos oder *Sisyphos*

Die Frage der Autorschaft von [43 Kritias] F 19 TrGF 1[5]

Ob Euripides oder Kritias der Autor des großen Fragments
aus einem Sisyphos-Satyrspiel ist, das zweimal unter Euripides'
und einmal unter Kritias' Namen überliefert ist,[6] wird erst seit

---

[5] Aufgrund der Bedeutung des Fragments und der mit ihm verbunde-
nen interpretatorischen Schwierigkeiten wird dem Text (s. u. *p.* 319 f.) und
dem eigentlichen Kommentar eine Erörterung der Autorschaft und der in
den Versen dargestellten philosophischen Theorie vorausgeschickt. Entsprechend meinem Vorgehen bei den anderen Fragmenten habe ich hier
den maßgeblichen Text nach Snell/Kannicht (TrGF 1) abgedruckt, obwohl
ich meiner Interpretation in Einzelfällen eine andere Lesart bzw. Konjektur zugrundegelegt habe. Diese Fälle werden im Kommentar *ad loc.* im
einzelnen besprochen und sind im textkritischen Apparat vermerkt.

[6] Unter Kritias' Namen: S. E. *M.* 9, 54 (V. 1-40. 41 f.); unter Euripides'
Namen: Aet. *Plac.* 1, 7 (*p.* 298 Diels, V. 1 f. [9-16 als Paraphrase]. 17 f.);
Chrysipp. *Stoic.* F 1009 Arnim (V. 33 f.).
    Als Zitate aus demselben Drama, bzw. aus diesem Fragment gelten
ferner Schol. E. *Or.* 982 (1 *p.* 193 Schwartz): Εὐριπίδηc μύδρον λέγει τὸν

etwa zwanzig Jahren wieder kontrovers diskutiert. Hatten Euri-
pides-Herausgeber bis zum Ende des ersten Drittels des neun-
zehnten Jahrhunderts die Autorschaft des Euripides befürwor-
tet, verschwand danach das Fragment aus den Euripides-Ausga-
ben;[7] die *communis opinio*, gegen die sich von da an über ein
Jahrhundert lang kaum Widerspruch regte,[8] wurde am umfas-
sendsten 1875 von Ulrich von Wilamowitz-Moellendorff formu-
liert:

Kritias, Verfasser von Elegien und politischen Schriften
und führender Kopf der dreißig Tyrannen im Jahr 404/3 v. Chr.,
habe zwischen 411 und 404 v. Chr. in Athen eine Tetralogie aufgeführt, die aus den Stücken *Peirithus, Tennes, Rhadamanthys* und
einem Satyrspiel *Sisyphos* bestanden habe. Diese drei Tragödien,
die in der Euripides-Vita (2 *p.* 3 Schwartz)[9] als unecht verdächtigt werden, sonst aber für Euripides gut bezeugt sind, seien in
einer Didaskalie verzeichnet gewesen und wegen der Namens-
gleichheit des Satyrspiels mit dem früh verloren gegangenen
Euripideischen Drama *Sisyphos satyrikos* von 415 v. Chr. als Tetralogie in das Corpus der Euripideischen Dramen geraten. Aus
diesem Grunde sei also das Satyrspiel *Sisyphos* in späterer Zeit
zwischen Kritias und Euripides strittig gewesen.[10]

Die Euripides-Vita nennt indessen zwar die Titel der verdächtigten Tragödien (nicht des Satyrspiels) - jedoch nicht den
vermeintlichen wirklichen Dichter; die beiden Stellen, die Kritias nennen, ziehen ihn - neben Euripides - als Dichter des
Peirithus in Erwägung (Athenaios 11, 496 a) oder nennen ihn -
neben anderen Testimonien, die von Euripides sprechen, - als

ἥλιον (vgl. V. 35); Ph. *De Somn.* 1 (3 *p.* 250 Cohn; ohne Namensnennung): τὸ
θεοῦ καλὸν ποίκιλμα ὅδε ὁ κόcμοc (vgl. V. 34).

[7] Von den Herausgebern hatten sich Musgrave (1779) und Matthiä
(1829) entschieden, das Fragment Euripides zuzuweisen; nach Dindorf
(1833; so auch Hartung 1844 2 *p.* 287), und Nauck Euripides Bd. 3 (1854),
TGF[1] (1856), TGF[2] (1895) galt es der *communis opinio* als Zitat aus einem
Drama des Kritias.

[8] Vgl. Kuiper 1907, Page 1950. 3, 120-22.

[9] S. o. Einleitung, *p.* 20 (T. 1).

[10] Auch der unechte *Rhesos* und der unter Aischylos' Namen überlieferte *Prometheus* sind an die Stelle eines gleichnamigen Dramas gerückt.
Diese Beispiele zeigen aber, daß eine solche Vertauschung mit dem Verlust der Kenntnis des wirklichen Autoren dieses ‚neuen' Dramas einhergeht.

Verfasser der Trimeter von F 19 (Sextus Empiricus *M.* 9, 54).[11]
Zur Widerlegung dieser nicht haltbaren Hypothese s. o. *Sisyphos,*
p. 185 ff.;[12] im folgenden steht indessen die Autorschaft (und
der Inhalt) von F 19 im Vordergrund.

Die *communis opinio* interpretierte F 19 als Sisyphos'
Versuch, jemanden im Drama davon zu überzeugen, daß die
Götter, an die sein Gesprächspartner glaube, Erfindung eines
klugen Mannes gewesen seien, der in der Götterfurcht ein
probates Mittel sah, die Einhaltung der Gesetze zu gewährlei-
sten. Sisyphos propagiere also einen radikalen Atheismus im
Feuerbachschen Sinne und fordere jemanden dazu auf, ein
Verbrechen zu begehen. Der weitere Verlauf des Dramas zeige
natürlich, daß es sehr wohl Götter gebe, so daß Sisyphos am
Ende scheitern müsse.

Diese Interpretation und die Zuschreibung des Fragments
an Kritias blieben nicht ohne Folgen: Man interpretierte F 19
als sophistische Lehrmeinung, glaubte in den Worten einer
Bühnenfigur die Auffassung des Dichters erkennen zu dürfen
und fand somit in Kritias den einzigen historisch greifbaren
Vertreter eines ‚radikalen Flügels' der Sophisten, - ein Pendant
zu Thrasymachos und Kallikles, die in Dialogen Platons als
radikale Sophisten auftreten,[13] - und der zudem während des
Putsches im Jahr 404/3 v. Chr. versucht habe, seine philosophischen Ansichten in politische Praxis umzusetzen.

Schon die Gleichsetzung von Bühnenfigur und Dichter
macht diese Interpretation äußerst fragwürdig, aber auch gegen
andere Details erheben sich große Bedenken:

---

[11] Vier weitere Fragmente (43 F inc. 22-25), insgesamt sieben Trimeter,
überliefert Stobaios ohne Angabe eines Titels unter dem Namen Kritias.

[12] Wilamowitz 1875, 161-72; vgl. Wilamowitz 1927/62, 446 f. Wilamowitz hielt an seiner Hypothese wie an einem Dogma fest, vgl. Wilamowitz 1908/94, 211-16.

[13] Dihle (1977, 40 Anm. 23) weist darauf hin, daß die Mißachtung des
Nomos zugunsten der Physis ausschließlich von fiktiven Figuren (neben
Kallikles und Thrasymachos bei Platon, Polyphem im Euripideischen *Kykl-*
ops und der Ἄδικος Λόγος in den Aristophaneischen *Nephelai*) propagiert
wird. Der historische Thrasymachos erscheint bei Platon offensichtlich
verfälscht.

(1) Sisyphos, notorischer Betrüger der Götter, tritt überraschend für ihre Nichtexistenz ein; das aber läßt sich kaum mit dieser Figur vereinbaren.[14]

(2) Das Götterbild, gegen das Sisyphos argumentiert, zeigt deutlich sokratische Züge, (Yunis 1988 b, dazu s. u.). Ist es aber vorstellbar, daß die Kontroverse um die Götter in diesem Drama tatsächlich ‚Sokrates' Götterbild *versus* radikaler Atheismus' lautete?

Sichere Indizien gibt es nicht, die es erlauben, dem Testimonium des Sextus mehr Glauben zu schenken als den anderen.

Problematisch, wenn auch nicht von entscheidendem Gewicht, ist bereits die thematische Einordnung des Fragments in den Kontext des erhaltenen Gesamtwerks des Kritias: Sein Interesse an kosmologischen und theologischen Fragen, wie es F 19 zeigt, müßte im Fall der Zuschreibung an ihn erst postuliert werden; es findet sich in seinem übrigen Werk nicht (vgl. Dihle 1977, 31).

Dagegen ist die Zuordnung des Fragments zum Werk des Euripides völlig unanstößig: Andeutung bzw. Parodie sophistischer Meinungen (vgl. z. B. die Rhesis des Polyphem, *Cyc.* 316-40) und kosmologischer Lehren, besonders des Anaxagoras sind geradezu typisch für ihn,[15] und die Problematik des gerechten Waltens der Götter bestimmt mehr als nur eines seiner Dramen. Auch der Zusammenhang zwischen ‚furchterweckenden Geschichten' und Frömmigkeit, die die Menschen von Verbrechen abhalte, (wie ihn Sisyphos in dem Fragment herstellt), hat eine Parallele im zweiten Stasimon der *Elektra* (736-46):

> λέγεται ⟨τάδε⟩, τὰν δὲ πί-
> στιν σμικρὰν παρ' ἔμοιγ' ἔχει,
> στρέψαι θερμὰν ἀέλιον
> 740 χρυσωπὸν ἕδραν ἀλλάξαν-
> τα δυστυχίαι βρωτείωι

---

[14] Pöhlmann 1984, 10 nimmt daher an, daß es sich bei Sisyphos' Rhesis um eine Trugrede handle, für die es in der attischen Tragödie genug Beispiele gibt.

[15] Der Scholiast zu E. *Or.* 982 konstruiert wegen der Bezeichnung der Sonne als μύδρος bei Euripides (vgl. u. *ad* V. 35) sogar ein Schülerverhältnis des Tragikers zu Anaxagoras.

θνατᾶc ἕνεκεν δίκαc.
φοβεροὶ δὲ βροτοῖcι μῦθοι
κέρδοc πρὸc θεῶν θεραπείαν.
745 ὧν οὐ μναcθεῖcα πόcιν
κτείνειc, κτλ.

Geschichten wie diese, daß Zeus im Zorn über den Betrug und den Ehebruch des Thyestes den Lauf der Sonne geändert habe, verdienten kein Glauben, erklärt der Chor, hätten aber zur Frömmigkeit geführt. Klytaimestra habe sich nun, als sie Agamemnon umbrachte, ihrer[16] nicht erinnert.[17]

Auf denselben Zusammenhang scheint auch noch in einem *fragmentum incertum* angespielt zu werden (F inc. 861):[18]

δείξαc γὰρ ἄcτρων τὴν ἐναντίαν ὁδὸν
δήμουc τ' ἔcωιcα καὶ τύραννοc ἱζόμην.

Charakteristisch scheint zudem gerade für Euripides die Kompilation von Meinungen der „verschiedensten Philosophen seiner Zeit"[19] zu sein, wie sie F 19 zeigt.

Als Einwände gegen Euripides' Autorschaft wurden vor allem Sprache und Stil der Verse vorgebracht. Selbst Dihle und Scodel,[20] die entschieden für Euripides eintreten, geben ihr Unbehagen zu, den Stil dieser Verse als Euripideisch zu bezeichnen. Die Rede des Sisyphos sei „oberflächlich und prosaisch", enthalte störende Wortwiederholungen und ungewöhnlich viele Enjambements.[21] Auf der anderen Seite wurde von den Kritias-Befürwortern immer die große sprachliche Nähe dieser Verse zu Euripides konzediert (vgl. Schmid/Stählin 1, 3 *p.* 176): Die erhaltenen Dramenfragmente des Kritias seien „stilistisch von echt euripideischem Gut nicht zu unterscheiden." Insbesondere Sutton (1987, 61-66)[22] zeigt in seiner Unter-

---

[16] Es läßt sich nicht grammatikalisch entscheiden, ob sich ὧν (V. 745) auf die Götter (V. 744) oder auf die μῦθοι (V. 743) bezieht; Denniston *ad loc.* favorisiert letzteres.

[17] Vgl. aber Nestle 1942, 416 zu dieser Stelle.

[18] Überliefert bei Ach. Tat. *Isag. in Phaen. p.* 122 e; *p.* 140 c.

[19] Dihle 1977, 33 Anm. 10.

[20] Dihle 1977, 37 f.; Scodel 1980, 125.

[21] Dover 1975, 46 Anm. 27. Zuletzt Davies 1989, 27 (s. u.).

[22] Vgl. Sutton 1974 e; Sutton 1981.

suchung, wie eng sich das Vokabular des Fragments an den
Euripideischen Wortgebrauch anlehnt; zum Teil werden Wörter
verwendet, die innerhalb des Wortschatzes der Tragödie sonst
nur bei Euripides belegt sind. Die Folgerung aus diesem Sachverhalt, daß Kritias ein Nachahmer des Euripides gewesen sei,
ist daher nie bestritten worden.

Eine sprachliche Untersuchung kann für die Frage der
Autorschaft indessen nicht ausschlaggebend sein, da einerseits
für Kritias sicheres Vergleichsmaterial fehlt, - sind doch prak-
tisch alle Tragödien-Verse, die Kritias zugewiesen werden, zwischen ihm und Euripides strittig, - und andererseits auch der
Kyklops und die Fragmente aus den übrigen Satyrspielen nur einen sehr begrenzten Einblick in die Freiheiten bieten, die sich
Euripides in dieser Gattung erlaubte. Sichere Indizien finden
sich nicht.[23] Auch die beiden von Davies (1989, 27) angeführten, für Euripides untypischen ‚sophokleischen‘ Enjambements
in V. 13 und V. 27, die eine von Euripides gewöhnlich strikt ver-
miedene Pause vor dem letzten jambischen Fuß hervorrufen,
sind als Kriterium wenig überzeugend, da sie jeweils in einem
textkritisch problematischen Kontext stehen. Die Tatsache, daß
ein stilistisches (bzw. lexikalisches oder metrisches) Phänomen
in dem erhaltenen Fünftel des Euripideischen Werkes sehr selten ist, erlaubt allenfalls den Schluß, daß es im Gesamtwerk
ebenfalls sehr selten war, nicht hingegen, daß es in den verlorenen vier Fünfteln des Euripideischen Œuvres niemals auftrat.
Und bei einem Satyrspiel sehen die Proportionen noch ungün-
stiger aus: Von 17 Dramen hat sich ein einziges vollständig
erhalten, von den übrigen sind nur klägliche Reste auf uns

---

[23] Vgl. Diggle 1981, 106: "The only feature which would tell strongly
against Euripidean authorship is the τε καὶ at the end of 18 (...). But
since Aetios gives a different (but unacceptable) version of the line, and
the next line contains a meaningless τε (...), there must be corruption
hereabouts". Das Fragment aufgrund eines pauschalen Werturteils - der
‚schlechte Stil‘ deute auf Kritias - diesem zuzuweisen, verbieten dagegen
antike Zeugnisse, die seinen vollendeten Stil hervorheben (Schmid/Stählin
1, 3 *p.* 55. 183 f.; Patzer 1973, 3).

Suttons metrisches Argument, F 19 weise für ein 415 v. Chr. aufgeführtes Drama zu wenig Trimeterauflösungen auf, spricht nicht gegen
Euripides, sondern allenfalls gegen eine Aufführung im Jahr 415 v. Chr. In
der Tat sind die Trimeterauflösungen in den Fragmenten aufgrund mangelnden sicheren Vergleichsmaterials kein probates Hilfsmittel für die
Datierung Euripideischer Satyrspiele.

gekommen,[24] so daß eine verläßliche Basis, aufgrund der sich ein sicheres Urteil über die Unechtheit eines Fragments anhand von Lexis oder Stil treffen ließe, nicht gegeben ist. Am Ende einer sprachlichen bzw. stilistischen Untersuchung steht als einziges sicheres Ergebnis, daß sich auf diesem Wege die Autorschaft nicht entscheiden läßt, - mag auch das Unbehagen bestehen bleiben, das sich angesichts einer Zuweisung dieser Verse an Euripides einstellt.[25]

Vermögen also sprachliche, stilistische und metrische Merkmale des Fragments weder die Autorschaft des Kritias noch die des Euripides zu erweisen respektive zu widerlegen, bleibt als einziger Lösungsweg eine Untersuchung der Zitatquellen bzw. des näheren Kontextes, in dem F 19 zitiert wurde.

Die *communis opinio*, die Kritias als den Dichter dieser Verse ansah, wurde 1977 von Albrecht Dihle ins Wanken gebracht, der nach eingehender Untersuchung des Zitatkontextes bei Sextus das Fragment wieder Euripides zusprach.[26]

Dihle versuchte zu zeigen, daß sowohl Euripides als auch Kritias im Altertum zu Unrecht in den Verdacht geraten konnten, ἄθεοι zu sein: Im Falle des Euripides hätten Aussprüche von Bühnenfiguren der Alten Komödie[27] bei den unmittelbaren Zeitgenossen zu dem Bild vom intellektuellen Gottesleugner Euripides führen können (und in späterer Zeit dann auch geführt); dieses Bild entspreche jedoch ebensowenig der Wahrheit wie die doxographischen Nachrichten, daß Kritias einen philosophisch-dogmatischen Atheismus vertreten habe. Vielmehr hätten Berichte über seine Greueltaten während der Blutherrschaft

---

[24] Zu diesen Zahlen s. o. Einleitung, *p.* 19 ff.

[25] Schließlich ist bei der Beurteilung der Trimeter zu berücksichtigen, daß die Verse zu einem frühen Zeitpunkt (offenbar von Epikureern bzw. Stoikern) aus ihrem Kontext gerissen wurden, möglicherweise also sogar an der alexandrinischen Redaktion vorbei in die Sekundärüberlieferung eingegangen sind, und viele Jahrhunderte lang losgelöst von ihrem ursprünglichen Kontext von Autor zu Autor weitergereicht wurden.

[26] Vgl. auch Dihle 1986. Zuletzt zu dieser Frage: Davies 1989. Davies, der eine überbordende Fülle von Material zusammenstellt, ohne neue Argumente in die Diskussion zu bringen, entscheidet sich aufgrund interner Evidenz für Kritias (dazu s. o. *p.* 293).

[27] Ar. *Th.* 272. 450 f.; *Ra.* 892.

der ‚Dreißig' und über sein Schülerverhältnis zu Sokrates,[28] der
seinerseits Opfer eines Asebieprozesses geworden ist, dazu geführt, ihn in eine Reihe mit den Philosophen zu stellen, die -
erwiesen oder nicht - Atheisten gewesen seien. Folgerichtig
seien diese Zeugnisse sehr spät und nicht sehr zahlreich.[29] Ein
um 200 n. Chr. entstandener Katalog von ἄθεοι, d. h. Gottes-
leugnern, müßte also sowohl Euripides als auch Kritias enthalten, wobei der Tragiker der populärere und daher „der weitaus
vertrautere" in einer solchen Liste wäre.

Ein solcher Atheistenkatalog gibt den Rahmen ab, in dem
Sextus F 19 zitiert. Nach Dihles Ansicht weist dieser Katalog
aber einerseits eine sehr uneinheitliche Form auf und zeigt
andererseits Sextus' Absicht, die Namen möglichst vieler Männer aufzunehmen, darunter auch einige, die gar nicht die Existenz der Götter geleugnet hätten.[30] Sextus habe offensichtlich
mehrere Quellen kompiliert, die Übergänge zwischen den einzelnen Kompilaten indessen nicht sorgfältig geglättet. Daß
Euripides, der in vergleichbaren Katalogen erwähnt werde, in
dieser Liste fehle, könne daher nur darin seinen Grund haben,
daß Euripides' Name „im Vollzug der Kontamination verschiedener Quellen"[31] ausgefallen, und das Fragment, das ursprünglich als Beleg für Euripides' Atheismus gedient habe, auf diese
Weise mit Kritias in Verbindung gebracht worden sei.

---

[28] Xen. *Mem.* 1, 2, 12 f.; 24 f.; 29 f., Plu. *Alex. fort.* 1, 5 *p.* 328 c (Dihle
1977, 31 f.).

[29] Dihle (1977) nennt *p.* 31 Sextus (*M.* 9, 54; ferner *P.* 3, 218) und Plutarch (*Superstit.* 13, *p.* 171 c) als einzige Zeugen. Winiarczyk 1987, 36 fügt
hinzu: (1) Epicur. *Nat.* 12 (s. u.), wo der Grund für den Vorwurf, (der über-
dies nur aus der Zusammenstellung mit Diagoras und Prodikos hervorgeht), nicht genannt ist und in Useners Ausgabe (vermutlich aus Sextus)
durch eine Konjektur hergestellt wurde, die Arrighetti in seiner Ausgabe
nicht mehr aufgenommen hat; (2) Cic. *ND* 1, 118-19, wo Kritias allerdings
namentlich nicht erwähnt wird; (3) Theophilos *Ad Autolycum* 3, 7, wo ebenfalls der Grund für den Atheismusvorwurf nicht genannt ist. Zu diesen
Stellen und Winiarczyk (1987) s. u.

[30] Sextus behandelt zwar ausdrücklich Gottesleugner; der Verwurf, ein
ἄθεος zu sein, bleibt im Altertum aber diffus; er kann auch diejenigen
bezeichnen, die das traditionelle Götterbild oder die traditionellen Kulte
ablehnten, ohne darum die Existenz von Göttern zu leugnen.

[31] Dihle 1977, 36.

Dihles These fand vielfältiges Echo;[32] dezidiert widerspro-
chen wurde ihm indessen nur von Dana F. Sutton (1981),[33] Ma-
rek Winiarczyk (1987) und Malcolm Davies (1989).

Winiarczyk, der als einziger der Diskussion neue Argu-
mente, d. h. neue Testimonien, beizusteuern vermochte, folgt
Dihle insoweit, als er ebenfalls das fragwürdige hermeneutische
Vorgehen, von der Äußerung einer Bühnenfigur auf die Ansicht
des Dichters zu schließen, ablehnt und damit zugleich die Position der *communis opinio* preisgibt, die Kritias in den Rang eines
Sophisten erhob, da sich mit seinem Namen eine Theorie vom
Ursprung der Religion verbinde: Kritias sei *kein* sophistischer
Atheist gewesen.[34] Den Irrtum, der zu der *communis opinio* geführt hatte, projiziert er damit auf die Antike zurück: Die antike Doxographie habe aus Kritias' Satyrspiel *Sisyphos*, in dem
der Titelheld eine atheistische Position in parodistischer Weise
vortrage, einen fundierten philosophisch-dogmatischen Atheismus seines Dichters deduziert. Winiarczyk bleibt allerdings
eine schlüssige Erklärung dafür schuldig, warum nicht - wie
Dihle meint - die zahllosen Berichte über seine Greueltaten
während der Diktatur von 404/3 v. Chr. zu dieser Annahme geführt haben könnten. Ebensowenig mag einleuchten, warum die
Doxographen im Fall des Sextus gegen ein hermeneutisches
Prinzip verstießen, das sie im Fall des Euripides, dessen Platz
in der doxographischen Tradition der Atheistenkataloge Winiarczyk (*p.* 42) gegen Dihle vehement bestreitet, weitgehend (d. h.
bis auf Aetios)[35] beachtet haben sollen.

Indem Winiarczyk voraussetzt, was er eigentlich beweisen
will - die Abhängigkeit des Urteils der antiken Doxographie
von einem Satyrspiel des Kritias -, nimmt er sich die Möglichkeiten, die die von ihm für Kritias' angeblichen Atheismus angeführten weiteren Testimonien bieten.

---

[32] Literatur bei Winiarczyk 1987. Hinzuzufügen sind jetzt noch: Yunis
(1988 b, s. u.), Davies (1989, s. u.).

[33] Suttons Einwände gegen Euripides' Autorschaft werden von Davies
(1989, 27 f.) widerlegt, (zu den sprachlich-stilistischen und metrischen Argumenten s. o. *p.* 294 f.).

[34] Winiarczyk 1987, 37 f.

[35] Es wird sich tatsächlich zeigen, daß sich auch Aetios an dieses
Prinzip hielt, s. u.; umso fraglicher wird damit Winiarczyks Annahme, daß
die antike Doxographie ihr Urteil allein auf die Rhesis des Sisyphos in
einem Satyrspiel gründete.

Besondere Bedeutung mißt er Epikur *Nat.* 12 (bei Philodem, P. Herc. 1077 *col.* 82, 5-18 ~ F 87 Usener ~ F 27, 2 [2]Arrighetti) bei: „Wenn Epikur Kritias für die Annahme des menschlichen Ursprungs der Religion kritisierte, erkannte er ihn offensichtlich als den Verfasser des Sisyphos an" (*p.* 37). Tatsächlich ist ein solcher Schluß unzulässig, zumal die Präzisierung des Atheismusvorwurfs - der sich nur aus der Nennung seines Namens in einem Atemzuge mit Diagoras und Prodikos ergibt - im Papyrus nicht erkennbar ist. Mag auch Prodikos der Begründer einer Religionsentstehungstheorie sein,[36] - die Annahme, daß - aufgrund der Juxtaposition von Prodikos und Kritias - Epikur an dieser Stelle Kritias als einen vermeintlichen oder wirklichen Theoretiker des Ursprungs von Religion ansieht und kritisiert, muß auch die Rolle des Diagoras in dieser Reihe erklären:[37] Wer indessen nicht für Diagoras eine Religionsentstehungstheorie, auf die es nirgends einen Hinweis gibt, postulieren will, kann den wirklichen Grund für Epikurs Kritik an Kritias in dieser Aufzählung nur offen lassen.

Als zweites Testimonium fügt Winiarczyk Cicero *ND* 117-19 (s. u.) hinzu, ein Zeugnis, von dem Herrmann Diels (Doxogr. 58 f.) annahm, daß es - ebenso wie Aetios und Sextus - auf eine Schrift des Akademikers Kleitomachos zurückgehe. Cicero nennt allerdings Kritias nicht, sondern spricht nur von denjenigen, „qui dixerunt totam de dis immortalibus opinionem fictam esse ab hominibus sapientibus rei publicae causa." Diels' Annahme vorausgesetzt, daß Cicero aus derselben Quelle geschöpft habe wie Sextus, will Winiarczyk in Ciceros Formulierung „i qui dixerunt" eine Anspielung auf Kritias erkennen, um diese Textstelle sodann als weiteren Beleg für Kritias' vermeintlichen Atheismus dem Sextus-Testimonium wieder an die

---

[36] Zu Prodikos vgl. Henrichs 1975 und Henrichs 1976. Die von Davies 1989, 25 beobachteten Ähnlichkeiten zwischen F 19 und der Theorie von Prodikos ("undeniable and suggestive") gründen allein auf Musgraves Konjektur ὀνήϲειϲ (V. 30, statt πονήϲειϲ). Mit Prodikos' Theorie, daß die Menschen zuerst ihnen nützliche Dinge, dann Wohltäter und Kulturstifter deifiziert hätten, haben die Verse unseres Fragments nichts gemeinsam.

[37] Yunis 1988 b, 45 f. Unglücklicherweise war dieser Aufsatz Davies (1989) nicht mehr rechtzeitig vor der Drucklegung seines eigenen Aufsatzes zugänglich (vgl. Davies 1989, 32 Anm. 107), so daß er zu dem entscheidenden Einwand gegen seine Position nicht mehr Stellung beziehen konnte.

Seite zu stellen, während er dem Zeugnis des Aetios, das an
der betreffenden Stelle über die Vermittlung durch eine epiku-
reische Schrift auf Kleitomachos zurückgehe,[38] wegen dieser
Brechung geringeren Wert beimißt.[39] Tatsächlich aber liegt der
Wert dieses Testimoniums gerade darin, daß Kritias *nicht* genannt ist, Sextus' Rückgriff auf ihn also offenbar *nicht* auf eine
möglicherweise allen Quellen des Fragments gemeinsame
Quelle zurückgeht (dazu s. u.).

Das dritte Testimonium (Theophilos *Ad Autolycum* 3, 7)
schließlich, das Winiarczyk anführt, um neben dem auf Kleitomachos zurückgehenden Überlieferungsstrang einen weiteren
Beleg für Kritias' vermeintlichen Atheismus anzubringen, bleibt
ebenfalls diffus: Kritias wird neben Protagoras genannt, bevor
dessen bekannte These, daß es unmöglich sei, eine Aussage
über die Götter zu treffen, skizziert wird. Da die explizite
Nennung eines Grundes für den Atheismusvorwurf unterbleibt,
ist der Schluß, Theophilos beziehe sich wie Sextus auf F 19,
rein hypothetisch.

Trotz - oder gerade wegen - Davies' material- und kennt-
nisreichem Aufsatz kann die Frage der Autorschaft nicht als
geklärt angesehen werden, vielmehr scheint die Lage kompli-
zierter als vor Dihles Eintreten für Euripides. Drei Positionen
liegen vor:

(1) (Dihle 1977): Kritias und Euripides waren beide keine
Atheisten; der eine geriet in der Folge von Berichten über
seine Gewaltherrschaft, der andere aufgrund der Mißdeutung
von Äußerungen seiner Bühnenfiguren in die antiken Atheistenkataloge. Sextus' Zuschreibung von F 19 an Kritias widerspricht
der Wahrscheinlichkeit, nach der Euripides in der Aufzählung

---

[38] Zu der gemeinsamen Quelle von Aetios, Cicero und Sextus vgl.
Diels Doxogr. 58-60, weitere Literatur bei Winiarczyk 1987, 40 Anm. 21.

[39] Da Winiarczyk 1987, 39 davon ausgeht, daß auch Cicero nicht direkt sondern durch Vermittlung des Philon von Larissa auf Kleitomachos
zurückgehe, ergibt sich das anachronistische Paradoxon, daß er den Wert
der Testimonien umgekehrt proportional zu ihrem Alter ansetzt, dem
jüngsten Zeugnis (Sextus) also den größten, dem ältesten (Aetios) indessen den geringsten Wert beimißt. Daß Sextus aus Cicero geschöpft haben
könnte, bestreitet Winiarczyk ebd. Anm. 20.

zu erwarten wäre, und geht auf einen Fehler der Überlieferung zurück.

Dihles Kritiker konnten indessen zeigen, daß eine Wahrscheinlichkeit, nach Euripides in den Atheistenkatalogen eher als Kritias erscheinen müsse, nicht existiert,[40] und daß es mit Epikur möglicherweise einen relativ frühen Zeugen für Kritias' Atheismus gibt, wenngleich Epikurs Vorwurf an ihn nicht expliziert ist. Schließlich ist die Erklärung der Zuschreibung an Kritias als ein Fehler der Überlieferung nicht überprüfbar und hat nur den Wert einer bloßen Vermutung.

(2) (Winiarczyk 1987): Kritias war kein Atheist, (ebensowenig Euripides); gerade *weil* es für seinen Atheismus keine Belege in seinen übrigen Werken gab, können die Doxographen nur auf sein Satyrspiel zurückgegriffen haben, in dem sich die Figur Sisyphos in der gesuchten Weise äußerte. Alle Testimonien für Kritias' Atheismus bezeugen daher in Wahrheit nur, daß er der Dichter der Verse von F 19 war.

Winiarczyks Argumentation gründet sich allein auf einem Umkehrschluß: Die Äußerung einer Bühnenfigur darf nicht mit der Meinung des Dichters gleichgesetzt werden; wenn nun eine Bühnenfigur eine bestimmte Meinung äußert, ist daher auszuschließen, daß der Dichter dieselbe Meinung vertritt. Da Kritias seine Satyrspielfigur eine atheistische Position vertreten läßt, hat er selbst diese Position also nicht vertreten, folglich war sie in seinen übrigen Werken nicht zu finden; wenn er dennoch von den antiken Doxographen immer wieder als Atheist bezeichnet wird, kann sich dies nur auf sein Satyrspiel beziehen, folglich ist Kritias der Dichter des Dramas, aus dem F 19 stammt; Winiarczyk erliegt einem klassischen Zirkelschluß. Seine Argumentation rechnet gar nicht mit der Möglichkeit, daß *e. g.* Euripides in seinem Satyrspiel eine Lehrmeinung des Kritias (o. a.) parodiert haben könnte. Des weiteren kann Winiarczyk nicht erklären, warum die Doxographen im Falle des Kritias eine eherne hermeneutische Regel, Bühnenfigur und

---

[40] Im folgenden werde ich zeigen, daß Euripides in der Tat der Antike *nicht*, respektive erst sehr spät und nur aufgrund eines simplen Fehlers als ἄθεος, d. h. als radikaler Gottesleugner, galt, (mag er auch in den Ruch eines ἀσεβής geraten sein; vgl. die Testimonien bei Winiarczyk 1984, 171 f.).

Dichter nicht in eins zu setzen, verletzen, die sie im Falle des
Euripides offenbar strikt einhalten (dazu s. u.).

Richtig ist dagegen die grundsätzliche Überlegung, daß
eine theologische Theorie von dieser Bedeutung wohl kaum auf
der Bühne des Dionysos-Theaters in Athen, zumal in einem Satyrspiel, das Licht der Welt erblickt hat. Dem fünften Jahrhundert standen längst adäquate literarisch-wissenschaftliche Gattungen zur Verfügung, derer sich der Urheber dieser Theorie
bedienen konnten - und bedienen mußten, um ernst genommen
zu werden. Aus dieser Überlegung folgen zwei Sätze: (a) Ist
Kritias der Dichter der Verse von F 19, ist er. wahrscheinlich
nicht der Urheber dieser Theorie; (b) ist Kritias der Urheber
dieser Theorie, ist er wahrscheinlich nicht der Dichter dieser
Verse. Keiner dieser beiden Sätze ist indessen ein Präjudiz über
die Quellen der Doxographen: Diese können sowohl auf eine
schriftlich geäußerte Lehrmeinung des Kritias als auch auf ein
Satyrspiel Bezug nehmen, in dem diese Lehrmeinung parodiert
wird, so daß ein brauchbares Kriterium für die Entscheidung
damit allein noch nicht gefunden ist.

(3) (Davies 1989): Kritias ist der Urheber einer atheisti-
schen Theorie, und er ist der Dichter der Verse von F 19, (die
darum als Satyrspielverse nicht angemessen beurteilt sind).[41]
Hinter der ungeheuren Bedeutung der Theorie an sich tritt die
tatsächliche Ansicht des Dichters (*i. e.* des Kritias) vollkommen
zurück.

Davies' externes Argument[42] hatte Yunis (1988 b, 45 f.) bereits widerlegt: Epikur kritisiert Kritias in einem Atemzuge mit
Prodikos und Diagoras. Epikur begründet aber seinen Vorwurf
gegen die drei Männer nicht, sondern begnügt sich mit Polemik;
die bloße Tatsache, daß Prodikos der Urheber einer Religionsentstehungstheorie ist, würde nur dann den Schluß nahelegen,
daß Epikur seinen Vorwurf auch gegen Kritias mit einer Religionsentstehungstheorie begründete, wenn sich auch für Diago-

---

[41] Der Gedanke, daß F 19 nicht aus einem Satyrspiel stammt, ist nicht
neu; Steffen hat es in seinen SGF nicht aufgenommen (behandelt es aber
1975, 11 f. als Satyrspielfragment), vgl. Churmuziadis 1968, 160-63. An ein
reines Lesedrama dachte Schmid (Schmid/Stählin 1, 3 *p.* 180 f.), an eine
anonyme Publikation Dover (1975, 46); vgl. Winiarczyk 1987, 43 Anm. 33.

[42] Davies gründet seine These hauptsächlich auf interne Evidenz
(zwei für Euripides untypische Enjambements); dazu s. o. *p.* 294 f.

ras, den dritten in der Aufzählung, eine solche Theorie nachweisen ließe. Dies läßt sich aber auf der Grundlage des Quel-
lenmaterials nicht rekonstruieren,[43] so daß Kritias' Juxtaposition neben Prodikos und Diagoras am ehesten einen völlig anders gearteten Atheismusvorwurf, als er gegen Prodikos und
Diagoras erhoben wird, erwarten läßt.

Auf der Basis der bisherigen Argumente kann die Frage
der Autorschaft nicht entschieden werden. Im folgenden sollen
daher die Quellen und das Fragment selbst einer erneuten Untersuchung unterzogen werden. Bei einer solchen Untersuchung
und einer unbefangenen Analyse der in F 19 entwickelten Theorien wird sich nicht nur herausstellen, daß Euripides mit der
bei weitem höheren Wahrscheinlichkeit der Dichter der Verse
ist, sondern auch, daß die in F 19 dargestellte Theorie weder
originell ist, noch einen radikalen Atheismus propagiert.

Die Zitatquellen von F 19: (1) Aetios *Plac.* 1, 7

Als Kronzeuge für die Annahme, daß Euripides dem Altertum als Atheist galt,[44] dient ein Exzerpt einer epikureischen
Streitschrift über das Wesen der Götter bei Aetios (*Plac.* 1, 7
p. 298 Diels), das einige der bei Sextus überlieferten Verse teils
zitiert (V. 1 f. 17 f.), teils paraphrasiert (V. 9-16):

Ἔνιοι τῶν φιλοσόφων καθάπερ Διαγόρας ὁ Μήλιος καὶ Θεόδωρος ὁ
Κυρηναῖος καὶ Εὐήμερος ὁ Τεγεάτης καθόλου φασὶ μὴ εἶναι θεούς.
τὸν δὲ Εὐήμερον καὶ Καλλίμαχος ὁ Κυρηναῖος αἰνίττεται ἐν τοῖς
ἰάμβοις γράφων· (F 191, 9-11 Pfeiffer)
  εἰς τὸ πρὸ τείχευς ἱερὸν ἀλέες δεῦτε,
  οὗ τὸν πάλαι Παγχαῖον ὁ πλάσας Ζᾶνα
  γέρων ἀλαζὼν ἄδικα βιβλία ψήχει.
ταῦτ' ἔςτι τὰ περὶ τοῦ μὴ εἶναι θεούς. καὶ Εὐριπίδης δὲ ὁ τραγῳδο-
ποιὸς ἀποκαλύψαςθαι μὲν οὐκ ἐθέληςε δεδοικὼς τὸν Ἄρειον πάγον,

---

[43] Literatur zu Diagoras bei Winiarczyk 1984, 166.

[44] Die Doppeldeutigkeit des Wortes ἄθεος bedeutet in der Tat ein
Problem für diese Untersuchung. Ist nämlich die Deduzierung der Gottes-
leugnung aus der Äußerung einer Bühnenfigur ein klarer hermeneutischer
Fehler, so muß dies nicht gleichermaßen auch für den Vorwurf der Ase-
bie gegen den Dichter gelten, wenn sich z. B. eine Bühnenfigur in unge-
höriger Weise über die Götter äußerte.

ἐνέφηνε δὲ τοῦτον τὸν τρόπον· τὸν γὰρ Cίcυφον εἰcήγαγε προcτάτην
ταύτηc τῆc δόξηc καὶ cυνηγόρηcεν αὐτοῦ ταύτηι τῆι γνώμηι·
    ἦν γὰρ χρόνος, φηcίν, ὅτ' ἦν ἄτακτος ἀνθρώπων βίοc
    καὶ θηριώδηc ἰcχύοc θ' ὑπηρέτηc.
ἔπειτα φηcὶ τὴν ἀνομίαν λυθῆναι νόμων εἰcαγωγῆι. ἐπεὶ γὰρ ὁ νόμοc
τὰ φανερὰ τῶν ἀδικημάτων εἴργειν ἐδύνατο, κρύφα δὲ ἠδίκουν
πολλοί, τότε τιc cοφὸc ἀνὴρ ἐπέcτηcεν, ὡc δεῖ ψευδεῖ λόγωι τυ-
φλῶcαι τὴν ἀλήθειαν καὶ πεῖcαι τοὺc ἀνθρώπους,
    ὡc ἔcτι δαίμων ἀφθίτωι θάλλων βίωι,
    ὃc ταῦτ' ἀκούει καὶ βλέπει φρονεῖ τ' ἄγαν.
ἀναιρείcθω γάρ, φηcίν (*sc.* Aetios' Gewährsmann), ὁ ποιητικὸc λῆροc
cὺν Καλλιμάχωι τῶι λέγοντι· (F 586 Pfeiffer)
    εἰ θεὸν οἶcθα,
    ἴcθι ὅτι καὶ ῥέξαι δαίμονι πᾶν δυνατόν.
οὐδὲ γὰρ ὁ θεὸc δύναται πᾶν ποιεῖν·

    Die Atheisten werden nur kurz abgehandelt, denn es geht
um das Wesen, nicht die Existenz der Götter. Diagoras, Theodoros und Euhemeros werden mit Namen genannt, aber mit
dem Satz ταῦτ' ἔcτι τὰ περὶ τοῦ μὴ εἶναι θεούc ist ihre
Behandlung und die Problematik der Nichtexistenz der Götter
abgeschlossen.
    Der folgende Abschnitt[45] setzt sich mit den Götter-
konzeptionen der Dichter auseinander: Euripides habe seine
Götter mit uneingeschränkter Wahrnehmung und Interesse für
die menschlichen Belange ausgestattet - und steht damit in
schärfstem Gegensatz zu Epikur, der seine Götter regungslos
und unberührt von der menschlichen Welt in fernen Intermun-
dien ansiedelte. „Dichtergeschwätz" sei das und müsse *„zusammen* mit Kallimachos" aus der Welt geschafft werden
(Z. 20 f.);[46] dieser meinte nämlich, ein Gott könne alles voll-
bringen, sogar ‚schwarzen Schnee schneien lassen', und steht
damit auf gleiche Weise im Widerspruch zu Epikurs Lehre:
„Denn ein Gott kann nicht alles bewirken".

---

[45] Aetios leitet auch im folgenden einzelne, geschlossene Abschnitte
seines Exzerpts mit καί ein (vgl. z. B. 1, 7, 4; 1, 7, 8).

[46] In der Formulierung cὺν Καλλιμάχωι zeigt sich ganz klar, daß der
Kontext, in dem Euripides genannt und zitiert wird, mit dem folgenden,
in dem es um Kallimachos geht, verknüpft ist, und nicht mit dem vorangegangenen, in dem es um Diagoras, Theodoros und Euhemeros ging.

Der Vorwurf des Atheismus wird gar nicht erhoben;[47] und ein Vorwurf, daß Sisyphos, der Sprecher dieser Verse, die Existenz der Götter geleugnet hätte, ist in diesen Versen nicht erkennbar und geht auch aus Euripides' Furcht vor dem Areopag keineswegs hervor: Euripides' Darstellung der Götter als alles wahrnehmend und allgegenwärtig konnte für sich allein schon im ausgehenden fünften Jahrhundert Anstoß erregen, da solche Götter des traditionellen Kultes nicht mehr bedurften. Genau aus diesem Grunde, weil ihre Äußerungen über die Götter den traditionellen Götterkult in Athen zu gefährden schienen, sahen sich Philosophen wie Anaxagoras, Protagoras und Sokrates schweren und folgenreichen Anschuldigungen ausgesetzt. Der Doxograph vermerkt also in dem Hinweis auf den Areopag sein Erstaunen, daß Euripides sich äußerte, „*obwohl* er den Areopag fürchtete" - gemeint ist: ‚hätte fürchten müssen', denn Euripides führte in den referierten Versen einen δαίμων ein, der auffällige Ähnlichkeiten mit der Göttervorstellung des Sokrates aufweist, vgl. Xen. *Mem.* 1, 1, 19:[48]

> καὶ γὰρ (*sc.* Cωκράτηc) ἐπιμελεῖcθαι θεοὺc ἐνόμιζεν ἀνθρώπων οὐχ ὃν τρόπον οἱ πολλοὶ νομίζουcιν· οὗτοι μὲν γὰρ οἴονται τοὺc θεοὺc τὰ μὲν εἰδέναι, τὰ δ' οὐκ εἰδέναι· Cωκράτηc δὲ πάντα μὲν ἡγεῖτο θεοὺc εἰδέναι, τά τε λεγόμενα καὶ πραττόμενα καὶ τὰ cιγῇ βουλευόμενα κτλ.

Diese ungewöhnliche Wahrnehmungsfähigkeit der Götter habe - zumindest im Urteil einiger seiner Zeitgenossen - dazu geführt, daß die, die mit ihm Umgang hatten, sich auch dann von ungerechtem Tun fernhielten, wenn sie sich unbeobachtet glaubten, vgl. Xen. *Mem.* 1, 4, 19:

> ἐμοὶ ... οὐ μόνον τοὺc cυνόνταc ἐδόκει ποιεῖν ὁπότε ὑπὸ τῶν ἀνθρώπων ὁρῷντο, ἀπέχεcθαι τῶν ἀνοcίων τε καὶ ἀδίκων καὶ αἰcχρῶν, ἀλλὰ καὶ ὁπότε ἐν ἐρημίαι εἶεν, ἐπείπερ ἡγήcαιντο μηδὲν ἂν ποτε ὧν πράττοιεν θεοὺc διαλαθεῖν.

---

[47] Daß die Epikureer nicht nur gegen die Vertreter konkurrierender Philosophenschulen, sondern auch heftig gegen die Dichter polemisierten, zeigt der prototypische Epikureer Velleius in Ciceros *De natura deorum* (1, 42 f.).

[48] Die Parallelen hat Yunis 1988 b herausgearbeitet, vgl. ferner u. *ad* F inc. 1007 c.

Die deutlichen Berührungspunkte zwischen Euripides und Sokrates in diesen Versen überraschen nicht. Euripides' Biograph Satyros spricht an einer Stelle ausdrücklich von einer ‚sokratischen Götterkonzeption' bei Euripides (*fr.* 39, 2 Z. 15-22 *p.* 54 Arrighetti): εἴη ἂν ἡ τοιαύτη ὑπόνοια περ[ὶ] θεῶν [Cω]κρατική· τῶι γὰρ ὄντι τὰ θνητοῖς ἀόρατα τοῖς ἀθανάτοις εὐκάτοπτα.[49] Die Komödie nutzte dies für ihren Spott: Sokrates habe dem Tragiker beim Dichten seiner Tragödien geholfen[50] oder sei sogar eigentlich selbst ihr Dichter.[51] Berührungspunkte zwischen Euripides und Sokrates waren ein Topos der Doxographie, die für das fünfte Jahrhundert nicht zuletzt aus der Komödie schöpfte.[52] Nach einer anachronistischen Nachricht schließlich soll Euripides den Athenern die Hinrichtung des Sokrates in seinem (415 v. Chr. aufgeführten) *Palamedes* verdeckt zum Vorwurf gemacht haben (F 588): Εὐριπίδης δὲ καὶ ὀνειδίζει αὐτοῖς ἐν τῶι Παλαμήδει λέγων· ἐκάνετ' ἐκάνετε τὰν πάνσοφον τὰν οὐδέν' ἀλγύνουσαν ἀηδόνα μοῦσαν" (D. L. 2, 44).[53] Es ist also durchaus naheliegend, daß Ähnlichkeiten in der Göttervorstellung den Doxographen auch an Sokrates' Hinrichtung haben denken lassen.

Dieser Zusammenhang zwischen Sokrates und Euripides und die Gefährdung des Dramatikers, die der Doxograph sah - ob zu Recht oder zu Unrecht -, entzog sich freilich der Kenntnis späterer Jahrhunderte, die mit abstrakten Gottesvorstellungen vertraut waren; insbesondere christliche Autoren vermochten an der Vorstellung eines allgegenwärtigen, alles wahrnehmenden Gottes keinen Anstoß zu finden. Aus Aetios exzerpier-

---

[49] Die beiden in diesem Zusammenhang von Satyros zitierten Verse (F 1007 c, s. u. *ad loc.*) stammen sehr wahrscheinlich aus demselben Drama wie F 19: Yunis 1988 b.

[50] Z. B. D. L. 2, 18 aus Teleklides F inc. 41. 42 PCG, Kallias F 15 (*Pedetai*); vita 2, 1 *p.* 1 Schwartz aus Teleklides F 41 PCG. Weitere Stellen bei Kassel/Austin im App. zu Ar. F 392 (*Nephelai A'*).

[51] D. L. 2,18 aus Aristophanes F 392 PCG (*Nephelai A'*).

[52] Vgl. Wilamowitz *ad* E. *HF p.* 23 f.: Sokrates habe „durch die dämonische gewalt seiner person" auch auf Euripides gewirkt. Offenbar ist aber auch Sokrates sehr an Euripides interessiert gewesen: Ailianos (*VH* 2, 13) berichtet, daß Sokrates es sich nicht nehmen ließ, die Inszenierungen neuer Euripides-Tragödien auch außerhalb Athens zu besuchen.

[53] Ebenso: Arg. Isoc. *Busir.* (Or. 11).

ten wiederum Eusebios und Ps. Galen, jedoch ohne die einseitig epikureischen Tendenzen der ursprünglichen Quelle, insbesondere die Dichterpolemik zu berücksichtigen. Durch die Verkürzung der Vorlage entstand der Eindruck, Euripides gehöre in die Reihe der Atheisten:

(1) Eus. *PE* 14, 16, 1 (*p.* 134 des Places):

Ἔνιοι τῶν φιλοcόφων, καθάπερ Διαγόραc ὁ Μιλήcιοc καὶ Θεόδωροc ὁ Κυρηναϊκὸc καὶ Εὐήμεροc ὁ Τεγεάτηc, καθόλου φαcὶ μὴ εἶναι θεούc· τὸν δὲ Εὐήμερον καὶ Καλλίμαχοc ὁ Κυρηναῖοc αἰνίττεται ἐν τοῖc ἰάμβοιc. καὶ Εὐριπίδηc δὲ ὁ τραγωιδοποιὸc ἀποκαλύψαcθαι μὲν οὐκ ἠθέληcε, δεδοικὼc τὸν Ἄρειον πάγον, ἐνέφηνε δὲ τοῦτο· τὸν γὰρ Cίcυφον εἰcήγαγε προcτάτην ταύτηc τῆc δόξηc καὶ cνηγόρηcεν αὐτοῦ τῆι γνώμηι.

(2) Ps. Galen *Histor. Philos.* 35 (*p.* 618 Diels):[54]

τοὺc μὲν τῶν πρότερον πεφιλοcοφηκότων εὕροιμεν ⟨ἄν⟩ θεοὺc ἠγνοηκόταc, ὥcπερ Διαγόραν τὸν Μήλιον καὶ Θεόδωρον τὸν Κυρηναῖον καὶ Εὐήμερον τὸν Τεγεάτην· οὐ γὰρ εἶναι θεοὺc εἰπεῖν τετολμήκαcιν. ἔοικε δὲ ταύτην τὴν ὑπόληψιν Εὐριπίδηc † ἐπὶ θεοὺc διὰ δέοc τῶν Ἀρεοπαγιτῶν ἐκκαλυμένον τοῦτο δι' ἕξιν ὑφίcταcθαι.

Daher ist es nicht verwunderlich, daß nicht nur das Euripides-Zitat, das weder den Atheismus seines Dichters, noch seines Sprechers belegen konnte, sondern auch die gesamte Kallimachos-Passage bei beiden Autoren fehlt, und Euripides so in die Reihe der Atheisten geriet.

Wenn aber Aetios als Quelle für die antike Ansicht, Euripides sei ein Gottesleugner gewesen, ebensowenig in Betracht kommt, wie Eusebios und Ps. Galen, die diese Ansicht nur aufgrund eines nachvollziehbaren Fehlers tradierten,[55] entbehrt die Annahme, Euripides habe einen festen Platz in den Atheisten-katalogen der antiken Doxographen eingenommen, einer Grund-

---

[54] Der Text ist korrupt; Diels schreibt im App.: ἔοικε δὲ ταύτηc τῆc ὑπολήψεωc Εὐριπίδηc ἐπὶ θεοῖc δ' ἴδε τῶν ἀρεοπαγιτῶν ἐκκαλυμμ´ (superscr. ο) τοῦτο δι' ἕξιν ὑφίcταcθαι A : ἔοικε δὲ ταύτην τὴν ὑπόληψιν εὐριπίδηc ἐπὶ θεοὺc· δεῖ δὲ τὸν ἀρεοπαγήτην ἐκκαλούμενον τοῦτο δι' ἕξιν ὑφίcταcθαι B : suspicor talia ἔοικε δὲ ταύτην τὴν ὑπόληψιν Εὐρ. περὶ θεοῦ διὰ δ. τ. Ἀ. ἐγκεκαλυμμένοc τὴν αὐτοῦ δόξαν ὑφίcταcθαι.

[55] Ps. Galen ist sich offenbar nicht sicher, ob die Nachricht, die er wiedergibt, wirklich stimmt, wie das ἔοικε (Z. 4) beweist.

lage. Von Äußerungen der Alten Komödie über Euripides ist in diesem Zusammenhang freilich abzusehen.[56]

Wenn nun aber die Doxographen in Euripides keinen Atheisten sahen, - und in seinen Dramen hätte sich dafür durchaus Material finden lassen,[57] - dann dürften die Satyrspielverse der Bühnenfigur Sisyphos auch schwerlich den Ausschlag dafür gegeben haben, Kritias in die Reihe der Atheisten aufzunehmen.

Exkurs: Die in F 19 vertretene atheistische Position

Der Befund, daß sich aus den von Aetios wiedergegebenen Versen keine atheistische Position deduzieren läßt, hat seinen Grund keineswegs darin, daß Aetios oder seinem Gewährsmann eine gekürzte Fassung des Textes vorlag, denn auch den von Sextus im Zusammenhang überlieferten Versen ist nicht zwangsläufig zu entnehmen, daß in ihnen eine Theorie entwikkelt wird, die die Existenz *aller* Götter leugnet.

Zweifellos spricht Sisyphos in diesen Versen von bislang nicht bekannten Göttern respektive einem δαίμων, doch geht an keiner Stelle aus den Versen eindeutig hervor, ob man sich die Welt, von der Sisyphos spricht, *vor* dem Auftreten jenes coφὸc ἀνήρ als eine Welt vorstellen muß, in der es *überhaupt keine* göttlichen Wesen gegeben habe, - das freilich würde bedeuten, daß der coφὸc ἀνήρ die Götter tatsächlich erst erfunden hätte. Die andere Möglichkeit indessen, daß vor dem Auftreten des coφὸc ἀνήρ eine traditionelle Vorstellung von den Göttern herrschte, ist aus zwei Gründen viel wahrscheinlicher:

(1) Die erste Interpretation vermag das auffällige Nebeneinander der Bezeichnungen für die Götter (θεοί: V. <13>. 23. 27, δαίμων/δαίμονεc V. 17. 39. 42; vgl. τὸ θεῖον V. 16) nicht befriedigend zu erklären, sondern muß ihre Synonymität postulie-

---

[56] Zeugnisse für Euripides' vermeintlichen Atheismus und Nachrichten über Asebievorwürfe gegen ihn bei Winiarczyk 1984, 171 f.

[57] Vgl. F 286 (*Bellerophontes*): φηcίν τιc εἶναι δῆτ' ἐν οὐρανῶι θεούc; | οὐκ εἰcίν, οὐκ εἴc', κτλ. Weitere Stellen bei Dihle 1977, 33.

ren.[58] Dagegen spricht allerdings, daß sich mit den unterschiedlichen Bezeichnungen offenbar unterschiedliche Vorstellungen verknüpfen: Die θεοί, vor denen man sich fürchtet
(V. 13 ? vgl. V. 29), und denen nichts entgeht (V. 23), wohnen im
Himmel (V. 27), den die Menschen schon immer als furchteinflößend wahrgenommen hatten.[59] Offenbar spielt der Dichter
dieser Verse auf Lehren des Naturphilosophen Demokrit an,
nach denen die Menschen der Vorzeit aus furchteinflößenden
Naturerscheinungen wie Blitz und Donner und aus dem Lauf
der Gestirne die Existenz der Götter erschlossen hätten.[60]

Die Fähigkeit des δαίμων, selbst geheime Gedanken erfassen zu können, geht weit über traditionelle Göttervorstellungen
hinaus und weist auf Sokrates, wie nicht zuletzt auch dessen
Daimonion dem θεῖον jenes weisen Mannes ähnlich zu sein
scheint. Auf Parallelen zwischen Euripides und Sokrates in der
Götterkonzeption hatte ja der Euripides-Biograph Satyros ausdrücklich hingewiesen.[61]

Die Worte, mit denen der coφὸc ἀνήρ den Menschen den
δαίμων erklärt, setzen ferner bereits das Wissen von der Existenz göttlicher Wesen voraus: (δαίμων) ... φύcιν θείαν φορῶν
(V. 19): Ebenso wie die Beschreibung seines Wesens nur die
‚neuen‘, ungewöhnlichen Merkmale heraushebt, alles Übrige
aber mit dem Verweis auf die (notwendigerweise also bereits
bekannte) göttliche φύcιc zusammenfaßt, setzt auch die Bezeichnung τὸ θεῖον die Existenz (und Bekanntheit) von θεοί
voraus.

Die bildhafte Sprache, derer sich Sisyphos bedient, legt
zudem noch die Existenz (und Bekanntheit) weiterer über-
menschlicher Wesen nahe, und zwar *vor* dem Auftreten des
weisen Mannes: Die Menschen gaben sich Gesetze, damit
„Dike Herrscherin sei" (V. 7), und „Hybris" ihre Sklavin. Wollte
Sisyphos seinen Gesprächspartner tatsächlich davon überzeu-

---

[58] Über die allmähliche Entwicklung einer eigenen, von θεοί verschiedenen Vorstellung von δαίμονεc seit Homer s. Nowak 1960; speziell zu
der sich ab Hesiod manifestierenden Distinktion beider Begriffe s. West
ad Hes. *Op. p.* 182.

[59] Zu V. 30 ὀνήcειc s. u. *ad loc.*

[60] Demokrit 68 A 75 (aus S. E. *M.* 9, 24; Philodem *De piet.* 5; Lucr. 5,
1186-93), (Dihle 1986, 14 m. Anm. 2).

[61] P. Oxy. 1176 *fr.* 39, 2 Z. 15-22 *p.* 54 Arrighetti; vgl. Yunis 1988 b, 39.

gen, daß es überhaupt keine Götter gäbe, hätte er wohl auf solche, zumindest mißverständliche Formulierungen verzichtet.

An einer anderen Stelle gibt sich Sisyphos große Mühe, die Göttlichkeit des Himmels, d. h. des neuen Sitzes der Götter, zu profanieren: Chronos sei der kluge Baumeister des Himmels (V. 34), also wiederum eines göttlichen Wesens.

Anhaltspunkte für die Annahme, der coφὸc ἀνήρ habe Götter in einer Welt erfunden, die bis dahin noch überhaupt keine Götter kannte, finden sich (a) V. 16: τὸ θεῖον εἰcηγήcατο, (b) V. 26: ψευδεῖ καλύψαc τὴν ἀλήθειαν λόγωι, und (c) V. 41 f.: πεῖcαί τινα | θνητοὺc νομίζειν δαιμόνων εἶναι γένοc.

(a) Die Deutung der Stelle ist abhängig von der Bedeutung, die τὸ θεῖον in diesem Kontext hat. Gegen die *communis opinio* („Religion" bzw. „Vorstellung [der Menschen] vom Göttlichen") steht der Wortgebrauch in dramatischen Texten, nach dem τὸ θεῖον das göttliche Wesen bezeichnet, dessen Wirkung und Kraft auf vielfältige Weise spürbar ist (lat. *numen*), (dazu und zur Bedeutung von εἰcηγήcατο s. u. *ad loc.*).

(b) Was der weise Mann seinen Mitmenschen erzählte, war eine Lüge; aus dem Vers geht jedoch nicht hervor, ob Sisyphos meint: „er log, denn es gibt keine Götter," oder: „er log, denn den Göttern kann sehr wohl von Menschen begangenes Unrecht verborgen bleiben."

(c) Die Annahme, daß in den letzten beiden Versen die These ausgesprochen wird, die Götter seien die Erfindung eines Mannes, der ihre Existenz den Menschen glaubwürdig zu vermitteln wußte, macht die Gleichsetzung von δαίμων, θεοί und γένοc δαιμόνων erforderlich, die zumindest problematisch ist. Eine Unsicherheit für diese Annahme stellt darüberhinaus das abrupte Ende des Fragments nach V. 42 dar,[62] dem im Drama leicht noch ein Attribut folgen konnte (‚das alle üblen Taten der Menschen sehen, alle Worte hören und selbst geheime Pläne erfassen kann'), wie das πρῶτον (V. 41) nahelegt.

(2) Schwerwiegende Zweifel an der Interpretation, Sisyphos behaupte die Existenz einer Welt ohne Götter, muß schließlich die Frage hervorrufen, ob die Figur Sisyphos überhaupt die Ansicht von der Nichtexistenz der Götter vertreten

---

[62] S. u. *ad loc.*

kann - verbindet sich doch gerade mit ihr unauflösbar der Mythos von der Täuschung der Götter und ihrer gnadenlosen Bestrafung des Betrügers. Würde ein Dramatiker, der Sisyphos
diese Haltung aussprechen ließe, dessen Mythos nicht jede
Grundlage entziehen? Weit näherliegend ist doch die Interpretation, daß Sisyphos - in der Gestalt, in der ihn schon Homer
kannte - die Meinung vertritt, es gäbe sehr wohl Götter, nur
seien sie *nicht* in der Lage, alles zu hören, alles zu sehen oder
gar unausgesprochene Gedanken und Absichten zu erkennen,
denn dies habe nur irgendein „weiser Mann" erfunden, um die
Menschen von unrechtem Tun abzuhalten, - mit anderen Worten, es bestehe keine Gefahr, wenn man im Geheimen etwas
Unrechtes tue.

In der Tat äußert sich Sisyphos nur dann seinem Mythos
entsprechend, wenn er ein neu geschaffenes Götterbild, in dem
die Götter im Himmel angesiedelt, und dennoch in die intim-
sten Pläne der Menschen eingeweiht sind, zurückweist zugunsten des traditionellen Götterbildes, dessen Götter Leidenschaften unterworfen sind, miteinander konkurrieren, ungerecht
handeln und sich durch Bitten, Gebete und Versprechungen beeinflussen lassen.

Sisyphos leugnet in diesen Versen offenbar nicht die Existenz der Götter sondern nur ihre Allwissenheit. Er versucht,
seinen Gesprächspartner nicht davon zu überzeugen, daß es
keine Götter gäbe, sondern davon, daß die von ihm vorgetragene
Göttervorstellung, die große Ähnlichkeiten mit der des Sokrates
aufweist, die Erfindung eines klugen Mannes war. Was er seinem Gesprächspartner sagen will ist: ‚Die Götter können nicht
alles sehen und am wenigsten das, was nur im Geheimen geplant wird'. Keine andere Figur konnte diese These besser vortragen als Sisyphos, da sein Mythos intime Kenntnisse der
Möglichkeiten impliziert, Götter zu belügen, zu betrügen und
zu täuschen.

Die Zitatquellen von F 19: (2) Sextus Empiricus *M.* 9, 54

Sextus beschäftigt sich ausführlich mit den Vertretern eines radikalen Atheismus (*M.* 9, 49-58). Nach einer Darstellung
der möglichen Positionen (9, 49 f.) und einer Begriffsbestim-

mung des ἄθεος (9, 51) zählt er zunächst die wichtigsten Vertreter auf: Euhemeros (mit dem bereits aus Aetios [s. o.] bekannten Kallimachos-Zitat [F 191, 11 Pfeiffer]), Diagoras, Prodikos, Theodoros καὶ ἄλλοι. Gegenüber Aetios ist die Liste also zunächst nur um Prodikos erweitert.

Auf die Liste folgt eine knappe Charakterisierung der jeweiligen Lehrmeinung der genannten ἄθεοι (9, 51-53): Euhemeros behauptete, daß Menschen, die zu Lebzeiten mächtig gewesen seien, nach ihrem Tod göttliche Verehrung erhalten hätten; Prodikos, daß Sonne, Mond und alles andere, was den Menschen nützlich war, zu Göttern erklärt worden sei; Diagoras, der Dithyrambendichter, sei zuerst ein gottesfürchtiger Mann gewesen, dann aber, nachdem er erlebt hatte, daß jemand für einen Meineid nicht bestraft wurde, zu einem Gottesleugner geworden.[63] Die Reihenfolge der Atheisten hat sich gegenüber der bloßen Aufzählung verändert (Prodikos vor Diagoras), und in dieser Veränderung scheint sich eine Ordnung zu zeigen. Der erste, Euhemeros, ist zugleich der einzige, der wohl uneingeschränkt als Gottesleugner bezeichnet werden kann; Prodikos, der zweite, hatte indessen nur erklärt, wie die Menschen zum Glauben an die Götter gekommen seien, ohne die Existenz der Götter in Abrede zustellen.[64] Von Diagoras, dem dritten, vermag Sextus nicht mehr als eine Anekdote zu berichten; Theodoros' Standpunkt in dieser Frage, den man als nächstes (vergeblich) erwartet, leitet zu einem neuen Abschnitt über (9, 54-56), in dessen Zentrum eine bestimmte atheistische Position steht:

κὰι Κριτίαc δὲ εἷc τῶν ἐν Ἀθήναιc τυραννηcάντων δοκεῖ ἐκ τοῦ τάγματοc τῶν ἀθέων ὑπάρχειν, φάμενοc ὅτι οἱ παλαιοὶ νομοθέται ἐπίcκοπόν τινα τῶν ἀνθρωπίνων κατορθωμάτων καὶ ἁμαρτημάτων ἔπλαcαν τὸν θεὸν ὑπὲρ τοῦ μηδένα λάθραι τὸν πληcίον ἀδικεῖν, εὐλαβούμενον τὴν ὑπὸ τῶν θεῶν τιμωρίαν. ἔχει δὲ παρ' αὐτῶι τὸ ῥητὸν οὕτωc· (Es folgt F 19).
cυμφέρεται δὲ τούτοιc τοῖc ἀνδράcι καὶ Θεόδωροc ὁ ἄθεοc καὶ κατά τιναc Πρωταγόραc ὁ Ἀβδερίτηc, ὁ μὲν διὰ τοῦ περὶ θεῶν cυντάγματοc τὰ παρὰ τοῖc Ἕλληcι θεολογούμενα ποικίλωc ἀναcκευάcαc, ὁ δὲ Πρωταγόραc ῥητῶc που γράψαc „περὶ δὲ θεῶν οὔτε εἰ εἰcὶν οὔθ' ὁποῖοί τινέc εἰcι δύναμαι λέγειν· πολλὰ γάρ ἐcτι τὰ κωλύοντά με." κτλ.

---

[63] Vgl. T 26 Winiarczyk.
[64] Vgl. Henrichs 1976, 20 f.

Sextus nennt erst Kritias, dann, ein zweites Mal, Theodoros, schließlich Protagoras. Theodoros' doppelte Nennung könnte eine bloße Nachlässigkeit bei der Kompilation verschiedener Quellen sein (Dihle 1977, 36 f.), wahrscheinlicher ist aber, daß Sextus ihn (und - zumindest κατά τινας - auch Protagoras) mit derselben Theorie in Verbindung bringen will wie zuvor Kritias.

Theodoros' Lehre könnte tatsächlich mit dieser Theorie übereingestimmt haben. Seine Ansicht, daß moralische Verhaltensmaßregeln dazu geschaffen seien, die ἄφρονες in Zaum zu halten (T 22 Winiarczyk), setzt allerdings nicht einen radikalen Atheismus voraus.

Angenommen, Theodoros würde tatsächlich in die Gruppe der Atheisten gehören, die die Götter als Erfindung weiser Gesetzgeber der Vorzeit erklärten, die ihrerseits in der Götterfurcht eine Garantie für die Einhaltung ihrer Gesetze gesehen hätten, dann könnte Theodoros dennoch nicht als der Begründer dieser Ansicht gelten, noch nicht einmal als einer ihrer ältesten Vertreter, denn bereits Platon kennt diese Theorie (*Lg.* 10, 889 e):

θεοὺς (...) εἶναι πρῶτόν φασιν οὗτοι τέχνηι, οὐ φύσει ἀλλά τιςι νόμοις, καὶ τούτοις ἄλλοις ἄλληι, ὅπηι ἕκαστοι ἑαυτοῖςι ςυνωμολόγηςαν νομοθετούμενοι.

Bei ihm ist diese Theorie allerdings - wie nicht anders zu erwarten - nicht mit einem Namen verknüpft, und es scheint, daß Sextus sich bemüht hat, mit Kritias und Protagoras, dessen Prometheus-Mythos bei Platon immerhin große Ähnlichkeiten mit der in F 19 vorgestellten Theorie aufweist, weit zu den Ursprüngen einer Theorie vorzudringen, deren πρῶτος εὑρετής offenbar nicht überliefert war. Zwei Beobachtungen stützen diese Annahme:

(1) Für Cicero (*ND* 1, 118), der nach Diels' Meinung aus derselben Quelle schöpfte wie später Sextus (*p.* 58 f. Doxogr.), ist diese Gruppe ebenfalls nicht mit einem Urheber verknüpft, und wir dürfen annehmen, daß er den Namen in seiner eindringlichen Aufzählung von Atheisten nennen würde, wenn er

ihn gekannt hätte.[65] Cicero führt (1, 117-19) Diagoras und Theodoros an, die die Existenz der Götter gänzlich geleugnet hätten; Protagoras, der beide Annahmen - daß die Götter existieren, und daß sie nicht existieren, - für unentscheidbar erklärt
habe; als nächstes die namenlose Gruppe von Atheisten, „qui
dixerunt totam de dis immortalibus opinionem fictam esse ab
hominibus sapientibus rei publicae causa, ut quos ratio non
posset eos ad officium religio duceret". Den Abschluß seiner
Behandlung bilden Prodikos, der alles, was den Menschen
nütze, in den Rang von Göttern erhoben, und Euhemeros, der
sogar Tod und Bestattung von Göttern nachgewiesen habe. Cicero nennt also - von Kritias einmal abgesehen - dieselben
Atheisten wie Sextus, jedoch in anderer Reihenfolge und Ge-
wichtung. Neben diesen namentlich bekannten Männern steht
eine namenlose atheistische Religionsentstehungstheorie.

(2) Sextus selbst spricht bereits an einer früheren Stelle
desselben Buches explizit von dieser Theorie (9, 14-16):

ἔνιοι τοίνυν ἔφασαν τοὺς πρώτους τῶν ἀνθρώπων προστάντας καὶ τὸ
συμφέρον τῶι βίωι σκεψαμένους, πάνυ συνετοὺς ὄντας, ἀναπλάσαι
τὴν περί τε τῶν θεῶν ὑπόνοιαν καὶ τὴν περὶ τῶν ἐν ἅιδου μυθευο-
μένων δόξαν. θηριώδους γὰρ καὶ ἀτάκτου γεγονότος τοῦ πάλαι βίου
(ἦν γὰρ χρόνος, ὡς φησὶν ὁ Ὀρφεύς,
      ἡνίκα φῶτες ἀπ᾽ ἀλλήλων βίον εἶχον
      σαρκοδακῆ, κρείττων δὲ τὸν ἥττονα φῶτ᾽ ἐδάιζεν)
ἐπισχεῖν βουλόμενοι τοὺς ἀδικοῦντας πρῶτον μὲν νόμους ἔθεντο πρὸς
τὸ τοὺς φανερῶς ἀδικοῦντας κολάζεσθαι, μετὰ δὲ τοῦτο καὶ θεοὺς
ἀνέπλασαν ἐπόπτας πάντων τῶν ἀνθρωπίνων ἁμαρτημάτων τε καὶ
κατορθωμάτων, ἵνα δὲ μὴ κρύφα τολμῶσί τινες ἀδικεῖν, κτλ.

Auch an dieser Stelle wird allein diese Theorie - im
Gegensatz zu den anderen - ohne den Namen ihres Begründers
aufgeführt.

Man muß also gegen Dihle (1975, 36 f.) einwenden, daß
Sextus' Darstellung der Atheisten keineswegs ‚ungeordnet' ist;
nach Euhemeros, Prodikos und Diagoras behandelt er die Religionsentstehungstheorie, deren Urheber nicht bekannt ist, und
er versucht dann, drei Namen aus der Vorlage mit dieser Theo-

---

[65] Anders Winiarczyk (1987, 39), der annimmt, daß Cicero an dieser
Stelle Kritias' Theorie zusammenfaßt, ohne seinen Namen zu nennen
(s. o.).

rie in Verbindung zu bringen: Kritias (mit einem umfangreichen
Beleg, der somit im Zentrum seiner Behandlung der Atheisten
steht), Theodoros, der sich als einziger relativ sicher dieser
Theorie zuordnen läßt, aber nicht ihr Begründer sein kann, und
Protagoras, dessen Zugehörigkeit Sextus selbst als unsicher
kennzeichnet, dessen Nennung an letzter Stelle aber die Über-
leitung zu einem Zitat des Timon von Phleius ermöglicht. Mit
einem kurzen Satz über den ambivalenten Atheismus des Epikur (9, 58) schließt er die Behandlung der Atheisten ab und
geht zur Lehrmeinung der Skeptiker über.

Gleichzeitig muß man aber Dihle darin Recht geben, daß
Sextus' Behandlung der Atheisten die Bemühung zeigt, eine
möglichst lange Liste von Atheisten vorzuweisen, und - so muß
man hinzufügen - diesen Philosophen auf der Grundlage einer
offenbar nicht sehr sicheren respektive nicht sehr ausführlichen
Quellenlage eine bestimmte Lehre zuzuordnen.

Protagoras' Zuordnung zu den Atheisten respektive zu dieser Atheistengruppe kennzeichnet Sextus explizit als eine Meinung, die er selbst nicht überprüfen kann (κατά τινας). Aber
auch bei Kritias ist er sich offensichtlich nicht sicher, ob er
wirklich in diese Gruppe gehört, wenn er schreibt: καὶ Κριτίας
δὲ (...) δοκεῖ ἐκ τοῦ τάγματος τῶν ἀθέων ὑπάρχειν. Diese Unsicherheit überrascht angesichts des umfangreichen Belegs, den
er anfügt. Darüberhinaus irritieren die Divergenzen zwischen
dem ungewöhnlich langen Zitat des Fragments und dem ihm
unmittelbar vorausgegangenen Abschnitt, den man schwerlich
als Paraphrase des Zitats verstehen kann, der aber anscheinend
Kritias' Theorie wiedergeben soll (Κριτίας ... φάμενος). In der
Zusammenfassung ist von παλαιοὶ νομοθέται die Rede, im
Fragment indessen nur von einem einzelnen σοφὸς ἀνήρ, der
zudem erst dann auftritt, als bereits bestehende Gesetze sich
als unzulänglich erweisen; begegnet in dem Fragment ein Nebeneinander von δαίμονες und θεοί, (der weise Mann hatte die
Menschen davon überzeugt, daß es gar ein γένος δαιμόνων
gäbe), heißt es in der Zusammenfassung schlicht: ἔπλασαν τὸν
θεόν. Die τιμωρία θεῶν schließlich fehlt in dem Fragment
ganz. Diese Unterschiede zwischen Zusammenfassung und
Fragment erhalten vor allem durch die Tatsache Gewicht, daß

beide Texte unmittelbar aufeinander folgen und daher unmittelbar aufeinander bezogen sein müssen.

Sextus' Unsicherheit bei der Zuweisung des Kritias zu dieser exponierten Atheistengruppe und die Unterschiede zwischen der Zusammenfassung und dem Fragment zeigen, daß er über Kritias nicht mehr Informationen besaß, als daß dieser ein ἄθεος gewesen sei; diese Information kombinierte er mit dem Fragment, dem er eine Zusammenfassung des Inhalts der anonym überlieferten Theorie voranstellte.

Welchen Grund hatten Sextus' Zweifel? Drei Möglichkeiten sind denkbar: (1) Er war sich in der Autorschaft des Kritias nicht sicher, (2) er zweifelte, ob der Inhalt des Fragments den Atheismus seines Dichters tatsächlich erweisen konnte, (3) er hatte Bedenken wegen der literarischen Gattung, zu dem dieses Fragment gehört.

Sextus' Formulierung ἔχει δὲ τὸ ῥητὸν παρ' αὐτῶι οὕτως (9, 54), mit der er das Fragment einleitet, läßt wenig Zweifel daran, daß er von Kritias' Autorschaft überzeugt war.[66] Wieweit ihn der Inhalt und die für eine philosophische Theorie ungewöhnliche Gattung des Fragments zu einer zurückhaltenden Äußerung veranlaßt haben könnten, mag ein Blick auf Sextus' Praxis, Dichterzitate zu verwenden, klären, der auch eine Antwort auf Dihles These, Euripides' Name sei an dieser Stelle ausgefallen, geben kann.

Sextus' Zitate zeigen eine deutliche Unterscheidung zwischen Philosophen- und Dichterworten, wie gerade das Beispiel der Euripides-Zitate deutlich werden läßt. Man muß also gegen Dihle einwenden, daß der Tragiker in Sextus' Aufzählung der Atheisten gar nicht zu erwarten ist, (sein Name also nicht in Sextus' Text ausgefallen sein kann): Sextus zeigt *M.* 1, 271, wie gut Euripides' Tragödien geeignet sind, von verschiedenen Philosophen als ,Steinbruch' benutzt zu werden.[67] Er selbst zitiert ihn etwa dreißigmal und läßt keinen Zweifel daran, - weder an diesen Stellen noch an anderen, an denen er Dichter zu Wort

---

[66] Diese Formulierung kehrt in leichter Variation noch einmal *M.* 10, 305 wieder: ἔχει δὲ καὶ τὸ ῥητὸν παρ' αὐτῶι τὸν τρόπον τοῦτον.

[67] S. E. *M.* 1, 271, vgl. auch ebd. 1, 287.

kommen läßt,[68] - daß er poetische Texte nur benutzt, um seine Schrift um prägnante gnomische Sentenzen zu bereichern, ohne den Dichtern darum den Rang von Philosophen zuzuerkennen.[69] In vielen Fällen haben Dichterzitate bei Sextus eine illustrierende Funktion und sind vollkommen aus ihrem Originalkontext herausgelöst. Mitunter sind Verse aus verschiedenen Werken zu einem Zitat montiert,[70] oder es wird einem Philosophen ein Dichterwort in den Mund gelegt.[71]

Mag er also die Bedeutung einer Philosophenmeinung durch ein Dichterzitat unterstreichen oder auch nur veranschaulichen - eine komplexe Theorie auf der Grundlage der Aussage einer Euripideischen Bühnenfigur findet man bei Sextus nicht.[72] Der Versuchung, Worte einer Bühnenfigur für die Meinung des Dichters zu halten, ist offensichtlich auch Sextus nicht erlegen.

Wenn Sextus also F 19 als Beleg in außergewöhnlicher Länge zitiert und gleichzeitig spürbar Zurückhaltung übt, Kritias als den Vertreter dieser Position herauszustellen, und sich darüberhinaus auch noch Divergenzen zwischen der Theorie, die er vorstellt, und dem zugehörigen Beleg finden, dann erheben sich doch starke Zweifel am Gewicht der Zuschreibung des Fragments an Kritias. Seine Formulierung: Κριτίας δὲ ... δοκεῖ ἐκ τοῦ τάγματος τῶν ἀθέων ὑπάρχειν, φάμενος ὅτι ... ἔχει δὲ τὸ ῥητὸν παρ' αὐτῶι οὕτως, ist dann wiederzugeben: „Kritias (...) scheint auch in die Reihe der Atheisten zu gehören, *in dem Fall* daß er behauptet: (...) Was er aber äußert, hat folgenden Wortlaut: ...“

Es ist äußerst unwahrscheinlich, daß Sextus noch aus dem vollständigen Dramentext zitierte; er fand das Fragment, verbunden mit dem Namen eines Dichters und vermutlich einem thematischen Index, in einer doxographischen Schrift vor. Das

---

[68] Xenophanes und Empedokles werden freilich als Philosophen behandelt.

[69] Vgl. *M.* 1, 287. 288; 10, 315; *P.* 1, 86. Es scheint vielmehr die Relevanz einer philosophischen Lehrmeinung zu mindern, wenn sie zuvor schon bei einem Dichter zu lesen war (vgl. *M.* 1, 273; 7, 128; *P.* 1, 189).

[70] Z. B.: *M.* 6, 15; 9, 16; 11, 55.

[71] Z. B.: *M.* 6, 27.

[72] S. E. *M.* 1, 288.

Fragment war offenbar schon zu einem frühen Zeitpunkt in dieser Weise ,verzettelt' worden; Aetios konnte es *e. g.* in einer epikureischen Schrift finden, wo es mit dem Namen des Euripides, dem Sprecher Sisyphos und dem thematischen Index ,Omnipotenz der Götter bei den Dichtern', verbunden war, ein weiteres Mal, wenn auch in sehr viel kürzerer Form, in einer Schrift des Stoikers Chrysippos, wo sich immerhin noch Euripides' Name und ein thematischer Index fand, dessen Titel etwa ,Vorstellung von der Gottheit (*i. e.* das stoische πνεῦμα νοερὸν καὶ πυρῶδες, das keine Gestalt hat) aufgrund der Schönheit des Kosmos' lautete. In diesen beiden Fällen befinden sich Index und Beleg in Übereinstimmung, bei Sextus hingegen ist offensichtlich die Verbindung des Fragments mit einem thematischen Index gestört, denn die 42 Verse, die Sextus zitiert, vermögen nicht die These zu belegen, daß ihr Dichter die Existenz der Götter leugnete (s. o.): Ist aber die Verknüpfung mit dem ursprünglichen thematischen Index verloren, und Sextus in der Zuordnung zudem offenbar selbst nicht sicher, dann ist es naheliegend, daß auch die Verknüpfung des Fragments mit dem Namen des Dichters gestört ist. Dies erklärt, daß es sich bei diesem Fragment um die einzige Stelle handelt, an der es mit dem Namen Kritias verbunden ist, und zugleich um die einzige Stelle, an der es eine atheistische Theorie belegen soll.

Ob Kritias wirklich jemals eine atheistische Theorie vertrat und publizierte, läßt sich nicht klären. Angesichts der zwar nicht wenigen, aber an keiner Stelle erläuterten Zeugnisse hierfür[73] ist es eher unwahrscheinlich, daß sich der Machtpolitiker Kritias mit einer theoretischen Fundierung seines Verhaltens während des Putsches 404/3 v. Chr. aufgehalten hätte. Sein Interesse an Sokrates währte nur so lange, bis er einsah, daß dieser ihm nichts vermitteln konnte, was ihm für seine politischen Ambitionen nützlich wäre.[74]

Nach dem Wegfall von Sextus' Zeugnis gibt es in Kritias' Werk nichts, was es berechtigte, ihn weiterhin zu den Sophi-

---

[73] Zur Glaubwürdigkeit der sogenannten ,Atheistenkataloge' s. Henrichs 1976, 20 f.

[74] Xen. *Mem.* 1, 2, 39. 47.

sten zu zählen.[75] Auch dafür, daß er Dramen geschrieben und aufgeführt habe, existieren keine sicheren Zeugnisse.[76] Es bleibt das Kritias-Bild, das Dihle 1977 gezeichnet hat: Der Atheismusvorwurf gründet sich auf Berichte über seine grausame Gewaltherrschaft. Diese Berichte machten es plausibel, daß ein fälschlich unter seinem Namen tradiertes Fragment seine Zugehörigkeit zu einer speziellen Atheistengruppe belege. Dieser Fehler der Überlieferung ist auf ähnlichem Wege zustande gekommen, wie Eusebios' und Ps. Galens Zeugnis für den Atheismus des Euripides.

Der Titel des Satyrspiels, aus dem F 19 stammt, ist nicht überliefert, gleichwohl ist man bis heute immer stillschweigend davon ausgegangen, daß der Sprecher zugleich der Titelheld seines Dramas sei. Das ist jedoch keineswegs selbstverständlich, da Sisyphos auch in den Autolykos-Dramen aufgetreten sein kann. In das Autolykos-Satyrspiel, aus dem Tzetzes (*H.* 8, 435-53 Leone, s. o. *Autolykos*, *p.* 46) einige Details überliefert, könnte das Fragment gut hineinpassen (s. o. *p.* 117). Autolykos verfügt in diesem Drama über eine außergewöhnliche Fähigkeit zu stehlen: Er tauscht seine Beute gegen etwas Minderwertiges ein und verursacht bei dem Eigentümer eine δόκηϲιϲ, die diesen über die wahre Identität hinwegtäuscht - ein perfektes Verbrechen, für dessen notwendige Aufdeckung eine alles wahrnehmende Götterwelt - und sei ihre besondere Fähigkeit in diesem Drama auch nur diskutiert - eine geeignete Folie lieferte.

---

[75] Vgl. Pöhlmann 1984, 18: „Kritias ist in jedem Fall aus der Philosophiegeschichte zu streichen, wo er als der prominenteste Vertreter des sogenannten ‚Radikalen Flügels' figuriert." Für die Existenz dieses ominösen ‚Radikalen Flügels' der Sophistik gibt es - nach Kritias' Ausscheiden - keine Belege mehr. Vgl. Kerferd 1981, 53: "But if it (*i. e.* F 19) is not by Critias there is not very much left of Critias' claim to be ranked among the sophists."

[76] S. die Testimonien TrGF 1 *p.* 170 f.

Fragmente

[43 Kritias] F 19 [77]

ΣΙΣΥΦΟΣ

    ἦν χρόνος ὅτ' ἦν ἄτακτος ἀνθρώπων βίος
    καὶ θηριώδης ἰσχύος θ' ὑπηρέτης,
    ὅτ' οὐδὲν ἆθλον οὔτε τοῖς ἐσθλοῖσιν ἦν
    οὔτ' αὖ κόλασμα τοῖς κακοῖς ἐγίγνετο.
5   κἄπειτά μοι δοκοῦσιν ἄνθρωποι νόμους
    θέσθαι κολαστάς, ἵνα δίκη τύραννος ἦι
    ⟨ × – ∪ – × ⟩ τήν θ' ὕβριν δούλην ἔχηι·
    ἐζημιοῦτο δ' εἴ τις ἐξαμαρτάνοι.
    ἔπειτ' ἐπειδὴ τἀμφανῆ μὲν οἱ νόμοι
10 ἀπεῖργουσιν αὐτοὺς ἔργα μὴ πράσσειν βίαι,
    λάθραι δ' ἔπρασσον, τηνικαῦτά μοι δοκεῖ
    ⟨ × – ⟩ πυκνός τις καὶ σοφὸς γνώμην ἀνήρ
    ⟨θεῶν⟩ δέος θνητοῖσιν ἐξευρεῖν, ὅπως
    εἴη τι δεῖμα τοῖς κακοῖσι, κἂν λάθραι
15 πράσσωσιν ἢ λέγωσιν ἢ φρονῶσί ⟨τι⟩.
    ἐντεῦθεν οὖν τὸ θεῖον εἰσηγήσατο,
    ὡς ἔστι δαίμων ἀφθίτωι θάλλων βίωι
    νόωι τ' ἀκούων καὶ βλέπων, φρονῶν τε καί
    προσέχων τε ταῦτα καὶ φύσιν θείαν φορῶν,
20 ὃς πᾶν {μὲν} τὸ λεχθὲν ἐν βροτοῖς ἀκού⟨σ⟩εται,
    ⟨τὸ⟩ δρώμενον δὲ πᾶν ἰδεῖν δυνήσεται.
    ἐὰν δὲ σὺν σιγῆι τι βουλεύηις κακόν,
    τοῦτ' οὐχὶ λήσει τοὺς θεούς· τὸ γὰρ φρονοῦν
    ⟨ × – ⟩ ἔνεστι. τούσδε τοὺς λόγους λέγων
25 διδαγμάτων ἥδιστον εἰσηγήσατο
    ψευδεῖ καλύψας τὴν ἀλήθειαν λόγωι.
    ⟨ν⟩αίει⟨ν⟩ δ' ἔφασκε τοὺς θεοὺς ἐνταῦθ' ἵνα
    μάλιστ' ἂ⟨ν⟩ ἐξέπληξεν ἀνθρώπους ἄγων,
    ὅθεν περ ἔγνω τοὺς φόβους ὄντας βροτοῖς
30 καὶ τὰς ὀνήσεις τῶι ταλαιπώρωι βίωι,
    ἐκ τῆς ὕπερθε περιφορᾶς, ἵν' ἀστραπάς
    κατεῖδον οὔσας, δεινὰ δὲ κτυπήματα

---

[77] Das Fragment wurde zuletzt umfassend von Malcolm Davies (1989, 18-24) kommentiert, auf dessen Kommentar im folgenden in der Regel nur mit dem Kürzel ‚D‘ verwiesen wird.

βροντῆς τό τ᾽ ἀστερωπὸν οὐρανοῦ δέμας,
Χρόνου καλὸν ποίκιλμα, τέκτονος σοφοῦ,
35   ὅθεν τε λαμπρὸς ἀστέρος στείχει μύδρος
ὅ θ᾽ ὑγρὸς εἰς γῆν ὄμβρος ἐκπορεύεται.
τοίους πέριξ ἔστησεν ἀνθρώποις φόβους,
δι᾽ οὓς καλῶς τε τῶι λόγωι κατώικισεν
τὸν δαίμον᾽ οὗτος ἐν πρέποντι χωρίωι,
40   τὴν ἀνομίαν τε τοῖς νόμοις κατέσβεσεν

καὶ ὀλίγα προσδιελθὼν ἐπιφέρει·

41   οὕτω δὲ πρῶτον οἴομαι πεῖσαί τινα
θνητοὺς νομίζειν δαιμόνων εἶναι γένος

1-40; 41 f. Sextus Empiricus *M.* 9, 54 (Kritias zugeschrieben). **1 f.; 9-16** (als Paraphr.); **17 f.** Aetios *Plac.* 1, 7 (Euripides zugeschrieben). **33 f.** Chrysippos F 1009 Arnim (Euripides zugeschrieben). **34** καλὸν ποίκιλμα Philon *De somn.* 1 (3 *p.* 250 Cohn/Wendland) (ohne Angabe einer Quelle). **35** μύδρον Schol. Euripides *Or.* 982 (Formulierung für Euripides bezeugt).

12 ⟨πρῶτον⟩ Enger, Davies (cf. Steffen 1975, 11 f.). **13** ⟨θεῶν⟩ δέος Wekklein : γνῶναι δὲ ὃς Hss. **18** ὃς ταῦτ᾽ ἀκούει καὶ βλέπει φρονεῖ τ᾽ ἄγαν Aet. | τε καί Sext. : θ᾽ ὑφ᾽ οὗ Mette. **19** τε ταῦτα : τὰ πάντα Grotius, Dihle, Yunis, Davies. | Der ganze Vers von Mette athetiert. **20** ὃς πᾶν {μὲν} κτλ. Normann : ὃς ὑφ᾽/ἐφ᾽ οὗ πᾶν κτλ. Hss. : πᾶν μὲν Mette. | ἀκού⟨σ⟩εται Normann : ἀκούεται Hss., Mette. **22** σὺν : καὶ Meineke : κᾶν Nauck. **24** ⟨ ⟩ ἔνεστι : ⟨θεοῖς⟩ ἕν. Normann : ⟨τούτοις⟩ ἕν. Hermann : ⟨αὐτοῖς⟩ ἕν. Mutschmann : ἕν. ⟨αὐτοῖς⟩ Heath : ἔνεστι τ⟨οιούτ⟩ους δὲ Meineke, Davies. **26** τυφλώσας Aet., Porson, Nauck : καλύψας Sext. **28** ἄγων († ἄγ. Davies) : λέγων Grotius : βλέπων/ἰδών ? Dihle : ἄνω Sier. **30** ὀνήσεις Musgrave : πονήσεις Hss. **32** κατεῖδον Snell : κατεῖδεν Hss., Davies. **33** δέμας Sext. : σέλας Chrys., Davies. **37-40** athetiert von Pechstein. **37** τοίους πέριξ ἔστησεν Meineke : τοιούτους περιέστησεν Hss.: τοιοῖσδε περιέστ. Grotius. **39** δαίμον᾽ οὗτος Diels : δαίμονα οὐκ Hss. : δαίμον᾽ οἰκεῖν Hermann. **40** νόμοις : φόβοις F. W. Schmidt : βροτοῖς ? Diels. | Der ganze Vers von Luppe athetiert.

1-42. Sisyphos' Darstellung einer Genese der Götterfurcht gliedert sich in drei Abschnitte von etwa gleicher Länge: Am Anfang steht ein dreistufiges Modell der Kulturentstehung: (1) Der Urzustand der Gesetzlosigkeit (V. 1-4), (2) Einführung von Gesetzen (V. 5-8), (3) die Unvollkommenheit dieses Zustands und das Auftreten eines weisen Mannes, der die Götterfurcht lehrt (V. 9-15). Den zweiten Abschnitt bildet eine fiktive wörtliche Wiedergabe der ersten (und angenehmsten, V. 25)

Lehre jenes Mannes, der von einem δαίμων sprach, dem auch
verborgenes Unrecht nicht entgehe (V. 16-26). Eine zweite
Lehre des coφòc ἀνήρ bildet den dritten Abschnitt (V. 27-36):
Sie zeigt die Götter, die im Himmel thronen, der für die Menschen seit jeher angstbesetzt gewesen sei. Zugleich enthält
dieser Abschnitt Sisyphos' Ansätze zu einer Widerlegung dieser
Kosmologie. (Zu V. 37-40, die eine mangelhafte Zusammenfassung der vorangegangenen Verse enthalten, s. u. *ad loc.*). Vielleicht am Ende von Sisyphos' Darstellung, wohl in einer Art
Resüme, standen V. 41 f.

1-4.   In den ersten vier Versen wird der Urzustand
menschlichen Zusammenlebens geschildert. Er ist ungeordnet,
ἄτακτoc (V. 1), dem Leben der Tiere gleich, θηριώδηc, und be-
herrscht von Gewalt, ἰcχύoc θ' ὑπηρέτηc (V. 2), seine negative
Qualität resultiert aus dem Fehlen von νόμοι. Mit der Einführung der Gesetze sind Chaos und Anarchie unter den Menschen
scheinbar beendet. Der aus anderen Berichten (vgl. Heinimann
1945, 148) bekannte Aspekt, daß die Gesetze ein Geschenk der
Götter seien (s. *ad* V. 1-4), ist an dieser Stelle zurückgedrängt,
denn die Kritik des Sisyphos richtet sich gerade gegen die Auffassung, die Götter kümmerten sich um die menschlichen Belange. Der von Sisyphos beschriebene Vorgang, daß die Menschen aus eigener Kraft in mehreren Schritten zur Zivilisation
gefunden hätten, entspricht einer Xenophaneischen Vorstellung
(21 B 18 Diels/Kranz): oὔτoι ἀπ' ἀρχῆc πάντα θεoὶ θνητoῖc
ὑπέδειξαν | ἀλλὰ χρόνωι ζητoῦντεc ἐφευρίcκoυcιν ἄμεινoν.[78]

Das Zusammenleben der Menschen scheint zunächst gere-
gelt zu sein, doch zeigen sich die νόμοι als unwirksam gegen
Verbrechen, die ohne Zeugen (λάθραι, V. 11) begangen werden,
denn die Übeltäter brauchen dann eine Verfolgung nicht zu be-
fürchten. Antiphon (87 B 44 *col.* 2 Diels/Kranz) hatte bei seiner
Herausarbeitung der Nomos-Physis-Antithese darauf hingewiesen, daß die Übertretung der νόμοι, die sich eine Gemeinschaft
selbst gegeben hat, folgenlos bliebe, wenn sie ohne Zeugen ge-
schehe, - im Gegensatz zu einer Verletzung der naturgegebe-
nen, mit dem Menschen ,verwachsenen' Gesetze, (die gar nicht
möglich sei): τὰ oὖν νόμιμα παραβαίνων εἰὰν λάθηι τoὺc ὁμo-
λoγήcανταc καὶ αἰcχύνηc καὶ ζημίαc ἀπήλλακται· μὴ λαθὼν δ'

---

[78] Erfindungen sind ein häufiges Satyrspielmotiv, vgl. (mit Stellen)
Seidensticker 1979, 246 f.; Seaford *ad* E. *Cyc. p.* 36 f.

οὔ.[79] Auch Demokrit teilt die Ansicht, daß innere Antriebe eher als „Gesetze und Zwang" heimliche Verfehlungen verhinderten (68 B 181 Diels/Kranz): λάθρηι μὲν γὰρ ἁμαρτέειν εἰκὸς τὸν εἰργμένον ἀδικίης ὑπὸ νόμου, τὸν δὲ ἐς τὸ δέον ἠγμένον πειθοῖ οὐκ εἰκὸς οὔτε λάθρηι οὔτε φανερῶς ἔρδειν τι πλημμελές.[80] Diese Beispiele[81] zeigen, daß die begrenzte Wirksamkeit der menschlichen Gesetze ein Allgemeinplatz war. Sisyphos konstruiert daraus - in parodistischer Übertreibung - eine eigene Problematik, die schließlich zu einem geschlossenen theologischen und kosmologischen System geführt habe: In dieser Situation, nachdem offenbar wird, daß die Gesetze ihre beabsichtigte Wirkung (vgl. V. 6 f.) verfehlten, tritt ein Mann auf, der erkannt hat, daß es allein die Furcht (δέος, V. 13; δεῖμα, V. 14) vor Strafe ist, die einen Verbrecher von seiner Tat abhalten kann.

1. ἦν χρόνος ὅτ' ἦν ... „Es war einmal eine Zeit, da ..." Die Märchenformel[82] leitet auch andere Kulturenstehungsmythen ein, vgl. Moschion (97 F 6, 3 f.): ἦν γάρ ποτ' αἰὼν κεῖνος, ἦν ποθ' ἡνίκα | θηρσὶν διαίτας εἶχον ἐμφερεῖς βροτοί, die „in vieler Hinsicht genaueste Parallele" (D 18); ferner das Orphiker-Fragment (F 292 Kern), das Sextus (M. 2, 31; vgl. 9, 15) wiedergibt: ἦν χρόνος, ἡνίκα φῶτες ἀπ' ἀλλήλων βίον εἶχον | σαρκοδακῆ, κρείσσων δὲ τὸν ἥττονα φῶτα δάϊζεν, den Protagoras-Mythos (Platon *Prot*. 320 c): ἦν γάρ ποτε χρόνος, ὅτε θεοὶ μὲν ἦσαν, θνητὰ δὲ γένη οὐκ ἦν, und Euhemeros' Kulturentstehungslehre (F 27 Winiarczyk aus S. E. *M*. 9, 17), in der die Formulierung von F 19, 1 wiederkehrt: ὅτ' ἦν ἄτακτος ἀνθρώπων βίος, οἱ περιγενόμενοι τῶν ἄλλων ἰσχύϊ τε καὶ συνέσει ὥστε πρὸς τὰ ὑπ' αὐτῶν κελευόμενα πάντας βιοῦν κτλ. Auch im folgenden werden *termini technici* entsprechender Kulturentstehungslehren verwendet (D 19. 26).

ἄτακτος. Im Unterschied zu der seit Hesiod bekannten Vorstellung von einem Goldenen Menschengeschlecht (*Op*. 109-

---

[79] Diese Aussage darf natürlich nicht - im Gegensatz zu Sisyphos' Absicht - als Aufforderung mißverstanden werden, die Gesetze nicht zu achten, (vgl. B 61: ἀναρχίας δ' οὐδὲν κάκιον ἀνθρώποις).

[80] Vgl. S. *Tr*. 596 f. (Deianeira): ὡς σκότωι | κἂν αἰσχρὰ πράσσηις, οὔποτ' αἰσχύνηι πεσῆι.

[81] Dazu s. Dihle 1986, 14.

[82] Literatur zur Märchenformel bei D 18, Anm. 4.

26) beginnt Sisyphos' Lehre mit einer rohen und ungeordneten Welt, die erst im Laufe der Zeit Fortschritte erfährt. Vergleichbare Kulturentstehungsmythen[83] unterscheiden sich vor allem durch die treibende Kraft, die hinter dem Fortschritt steht: entweder der Mensch selbst (Xenophanes 21 B 18 Diels/Kranz [s. u. *ad* V. 13], am eindrucksvollsten wohl S. *Ant.* 332-64, vgl. ferner D. S. 1, 8, 1 ~ Democr. 68 B 5 Diels/Kranz) oder die Götter (Pl. *Prot.* 320 c-322 d). Das Aszendenz-Modell ist in dem Mythos von Prometheus' Feuerdiebstahl (*Op.* 50-52) schon bei Hesiod angelegt; beide Kulturmodelle bestanden von einer frühen Stufe an nebeneinander (Dihle 1986, 18). Moschion (97 F 6, 20-22) stellt in seinem Drama beide Modelle als Alternativen nebeneinander.

Das Wort ἄτακτος erscheint im Wortschatz von Tragödie und Komödie sonst nur noch Men. *Aspis* 29.

2. θηριώδης. Das Wort θηριώδης ist innerhalb des Wortschatzes der Tragödie dreimal und nur bei Euripides belegt. Es bezeichnet im Kontext menschlichen Zusammenlebens[84] einen Zustand, in dem νόμοι entweder unbekannt, vgl. *Supp.* 201 f. (Theseus zu Adrast): αἰνῶ δ' ὃς ἡμῖν βίοτον ἐκ πεφυρμένου | καὶ θηριώδους θεῶν διεσταθμήσατο, oder unwirksam sind, d. h. im Krieg (*Or.* 523-25, Tyndareos zu Menelaos):

ἀμυνῶ δ', ὅσονπερ δυνατός εἰμι, τῶι νόμωι,
τὸ θηριῶδες τοῦτο καὶ μιαιφόνον
525   παύων, ὃ καὶ γῆν καὶ πόλεις ὄλλυσ' ἀεί.

Den tierähnlichen Zustand der menschlichen Frühzeit beschreiben auch Aischylos **F 181 a, 3 (*Palamedes*): θηρσίν θ' ὅμοιον (*sc.* βίον) und Moschion (97 F inc. 6, 4): θηρσὶ⟨ν⟩ διαίτας εἶχον ἐμφερεῖς βροτοί. Auf dieser Stufe herrschte sogar Kannibalismus (V. 14 f.).

Das Wort θηριώδης ist nicht nur ein *terminus technicus* in Kulturentstehungstheorien, sondern findet sich auch als *key word* in Parodien dieser Lehren, vgl. Athenion F 1, 4 (*Samothrakes*), wo die Kochkunst als Grundlage der menschlichen Kultur entwik-

---

[83] Vgl. F 292 *p.* 302-304 Kern. Literatur bei D 18, Anm. 5; Winiarczyk im App. *ad* Euhemeros F 27, *p.* 19.

[84] E. *Tr.* 671 ist ein Pferd gemeint.

kelt wird und eine kannibalische Vorstufe überwindet (Henrichs 1975, 117, Anm. 86).[85]

ἰςχύος θ' ὑπηρέτης. „Der Gewalt unterworfen/ergeben"; vgl. Moschion 97 F 6, 14-16:

> βοραὶ δὲ capκoβρῶτες ἀλληλοκτόνους
> παρεῖχον αὐτοῖς δαίτας· ἦν δ' ὁ μὲν νόμος
> ταπεινός, ἡ βία cύνθρονος Διί·

Der Platz neben dem thronenden Zeus ist gewöhnlich Dike vorbehalten, vgl. Hes. *Op.* 259: πὰρ Διὶ πατρὶ καθεζομένη Κρονίωνι.

4. κόλαςμα. Das Wort κόλαςμα ist für die Tragiker sonst nicht belegt (für die Komödie nur Ar. F 400 PCG), es wird V. 6 mit κολαςτὰς (an derselben *sedes*) wieder aufgenommen, (das sich nur bei den Tragikern[86] und nicht in der Komödie findet). Die Häufung von Substantiven der –μα–Ableitung ist in F 19 auffällig: δεῖμα (V. 14), δίδαγμα (V. 25), κτύπημα (V. 32), ποίκιλμα (V. 34).

6. κολαςτάς. S. o. *ad* V. 4 κόλαςμα.

δίκη τύραννος. Wie δίκη werden auch andere Abstrakta geradezu als Personifikationen behandelt: δίκη als τύραννος, ὕβρις als δούλη (V. 7), in Aetios' Text wird die Wahrheit „geblendet' τυφλώςας τὴν ἀλήθειαν (s. u. *ad* V. 26). Das Wort τύραννος, zuerst *h. Mart.* 5 (für den Gott Ares) belegt, bezeichnet einen unumschränkten Alleinherrscher. Nach Hippias 86 B 9 Diels/Kranz wurde es zuerst in der Zeit des Archilochos gebraucht. Eine negative Konnotation ist mit diesem Wort bei den Tragikern nicht grundsätzlich verbunden, und offenbar nur selten intendiert.[87] Euripides benutzt das Wort sehr häufig (87 Mal);[88] in den meisten Fällen bezeichnet es speziell den Fürsten eines Landes: z. B. *Hel.* 4 (Proteus), V. 35 (Priamos), *IT* 741 (u. ö.; Thoas), bzw. generell einen Herrscher (z. B. *Andr.* 202. 204, *Hipp.* 363) oder einen Gott (Eros: *Hipp.* 538, F 136, 1). Die

---

[85] Literatur zu dem *terminus technicus* bei D 19, Anm. 7. 8; ferner Kassel/Austin im App. *ad* Athenion F 1, 4 *sqq.*

[86] A. *Pers.* 827, S. *OC* 439; F 533, 1, E. *Heracl.* 388; *Supp.* 255. 341.

[87] Vgl. [A.] *Pr.* 736. S. *OT* 872 (aber vgl. V. 513), F 873. E. *Supp.* 404. 429 (s. u., aber vgl. V. 1189), *Tr.* 426 (aber vgl. V. 748), *Hel.* 395, dazu: *Or.* 1168 (aber vgl. *Hel.* 4, *Or.* 1456), F 8, 1. 171, 1. 172, 2. 420, 1.

[88] Aischylos: zweimal, [A.] *Pr.*: fünfmal, Sophokles: 20 Mal, [E.] *Rh.*: einmal.

wenigen Stellen, an denen τύραννοc eine negative Konnotation
(„ungerechter Gewaltherrscher') trägt, ist die Hybris des Tyrannen ausgeführt, vgl. z. B. *Supp*. 404-406 (Theseus klärt den thebanischen Boten, der nach dem Herrscher Athens fragt, darüber
auf, daß in dieser Stadt nicht ein einzelner sondern das Volk
herrsche): οὐ γὰρ ἄρχεται | ἑνὸc πρὸc ἀνδρὸc ἀλλ' ἐλευθέρα
πόλιc. | δῆμοc δ' ἀνάccει κτλ. Der Thebaner zeigt sich in sei-
ner Antwort als entschiedener Gegner der Demokratie, und
Theseus führt weiter aus (V. 429-32):

οὐδὲν τυράννου δυcμενέcτερον πόλει
430   ὅπου τὸ μὲν πρώτιcτον οὐκ εἰcὶν νόμοι
κοινοί, κρατεῖ δ' εἷc τὸν νόμον κεκτημένοc
αὐτὸc παρ' αὑτῶι· καὶ τόδ' οὐκέτ' ἔcτ' ἴcον.

Die negative Konnotation verbindet sich vor allem mit
dem Aspekt des Fehlens von Gesetzen, die für alle gleichermaßen gelten. Der Zusammenhang von V. 6, besonders die Anti-
these zu ὕβριc (V. 7; vgl. auch V. 3 f.: ἆθλον ... τοῖc ἐcθλοῖcιν
– κόλαcμα τοῖc κακοῖc) läßt kaum einen Zweifel daran, daß
τύραννοc hier eine *positive* Konnotation trägt.[89]
Moschion nimmt (97 F inc. 6, 15 f.) diese Vorstellung wieder
auf: ἦν δ' ὁ μὲν νόμοc | ταπεινὸc, ἡ βία δὲ cύνθρονοc Διί· Mit
Zeus zusammen (oder zu seinen Füßen) thront die Gewalt -
und nicht Dike.
11. λάθραι δ' ἔπραccον. Die Formulierung hat eine Parallele in F inc. 1007 c (s. u. *ad loc*.) (Yunis 1988 b, 39-45).
12. πυκνόc τιc ... ἀνήρ. „Ein weiser ... Mann", vgl. E. *IA*
67: πυκνῆι φρενί. Alkaios F 39 a Lobel/Page: cόφοc ἦ‹ι› καὶ
φρέcι πύκνα[ιcι (*i. e.* Sisyphos). (Weitere Stellen und Literatur
s. D *ad loc p.* 21).
13. ‹θεῶν› δέοc. In den Handschriften steht γνῶναι δὲ
ὅc; der Sinn dieser Passage ist indessen klar: Die Entdeckung
des Mannes bestand in der Rolle, die die Furcht vor Strafe bei
einer Tat spielt. Daß die Furcht der Menschen ein Gemeinwe-
sen erhalte, darf als Allgemeinplatz gelten, vgl. z. B. Sophokles
Aias 1079-83 (Menelaos zu Teukros):

---

[89] Eine negative Konnotation hat τύραννοc in der *Antigone* des Euripides, gerade in Bezug auf die Gesetze (F 172, 1 f.): οὔτ' εἰκὸc ἄρχειν οὔτε
χρὴν εἶναι νόμον | τύραννον εἶναι, doch ist diese Stelle nicht mit unse-
rer vergleichbar; (Antigone würde sicherlich nicht der Forderung widersprechen, daß „Dike Tyrann sein" solle).

δέος γὰρ ὧι πρόςεςτιν αἰςχύνη θ' ὁμοῦ,
1080   cωτηρίαν ἔχοντα τόνδ' ἐπίςταςο·
ὅπου δ' ὑβρίζειν δρᾶν θ' ἃ βούλεται παρῆι,
ταύτην νόμιζε τὴν πόλιν χρόνωι ποτὲ
ἐξ οὐρίων δραμοῦςαν ἐς βυθὸν πεςεῖν.

δέος ist (im Gegensatz zu φόβος) als langanhaltend empfunden worden, vgl. Ammonios (128 p. 33 Nickau): πολυχρόνιος
κακοῦ ὑπόνοια.

ὅπως. Das ,sophokleische Enjambement' ist als schwer-
wiegender Einwand gegen Euripides' Autorschaft vorgebracht
worden (s. o. p. 294).

16-26. Dadurch, daß der coφὸc ἀνήρ erkannt hat, was die
Menschen von Verbrechen abhalten kann, hat er auch einen
Weg gefunden, Übeltäter sogar vor dem Plan einer unrechten
Tat zurückschrecken zu lassen. Er erklärt die Götter zu einer
Instanz, die jederzeit die Menschen beobachtet, und der nichts
entgeht. Diese Erklärungen gibt Sisyphos V. 17-24 in der Form
eines Zitats wieder. Die „Lehren" (διδάγματα) des Mannes zer-
fielen in mehrere Teile, von denen der „angenehmste" (ἥδιςτον,
V. 25) zweifellos dieser erste war, der sich mit der transzendenten Wahrnehmung der Götter beschäftigte und in den Zuhö-
rern noch nicht den Schrecken hervorrief, den vermutlich der
zweite Teil (V. 27-36) auslöste, der die kosmische Macht der
Gottheit vorführte. Zu erwarten wäre noch ein dritter Teil,[90]
der zu dem Gedanken einer Belohnung für die Guten und einer
Bestrafung für die Schlechten, angekündigt in V. 3 f., zurückkehrt.

16. τὸ θεῖον εἰcηγήcατο. Davies übersetzt: "he introduced
religion" und verweist zur Bedeutung von τὸ θεῖον auf Jaeger
(1953).[91] Dieser hatte - aus F 19 - τὸ θεῖον in der Bedeutung
„Vorstellung des Göttlichen" als vorsokratischen *terminus technicus* entwickelt,[92] der dazu gedient habe, eine „Feststellung über
die erste Ursache" zu gewinnen (vgl. Anaximandros 12 A 15
Diels/Kranz: καὶ τοῦτο [*sc.* τὸ ἄπειρον] εἶναι τὸ θεῖον). Dies

---

[90] Auch der Superlativ ἥδιςτον läßt zumindest eine Dreiteilung erwarten.

[91] Jaeger 1953, 233 f. Anm. 44.

[92] Die schlechte Beleglage für τὸ θεῖον/τὰ θεῖα in den Vorsokrati-
ker-Fragmenten bei Diels/Kranz mache dieses Vorgehen erforderlich.

kann in F 19 indessen nicht gemeint sein, und es ist m. E. darüberhinaus bedenklich, einen aus F 19 für das Verständnis der Vorsokratiker gewonnenen Begriff für die Interpretation von F 19 von neuem zugrunde zu legen.

Die Frage ist, ob dem θεῖον der Aspekt eines bloßen Objekts zukommt, (das, was die Menschen betrachten und verehren), oder eher der Aspekt eines Subjekts (das, was die Menschen als Wirkung spüren). Den zuletzt genannten Aspekt hat es jedenfalls in der Beschreibung der Göttervorstellung des Sokrates bei Xenophon, der für uns insofern ein guter Zeuge ist, weil er Sokrates' Konzeption in einer Form darstellt, in der sie für einen Zeitgenossen ohne philosophisch-dogmatische Ambitionen erkennbar gewesen sein konnte (*Mem.* 1, 4, 18): γνώσηι τὸ θεῖον ὅτι τοσοῦτον καὶ τοιοῦτόν ἐστιν ὥσθ' ἅμα πάντα ὁρᾶν καὶ πάντα ἀκούειν καὶ πανταχοῦ παρεῖναι⁹³ καὶ ἅμα πάντων ἐπιμελεῖσθαι. Die Ähnlichkeiten sind so groß, daß man annehmen darf, daß es sich in F 19 um die gleiche Konzeption handelt.

τὸ θεῖον ist eine diffuse göttliche Kraft, die Menschen positiv oder negativ spüren können; der Begriff kann ebensogut kollektiv alle Götter oder auch nur eine singuläre Wirkung beinhalten.⁹⁴ Eine vergleichbare Vorstellung findet sich auch bei den Tragikern, insbesondere bei Euripides, vgl. (*Supp.* 159): οὕτω τὸ θεῖον ῥαιδίως ἀπεστράφης; (*IT* 910 f.): ἦν δέ τις πρόθυμος ἦι, | σθένειν τὸ θεῖον μᾶλλον εἰκότως ἔχει. (*Or.* 266 f.): τίν' ἐπικουρίαν λάβω | ἐπεὶ τὸ θεῖον δυσμενὲς κεκτήμεθα; (*V.* 420): μέλλει· τὸ θεῖον δ' ἐστὶ τοιοῦτον φύσει. (*IA* 394 a f.): οὐ γὰρ ἀσύνετον τὸ θεῖον, ἀλλ' ἔχει συνιέναι | τοὺς κακῶς παγέντας ὅρκους καὶ κατηναγκασμένους. (F 62, 1 f. *Alexandros*): τὸ θεῖον ὡς ἄελπτον ἔρχεται | θνητοῖσιν, (F 150 *Andromeda*): οὐκ ἔστιν ὅστις εὐτυχὴς ἔφυ βροτῶν, | ὃν μὴ τὸ θεῖον ὡς τὰ πολλὰ συνθέλει. (F 491, 4 f. *Melanippe Desm.*): ὧι γὰρ θεοὶ διδῶσι μὴ φῦναι τέκνα, | οὐ χρὴ μάχεσθαι πρὸς τὸ θεῖον, ἀλλ' ἐᾶν. (F 584 *Palamedes*): εἷς τοι δίκαιος μυρίων οὐκ ἐνδίκων | κρατεῖ τὸ θεῖον τὴν δίκην τε συλλαβών.⁹⁵

---

⁹³ Zu Sokrates' Vorstellung der Omnipräsenz der δαίμονες vgl. Pl. *Smp.* 203 a: οὗτοι δὴ οἱ δαίμονες πολλοὶ καὶ παντοδαποί εἰσιν.
⁹⁴ Vgl. Henrichs 1975, 102 m. Anm. 42, mit der einschlägigen Literatur.
⁹⁵ Vgl. ferner A. *Ch.* 958 f., [E.] *Rh.* 65, adesp. F 498 (= [Men.] *Mon.* 16: ἄγει τὸ θεῖον τοὺς κακοὺς πρὸς τὴν δίκην). Auch den komischen Gat

Mit der Bedeutung von θεῖον eng verbunden ist auch die Frage, wie εἰcηγήcατο in diesem Kontext zu übersetzen ist. Ist τὸ θεῖον das, was die Menschen von den Göttern zu spüren bekommen, kann εἰcηγεῖcθαι nur noch bedeuten: ‚eine Einführung geben‘, ‚erklären‘.

Mag Sisyphos' Gesprächspartner auch als sehr naiv vorzustellen sein, die Annahme, ein kluger Mann habe einst eine Gottheit (oder gar eine ganze Religion) von einem Tag auf den anderen erfunden und eingeführt (D 20 m. Anm. 16),[96] und Verbrecher damit das Fürchten gelehrt, obwohl ihre bisherige Erfahrung dieser Lehre doch widersprechen mußte, ist psychologisch unklug und logisch abwegig. Der Erfolg des coφὸc ἀνήρ kann indessen nur darauf beruhen, daß die Menschen - nach der Einführung von Gesetzen, d. h. mit dem neuerworbenen Wissen über Gut und Böse[97] - nun auch bei heimlichen Übeltaten mit dem neuen Gefühl des *angor conscientiae* konfrontiert waren, das er für seine Zwecke geschickt zu nutzen verstand.

Es ist also zu übersetzen: „Er führte (die Sterblichen)[98] ein in das Wesen der Götter", „er erklärte das göttliche Wesen", d. h. zunächst die besonderen Fähigkeiten eines δαίμων (V. 17-24). Vgl. Platon *Smp.* 189 d (Aristophanes über die Macht des Eros):

> ἔcτι γὰρ θεῶν φιλανθρωπότατος, ἐπίκουρός τε ὢν τῶν ἀνθρώπων καὶ ἰατρὸς τούτων ὧν ἰαθέντων μεγίcτη εὐδαιμονία ἂν τῶι ἀνθρωπείωι γένει εἴη. ἐγὼ οὖν πειράcομαι ὑμῖν εἰcηγήcαcθαι τὴν δύναμιν αὐτοῦ κτλ.

Wie der coφὸc ἀνήρ in F 19 versucht Aristophanes einen Teilaspekt des (natürlich allen bereits bekannten) Gottes zu erklären (πειράcομαι ὑμῖν εἰcηγήcαcθαι). Wie der coφὸc ἀνήρ in

---

tungen war diese Konzeption nicht fremd, vgl.: [Epich.] F 266, Men. F inc. 719 Koerte, Men. (?) F 715, 2 Kock. [Men.] Mon. 80. 723. Zu dieser Konzeption in der Dichtung vgl. West *ad* Hes. *Op. p.* 221.

[96] Daß an dieser Stelle die Erfindung von τέχναι fehlt, die in vergleichbaren Kulturentstehungslehren mit genannt wird, ist keineswegs ein sicheres Indiz für die „Originalität" der in diesen Versen entwickelten Theorie, (mithin für Kritias' Autorschaft); vielmehr müssen wir davon ausgehen, daß ihr Fehlen den Anforderungen des Dramas geschuldet ist.

[97] Vgl. E. *Hec.* 800 f.: νόμωι γὰρ τοὺc θεοὺc ἡγούμεθα | καὶ ζῶμεν ἄδικα καὶ δίκαι᾽ ὡριcμένοι.

[98] Ein Dativobjekt ist V. 13 (θνητοῖcι) bereits genannt.

F 19 beginnt er mit der Feststellung der Existenz des Gottes, von dem er im folgenden erzählt: ἔϲτι ... (und die niemand der Anwesenden bestritten hätte).

17. ἀφθίτωι θάλλων βίωι. Zur Pflanzenmetapher vgl. Aischylos *Pers.* 616 f.: τῆϲ τ' αἰὲν ἐν φύλλοιϲι θαλλούϲηϲ βίον | ξάνθηϲ ἐλαίαϲ κτλ. S. *El.* 951 f.: (...) βίωι | θάλλοντ' κτλ.

18. νόωι τ' ἀκούων καὶ βλέπων, φρονῶν τε. Vgl. Xenophanes (21 B 24 Diels/Kranz): οὖλοϲ ὁρᾶι, οὖλοϲ δὲ νοεῖ, οὖλοϲ δέ τ' ἀκούει, und Sokrates (Xenophon *Mem.* 1, 1, 19): Ϲωκράτηϲ δὲ πάντα μὲν ἡγεῖτο θεοὺϲ εἰδέναι, τά τε λεγόμενα καὶ πραττόμενα καὶ τὰ ϲιγῆι βουλευόμενα.

τε καί. Zur abundanten Konjunktion s. u. *ad* V. 19. 20.

19. προϲέχων τε ταῦτα. Grotius' Konjektur τὰ πάντα statt τε ταῦτα beseitigt nicht nur eine abundante Konjunktion sondern ergänzt das „*mot juste* von Beschreibungen göttlicher Allwissenheit" (D 21 f.); ihr ist an dieser Stelle der Vorzug vor dem Text der Handschriften zu geben.

φύϲιν θείαν φορῶν. Die Gottheit, die der ϲοφὸϲ ἀνήρ erklären will, trägt offensichtlich *bekannte* Züge: Er kann sich daher darauf beschränken, die neuen Apekte der Gottheit - ihre Allwissenheit und ihr Interesse an den Belangen der Menschen - darzustellen, und kürzt dann seine Beschreibung mit dem Verweis auf das Bekannte (φύϲιϲ θεία) ab. Wollte man annehmen, daß er tatsächlich Götter in einer Welt, die bislang noch keine Götter kannte, einführen wollte, dann hätte er etwas Unbekanntes (δαίμων/τὸ θεῖον) durch sich selbst (φύϲιϲ θεία) erklärt. Das ist jedoch unwahrscheinlich, zumal Sisyphos in dieser Passage den Anschluß an den (fiktiven) Wortlaut des ϲοφὸϲ ἀνήρ intendiert.

20. ἀκού⟨ϲ⟩εται. Das Futur (mit aktivischer Bedeutung) steht parallel zu δυνήϲεται (V. 21) und λήϲει (V. 23). Mette (1982, 240) versuchte, die abundante Konjunktion (καί, V. 18) durch Athetese von V. 19 und Beibehaltung des überlieferten Textes in V. 20 zu eliminieren: φρονῶν θ', { } ὑφ' οὗ | πᾶν μὲν τὸ λεχθὲν ... ἀκούεται (*i. e.* Präsens Passiv). Seine Athetese vermag indessen den Anstoß durch das Enjambement nicht zu beseitigen; dem Asyndeton ὑφ' οὗ ... ἀκούεται, ... δυνήϲεται mit dem harschen Subjekts- und Tempuswechsel sind Normanns Eingriffe in den Text vorzuziehen.

21. ⟨τὸ⟩ δρώμενον δὲ πᾶν. Vgl. S. *El.* 40: πᾶν τὸ δρώμενον, (athetiert: E. *Ph.* 1334: ὃc πᾶν ἀγγελεῖ τὸ δρώμενον,
V. 1358: ἅπαντα ... τὰ δρώμενα).

22. cὺν cιγῆι. Für cὺν cιγῆι gibt es keine Parallelstelle;
cύν ist in instrumentaler Bedeutung und in Verbindung mit einem Abstraktum ungewöhnlich, vgl. aber S. *OT* 657: cὺν ἀφανεῖ
λόγωι (nach Dawe, - λόγων nach Pearson, Lloyd-Jones/Wil-
son, vgl. Kühner/Gerth 2. 1 *p.* 467); E. *Andr.* 780: ξὺν φθόνωι
cφάλλειν, *Hipp.* 96: cὺν μόχθωι, adesp. F 486, 4: cῑγ’ ἔχουc’ (*sc.*
Δίκη).

τι βουλεύηιc κακόν. Die Junktur ist nur für Euripides belegt:[99] *Med.* 317: μή τι βουλεύcηιc κακόν, *Hec.* 870: ἤν τι
βουλεύcω κακόν, F inc. 914, 3: βουλεύει κακά, (vgl. ferner
Hipp. 649 f.: κακά | βουλεύματα, F 36 Snell [*Alexandros*]: κακόν
τι βούλευμ’ ἦν).

23 f. τὸ γὰρ φρονοῦν | ⟨   ⟩ ἔνεcτι. Der Sinn ist trotz der
Lücke erkennbar, in der wahrscheinlich ein Dativobjekt zu ergänzen ist (αὐτοῖc, τούτοιc oder θεοῖc, s. App.; vgl. E. *Hipp.*
378 f.: ἔcτι γὰρ τὸ γ’ εὖ φρονεῖν | πολλοῖcιν): „denn (den Göt-
tern) wohnt Vernunft inne.“ Die Voraussetzung für die Götterkonzeption des Mannes ist, daß die Götter das Wissen um Gut
und Böse selbst besitzen und das aus diesem Wissen resultie-
rende Verhalten zur Norm machen. Erst dann können sie die
Einhaltung des Rechtes einfordern, d. h. Fürsorge respektive Interesse an den menschlichen Belangen zeigen.[100] Diese Fähigkeit ermöglicht es ihnen erst, Unrecht unter den Menschen zu
erkennen; die transzendenten Wahrnehmungskräfte sind dann
eine konsequente ‚technische‘ Ergänzung. Die Fähigkeit der
Götter, Normen für richtiges Verhalten zu setzen (und entsprechend beim Menschen: diese Normen zu erfüllen), ist mit τὸ
φρονεῖν gemeint, vgl. z. B. Xenophons Bericht über die Begründung, die Sokrates seiner Götterkonzeption gab (*Mem.* 1, 4, 17):

οἴεcθαι οὖν χρὴ καὶ τὴν ἐν τῶι παντὶ φρόνηcιν τὰ πάντα, ὅπωc ἂν
αὐτῆι ἡδὺ ἦι, ... (μηδὲ) τὴν δὲ τοῦ θεοῦ φρόνηcιν μὴ ἱκανὴν εἶναι
ἅμα πάντων ἐπιμελεῖcθαι.

---

[99] Vgl. allerdings Ar. *Th.* 335: εἴ τιc ἐπιβουλεύει τι τῶι δήμωι κακόν.

[100] Die ἐπιμέλεια der Götter ist ein fester Bestandteil in Sokrates’
Götterkonzeption (vgl. z. B. Xen. *Mem.* 4, 3, 3-12).

Wenn Sisyphos es als den Kern der Erfindung des weisen Mannes bezeichnet, daß dieser behauptet habe, die Götter besäßen τὸ φρονεῖν, dann zeigt er, daß er selbst davon ausgeht, daß die Götter diese Fähigkeit nicht besitzen, also z. B. Leidenschaften unterworfen sind, selbst Verbrechen begehen[101] und sich durch Opfer und Gebete in ihrem Verhalten gegenüber den Menschen beeinflussen lassen,[102] zum anderen den menschlichen Belangen meist gleichgültig gegenüberstehen (und folglich auch die übersinnliche Wahrnehmungsfähigkeit nicht benötigen).

25. διδαγμάτων ἥδιστον. „Der angenehmste Teil der Lehre". Mit δίδαγμα konnte die Lehrmeinung eines Philosophen bezeichnet werden (vgl. Aristophanes *Nu.* 668 über die Lehre des Sokrates). Das Wort findet sich innerhalb der Tragödie nur bei Euripides, F 291, 3: ὁ γὰρ χρόνος δίδαγμα; vgl. *Ion* 1419 (ἐκδίδαγμα).

26. ψευδεῖ ... λόγωι. Die Wendung findet sich - allerdings im Plural - E. *HF* 1315; F 206, 1 f.; Sophokles *OT* 526; (vgl. Aischylos *Supp.* 246; 580: ἀψευδῆ λόγον). Weder τυφλώςας τὴν ἀλήθειαν (so Nauck, TGF *p.* 771 nach Aetios) noch καλύψας τ. ἀ. (Snell, TrGF 1 *p.* 181 nach Sextus) ist für die Tragödie belegt. Für τυφλώςας spricht jedoch, daß Euripides einige Male τυφλός im übertragenen Sinne verwendet, z. B. *Hec.* 1049 f. (Hekabe über Polymestor): ὄψηι νιν (...) | τυφλὸν τυφλῶι ϲτείχοντα παραφόρωι ποδί; *Ph.* 1616 (Oidipus): τίς ἡγεμών μοι ποδὸς ὁμαρτήϲει τυφλοῦ; (vgl. V. 834; 1539; 1699: πρόϲθες τυφλὴν χεῖρ κτλ.); auch ein Gegenstand kann ‚blind' sein, *Ion* 744: καὶ τοῦτο (*i. e.* βάκτρον) τυφλόν, ὅταν ἐγὼ βλέπω βραχύ.

27-36. Ein zweiter Teil der Lehre erklärt, wo sich die Menschen den Wohnsitz der mächtigen und furchteinflößenden Götter vorstellen sollen. Wenn die Götter die Einhaltung des Rechts fordern können, müssen sie nicht nur im Besitz eines Wissens sein, das sie in die Lage versetzt, Gut und Böse zu unterscheiden, sondern sie müssen selbst das Ideal des Guten verkörpern. Der Ansicht, daß ihnen dies nur dann glaubwürdig zugeschrieben werden kann, wenn sie sich so weit wie möglich von anthropomorphen Göttervorstellungen unterschieden, hatte Xenophanes den Weg gewiesen, vgl. z. B. 21 B 23 Diels/Kranz:

---

[101] Sisyphos tritt für eine Göttervorstellung ein, die bereits Xenophanes (vgl. z. B. 21 B 11) für anstößig hielt.

[102] Zu dieser Konzeption vgl. Yunis 1988 a, 45-50.

εἷc θεόc, ἔν τε θεοῖcι καὶ ἀνθρώποιcι μέγιcτοc, | οὔτι δέμαc
θνητοῖcιν ὁμοίιοc οὐδὲ νόημα. Diese Gottheit ruht unbeweglich
an ein und demselben Ort (B 26). Damit war eine Transzendenz
geschaffen; damit ergab sich aber zugleich das Problem, wie
die Menschen eine Vorstellung von den transzendenten Göttern
und überhaupt Kenntnis von ihrer Existenz und ihrer Macht er-
langt haben können.

Theorien darüber, wie sich dieser Erkenntnisprozeß abge-
spielt haben könnte, existierten schon im fünften Jahrhundert
v. Chr. Der bekannteste Vertreter ist sicherlich Prodikos von
Kos, der sich die Entstehung des Götterglaubens in zwei Stufen
vorstellte (Henrichs 1975, 111): Zuerst hätten die Menschen für
sie nützliche Dinge (τοὺc δὲ καρποὺc καὶ πάνθ' ὅλωc τὰ
χρήcιμα πρ[òc τ]ὸν βίον),[103] später Menschen, die die kultu-
relle Entwicklung besonders gefördert hätten, als Götter verehrt. Die in der Folgezeit besonders für die Stoiker wichtige
Ansicht, daß die Menschen aus der Betrachtung kosmischer und
meteorologischer Phänomene eine Vorstellung von den Göttern
gewonnen hätten, findet sich bei Demokrit; sie zeigt auffällige
Ähnlichkeiten[104] mit F 19 (68 B 75 Diels/Kranz aus S. E. *M.*
9, 24):

> ὁρῶντεc γάρ, φηcί, τὰ ἐν τοῖc μετεώροιc παθήματα οἱ παλαιοὶ τῶν
> ἀνθρώπων καθάπερ βροντὰc καὶ ἀcτραπὰc κεραυνούc τε καὶ ἄcτρων
> cυνόδουc ἡλίου τε καὶ cελήνηc ἐκλείψειc ἐδειματοῦντο θεοὺc οἰόμε-
> νοι τούτων αἰτίουc εἶναι.

Der coφòc ἀνήρ hat also - Sisyphos' Bericht zufolge - mit
dem Hinweis auf die kosmischen und meteorologischen Phänomene bei den Menschen die Furcht vor den Göttern geweckt:
Man darf davon ausgehen, daß das Athener Publikum die Anspielung auf Demokrit verstanden hat. Eine besondere Pointe
mag in einer Verkürzung seiner Theorie gelegen haben: Es ist

---

[103] P. Herc. 1248 *fr.* 19 bei Henrichs 1975, 107, vgl. 84 B 5 Diels/Kranz.
Zweifel, ob Prodikos, der von den Doxographen übereinstimmend als radikaler Atheist bezeichnet wird, tatsächlich die Existenz der Götter leugnete, bei Henrichs 1976, 20 f (m. Anm. 35, dort weitere Literatur). Es ist
schwer zu entscheiden, ob eine Annahme, die die Entdeckung der Götter
erklärt, eine radikale atheistische Theorie oder eine Transzendenz begründen soll. Läßt sich für Prodikos die Aussage: θεοὺc οὐκ οἶδα sichern,
wird man letzterer Deutung den Vorzug geben (dazu Henrichs 1976).

[104] Dazu Henrichs 1975, 98.

ausgeschlossen, daß Demokrit annahm, die Menschen hätten
von vornherein die transzendenten Götter als Ursache der Himmelserscheinungen erfahren. Die Unberechenbarkeit der kosmischen und meteorologischen Phänomene entspricht zudem der
Unberechenbarkeit der anthropomorphen Götterwelt.[105] Nichts
anderes als gerade das, daß in den Naturphänomenen die Götter ‚erfahrbar‘ seien, behauptete freilich - wenn man Sisyphos
Glauben schenkt - der coφòc ἀνήρ, dem es nur auf ein einziges
Element in der Theorie des Demokrit ankam: die *Furcht* vor
den Göttern, die sich in der diffusen Furcht vor den Himmelserscheinungen manifestiere. Die mangelnde Stringenz der Theorie des ‚weisen Mannes‘ widerrät ein weiteres Mal, aus den von
Sextus u. a. überlieferten Versen eine ernsthafte (und ernstge-
meinte) philosophische Theorie herauszulesen.

Sisyphos unterläßt es nicht, der Lehre, die er referiert, ‚eigene‘ Ansichten entgegenzustellen. Dabei bedient er sich zumindest in einem Fall (s. u. *ad* V. 35, vgl. auch *ad* V. 31) *termini
technici* Anaxagoreischer Lehren, argumentiert also mit einer
älteren Position (Anaxagoras) gegen eine jüngere (Demokrit),
so wie er ‚seine‘ ältere Göttervorstellung der jüngeren des
coφòc ἀνήρ gegenüberstellt. Klar zeigt sich darin sein Bemühen, den Himmel mit seinen Erscheinungen zu profanieren (s. u.
ad V. 34), um der Lehre des coφòc ἀνήρ die Grundlage zu entziehen.

27. ἵνα. Zum ‚sophokleischen Enjambement‘ (vgl. V. 13
ὅπως, ähnlich V. 18 τε καί) s. o. *p.* 294.

28. ἄγων. Der weise Mann spricht vom Aufenthaltsort
der Götter; erst wenn er die Menschen dazu bringen kann zu
glauben, daß sich die Götter wirklich im Himmel befinden,
kann er bei ihnen den beabsichtigten Schrecken hervorrufen.
Die Erfüllung dieser logischen Bedingung muß in dem letzten
Wort des Verses ausgedrückt gewesen sein.

Im Gegensatz zu den zahlreichen Konjekturen zu dieser
Stelle (s. o. App.) kann das ἄγων der Handschriften diese Bedingung erfüllen, wenn man als (logisches) Objekt θεούc (V. 27)

---

[105] Demokrit spricht explizit von der Frühzeit (οἱ παλαιοὶ τῶν ἀνθρώπων, 68 A 75, s. o.); daß sich erst sehr viel später, in einer Zeit, von
der er und seine Zeitgenossen noch gute Kenntnis besaßen, eine Vorstellung von transzendenten Göttern entwickeln konnte, dürfte er kaum bestritten haben.

ansieht, und es von ἵνα (ebd.) abhängig macht: „Wohin (die Götter) führend (*i. e.* ansiedelnd) er die Menschen am meisten erschrecken konnte." Der Schrecken der Menschen hat seinen Grund in der (sich vollziehenden) Neuansiedlung der Götter im Himmel (ἄγων), - nicht darin, daß der coφòc ἀνήρ vom Wohnort der Götter nur spricht (λέγων), oder nur zum Himmel blickt (βλέπων/ἰδών). Nicht sinnvoll erscheint es auch, ἐξέπληξεν direkt von ἵνα (ἀνώ statt ἄγων) abhängig zu machen, denn der weise Mann erschreckt die Menschen nicht *im* Himmel.

30. ὀνήceιc. Musgraves Konjektur (πονήceιc Hss.), die den Sinn der Stelle, wie ihn die Handschriften bieten, genau umkehrt, trägt dem Gedanken Rechnung, daß mit Sonne (V. 35) und Regen (V. 36) auch die Segnungen der Götter erwähnt werden. Die Theorie schien somit Ähnlichkeiten mit jener des Prodikos aufzuweisen (vgl. zuletzt D 25): Dieser hatte den Götterglauben der Menschen dadurch erklärt, daß sie zuerst die Dinge, die ihnen nützlich waren, zu einem späteren Status dann die Wohltäter, die zur kulturellen Entwicklung beigetragen hatten, deifiziert hätten (Stellen bei Henrichs 1975, 113-15). Darauf wird an dieser Stelle jedoch nicht angespielt, stattdessen bedient sich Sisyphos der Theologie des Demokrit, nach der meteorologische Phänomene bei den Menschen Furcht hervorgerufen und sie dazu veranlaßt hätten, Götter dafür verantwortlich zu machen, die sie dann zu verehren begonnen hätten (68 A 75 s. o. *ad* V. 27-36, *p.* 332):[106] ἐδειματοῦντο θεοὺς οἰόμενοι τούτων αἰτίουc εἶναι. Dem coφòc ἀνήρ ging es ausschließlich um die Furcht der Menschen (vgl. V. 13 f.: δέοc/δεῖμα, 28 f.: μάλιcτα ἐξέπληξεν/φόβουc, 37 f.: φόβουc), die ihm allein für seinen Zweck dienlich sein konnte; und das, was er beschrieben hatte, war ausschließlich furchteinflößend (V. 31: ἀcτραπάc, V. 32 f.: δεινὰ δὲ κτυπήματα | βροντῆc und argwöhnische „Sternenaugen" am Himmel).[107] Wenn er Furcht vor den Göttern wecken wollte, dann mußte er auf die leidgeprüfte Existenz der Menschen hinweisen, in der sich die Macht der

---

[106] Zur Zuverlässigkeit von Plinius' d. Ä. Nachricht, die Menschen hätten in Reaktion auf „poena et beneficium" (*N. H.* 2, 14 = 68 A 76 Diels/Kranz) der Götter zu ihrem Götterglauben gefunden, vgl. Henrichs 1975, 103 f.

[107] Die Erwähnung von Sonne und Regen geschieht in einem völlig anderen Zusammenhang, dazu s. u. *ad* V. 35.

Götter manifestiere. Ein Hinweis auf die von den Göttern ausgehenden Segnungen ist an dieser Stelle fehl am Platz.

τῶι ταλαιπώρωι βίωι. Dieselbe Wendung findet sich, ebenfalls am Versende, S. *OC* 91; vgl. [A.] *Pr.* 231. 315. 623.

31. ἐκ τῆς ὕπερθε περιφορᾶc. Nachdem in V. 27-30 der
Aufenthaltsort der Götter und die mächtige Wirkung der neuen
Götterlehre gezeigt ist, wird nun eine überraschend rationale
Ursache für die Angst genannt: die Umläufe der Himmelskörper
„dort oben". περιφορά ist eine Anspielung auf einen Terminus
der Anaxagoreischen Kosmologie (s. u. *ad* V. 35). Anaxagoras
hatte mit περιχώρηcιc (in den Testimonien ist indessen häufiger
von περιφορά die Rede, vgl. 59 A 12; A 42, 6. 8; A 90 Diels/
Kranz) den Prozeß bezeichnet, durch den sich wie in einem
Wasserstrudel kleinste Elementarteilchen nach einem geordne-
ten Prinzip getrennt und wieder neu gesammelt hätten. Im
Zentrum der Kreisbewegung sei dabei die Erde, an der Periphe-
rie der Aither entstanden (59 B 15; B 16). Die Kreisbewegung
dauere noch an, wie an den Umläufen der Gestirne zu beobachten sei, und infolgedessen sei auch der Prozeß der Trennung und Sammlung noch nicht abgeschlossen (59 B 12, s. u.). In
dem sichtbaren Raum zwischen Erde und Aither treten nun -
aufgrund dieser Kreisbewegung, die Trennung und Vermischung
bewirkt, - auch die Phänomene auf, von denen Sisyphos in den
folgenden Versen spricht: Blitz und Donner (V. 31-33) entstehen
nach Anaxagoras, wenn ‚das Warme‘ beim Herabfallen auf eine
Wolke trifft (59 A 84 = Arist. *Mete.* 369 b, vgl. 59 A 1, 9; 42, 11.).
Die Sonne (V. 35) - und mit ihr auch die übrigen Gestirne -
bewege sich auf einer Kreisbahn um die Erde (59 B 12): νῦν
περιχωρέει τά τε ἄcτρα καὶ ὁ ἥλιος. Regen (V. 36) schließlich
entstehe bei der Trennung des Wassers von den Wolken durch
einen Prozeß, in dessen Fortgang aus dem Wasser Erde, aus
der Erde aber Steine würden (59 B 16; vgl. 59 B 19).

Rationale Erklärungen dienen dazu, den Schrecken vor dem
Unbekannten zu nehmen; folglich ist dieser Teil der Rhesis des
Sisyphos, der der Absicht jenes weisen Mannes zuwiderläuft,
ein Zusatz des Sisyphos, der dazu dient, dessen Lehre gegenüber seinem Gesprächspartner zu konterkarieren (s. u. *ad* V. 34.
35).

31-33. ἀcτραπάc ... βροντῆc. Blitz und Donner wurden in der Antike als Phänomene unterschiedlicher Genese betrachtet, vgl. Arist. *Mete.* 369 a, b.

32. κατεῖδον. Snells Eingriff in den Text (κατεῖδεν Hss.) ist unbedingt notwendig: Für die Wirkung, die die Verlegung des Aufenthalts der Götter in den Himmel erzielen soll, ist es erforderlich, daß die Schrecknisse, die von dort kommen, von *allen* und nicht nur von dem coφὸc ἀνήρ gesehen und längst schon gefürchtet werden (anders D 22).

κτυπήματα. κτύπημα findet sich innerhalb des Wortschatzes von Tragödie und Komödie sonst nur noch einmal, bei Euripides (*Andr.* 1211).

33. ἀcτερωπόν. Das Wort kann entweder ‚sternenäugig‘, ‚mit Augen wie Sterne‘ (vgl. Aischylos F 170, 2: ἀcτερωπὸν ὄμμα Λητώιαc κόρηc),[108] oder (wie an dieser Stelle) ‚sternenäugig‘, ‚mit Sternen als/wie Augen‘ (vgl. E. *Ion* 1078: ἀcτερωπὸc ... αἰθήρ) bedeuten. Vgl. Platon Epigramm F 511 Page: ἀcτέραc εἰcαθρεῖc, ἀcτὴρ ἐμόc· εἴθε γενοίμην | οὐρανός, ὡc πολλοῖc ὄμμαcιν εἰc cὲ βλέπω.

οὐρανοῦ δέμαc. *I. e.* οὐρανός; δέμαc ‚Körperbau‘, ‚(äußere) Gestalt‘, ist neben δομή und δόμοc eine Ableitung von δέμειν, ‚bauen‘ (Frisk *s. v.* δέμω). Vgl. Hesych *s. v.* δέμων· χρόνοc. δέμαc wird in Lyrik und Tragödie häufig periphrastisch gebraucht, z. B. für Personen: A. *Eu.* 84 (μητρῶιον δέμαc), S. *Tr.* 908 (οἰκέτων δ.), vgl. aber Pindar *Pae.* 5, 42: Ἀcτερίαc δ. (*i. e.* die Insel Delos), E. *Hipp.* 138: Δάματροc ἀκτᾶc δ. (*i. e.* Brot). Zur poetischen Umschreibung kosmischer Erscheinungen wird es jedoch an anderer Stelle nie verwendet (Dihle 1977, 41). Statt δέμαc schreibt Aetios 1, 6 (= Chrysippos F 1009 Arnim) cέλαc („der wie Augen funkelnde Sternenglanz des Himmels“, vgl. E. *Hipp.* 850 f. (*lyr.*): νυκτὸc ἀ-|cτερωπὸν cέλαc; *El.* 866, *Tr.* 860: ἡλιοῦ cέλαc), jedoch machen ποίκιλμα (V. 34) und die Bezeichnung des Schöpfers des Himmels als τέκτων die Lesart δέμαc wahrscheinlicher (anders D 23).

34. Χρόνου ... τέκτονοc cοφοῦ. Vgl. Pindar *O.* 2, 17: Χρόνοc ὁ πάντων πατήρ, Moschion 97 F 6, 18: ἐπεὶ δ’ ὁ τίκτων πάντα καὶ τρέφων χρόνοc. Die Personifizierung der Zeit, Chronos, wie auch das möglicherweise als ‚Himmelstuch‘ zu deutende ποίκιλμα führen in die Sphäre der orphischen Mystik und

---

[108] Vgl. ferner E. *Hipp.* 850 f. (s. u.); *Ph.* 129.

könnten auf eine orphische Kosmogonie als Quelle hindeuten. Unsere Kenntnisse orphischer Lehren von der Entstehung der Welt stützen sich hauptsächlich auf neuplatonische Quellen, die zwar aus dem vierten bis sechsten Jahrhundert n. Chr. stammen, aber offenbar weitgehend auf der peripatetischen Theologiegeschichte des Eudemos fußen (Kirk/Raven/Schofield 1983, 22). Sie geben gleich mehrere Versionen einer als orphisch bezeichneten Kosmogonie wieder, die darin übereinstimmen, daß sie Chronos an den Beginn der Weltentstehung setzen. In einer der Quellen ist von einem „leuchtenden Tuch" (ἀργὴς χιτών)[109] die Rede, das Chronos anfertigt, und das möglicherweise als Allegorie von der Welt aufzufassen ist. Diese Version der Kosmogonie scheint nicht genuin orphisch zu sein,[110] ihre Adaption durch die orphische Mystik dürfte sich aber lange vor Euripides vollzogen haben. So finden sich bereits bei Pherekydes von Syros, der als der früheste literarisch faßbare Rezipient orphischer Lehren gilt (West 1983, 108), die Personifikation der Zeit,[111] Chronos' Position am Beginn der Weltentstehung, (die er sich jedoch an dieser Stelle mit zwei weiteren Gottheiten, Zas und Chthonie, teilt), und die Erwähnung des Tuches,[112] (das aber als Hochzeitsgeschenk des Zas an Chthonie bezeichnet wird und auch nicht von Chronos gefertigt ist). Von einem ‚Himmelstuch' ist in einer orphischen Hymne (19, 15-17 Quandt) an Zeus, den Donnerer, die Rede:

15   μαρμαίρει δὲ πρόσωπ᾽ αὐγαῖς, cμαραγεῖ δὲ κεραυνὸc
       αἰθέροc ἐν γυάλοιcι· διαρρήξαc δὲ χιτῶνα
       οὐράνιον προκάλυμμα ‡βάλλειc ἀργῆτα κεραυνόν.

---

[109] 1 B 12 Diels/Kranz (aus Damascius *de princ.* 123).

[110] Vgl. West 1983, 105.

[111] Die Möglichkeit, im sechsten Jahrhundert v. Chr. die personifizierte Zeit als Gott in einer Kosmogonie darzustellen, wurde lange Zeit bestritten, zumal einige Handschriften statt ‚Chronos' ‚Kronos' schreiben, vgl. Kirk/Raven/Schofield 1983, 57 m. Anm. 1. Für die Deutung des Euripides-Verses spielt diese Frage indessen keine Rolle.

[112] Die spätantiken Doxographen bezeichnen es zumindest einmal als πεποικιλμένον φᾶροc (7 B 2 Diels/Kranz), vgl. Kirk/Raven/Schofield 1983, 60-66. Die Berichte über bildliche Darstellungen auf diesem Tuch sind uneinheitlich; seine Bedeutung bleibt rätselhaft.

Das καλὸν ποίκιλμα könnte also sowohl auf den ἀργὴc χιτών des Weltschöpfers Chronos als auch auf den οὐράνιοc χιτών der orphischen Gewittervorstellung anspielen.

Chronos ist in V. 34 indessen nicht das erste Wesen am Anfang der Weltentstehung, sondern der Erbauer des Himmels.[113] Sisyphos argumentiert damit klar gegen die Position Demokrits, (von dessen Lehre sich der coφὸc ἀνήρ zuvor Anleihen genommen hatte, s. o.), daß nämlich das All ewig sei und von niemandem erschaffen (68 A 39, vgl. A 71 Diels/Kranz):

Δημόκριτος ὁ Ἀβδηρίτης ὑπεστήcατο τὸ πᾶν ἄπειρον διὰ τὸ μηδαμῶc ὑπό τινοc αὐτὸ δεδημιουργῆcθαι. ἔτι δὲ καὶ μετάβλητον αὐτὸ λέγει καὶ καθόλου οἶον πᾶν ἐcτιν ῥητῶc ἐκτίθεται· μηδεμίαν ἀρχὴν ἔχειν τὰc αἰτίαc τῶν νῦν γιγνομένων, ἄνωθεν δ' ὅλωc ἐξ ἀπείρου χρόνου προκατέχεcθαι τῆι ἀνάγκηι πάνθ' ἁπλῶc τὰ γεγονότα καὶ ἐόντα καὶ ἐcόμενα.

Sisyphos stellt ab V. 27 nicht nur die Lehre des coφὸc ἀνήρ vor, (die auffällige Analogien zu der Lehre Demokrits aufweist), sondern er versucht zugleich diese Lehren zu profanieren (s. o. *ad* V. 31, s. u. *ad* V. 35).

Eine Parodie der Wendung χρόνοc – τέκτων coφόc findet sich in F 366 Parsons/Lloyd-Jones des Kynikers Krates aus Theben: ὁ γὰρ χρόνοc μ' ἔκαμψε, τέκτων μὲν coφόc, | ἄπαντα δ' ἐργαζόμενοc ἀcθενέcτερα.

ποίκιλμα.   Das „buntverzierte Himmelsgebäude"; vgl. E. *Hel.* 1093-96: (Bei ihrem Gebet an Hera erhebt Helena ihre Arme zum Himmel als dem Göttersitz): πρὸc οὐρανὸν | ..., ἵν' οἰκεῖc (*sc.* Ἥρα) ἀcτέρων ποικίλματα.[114] Chrysipp F 1009 Arnim bringt ποίκιλμα mit den Sternbildern in Verbindung, die von der Erde aus zu sehen sind: ὁ μὲν γὰρ λοξὸc κύκλοc ἐν οὐρανῶι

---

[113] Eine Anspielung auf Heraklit 22 B 52 Diels/Kranz sieht Dihle 1986, 14.

Vgl. ferner eine ägyptische Vorstellung von Chronos, dem Urheber der Welt, als der ‚Ewigen Sonne', personifiziert in der Gottheit Rė (West 1983, 105). Von ihm heißt es, er habe sich nach der Erschaffung der Welt an die höchste Stelle des Himmels gesetzt (vgl. F 56, 6 Kern). Von dort aus beobachtet er die Welt mit seinen zahllosen Augen, ohne aber selbst sichtbar zu sein.

[114] Von einer der beiden Dramenpassagen könnte Platon *R.* 529 c: τὰ ἐν τῶι οὐρανῶι ποικίλματα, der die Betrachtung der Himmelserscheinungen mit der Betrachtung eines Deckengemäldes vergleicht: ἐν ὀροφῆι ποικίλματα (529 b), beeinflußt sein (Kannicht *ad* E. *Hel.* 1095-6, 2 *p.* 274).

διαφόροιc εἰδώλοιc πεποίκιλται. (Es folgt ein Zitat aus Arat *Phaen.* 545-549 mit der Aufzählung der Sternbilder). μυρία δ' ἄλλα καθ' ὁμοίαc τοῦ κόcμου περικλάcειc πεποίηκεν. ὅθεν καὶ Εὐριπίδηc φηcί· (V. 33f.).

Diese Deutung überrascht nicht, da man die Sternbilder das ganze Altertum hindurch mit göttlichen Wesen in Verbindung gebracht hat, mit Heroen der mythischen Vorzeit wie Orion oder Bootes, die Zeus von der Erde in den Himmel versetzt hatte. Sie galten dem Altertum zugleich als Glücks- und Unglücksbringer, die die Geschicke der Menschen beeinflußten.

35. cτείχει μύδροc. Die Verbindung des „prosaisch-terminologischen μύδροc mit dem hochpoetischen cτείχειν" ist ein sicheres Indiz für die Satyrspielqualität (Dihle 1977, 37). Mit μύδροc nimmt der Dichter dieser Verse eine Formulierung des Anaxagoras auf (vgl. 59 A 1; A 2; A 19; A 72 Diels/Kranz u. ö.); und sehr wahrscheinlich bezieht sich das Scholion zu E. *Or.* 982 auf diesen Vers: Ἀναξαγόρου δὲ μαθητὴc γενόμενοc ὁ Εὐριπίδηc μύδρον λέγει τὸν ἥλιον· οὕτωc γὰρ δοξάζει.[115] Daß mit μύδροc an dieser Stelle die Sonne gemeint sei, ist indessen bestritten worden (s. D 23), (verbindet sich doch auch mit dieser Wortbedeutung ein weiteres Zeugnis für die Autorschaft des Euripides). Die bloße Tatsache hingegen, daß Archelaos (60 A 15 Diels/Kranz) mit demselben Wort Sterne bezeichnet und Ps. Aristoteles (*Mu.* 395 b 23) glühende Partikel eines Vulkanausstoßes, kann nichts daran ändern, daß an dieser Stelle *nur* die Sonne bezeichnet sein kann: Sterne sind bereits V. 33 (ἀcτερώπον) genannt, ein folgender Singular (ἀcτέροc μύδροc) kann sich also nur noch auf einen bestimmten Stern beziehen, und nach der Erwähnung von περιφορά (V. 31), einer regelmäßigen Kreisbewegung am Himmel, scheiden auch Meteoriten und Vulkanauswurf aus.

Sisyphos spielt ein weiteres Mal (vgl. o. *ad* V. 31) Anaxagoras gegen den jüngeren Demokrit aus, deren beider kosmologische Systeme zumindest von den Doxographen als konkurrierend empfunden wurden; Diogenes Laertios (9, 35) weiß sogar von einer persönlichen Feindschaft zu berichten, die Sisyphos'

---

[115] Dihle 1977, 28. 34. Euripides greift an zwei Stellen diese Anaxagoreische Vorstellung auf, spricht aber von πέτρα (*Or.* 982, vgl. das Scholion *ad loc.*) bzw. (χρυcέα) βῶλοc (*Or.* 984; *Phaethon* F 783 ~ F 5 Diggle).

Worten eine ganz besondere Pointe verleihen würde, wenn sie sich als historisch erweisen ließe.

37-40. Die Verse bieten so viele schwerwiegende Probleme, daß man annehmen muß, daß sie nicht, zumindest nicht in der überlieferten Form, im Originaltext des Dramas standen:

(1) τοίους πέριξ ἔστησεν (V. 37): Nauck und Snell folgten Meineke in der Wiederherstellung eines Trimeters; die Handschriften bieten stattdessen τοιούτους περιέστησεν. Dieses ‚Resümee‘ der vorangehenden Zeilen überrascht: Es war in ihnen nicht gesagt, daß der coφòc ἀνήρ die Ängste erst *selbst* aufgebaut hätte, im Gegenteil: Sein Rekurs auf den Himmel als dem eigentlichen Sitz der allwissenden Götter folgte dem sicheren Wissen, daß dort die Menschen die Quelle ihres Unglücks längst fürchteten: ὅθεν περ ἔγνω τοὺς φόβους ὄντας βροτοῖc (V. 29) κτλ. Der Satz steht also im Widerspruch zur unmittelbar vorausgehenden Passage.

(2) τὸν δαίμονα (V. 39): In V. 27 hatte der weise Mann behauptet, daß die Götter, οἱ θεοί, im Himmel wohnen, in V. 39 ist nur noch von einer Gottheit, und zwar dem δαίμων die Rede.[116] Der Widerspruch liegt im Singular begründet; die mit diesem Singular einhergehende Gleichsetzung (ὁ δαίμων = οἱ θεοί) ist eine Ungenauigkeit, die man wohl kaum einem Dichter des fünften Jahrhunderts zutrauen dürfte.[117]

---

[116] Daß es Sextus mit δαίμονεc und θεοί nicht so genau nimmt, wird vor allem an einer Stelle deutlich, an der es um dieselbe Kulturentstehungstheorie wie in F 19 geht (S. E. *M.* 9, 16, s. o. *p.* 313): θεοὺς ἀνέπλαcαν ἐπόπτας πάντων τῶν ἀνθρωπίνων ἁμαρτημάτων ... πεπεισμένοι ὅτι οἱ θεοὶ

ἠέρα ἐccάμενοι πάντηι φοιτῶcιν ἐπ᾽ αἶαν (Hes. *Op.* 255)
ἀνθρώπων ὕβρειc τε καὶ εὐνομίαc ἐφορῶντεc (*Od.* 17, 487).

Der Hesiod-Vers bezieht sich im Grunde gar nicht auf die Götter, sondern auf Zeus’ unsichtbare Spione, die 30.000 φύλακεc; hinter dem Homer-Vers verbirgt sich eine Vorstellung, nach der die Götter unterschiedliche Gestalt annehmen, um unerkannt unter den Menschen ὕβριc bzw. εὐνομίη zu erforschen.

[117] Es ist natürlich zu fragen, ob der Dichter dieser Verse nicht auf zeitgenössische Götterkonzeptionen zurückgriff und sie in parodistischer Absicht kombinierte. Bei dem δαίμων in V. 17 könnte es sich um einen der φύλακεc handeln, von denen Hesiod (*Op.* 252-55) spricht. φύλακεc θνητῶν ἀνθρώπων werden bei Hesiod (*Op.* 122 f.) auch die Menschen des γένοc χρυcοῦν (vgl. F 19, 42) genannt, die nach ihrem Tod zu δαίμονεc wurden. Die θεοί könnten in diesem Fragment als abstrakte kosmische Mächte gedacht sein, denen δαίμονεc als Mittler und dienstbare Geister

(3) κατώικισεν | τὸν δαίμον᾽ οὗτος ἐν πρέποντι χωρίωι
(V. 38 f.): Überliefert ist am Anfang von V. 39: τὸν δαίμονα οὐκ
ἐν π. χ., Diels' Konjektur gibt dem Satz also einen genau um-
gekehrten Sinn - ein angesichts des zweifelhaften Gewinnes
für das Verständnis der Passage höchst fragwürdiges Vorgehen.
ἐν πρέποντι χωρίωι kann kaum etwas anderes heißen als „an
einem gut sichtbaren/passenden Ort".[118] Ein gut sichtbarer Ort
wäre freilich der Himmel,[119] dort siedelte der coφὸc ἀνήρ die
Götter (θεοί, V. 27) an, gut sichtbar, damit ihre Macht allen
Menschen immer bewußt sei. Fraglich ist, ob auch für den V. 17
genannten δαίμων der Himmel ein ‚passender' Ort ist. Solange
das in (2) genannte Problem, um welche Gottheit es sich in
diesem Vers handelt, nicht geklärt ist, bleibt auch die Negation
unsicher.

(4) ἀνομίαν (V. 40): Es ist befremdlich, nach der ausführlichen Schilderung der gesetzlosen Frühzeit, der Einführung der
Gesetze und schließlich der Bemühungen, diesen Geltung zu
verschaffen, nun zu lesen, daß der Protagonist der letzten
Stufe dieser Kulturgenese, die „Gesetzlosigkeit durch Gesetze
beseitigt" hätte. Das Problem dieses Verses liegt zum einen in
der Formulierung τοῖc νόμοιc, die am meisten Anstoß erregt
hat (s. die Konjekturen im App.),[120] zum anderen in seiner Aussage: Der coφὸc ἀνήρ beseitigte nicht die Gesetzlosigkeit, denn
Gesetze bestanden längst, bevor er auftrat (Luppe 1992, 118 f.).
Die gleiche Ungenauigkeit begegnet bei Sextus in der kurzen
inhaltlichen Skizze, die er dem Zitat des Fragments voraus-
schickt (*M*. 9, 54): οἱ παλαιοὶ νομοθέται ἐπίσκοπόν τινα ...
ἔπλασαν τὸν θεὸν ..., εὐλαβούμενον τὴν ὑπὸ τῶν θεῶν

---

zur Aufsicht über die Einhaltung des Rechts unter den Menschen beige-
sellt sind. Vgl. Pl. *Smp*. 202 d. e: πᾶν τὸ δαιμόνιον (*i. e.* πάντες δαίμονες)
μεταξύ ἐcτι θεοῦ τε καὶ θνητοῦ, (dazu s. Kannicht *ad* E. *Hel*. 1137,
2 *p*. 296 f.).

[118] Die griechischen Tragiker haben es in ihren Tragödien strikt vermieden, Diminutive selbst in den Fällen zu gebrauchen, wo sich ein solches Wort von seiner ursprünglichen diminutiven Bedeutung gelöst hatte
(Wilamowitz 1893/1935, 192; Wilamowitz 1907/62, 540). Dies trifft indessen nicht für die Satyrspiele zu, vgl. o. *ad* F 282 a, 2.

[119] Vgl. E. *Hel*. 216 (*lyr*.): Ζεὺc πρέπων δι᾽ αἰθέρος.

[120] Zu den νόμοι vgl. E. *Hec*. 799-801: ἀλλ᾽ οἱ θεοὶ cθένουcι χὠ κείνων
κρατῶν | νόμος· νόμωι γὰρ τοὺς θεοὺς ἡγούμεθα | καὶ ζῶμεν ἄδικα καὶ
δίκαι᾽ ὡρισμένοι, S. *OC* 1381 f.: εἴπερ ἐcτὶν ἡ παλαίφατος | Δίκη ξύνεδρος
Ζηνὸς ἀρχαίοιc νόμοιc, und Pl. *Lg*. 904 a: οἱ κατὰ νόμουc θεοί.

τιμωρίαν. Es überrascht nicht, hier auch auf die Formulierung τὸν θεόν anstelle von τὸν δαίμονα zu stoßen (s. o. [2]). Die Paraphrase bei Aetios (*Plac.* 1, 7, s. o. *p.* 302 f.) zeigt ebenfalls, daß die Beseitigung der ἀνομία zu einem früheren Zeitpunkt vollzogen war; unmittelbar nach dem Zitat von V. 1 f. heißt es bei Aetios: ἔπειτα φησὶ τὴν ἀνομίαν λυθῆναι νόμων εἰσαγωγῆι.

Eine eingehende Untersuchung von V. 37-40 muß aufgrund der Widersprüche gegenüber den vorangehenden Versen zu dem Schluß führen, daß es sich um eine oberflächliche und ungenaue Zusammenfassung von V. 1-36 handelt. Dies legt auch eine andere Überlegung nahe: Sisyphos hatte ab V. 17 den wichtigsten (und „angenehmsten", V. 25) Teil der Lehre jenes σοφὸς ἀνήρ in der Form einer direkten Rede wiedergegeben, und war ab V. 27 dazu übergegangen, weitere Einzelheiten seiner Lehre zu nennen und in einem Atemzug zu widerlegen: Die Götter, hieß es, sollen im Himmel wohnen (V. 27), wo die Menschen sie in den Naturerscheinungen zu spüren bekommen (V. 29 f.), doch hätten diese Naturerscheinungen erklärbare Ursachen (V. 31), rührten also nicht von übermächtigen Göttern her. Dem Himmel suchte Sisyphos die Aura des Heiligen zu nehmen, indem er ihn als ein „Bauwerk des Chronos" (V. 34), und die Sonne, indem er sie als einen „leuchtenden Sternenklumpen" (V. 35) bezeichnete. Als nächstes erwartet man den wichtigsten Teil der Theorie: Wie sah die Strafe, wie die Bestrafung aus, die der weise Mann den Menschen für ihre geheimen Vergehen androhte? - mit den genannten Naturerscheinungen, die jeder seiner Hörer schon immer fürchtete, konnte es ja nicht getan sein, um den Gesetzen mit einem Mal Geltung zu verschaffen. Doch statt einer Fortführung der Theorie ist der Leser mit einer mangelhaften Zusammenfassung konfrontiert, die keine anderen als die bereits genannten Themen berührt. Es ist daher davon auszugehen, daß das Ende des ersten Teils des Fragments nicht erst *post* V. 40 (καὶ ὀλίγα προσδιελθὼν ἐπιφέρει·) sondern bereits in V. 37 zu sehen ist.

42. δαιμόνων εἶναι γένος. Für die in den letzten beiden Versen des Fragments getroffene Aussage, daß „jemand die Menschen von der Existenz eines Geschlechts göttlicher Wesen überzeugt" habe, finden sich zwei Stellen, die als Parallelen in Frage kommen: (1) E. *Hec.* 488-91 (Talthybios beim Anblick der am Boden liegenden Hekabe):

ὦ Ζεῦ, τί λέξω; πότερά c' ἀνθρώπους ὁρᾶν
ἢ δόξαν ἄλλως τήνδε κεκτῆςθαι μάτην
490 〈ψευδῆ, δοκοῦντας δαιμόνων εἶναι γένος,〉
τύχην δὲ πάντα τἀν βροτοῖς ἐπισκοπεῖν;

V. 490 wird seit Nauck von allen Herausgebern athetiert,
da der Vers sich inhaltlich und syntaktisch nicht in den Kontext einfügt (vgl. Thierney *ad loc.*).[121]
Vor dem Problem der Theodizee steht der Sprecher von
E. *F 577 aus dem *Oinomaos*: ἐγὼ μὲν εὖτ' ἂν τοὺς κακοὺς ὁρῶ
βροτῶν | πίπτοντας, εἶναι φημὶ δαιμόνων γένος: Auch an dieser
Stelle wird die gerechte Strafe für Verbrecher mit einem γένος
δαιμόνων in Verbindung gebracht. Ob an dieser Stelle mit
γένος δαιμόνων wirklich alle göttlichen Wesen (auch die θεοί)
eingeschlossen sind, bleibt unsicher und ist nicht durch sichere
Quellen überprüfbar. Eine Fortführung des Satzes nach V. 2
wird durch πίπτοντας nahegelegt, womit Erkennen des Unrechts
und dessen Bestrafung impliziert sind. Eine Fortsetzung des
Satzes nach F 19, 42, etwa durch eine Apposition („[göttliche
Wesen,] die jedes Unrecht wahrnehmen können") ist sehr wahrscheinlich, zumal die beiden Verse offenbar V. 17-23 zusammen-
fassen, wie Aetios (*Plac.* 1, 7, s. o. *p.* 302 f.) zeigt: πεῖσαι τοὺς
ἀνθρώπους „ὡς ἔστι δαίμων ..., ὃς ταῦτ' ἀκούει καὶ βλέπει
φρονεῖ τ' ἄγαν" (V. 17 f.). Zumindest eine Fortführung des Ge-
dankengangs wird durch πρῶτον (V. 41) nahegelegt.

F inc. 1007 c Snell

〈A〉 λ]άθραι δὲ τούτων δρωμένων τίνας φοβῆι;
〈B〉 τοὺς μείζονα βλέποντας ἀνθρώπων θεούς.

Sat. vit. Eur. *fr.* 39 *col.* 2, 4.

---

[121] Die Alternative, die in diesen Worten zutage tritt, lautet: Gibt es
eine göttliche πρόνοια oder herrscht τύχη? Letzteres muß freilich nicht
zwangsläufig die Nichtexistenz der Götter bedeuten, vgl. E. *Cyc.* 606 f.: ἢ
τὴν τύχην μὲν δαίμον' ἡγεῖσθαι χρεών, | τὰ δαιμόνων δὲ τῆς τύχης
ἐλάςςονα.

1 f. Die beiden Dialogverse werden von Satyros in seiner Euripides-Vita (P. Oxy. 1176, 39 II 8-14) zitiert und gelten als Euripideisch. Für die Zugehörigkeit zu demselben Drama, zu dem auch F 19 gehört, spricht die ‚sokratische Götterkonzeption', für die sie als Beleg dienen (Yunis 1988 b): Die gefragte Person (B) befürchtet offensichtlich eine Strafverfolgung selbst in dem Fall, daß es keine menschlichen Zeugen gibt, und sie sich allein vor den Göttern verantworten zu müssen glaubt. Satyros läßt einen der beiden Gesprächspartner in seiner dialogischen Darstellung dazu anmerken, daß eine solche Göttervorstellung (ὑπόνοια περὶ θεῶν, Z. 15-17) wohl „sokratisch" ([Cω]κρατική) sei. Wenn die hier verfolgte Interpretation zutreffend ist, daß das Drama in seiner Anlage von einer Göttervorstellung bestimmt wird, die der des Sokrates sehr ähnlich ist, dann liegt es nahe, daß diese beiden Verse diesem Satyrspiel angehören und F 19 mit geringem Abstand vorausgingen. Von den beiden Sprechern wäre der erste als Sisyphos zu identifizieren, der offensichtlich seinem Gesprächspartner (Silenos ?) zuredet, etwas Unrechtes zu tun, und wovor dieser V. 2 zurückschreckt, weil er Strafe von den Göttern befürchtet, wenn es auch keine (menschlichen) Zeugen gibt. Sisyphos wird darauf sicher erwidert haben, daß die Götter keineswegs „mehr als die Menschen" sähen, und als Begründung könnte er seine Rhesis in F 19 angefügt haben.

Zwischen F 1007 c und F 19 lassen sich mehrere Anknüpfungspunkte finden: λ]άθραι findet sich V. 11. 14, τού[τ]ων δρώμενων hat in V. 11. 14 f. und besonders V. 21 (⟨τὸ⟩ δρώμενον δὲ πᾶν) Parallelen. Auf die Problematik der Götterfurcht gehen besonders V. 13 f. ein (vgl. V. 28 f.; 37), und die transzendente Wahrnehmungsfähigkeit der Götter wird V. 18 behandelt (νόωι τ' ἀκούων καὶ βλέπων κτλ.).

Busiris

F inc. 920 a Snell

φιμώς[ατ' α]ὑτοῦ κἀποκλείςα[τε ςτό]μα

Demetr. Lac. *De poem. lib. 2 col. 34 (p. 85 f. De Falco).*

1. Für die Zuschreibung des Fragments zu einem Satyrspiel spricht der Ton - „das plebejische φιμοῦν" (Wilamowitz 1909/62, 230) ist im Wortschatz von Tragödie und Komödie sonst nur noch einmal bei Aristophanes (*Nu.* 592), ἀποκλείειν noch fünfmal, und nur in der Komödie (Ar. *V.* 334. 601. 775, Eup. F 99, 94 und Men. F 185, 3, jeweils in völlig anderem Zusammenhang) belegt. Für die Zuschreibung zum *Busiris* spricht das Motiv: In diesem Drama soll Herakles dem Zeus geopfert werden, und die Aufforderung, jemanden zu knebeln und ihm den Mund zu verschließen, könnte auf Herakles' Knebelung für Busiris' Opfer am Altar des Zeus hindeuten.

Busiris oder *Skiron*

F inc. 879 (= F 38 Steffen)

ὁ λῶιϲτοϲ οὗτοϲ καὶ φιλοξενέϲτατοϲ

An. Ox. 2 *p.* 452, 17 Cramer.

1. Wilamowitz (1893/1935, 192) meinte, aufgrund des Superlativs λῶιϲτοϲ den Vers entweder dem *Busiris* oder dem *Skiron* des Euripides zuweisen zu können;[122] in diesen Dramen ist die Verletzung des Gastrechts durch einen Oger das zentrale Motiv.[123] Steffen folgte ihm und nahm das Fragment in die SGF auf.[124] Für die Satyrspielqualität gibt es - außer dieser inhaltlichen Erwägung - keinerlei Indizien von Gewicht.

λῶιϲτοϲ. Der Superlativ λῶιϲτοϲ, der dem Wortschatz der Komödie fremd ist, deutet auf eine Tragödie oder ein Satyrspiel als Quelle hin (Wilamowitz ebd.; Kassel/Austin im App. *ad* Teleclid. F 2, 1, 7 *p.* 670).

φιλοξενέϲτατοϲ. Euripides gebraucht φιλόξενοϲ außer an dieser Stelle noch viermal: In der (anstelle eines Satyrspiels

---

[122] In seinem Handexemplar der TGF[2] notierte er allerdings: „Syleus".

[123] Ähnlich ironisch E. *Cyc.* 418 (der betrunkene Polyphem zu Odysseus): φίλτατε ξένων.

[124] Kock hatte das Fragment als Ar. F 901 in die CAF aufgenommen, in den PCG erscheint es jedoch nicht mehr.

aufgeführten) *Alkestis* (V. 809. 830. 858) und im *Kyklops* (V. 125). Darüberhinaus begegnet das Wort nur noch in einer einzigen Tragödie [A.] *Prometheus lyomenos* (F 196, 2), und dreimal in der Komödie (Ar. V. 82. 83; Cratin. F 1, 2).[125] Ob diese Stellen ausreichen, um die Satyrspielqualität von F 879 zu erweisen, ist fraglich.

Der Superlativ auf –έcτατοc ist nur an dieser Stelle belegt. Die Übertragung der Komparativbildung der Sigmastämme auf Adjektive der O-Stämme findet sich häufiger im Jonischen und Dorischen als im Attischen (Schwyzer 1 *p.* 535[126]). Die Vermutung liegt nahe, daß Euripides mit dieser Form auf eine dorische Vorlage anspielt; zu denken wäre etwa an Epicharm, der sowohl einen *Busiris* als auch einen *Skiron* schrieb.

Epeios ?

F inc. 988 ?

τέκτων γὰρ ὢν ἔπραccεc οὐ ξυλουργικά

Plu. *Praec. gerendae rei publ.* 15 *p.* 812 e.

1. Welcker (1841 1 *p.* 523) wies dieses Fragment dem *Epeios* zu, den er allerdings nicht für ein Satyrspiel hielt. Das Drama könnte vom Bau des trojanischen Pferdes handeln. Für die Zuweisung des Fragments spricht als einziges, daß der Titelheld dieses Dramas ein τέκτων ist. Wilamowitz (1893/ 1935, 192) vermutete hingegen, daß mit diesen Worten Daidalos in den *Kretes* als ein ‚faber maleficus' angesprochen werde.

ξυλουργικά. „Hölzerne Werkstücke"; das Wort, für das sich insgesamt überraschend wenige Belegstellen finden,[127] erscheint im Wortschatz von Tragödie und Komödie nur an dieser Stelle.

---

[125] Der sprechende Name Φιλόξενοc ist hingegen in der Komödie häufig zu finden.

[126] Statt „φιλοξενέcτεροc" (ebd.) lies „φιλοξενέcτατοc".

[127] E. F inc. 988 (= Plu. *Praec. gerendae rei publ.* 15 *p.* 812 e), Pl. *Phlb.* 56 b 9,

Eurystheus

F inc. 863 (= F 36 Steffen)

ἥκει δ᾽ ἐπ᾽ ὤμοις ἢ cυὸc φέρων βάροc
ἢ τὴν ἄμορφον λύγκα, δύcτοκον δάκοc

Ael. *NA* 14, 6.

Ailianos sichert Euripides als Dichter der beiden Verse; die
Satyrspielqualität des Fragments, die schon seit langer Zeit angenommen wurde (Mancini 1896, 33; Wilamowitz ms.: „Satyrsp.“), wird durch den merkwürdigen Inhalt der Verse nahegelegt, die Ailianos als Beleg für die Häßlichkeit des Luchses anführt, und durch den eigentümlichen Ton, der durch Vermischung der Stilebenen (das umgangssprachliche ἄμορφοc neben
dem wissenschaftlich-terminologischen δύcτοκοc und dem hochpoetischen δάκοc) angeschlagen wird.

Mancinis Zuweisung des Fragments zum *Syleus* vermag indessen nicht zu überzeugen: Mit dem Hinweis auf eine ähnliche
Ankündigung (des Silens) von Polyphems Rückkehr im *Kyklops*
(V. 193) nahm er an, daß Silenos im *Syleus* mit diesen Versen
die Rückkehr der Titelfigur ankündige. In diesem Drama kehrt
allerdings nicht Syleus sondern Herakles mit einer Last auf den
Schultern zurück: Er trägt auf seinem Rücken die Weinreben,
die er in Syleus' Weinberg mitsamt ihren Wurzeln ausgerissen
hat (s. o. *Syleus*, *p.* 252 f.). Doch auch Herakles kann im *Syleus*
kaum mit diesen Worten gemeint sein, denn es ist äußerst
fraglich, ob irgendeine Figur des Dramas Herakles' Rückkehr
mit diesen Worten angekündigt hätte, ohne die Weinreben zu
erwähnen und stattdessen von einem Schwein bzw. einem
Luchs zu sprechen.

Goins (1989) schlug vor, dieses Fragment dem *Eurystheus*
zuzuweisen: Chor oder Silen könnten mit diesen Versen den
zurückkommenden Herakles ankündigen, der - für sie noch
nicht deutlich genug erkennbar - Kerberos auf seinen Schultern
trage. Gegen seine Annahme erheben sich jedoch gleich zwei
Einwände:

Theophilos *De corp. hum. fabrica* 3, 15, 12.

(1) Wie auch immer Kerberos in diesem Drama dargestellt worden ist, - und man darf annehmen, daß er auf der Bühne zu sehen war, da sein Erscheinen Herakles' Erfüllung der letzten Aufgabe beweist, mit der das Drama zweifellos endete, - eine Ähnlichkeit mit einem Schwein respektive einem Luchs ist wenig wahrscheinlich. Da der Chor und Silenos wissen, daß Herakles' letzte Aufgabe darin bestand, Kerberos zu holen, ist ihre Begriffsstutzigkeit darüber hinaus schwer zu verstehen.

(2) Kein Vasenbild und keine literarische Quelle zeigt Herakles den Kerberos auf dem Rücken zu Eurystheus tragend; stattdessen führt er den Hades-Hund an einem Halsband.

Es spricht jedoch einiges dafür, an Herakles als Subjekt der beiden Verse festzuhalten, denn das Personal der (erhaltenen)[128] Euripideischen Satyrspiele ist begrenzt, und es gibt nicht viele Figuren, deren Auftritt (oder Wiederauftritt) mit einer schweren und merkwürdigen Last vorstellbar ist.

Zwei andere Tiere brachte Herakles tatsächlich auf dem Rücken zu seinem Auftraggeber Eurystheus zurück: den erymanthischen Eber und den nemeischen Löwen. Fügt sich allerdings der Eber ohne weiteres in cυòc βάpoc, ist die Identifizierung des Löwen mit dem „häßlichen Luchs, dem Unheil gebärenden Untier," (noch dazu einem Weibchen) nicht unproblematisch. Denkbar ist, daß die Satyrn in diesen Versen Herakles' Rückkehr ankündigen und dabei salopp auf frühere Abenteuer anspielen, von denen Herakles mit einer Last auf dem Rücken zurückkehrte.

2. ἄμορφον. „Häßlich". Das Wort ist im Wortschatz von Tragödie und Komödie nur bei Euripides belegt, bei ihm aber gleich sechsmal: *Hec.* 240, *Hel.* 554, *Bac.* 453, F 405, 1. 909, 4.[129]

λύγκα. Von den Tragikern und Komikern verwendet ausschließlich Euripides das Wort λύγξ; neben unserer Stelle noch *Alc.* 579.

δύcτοκον. „Unheil gebärend"; analog zu Bildungen wie μονότοκος („nur ein Junges gebärend') und εὔτοκος („leicht gebärend') lautet die Bedeutung von δύcτοκος „schwer/schlecht gebärend' (in dieser Bedeutung an den beiden einzigen anderen

---

[128] Zu der Frage, welche Satyrspiele noch in Alexandria gelesen werden konnten, s. o. Einleitung, *p.* 19 ff.

[129] Ferner ein einziges Mal im Wortschatz der Tragiker und Komiker: ἀμορφία (E. *Or.* 391).

Belegen dieses Wortes: Chrysippos F 748, 3, Joan. Philoponos, *In libros de gener. anim comm.* 14, 3 *p.* 16), das jedoch an unserer Stelle keinen Sinn ergeben würde. LSJ *ad loc.* geben die Bedeutung indessen mit "born for mischief" wieder (vgl. die Hesych-Glosse δ 70 Latte: δυστοκία· ἐπὶ κακῶι τὸν καθαρὸν τετοκυῖα). Der Sinn des Wortes an dieser Stelle war offenbar auch Ailianos nicht mehr klar, wenn er seinem Beleg hinzufügt: ὑπὲρ ὅτου δὲ λέγει ͵δύστοκον‘ τοὺς κριτικοὺς ἐρέσθαι λῶιον.

δάκος. „Bissiges/wildes Tier"; ein poetisches Wort, das in der Tragödie, nie aber in der Komödie, verwendet wird, und das kein spezielles Tier bezeichnet; (z. B. eine Schlange: A. *Supp.* 898, ein Meeresungeheuer: [A.] *Pr.* 583, [eßbares] Wild: E. *Cyc.* 325); daneben wird es auch im übertragenen Sinn gebraucht (z. B. das argivische Heer: A. *A.* 824, Klytaimestra: *Ag.* 1232, Orest als Drachen im Traumbild der Klytaimestra: *Ch.* 530, Odysseus: E. *Tr.* 283).

F inc. 936 (= F 41 Steffen)

οὔκ· ἀλλ’ ἔτ’ ἔμπνουν Ἀΐδης μ’ ἐδέξατο.

Luc. *Nec.* 2.

1. Die Zuschreibung ist allein aufgrund des Motivs vorgenommen; Herakles ist mit hoher Wahrscheinlichkeit der Sprecher dieses Verses, denn er hatte den Hades - wie nicht viele andere Tragödienfiguren - lebendig betreten und lebendig wieder verlassen. Es scheint eine Gemeinsamkeit aller Euripideischen Satyrspielhelden zu sein, die gegen ein Oger kämpfen müssen (Herakles, Odysseus, Theseus), daß ihr Mythos die Erfahrung eines Besuchs in der Unterwelt einschließt. Wilamowitz (*ad* E. *HF* 116) bezog die Aussage auf Peirithus und schrieb daher das Fragment Kritias zu.

ἔμπνουν. „Lebendig". Von den Tragikern gebrauchte allein Euripides (*HF* 1089 [Herakles]: ἔμπνους μέν εἰμι, *Hel.* 34, *Ph.* 1442) dieses weitgehend dem Prosawortschatz vorbehaltene Wort.

Ἀΐδης μ’ ἐδέξατο. Die Formulierung ist sonst nur für Tote bzw. Sterbende gebraucht, vgl. S. *Tr.* 1085 (Herakles): Ὦναξ

Ἄϊδη, δέξαι μ᾽, E. *Alc.* 743 f. (der Chor über die tote Alkestis): πρόφρων cὲ χθόνιόc θ᾽ Ἑρμῆc | Ἅιδηc τε δέχοιτ᾽, *Hel.* 969 f. (Menelaos): ὦ νέρτερ᾽ Ἄιδη, ... ὃc πολλ᾽ ἐδέξω τῆcδ᾽ (*i. e.* Helena) ἕκατι cώματα.

Ἄϊδηc. Langes A ist bei den Tragikern sonst offenbar auf lyrische Partien beschränkt (S. *OC* 1690, E. *Supp.* 921; *El.* 143; *HF* 116); diese Messung ist wahrscheinlich jonisch (aus *Αΐδηc, gegenüber attisch *Αΐδηc > Ἄιδηc ?) und stammt vielleicht aus dem Jambos, vgl. Semonides F 7, 117 West: τοὺc μὲν Ἄϊδηc ἐδέξατο. (Ausführliche Diskussion mit allen Belegstellen und weiterer Literatur bei Schmidt 1968, 1-9).

F inc. 1048 (~ F 16 Steffen)[130]

οὐκ ἔcτιν οὐδὲν τῶν ἐν ἀνθρώποιc ἴcον·
χρῆν γὰρ τύχαc μὲν τὰc μάτην πλανωμέναc
μηδὲν δύναcθαι, τἀμφανῆ δ᾽ ὑψήλ᾽ ἄγειν.

4   ὅcτιc κατ᾽ ἰcχὺν πρῶτοc ὢν ἠτάζετο
ἢ τόξα πάλλων ἢ μάχηι δορὸc cθένων,
τοῦτον τυραννεῖν τῶν κακιόνων ἐχρῆν.

F 378   νῦν δ᾽ ἤν τιc οἴκων πλουcίαν ἔχηι φάτνην,
πρῶτοc γέγραπται τῶν τ᾽ ἀμεινόνων κρατεῖ·
τὰ δ᾽ ἔργ᾽ ἐλάccω χρημάτων νομίζομεν.

Stob. 4, 1, 13 *p.* 4 Hense. (V. 1 = *Hec.* 805).

1-6. Stobaios überliefert in seiner Anthologie sechs Euripideische Verse ohne Angabe der Quelle, (von denen der erste mit *Hec.* 805 identisch ist).[131] Matthiä (9 *p.* 371) vermutete, daß V. 1-3 und V. 4-6 nicht zusammengehören, weil sie unverbunden nebeneinander stünden, und fand mit seiner Annahme Zustimmung.[132] Gomperz (1858, 478) ging noch einen Schritt weiter und kombinierte F 1048 mit F 378, indem er V. 4-6 vor F 378 stellte;[133] in dieser Kombination nahm Steffen die sechs Verse in seine SGF als F 16 auf.

---

[130] F 16 Steffen = F inc. 1048, 4-6 + F 378.

[131] Ähnlich auch 71 Chairemon F 21.

[132] Nauck (im App. *ad loc.*): „recte, ut opinor".

[133] Nauck (im App. *ad* F 378): „admodum probabiliter".

Für die ansprechende, aber freilich nicht beweisbare, Verbindung der beiden Fragmente spricht die mit ihr gewonnene rhetorische Verschärfung des in F 378 ausgesprochenen Skandalons, daß Reichtum mehr Ansehen genießt als Leistung. In der Tat ermöglicht die Kombination dieser Verse eine plausible Interpretation; bei näherem Besehen zeigt sich sogar, daß der durch eine Konjektur erzielbare Gewinn noch größer wäre, wenn man F 1048 *vollständig* mit F 378 verbände. Es ergäbe sich folgender Gang der Argumentation:

(F 1048, 1) These: Es gibt in den menschlichen Belangen keine Gleichheit.

(V. 2-3) Begründung: Um Gleichheit herzustellen, wäre es nämlich einerseits notwendig, die von Außen auf den Menschen wirkenden Kräfte (αἱ τύχαι) auszuschalten, und andererseits dem, was gut sichtbar ist, hohen Rang einzuräumen. Für sich allein genommen scheinen diese beiden Verse für den vorangehenden keine logische Begründung zu ergeben; der mit μέν – δέ ausgedrückte Gegensatz ist zudem undeutlich.[134] Aus F 378 würde indessen hervorgehen, daß mit der Ausschaltung der τύχαι der Herrschaftsanspruch eines Mannes allein aufgrund seines Reichtums als ausgeschlossen gedacht wird, während die Forderung in V. 4-6, τὰμφανῆ einen hohen Rang zuzuerkennen, denen, die sich im Kampf auszeichnen, eine Chance einräumen soll, an die Herrschaft zu gelangen.

(V. 4-6) Utopie: Wer sich durch seine Körperkraft als der erste erwiesen hat,[135] sei es im Kampf mit Pfeil und Bogen, sei es im Kampf Mann gegen Mann, der solle Herrscher sein. Vgl. die Diskussion zwischen Amphitryon und Lykos im *Herakles* erinnert (V. 159-205) über die Frage, ob der Kämpfer in der

---

[134] Die Stellung der Partikeln μέν – δέ schließt m. E. aus, daß τάς τύχας auch den Infinitiv ἄγειν regiert (anders Seeck in seiner Übersetzung): wenn αἱ τύχαι *keine* Wirkung haben sollen (F 1048, 3), dann natürlich auch nicht die positive, τὰμφανῆ zu Rang zu verhelfen. Von χρῆν (V. 2) ist also einerseits ein AcI, andererseits ein bloßer Infinitiv abhängig.

[135] Nauck übernimmt in seiner Ausgabe die Konjektur von Gomperz: πρῶτος ὢν ἡτάζετο, die Hs. bietet dagegen: πρῶτος ὠνομάζετο.

Phalanx oder der Bogenschütze größere Tapferkeit zeige; diese
Kontroverse scheint nun in V. 4-6 aufgehoben zu sein.[136]

(F 378, 1-2) Realität: Wenn jetzt einer aus reichem Hause
stammt, herrscht er über Bessere; nicht das persönliche Ver-
dienst ist also ausschlaggebend, sondern der Zufall der Herkunft.

(V. 3) Fazit: Taten gelten weniger als Reichtum.

Die Kombination der beiden Fragmente würde eine Einordnung der neun Verse in einen Zusammenhang erlauben, der im
Euripideischen Œuvre keineswegs ungewöhnlich ist: Die zeitgenössische Diskussion über die ἰcότηc aller Menschen wird im
Euripideischen Werk an zahllosen Stellen reflektiert. Immer
wieder werden von Euripides das Verhältnis von Sklaven und
ihren Herren,[137] die Stellung von ehelichen und unehelichen
Kindern (s. o. *ad* F 377, 1) und die vermeintlichen Vorzüge adli-
ger Abkunft[138] thematisiert, traditionelle Vorstellungen in Frage
gestellt und Argumente für die naturgegebene Gleichheit aller
Menschen angeführt.[139] Die neun Verse von F 1048 + F 378
setzen nun zwar das Vorhandensein einer solchen Theorie von
der ἰcότηc der Menschen voraus, konstatieren aber resigniert,
daß sie unzutreffend sei.

An einer anderen Stelle (und mit einem anderen Ergebnis
als in diesen neun Versen) reflektiert Herakles, glücklich dem
Hades entronnen, über die Gleichheit aller Menschen (*HF* 633-
36):

πάντα τἀνθρώπων ἴcα·
φιλοῦcι παῖδαc οἵ τ' ἀμείνονεc βροτῶν
635   οἵ τ' οὐδὲν ὄντεc· χρήμαcιν δὲ διάφοροι·
ἔχουcιν, οἱ δ' οὔ· πᾶν δὲ φιλότεκνον γένοc.

Freilich ist der Kontext ein völlig anderer, doch als handelte es sich um *termini technici* einer aktuellen Diskussion,
wiederholen sich an beiden Stellen Begriffe wie ἴcον, ἀμείνο-

---

[136] Unabhängigkeit von unkontrollierbaren Einflüssen ist auch ein Argument Amphitryons für den Kampf mit Pfeil und Bogen: μὴ 'κ τύχηc
ὡρμιcμένον (V. 203).

[137] Vgl. z. B. *Hel.* 728-33; F 495, 40-43 (*Melanippe*); F 831 (*Phrixos*).

[138] Vgl. z. B. *El.* 367-82; F 53 (= F 41 Snell, *Alexandros*).

[139] Kinderliebe: *HF* 633-36 (s. Bond *ad loc.*); *IA* 917 f.; *Ph.* 355 f.; F 103
(*Alkmene*), Verlangen nach Speise: *El.* 430 f., nach Wein: *Ba.* 421-23.

νεc[140] und χρήματα. Zur politischen Dimension der ἰcότηc vgl. *Supp.* 429-55 (dazu s. o. *Eurystheus, ad* F 378, 2) in Theseus' Plädoyer für die Demokratie.

Skiron

F inc. 1084

ἥκω περίκλυcτον προλιποῦc᾽ Ἀκροκόρινθον,
ἱερὸν ὄχθον, πόλιν Ἀφροδίταc.

Strab. 8, 6, 21 (vgl. Plu. *Amat.* 21 *p.* 767 f).

1 f. Die Herkunft des Sprechers aus Akrokorinth, wo es ein Heiligtum der Aphrodite gab, die V. 2 ausdrücklich erwähnt wird, macht es sehr wahrscheinlich, daß dieses Fragment in einem Zusammenhang mit dem Auftritt der Hetären im *Skiron* steht, die möglicherweise aus dem dortigen Aphrodite-Heiligtum stammen.[141] Das anapästische Metrum und die dorische Vokalisierung Ἀφροδίταc legen die Vermutung nahe, daß es sich bei diesem Fragment um ein Fragment aus der Parodos der Satyrn handelt, die offenbar mit Hetären, die sie aus Korinth mitbringen, auf die Bühne einziehen (s. o. *Skiron, ad* P. Oxy. 2455 *fr.* 6, 86).

adesp. F 163 a (= adesp. F 609 TGF[2].[142] F inc. 19 Steffen)

ἔξιππα καὶ τέθριππα καὶ ξυνωρίδαc

Eust. *Od.* 1539, 31.

1. Euripides ist als Dichter dieses Verses aufgrund der Wortwahl wahrscheinlich (s. u.); eine Zuweisung des Fragments

---

[140] ἀμείνονεc ist in F 378, 2 von Herwerden konjiziert, s. App.

[141] Zu den Hetären aus Korinth s. o. *Skiron ad* F 675. 676. Dieselbe Vermutung äußerte bereits Meineke, s. Nauck im App. *ad loc.*

[142] Das Fragment findet sich bei Nauck in den Addenda, Index *p.* XXX.

zum *Skiron* erwog Steffen in den SGF *ad loc.* Für diese Zuschreibung spricht die F 675 sehr ähnliche Formulierung; mit
„Sechs-, Vier- und Zweigespann" könnten (vgl. F 675) jeweils
sechs, vier und zwei korinthische Statere gemeint sein, die auf
ihrer Vorderseite Pegasos abbilden.

Kock hatte das Fragment ursprünglich den *adespota comica*
(adesp. F 1281) zugerechnet.

ἔξιππα. Die Benutzung von Streitwagen, die von sechs
Pferden gezogen werden, war in Griechenland unüblich: Sechs-
spänner finden sich in einer sardischen Streitwageneinheit im
Aufgebot des Perserkönigs (A. *Pers.* 48 mit Scholien) und in der
prachtvollen Parade des exaltierten syrischen Seleukidenkönigs
Antiochos IV ‚Epiphanes' (Polyb. 30, 25, 11 = Ath. 5, 194 f).[143]

τέθριππα. Euripides benutzt dieses Wort - im Gegensatz
zu den übrigen Tragikern und den Komikern - auffällig häufig
(17 Mal, Aischylos: zweimal; Aristophanes: einmal).[144]

ξυνωρίδαc. S. o. *Skiron*, ad F 675, 1 f. 2.

Syleus

F inc. 864 (= F 37 Steffen) ?

παίζω· μεταβολὰc γὰρ πόνων ἀεὶ φιλῶ

Ael. *VH* 12, 15.

1. Für die Zugehörigkeit zum *Syleus* tritt Mancini 1896, 33
ein, Wilamowitz 1875, 189 dachte dagegen an die *Auge*.[145] Den
Kontext erfahren wir aus Ailian *ad loc.*: Herakles habe sich von
seinen ἄθλα beim Kinderspiel erholt und darum sehr oft mit
Kindern gespielt. Euripides habe in dem von ihm zitierten Vers

---

[143] Das Wort ist entsprechend selten belegt (s. die genannten Stellen).

[144] Aischylos: F 25 e, 15 (*Glaukos Pont.*), F inc. 346. Euripides: *Alc.* 428, *Heracl.* 802, *Hipp.* 1212, *Supp.* 501. 927, *HF* 177. 380, *Ion* 82. 1241, *Tr.* 855,
El. 866, *Hel.* 386, *Ph.* 1562, *IA* 158, F 228, 5 (= F 1, 5 Austin, *Archelaos*). 771, 2
(= *Phaethon* 2 Diggle), F inc. 1083, 8; (vgl. *Or.* 989 τεθριπποβάμων). Aristophanes: *Nu.* 1407.

[145] Im Handexemplar seiner TGF[1] notierte er indessen: „Satyrsp."

eben darauf angespielt: λέγει (*sc.* Ἡρακλῆc) δὲ τοῦτο παιδίον κατέχων.

Ailians Angabe macht es sehr unwahrscheinlich, daß dieses Fragment aus dem *Syleus* (oder auch in irgendeinem anderen Euripideischen Satyrspiel) stammt, da sich keine Szene finden läßt, in die dieses Fragment passen könnte.

F inc. 907 (= F 39 Steffen)

κρέαcι βοείοιc χλωρὰ cῦκ' ἐπήcθιεν
ἄμουc' ὑλακτῶν ὥcτε βαρβάρωι μαθεῖν.

1 f. Clem. Al. *Protr.* 65. 1 Plut. *Quaest. conv.* 4, 4, 2; Ath. 7, 276 f.

2 ὥcτε βαρβάρωι μαθεῖν Hss. : ὡc βεβαρβαρωμένοc Nauck : ὥ. βάρβαροc μ. Korzeniewski : ὥ. β-οc μέθηι Maehly : ὥ. β-οc μόθων Wecklein : ὥc γε β-ωι 'ν ἔθει F. W. Schmidt.

1-2. Für die Herkunft des Fragments aus einem Satyrspiel sprechen lexikalische Erwägungen (s. u.), für die Zugehörigkeit zum *Syleus*, die zuerst Matthiä annahm, die genaue Wiederkehr von Details der Gelageszene in Tzetzes' Inhaltsangabe zum *Syleus* (*Proleg. de com.*, s. o. *p.* 252 f.).

Ist diese Zuweisung richtig,[146] lassen sich sogar Überlegungen über den Sprecher der beiden Verse anstellen. Da Herakles die in Rede stehende Figur und Syleus als Sprecher sehr unwahrscheinlich ist (aus welchem Grunde sollte er von dem Gelage berichten?), müssen die Verse also von einer dritten Figur gesprochen werden. Da die Gelageszene im *Syleus* abrupt mit dem Auftritt des Syleus (vgl. F 691. 687) endet, bleibt in dieser Szene für einen dritten Schauspieler nur noch die Rolle des Silens übrig, der wahrscheinlich (vgl. o. Tzetzes, ähnlich auch im *Kyklops*) die Aufgabe eines Gutsverwalters erfüllt (zur Rekonstruktion dieser Szene s. o. *Syleus, p.* 279 ff.).[147]

---

[146] Wilamowitz 1893/1935, 192 schrieb das Fragment allerdings - wahrscheinlich aufgrund der Gelageszene in Epicharms *Busiris* (F 21 Kaibel), der die Vorlage für Euripides' Drama gegeben haben könnte, dem gleichnamigen Satyrspiel zu.

[147] Wilamowitz notierte im Handexemplar seiner TGF[2] *ad loc.*: „refert θεράπων".

1. **κρέαϲι βοείοιϲ**. Das Wort κρέαϲ findet sich in der Komödie sehr häufig und fehlt im Wortschatz der Tragödie offenbar ganz; neben unserer Stelle findet sich nur noch je ein Beleg im *Kyklops* (V. 134) und in dem merkwürdigen F inc. 767 des Sophokles, das möglicherweise ebenfalls aus einem Satyrspiel stammt.[148] Daß Herakles in dieser Szene Rindfleisch ißt, erwähnen ausdrücklich Philon (s. o. *Syleus*, *p.* 248) und Tzetzes (s. o. *Syleus*, *p.* 252 f.): Herakles hatte nämlich einen besonders stattlichen Stier des Syleus geschlachtet.

χλωρὰ ϲῦκ'. Auch die Feige findet in der Tragödie keine Erwähnung, ganz im Gegenteil zur Komödie. Die Zusammenstellung Rindfleisch und grüne Feigen ist ungewöhnlich; Tzetzes (s. o.) führt zwar die Feigen nicht auf, erwähnt aber einen ‚Nachtisch': φέρειν ἐκέλευε (*sc.* Ἡρακλῆϲ) ὡραῖα. Daß die grünen Feigen hier eigens erwähnt werden, mag seinen Grund darin haben, daß ihr Genuß - zumindest im Übermaß - nicht folgenlos bleibt und auf einen kräftigen Esser schließen läßt, vgl. Nikophon F 20 Kassel/Austin (*Seirenes*):

> ἐὰν δέ γ' ἡμῶν ϲῦκά τιϲ μεϲηβρίαϲ
> τραγὼν καθεύδηι χλωρά, πυρετὸϲ εὐθέωϲ
> ἥκει τρέχων οὐκ ἄξιοϲ τριωβόλου·
> κᾆθ' οὗτοϲ ἐπιπεϲὼν ἐμεῖν ποιεῖ χολήν.

Für die unangenehme Wirkung dürfte allerdings nicht der Zeitpunkt ihres Genusses in der Mittagszeit, wie der Gesprächsteilnehmer an Athenaios' Gastmahl behauptet, sondern ihr Reifegrad ausschlaggebend sein.

2. **ἄμουϲ' ὑλακτῶν**. Vom Wein berauscht, beginnt Herakles zu grölen. Die Szene erinnert an E. *Alc.* 760, wo dieselbe Wendung wiederkehrt. Während in einem Teil des Palastes um Alkestis getrauert wird, schlägt sich Herakles nichtsahnend in einem separaten Raum den Bauch voll und beginnt, vom Trunk überwältigt, zu grölen. Tzetzes (s. o.) erwähnt ebenfalls Herakles' ‚Gesang' in der Gelageszene des *Syleus*: ἤϲθιε καὶ ἔπινε ᾄδων. Das Wort ὑλακτεῖν findet sich außer an dieser Stelle und *Alc.* 760 nur noch einmal bei einem Tragiker, S. *El.* 907, an

---

[148] Aus einem *Phineus satyrikos*? (s. Radt im App. *ad loc.*).

einer Stelle, wo Elektra von ihrer Mutter Klytaimestra spricht, und dreimal in der Komödie.[149]

ὥϲτε βαρβάρωι μαθεῖν. Die in allen Handschriften übereinstimmend überlieferte Wendung (deren Anstoß allzu leicht durch einen einfachen Eingriff zu eliminieren wäre) gab den Anlaß zu zahlreichen Konjekturen (s. o. App.).[150] Das (logische) Subjekt zu μαθεῖν in der mit ὥϲτε eingeleiteten Infinitivkonstruktion ist das ἄμουϲα der übergeordneten Konstruktion, dessen Infinitiv einer nicht ungewöhnlichen Nachlässigkeit des Griechischen zufolge statt im Passiv im Aktiv erscheint, erweitert um einen *Dativus auctoris* βαρβάρωι: „so daß es (sogar) von einem Barbaren verstanden werden (konnte)/zu verstehen war (*sc.* der Mangel an Musikalität)." Zur Formulierung vgl. *Ba.* 1034: εὐάζω ξένα μέλεϲι βαρβάροιϲ.

adesp. F 90 (= F inc. 9 Steffen)

ἀλλὰ ξενῶναϲ οἶγε καὶ ῥᾶνον δόμουϲ
ϲτρῶϲόν τε κοίταϲ καὶ πυρὸϲ φλέξον μένοϲ
κρατῆρά τ᾽ αἴρου καὶ τὸν ἥδιϲτον κέρα

Ath. 2, 48 a. Eust. *Od.* 1887, 44.

1-3. Kock hatte das Fragment ursprünglich unter die *adespota comica* (F 1211) aufgenommen. Die Satyrspielqualität vermutete zuerst Wilamowitz, der im Handexemplar seiner TGF notierte: „Satyr." Das Fragment findet sich jetzt unter den *adespota tragica* und in Steffens SGF. Das einzige Indiz für Euripides' Autorschaft könnte V. 1 ξενῶναϲ (s. u.) sein. Für die Zugehörigkeit des Fragments zum *Syleus* spricht allein der Inhalt (Vorbereitungen für ein Symposion), der gut zu der Szene paßt, die Philon (*Quod omn. prob.*, s. o. *p.* 248) und Tzetzes (*Prolog. de com.*, s. o. *p.* 252 f.) beschreiben: Herakles schlachtet ein Rind,

---

[149] Ar. *V.* 904. 1402, Eup. F 220, 3 (*Poleis*). In dem offenbar von einer Szene aus dem *Syleus* beeinflußten Dialog bei Lukian (*Vit. auct.* 7, s. o. *p.* 250) fällt das Wort ebenfalls.

[150] Wilamowitz zeigte seinen Unwillen über die zahlreichen Verbesserungsversuche, indem er in seinem Handexemplar der TGF alle Konjekturen mit einem energischen Strich durchkreuzte. 1893/1935, 192 übersetzt er V. 2: „cantans modis quos dissonos esse vel barbarus intellegat."

um es zu verspeisen (vgl. V. 2: πυρὸς φλέξον μένος), bricht in den Weinkeller des Syleus ein und nimmt sich das beste Faß (vgl. V. 3). In diesem Fragment scheint der Sprecher (Herakles ?) indessen einer anderen Person Aufträge zu erteilen und die Vorbereitungen nicht selbst zu treffen.

1. ξενῶνας οἴγε. „Öffne die Gästezimmer!" Das Wort ξενών ist im Wortschatz von Tragödie, Satyrspiel und Komödie nur an dieser Stelle und zweimal in der *Alkestis* des Euripides (V. 543. 547) belegt. Dort gibt Admet seinen Dienern Anweisungen, seinen Gast Herakles aufzunehmen und zu bewirten.

ῥᾶνον δόμους. „Besprenkle das Haus!" In dieser Anweisung findet sich ein versteckter Hinweis auf die Tageszeit des geplanten Symposions, denn die Befeuchtung der Räume war eine Maßnahme gegen die Hitze des Tages (vgl. Theophr. *CP* 4, 3, 3).

adesp. F 165 (= F inc. 20 Steffen)

⟨ × – ∪ – × ⟩ ἡ δὲ προυκαλεῖτό με
βαυβᾶν μεθ᾽ αὑτῆς

Eust. Od. 1761, 27.

1 f. Für die Zuschreibung zu Euripides' Satyrspiel *Syleus* bietet das Verb βαυβᾶν den einzigen Anhaltspunkt,[151] es findet sich einmal in diesem Drama (F 694) und ein weiteres Mal in Kantharos' Komödie *Medeia* (F 3). Die Bedeutung des seltenen Wortes erklärt Hesych β 354 Latte: βαυβᾶν· καθεύδειν. Latte *ad loc.* nimmt an, daß sich das Lemma entweder auf F 694 oder adesp. F 165 beziehe.

---

[151] Welcker 1839, 232 wies das Fragment Sophokles' *Phaiakes* zu. Wilamowitz notierte im Handexemplar seiner TGF: „cf. Eur. Syleus". Für die Zugehörigkeit zum *Syleus* trat zuletzt Churmuziadis (1974, 153. 157) ein.

adesp. F 416 (= F inc. 38 Steffen)

über Herakles

⟨ × – ⟩ κραταιῶι περιβαλὼν βραχίονι
εὕδει πιέζων χειρὶ δεξιᾶι ξύλον

1 f. Plu. *De soll. anim.* 10, 967 c   **2** Hierocles ἠθ. στοιχ. (Pack² 536) ed.
v. Arnim, Berl. Klass.-Texte IV *col.* 5, 18.

1 f. Für die Autorschaft des Euripides gibt es keinerlei
aussagekräftige Indizien; die Satyrspielqualität, die der Inhalt
nahelegt, wurde zuerst von Steffen postuliert. Churmuziadis
(1974, 157) hat das Fragment aus inhaltlichen Gründen dem
Syleus zugewiesen: Er nahm an, daß Herakles nach der Gelageszene vom Wein überwältigt einschläft und in diesem Moment
von Xenodike, der Tochter des Syleus, seiner Waffen beraubt
wird. In einer solchen Szene könnte adesp. F 416 von dem Silen
bzw. den Satyrn oder von Xenodike gesagt worden sein. Diese
Interpretation des Fragments mag ansprechend sein, kann aber
über den Widerspruch nicht hinwegtäuschen, daß dem schlafenden Herakles die Keule (und um sie geht es ausschließlich) nur
unter sehr großen Schwierigkeiten gerade dann gestohlen werden kann, wenn er sie fest in seiner Rechten hält.

Fragmente ohne Zuordnung

[F inc. 854 (= F 35 Steffen)]

Mancini (1896, 33) und Steffen (SGF *ad loc.*) nahmen an, daß dieses Fragment aus einem Satyrspiel stammen müsse; durch Stobaios Quellenangabe
Εὐριπίδης Ἡρακλεῖ kam nur eines der Herakles-Stücke - im Grunde genommen nur der *Busiris*, in dem Herakles auf dem Altar des Zeus geopfert werden soll - in Frage. Murray (Bd. 1, nach den *Herakleidai*), Mette
(1982, 127) und Diggle (1 *p.* 198) konjizieren indessen Ἡρακλεῖ⟨δαις⟩ und
weisen (u. a.) dieses Fragment dem verlorenen Teil dieses Dramas zu.

F inc. 937 (= F 42 Steffen) ?

μὴ κτεῖνε· τὸν ἱκέτην γὰρ οὐ θέμις κτανεῖν.

Luc. *Pisc.* 3.

1. Für die Satyrspielqualität gibt es keine Indizien von Gewicht.

F inc. 983 (= F 43 Steffen)

οἶνος περάσας πλευμόνων διαρροάς

Plut. *Quaest. conv.* 7, 1, 3 *p.* 699 a. Macr. *Sat.* 7, 15, 23. (vgl. Plut. *De stoicorum repugn. c.* 29 *p.* 1047).

1. Für die Satyrspielqualität des sicher für Euripides bezeugten Fragments spricht als einziges der Inhalt: der Genuß von Wein dürfte in jedem der Satyrdramen - im Gegensatz zu den Tragödien - eine wichtige Rolle gespielt haben, vgl. z. B. E. *Cyc.* 158 f. (Odysseus - Silenos): ΟΔ. μῶν τὸν λάρυγγα διεκάναξέ cου καλῶς; | CI. ὥcτ’ εἰc ἄκρουc γε τοὺc ὄνυχαc ἀφίκετο. Die Formulierung πλευμόνων διαρροάς erinnert an E. *Hec.* 567 (Opferung der Polyxene): τέμνει cιδήρωι πνεύματοc διαρροάc.

F inc. 1008 (= F 44 Steffen) ?

⟨τί φήc;⟩ τί cιγᾶιc; μῶν φόνον τιν’ εἰργάcω;

Schol. A. *Eu.* 276.

1. Für die Satyrspielqualität gibt es keine Indizien von Gewicht.

F inc. 1020 (= F 45 Steffen) ?

ὃ δ' ἐςφάδαιζεν οὐκ ἔχων ἀπαλλαγάc.

Schol. S. *Ai.* 883.

1. Für die Satyrspielqualität gibt es keine Indizien von Gewicht.

adesp. F 33 (= F inc. 6 Steffen) ?

über Herakles

⟨ × – ∪ – × – ⟩ πυρὸc δ' ἐξ ὀμμάτων
ἔλαμπεν αἴγλην

Apollod. 2, 4, 9.

1 f. Der besondere Glanz von Herakles' Augen, der von Apollodor (*ad loc.*) als Zeichen seiner Abkunft von Zeus beschrieben wird, könnte in jedem Herakles-Drama hervorgehoben worden sein. Die Zugehörigkeit des Fragments zum *Busiris* erwog Wilamowitz im Handexemplar seiner TGF („Eur. Busiris ?"), die Zugehörigkeit zum *Syleus* Methner (1876, 5).
2. ἔλαμπεν. λάμπειν ist hier transitiv; vgl. Kannicht *ad* E. *Hel.* 1126-31 (mit weiteren Stellen).

[adesp. F 381 (= F inc. 35 Steffen)]

Meineke (*ad* Ath. 4 *p.* 295, 12 *p.* 616: „quae cum aperte e satyrico dramate derivata sint, fortasse ad Euripidis fabulam eam referenda sunt, ex qua haec de Marsya dicta attulit Strabo") wies das Stück einem Satyrspiel des Euripides zu;[152] es stammt sicher aus einem Satyrspiel, auf keinen Fall aber aus einem der Euripideischen, weil Euripides den Athene-Marsyas-Stoff in keinem seiner (in Alexandria erhaltenen respektive heute bekannten) Satyrdramen aufgegriffen hat.

---

[152] Vgl. Wilamowitz 1931 1 *p.* 194 Anm. 1.

Verzeichnis der abgekürzten Literatur

Bibliographien, Forschungsberichte

Ghiron-Bistagne 1989: P. Ghiron-Bi-stagne u. a., Comptes rendus bibliographique [z. antiken Theater], CGITA 5 (1989) 177-96.

Green 1989: J. R. Green, Theatre Production: 1971-1986, Lustrum 31 (1989) 7-95.

Luppe 1980 b: W. Luppe, Drama, APF 27 (1980) 233-50.

Luppe 1991: W. Luppe, Drama, APF 37 (1991) 77-91.

Mette 1968: H.-J. Mette, Euripides (insbesondere für die Jahre 1939-1968). Erster Hauptteil: Die Bruchstücke, Lustrum 12 (1967) und Lustrum 13 (1968).

Mette 1974: H.-J. Mette, Euripides (insbesondere für die Jahre 1968-75). Erster Hauptteil: Die Bruchstücke, Lustrum 17 (1973/74). [Corrigenda in: Lustrum 18 (1985) 356].

Mette 1976: H.-J. Mette, Euripides (insbesondere für die Jahre 1976/77). Erster Hauptteil: Die Bruchstücke, Lustrum 19 (1976) 65-78.

Mette 1982: H.-J. Mette, Euripides (insbesondere für die Jahre 1968-1981). Erster Hauptteil: Die Bruchstücke, Lustrum 23/24 (1981/82). [Nachträge in: Lustrum 25 (1983) 5-13].

Uebel 1971: F. Uebel, Literarische Texte unter Ausschluß der christlichen, APF 21 (1971) 167-206.

Uebel 1974: F. Uebel, Literarische Texte unter Ausschluß der christlichen, APF 22/23 (1974) 321-66.

Van Looy 1991: H. van Looy, Les fragments d'Euripide 1, AC 60 (1991) 295-311.

Van Looy 1992: H. van Looy, Les fragments d'Euripide 2, AC 61 (1992) 280-95.

Handbücher

Beazley ABV (1956): J. D. Beazley, Attic Black Figure Vase Painters, Oxford 1956.

Beazley ARV^2 (1963): J. D. Beazley, Attic Red-Figure Vase Painters (3 Bdd.), Oxford ^{2}1963.

Beazley 1989: Addenda zu Beazley ABV, ARV (...), Oxford ^{2}1989.

Brommer 1960: F. Brommer, Vasenlisten zur griechischen Heldensage, Marburg ^{2}1960.

CHCL: P. E. Easterling, B. M. W. Knox (Hrg.), The Cambridge History of Classical Literature, vol. 1, Greek Literature, Cambridge 1985.

Denniston 1954: J. D. Denniston, The Greek Particles, Oxford ^{2}1954.

Frisk: H. Frisk, Griechisches Etymologisches Wörterbuch (3 Bdd.), Heidelberg 1960-72.

KlP: Der Kleine Pauly. Lexikon der Antike (...) hrg. v. K. Ziegler, W. Sontheimer, 5 Bdd., München

1964-76 (repr. 1979).

Kühner/Gerth: R. Kühner, Ausführliche Grammatik der griech. Sprache. 2. Teil. Satzlehre (2 Bdd.). 3. Auflage neu bearbeitet von B. Gerth, Hannover ³1898.

Lesky 1972: A. Lesky, Tragische Dichtung der Hellenen, Göttingen ³1972.

LIMC: Lexicon Iconograhicum Mythologiae Classicae (8 Bdd.), Zürich 1981-97.

LSJ: A Greek-English Lexikon, compiled by H. G. Liddell and R. Scott, revised and augmented by H. S. Jones with the assistance of R. McKenzie Oxford ⁹1940. Reprinted with a supplement 1968 (u. ö.).

RE: Pauly's Realencyclopädie der classischen Altertumswissenschaften (76 Bdd.), Stuttgart 1893-1978.

Roscher: W. H. Roscher (Hrg.), Ausführliches Lexikon der griechischen und römischen Mythologie (6 Bdd.), Leipzig 1884-1937.

Schmid/Stählin: W. Schmid, O. Stählin, Geschichte der griechischen Literatur. Teil 1, Bd. 3, 1. Hälfte, München 1940.

Snell 1955: B. Snell, Griechische Metrik, Göttingen 1955 (⁴1982).

Schwyzer: E. Schwyzer, Griechische Grammatik, 1. Bd., München ⁴1968.

Trendall/Kambitoglu RVAp (1978): A. D. Trendall, A. Cambitoglou, The Red-figured Vases of Apulia 1, Oxford 1978.

Spezialliteratur

Akamatis 1985: Γ. Μ. Ακαμάτης, Πήλινες μήτρες Αγγείων από την Πέλλα, Diss. Thessaloniki 1985.

Aly 1921: W. Aly, Satyrspiel. In: RE 2A (1921) 235-47 [Euripides: 240 f.].

Angiò 1992: F. Angiò, Euripide Autolico Fr. 282 N², Dioniso 62 (1992) 83-94.

Arias/Hirmer 1960: P. E. Arias, M. Hirmer, Tausend Jahre griechische Vasenkunst, München 1960.

Arias/Shefton/Hirmer 1962: P. E. Arias, B. B. Shefton, M. Hirmer, A History of Greek Vase Painting, London 1962.

Arrowsmith 1956: W. Arrowsmith, Introduction to Cyclops. In: The Complete Greek Tragedies, vol. 3: Euripides, Chicago 1956, 224-30 (wieder abgedruckt in: Seidensticker 1989, 179-187).

Austin 1959: R. G. Austin, Virgil and the Wooden Horse, JRS 49 (1959) 16-25.

Austin ad Verg. Aen. 2 (1964): R. G. Austin, Aeneidos Liber Secundus, Oxford 1964.

Barnett 1898: L. D. Barnett, Der goldene Hund des Zeus und die Hochzeit des Laertes auf griechischen Vasen, Hermes 33 (1898) 638-43.

Barrett 1965: W. S. Barrett, The Epitome of Euripides' Phoinissai: Ancient and Medieval Versions, CQ 59 (1965) 58-71.

Barrett ad E. Hipp. (1964): W. S. Barrett, Euripides Hippolytos, Ed. with Introd. and Comm., Oxford 1964.

Basta Donzelli 1978: G. Basta Donzelli, Studio sull'Elettra di Euripide, Catania 1978.

364 Literaturverzeichnis

Basta Donzelli 1991: G. Basta Donzelli, Sulle interpolazioni nell' Elettra di Euripide, Eikasmos 2 (1991) 107-122.

Benedetto 1971: V. di Benedetto, Euripide: teatro e società, Torino 1971.

Berger-Doer 1986: G. Berger-Doer, Daphnis. In: LIMC 3.1 (1986) 348-52.

Berger-Doer 1990: G. Berger-Doer, Kanake. In: LIMC 5.1 (1990) 950 f.

Bethe 1927: E. Bethe, Sisyphos. In: RE 3A (1927) 371-76.

Biehl *ad* E. *Cyc.* (1986): W. Biehl, Euripides Kyklops, Heidelberg 1986.

Blaß 1901: F. Blaß, Anzeige Lit. Zentralblatt 1901, 26. Okt. 1901.

Bloesch 1943: H. Bloesch, Agalma. Kleinod, Weihegeschenk, Götterbild. Bern-Bümplitz 1943.

Blumenthal 1939: A. v. Blumenthal, Ion von Chios. Die Reste seiner Werke, Stuttgart 1939.

Boardman 1990: J. Boardman, Herakles VII. Herakles in Other Undefined Encounters. In: LIMC 5.1 (1990) 118-21. Herakles G. Herakles and Dionysos/Bacchus/Satyrs. In: LIMC 5.1 (1990) 154-60.

Bömer *ad* Ov. *Met.* (1969-86): F. Bömer, P. Ovidius Naso Metamorphosen, 7 Bdd., Heidelberg 1969-86.

Bond *ad* E. *HF* (1981): G. W. Bond, Euripides Heracles, Oxford 1981.

Bond *ad* E. *Hyps.* (1963): G. W. Bond, Euripides Hypsipyle, Oxford 1963.

Bowra 1938: C. M. Bowra, Xenophanes and the Olympic Games, AJPh 59 (1938) 257-79.

Bowra 1960: C. M. Bowra, Euripides' Epinician for Acibiades, Historia 9 (1960) 68-79.

Brandt 1973: H. Brandt, Die Sklaven in den Rollen von Dienern und Vertrauten bei Euripides, Hildesheim 1973.

Brenk 1975: F. E. Brenk, Interesting Bedfellows at the End of the Apology, CB 51 (1975) 44-46.

Brommer 1937: F. Brommer, Satyroi, Würzburg 1937.

Brommer 1940: F. Brommer, σιληνοί und σάτυροι, Philologus 94 (1940) 222-28.

Brommer 1945: F. Brommer, Herakles und Syleus, JDAI 59/60 (1944/45) 69-78.

Brommer 1953: F. Brommer, Herakles. Die zwölf Taten des Herakles in antiker Kunst und Literatur, Köln 1953 (repr. 1972).

Brommer 1959: F. Brommer, Satyrspiele. Bilder griechischer Vasen, Berlin 1944, 2. verm. und erw. Auflage 1959.

Brommer 1984: F. Brommer, Herakles II. Die unkanonischen Taten, Darmstadt 1984.

Burnett 1971: A. P. Burnett, Catastrophe Survived. Euripides' Plays of Mixed Reversal, Oxford 1971.

Burton *ad* D. S. 1 (1972): A. Burton, Diodorus Siculus. Book 1. A Commentary, Leiden 1972.

Busch 1937: G. Busch, Untersuchungen zum Wesen der τύχη in den Tragödien des Euripides, Phil. Diss. Heidelberg 1937.

Byvanck 1954: L. Byvanck-Quarles van Ufford, Les bols homerique, BABesch 29 (1954) 35-40.

Calder 1973: W. M. Calder III, A Prosatyric Helen? Addendum, RSC 21 (1973) 413.

Campo 1940: L. Campo, I drammi satireschi della Grecia antica. Esegesi della tradizione ed evoluzione, Milano 1940.

Cauer 1891: F. Cauer, Omphale, RhM 46 (1891) 245-49.

Churmuziadis 1965: N. C. Hourmouziades, Production and Imagination in Euripides, Greek Society for Humanistic Studies, Ser. 2. 5, Athen 1965.

Churmuziadis 1968: N. X. Χουρμουζιάδης, Σατυρικά, Hellenika 21 (1968) 160-63.

Churmuziadis 1974: N. X. Χουρμουζιάδης, Σατυρικά, Athen 1974 (²1984).

Churmuziadis 1986: N. X. Χουρμουζιάδης, Εὐριπίδης Σατυρικός, Athen 1986.

Cockle ad E. Hyps. (1987): W. E. H. Cockle, Euripides Hypsipyle, Rom 1987.

Coles/Barns 1965: R. A. Coles, J. W. B. Barns, Fragments from Oxyrhynchus. I. Hypothesis of Euripides Phoenissae, CQ 59 (1965) 52-57.

Collard ad E. Supp. (1975): C. Collard, Euripides Supplices, Ed. with Introd. and Comm., 2 Bdd., Groningen 1975.

Collinge 1959: N. E. Collinge, Some Reflections on Satyr-Plays. PCPhS n. s. 5 (1958/59) 28-35.

Conrad 1997: G. Conrad, Der Silen. Wandlungen einer Gestalt des griechischen Satyrspiels, Trier 1997 (= BAC 28).

Conacher 1967: D. J. Conacher, Euripidean Drama, Myth, Theme, and Structure, London 1967, 317-26.

Courby 1922: F. Courby, Les vases grecs relief à reliefs, Paris 1922.

Cropp/Fick 1985: M. Cropp, G. Fick, Resolutions and Chronology in Euripides. The Fragmentary Tragedies, BICS Suppl. 43, London 1985.

Crusius 1866: O. Crusius, Erysichthon. In: Roscher 1. 1 (1866) 1373-84.

Crusius 1897: O. Crusius, Lityerses. In: Roscher 2. 2 (1897) 2065-72.

Dale ad E. Alc. (1961): A. M. Dale, Euripides Alcestis, Oxford 1954 (²1961, repr. 1984).

Davies 1989: M. Davies, Sisyphus and the Invention of Religion ("Critias" TrGF I (43) F 19 = B 25 DK), BICS 36 (1989) 16-32.

Decharme 1899: P. Decharme, Le drame satyrique sans satyres, REG 12 (1899) 290-99.

Denniston ad E. El. (1939): J. D. Denniston, Euripides Electra. Ed. with Introd. and Comm., Oxford 1939.

Dieterich 1907: A. Dieterich, Euripides (4). In: RE 11 (1907) 1242-81.

Diggle 1981: J. Diggle, [Rez.] R. Scodel, The Trojan Trilogy of Euripides, Göttingen 1980, CR n. s. 31 (1981) 106 f.

Diggle 1989: J. Diggle, The Papyrus Hypotheses of Euripides' Orestes (P. Oxy. 2455 fr. 4 col. iv 32-9 + fr. 141), ZPE 77 (1989) 1-11.

Dihle 1977: A. Dihle, Das Satyrspiel 'Sisyphos', Hermes 105 (1977) 28-42.

Dihle 1986: A. Dihle, Philosophie und Tradition im 5. Jh. v. Chr. In: O. Herding, E. Olshausen (Hrg.), Wegweisende Antike (...) Festgabe für G. Wöhrle, Stuttgart 1986 (= Hum. Bildung Beih. 1), 13-24.

Dodds ad E. Ba. (1963): E. R. Dodds, Euripides Bacchae, Oxford 1963.

Dover 1975: K. J. Dover, The Freedom of the Intellectual in Greek Society, Talanta 7 (1975) 24-54.

Dover ad Ar. Nu. (1968): K. J. Dover, Aristophanes Clouds, Oxford 1968.

Dover ad Ar. Ra. (1993): K. J. Dover,

Aristophanes Frogs, Oxford 1993.

Drexler 1937: H. Drexler, Zu Busiris. In: Roscher 6, 858 f.

Dümmler 1896: F. Dümmler, Autolykos (1). In: RE 2 (1896) 2600 f.

Dumortier 1967: J. Dumortier, Une métaphor d'Euripide. (Autolycus 10-12), REG 80 (1967) 148-51.

Egli 1954: J. Egli, Heteroklisie im Griechischen mit besonderer Berücksichtigung der Fälle von Gelenkheteroklisie. Phil. Diss. Zürich 1954.

El Kalza 1970: S. El Kalza, ὁ Βούσιρις ἐν τῆι ἑλληνικῆι γραμματείαι καὶ τέχνηι, Diss. Athen 1970.

Else ad Arist. Po. (1957): G. F. Else, Aristotle's Poetics: The Argument, Leiden 1957.

Erbse 1984: H. Erbse, Studien zum Prolog der euripideischen Tragödie, Berlin 1984.

Fehling 1972: D. Fehling, Erysichthon oder das Märchen von der mündlichen Überlieferung, RhM 115 (1972) 173-96.

Ferguson 1969: J. Ferguson, Tetralogies, Divine Paternity and the Plays of 414, TAPhA 100 (1969) 109-117.

Finley/Pleket 1976: M. I. Finley, H. W. Pleket, The Olympic Games: The First Thousand Years, London 1976.

Fischer 1958: I. Fischer, Typische Motive im Satyrspiel. Ein Beitrag zum Aufbau und zur Wahl der Themenkreise im Satyrspiel, Diss. (masch.) Göttingen 1958.

Franke/Hirmer 1972: P. R. Franke, M. Hirmer, Die griechische Münze, München 1964, (²1972).

Froning 1988: H. Froning, Die Anfänge der kontinuierenden Bilderzählung in der griechischen Kunst, JdI 103 (1988) 169-99.

Furtwängler 1909: A. Furtwängler,

K. Reichhold, Griechische Vasenmalerei, 3 Bdd., München 1904-32 (Band 2: 1909).

Gallo 1980: I. Gallo, Framenti biografici da papiri II, Roma 1980.

Gantz 1979: T. Gantz, The Aeschylean Tetralogy: Prolegomena, CJ 74 (1979) 289-304.

Giannini 1982: P. Giannini, Senofane fr. 2 Gentili-Prato e la funzione dell'intellettuale nella Grecia arcaica, Quaderni Urbinati n. s. 10 (1982) 57-69.

Giglioli 1953: G. Q. Giglioli, Una pelike attica nel Museo di Villa Giulia con Herakles e Geras. In: Studi (...) D. M. Robinson, Bd. 2, 1953, 111-153.

Goins 1989: S. E. Goins, Euripides Fr. 863 Nauck, RhM 132 (1989) 401-403.

Goldhill 1986: S. Goldhill, Reading Greek Tragedy, Cambridge 1986.

Gomme/Sandbach ad Men. (1973): A. W. Gomme, F. H. Sandbach (Hrg.), Menander. A Commentary, Oxford 1973.

Gomperz 1858: T. Gomperz, Zu den griechischen Tragikern, RhM N. F. 13 (1858) 477-79.

Greifenhagen 1962: A. Greifenhagen, Corpus Vasorum Antiquorum. Deutschland. Berlin 2, München 1962.

Griffiths 1948: J. G. Griffiths, Human Sacrifice in Egypt: The Classical Evidence, ASAE 48 (1948) 409-23.

Gronewald 1988: M. Gronewald, Ein Erntelied in P. Ryl. I 342, ZPE 73 (1988) 31 f.

v. Groningen 1930: B. A. v. Groningen, De Syleo Euripideo, Mnemosyne n. s. 58 (1930) 293-299.

Guggisberg 1947: P. Guggisberg, Das Satyrspiel, Diss. Zürich 1947.

Gulick ad Ath. (1961): C. B. Gulick, Athenaeus. Text and Translation,

7 Bdd., 1961.

Halleran 1984: M. Halleran, Stagecraft in Euripides, London 1984.

Hanell 1934: K. Hanell, Megarische Studien, Diss. Lund 1934.

Harder 1979: A. Harder, A New Identification in P. Oxy. 2455? ZPE 35 (1979) 7-14.

Hartung 1844: I. A. Hartung, Euripides restitutus (2 Bdd.), Hamburg 1843/44.

Haslam 1975: M.W. Haslam, The Authenticity of Euripides, Phoenissae 1-2 and Sophocles Electra 1, GRBS 16 (1975) 149-174.

Haspels 1936: C. H. E. Haspels, Attic Black-Figured Lekythoi, Paris 1936.

Hausmann 1959: U. Hausmann, Hellenistische Reliefbecher aus attischen und böotischen Werkstätten. Untersuchungen zur Zeitstellung und Bildüberlieferung, Stuttgart 1959.

Heinimann 1945: F. Heinimann, Nomos und Physis, Basel 1945 (repr. Darmstadt 1972).

Helm 1906: R. Helm, Lucian und Menipp, Leipzig 1906.

Helm 1931: R. Helm, Menippos (10). In: RE 15 (1931) 888-93.

Henderson 1983: W. J. Henderson, Theognis 702-12. The Sisyphus-Exemplum, QUCC 44 (1983, 3) 83-90.

Henrichs 1975: A. Henrichs, Democritus and Prodicus on Religion, HSCP 79 (1975) 93-123.

Henrichs 1976: A. Henrichs, The Atheism of Prodicus, Chronache Ercolanesi 6 (1976) 15-21.

Hermann 1848: K. F. Hermann, Die Theristen des Euripides, AZ 5 (1848) 237 f.

v. Herwerden 1892: H. v. Herwerden, Ad tragicos, Mnemosyne N. S. 20 (1892) 430-448.

Herzog-Hauser 1942: G. Herzog-Hauser, Omphale. In: RE 18 (1942) 385-96.

Hoffmann 1951: H. Hoffmann, Chronologie der attischen Tragödie, Diss. Hamburg 1951.

Hollis ad Ov. Met. 8 (1970): A. S. Hollis, Ovid Metamorphoses, Book VIII, Oxford 1970.

v. Holzinger 1896: K. v. Holzinger, Bemerkungen zu Lykophron. In: Serta Herteliana, Wien 1896, 89-92.

Hopkinson ad Call. Cer. (1984): N. H. Hopkinson, Callimachus, Hymn to Demeter. Ed. with Introd. and Comm., Cambridge 1984.

Hose 1994: M. Hose, Zur Elision des αι im Tragödienvers, Hermes 122 (1994) 32-43.

Hose 1995: M. Hose, Drama und Gesellschaft. Studien zur dramatischen Produktion in Athen am Ende des 5. Jahrhunderts, Stuttgart 1995 (= Drama. Beiheft 3).

Immisch 1894: O. Immisch, Kerberos (2). In: Roscher 2. 1 (1894) 1119-35.

Jahn 1861: O. Jahn, Herakles und Syleus, AZ 19 (1861) 157-63. Taf. 149 f.

Jaeger 1953: W. Jaeger, Die Theologie der frühen griechischen Denker, Stuttgart 1953.

Jenkins/Küthmann 1972: G. K. Jenkins, H. Küthmann, Münzen der Griechen, München 1972.

Jüthner 1909: J. Jüthner, Philostratos. Über Gymnastik, Leipzig 1909.

Jüthner 1965: J. Jüthner, Die athletischen Leibesübungen der Griechen. I. Geschichte der Leibesübungen, hrg. v. F. Brein, ÖAkWiss Phil.-Hist. Kl. SB 249, 1. Abt., Wien 1965.

Kakridis 1975: J. T. Kakridis,

Μῆστρα. Zu Hesiods frg. 43 a M.-W., ZPE 18 (1975) 17-25.

Kambitsis *ad* E. *Antiope* (1972): J. Kambitsis, L'Antiope d'Euripide, Athen 1972.

Kamerbeek *ad* E. *Andr.* (1973): J. C. Kamerbeek, Euripides' Andromache, Leiden 1973.

Kannicht 1975: R. Kannicht, Hypomnema zum Oedipus des Euripides? P. Vindob. G 29779, WüJbb N. F. 1 (1975) 81 f. [Errata in: WüJbb N. F. 2 (1976) 237].

Kannicht 1991 a: R. Kannicht, De Euripidis ''Autolyco'' vel ''Autolycis'', Dioniso 61. 2, 1991, 91-99.

Kannicht 1991 b: R. Kannicht, Einleitung zu: Musa Tragica. Die griechische Tragödie von Thespis bis Ezechiel (...) Göttingen 1991.

Kannicht 1996: R. Kannicht, Zum Corpus Euripideum. In: ΛΗΝΑΙΚΑ. Festschrift für Carl Werner Müller, Stuttgart 1996, 21-31.

Kannicht *ad* E. *Hel.* (1969): R. Kannicht, Euripides Helena, 2 Bdd., Heidelberg 1969.

Kassel 1955: R. Kassel, Bemerkungen zum Kyklops des Euripides, RhM 98 (1955) 279-86 (wieder abgedruckt in: Seidensticker 1989, 170-78; R. Kassel, Kl. Schriften, hrg. v. H.-G. Nesselrath, Berlin 1991, 191-98).

Kassel 1983: R. Kassel, Dialoge mit Statuen, ZPE 51 (1983) 1-12.

Kassel 1985: R. Kassel, Hypothesis. In: Scholia. Studia (...) viro doctissimo D. Holwerda oblata, Groningen 1985, 53-59.

Kerferd 1981: G. B. Kerferd, The Sophistic Movement, Cambridge 1981.

Kirk/Raven/Schofield 1983: G. S. Kirk, J. E. Raven, M. Schofield, The Presocratic Philosophers, Cambridge ²1983.

Koniaris 1973: G. L. Koniaris, Alexander, Palamedes, Troades, Sisyphos. A Connected Tetralogy? A Connected Trilogy? HSPh 77 (1973) 85-124.

Körte 1903: A. Körte, (...) II. Referate und Besprechungen. 101. P. Amh. II 17. Hypothesis zu Skiron, einem Satyrdrama des Euripides, APF 2 (1903) 354 f.

Körte 1941: A. Körte, Literarische Texte mit Ausschluß der christlichen, APF 14 (1941) 101-50 (hier 137 f.).

Kraay 1976: C. M. Kraay, Archaic and Classical Greek Coins, London 1976.

Kron 1988: U. Kron, Erysichthon (1. 2). In: LIMC 4. 1 (1988) 14-18. 18-21.

Kuiper 1907: K. Kuiper, De Pirithoo fabula Euripidea, Mnemosyne N. S. 35 (1907) 354-85.

Kyle 1987: D. G. Kyle, Athletics in Ancient Athens, Leiden 1987 (= Mnemosyne Suppl. 95).

Latte 1925: K. Latte, Reste frühhellenistischer Poetik im Pisonenbrief des Horaz, Hermes 60 (1925) 1-13 (wieder abgedruckt in: ders., Kl. Schriften, München 1968, 885-95).

Laurens 1986: A.-F. Laurens, Bousiris. In: LIMC 3. 1 (1986) 147-52.

v. Leeuwen *ad* Ar. *Ra.* (1896): J. v. Leeuwen, Aristophanis Ranae, Leiden 1896.

Lefkowitz 1981: M. R. Lefkowitz, The Lives of the Greek Poets, Baltimore 1981.

v. Lennep *ad* E. *Alc.* (1949): D. F. W. v. Lennep, Selected Plays with Introduction, Metrical Synopsis and Commentary, Part 1, The Alcestis, Leiden 1949.

Leuman 1950: M. Leuman, Homerische Wörter, Basel 1950.

Lloyd-Jones 1963: H. Lloyd-Jones,

[Rez.] The Oxyrhynchus Papyri, Part XX, Gnomon 35, 1963, 433-55.

Löwy 1929: E. Löwy, Der Schluß der Iphigenie in Aulis, ÖJh 24 (1929) 1-41.

Luppe 1970: W. Luppe, Zur Datierung einiger Dramatiker in der Eusebios/Hieronymos-Chronik, Philologus 114 (1970) 1-8.

Luppe 1977: W. Luppe, [Rez.] The Papyrus Fragments of Sophocles, Ed. by R. Carden, Berlin 1974, Gnomon 49 (1977) 321-30.

Luppe 1980: W. Luppe, Die Papyri aus der Herakles-Tragödie P. Colon. inv. 263 und PSI inv. 3021. In: R. Pintandi (Hrg.), Miscellanea papyrologica in memoriam H. C. Youtie, Florenz 1980, 141-46.

Luppe 1982 a: W. Luppe, Der Anfang der Hypothesis zu Euripides' Skiron, SCO 32 (1982) 231-33.

Luppe 1982 b: W. Luppe, Der Dramen-Papyrus P. Amherst II 17 (Pack^2 446), Anagennesis 2 (1982) 245-63.

Luppe 1983: W. Luppe, Zur Reihenfolge der Φ-Titel in den Euripides-Hypotheseis P. Oxy. 2455, ZPE 52 (1983) 43 f.

Luppe 1984 a: W. Luppe, Euripides-Hypotheseis in den Hygin-Fabeln 'Antiope' und 'Ino'?, Philologus 128 (1984) 41-59.

Luppe 1984 b: W. Luppe, Die Syleus-Hypothesis. PStrasb. 2676 Aa und POxy. 2455 fr. 8, SIFC 3a, s. 2 (1984) 35-39.

Luppe 1984 c: W. Luppe, Zu P. Strasb. 2676 Bd/'Stheneboia'-Hypothesis, ZPE 55 (1984) 7 f.

Luppe 1985 a: W. Luppe, Dikaiarchos' ὑποθέcειc τῶν Εὐριπίδου μύθων. In: J. Wiesner (Hrg.), Aristoteles. Werk und Wirkung,

Bd. 1, Aristoteles und seine Schule, Berlin 1985, 610-15.

Luppe 1985 b: W. Luppe, Götterfesselungen bei Hesiod, Aischylos und Euripides. Zu Philodem PHerc. 1088 III 8 ff., BCPE 15 (1985) 127-29.

Luppe 1985 c: W. Luppe, Zu drei Tragödien-Hypotheseis auf Papyri. II. Was folgte auf die Andromache-Hypothesis in P. Oxy. 3650? ZPE 60 (1985) 11-20. (12-16).

Luppe 1986: W. Luppe, Identifizierung des Hypothesisschlusses auf P. Oxy. 2455 fr. 5., Anagennesis 4 (1986) 223-43.

Luppe 1988 a: W. Luppe, Ein übersehener Hinweis auf die Fünfzahl der Konkurrenten bei den Komiker-Agonen zur Zeit des Peloponnesischen Krieges? Nikephoros 1 (1988) 185-89.

Luppe 1988 b: W. Luppe, Ein ungewisses Fragment in der Sammlung euripideischer Hypotheseis, APF 34 (1988) 15-25.

Luppe 1988 c: W. Luppe, Zu einer Stobaios-Stelle aus Euripides, Hermes 116 (1988) 504 f.

Luppe 1990: W. Luppe, Der Anfang der Busiris-Hypothesis (P. Oxy. 3651), ZPE 80 (1990) 13-15.

Luppe 1992: W. Luppe, Eine Interpolation in dem großen "Sisyphos"-Fragment: T.G.F. I (43) F 19 = (88) B 25, Hermes 120 (1992) 118 f.

Luppe 1993: W. Luppe, Zum Herakles-Papyrus P. Hibeh 179, ZPE 95 (1993) 59-64.

Luppe 1994: W. Luppe, Die 'Skiron'-Hypothesis, APF 40 (1994) 13-19.

Luppe/Bastianini 1989: W. Luppe, G. Bastianini, Una hypothesis euripidea in un esercizio scolastico (P. Vindob. G 19766 verso, Pack^2

1989): ['Αὐτόλυκος πρῶτος, Analecta Papyrologica 1 (1989) 31-36.

MacDowell *ad* Ar. *V.* (1971): D. M. MacDowell, Aristophanes Wasps, Oxford 1971.

Mancini 1896: A. Mancini, Il dramma satirico greco, Pisa 1896.

Marcovich 1977: M. Marcovich, Euripides' Attack on the Athletes (Fr. 282 N.² ap. Athen. 413 C-F), ZAnt 27 (1977) 51-54 (repr. in: Studies in Greek Poetry, Illinois Classical Studies, Suppl. 1 [1991] 123-26).

Marcovich 1978: M. Marcovich, Xenophanes on Drinking-Parties and Olympic Games, ICS 3 (1978) 1-26.

Masciadri 1987: V. Masciadri, Autolykos und der Silen. Eine übersehene Szene des Euripides bei Tzetzes, MH 44 (1987) 1-7.

Mastronarde *ad* E. *Ph.* (1994): D. J. Mastronarde, Euripides Phoenissae, Cambridge 1994.

Matthiessen 1964: K. Matthiessen, Elektra, Taurische Iphigenie und Helena. Untersuchungen zur Chronologie und zur dramatischen Form im Spätwerk des Euripides, Göttingen 1964 (= Hypomnemata 4).

Matthiessen 1990: K. Matthiessen, Der Ion - eine Komödie des Euripides? SEJG 31 (1989/90) 271-91.

McKay 1959: K. J. McKay, Studies in Aithon I, Hesiod op. 363, Mnemosyne 12 (1959) 198-203 [fortgesetzt: Mnemosyne 14 (1961) 16-22, 323 f.].

McKay 1962: K. J. McKay, Erysichthon. A Callimachean Comedy, Leiden 1962 (= Mnemosyne Suppl. 7).

Meineke 1867: A. Meineke, Analecta critica in Athenaio, Leipzig 1867.

Merkelbach 1968: R. Merkelbach, Hesiod Fr. 43 (a) 41 ff. M.-W. ZPE 3 (1968) 134 f.

Methner 1876: R. Methner, De tragicorum Graecorum fragmentis observationes criticae, Diss. Gnesen 1876.

Methner 1882: R. Methner, De tragicorum Graecorum minorum et anonymorum fragmentis observationes criticae, Schulprogramm Königliches Gymnasium in Bromberg Nr. 128, 1882.

Mette 1964: H.-J. Mette, Euripides' Skiron, MH 21 (1964) 71 f.

Mette 1969: H.-J. Mette, Hypothesis von Euripides Syleus? ZPE 4 (1969) 173.

Mette 1977: H.-J. Mette, Urkunden dramatischer Aufführungen in Griechenland, Berlin 1977.

Mette 1983: H.-J. Mette, Peirithoos - Theseus - Herakles bei Euripides, ZPE 50 (1983) 13-19.

Morris 1992: S. P. Morris, Daidalos and the Origins of Greek Art, Princeton, New Jersey 1992.

Mueller-Goldingen 1985: C. Mueller-Goldingen, Untersuchungen zu den Phönissen des Euripides, Stuttgart 1985 (= Palingenesia 22).

Müller 1984: C. W. Müller, Zur Datierung des sophokleischen Ödipus, Abh. Akad. Wiss. Lit. Mainz, Geistes- u. sozialwiss. Kl. Jg. 1984 Nr. 5.

Müller 1987: C. W. Müller, Erysichthon, AAWM 13, Stuttgart 1987, 65-76.

Müller 1988: C. W. Müller, Kallimachos und die Bildtradition des Erysichthon-Mythos, RhM 131 (1988) 136-42.

Müller 1991: C. W. Müller, Höhlen mit doppeltem Eingang bei

Sophokles und Euripides, RhM N. F. 134 (1991) 262-75.

Murray 1932: G. Murray, The Trojan Trilogy of Euripides (415 B. C.). In: Melanges Gustave Glotz, Bd. 2, Paris 1932, 645-56.

Murray 1946: G. Murray, Euripides' Tragedies of 415 B. C.: The Deceitfulness of Life. In: ders., Greek Studies. Oxford 1946. 127-148.

Murray 1955: G. Murray, Euripides and his Age, Oxford ²1955 (dt.: Euripides und seine Zeit, Darmstadt 1957).

Musso 1988: O. Musso, Il fr. 282 N² dell'Autolico euripideo e il P. Oxy. 3699, SIFC 34 (1988) 205-07.

Nestle 1901: W. Nestle, Euripides der Dichter der griechischen Aufklärung, Stuttgart 1901.

Nestle 1942: W. Nestle, Vom Mythos zum Logos, Stuttgart ²1942.

Nowak 1960: H. Nowak, Zur Entwicklungsgeschichte des Begriffes Daimon, Diss. Bonn 1960.

Oakley 1994 a: J. H. Oakley, Sisyphos I. In: LIMC 7. 1 (1994) 781-87; 7. 2 (1994) 564-68.

Oakley 1994 b: J. H. Oakley, Syleus. In: LIMC 7. 1, 825-27. LIMC 7. 2, 581.

Oellacher 1939: H. Oellacher, Griechische literarische Papyri, MPER n. s. 3 (1939) p. 52 f.

Oeri 1948: H. G. Oeri, Der Typ der komischen Alten in der griechischen Komödie. Seine Nachwirkungen und seine Herkunft, Basel 1948.

Olivieri 1934: A. Olivieri, Drammi satireschi: L'argomento dello Scirone di Euripide, RIGI 18 (1934) 49-55.

Overbeck 1868: J. Overbeck, Die antiken Schriftquellen zur Geschichte der bildenden Künste bei den Griechen, Leipzig 1868 (repr. Hildesheim 1971).

Page 1934: D. L. Page, Actors Interpolations in Greek Tragedy, Oxford 1934.

Page 1950: D. L. Page, Select Papyri III. Literary Papyri Poetry, London 1950.

Parke/McGing 1988: H. W. Parke, B. C. McGing (Edd.), Sibyls and Sibylline Prophecy in Classical Antiquity, London 1988.

Patzer 1973: H. Patzer, Der Tyrann Kritias und die Sophistik. In: K. Döring, W. Kullmann (Hrgg.), Studia Platonica. Festschrift H. Gandert, Amsterdam 1973, 3-19.

Pickard-Cambridge 1968: A. Pickard-Cambridge, The Dramatic Festivals of Athens, Oxford ²1968.

Pohlenz 1954: M. Pohlenz, Die griechische Tragödie, 2 Bdd., Göttingen 1954.

Pöhlmann 1984: E. Pöhlmann, Sisyphos oder der Tod in Fesseln. In: P. Neukam (Hrg.), Tradition und Rezeption. Dialog Schule - Wissenschaft. Klassische Sprachen und Literaturen, Bd. 18, München 1984, 7-20 (wieder abgedruckt in: E. Pöhlmann, Studien zur Bühnendichtung und zum Theaterbau der Antike, Frankfurt/M. 1995 [= Studien zur Klassischen Antike 93], 187-98).

Poole 1990: W. Poole, Male Homosexuality in Euripides. In: A. Powell (Hrg.), Euripides, Women and Sexuality, London/New York 1990, 108-150.

Radermacher 1902 a: L. Radermacher, Aus dem zweiten Bande der Amherst Papyri, RhM 57 (1902) 137-51. 138.

Radermacher 1902 b: L. Radermacher, Ueber eine Scene des

euripideischen Orestes, RhM 57 (1902) 278-84.

Reeve 1973: M. D. Reeve, Interpolation in Greek Tragedy III, GRBS 14 (1973) 145-171.

Reichenbach 1889: K. Reichenbach, Die Satyrpoesie des Euripides, Znain 1889.

Reinhard 1934: K. Reinhard, Zur Niobe des Aischylos, Hermes 69 (1934) 233-61.

Richter 1965: G. M. A. Richter, The Portraits of the Greeks, London 1965.

Robert 1890: C. Robert, Homerische Becher, 50. BWPr (1890) 90-96.

Robert 1908: C. Robert, Homerische Becher mit Illustrationen zu Euripides' Phoinissen, JdI 23 (1908) 184-203 Taf. 5. 6.

Robertson 1986: M. Robertson, Epeios. In: LIMC 3. 1 (1986) 798 f.

Rossi 1972: L. E. Rossi, Il dramma satiresco attico. Forma, fortuna e funzione di un genere letterario antico, DArch 6 (1972) 248-301 (259-81 dt.: Das Attische Satyrspiel. Form, Erfolg und Funktion einer antiken literarischen Gattung. In: Seidensticker 1989, 222-51).

Russo 1960: C. F. Russo, Euripide e i concorsi tragici lenaici, MH 17 (1960) 165-70.

Rusten 1982: J. S. Rusten, Dicaearchus and the Tales from Euripides, GRBS 23 (1982) 357-67.

v. Salis 1937: A. v. Salis, Sisyphos. In: Corolla L. Curtius (...) Stuttgart 1937, 161-67.

Sansone 1978: D. Sansone, The Bacchae as Satyrplay? ICS 3 (1978) 40-46.

Schefold 1981: K. Schefold, Die Göttersage in der klassischen und hellenistischen Kunst, München 1981.

Schmid 1936: W. Schmid, Zwei Auflagen von Euripides' Αὐτόλυκος, PhW 56 (1936) 766-68.

Schmidt 1968: V. Schmidt, Sprachliche Untersuchungen zu Herondas, Berlin 1968.

Schöll 1839: A. Schöll, Beiträge zur Kenntniß der tragischen Poesie der Griechen, Bd. 1, Die Tetralogien der attischen Tragiker, Berlin 1839.

Schwabacher 1974: W. Schwabacher, Griechische Münzkunst, Mainz 1974.

Schwartz 1960: J. Schwartz, Pseudo-Hesiodea, Leiden 1960.

Schwartz 1969: J. Schwartz, Wartetext 7, ZPE 4 (1969) 43 f.

Scodel 1980: R. Scodel, The Trojan Trilogy of Euripides, Göttingen 1980 (= Hypomnemata 60).

Seaford 1991: R. A. S. Seaford, Il dramma satiresco di Euripide, Dioniso 61. 2 (1991) 75-90.

Seaford *ad* E. *Cyc.* (1984): R. A. S. Seaford, Euripides Cyclops. Ed. with Introd. and Comm., Oxford 1984.

Seeck 1967: G. A. Seeck, Empedokles B 17, 9-13 (= 26, 8-12), B 8, B 100 bei Aristoteles, Hermes 95 (1967) 28-53.

Seeck 1990: G. A. Seeck, Lukian und die griechische Tragödie. In: J. Blänsdorf (Hrg.), Theater und Gesellschaft im Imperium Romanum, Tübingen 1990, 233-41.

Seidensticker 1979: B. Seidensticker, Das Satyrspiel. In: G. A. Seeck (Hrg.), Das griechische Drama. Grundriß der Literaturgeschichten nach Gattungen, Darmstadt 1979, 204-257 (231-247 wieder abgedruckt in: Seidensticker 1989, 332-361).

Seidensticker 1982: B. Seidensticker, Palintonos Harmonia. Studien zu komischen Elementen in der griechischen Tragödie, Göttingen 1982 (= Hypomnemata 72).

Seidensticker 1989: B. Seidensticker (Hrg.), Das Satyrspiel, Darmstadt 1989 (= WdF Bd. 579).

Shapiro 1988: H. A. Shapiro, Geras. In: LIMC 4. 1 (1988) 180-82.

Sinn 1979: U. Sinn, Die Homerischen Becher. Hellenistische Reliefkeramik aus Makedonien, Mitt. DAI Athen, Beih. 7 (1979).

Smallwood 1990: V. Smallwood, Herakles and Kerberos (Labour XI). In: LIMC 5. 1 (1990) 85-100.

Snell 1935/68: B. Snell, Zwei Töpfe mit Euripides-Papri, Hermes 70 (1935) 119 f., mit Ergänzungen wieder abgedruckt in: E.-R. Schwinge (Hrg.), Euripides, Darmstadt 1968, 102.

Snell 1956/66: B. Snell, Aischylos' Isthmiastai, Hermes 84 (1956) 1-11, überarb. Fassung wieder abgedruckt in: Kl. Schriften, Göttingen 1966, 164-175.

Snell 1963: B. Snell, Der Anfang von Euripides' Busiris, Hermes 91 (1963) 495.

Snell 1967: B. Snell, Zu Euripides' Satyrspiel Skiron, Aegyptus 47 (1967) 184-86.

Snowden 1981: F. M. Snowden Jr., Aithiopes. In: LIMC 1. 1 (1981) 416 Nr. 17.

Sourvinou-Inwood 1986: C. Sourvinou-Inwood, Crime and Punishment: Tityos, Tantalos, and Sisyphos in "Odyssey" 11, BICS 33 (1986) 37-58.

Steffen 1971 a: V. Steffen, The Satyr-Dramas of Euripides, Eos 59 (1971) 203-226 (wieder abgedruckt in: Seidensticker 1989, 188-221).

Steffen 1971 b: V. Steffen, Euripides' 'Skiron' und der Prolog der 'Lamia', Eos 59 (1971) 25-33 (wieder abgedruckt in: V. Steffen,

Scripta Minora Selecta 1, Wrocław 1973, 296-305).

Steffen 1975: V. Steffen, Quaestiunculae satyricae, Eos 63 (1975) 5-13.

Steffen 1979: V. Steffen, De Graecorum fabulis satyricis, Wrocław 1979.

Steinrück 1994: M. Steinrück, Sisyphe, Aithon et le jugement de la déesse: Pseudo-Hésiode Fr. 43a. 41-43 M.-W., Maia 46 (1994) 291-98.

Stevens 1976: P. T. Stevens, Colloquial Expressions in Euripides, Hermes Einzelschr. 38, Wiesbaden 1976.

Stevens *ad* E. *Andr.* (1971) : P. T. Stevens, Euripides Andromache. Ed. with Introd. and Comm., Oxford 1971.

Stoessl 1967: F. Stoessl, Euripides. In: KlP 2 (1967) 440-446.

Stoll 1886 a: H. W. Stoll, Aktaion. In: Roscher 1. 1 (1886) 214-17.

Stoll 1886 b: H. W. Stoll, Atlas. In: Roscher 1. 1 (1886) 704-709.

Stoll 1886 c: H. W. Stoll, Busiris (2). In: Roscher 1. 1 (1886) 835-37.

Stoll 1886 d: H. W. Stoll, Eurystheus. In: Roscher 1. 1 (1886) 1431-33.

Stoll 1897: H. W. Stoll, Lamia (3). In: Roscher 2. 2 (1897) 1819-21.

Storey 1990: I. C. Storey, Dating and Re-Dating Eupolis, Phoenix 44 (1990) 1-30.

Sutton 1972: D. F. Sutton, Satyric Qualities in Euripides' Iphigeneia at Tauris and Helen, RSC 20 (1972) 321-30.

Sutton 1973 a: D. F. Sutton, Satyric Elements in the Alcestis, RSC 21 (1973) 384-91.

Sutton 1973 b: D. F. Sutton, Supposed Evidence that Euripides' Orestes and Sophocles' Electra were Prosatyric, RSC 21 (1973) 117-21.

Sutton 1974 a: D. F. Sutton, The Date of Euripides' Cyclops, [Univ. Microf.] Ann Arbor 1974.

Sutton 1974 b: D. F. Sutton, The Evidence for a Ninth Euripidean Satyrplay, Eos 62 (1974) 49-53.

Sutton 1974 c: D. F. Sutton, Father Silenus: Actor or Coryphaeus? CQ n. s. 24 (1974) 19-23.

Sutton 1974 d: D. F. Sutton, A Handlist of Satyr Plays, HSPh 78 (1974) 107-43 (wieder abgedruckt in: Seidensticker 1989, 287-330. [Additional Note: 330 f.]).

Sutton 1974 e: D. F. Sutton, The Nature of Critias' Sisyphos, RSC 22 (1974) 10-14.

Sutton 1975: D. F. Sutton, Athletics in the Greek Satyrplay, RSC 23 (1975) 203-209.

Sutton 1976: D. F. Sutton, Three Notes on P.Oxy. XXVII 2455 (Euripidean Hypotheses), BASP 13 (1976) 77-79.

Sutton 1977: D. F. Sutton, The Greek Origins of the Cacus Myth, CQ n. s. 27 (1977) 391-93.

Sutton 1978 a: D. F. Sutton, Euripides' Theseus, Hermes 106 (1978) 49-53.

Sutton 1978 b: D. F. Sutton, Some Satyric Fragments from Oxyrhynchus, BASP 15 (1978) 275-78.

Sutton 1980 a: D. F. Sutton, A Complete Handlist to the Literary Remains of the Greek Satyrplays, AncW 3 (1980) 115-30.

Sutton 1980 b: D. F. Sutton, Satyrplays at the Lenaia? ZPE 37 (1980) 158-60.

Sutton 1980 c: D. F. Sutton, The Greek Satyrplay, Meisenheim am Glan 1980 (= Beiträge zur Klassischen Philologie 90).

Sutton 1981: D. F. Sutton, Critias and Atheism, CQ n. s. 31 (1981) 33-38.

Sutton 1984 a: D. F. Sutton, The Hercules Statue from the House of the Stags, RhM 127 (1984) 96.

Sutton 1984 b: D. F. Sutton, Scenes from Greek Satyrplays, Illustrated in Greek Vase Paintings, AncW 9 (1984) 119-26.

Sutton 1985 a: D. F. Sutton, Lost Plays about Theseus: Two Notes, RhM N. F. 128 (1985) 358-60.

Sutton 1985 b: D. F. Sutton, The Satyrplay. In: CHCL 1. 346-54.

Sutton 1988: D. F. Sutton, Evidence for Lost Dramatic Hypotheses, GRBS 29 (1988) 87-92.

v. Sybel 1886: L. v. Sybel, Autolykos (1). In: Roscher 1. 1 (1886) 735 f.

Tierney ad E. Hec. (1979): M. Tierney, Euripides Hecuba, Bristol 1946 (repr. 1979).

Touchefeu 1986: O. Touchefeu, Autolykos I. In: LIMC 3. 1 (1986) 55 f.

Touchefeu-Meynier 1981: O. Touchefeu-Meynier, Antikleia. In: LIMC 1. 1 (1981) 828-30.

Touchefeu-Meynier 1992: O. Touchefeu-Meynier, Laertes. In: LIMC 6. 1 (1992) 181.

Trendall 1938: A. D. Trendall, Frühitaliotische Vasen, Leipzig 1938.

Trendall 1967: A. D. Trendall, Red-Figured Vases of Lucania, Campania and Sicily, Oxford 1967 (Suppl. 1: London 1970; Suppl. 2: London 1973; Suppl. 3: London 1983).

Trendall 1989: A. D. Trendall, Red Figure Vases of South Italy and Sicily, London 1989.

Trendall 1991: A. D. Trendall, Farce and Tragedy in South Italian Vase-Painting. In: T. Rasmussen, N. Spivey, Looking at Greek Vases, Cambridge 1991, 151-82. 266 f.

Trendall/Webster 1971: A. D. Trendall, T. B. L. Webster, Illustrations of Greek Drama, London 1971.

Tümpel 1909: K. Tümpel, Omphale. In: Roscher 3 (1909) 870-87.

Turner 1958: E. G. Turner, Euripidean Hypotheses in a New Papyrus. In: Proceedings of the 9 th International Congress of Papyrologists, Oslo 1958 [1961], 1-17.

Turyn 1957: A. Turyn, The Byzantine Manuscript Tradition of the Tragedies of Euripides, Urbana 1957.

Urlichs 1846: L. Urlichs, De Achaei Pirithoo tragico et Aethone satyrico, Philologus 1 (1846) 557-62.

Ussher ad E. Cyc. (1978): R. G. Ussher, Euripides Cyclops, Introd. and Comm., Roma 1978.

Valckenaer 1824: L. K. Valckenaer, Diatribe in Euripidis perditorum dramatum reliquias, Leipzig 1824.

Vermeule 1977: E. T. Vermeule, Herakles Brings a Tribute. In: U. Höckmann, A. Krug (Hrgg.), Festschrift für Frank Brommer, Mainz 1977, 295-301.

Vollkommer 1988: R. Vollkommer, Herakles in the Art of Classical Greece, Diss. Oxford 1988.

Wackernagel 1916: J. Wackernagel, Sprachliche Untersuchungen zu Homer, Göttingen 1916 (= Forschungen zur griechischen und lateinischen Grammatik 4) [1-159 zuvor veröffentlicht in Glotta 7 (1915) 161-319].

Wackernagel 1919/53: J. Wackernagel, Über einige lateinische und griechische Ableitungen aus den Verwandtschaftswörtern. In: Festgabe A. Kaegi, Frauenfeld 1919, 40-65. Wieder abgedruckt in: K. Latte (Hrg.), Jacob Wackernagel. Kl. Schriften 1, Göttingen 1953, 468-93 (bes. 485-91).

Wagner 1905: R. Wagner, Epeios 2. In: RE 10 (1905) 2717 f.

Walker 1920: R. J. Walker, The Macedonian Tetralogy of Euripides, London 1920.

Webster 1963: T. B. L. Webster, Griechische Bühnenaltertümer, Göttingen 1963.

Webster 1964: T. B. L. Webster, Hellenistic Poetry and Art, London 1964.

Webster 1965: T. B. L. Webster, The Order of Tragedies at the Great Dionysia, Hermathena 100 (1965) 21-28.

Webster 1966: T. B. L. Webster, Euripides' Trojan Trilogy. In: M. Kelly (Hrg.), For Service to Classical Studies. Essays in Honour of Francis Letters, Melbourne 1966, 207-13.

Webster 1967 a: T. B. L. Webster, Monuments Illustrating Tragedy and Satyrplay, BICS Suppl. 20, ²1967.

Webster 1967 b: T. B. L. Webster, The Tragedies of Euripides, London 1967.

Wecklein 1876: N. Wecklein, [Rez.] Wilamowitz 1875, Jahrbücher für Classische Philologie 113 (1876) 721-30.

Wecklein 1904: N. Wecklein, Zwei Bemerkungen über textkritische Methode, Philologus 63 (1904) 154 f.

Weitzmann 1947: K. Weitzmann, Illustrations in Roll and Codex, Princeton 1947.

Weitzmann 1959: K. Weitzmann, Ancient Book Illumination, Cambridge Mass. 1959.

Welcker 1824: F. G. Welcker, Die Aeschylische Trilogie, Darmstadt 1824.

Welcker 1826: F. G. Welcker, Nachtrag zu der Schrift über die

Aeschylische Trilogie, nebst einer Abhandlung über das Satyrspiel, Frankfurt/M. 1826 (325-32 wieder abgedruckt in: Seidensticker 1989, 22-28).

Welcker 1841: F. G. Welcker, Die griechischen Tragödien, 3 Bdd., Bonn 1839-41.

West 1963: M. L. West, [Rez.] The Oxyrhynchus Papyri XXIIX, Ed. E. Lobel, Gnomon 35 (1963) 752-59.

West 1983: M. L. West, Tragica VI, BICS 30 (1983) 63-84.

West 1985: M. L. West, The Hesiodic Catalogue of Women. Its Nature, Structure and Origins, Oxford 1985.

West ad Hes. Th. (1966): M. L. West, Hesiod Theogony, Oxford 1966.

Wilamowitz 1875: U. v. Wilamowitz-Moellendorff, Analecta Euripidea, Berlin 1875.

Wilamowitz 1893/1935: U. v. Wilamowitz-Moellendorff, De tragicorum Graecorum fragmentis commentatio, Göttingen 1893 (= Kl. Schriften 1, Berlin 1935, 176-208).

Wilamowitz 1902: U. v. Wilamowitz-Moellendorff, (...) Archäologische Gesellschaft zu Berlin. 1901. Novembersitzung, BPhW 22 (1902) 61 f.

Wilamowitz 1906: U. v. Wilamowitz-Moellendorff, Griechische Tragödien, 4 Bdd., Berlin 1906.

Wilamowitz 1907/62: U. v. Wilamowitz-Moellendorff, Zum Lexikon des Photius, SB Berlin 1907, 12 (= Kl. Schriften 4, Berlin 1962, 540).

Wilamowitz 1908/94: U. v. Wilamowitz-Moellendorff, [A memorandum added by UvWM to his letter of 19. iv. 08 (to K. Kuiper)] In: J. M. Bremer, W. M. Calder III,

Prussia and Holland: Wilamowitz and two Kuipers, Mnemosyne 47 (1994) 177-216 [Brief: 179-81, Memorandum: 211-16].

Wilamowitz 1909/62: U. v. Wilamowitz-Moellendorff, Lesefrüchte Nr. 125, Hermes 44 (1909) 451 (= Kl. Schriften 4, Berlin 1962, 229 f.).

Wilamowitz 1910/62: U. v. Wilamowitz-Moellendorff, Lesefrüchte Nr. 146, Hermes 45 (1910) 390 (= Kl. Schriften 4, Berlin 1962, 257).

Wilamowitz 1919/62: U. v. Wilamowitz-Moellendorff, Lesefrüchte Nr. 154, Hermes 54 (1919) 51-54 (= Kl. Schriften 4, Berlin 1962, 289-92).

Wilamowitz 1925: U. v. Wilamowitz-Moellendorff, Die griechische Heldensage, 2 Bdd., SB Preuss. Akad. Wiss., phil.-hist. Kl. 7. 17, Berlin 1925.

Wilamowitz 1927/62: U. v. Wilamowitz-Moellendorff, Lesefrüchte Nr. 223, Hermes 62 (1927) 291 f. (= Kl. Schriften 4, Berlin 1962, 446 f.).

Wilamowitz 1928: U. v. Wilamowitz-Moellendorff, Erinnerungen 1848-1914, Leipzig [2]1928.

Wilamowitz 1931: U. v. Wilamowitz-Moellendorff, Glaube der Hellenen, Bd. 1, Berlin 1931.

Wilamowitz ad E. HF (1933): U. v. Wilamowitz-Moellendorff, Euripides Herakles, Leipzig 1889 (Berlin [3]1933).

Wilamowitz ms.: Notizen U. v. Wilamowitz-Moellendorffs in seinen Handexemplaren zu A. Naucks TGF[1] und TGF[2].

Wilisch 1915: E. Wilisch, Sisyphos. In: Roscher 4 (1915) 958-72.

Winiarczyk 1984: M. Winiarczyk, Wer galt dem Altertum als Atheist?, Philologus 128 (1984)

157-83 [Ergänzungen und Addenda in: Philologus 136 (1992) 306-10].

Winiarczyk 1987: M. Winiarczyk, Nochmals das Satyrspiel 'Sisyphos', WS 100 (1987) 35-45.

Woodford 1994: S. Woodford, Theseus E. Individual Exploit: Skiron. In: LIMC 7.1 (1994) 931 f.

Xanthakis-Karamanos 1994: G. Xanthakis-Karamanos, The Daphnis or Lityerses of Sositheos, L'Antiquité Classique 63 (1994) 237-50.

Young 1985: D. C. Young, The Olympic Myth of Greek Amateur Athletics, Chicago 1985.

Yunis 1988 a: H. E. Yunis, A New Creed. Fundamental Religious Beliefs in the Euripidean Drama, Göttingen 1988 (= Hypomnemata 91).

Yunis 1988 b: H. E. Yunis, The Debate on Undetected Crime and an Undetected Fragment from Euripides' Sisyphos, ZPE 75 (1988) 39-46.

Ziegler 1965: K. Ziegler, Xenophanes von Kolophon, ein Revolutionär des Geistes, Gymnasium 72 (1965) 289-302.

Zuntz 1955: G. Zuntz, The Political Plays of Euripides, Manchester 1955.

Zuntz 1965: G. Zuntz, An Inquiry into the Transmission of the Plays of Euripides, Cambridge 1965.

Verzeichnis der Abbildungen im Text

p. 30, **Abb.** 1: *Marmor Albanum*; Paris, Louvre Ma 343; nach Richter 1965 1 *p.* 137 *fig.* 760.

p. 93, **Abb.** 1: Volutenkrater aus Ruvo; München, Staatl. Antikenslg. 3268; nach Barnett 1898, Abb. *p.* 641.

p. 96, **Abb.** 2: Oinochoe des Dionysios, aus Anthedon (?); Berlin, Staatl. Museen 3161 a (verschollen); nach Robert 1890, 93 *fig.* f.

p. 98, **Abb.** 3: Gußform aus Pella; Pella, Mus. 81.108; nach Akamatis 1985 Abb. 19.

p. 101, **Abb.** 4: Homerischer Becher (MB 45); London, Brit. Mus. G 104; nach Sinn 1979 Taf. 18, 4.

p. 102, **Abb.** 5: Homerischer Becher (MB 48); Halle, Robertinum 73; nach Sinn 1979 Taf. 18, 3.

p. 103, **Abb.** 6: Homerischer Becher (MB 50); London, Brit. Mus. G 105, 1; nach Sinn 1979 Taf. 18, 2.

p. 104, **Abb.** 7: Homerischer Becher (MB 52); New York, Metr. Mus. 31.11.2; nach Sinn 1979 Taf. 22, 1.

p. 106, **Abb.** 8: Homerischer Becher (MB 55); Berlin, Staatl. Museen 3161 q; nach Sinn 1979 Abb. 9, 1 *p.* 113.

p. 135, **Abb.** 1: Attisch-rotfigurige Schale aus Vulci; Berlin, Staatl. Museen F 2534; nach Greifenhagen 1962 Abb. 7.

p. 135, **Abb.** 2: *dito*; nach Greifenhagen 1962 Abb. 8.

p. 137, **Abb.** 3: *dito*; nach Greifenhagen 1962 Taf. 100, 4.

Indizes

Namen und Sachen

Achaios 14, 17
  Aithon 288
  Kyknos 288
  Omphale 273
Acheloos 63
Achilleus 78; 105; 225
Admetos 148; 164; 166; 229; 279
Adrastos: 323
Aetios 191; 297 f.; 297, 35; 303, 45; 311; 317
Agamedes 48
Agamemnon 103-5; 151; 293
Ägypten 124; 131; 131, 25; 137 f.; 138, 40; 139; 181
Aiakos 147
Aias 63; 205
Aigeus 160; 160, 41
Aigisthos 79; 139, 44
Aigyptos 130, 22
Aiolos 208
Aischylos 10; 14 f.; 14, 17; 15, 18; 16, 22; 67 f.; 82-84; 99; 154 f.; 190, 13
  Amymone 212, 68
  Diktyulkoi 15; 234
  Glaukos Potnieus 211
  Lykurgeia 211, 63
  Lykurgos 212, 68
  Oresteia 212, 68
  Phorkides 226, 17
  Proteus 212, 68
  Psychagogoi 166
  Sisyphos Drapetes 209; 215, 76
  Sisyphos Petrokylistes 209; 215
  Sphinx 212, 68
[Aischylos], *Prometheus* 190, 13; 290, 10
Aisimos 89
Aithon s. Erysichthon
Aithra 160 f.; 160, 41; 225, 16
Akrokorinth 223; 230; 353
Alexander d. Gr. 76, 82

Alexandria, Bibliothek 11; 16; 21, 36; 22; 23, 39; 24; 26-28; 34 f.; 113; 142; 176, 79; 177; 284; 361
Alexis, *Skiron* 238
Alkaios, Sohn d. Perseus 168 f.
Alkestis 63; 79, 87; 166; 175; 206; 215, 76; 225; 279; 279, 61; 350; 356
Alkibiades 57; 72, 64; 83, 96
Alkmene 146; 159; 168 f.; 169, 57; 261
Alope 14
Amphiaraos 68; 153
Amphibia 168 f.; 169, 57
Amphion 77
Amphipolis 243
Amphithea 49; 89; 89, 106; 94; 94, 123; 98; 114 f.
Amphitryon 159; 159, 37; 168-70; 169, 57; 172, 68; 351
Amyntor 47; 89 f.
Anaxagoras 292; 292, 15; 304; 333; 335; 339
Anaxo 169, 57
Andromache 181; 258 f.
Andromeda 14; 169
Anippe 130, 22
Antigone 102 f.; 109; 325, 89
Antikleia 14; 46; 85; 89; 89, 107; 91-98; 92, 116; 94, 123; 107-10; 109, 163; 111-15; 209, 57; 212-14
Antiochos IV Epiphanes 354
Antiphanes, *Busiris* 131, 27
Aphidna(i) 35
Aphrodite 63; 95; 121; 127; 143, 17; 223; 230; 268; 353
Apollodoros v. Gela 209
Apollon 168; 170, 60; 279, 61
Apollonios 212, 68
Archelaos 22, 37
Ares 206; 215, 76; 324
Argos 103; 160; 168; 170; 173, 71

Aristarchos 28, 56; 163; 212, 68
Aristias 14; 25, 44
Aristophanes v. Athen 16; 16, 22; 54;
   58, 41; 64; 77, 85; 157, 34; 328
   Batrachoi 16, 22; 82 f.; 232
   Eirene 155
   Geras 214, 74
   Nephelai 291, 13
Aristophanes v. Byzanz 163; 189, 9;
   243, 2; 243, 2; 285 f.; 286, 5
Aristoteles 16; 53; 178
Arkeisios 47
Artemis 63; 78; 168; 227
Asklepiades v. Myrleia 163
Aspasia 273, 52
Astydameia 168 f. 169, 57
Athen 10; 14; 16; 22; 24-26; 77, 85;
   83; 119; 134 f.; 160, 41; 161; 189;
   222; 232 f.; 239; 243; 261; 301
Athenaios 83, 96
Athene 59, 42; 118; 118, 181; 143;
   143, 13; 231; 361
Athleten 57-59; 61-68
Atlas 138; 181; 215
Aulis 78; 103; 205, 45; 273, 53
Automala 182
Automate 130, 22
Autolykos
   Sohn d. Erichthonios 41, 6
   Sohn d. Hermes 209, 57; 213 f.;
      318
   Sohn d. Lykon 41; 41, 8; 63

Belos 183, 21
Bootes 339
Botenbericht 106; 108; 110; 114; 139;
   139, 44; 213; 226; 241; 280 f.
Busiris 44; 123, 3; 130, 22; 181;
   183, 21; 206; 221; 256; 266

Charon 99, 133; 112
Chione 89; 89, 105; 121, 190
Chor 12; 108 f.; 137, 39; 157
Chronos 309; 336-38; 337, 111;
   338, 113
Chrysippos 251 317
Chthonie 337
Cicero 298; 299, 39

Daidalos 143, 17; 148-51; 172; 174;
   346
Danae 234
Daphnis 285
Deianeira 156; 322, 80
Delphi 275
Demeter 119; 225, 16
Demetrios 15, 19
Demokritos 251; 308; 332-34;
   333, 105; 338 f.
Deukalion 208, 52
Deus ex machina 113; 195; 227; 279, 61
Diagoras 296, 29; 298; 301-3;
   303, 46; 311
Didaskalien 22; 22, 37; 24; 28 f.; 290
Dikaiarchos 37; 37, 78; 189, 9
Dikaios 272; 274
Dike 308; 324; 325, 89
Diktynna 63
Diodoros 125; 133, 31; 138; 182 f.
Diogenes v. Sinope 134; 138; 251;
   265
Diomedes (d. Grieche) 59; 76, 84;
   78; 99
Diomedes (d. Thraker) 210 f.; 211, 63
Dion Chrysostomos 138
Dionysios
   aus Alexandria 52, 30
   hellenist. Töpfer 95
Dionysos 10; 15, 19; 16, 22; 126; 172;
   211, 63; 222, 9; 225, 16; 229; 234;
   260, 31; 279; 283
Dioskurides 16
Diphilos 13
Duris 178

Eber, erymanthischer 173; 173, 71;
   173, 73; 348
Echidna 171
Elektra 79-81; 104; 107; 156; 227;
   279; 357
Elektryon 168-70; 169, 57
Eleusis 225, 16
Empedokles 316, 68
Epameinondas 76, 82
Ephippos, *Busiris* 131, 27
Epicharmos
   Busiris 129; 131; 346; 355, 146
   Skiron 238; 346
Epaphos 130, 22

Epikuros 298; 300 f.; 303; 314
Eratosthenes 131, 25
Erginos 48
Erinyen 168
Eros 63; 324; 328
Erysichthon 121 f.; 288 f.
Eteokles 68; 101-3
Eudemos 337
Euhemeros 303; 303, 46; 311; 313
Eukleides 52, 30
Eumaios 163
Euphorion 284
Eupolis 64
   Autolykos A' 41
   Autolykos B' 41, 7
Euripides 10 f.; 14; 15, 18; 16; 16, 22;
   20 f.; 49; 61; 64; 66; 69; 71-73;
   77, 85; 77; 82-84; 83, 96; 99;
   110; 113; 116; 134; 138; 142;
   146; 153 f.; 157, 34; 163; 169;
   184, 22; 185; 188 f.; 190, 13;
   208, 52; 209 f.; 211, 61; 213;
   224; 241; 242, 53; 243; 245;
   246, 9; 264; 274; 278; 323 f.;
   346; 351; 354
   Aiolos 95, 125
   Alexandros 212
   Alkestis 12-14; 15, 18; 45; 52; 114;
   139, 44; 206, 48; 243; 268; 280;
   283
   Alkmene 33
   Alkmeon 127
   Andromache 22, 37; 189; 243; 258;
   261
   {Andromache B'} 258, 27
   Andromeda 14
   Antigone 97, 131
   Archelaos 22, 37
   Auge 354
   Autolykos A' 32; 33, 67; 82; 97; 109;
   113; 138, 42; 142; 191, 14; 207;
   288
   Autolykos B' 14; 33, 67; 34; 40;
   113-15; 209, 55; 212, 69
   Busiris 32; 45; 142; 180 f.; 180, 9;
   245, 6; 285; 359
   Diktys 284
   Elektra 78; 82
   Epeios 33 f.
   {Epopeus} 141, 6

Eurystheus 32; 142; 207; 215, 78
Hekabe 150
Helene 54
Herakleidai 33, 67; 170, 59; 359
Herakles 145; 160; 171 f.; 175; 266
Hiketides 225, 16
Hippolytos 127
Hypsipyle 145; 153; 153, 26
Ion 54
Iphigeneia Aul. 91; 103-5; 109, 161
Iphigeneia Taur. 54
Ixion 14
Kerkyon 14
Kretes 346
Kyklops 12; 15; 32; 45; 54; 59; 87;
   95, 125; 138, 42; 139; 142; 195;
   207; 220 f.; 223 225, 16; 229 f.;
   240; 245, 6; 267 f.; 279 f.; 281;
   283; 284, 1; 285; 291, 13; 293
Lamia 207; 285
Likymnios 33, 67
Medeia 284
Melanippe Soph. 54
Orestes 52; 139, 44; 201, 40
Π[35 f.; 198, 34
{Παλαιcταὶ cάτυροι} 35
Palamedes 212 f.; 305
Peirithus 54; 145; 159, 38 f.; 160;
   176; 186-88; 190-92; 190, 11;
   190, 13; 215, 78 f.; 290
{Πενθεὺc cατυρικόc} 35; 198;
   225, 15
Philoktetes 284
Phoinissai 101-3; 126; 201, 40;
   225, 16
Protesilaos 150, 17
Rhadamanthys 33, 67; 186 f.; 190 f.;
   196; 290
{C[ ] cάτρυροι} 36
Sisyphos 97; 108; 113; 142; 175, 77;
   196; 212, 69; 224; 290
Skiron 138, 42; 142; 192 f. 196-204;
   207; 210, 60; 214, 72; 245, 6;
   285
Skyrioi 196; 199-204; 225, 16
Stheneboia 54; 199-204; 201, 40;
   204, 43
Syleus 52 f.; 142; 192 f.; 195-97;
   199, 37; 200-4; 204, 43; 205, 45;
   206; 238; 241, 51; 285 f.; 347

{*Syleus B'*} 36; 193; 197; 197, 29;
    243, 2
Temenidai 141, 6
Tennes 186; 190 f.; 290
Theristai 177; 180, 9; 186-88;
    193 f.; 243, 2; 285
Theseus 14; 38; 198, 33
Troades 40; 40, 5; 212-14
Dramen,
    Aufführungen 25 f.; 25, 46 f.;
        26, 47-49; 27, 50
    erhaltene 19-24; 23, 39; 33
    m. mehreren Titeln 27 f.;
        27, 54; 33
    Überarbeitungen 22; 27 f.;
        28, 55
    unechte 19-24; 23, 39; 27;
        27, 51 f.; 185-92
    verlorene 13; 19-24; 23, 39;
        27, 52; 28; 28,56; 176, 79;
        186 f.
[Euripides], *Rhesos* 186 f.; 187, 4; 191;
    196; 290, 10
Euripides, d. Jüngere 25, 44 f.
Eurybatos 47 f.
Eurydike, Tochter d. Pelops 168 f.
    169, 57
Euryodia 46
Eurypylos 119
Eurystheus 210; 215; 215, 79 f.; 261
Eurytos 90; 90, 110; 244; 246
Eustathios 53 f.

Figuren
    Alte, komische 50
    Amme 98; 111; 114 f.
    Arai/Flüche 103
    Bordellwirt 222
    Bote 104
    Diener/Dienerin 13; 80; 80, 88 f.;
        103-5; 128; 128, 15; 139, 44;
        156 f.; 173; 206; 232, 35; 249;
        266 f.; 280; 355; 355, 147
    Fresser 131; 131, 26; 356
    Greis 148 f.
    Hetären 222 f.; 230-32; 239 f.;
        242; 353
    Landmann 79, 88
    λόγος, ἄδικος 291, 13
    λόγος, ἥττων/κρείττων 84

νόθος 158-60; 175; 213; 213, 71
Oger 13; 38; 178; 181; 207;
    207, 49; 208, 54; 216; 225; 349
Poleis/Städte 155
coφὸς ἀνήρ 117; 307-9; 314; 321;
    326; 328; 332-34; 336; 338;
    340-42
Tochter 49 f.; 116; 118
Trunkenbold 13
Vater 13; 85 f.; 116; 118

Geraneia 220; 239
Geras 210, 58; 214; 214, 74; 215, 76
Geryon 171
Glaukos, Sohn d. Sisyphos 49; 118 f.;
    122; 211; 211, 63
Grammatik
    ἀγνῆcαι, dor. Nbf. zu ἄγειν 128 f.
    absol. Akkusativ, ὅν ausgef. 147
    Aorist, verleiht Nachdruck 65
    Dual 67
    Elision d. Inf. Med./Imperat. Akt.
        86
    Infinitivkonstruktion, im Akt. m.
        Dat. auct. statt im Pass. 357
    Superlativ, nach S- statt nach
        O-Stämmen gebildet 346
    Verbaladj. -τέον substant. 158

Hades 98; 112; 115; 146; 159;
    159, 38; 168; 174 f.; 209; 209, 55;
    214-17; 215, 76; 215, 78; 216, 82;
    286, 8; 349 f.; 352
Hadeskappe 225 f.; 226, 17; 241
Halai 35
Harpalykos 90, 109
Harpyen 59
Hekabe 151; 331; 342
Hektor 205; 229, 21
Helena 78; 110; 139, 44; 181; 225, 16;
    279; 338; 350
Helios 225, 16
Hellen 208; 208, 52
Hellespont 226, 19
Hera 14; 168 f.; 168, 56; 181-83;
    183, 20; 338
Herakles 45; 79, 87; 90; 90, 109 f.;
    98; 99, 133; 108; 124 f.; 130-40;
    130, 24; 138, 42; 139, 44; 146-50;
    152 f.; 152, 24; 157; 159 f.; 159, 37

159, 40; 164-76; 170, 60-62;
173, 71; 173, 73; 175, 76; 181;
195-97; 199; 203-7; 205, 45 f.;
207, 49; 210; 210, 60; 211, 64; 212;
214-17; 214, 72; 215, 76;
215, 78-80; 224 f.; 229; 239;
239, 47; 244-59; 245, 6 f.; 246, 9;
257, 25; 260; 262-83; 262, 32;
266, 36; 273, 51; 282, 70; 286, 6;
345; 347-49; 352; 354-59; 361
Herakleitos 251
Hermes 46 f.; 89 f.; 99; 108; 112; 115;
121, 190; 126; 143, 17; 155; 168;
204; 209, 58; 215, 76; 221, 7;
224-29; 225, 15; 229, 21; 239-41;
245 f.; 251-53; 255; 262-66;
262, 32; 268; 275-79; 350
Hermion 160
Hermione 227; 258 f.; 279
Herodot 47; 124; 132
[Hesiodos], *Gynaikon Katalogos* 90;
99 f.; 122
Hesione 214
Hesperides 124 f.; 124, 5; 130; 133;
138; 215
Hippias 161; 261
Hippodameia 169
Hippolytos 77; 127; 158
Homeros 49; 88; 100; 143
Hybris 308
Hydra, lernäische 152 f.; 152, 21;
153, 24; 171-73
Hyginus 91; 133, 30
Hypotheseis 11, 8; 42 f.; 91
Hypsipyle 153
Hyrieus 48

Iolaos 152
Iole 90, 110
Ion v. Chios 21, 36
   Laertes 95, 125
   Omphale 256, 7; 255; 273
Iphigenie 63; 103-5; 181
Iphikles 168
Iphitos 90; 244 f.; 245, 7; 272 f.; 275
Isokrates 130, 23; 132; 132, 28
Istros v. Alexandria 92, 117
Italien 182

Jason 89; 89, 108; 95

Jokaste 102 f.; 109; 225, 16
Joch 97; 97, 131; 110; 111, 167

Kadmos 225, 16
Kalanos 260
Kallikles 291; 291, 13
Kallimachos 132; 132, 29; 303;
   303, 46
   Demeter-Hymnos 120
Kanake 95, 125
Kassandra 147
Kephalos 47
Kerberos 99, 133; 152, 21; 153, 24;
   157, 31; 159 f.; 160, 42; 167;
   170-75; 171, 67 f.; 173, 73; 215;
   215, 76; 347 f.
Kerkyon 14; 160, 41
Kil(l)eus 47
Kleitomachos 298 f.
Klymene 78
Klytaimestra 103; 105; 107; 107, 154;
   293; 349; 357
Komödie
   Alte 54
   Neue 13
Korinth 209, 55; 222 f.; 230; 240; 353
Krates 52, 30
   Lamia 178; 182; 183, 19
Kratinos 144, 19
   Busiris 131
Kreon 101 f.; 109
Kritias (s. auch Euripides) 99; 117;
   185-92; 349
   {*Sisyphos*} 205; 297
Kroisos 47
Kronos 337, 111
Kyklos, epischer 143
Kypris s. Aphrodite

Lactantius 177
Laertes 14; 46 f.; 49; 89, 107; 91-97;
   94, 123; 97, 131; 108; 108, 154;
   110-12; 114 f.
Lametinoi 182, 18
Lamia 125; 130, 21; 183, 21; 221, 5
Laomedon 214; 215, 80
Lasthenes 68
Libyen 130; 181 f.
Libye 130, 22
Lityerses 152; 284-86

Löwe, nemeischer 173; 173, 73; 348
Lukianos 251; 266
Lydien 255; 273, 53
Lykon 63
Lykos 159, 37; 266; 351
Lykurgos 211, 63
Lysianassa 130, 22
Lysidike 169, 57
Lyssa 63; 168

Makedonien 22; 22, 37
Manto 101; 107; 109, 160
Marathon 66; 74
Marsyas 59, 42; 361
Medeia 95
Megara 170; 220; 238 f.
Menandros 13; 153
Menedemos 14, 17
Menelaos 104; 227; 323; 325; 350
Menippos 251
Menoikeus 101; 107
Menon 148
Meriones 47; 78
Mestra 49; 89; 89, 106; 118, 180;
    121 f.
Metrik
    Anapäste 353
    Porsonsche Brücke 87
    Tetrameter, trochäische 40 f.;
        87 f.
    Trimeter, jambische
        Auflösungen 40; 40, 5; 294, 23
        Daktylus im 1. Fuß 67
        Pause vor d. letzten Fuß 294
Minotauros 14; 38
Mnesilochos 259
Mnesimachos, *Busiris* 131, 27
Motive
    Augen, herausnehmbar 183 f.;
        183, 22
    Brautraub 49; 116; 138, 42
    Diebstahl 48 f.; 107; 111; 114;
        116 f.; 183 f.; 207; 213; 270
    Drohung 258 f.
    Erfindung 143; 321, 78
    Feigheit 144; 152
    Gefangenschaft 223
    Hunger 59; 61; 121; 288 f.
    Prahlerei 173; 227
    Sklavendienst 138; 170; 172; 229;

    239 f.; 248 f.; 253; 256 f.; 262;
        273; 275 f.
    Symposion 164; 174; 249; 253 f.;
        267; 276; 279; 355; 355, 146;
        358-60
    Trickbetrug 116; 143; 207
    Trunkenheit 183 f.
    Prophezeiung 115; 115, 177; 227 f.
    Sport 85; 134; 144
    Statuen 143; 150; 150, 17
    Überredungskunst 116
    Überwindung e. Ogers 139 f.;
        183 f.; 207; 272; 285
    Verführung 268
    Vergewaltigung 114; 114, 176; 213
    Verletzung d. Gastrechts 114;
        114, 176; 140; 245; 245, 6; 272
    Verwandlung d. Gestalt 89;
        89, 104; 118-21; 183, 19
    Völlerei 134; 138, 24; 267
Mykene 168; 173, 71

Neaira 49; 89; 89, 106
Neilos 130, 22
Nemea 153
Neoptolemos 69; 259
Nikandros 120
Nikippe 168 f.; 169, 57
Nireus 78

Odysseus 45-47; 59; 69; 78; 89;
    89, 108; 91 f.; 91, 114; 112; 139;
    142; 147; 157, 30; 163 f.; 170, 62;
    174, 75; 195; 206; 212-14; 216;
    216, 82; 217, 83; 223; 242, 53;
    245, 6; 281; 283; 345, 123; 349;
    360
Oidipus 63; 102 f.; 107; 107, 152; 168;
    331
Oinopion 114, 176
Olympia 79
Omphale 170, 60; 245 f.; 255; 272-74;
    273, 51-53
Opheltes 153
Orestes 63; 79-82; 104-5; 107; 110;
    139, 44; 139, 44; 156; 164; 168;
    213, 71; 227; 229; 349
Orion 114, 176; 339
Oropos 205, 45
Orthos 167; 171 f.

Ovidius 133

Palamedes 216, 82
Pan 138
Panyassis 131
Pausanias 14
Pegasos 230; 354
Peirithus 159; 159, 38 f.; 172; 215, 76; 216, 81; 349
Peleus 78; 238
Pelias 211
Pelops 168 f.; 169, 57
Pentheus 225
Perikles 273, 52
Peripatos 21; 28; 178
Persephone 159
Perseus 14; 168 f.; 169, 57; 184, 22; 234
Phaethon 78
Phaidra 64; 127; 158
Phaleron 220; 238 f.
Pherekydes v. Syros 337
Philokles (?), *Phorkides* 226, 17
Philoktetes 69; 259
Philon v. Alexandria 248 f.; 251; 254; 256-58; 260; 275; 285
Philon v. Larissa 299, 39
Philonis 89; 89, 105
Philopoimen 76, 82
Phrygien 284
Piräus 22, 37; 34-36; 140, 1
Pisthetairos 159
Pittheus 160
Pityokamptes s. Sinis
Platon 75; 291; 291, 13
Pollux 87; 145
Polybos 107, 152
Polykrates 130, 23; 132, 28
Polymede 89
Polymestor 331
Polyneikes 78; 102 f.
Polyphemos 45; 59; 115, 177; 130, 21; 138, 42; 139; 157, 30; 163 f.; 172; 174; 181; 183; 183, 21; 206; 221 f.; 229; 242; 242, 53; 267 f.; 281; 281, 67; 291, 13; 292; 345, 123; 347
Polyxene 360
Pomponius
   Ariadna (?) 38
   Sisyphus (?) 209; 209, 56

Poseidon 119 f.; 130; 183, 21; 220 f.; 221, 5
Potnia 211
Pratinas 14; 25, 44
Priamos 229; 324
Probus 211
Prodikos v. Kos 296, 29; 298; 298, 36; 301 f.; 311; 313; 332; 332, 103; 334
Prodikos v. Phokis, *Minyas* 159, 39
Prokrustes 160, 41; 226, 18; 233; 239; 242; 242, 54
Prometheus 168
Pronomos 15, 19
Protagoras 299; 304; 312-14
Proteus 324
Pylades 110; 139, 44; 164; 227; 229; 279, 61
Pyrrhon 251
Pythagoras 251

Quintilianus 132, 132

Rhesos 205

Salamis 238
Satyros 305
Scharlatan 83
Schauspieler 15; 15, 18-20; 108
Sextus Empiricus 296, 29 f.; 297-99; 340
Sibyllen 177 f.; 184; 184, 23
Silenos 15; 15, 19; 45; 50 f.; 54; 86; 108 f.; 116; 121 f.; 137; 138, 42; 148 f.; 152 f.; 155; 157; 157, 30; 164; 173 f.; 206; 216; 221; 222, 9; 225, 16; 227; 229 f.; 232, 35; 234; 239 f.; 242; 247; 267 f.; 270 f.; 275; 277-80; 279, 61; 282; 282, 70; 344; 347 f.; 354; 359 f.
Sinis 160, 41; 226; 235 f.; 239; 241 f.; 242, 54; 248
Sinon 89; 89, 108
Sisyphos 14; 49, 26; 90-94; 91, 114; 92, 116; 96-99; 97, 131; 99, 137; 107 f.; 108, 158; 109-15; 112, 171; 117 f.; 122; 191; 286, 8; 291 f.; 292, 14; 304; 307-10; 318; 321 f.; 326; 331; 331, 101; 333-35; 338 f.; 342; 344
Sizilien 14

Skiron 130, 21; 160, 41; 183, 21; 199;
    274, 55
Skylla 259, 29
Sokrates 22, 37; 64; 75; 84, 98; 117;
    148; 216, 82; 251; 292; 296; 304 f.;
    305, 52; 308; 310; 317; 327;
    327, 93; 329 f.; 329, 100; 344
Solon 74
Sophokles 10; 15 f.; 15, 18; 16, 22; 67;
    157, 34; 171; 190, 13; 284
    Aias 91; 189, 9
    Elektra 52
    Epi Tainaro Satyroi 171, 67
    Eris 288
    Herakles Satyrikos 171, 67
    Ichneutai 114, 175
    Inachos 225 f.
    Kedalion 114, 176
    Kerberos 166; 171
    Phaiakes 358
    Philoktetes 91
    Phineus 356
    Sisyphos 209
    Trachiniai 156; 273
Sosikles 261
Sositheos 16
    Daphnis oder Lityerses 285
Spinnrocken 97; 109 f.; 110, 164
Sprecherbezeichnung 107, 154
Statisten 223; 229; 278; 279, 61
Stesichoros 171, 67
Sthenelos 168 f.; 169, 57
Stephanos v. Byzanz 145
Stil
    Adjektiv im Pos. + Komp./Superl.
        desselb. Adj. 57
    Adynaton 261
    Diminutive, nie in Trag. 86;
        341, 118
    Enjambements 293 f.; 329
    Hyperbaton 67
    Wortwiederholungen 293
Stobaios 291, 11
Strymon 243
Cυλέος πεδίον 243; 273, 53
Syleus 130, 21; 183, 21; 205, 45; 206;
    221; 355

Talthybios 342
Tartaros 167 f.

Teiresias 101; 234
Telamon 238
Telauge 89; 89, 105
Telephos 181, 13
Tetralogie 175 f.; 175, 77; 176, 78;
    185-92; 212-14; 212, 67 f.; 290
Teukros 325
Thaleia 285
Thanatos 99, 136; 112; 206; 214;
    215, 76; 225; 268; 279
Theben 63; 101; 103; 153; 225, 16
Theodoros 303; 303, 46; 311 f.; 314
Theokritos 90, 109
Thermopylen-Paß 67
Theseus 38; 159 f.; 159, 38-40;
    160, 41; 162; 167; 171 f.; 175; 199;
    210, 60; 214, 72; 215, 76; 215, 79;
    216, 81; 221 f.; 227; 229; 232-34;
    239-42; 245, 6; 274, 55; 323; 325;
    349
Thessalien 182, 18
Thetis 229, 21
Thoas 324
Thrasymachos 291; 291, 13
Thyestes 293
Tiere
    Esel 48; 87; 116
    Löwe 252; 258; 264 f.; 348
    Luchs 347 f.
    Pferde 48; 87; 90; 90, 110; 116
        menschenfressende 59; 98;
        210 f.; 211, 63
    Rinder 90-92; 96 f.; 110; 114; 213;
        249; 252 f.; 257 f.; 264 f.; 267;
        275; 280; 357 f.
    Schafe, auf d. Bühne 222
    Schlange 349
        menschenfressende 59; 153
    Schwein 348
    Stiere s. Rinder
    Wild 349
Timokles, *Phorkides* 226, 17
Timon v. Phleius 314
Tiryns 168; 173, 71
Trilogie s. Tetralogie
Troizene 160, 41; 232 f.; 239
Troja 69; 89; 143; 214; 215, 80
Trophonios 48
Trygaios 155
Tyndareos 323

Typhaon 167; 171
Tyro 99, 137
Tyrtaios 64; 73-75; 85
Tzetzes 46; 85 f.; 115 f.; 118; 138, 42; 253 f.; 257 f.

Ungeheuer 349

Varro 20; 23; 23, 39
Vasenbilder
  Abb. m. Herakles u. Lamia (?) 182, 15
    m. Herakles u. Syleus 272 f.; 272, 49 f.
  Athen, Skyphos (Skiron) 238, 46
  Bari, Hydria (Kanake) 95, 125
  Berlin, Ergotimos-Schale 286, 7
  Berlin, Skyphos (Syleus) 273; 273, 51
  London, Kelchkrater (Polyphem) 95, 125
    Pelike (Syleus) 273, 273, 51
  Neapel, Pronomos-Krater 15, 19
  New York, Kelchkrater (Busiris)
  135, 34
  Paris, Pelike (Busiris) 136, 38
  Zürich, Skyphos (Xenodike) 274, 274, 55
Velleius 304, 47

Xenodike 138, 42; 206; 241, 51; 246 f.; 253 f.; 271 f.; 274-76; 281-83; 282, 70; 359
Xenokles 185
Xenophanes 66, 56; 69 f.; 71-75; 83, 96; 316, 68
Xenophon 327
Xerxes 226, 19
Xuthos 259

Zas 337
Zethos 77
Zeus 14; 46; 127; 130; 130, 24; 138; 159; 159, 37; 168 f.; 181-83; 183, 19; 208, 52; 245 f.; 251; 253; 257; 264; 275; 293; 324; 337; 339; 345; 359; 361

Griechische Wörter

ἀγαθός 67-69
ἄγαλμα 63; 63, 50 f.; 148-50
ἄγειν „(zum Opfer) führen" 129
ἁγνίζειν 128 f.
ἄθεος 295 f.; 296, 30; 300, 40; 302, 44; 310 f.
ἀθρεῖν 157 f.
'Αΐδης ('Ἄϊδης) 350
ἀκούειν] νόωι ἀ-ων 329; 344
ἁμαρτεῖν/ἁμαρτῆι 236 f.; 236, 42
ἄμορφος 347 f.
ἄμουσος 356 f.
ἀποκλείειν 345
ἀπομοργνύναι 271
ἀσπίς] διὰ ἀ-ων χερὶ θείνειν 67
ἀστερωπός 336
ἄτακτος 321-23
ἀτρεκεῖν (ἀτρεκής/ἀτρεκέως/ἀτρέκεια 129 f.
ἄωρος 86

βάςκανος 165
βαυβᾶν 271; 358
βλέπειν] νόωι β-ων 329; 344
βουλεύεςθαι] β. κακόν 330

γένος + Gen. zur Bez. einer Gruppe 57 f.; 76, 82
γερόντιον 50
γῆρας 64
γνάθος/γναθμός „(menschlicher) Unterkiefer" 59; 59, 42
γράφειν] πρῶτος γέγ-ται 161 f.

δαίμων 340-43; 340, 116
δάκος 347; 349
δέμας periphrastisch 336
δέος 325 f.
δεςπότης 128
δεύτερος als Titelzusatz 42
δέχεςθαι] 'Αΐδης μ' ἐδ-ατο 349
δίδαγμα 331

δόκηϲιϲ 48 f.; 85; 92; 116 f.; 318
δοῦλοϲ 128
δρᾶν] πᾶν δ. 330; 344
δύϲμορφοϲ 51
δύϲτοκοϲ 347-49

ἐγείρειν] ἔ-έ μοι ϲεαυτό 270
ἐθίζεϲθαι m. inn. Obj. ἔθοϲ 62
εἰϲηγεῖϲθαι] τὸ θεῖον ε-ατο 328 f.
εἰϲπορεύεϲθαι, nicht in Trag. 147
ἑλίϲϲειν 207 f.
ἔμβαϲιϲ/ἔγβαϲιϲ 221 f.; 221, 6
ἔμβολον statt ἔμβολοϲ 237
ἔμπνουϲ 349
ἔνδικοϲ] δικαίοιϲ ἔ. 269
ἔξιππον 354
ἐπί + Gen., z. Angabe v. Bewe-
    gungsrichtung o. Veranlassung
    231
ἐπιφαίνω] ἐ-φανείϲ 195
εὐγενήϲ 80
εὔογκοϲ 263

ζῆν 58

ἡδονή] ἡ-αί ἀχρεῖαι v. d. Olymp.
    Disziplinen 65
ἠθμόϲ 154
ἦθοϲ 81

θάλλειν 329
θεῖον 308 f.; 326-29
θηριώδηϲ 321; 323 f.
θώψ 261

ἴϲοϲ/ἰϲότηϲ 162; 352 f.
ἰϲχύϲ 321; 324

καταίθειν 259-61; 259, 29
κατεϲθίειν 258; 258, 26; 260
καλόϲ
    κ. κἀγαθόϲ 68 f.
    κ-ῶϲ 67
κανών 157 f.
κνέφαλλον 233
κόλαϲμα/κολαϲτήϲ 324
κράδη 235 f.
κρέαϲ 356
κρόκη 65
κτύπημα 335

κύαθοϲ 154-56; 155, 29
κωλήν 233 f.

λάθραι 321; 325; 344
λαλία/λαλεῖν/λάληϲιϲ 83 f.; 83, 94
λάμπειν trans. 361
λαμπρόϲ 63
λαρκαγωγόϲ 87
λύγξ 348
λῷϲτοϲ 345

μάχη 70
μελάνδετοϲ 154
μεταλλάττειν 62
μῆλον „Apfel" 124
μιαρόϲ 206 f
μύδροϲ 339 f.
μῦθοϲ 69 f.; 69, 61
μυξώδηϲ 51
μυρίοϲ m. unheilvoller Konnotat. 57
μωραίνειν 67 f.

νεβρόϲ 233
νηδύϲ „Magen" 59
νόθοϲ 158-60
νωδόϲ 50; 54

ξενών 357 f.
ξύλον „Keule" 262; 269 f.; 359
ξυλουργικόν 346
ξυνωρίϲ 231

οἰκεῖν 58; 60; 60, 44
ὁμαρτεῖν 236 f.; 236, 42
ὁμιλία 81
ὀπτᾶν 258; 260
ὅϲτιϲ in Hinsicht auf Wesen/Ver-
    mögen e. Pers. 59

παῖϲ tautologisch 160
παλαίειν 66
παρθένοϲ 231 f.
πάτρα 60; 60, 45
πεινᾶν 288
πέλαϲ Präp., v. Bezugswort getrennt
    67
περιφορά/περιχώρηϲιϲ 335
πιμπράναι 259
ποδώκηϲ/ὠκύπουϲ 68
ποίκιλμα 336-39

ποῦς Dual 67
πρόλογος] ἐν π-ωι + Genetivattrib.
   179
πρῶτος als Titelzusatz 42 f.
πυκνός 325
πῶλος 230 f.

σαπρός 50; 54
σατυρικός als Titelzusatz 42-44;
   45, 18; 124; 194 f.; 244
σάτυρος] c-οι als Titelzusatz
   36, 77; 44; 45, 18; 193 f.; 219
σιμός 50; 54
σκαπανεύς 246, 9; 252
σκληρός 62
σκύφος heteroklit. 163 f.; 163, 48
σοφός/σοφία 68 f.
   c. κἀγαθός 67-69
σπάθη 153
σταθμᾶν 157 f.
στάσις 70
στάχυς 152 f.
στείχειν 339
στολή „Löwenfell" (?) 263
σύ] cὺ γὰρ δή 229 f.
σῦκον 356
σύν instrum. + Abstraktum 330
σύλλογος] c-ον ποιεῖσθαι 65
σχῆμα 263
σχοίνινος 88

ταλαίπωρος 335
Ταρτάρειος/Τάρταρος 167 f.
τέθριππον 354
τέρθρον 147

τρίβων/τριβώνιον 64; 265, 35
τύραννος 324 f.
τυφλοῦν] τ-ας τὴν ἀλήθειαν 331
τύχη 62; 351 f.; 351, 34

ὑδροφόρος 252
ὑλακτεῖν 356 f.
ὑπεκτροφή 60
ὑπερβολή] εἰς ὑ-ήν + Gen. 60
ὑπηρετεῖν 62
ὑπώπιον 156
ὑψ[όθεν (Mette) 255

φαλακρός 51; 55
φάσγανον 154
φάτνη 161; 161, 44
φιλόξενος 345
φιμοῦν 345
φλόϊνος 88
φοιτᾶν 63; 231
φοιτάς 63, 52
φοῖτος 63, 52
φρονεῖν 329-31

χαίρειν] χ-ω σε + Part. 205 f.
χαλκήλατος 154
χαμεύνη 233
χεῖρ im Dual 67
χρόνος] ἦν χρόνος ὅτ᾽ ἦν Märchenformel 322

ψυχαγωγός 164-67

ὠκύπους/ποδώκης 68

Stellen

Achaios (Nr. 19 TrGF 1)
   F 6: 121; 288
   F 25: 288
   F 33: 164, 48

Adespota comica (Kassel/Austin)
   F 1063, 2 f.: 270

Adespota comica Dorica (Austin)
   F 223: 131, 26

Adespota tragica (TrGF 2)
   F 17: 127, 13
   F 10 b: 226, 17
   F 33: 264; **361**
   F 90: 253; **357 f.**; 281
   F 152 a: 261
   F 163 a: 231; **353 f.**
   F 165: 271; 282, 70; **358**
   F 304: 281, 66
   F 307 a, 404 (= Men. *Aspis* 404):

126
F 326: 281, 66
F 327: 281, 66
F 381: 59, 42; 361
F 416: 282, 68; **359**
F 498 (= [Men.] Mon. 16): 327, 95
F 658 *fr.* b, 2: 160, 42

Aetios (Diels)
  Plac. 1, 6: 336
    7: 299; 299, 39; 302 f.; 307; 324;
      342 f.

Agathon v. Samos (Nr. 843 FGrHist)
  F 3: 130, 22; 130, 24

Ailianos
  NA 14, 6: 347; 349
  VH 2, 8: **194**; 185; 216
    2, 13: 22, 37; 189; 305, 52
    12, 15: 354 f.

Aischylos
  A. 208: 63
    727 f.: 62, 48
    1040 f.: 273
    1273: 63, 52
    1540: 233
  Ch. 325: 59
  Eu. 84: 336
  Pers. 48: 354
    616 f.: 329
  Supp. 246: 331
    580: 331
    898: 349
  Th. 43: 154
    595: 68
    622-24: 68
    661: 63, 52
  F 47 a, 786-832: 15
    808: 234
  F 78 a *col.* 1: 149
    7: 151, 20
    20: 151, 20
  F 170, 2: 336
  F 181 a, 3: 323
  F 184: 164, 50
  F 258: 59
  F 281 a, 17: 269
    19: 269

T 65 c: 212, 68
T 78: 196; 196, 25

[Aischylos]
  Pr. 64: 59
    583: 349
    1080: 69

Alkaios (Voigt)
  F 38 a: 208, 53; 210

Anaxagoras (Nr. 59 Diels/Kranz)
  A 84: 335
  B 12: 335
  B 15: 335
  B 16: 335

Anaximandros (Nr. 12 Diels/Kranz)
  A 15: 326

Antiphanes (Kassel/Austin)
  238, 3 f.: 288

Antiphon (Nr. 87 Diels/Kranz)
  B 44 *col.* 2: 321 f.
  B 61: 322, 79

Antoninus Liberalis
  17, 5: 120

[Apollodoros]
  2, 4, 9: 90; 264
    5, 9: 215, 80
    5, 11: 133
    6, 2: 90
    6, 3: 205, 45; 244; 246; 273 f.;
      273, 53
    6, 4: 215, 80
    3, 15, 9: 149, 13
  Epit. 5, 14: 143, 12

Apollophanes (Kassel/Austin)
  F 3: 155

Archelaos (Nr. 60 Diels/Kranz)
  A 15: 339

Aristophanes (Fragmente nach Kas-
  sel/Austin)
  Ach. 282: 206

715: 51
Av. 816: 233
    1646-54: 159
Ec. 76-78: 178, 6; 182
Eq. 404: 147, 8
Lys. 444: 155
Nu. 668: 331
    1052-55: 84
Pax 541 f.: 155
    698: 50
    758: 178: 182
Pl. 266: 51
Ra. 722-24: 231, 31
    827: 207, 50
    954: 83
    1069-71: 82 f.
    1083-88: 83
Th. 335: 330, 99
    390 f.: 22, 37
    727: 259
    730: 259, 29
V. 1035: 178; 182
    1177: 178; 182; 184
F 160: 236
F 172: 88
F 202: 148
F 334, 3: 237
F 400: 324

Aristophanes v. Byzanz s. Hypotheseis

Aristophon (Kassel/Austin)
    F 9, 3: 64
    F 12, 9: 64

Aristoteles
    Mete. 369 b: 335
    Mir. 838 a 6: 178
    Po. 1452 b 30-1453 a 7: 208, 54
        1453 a 30: 16
        1456 a 19: 208 f.
    Pol. 1338 b 40-1339 a 10: 76
    Rh. 1413 b 27: 179

[Aristoteles]
    Mu. 395 b 23: 339
    Pr. 890 b 7-37: 155
        954 a 36 f.: 178

Artemidoros
    4, 59: 258; 260 f.

Asklepiades (Nr. 12 FGrHist)
    F 1: 211

Athenaios
    1, 3 e: 83, 96
    6, 270 c: 288
    5, 194 f: 354
    10, 413 c: 39; 39, 2; 75, 73
        413 f-414 c: 71, 63
        414 d: 75, 72
        424 b: 155, 29
    11, 496 a: 186; 290
        498 f: 163; 163, 48

Athenion (Kassel/Austin)
    F 1, 4: 323 f.

Bakchylides (Maehler)
    5, 60: 171, 67
    18, 24 f.: 238, 46

Chairemon (Nr. 71 TrGF 1)
    F 21: 350, 131

Chrysippos (v. Arnim)
    F 1009: 317; 336; 338 f.

Cicero
    ND 1, 42 f.: 304, 47
        117-19: 298; 299, 39
        118-19: 296, 29; 313
        118: 312; 313, 65

Demetrios
    De eloc. 169: 10

Demokritos (Nr. 68 Diels/Kranz)
    A 39: 338
    A 75: 333, 105; 334
    A 76: 334, 106
    B 5: 323
    B 75: 332
    B 181: 322

Dikaiarchos s. Hypotheseis

Diodoros
  1, 8, 1: 323
  1, 88, 3: 138, 40
  4, 27, 1: 124, 5
     27, 2-5: 133
     31: 244; 273 f.
  4, 76, 2-3: 149
  20, 41, 2-6: 182
     41, 6: 177 f.

Diogenes Laertios
  1, 56: 74
  2, 43: 84, 98
     44: 305
  6, 29: 251, 13
  9, 35: 339

Diogenes v. Sinope (Nr. 88 TrGF 1)
  F 7, 5: 263
     9: 62

Diomedes (Keil)
  Gramm. Lat. 1 *p.* 490: 39; **43-46**;
     123; **125**
  p. 491: 45

Dion Chrysostomos
  8, 32: 134

Duris (Nr. 76 FGrHist)
  F 17: 178; 182; 182, 16

Epicharmos (Kaibel)
  F 21: 131; 138, 42; 355, 146
  F 148: 131, 26

[Epicharmos] (Kaibel)
  F 266: 328

Epikuros (Arrighetti)
  Nat. 12/F 27, 2: 296, 29; 298

Epikrates (Kassel/Austin)
  F 8, 3 f.: 231

Erotianos
  τ 29: 146 f.

Etymologicum Genuinum
  p. 306, 11 Miller: 205, 44

Etymologicum Magnum
  p. 808, 5 Gaisford: 205, 44

Eubulos (Kassel/Austin)
  F 82, 2: 231
  F 126, 2: 161, 44

Euhemeros (Winiarczyk)
  F 27: 322

Eupolis (Kassel/Austin)
  F 294: 273, 52

Euripides (s. auch [Kritias]) (Fragmente nach Nauck, TGF^2,
  suppl. Snell)
  Alc. 65-69: 220 f.
     65-67: 211, 61
     348-54: 150
     355: 63
     476-506: 211, 61
     492-94: 59
     538 f.: 148
     543: 358
     547: 358
     743 f.: 350
     747-802: 280
     747-59: 267
     758: 267, 37
     760-64: 267
     760: 356
     790 f.: 268
     795: 267
     798: 164
     1008-1158: 279
     1026-35: 79, 87
     1051: 67
     1128: 165-67
     1138: 229
     1140-42: 214
     1143: 279
  Andr. 153: 258, 28
     155-58: 259
     202: 324
     204: 324
     250: 261
     254-73: 259
     257-60: 258; 261
     467: 161
     595-600: 78

727: 58
780: 330
638: 158, 35
1211: 336
Ba. 137: 234
249: 234
264: 152
591: 237
1034: 357
1384: 206, 47
Cyc. 1-40: 152
1-8: 227
1: 126
20: 67
22: 222
27 f.: 87
41-81: 222
96-131: 242, 53
104: 167; 213, 70
116: 222
121: 152
134: 356
145: 148
151-67: 164
156: 229, 24
158 f.: 360
163: 157, 30
164 f.: 232, 35
185 f.: 58
193: 347
194: 148
208: 88
227: 174
229: 148
256: 163
316-40: 292
325: 349
347-55: 174, 75
356-74: 15
375-482: 15
379: 157, 33
382-426: 281
390: 163 f.
409-26: 267
411: 163 f.
418: 345, 123
424: 267, 38
425: 267
431: 15, 21
447: 222

454: 229, 24
483-518: 15
519-89: 164
519-81: 279
519-29: 229, 24
530-40: 242
543: 267
556: 163
583-89: 268
589: 281, 67
606 f.: 343, 121
607-23: 15
622: 222
656-62: 15
677: 206
696-700: 115, 177
El. 82 f.: 229
143: 350
272 f.: 156
332-35: 151, 19
362 f.: 81, 91
367-90: 80-82;
80, 90; 213, 71
377 f.: 68
386 f.: 58; 82
387 f.: 63
388: 82
437: 208
499: 164
524-29: 80
550: 80
614: 79
685: 63
736-46: 292 f.;
293, 16
743 f.: 69 f.
761-858: 139, 44
781 f.: 79
824 f.: 79
866: 336
880-85: 79
1174 f.: 57
1174: 80
Hec. 122-24: 69
488-91: 342 f.
567: 360
799-801: 341, 120
800 f.: 97
805: 350
835-40: 151

846-49: 151
870: 330
1049 f.: 331
Hel. 4: 324
35: 324
205-9: 78
205 f.: 63
216: 341, 119
696 f.: 350
726 f.: 128
1093-96: 338
1172: 235, 38
1362: 208
Heracl. 335: 65
685: 67
738: 67
860: 220
949: 146
983-85: 261
HF 13-25: 170
23-25: 175
24: 171, 68
116: 350
149: 159, 37
159-205: 351
162: 79, 87
184: 159, 37
340: 159, 37
380-89: 211, 61
419 f.: 152
465 f.: 263
471: 150; 269
611: 171, 67 f.
615: 160
619: 159, 40
621: 159, 40
633-36: 352
643-45: 162
671: 208
690: 208
696-700: 159, 37
846: 63
869: 265
907: 167
1089: 349
1151: 259
1176: 67
1247: 146
1274 f.: 152
1277: 171, 67 f.

1315: 331
1349 f.: 62
1386 f.: 160; 175
Hipp. 96: 330
138: 336
144: 64
148: 63
228 f.: 78
363: 324
378 f.: 330
486 f.: 58
538: 324
730 f.: 127
850 f.: 336
939 f.: 60
979 f.: 220
1059: 64, 53
1083: 158
1131-34: 77
1208: 220
1223: 59
1252: 58
1339-41: 206
Hyps. 1 f. *p.* 53
Cockle: 234
c. 925 *p.* 107
Cockle: 152
1582 *p.* 119
Cockle: 208
Ion 154: 64, 53
239 f.: 263
258: 60
397: 208, 51
472-80: 60 f.
524: 259
527: 259
744: 331
1078: 336
1419: 331
IA 107-12: 103
199-205: 78
199 f.: 76, 84
209-30: 78
303-439: 104
394 a f.: 327
607-29: 104
621-27: 105
737: 105, 149
819-54: 105
866-95: 105

1055: 208
1211-75: 105
1338-68: 105
1480: 208
IT 435-37: 78
705: 129
741: 324
910 f.: 327
1145: 208
Med. 242: 110 f.
271-73: 65
317: 330
1201: 59
Or. 266 f.: 327
391: 348, 129
420: 327
523-25: 323
821: 154
891 f.: 208
917-22: 79, 88
982: 339, 115
984: 339, 115
989: 354, 144
1369-1502: 139, 44
1431 f.: 110
1591 f.: 279, 61
Ph. 3: 181
114: 237
235: 208
366-68: 78
834: 101
911-28: 101
923 f.: 109;
109, 160
939: 152
1091: 154
1138: 59
1252-54: 101 f.
1259-82: 102
1425-59: 102 f.
1457: 109, 161
1616: 331
1645-71: 102
Phaethon F 5 Diggle:
339, 115)
Supp. 31: 152
141: 208, 51
159: 327
201 f.: 323
207: 59

339-41: 234
404-6: 325
429-34: 162
429-32: 325
748 f.: 70
849-52: 68
921: 350
985 f.: 160
Tr. 9-12: 143
333: 208
442: 147; 217, 83
671: 323
833-35: 78
860: 336
1209: 79, 87
Epinikion F 755, 2 f.
PMG: 57; 83, 96
F 14, 1 f.: 208, 52
F 36 Snell: 330
F 49, 1: 58
F 50, 1: 58
F 48: 264
F 51: 264
F 62, 1 f.: 327
F 85: **127**
F 105: 79, 87
F 136, 1: 324
F 141: 158, 36
F 146, 2: 164
F 150: 327
F 172, 1 f.: 325, 89
F 199: 77
F 200: 77
1 f.: 58
F 201: 61
F 206: 331
F 251: 264
F 266, 3: 206, 47
F 282: 39 f.; 39, 3;
56-70
5: 288
16: 68
F 282 a: 39, 3; **85 f.**;
116
F 283: 39 f.; **87**; 116
F 284: 39 f.; **88**; 116
F 286: 307, 57
F 291, 3: 331
F 312 a s. F 922
F 313: **128**

F 314: **128 f.**
F 315: **129 f.**
F 360, 22: 152
F 369: 77
F 371: **146 f.**; 172;
   174; 215, 78
F 372: **148-51**; 172;
   174
F 373: 145; **151-54**;
   173
F 374: 145; **154-56**;
   174
F 375: **156 f.**; 173
F 376: **157 f.**; 174
F 377: **158-60**; 172;
   175
F 378: **161 f.**; 174;
   350-53
F 379: **162-64**; 174
F 379 a: **164-67**; 172;
   175
F 380: 145; **167 f.**
F 449, 1: 65
F 494,1: 57
   4 f.: 327
F 529: 128
F 577: 343
F 584: 327
F 588: 305
F 670: 161
F 673: 195; **204-7**;
   210, 60; 214;
   216 f.; 224
F 674: **207 f.**
F 674 a: 126; **228-30**
F 675: **230-32**; 222;
   240
   3: 64
F 676: 222; 226, 18;
   230; **232 f.**; 240
F 677: **233 f.**
F 678: **234 f.**; 240
   2: 228
F 679: 226; **235 f.**
F 680: **236 f.**
F 681: **237**
F 687: **255-61**; 276;
   282, 69
   1 f.: 254, 18
F 688: 256 f.; **262 f.**;

   266; 275-77;
   279, 63
   1-3: 251
F 689: 256 f.; 262;
   263-65; 275-77;
   279, 63
   1 f.: 251 f.
   4: 258
F 690: 256 f.; 262;
   264; **265-67**;
   275-78; 279, 63
   1 f.: 277
F 691: 256 f.; **267 f.**;
   270; 276; 280 f.;
   282, 69
F 692: **268 f.**; 279, 63;
   282, 70
F 693: **269-71**;
   282, 70
F 694: 267 f.; **271**;
   282, 70; 358
F 696: 181, 13
F 752, 1 f.: 234
F 757, 6 (= V. c. 925
   p. 107 Cockle):
   152
F 783 (~ F 5 Diggle):
   339, 115
F 785 (= F 4 Diggle):
   78
F 822, 1 f.: 58
F 854: 359
F 861: 293
F 863: **347-49**; 173
F 864: **354 f.**
F 879: **345 f.**
F 895: 121; **287 f.**
F 907: 254; 267 f.;
   281; **355-57**
   2: 357, 150
F 914, 3: 330
F 915: 59; **289**
F 920 a: 139, 44;
   344 f.
F 922: **125 f.**; **180 f.**
   1: 126
F 933 s. F 379 a
F 936: **349 f.**
F 937: 360
F 941, 1: 255, 22

F 958: 281, 66
F 964: 62 f.
F 983: 360
F 988: 143; **346**
F 1002: 235, 40
F 1007 c: 305, 49;
   343 f.
F 1008: 360
F 1020: 361
F 1048: **350-53**
F 1024, 4: 81, 91
F 1077, 2 f.: 62
F 1080: 64
F 1084: 223; **353**

[Euripides]
   Rh. 9: 233
   390 f.: 205
   852: 233

Eusebios
   PE 14, 16, 1: 306; 318

Eustathios
   Il. 6, 153: 208
   16, 118: 47, 22
   Od. 11, 592: 209, 58;
   214
   11, 593-600: 209
   19, 396: 90
   24, 1: 47

Galenos
   in Hippocr. Epidem.
   libr. VI comm. 1, 29:
   36, 77; 45, 18;
   193
   Protr. 11: 75, 71

[Galenos] (Diels)
   Histor. Philos. 35: 306;
   306, 54 f.; 318

Gellius
   15, 20: 66; 77, 76
   17, 4, 3 (T. 3): 20;
   23 f.; 23, 39

Herakleitos v. Ephesos
   (Nr. 22 Diels/

Kranz)
B 52: 338, 113

Herakleitos (*myth.*)
περὶ ἀπίϲτων 34:
183, 20

Herodotos
2, 45: 131 f.; 131, 25
7, 36: 226, 19
115: 273, 53
224 f.: 67

Hesiodos
Op. 50-52: 323
109-26: 322 f.
122 f.: 340, 117
252-55: 340, 117
255: 340, 116
259: 324
Th. 311: 171
312: 171, 67
316: 154

[Hesiodos] (Merkel-
bach/West)
F 10, 2; 208, 53
F 43 a: 118-20
18: 208, 53
32: 119, 182
F 66: 90
F 67 a/b: 48; 89

Hesychios
α 63: 63
α 640 f.: 129, 16
α 646: 129, 16
α 648: 128
α 3453: 236 f.;
236, 43
α 3456-58: 236 f.
β 91: 165
β 96: 165
β 354: 358
δ 48: 148
δ 70: 349
δ 618: 336
ε 2116: 207
ε 2307 f.: 237
ε 4345: 144, 19

π 4500: 231, 28
c 1600: 157
τ 1626: 269
χ 143: 233

Hippias (Nr. 86 Diels/
Kranz)
B 9: 324

Hipponax (Degani)
F 2, 2: 229, 21

Corpus Hippocraticum
Alim. 34: 75, 71

Homeros
h. Mart. 5: 324
h. Merc. 14: 229
292: 229
Il. 4, 358: 46
6, 153: 91; 122, 193
8, 362-69: 147;
170 f.
9, 443: 69
10, 260: 89 f.
23, 664-99: 144, 20
23, 670: 144
24, 24: 229; 229, 21
24, 71: 229, 21
24, 109: 229, 21
24, 182: 229
24, 476: 254
Od. 5, 94: 254, 18
5, 203: 46
6, 249: 254, 18
7, 177: 254, 18
8, 493: 143, 11
10, 272: 254
11, 523: 143
11, 593-600:
112, 171; 215 f.
11, 601-26: 215 f.
11, 618: 216
11, 623 f.: 170, 62
11, 633: 216, 81
14, 112: 163
17, 487: 340, 116
19, 395 f.: 49; 89
20, 337: 254

Hyginus
60: 112, 171
108: 143, 13
201: 40; 85; 89; 91;
110; 113 f.; 212
274: 149

Hypotheseis (s. auch
Papyri)
Arg. [A.] *Pr.*, Z. 4 f.:
227
Z. 5: 227
Arg. (a) E. *Alc.*:
25, 42; 52, 30
Z. 8: 225
Arg. E. *Andr.*, Z. 16:
195
Arg. E. *Ba.*, Z. 13:
225
Z. 16: 195
Arg. E. *Cyc.*, Z. 3 f.:
195
Arg. E. *Hipp.*, Z. 13:
227
Z. 24: 227
Arg. (a) E. *Med.*:
19, 32; 284; 188;
188, 6
Z. 6: 225
Arg. E. *Or.*, Z. 18:
195; 227
Arg. (g) E. *Ph.*:
19, 33; 188, 6
Z. 9: 227
Arg. (b) [E.] *Rh.*:
37, 78; 189, 7
Arg. S. *Ai.*: 189, 9

Inschriften
IG II² 2363 (= CAT
B 1): 34-36; 141;
146; 185;
192-94; 197, 29
IG XIV 1152: 41 f.;
123; 141 f.; 146;
177; 191; 193

Ion v. Chios (Nr. 19
TrGF 1)
F 17 a: 255

F 18: 255, 21
F 19: 255, 21
F 21: 245, 7
F 26: 164, 48

Isokrates
  Busiris: 130, 23
    10: 130, 22
    36 f.: 132

Johannes v. Sardis (Rabe)
  in Aphthon Progymn. 5: 165, 52

Kallimachos (Pfeiffer)
  Dieg. 8, 1-3 zu F 197: 143, 17
  F 191, 11: 311

Kantharos (Kassel/Austin)
  F 3: 358

Karkinos II (Nr. 70 TrGF 1)
  F 8, 1: 205

Konon (Nr. 26 FGrHist)
  F 17: 274

Krates (*com.*) (Kassel/Austin)
  F 20: 178, 6

Krates v. Theben (Parsons/Lloyd-
    Jones)
  F 366: 338

Kratinos (Kassel/Austin)
  F 23: 131
  F 75, 4 f.: 148
  F 171, 63 f.: 270
  F 259: 273, 52

[Kritias] (Nr. 43 TrGF 1)
  F 1: 159, 38
    10-14: 147
  F 3, 2: 64, 53
  F 7, 8-14: 160
  F 19: 70; 117; 186 f.; 217; **319-43**
    13: 294
    16: 309
    18: 294, 23
    19: 308
    26: 309

27: 294
30: 298, 36
34: 309
41 f.: 309

Lukianos v. Samosata
  Hipp. 2: 143, 15
  VH 2, 22: 144, 20
  Vit. auct. 7: **250-52**; 265, 35; 275;
    357, 149
    8: 265, 35

Lykophron
  48: 259, 29
  652: 246, 9
  930-50: 144
  1393-96: 119

Menandros (Einzelfragmente nach
    Koerte)
  Aspis 29: 323
    404 (= Adesp. trag. F 307 a):
      126
  Mis. A 1: 230
  F 104, 1: 64
  F 230: 285, 2
  F 719: 328, 95

[Menandros] (Jäkel)
  Mon. 80: 328, 95
    231: 288
    263: 288
    723: 328, 95

Metagenes (Kassel/Austin)
  F 10: 63

Moschion (Nr. 97 TrGF 1)
  F 6, 3 f.: 322
    4: 323
    14-16: 324
    14 f.: 323
    18: 336
    20-22: 323

Nikanor (Nr. 146 FGrHist)
  F 1: 178

Nikophon (Kassel/Austin)
  F 20: 356

Orphica (Hymnos nach Quandt.
    Fragmente nach Kern)
H. 19, 15-17: 337
F 56, 6: 338, 113
F 292: 322

Ovidius
    Met. 8, 738-878: 120 f.
    11, 313-15: 121, 190
    11, 314: 89, 104

Palaiphatos
    23: 119 f.

Papyri
    P. Amh. II 17: 228; 234
    P. Heid. 181: 131, 26
    P. Herc. 1248 *fr.* 19: 332, 103
    P. Oxy. 1176 *fr.* 39, 2 Z. 15-22: 305;
        308, 61
    P. Oxy. 2455 *fr.* 5: 196-204; 199, 37;
        214, 72; 275
        fr. 5, 43-49: **194 f.**; 217 f.
        fr. 5, 45: 210, 60; 216
        fr. 5, 83: 242
        fr. 6: 196-204; 199, 37; 239 f.
        fr. 6, 74-90: **218-23**
        fr. 6, 85: 218
        fr. 7: 196-204; 199, 37; 225, 15;
            240 f.
        fr. 7, 91-101: **223-28**
        fr. 8: 196-204; 199, 37
        fr. 8, 103-107: **246 f.**; 254; 271;
            276
        fr. 14, 221: 42
        fr. 17, 267: 42
        fr. 19: 125 f.
        fr. 19, 3: 180
    P. Oxy. 2456: 44; **195 f.**; 206, 48;
        228; 247 f.; 218
    P. Oxy. 3531: 160, 42
    P. Oxy. 3650, 56-65: 42, 9
    P. Oxy. 3651: 181
        23-34: 123; **124 f.**
        27: 44; **126 f.**
    P. Oxy. 3699: 58
    P. Ryl. I 34: 286, 8
    PSI 1286: 199
        4: 195
        12: 43

    15: 225
    P. Strasb. 2676 *fr.* A a: 199, 36;
        200-4; 200, 38; **243-46**; 275
        fr. A a, 1: 42; 42, 12; **255**
        fr. B d: 199, 36
    P. Vindob. G 19766 *verso* Z. 7: 39;
        42 f.

Pausanias
    2, 5, 1: 112, 171
    2, 19, 6: 143, 17
    4, 33, 7: 159, 39
    10, 28, 1 f.: 159, 39

Pherekydes v. Athen (Nr. 3 FGrHist)
    F 17: 130
    F 119: 112, 171; 209 f.
    F 120: 47 f.; 89

Pherekydes v. Syros (Nr. 7 Diels/
    Kranz)
    B 2: 337, 112

Philodemos
    de piet. p. 36 Gomperz: 36, 77;
        45, 18; 193

Philon v. Alexandria
    De Ios. 78: 261
    De somn. 1: 290, 6
    Leg. alleg. 3, 202: 259 f.
    Quod omn. prob. 25: 260
        99-104: **248-50**; 256; 258, 28;
        259 f.; 262; 264; 275 f.;
        356-58

Philostratos
    Gym. 11: 66 f.
        43 f.: 75, 77

Photios
    Berol. 19, 17 = Athen. 322, 7: 129

Phrynichos (*trag.*) (Nr. 3 TrGF 1)
    F 5, 4: 59

Phrynichos (*soph.*)
    Praep. soph. p. 127 de Borries: 165 f.

Pindaros (Snell/Maehler)
  O. 2, 17: 336
    13, 52: 208, 53
  Pae. 5, 42: 336
  F 249 b: 171, 67

Platon (*com.*) (Kassel/Austin)
  F 204: 150 f.

Platon (*phil.*)
  Ap. 41 a: 216, 82
  Charm. 154 c: 63, 51
  Ion 533 b: 143, 17
  Lg. 681 b: 62
    889 e: 312
    904 a: 341, 120
  Men. 97 d: 148
  Phaed. 258 a: 161
    261 a: 165, 52
  Prot. 320 c-322 d: 323
    320 c: 322
  R. 529 b f.: 338, 114
  Smp. 189 d: 328
    202 d f.: 341, 117
    203 a: 327, 93
    219 b: 64
  Epigramm F 511 Page: 336

Plautus
  F inc. 1: 144

Plinius d. Ä.
  N. H. 2, 14: 334, 106

Plutarchos
  Aetia Graeca 43: 92, 116
  Consol. ad uxorem 3: 78
  De Aud. Poet. 4: 179
  De cur. 2: 183, 21
  Theseus 11: 130, 24
  Quaest. conv. 2, 52: 66

Polybios
  30, 25, 11: 354

Pollux
  4, 54: 284, 1
    128: 235
  10, 35: 218

Polyainos (Woelfflin)
  Strat. p. 242: 92, 117

Porphyrius
  Hor. *Ars* 221: 38

Prodikos v. Kos (Nr. 84 Diels/Kranz)
  B 5: 332, 103
  P. Herc. 1248 *fr.* 19: 332, 103

Prodikos v. Phokis (Bernabé)
  F 1: 159, 39
  T 1: 159, 39

Proklos (Bernabé)
  Chrest. arg. F 1: 143, 13

Quintilianus
  Inst. Or. 11, 3, 91: 179

Quintus Smyrnaios
  Posthom. 12, 314-35

Satyros (Arrighetti)
  fr. 39, 2 Z. 15-22: 305; 308, 61

Scholien
  Ar. *Ach.* 391 a: 208, 53
    Pax 541: 155
    Pax 758 d: 182; 183, 19; 183, 21
    Ra. 53: 153, 26
    Ra. 67: 25, 44 f.
    Ra. 1124: 212, 68
  Dox. 347, 15-18 Rabe: 165
  E. *Alc.* 1128: 166
    Andr. 445: 22, 37; 189
    Hec. 838: 150
    Or. 821: 154
    Or. 982: 289, 6; 292, 15; 339
    Ph. 834: 101, 145
    Ph. 923: 109, 160
    Ph. 1124: 211, 63
  Il. 2, 173 b: 47
    4, 176: 124
    15, 733 b: 154, 27
  Od. 21, 22: 90
  Pi. *O.* 1, 97: 209, 58
  Lyc. 1393: 119 f.
  S. *Ai.* 190: 91 f.; 111; 212
  S. *Ph.* 119: 69

417: 111, 167
Theoc. 10, 41: 284, 1; 285
Tz. *Carmina* s. Tzetzes

Semonides (West)
F 7, 117: 350

Seneca
Quaest. nat. 4, 2, 16: 132, 29

Servius
Aen. 2, 79: 89, 104

Sextus Empiricus
M. 1, 271: 315
    2, 31: 322
    3, 3: 37,·78
    9, 14-16: 313
    9, 16: 340, 116
    9, 24: 332
    9, 49-58: 310 f.
    9, 54-56: 311
    9, 54: 291; 296; 299, 39; 307;
        315 f.; 341 f.
    10, 305: 315, 66

Sophokles
Ai. 59: 63
    136: 205
    1079-83: 325 f.
Ant. 332-64: 323
    746: 206, 47
    785: 63
El. 907: 356 f.
    951 f.: 329
OC 91: 335
    744: 65
    1381 f.: 341, 120
    1574: 167
    1690: 350
OT 217: 62
    477: 63
    526: 331
    657: 330
    1255: 63
Ph. 119: 69
    801: 259
    808: 64, 53
Tr. 11: 63
    596 f.: 322, 80

908: 336
1085: 349 f.
1098: 171, 67
F 24: 220
F 116: 128
F 175: 233
F 199: 288
F 269 c, 19: 225 f.
F 314, 197: 206
F 327 a: 166
F 333: 147
F 567, 1: 213, 70
F 767: 356
F 1130, 8-11: 65, 54
    15 f.: 83, 94

Sositheos (Nr. 99 TrGF 1)
F 1 a-3: 284, 1; 285, 2

Sozomenos
Eccl. hist. 7, 27, 7: 270

Stesichoros
F 200 PMG: 144

Speusippos (Parente)
Epist. Socrat. 28, 6: 273, 53

Stobaios
4, 1, 13: 350
4, 15 a, 14: 128, 14

Strabon
1, 3, 19: 36, 77; 45, 18; 193
9, 1, 4: 220
17, 80, 2: 131, 25

Strattis (Kassel/Austin)
F 4: 236
F 46: 236
F 71, 5: 207, 50

Suda
ε 2131: 144, 19
ε 3695 (T. 4): 20; 23-25; 23, 39;
    24, 40; 25, 43
ι 487: 21, 36
χ 174: 205

Suetonius
De poetis F 11, 44: 179

Synagoge (Bekker)
339, 8: 129

Theodoros (Winiarczyk)
T 22: 312

Theognis
699-712: 210

Theokritos
10, 41: 285, 2

Theophilos
Ad Autolyc. 3, 7: 296, 29; 299

Thukydides
6, 54, 5: 162, 45
55, 2: 161

Timokles (Nr. 86 TrGF 1)
T 5: 226, 17

Triphiodoros
57: 143, 13
189: 143, 15
295: 143, 14

Tyrtaios
F 12, 1-4 W: 73
10-14: 73
12: 67
39: 64

Tzetzes
Carmina, XXI a 92 Koster: 52, 31
Epist. 42: 89
H. 8, 435-53 Leone: 39; **46-51**; 86;
92; 114; 318
435: 43
448-50: 44
Lyc. 344: 47, 23; 89
Proem. I, *Proleg. de com.* XI a I,
152-56 Koster: 52
II, 62-70: 246; 249 f.; 249, 11;
252-54; 266; 275; 280;

355-58
Schol. *Carmina*, XXI a 113 Koster:
51 f.

Varro
Antiquitates Rerum Divinarum F 56 a
Cardauns: 177-79; 177, 1
L. l. 7, 38: 144

Vergilius
Aen. 2, 14-16: 143, 13
264: 143

Viten
Aischylos
T 1, 50: 29, 57
Euripides
Thomas Magister: 20, 35
Vita 2: 20; 23 f.; 23, 39; 24, 40;
27 f.; 66; 186; 186, 2; 191;
290
Vita 3: 20; 20, 35; 23 f.; 23, 39;
24, 40; 27; 32; 185; 185, 1;
191

Xenophanes (Nr. 21 Diels/Kranz.
West)
B 11 DK: 331, 101
B 18 DK: 321; 323
B 23 DK: 331 f.
B 24 DK: 329
B 26 DK: 332
F 1, 21-24 W: 70
F 2 W: 71-73
1-5: 66
10: 66
13: 65

Xenophon
Mem. 1, 1, 19: 304; 329
1, 4, 17: 330
1, 4, 19: 304
3, 12: 75, 79
Smp. 2, 17 f.: 75

Zenobios
Vulg. 3, 50: 161, 44